L'ÉLECTRICITÉ

Moteur de tous les rouages de la vie.

Sa physiologie, les propriétés de ses types, et leur application facile au traitement de toutes les maladies chroniques, de celles réputées incurables et de celles dues à la contagion.

Manuel indispensable

1° **Aux Médecins électriciens;**
2° **A quiconque veut devenir son propre médecin;**
3° **Aux Médecins vétérinaires, pour l'application de l'électricité aux maladies des animaux domestiques.**

Ouvrage présenté à l'Académie de Médecine et à l'Académie des Sciences

Pour concourir

1° Aux prix proposés par l'Académie (1869) : Application de l'électricité à la thérapeutique ;

2° Au prix Bréant : Application de l'électricité, fixant une récompense de 100,000 francs « pour celui qui 1° trouvera une médication propre à guérir du choléra asiatique dans la majorité des cas; 2° indiquera d'une manière incontestable les causes du choléra asiatique, de sorte qu'en opérant la suppression de ces causes, on fasse cesser l'épidémie.

Par Em. REBOLD

Professeur de physique médicale, Auteur de plusieurs ouvrages historiques et scientifiques, ancien Président, Membre honoraire et titulaire d'un grand nombre de sociétés savantes et philanthropiques, Fondateur et Directeur de l'Etablissement électro-thérapeutique, rue d'Orléans-St-Honoré, 17, actuellement rue Saint-Honoré, 274.

AVEC SIX PLANCHES.

PARIS.

Chez F. SAVY, Libraire-Éditeur,   CHEZ L'AUTEUR,
RUE HAUTEFEUILLE, 24.   RUE SAINT-HONORÉ, 274.

1869.

L'ÉLECTRICITÉ

Moteur de tous les rouages de la vie.

L'ÉLECTRICITÉ

Moteur de tous les rouages de la vie.

Sa physiologie, les propriétés de ses divers
types, et leur application facile au traitement de toutes les maladies chroniques,
de celles réputées incurables et de celles
dues à la contagion.

Manuel indispensable

1° Aux Médecins électriciens ;
2° A quiconque veut devenir son propre médecin ;
3° Aux Médecins vétérinaires, pour l'application de l'électricité aux maladies des animaux domestiques.

Ouvrage présenté à l'Académie de Médecine et à l'Académie des Sciences

Pour concourir

1° Aux prix proposés par l'Académie (1869) : Application de l'électricité à la thérapeutique ;
2° Au prix Bréant : Application de l'électricité, fixant une récompense de 100,000 francs « pour celui qui 1° trouvera une médication
propre à guérir du choléra asiatique dans la majorité des cas ; 2° indiquera d'une manière incontestable les causes du choléra asiatique,
de sorte qu'en opérant la suppression de ces causes, on fasse cesser
l'épidémie.

Par Em. REBOLD

Professeur de physique médicale, Auteur de plusieurs ouvrages historiques et scientifiques, ancien Président, Membre honoraire et titulaire d'un grand nombre
de sociétés savantes et philanthropiques, Fondateur et Directeur de
l'Etablissement électro-thérapeutique, r. d'Orléans-St-Honoré, 17, etc.

AVEC SIX PLANCHES.

PARIS.

Chez F. SAVY, Libraire-Éditeur,   CHEZ L'AUTEUR,
RUE HAUTEFEUILLE, 24.   RUE D'ORLÉANS-SAINT-HONORÉ, 17.

1868.

.NOTA. — Cet ouvrage, commencé en 1865, n'a pu être achevé

qu'en 1868.

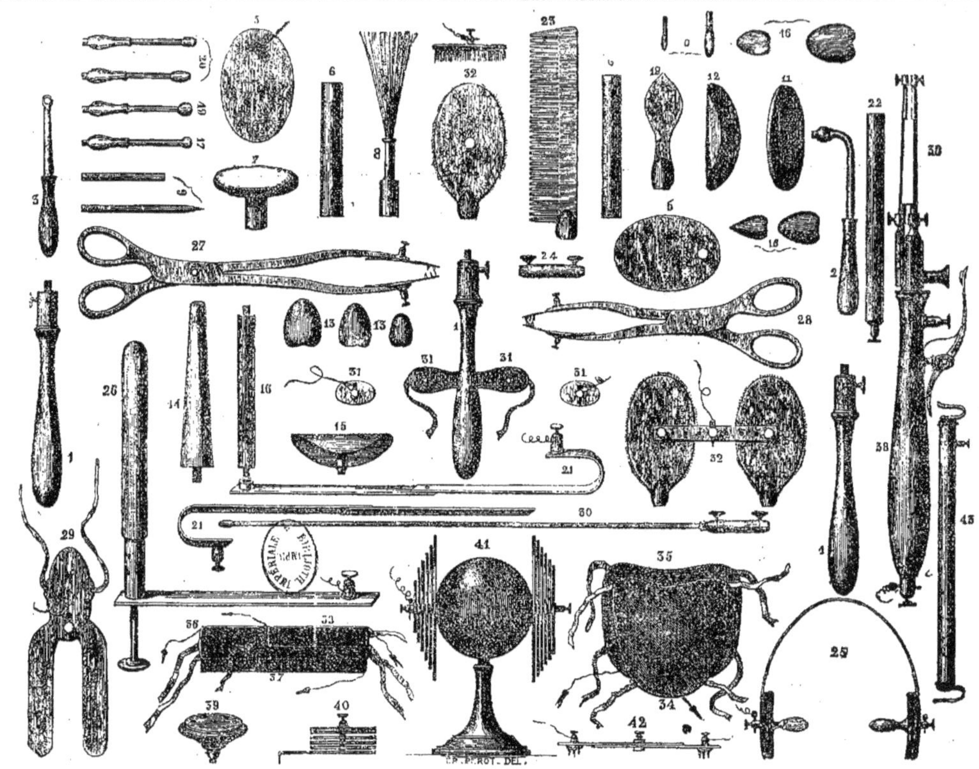

Instruments transporteurs (excitateurs), Système Rebold.

Les n° de 1 à 43, formant 56 pièces, sont joints aux appareils n° de 1 à 5.—Les n° de 1 à 24, formant 35 pièces, appartiennent à la série des appareils n° 8, 13 et 14. — Des instruments spéciaux accompagnent les appareils n° 6, 15 et 17 du tarif.

N° 1. Manches après lesquels se vissent les instruments n° 6, 7, 8, 18, 22 et 23.

» 2. Pièce de rapport aux manches, servant à recevoir les instruments n° 11, 12 et 16.

» 3. Pièce de rapport aux manches, après laquelle se vissent les instruments n° 9, 17, 19 et 20.

» 4. Cordons conducteurs (voir le tarif).

» 5. Deux plaques servant dans une infinité de maladies où il est nécessaire d'actionner une place déterminée pendant un certain temps.

» 6. Deux tubes excitateurs des mains et des bras, et servant, munis d'éponges mouillées, à actionner des parties délicates du corps (les yeux, la face, les parties génitales), partout où l'on ne peut appliquer le métal nu.

» 7. Excitateurs des muscles.

» 8. Excitateur de l'épiderme (scrofule, durillons, etc.).

9 & 10. Excitateurs des nerfs (moxa électrique).

» 11. Frictionneur pectoral (maladies de poitrine, catarrhes, bronchite, etc).

» 12. Frictionneur dorsal (maladies de la colonne vertébrale, de la moelle épinière, etc.).

» 13. Trois sondes pour matrice, qui se montent à la tige n° 16, laquelle se visse sur la lame n° 21, et servent, ainsi montées, dans les maladies de matrice (faiblesse, descente, rétroversion, ulcération, cancer, etc.).

» 14. Sonde pour le rectum, se vissant sur la lame de bain n° 21 (catarrhes, fistules, hémorrhoïdes).

» 15. Instrument pour le périnée et l'anus, se vissant également sur la lame n° 21 (maladies de la vessie, hémorrhoïdes, etc.).

» 16. Sondes pour plaies (quatre grosseurs), qui se vissent au manche à support n° 2, pour la cautérisation lente des plaies de toute nature.

» 17. Sondes pour les amygdales et les glandes salivaires.

» 18. Sonde buccale avec manche n° 1 (paralysie de la langue).

» 19. Sonde nasale avec manche n° 1 et support n° 3.

» 20. Sondes auditives simples (deux grosseurs), avec manche n° 1 et support n° 3.

» 21. Lame recourbée et à charnière, pour bains de mains, de bras, de pieds, de siége, et munie d'une virole, servant aussi à recevoir les sondes n° 14, et 15, et avec le support n° 16, les sondes n° 13.

» 22. Cylindre pour les grands bains.

» 23. Excitateur du cuir chevelu.

N° 24. Commutateur pour les sondes urétrales et les transportateurs en étoffe métallique.

» 25. Sonde auditive double.

» 26. Sonde à coulisse pour matrice et rectum (pour les cas où les n° 13 et 14 ne suffisent pas).

» 27. Pince pour tumeurs abdominales.

» 28. Pince pour goîtres, loupes, kystes.

» 29. Excitateur de la moelle épinière.

» 30. Sondes urétrales (deux grosseurs).

» 31. Lunette avec ses deux plaques de transport, pour amauroses, etc.

» 32. Excitateur encéphalique simple ; vissé sur le manche n° 1, il forme une brosse métallique qui sert notamment dans les épanchements cérébraux, les névralgies, les migraines, etc. ; et en double, relié par une lame qui communique le courant aux deux plaques, il sert dans le traitement des aliénations mentales.

» 33. Bandes en étoffe métallique pour le cou, les bras, les jambes, etc.

» 34. Plastron pectoral métallique (catarrhes, bronchite, phthisie, etc.).

» 35. Plastron abdominal métallique pour toutes les maladies dont l'abdomen est le siége et aussi pour faciliter les accouchements, etc.

» 36. Bandes frontales (névralgies, migraines, aliénations mentales).

» 37. Ceinture métallique pour les reins (lumbago, paraplégie, douleurs, etc.).

» 38. Cautérisateur pour les petites opérations chirurgicales, la cautérisation des plaies, etc.

» 39. Diviseur des courants électriques (apoplexie, asphyxie, choléra).

» 40. Instrument pour électriser les malades négativement ou positivement.

» 41. Instrument pour le même usage appliqué aux grands bains.

» 42. Excitateur des pieds, servant spécialement pour discerner la mort apparente de la mort réelle.

» 43. Traverse métallique pour placer sur les baignoires, en prenant les grands bains, afin que le malade puisse y appuyer ses mains.

» . Boquets pour bains de mains, de bras, de jambes, de pieds, de siége, etc.

(NOTA. — Les n° de 12 à 43 sont brevetés.)

PRÉFACE

Les résultats incontestables de l'expérience sont le *criterium* de toutes les opinions et de toutes les théories scientifiques.

L'électricité nous conduit à la connaissance de nous-même.

J'ai publié, en 1851, un opuscule intitulé : « *la Médecine du pauvre et du riche* », lequel indiquait les résultats que j'avais obtenus après de nombreuses expérimentations dans l'application de l'électricité à la thérapeutique.

Jusque là quelques médecins, parmi lesquels on compte des hommes d'un grand mérite, avaient bien eu recours à l'électricité pour combattre certaines affections ; mais aucun n'avait osé en généraliser l'emploi. Les appareils connus à cette époque étaient d'ailleurs trop imparfaits pour que les partisans de ce système pussent dépasser le cercle très-restreint de quelques maladies spéciales. Il fallait donc faire une nouvelle étude de cet agent si puissant et chercher le moyen de s'en rendre maître par des combinaisons aussi variées que les différentes espèces de maladies auxquelles il est applicable. Je revendique à bon droit l'honneur de cette heureuse initiative.

C'est au moyen d'appareils combinés par moi et propres à toutes les applications thérapeutiques, que j'ai obtenu un succès toujours croissant. Les nombreuses cures, opérées dans les cas les plus graves et alors que les malades avaient inutilement épuisé les secours des diverses méthodes curatives, m'ont déterminé à fonder, il y a quatorze ans, l'établissement Électro-Thérapeutique, que je dirige depuis lors sous le patronage de plusieurs médecins de la Faculté de Paris.

Dès le début, je pouvais, à l'aide de mes appareils et de ma méthode, administrer trois genres d'électricité à trente personnes à la fois, et chaque personne isolée pouvait elle-même, après avoir reçu par moi les instructions spéciales, s'appliquer à tous les degrés de force nécessaires l'électricité convenable à son genre de maladie. Je pouvais ainsi soigner au besoin, avec un seul aide, plus de trois cents malades dans un jour, en donnant à chacun une demi-heure d'électrisation. Aujourd'hui je pourrais, grâce aux nouveaux perfectionnements apportés à mes appareils, traiter chez moi six cents malades par jour.

Toutes les applications qui avaient été faites avant moi, et qui se font encore à Paris et ailleurs, s'étaient bornées et se bornent à l'électrisation d'une seule personne et pendant quelques minutes seulement, attendu qu'on croyait cette durée suffisante.

Les résultats obtenus par mes appareils et par ma méthode d'application ayant depuis assez longtemps éveillé l'attention des médecins, j'ai été consulté par un grand nombre d'entre eux, tant en France qu'à l'étranger, et la plupart ont reconnu la supériorité de mon système. Désirant propager les perfectionnements apportés à cette branche de la médecine, j'ai de tout temps, avec le plus grand désintéressement, donné à tous ceux que ces applications intéressaient les renseignements les plus précis, afin qu'ils pussent à leur tour administrer l'électricité aux malades avec le même succès que moi; aussi je compte des élèves dans plusieurs pays, notamment en Italie et en Amérique, et quelques-uns, dans leurs ouvrages, reconnaissent qu'ils m'ont eu pour maître.

D'autres (en Angleterre et en Allemagne) ont puisé chez moi et dans les données que je leur ai fournies l'idée de créer des établissements pour administrer des bains électriques.

Parmi les médecins français qui ont reçu de moi les premiers éléments de cette science en quelque sorte nouvelle dans son application, aucun n'en a fait la moindre mention dans ses écrits ni dans les rapports qu'il a publiés (*a*).

Je tiens à constater que l'établissement Électro-Thérapeutique, que j'ai fondé à la fin de l'année 1850, est non-seulement le premier de ce genre qui ait été créé et organisé à Paris; mais qu'il est probablement encore aujourd'hui le seul existant dans le monde entier; le seul possédant tous les éléments nécessaires au traitement du grand nombre de maladies auxquelles l'électricité peut être appliquée; le seul organisé sur une échelle assez vaste pour pouvoir traiter plus de six

---

(*a*) Par respect pour le grand nombre de médecins qui m'ont accueilli avec la bienveillance qui distingue les hommes de progrès, je m'abstiendrai d'en nommer quelques-uns dont je n'ai pas à me louer; en effet, ayant reçu de moi les premières notions d'une application rationnelle de l'électricité au traitement des maladies, ils ont gardé le silence le plus absolu sur la part que j'ai prise à leur instruction. En revanche, des docteurs célèbres, notamment M. Jules Cloquet, m'ont honoré de leur confiance, et d'autres ont donné un témoignage public de leur désintéressement, de leur amour pour le progrès et pour l'humanité, en reconnaissant les avantages de mon système par la déclaration suivante :

Attestation :

« **Les soussignés** *croient remplir un devoir de leur ministère en faisant connaître à leurs confrères, que lorsqu'ils auront des malades sur lesquels toutes les ressources ordinaires de l'art médical auront été épuisées, ils trouveront dans le système spécial d'application de l'électricité voltaïque et volta-magnétique pratiqué depuis dix ans dans l'établissement Électro-Thérapeutique*

cents malades dans un jour, en donnant trente minutes au moins d'électrisation à chaque malade; le seul, enfin, qui puisse fournir aux médecins des appareils propres à ce nouveau traitement, ainsi que des appareils à l'usage des hôpitaux, à l'aide desquels on peut électriser en un jour les malades du plus vaste hospice.

Les résultats obtenus depuis quatorze ans, avec le concours de mon ami le docteur Du Planty, sur plus de dix mille malades, ont pleinement justifié ce que j'avais avancé dans ma brochure « *la Médecine du pauvre et du riche* » : que l'électricité rationnellement appliquée opère des guérisons dans un grand nombre d'affections, et principalement dans les maladies chroniques, les névralgies, la phthisie pulmonaire, et généralement dans toutes les maladies regardées comme incurables par les médecins. Ces résultats ont également confirmé ce que des docteurs distingués de la capitale ont eu le courage d'écrire, il y a dix ans et plus, sur mon système curatif.

Ces docteurs sont M. Marchand, médecin du palais des Tuileries, M. le marquis Du Planty, et M. Garon, ancien chirurgien-major, tous les trois membres de la Légion-d'Honneur.

Voici les conclusions d'un rapport qu'ils ont fait sur mon

de M. Rebold, un moyen aussi doux qu'énergique et puissant d'apporter à ces maladies rebelles une modification salutaire, et d'obtenir, sinon toujours la guérison, du moins un très-grand soulagement. Pour s'assurer de ce qu'ils avancent, ils engagent leurs confrères à visiter cet établissement. »

Du Planty, doct. méd., ✳✳✳.	**L. Hébert,** doct. méd.
J. Perry, doct. méd., ✳.	**Petiau,** doct. méd.
Poirson, doct. méd., ✳.	**Pirard,** doct méd.
Faivre, doct. méd.	**Stacquiez,** d. m., à Liége, ✳✳✳.
A. Langlebert, doct. méd., ✳.	**Kronser,** doct. méd., à Karlsbad.
F. Broussais, doct. méd., ✳.	**Gatti,** doct. méd., à Gênes.
Lipkau, doct. méd.	**Alburner,** d. méd., à Philadelphie.

système, le 23 mars 1854 : « En somme, nous pensons que
» l'électricité étant l'agent vital, l'application rationnelle de
» cette force à la thérapeutique est appelée à devenir, *sinon*
» *toute la médecine, du moins son plus puissant moyen;* et, en
» conscience, nous pensons que M. Rebold a avancé la solu-
» tion du problème bien au delà des limites atteintes jusqu'à
» ce jour, en préparant une base solide à la véritable méde-
» cine curative. »

Dans un deuxième rapport envoyé par les mêmes médecins
au Ministre de l'Intérieur, portant la date du 1ᵉʳ septembre
1857, augmenté de la signature de M. le docteur Broussais,
chevalier de la Légion-d'Honneur, constatant la guérison de
trois malades choisis par ces médecins comme sujets d'expérimentation (paraplégie, amaurose, surdi-mutité de naissance),
ils terminent par les conclusions suivantes : « Dans notre
» opinion consciencieuse, M. Rebold mérite *une récompense*
» *nationale.* »

Que l'on me permette de citer en outre le passage suivant
d'une brochure (Hàvre 1863) intitulée : *De la Munificence des*
souverains français envers les savants, et de l'Électricité comme
moyen curatif des maladies réputées incurables, dont l'auteur,
M. le docteur Priou, de Nantes, de la Faculté de Paris, lauréat
et correspondant de l'Académie impériale de Médecine, etc.,
m'est inconnu :

« Pour nous qui visons plus au bonheur de l'humanité qu'à
» notre propre intérêt, et qui n'avons jamais compté le temps
» que nous enlevions à nous-même pour le donner soit aux
» devoirs publics, soit au service d'autrui, nous applaudissons
» de toute notre âme aux persistants travaux de M. Rebold,
» à son zèle éclairé pour la science que nous cultivons depuis
» plus de quarante ans et qui lui devra une partie de son
» avancement. *Donc gloire à lui!* »

En dehors de ces applications de l'électricité au corps humain, j'ai, en m'appuyant sur des faits irrécusables, été amené à des expériences d'une autre nature, à la suite desquelles j'ai reconnu que dans cette sphère les bornes du possible pouvaient être immensément élargies (a).

Les différents appareils qui composent mon système me portaient à croire que j'avais poussé les applications de l'électricité à la thérapeutique à leurs dernières limites pour l'époque actuelle ; j'avais même pensé avoir répondu à l'intention généreuse du décret du 23 février 1852, par lequel l'Empereur institue un prix de 50,000 francs en faveur de la découverte qui rendra la pile de Volta applicable avec économie à l'industrie, à l'éclairage, à la chimie, à la mécanique, *à la médecine pratique*, attendu que ma méthode, entièrement nouvelle, permettant d'étendre désormais les bienfaits de l'électricité à toutes les classes de la société et en outre aux animaux et à l'agriculture, on ne pouvait remplir d'une manière plus complète que je ne l'ai fait les conditions du décret impérial, savoir : *rendre la pile de Volta applicable avec économie à la médecine pratique*, celle de toutes les branches des sciences mentionnées la plus importante au point de vue humanitaire. Je me suis trompé, à ce qu'il paraît, car je n'ai pas même été appelé par la Commission instituée à cette fin, pour lui donner connaissance de mes applications et de leurs résultats.

La Commission, ayant trouvé qu'aucun des aspirants n'avait mérité le prix de 50,000 francs, a ouvert un nouveau concours pour le même sujet.

Me croyant cependant fondé dans ma réclamation, j'ai pro-

(a) Je fais connaître ces expériences dans un ouvrage sous presse, qui a pour titre : « *L'électricité appliquée au traitement des maladies des animaux, à la sériciculture et à l'agriculture* ».

testé contre ce jugement dans un mémoire imprimé que j'ai adressé à l'Empereur, au Ministre de l'Instruction publique et à tous les représentants des puissances étrangères, protestation qu'on trouvera à la fin de cet ouvrage.

Quel que soit le résultat définitif de ces études, j'ai la conviction et la satisfaction d'être le premier qui ait rendu accessible à tous, par la facilité de son application, l'agent le plus salutaire et le plus actif donné par le Créateur aux hommes pour conserver et rétablir leur santé, et qui ait initié les électriciens à toutes les propriétés thérapeutiques et physiologiques de cet agent, et les ait mis à même de s'en servir avec sûreté et sans hésitation; j'ai surtout la conviction d'avoir combiné le mode d'administrer l'électricité à un grand nombre de personnes à la fois, préparé par là aux gouvernements les moyens d'en propager l'usage gratuit, et créé les instruments nécessaires pour en faire partager les bienfaits à toutes les classes de la société (a).

A l'appui de mes justes plaintes, je citerai le passage suivant de l'introduction d'un ouvrage qui vient de paraître, intitulé : *la Science et les Savants en 1864*, par Victor Meunier :

« On pourrait croire, en lisant le récit des découvertes con-
» temporaines, que leurs auteurs n'ont à surmonter que des
» difficultés opposées par la nature à quiconque veut pénétrer
» ses secrets.

» Qui se douterait que les plus grands obstacles leur viennent

---

(a) Par un seul appareil et ses accessoires (n° 1 du Tarif), et avec six couples de Bunsen, je puis électriser tous les malades d'un grand hôpital en un jour; avec l'appareil n° 4 et le même nombre de couples, je puis électriser dix mille personnes dans un jour, en donnant à chacune quinze minutes d'électrisation. Voilà donc *six* couples de Bunsen qui remplacent *deux cents couples* et deux cents appareils, qu'exigerait un nombre égal d'individus pour être électrisés en un jour, si l'on se servait des appareils en usage. Peut-on trouver une application plus économique de la pile de Volta à la médecine pratique ?

» des hommes et des institutions ; qu'il y a dans le monde
» scientifique comme ailleurs, plus qu'ailleurs, des gens qui
» souffrent, des gens qui oppriment, et que nulle part les abus
» ne sont plus nombreux, plus invétérés, plus criants ? »

Combien en effet de découvertes, conçues dans l'intérêt de
l'humanité, ne sont-elles pas méconnues, souvent rejetées ou
du moins retardées par l'opposition d'une certaine classe de
gens, ennemis de tout progrès humanitaire ! Honneur donc à
Victor Meunier d'avoir eu le courage de révéler la vérité à cet
égard.

EM. REBOLD.

Paris, février 1865.

P. S. — Le terme du nouveau concours expirait en 1864, et la
même Commission, dont les membres me sont inconnus, a prononcé
son jugement en adjugeant le prix de 50,000 francs à un opticien,
très-habile sans doute, mais ne se rendant pas un compte bien exact
de la substance du décret de l'Empereur. Aussi ai-je cette fois formulé
une protestation plus énergique encore que la première, et dans laquelle
j'ai fait appel à tous les savants de l'Europe. Leur opinion, je le sais,
ne changera en rien le verdict prononcé ; mais je tiens à constater le
défaut d'examen et, par suite, l'erreur de la Commission.

L'ÉLECTRICITÉ

Moteur de tous les rouages de la vie,
Agent
conservateur et régénérateur
de la santé.

Coup d'œil sur les phénomènes physiologiques de l'électricité.

Les merveilles que l'électricité, appliquée aux sciences et aux arts, a accomplies depuis le commencement de ce siècle, sont si variées, si nombreuses, si extraordinaires, et progressent de jour en jour avec une telle rapidité et une telle puissance, que l'esprit demeure comme ébloui et frappé d'admiration en présence de tant de prodiges. Or le plus grand de ces prodiges, c'est sans contredit l'importance que cet agent a acquise sous le rapport physiologique, c'est-à-dire sous le rapport de son action sur les corps organisés, et plus particulièrement sur les êtres animés. C'est là, en effet, que nous voyons l'électricité produire des phénomènes d'un ordre plus élevé et déployer ses attributs dans leur richesse la plus splendide.

Quand on étudie l'électricité sous le point de vue physiologique, on est obligé de reconnaître qu'elle est non-seulement l'agent principal de la reproduction, mais encore le moteur invisible de tous les rouages de la vie ; que c'est par elle que notre cerveau, siége de la volonté, agit et transmet ses ordres avec la rapidité de l'éclair aux différentes parties de notre corps, qui lui obéissent instantanément ; que c'est par elle que s'opère la circulation du sang, ainsi que le changement de couleur de ce liquide ; en un mot, que l'électricité est le grand ressort de toute impulsion dans la sphère des forces animées et des forces inanimées, et représente cette puissance universelle, éternellement active, qui, suivant les lois d'une admirable et constante harmonie, imprime le mouvement, la vie à toute la nature.

Nous vivons à une époque de recherches et de progrès, où, grâce aux hommes de talent et de science, un océan de lumière se répand sur le monde. Si les uns ferment les yeux, d'autres les ouvrent et cherchent à connaître la vérité.

Aujourd'hui que l'électricité est donc considérée avec raison par les plus éminents savants de l'Europe comme le principe de la vie chez l'homme, chez les animaux et chez les végétaux, on ne saurait plus longtemps lui nier la propriété de fortifier et de conserver la santé, de combattre les maladies dont l'homme peut être atteint : c'est ce qui résulte d'une multitude d'expériences faites avant et depuis la découverte de Galvani, et, plus récemment, de milliers de guérisons obtenues par l'auteur pendant une pratique électro-thérapeutique de quatorze années.

CHAPITRE PREMIER.

Abrégé historique des applications de l'électricité à la thérapeutique, de 1750 à 1850.

1. Les premières applications de l'électricité au traitement des maladies sont en partie dues au hasard, et c'est à l'abbé Nollet que revient l'honneur d'avoir (de 1745 à 1750) fait en France les premières expériences sérieuses tant sur l'homme que sur les végétaux. Ses résultats ont été constatés plus ou moins complétement par Pivati, célèbre physicien, à Venise (1750); Jallabert à Genève, Verati à Bologne, Bianchi à Turin, Winckler à Leipsig, de Haen à Vienne, Lindult à Stockholm (1755), le docteur Watson à Londres (1763), l'abbé Pons-Sigaud-Delafond, Boze à Wittemberg (1766), Mauduyt et l'abbé Bertholon à Paris, et Masars de Cazelles à Montpellier (1780).

Bien que les progrès que ces savants avaient fait faire à cette branche de la science pussent être considérés comme très-importants pour cette époque, on n'en tira aucun parti; il y a même plus, on cessa de s'en occuper, et jusqu'à la découverte de Galvani (1791) (*a*), mise en pratique par Volta (1800) (*b*),

(*a*) Galvani naquit à Bologne le 9 septembre 1739, et mourut le 4 décembre 1798.

(*b*) Volta naquit à Côme le 18 février 1745, et mourut le 6 mars 1826.

véritable point de départ d'une science nouvelle à laquelle l'un et l'autre ont attaché leur nom, l'emploi de l'électricité dans la thérapeutique fut entièrement délaissé. Sous l'impression de cette découverte et de ses conséquences, d'habiles médecins cherchèrent à utiliser les études de leurs devanciers; mais ils n'obtinrent pas des résultats satisfaisants. Cela provint sans doute de ce qu'ils n'avaient à leur disposition que la machine électrique à disque de verre et la bouteille de Leyde, deux instruments impropres à ce genre d'applications, et, pour cette raison, à peu d'exceptions près, généralement abandonnés. Il faut néanmoins reconnaître que c'est grâce à l'électricité statique, développée au moyen de ces instruments, qu'a été établie l'efficacité de cet agent curatif contre les affections du corps humain (a).

Ce n'est que vers la fin du siècle dernier et dans les premières années de celui-ci qu'on a commencé à faire usage de la pile de Volta pour le traitement des maladies, application qu'on désignait sous le nom de galvanisme. Les Allemands ont été les premiers qui se sont occupés particulièrement de ce genre d'applications. Les travaux d'Aldini (1804), de Loder, d'Alexandre de Humboldt, d'Augustin, de Lichtenstein, de Grappengieser, de Springer d'Iéna, du docteur Wilkinson, de l'Anglais Labeaume, du Français Fabré-Palaprat (1828), de Maranini (1833), de Sarlandier, de Rayer, d'Andral et d'Andrieux (1830-1835), ont beaucoup profité à l'électro-thérapie; les nombreuses expériences de ces savants ont présenté des conclusions moins contradictoires que les applications tentées à l'aide de l'électricité statique; toutefois elles n'ont jamais dépassé le cercle étroit de certaines affections particulières.

(a) Il ne m'est pas permis de passer sous silence un savant de cette époque, qui mérite à tous égards nos hommages, bien qu'aujourd'hui il soit encore méconnu d'une grande partie des médecins. Le docteur Mesmer s'épuisait alors en vains efforts pour prouver que l'électricité animale, qu'il appelait magnétisme, possède la propriété de guérir une foule de maladies nerveuses. Après sa mort, bien des savants étudièrent la science extraordinaire qu'il avait enseignée et devinrent ses disciples. On trouve de nos jours peu de pays qui n'aient leur Société Mesmérienne pour propager la science du maître.— F.-A. Mesmer naquit à Mersbourg le 23 mai 1734, et y mourut le 5 mai 1815.

Les appareils d'induction (volta-magnétique ou farradique et magnéto-électrique ou ampéro-farradique), construits à la suite des découvertes faites par Farraday et par Ampère, ont enfin permis d'administrer l'électricité dynamique d'une façon un peu plus régulière, quoique très-imparfaitement encore, c'est-à-dire par commotions plus ou moins fortes, provoquant souvent des accidents fâcheux. Malgré les nombreux contradicteurs qui ont tenté par tous les moyens de prévenir le public contre ce mode de traitement, les expériences faites par MM. Magendie, Ratier, Andrieux, Rémusat et autres ont prouvé jusqu'à l'évidence que l'électricité est un des agents de guérison les plus puissants dans certaines maladies ; malheureusement l'imperfection des appareils, auxquels les médecins étaient alors réduits, ne les mettait pas à même d'administrer l'électricité autrement que par des courants très-violents, que l'on ne pouvait régler que fort incomplétement, et dont les intermittences irrégulières et saccadées produisaient des commotions plus ou moins douloureuses et qui souvent n'étaient pas exemptes de danger.

Les affections contre lesquelles on employait l'électricité étaient principalement les paralysies partielles et générales ; car on n'admettait pas — c'est même encore l'opinion de la plupart des médecins — que l'usage en pût ne pas être dangereux en dehors de ce genre d'affections. Le mode d'application consistait, à peu d'exceptions près, à promener sur les parties malades deux tubes ou cylindres en cuivre, qui communiquaient l'électricité au corps au moyen d'éponges mouillées. Tel était en général l'état de l'application de l'électricité à la thérapeutique avant 1850.

CHAPITRE II.
État actuel des applications de l'électricité.

2. Aujourd'hui, dans presque tous les pays, on trouve des médecins qui s'occupent, d'une manière plus ou moins spéciale, d'utiliser l'électricité dans le traitement des maladies, notamment de celles que nous venons de mentionner ; mais, bien que l'usage de ce puissant agent curatif soit devenu plus

général, ces diverses applications ne présentent guère que des tâtonnements, des essais plus ou moins heureux ; et nulle part on ne rencontre un système raisonné et défini. Chacun suit les notions qu'il a puisées dans tel ou tel ouvrage traitant de la matière, et cherche à perfectionner les applications ou à en étendre le cercle ; mais le plus souvent l'expérimentateur se trouve arrêté dans la pratique soit par l'insuccès, soit par l'imperfection des appareils et le manque d'instruments excitateurs.

C'est surtout à Paris que l'emploi de l'électricité dans la thérapeutique a fait des progrès assez marqués. Nous citerons en première ligne les travaux de M. le docteur Duchenne de Boulogne, qui, depuis 1850, en a fait une étude spéciale et constante, et qui, par son ouvrage « *l'Électricité localisée* », publié en 1855, a initié le corps médical aux avantages qu'il a retirés de l'emploi de l'électricité dans le traitement des affections musculaires en général. Non seulement il a le grand mérite d'avoir, le premier, appelé tout particulièrement (a) l'attention des médecins sur ce moyen curatif; mais il a en outre acquis, des droits incontestables à leur reconnaissance par ses travaux scientifiques sur cette matière, surtout au point de vue physiologique. Plus d'un médecin a entrepris de mettre à profit les études de son docte confrère ; mais bien peu ont compris les leçons du maître ; bien peu, d'ailleurs, ont pris le temps de le lire et de l'approfondir.

D'autres médecins de Paris, entr'autres MM. J. Cloquet, Becquerel, Cl. Boinard, Jobert, Boulu, etc., ont également eu recours à l'électricité, avec plus ou moins de succès (b). Le premier de ceux que nous venons de citer, qui a publié ses expériences sur l'électricité, s'est posé en adversaire de M. le docteur Duchenne de Boulogne, dont il a cherché à amoindrir le mérite en critiquant une partie de ses travaux.

(a) Ma publication « *la Médecine du pauvre et du riche* », parue en 1851, avait le même but.

(b) Le Conseil de Santé de l'Armée a également introduit l'emploi de l'électricité dans les hôpitaux militaires ; les médecins ont reçu dans ce but une instruction imprimée, basée en grande partie sur les données fournies par les ouvrages de M. le docteur Duchenne de Boulogne. Néanmoins cette

Il a eu tort, à mes yeux ; car il est loin de pouvoir se mesurer avec lui. Bien que le médecin électricien puisse également y puiser d'utiles renseignements, les ouvrages de M. le docteur Becquerel renferment de nombreuses inexactitudes, et l'on peut dire que, au lieu de faire avancer la science, comme l'ont fait ceux de M. le docteur Duchenne, ils l'ont plutôt fait rétrograder, attendu que par le grand nombre des insuccès qui y sont mentionnés, ils ont rendu ceux des médecins qui étaient disposés à mettre en pratique ce nouveau moyen tellement circonspects, que la plupart ont mieux aimé renoncer à son emploi que de s'exposer à n'en obtenir que des résultats si peu satisfaisants (a).

L'auteur du présent ouvrage a cru de son devoir de réfuter plusieurs des allégations de M. le docteur Becquerel, dans une circulaire qu'il a adressée, le 1er juillet 1857, à tous les médecins de France ; il y a démontré que les insuccès signalés provenaient d'abord du genre d'appareil dont le médecin se servait et qui était le plus impropre à la pratique médicale, ensuite d'un défaut de méthode.

C'est néanmoins en partie aux médecins que nous avons nommés, qu'on doit les tentatives d'application de l'électricité qui ont eu lieu dans les hôpitaux. Il est inutile d'ajouter que les expériences se sont toujours bornées à la même catégorie d'affections. Quant aux résultats obtenus, il y a eu généralement plus d'insuccès que de succès ; encore ceux-ci sont très-souvent l'effet du hasard. Nous le répétons, ce peu de succès doit être attribué à l'imperfection des appareils dont on se sert, ainsi qu'à la manière dont l'électricité est généralement administrée aux malades.

instruction contient des notions erronées, de nature à paralyser les applications, en contraignant à une prudence excessive le médecin appelé à y procéder. Ce qu'il y a surtout de fâcheux, c'est que le Conseil de Santé de l'Armée a fourni à ces médecins des appareils qui sont, sous tous les rapports, impropres à la pratique médicale ; car ils ne donnent ni le courant direct ni le courant de seconde induction, attendu que dans la construction de ces appareils, on a réuni les deux courants en attachant ensemble les extrémités des deux fils, qui ainsi n'en forment plus qu'un seul, et l'on a par là détruit les propriétés spéciales que possède chacun de ces deux courants, propriétés que malheureusement on a trop peu étudiées jusqu'à ce jour.

(a) Ces observations étaient écrites avant le décès de M. le d^r Becquerel.

Ces applications ont lieu tantôt au moyen d'un appareil magnéto-électrique, tantôt à l'aide d'appareils volta-farradiques, tels qu'en fabriquent les mécaniciens et les opticiens de Paris, mais toujours en se servant de l'électricité de deuxième induction, comme étant celle qui a le plus de tension, et par cela même le plus d'action à leurs yeux.

3. Lorsqu'une application de l'électricité est prescrite par le médecin en chef, l'interne se rend avec son appareil au lit du malade, et il soumet celui-ci à une électrisation de quelques minutes en promenant alternativement sur certaines régions, qui ne sont souvent pas le siége du mal, les deux cylindres garnis d'éponges humectées ; malheureusement ces électrisations se font d'ordinaire par des courants si forts, que les personnes malades s'opposent souvent à ces expériences, qui sont très-douloureuses (a).

Ces applications, tout imparfaites qu'elles sont, ne laissent pas de produire parfois quelques bons résultats, nullement de nature, cependant, à encourager les médecins à les étendre à d'autres genres de maladies ; d'ailleurs, si l'on devait suivre la méthode d'après laquelle on a opéré jusqu'ici, cette extension ne serait pas à désirer. Sans la connaissance des propriétés spéciales de chaque espèce d'électricité, on n'aboutit le plus souvent qu'à des résultats négatifs. La méthode d'application

(a) Pour donner une idée de la manière dont l'électricité est quelquefois appliquée dans les hôpitaux par certains internes, je vais citer une application à laquelle j'ai assisté. Obligé de faire un matin une visite à un malade, j'entendis le médecin en chef, qui était escorté d'un certain nombre d'étudiants, donner l'ordre à l'interne d'électriser un homme atteint d'une paraplégie. L'interne se mit à l'œuvre, en se servant d'un appareil magnéto-électrique. Il donna au malade deux cylindres (excitateurs) à tenir *dans les mains*, et après avoir fait manœuvrer l'appareil au moyen de la manivelle pendant deux minutes et fait souffrir le pauvre homme par des commotions douloureuses en lui faisant passer les courants par les bras au lieu de les faire passer par les jambes, il s'arrêta et déclara, sur ma demande, que cela était suffisant. Je lui demandai alors si c'était ainsi que le médecin en chef lui avait appris à administrer l'électricité dans un cas pareil, il me répondit affirmativement. Les observations que je lui fis à ce sujet furent bien accueillies par lui, et une nouvelle électrisation, à laquelle il soumit le malade en se conformant à mes indications, lui démontra l'absurdité de la méthode qu'on lui avait fait suivre jusqu'à ce jour, de laquelle il m'avoua qu'on n'avait eu que rarement quelques bons résultats à signaler.

est restée la même que celle qui avait déjà été adoptée au commencement du siècle, et qui consiste dans l'emploi de deux tubes garnis d'éponges; elle est pratiquée partout, et même par M. le docteur Duchenne de Boulogne, à qui les applications qu'il fait de l'électricité aux atrophies musculaires ne paraissent pas en exiger une autre. Qu'il me soit permis d'exprimer ici le regret que cet habile praticien, avec les ressources qu'il a à sa disposition et les connaissances éminentes qu'il possède, n'ait pas osé jusqu'à présent dépasser le cercle de ses applications, qu'il a restreintes au traitement des affections que nous venons de mentionner.

Le cadre de cet ouvrage ne me permet pas d'étendre à d'autres pays l'examen de l'état des applications de l'électricité. Je ferai observer toutefois qu'elles sont presque partout à l'état d'enfance, et par les motifs que j'ai exposés : 1° l'imperfection des appareils généralement en usage ; 2° le manque d'instruments transporteurs (excitateurs); 3° la mauvaise application des courants électriques, et 4° l'ignorance assez générale des propriétés thérapeutiques des divers genres d'électricité, et de l'action physiologique et mécanique qui se produit dans le corps lors du passage d'un courant électrique, soit d'un courant d'induction volta-magnétique interrompu ou intermittent, soit d'un courant purement galvanique continu ou intermittent.

Parmi les applications qui se font à l'étranger, je ne dois point passer sous silence les travaux d'un des principaux apôtres de l'électricité en Allemagne, parce que son nom a été souvent cité à l'Académie des Sciences. Je veux parler du docteur Remack de Berlin, qui s'est acquis comme électricien une certaine renommée. Ce savant médecin fait exclusivement usage de l'électricité galvanique. A en juger d'après un ouvrage qu'il a publié et qui relate ses travaux dans cette sphère (a), toutes ses applications paraissent n'être encore qu'à l'état d'essais, et n'avoir pas produit jusqu'ici des résultats con-

(a) *Galvanothérapie, ou application du courant galvanique constant au traitement des maladies nerveuses et musculaires,* par le docteur R. Remack, traduit de allemand par le docteur A. Morpain. Paris 1860.

cluants. Cela doit sans doute être attribué en partie au genre
d'électricité dont il fait usage et dont les applications exigent une pratique d'autant plus longue que cette électricité
agit d'une manière infiniment plus lente que tous les autres
types.

L'administration de l'électricité galvanique exige en outre
des appareils tout spéciaux, dont j'explique plus loin les diverses formes et les différentes actions.

Les succès que M. Remack a obtenus dans un certain
nombre de maladies viennent à l'appui de ceux qu'avaient
déjà enregistrés l'Anglais Labeaume et notre compatriote
Fabré-Palaprat (a), qui en ont conclu que l'électricité galvanique
pouvait être employée avec efficacité au traitement d'un grand
nombre d'affections.

Je ferai observer encore que le mode de ces médecins
d'administrer cette électricité, bien que très-imparfaite, pouvait convenir pour des électrisations isolées ; mais, lorsqu'il
s'agit d'applications collectives comme elles ont lieu chez moi,
lesquelles sont nécessaires lorsqu'on veut opérer par exemple
dans les hôpitaux, dans les maisons d'aliénés, ces méthodes ne
sont plus praticables.

Par suite des résultats obtenus par le savant médecin de
Berlin, des essais ont été tentés à Paris à l'aide de ce genre
d'électricité par M. le docteur Hilfisheim, en se servant des
chaînes hydro-électriques de Pulvermacher. Au lieu d'agir,
comme M. Remack, avec des appareils convenables et développant de l'électricité galvanique en quantité et avec une tension
suffisantes pour produire les effets qu'il voulait obtenir,
M. Hilfisheim a eu recours aux moyens les plus impropres pour
arriver à des résultats constants.

Ces chaînes, en raison de leur forme et de la facilité de leur
maniement, et présentant sous un petit volume un certain
nombre d'éléments voltaïques, lui ont sans doute paru suffisantes pour les expériences qu'il tentait. Il est vrai que, malgré l'imperfection de ces chaînes, l'inconstance des courants

(a) Du *Galvanisme appliqué à la Médecine*, par Labeaume et Fabré-Palaprat. Paris.

qu'elles développent et l'embarras qu'entraînent leurs applications (a), il a obtenu dans certains cas d'assez heureux résultats, s'il faut du moins croire les rapports qui en ont été faits ; aussi y a-t-il lieu de s'étonner que ce genre d'application ait été abandonné. L'intelligence et la persévérance de M. Hilfisheim avaient sans doute suppléé à tous les inconvénients qu'offraient ces appareils générateurs.

Il me reste à mentionner une autre application de l'électricité galvanique. Bien qu'on eût souvent essayé de remplacer par la pile la cautérisation au moyen du fer rouge, ces essais avaient été si imparfaits qu'on y avait renoncé ; de sorte que le corps médical accueillit avec un certain enthousiasme la nouvelle qu'un médecin allemand, le docteur Mideldorf, avait construit un appareil à quatre piles Grove, permettant de substituer à jamais à la cautérisation usitée la galvano-caustique, qui ne présente aucun des inconvénients du fer rouge.

Les opérations, faites par l'inventeur lui-même dans les hôpitaux de Paris, ont complétement réussi ; cependant on ne les a plus continuées depuis son départ. L'abandon de ce moyen de cautérisation est regrettable ; il ne peut être attribué qu'à l'esprit de routine.

J'arrive maintenant à mes propres applications et aux appareils que j'ai construits pour tous les genres d'électrisation individuelle ou collective. J'ai exposé dans ma préface que j'avais, dès l'origine, inventé une méthode spéciale pour administrer l'électricité à un grand nombre de personnes à la fois, et sans avoir besoin de faire moi-même l'application sur le corps des malades, comme y sont obligés les autres électriciens, et qu'à l'aide des instruments combinés par moi, j'ai pu sans inconvénient faire passer l'électricité par n'importe quelle partie du corps, et laisser le malade se l'administrer lui-même.

Lorsqu'il ne s'agissait que d'électriser, dans les cas de rhumatismes, de paralysie, d'atrophie musculaire, etc , les deux

(a) D'après l'opinion émise par M. Edmond Becquerel dans ses cours, on ne pouvait obtenir avec ces chaînes ou piles voltaïques aucune action physiologique ; c'est, comme on le voit, une erreur.

cylindres avec éponges, dont il a été fait mention et qui sont encore aujourd'hui les deux principaux instruments des électriciens, pouvaient suffire ; mais une fois qu'il a été reconnu que l'électricité est le plus énergique, le plus rationnel de tous les moyens thérapeutiques mis à la disposition de l'homme, il a fallu chercher la manière de l'appliquer à un grand nombre de maladies chroniques ; c'est là le travail spécial que s'est imposé l'auteur, et pour lequel il n'a trouvé dans aucun ouvrage des électriciens qui l'ont précédé à puiser aucune notion utile. Il a fallu étudier les propriétés des divers agents électriques à employer, pnis créer des appareils développant tous les types électriques nécessaires au traitement des maladies, et des instruments transporteurs (excitateurs) de nature à être appliqués avec facilité sur toutes les parties du corps qui peuvent avoir besoin d'être actionnées par l'électricité, et à y être fixés ou maintenus sans aucune difficulté par le malade lui-même. (*Voir Table des Figures, à la fin.*)

Ces instruments transporteurs permettent non-seulement de limiter l'action de l'électricité à l'épiderme sans qu'elle se fasse sentir au delà, mais encore d'étendre cette action sur la superficie du corps ou sur la partie qui est parcourue par les courants électriques : par exemple, de la tête aux pieds. On peut aussi, à l'aide des instruments spéciaux, faire passer les courants électriques à travers tel ou tel membre, telle ou telle partie du corps, et en circonscrire l'action à tel ou tel organe : au cœur, à l'estomac, aux poumons, etc. On peut, de la même manière, actionner directement les yeux, les oreilles, le larynx, le canal de l'urètre, le rectum, la vessie, etc. Les courants électriques peuvent aussi se diviser à l'infini, de façon qu'on les fasse passer à la fois par tous les pores du corps pour se recomposer à un point donné. On peut, à l'aide de chacun de mes appareils, donner des bains de pieds électriques, des grands bains, en administrant à chaque malade l'électricité à des degrés différents. Avec les appareils n°⁵ 1 à 6 et les bifurcateurs, ces bains peuvent se donner à 12 et à 20 personnes à la fois.

Les résultats extraordinaires que j'ai obtenus successivement au moyen de ces appareils et de ma méthode spéciale d'application dans le traitement du plus grand nombre de maladies, et notamment dans celles qui sont réputées incurables, m'autorisent à penser qu'aucun électricien n'en a encore eu de semblables (*voir la Préface*), pas même les élèves que j'ai formés et qui pratiquent d'après mon système avec un grand succès en Amérique, où ils acquièrent réputation et fortune.

Pour propager ce système dans l'intérêt de l'humanité, il importe de construire des appareils qui puissent mettre les médecins en état de procéder avec la même facilité que moi, et de pouvoir, au besoin, dans un établissement, maison de santé, hospice, etc., administrer l'électricité sous toutes les formes à un grand nombre de personnes à la fois. Les appareils, que j'ai mis dans ce but à la disposition du corps médical, ne laissent, je crois, rien à désirer sous ce rapport. (*Voir Exposé pratique, chap. X, Nomenclature raisonnée des divers systèmes et des différents appareils électriques en usage dans la pratique médicale.*)

Je suis loin d'avoir la prétention de donner ici un traité d'électricité médicale ou de physiologie; je ne veux que communiquer aux jeunes médecins, qui n'ont pas le temps d'étudier à fond cette nouvelle et importante branche de la thérapeutique, ainsi qu'aux pères de famille désireux de devenir les médecins de leurs enfants, ce qu'ils ont besoin de savoir pour être de bons électriciens; on n'exigera donc pas que j'entre dans des détails physiologiques sur les milliers d'observations faites dans le traitement de telle ou telle classe de maladies; cela, d'ailleurs, dépasserait le cadre que je me suis imposé et donnerait à ma modeste brochure l'étendue de l'ouvrage de M. Duchenne de Boulogne, sans apprendre beaucoup plus à mes lecteurs. Si j'avais suivi l'exemple de ceux qui ont écrit avec plus ou moins de savoir sur les applications de l'électricité, j'aurais rempli mon livre de leurs expériences, de leurs erreurs, de leurs conjectures, de leurs déceptions, de leurs mille tâtonnements dans cette sphère de la science, et je n'aurais fait ainsi que dégoûter les jeunes aspirants, qui, en définitive, ne demandent qu'à apprendre, à appliquer l'électricité avec efficacité, à étendre le cercle de leurs connaissances pratiques, et à guérir leurs malades.

La propagation de ce nouveau mode curatif dépend en grande partie de son adoption par les médecins ; c'est pourquoi j'ai cherché, par tous les moyens à ma portée, à rendre le corps médical favorable à l'électricité.

J'ai fait ce qui était en mon pouvoir pour engager les médecins à en faire usage, en mettant mon établissement (gratuitement) à leur disposition, avec la faculté d'y procéder eux-mêmes à toutes les expériences qu'ils pourront désirer, et en leur offrant tous les renseignements qu'une pratique de quatorze ans me met en mesure de leur fournir.

Ces offres leur ont été renouvelées dans plusieurs circulaires, notamment par mon ami le marquis Du Planty, docteur-médecin et chirurgien, lequel, avec un rare désintéressement, s'est chargé, dans l'intérêt de la science, de la surveillance de mon établisssement depuis le moment de sa fondation.

Très-peu de médecins, je dois le dire, ont secondé ces efforts humanitaires ; parmi ces exceptions, je me plais à citer un des docteurs les plus éminents de la Faculté de Paris, M. le docteur Cloquet Nous croyons aussi de notre devoir, et c'est même pour nous une satisfaction, de faire connaître au lecteur les honorables médecins qui n'ont pas craint de nous donner la déclaration, transcrite dans la préface, qui non-seulement témoigne de leur impartialité, mais prouve en outre que la noble mission dévolue au médecin a été bien comprise par eux.

CHAPITRE III.

Exposé théorique.

Nature, sources et propriétés des différents types d'électricité.

---

4. Bien que cet opuscule soit destiné à l'usage plutôt des gens du monde que des savants, j'entends néanmoins être utile aux jeunes médecins, qui y trouveront des renseignements fondés sur une longue expérience, et de nature à les mettre à

même d'appliquer l'électricité avec autant de succès que moi
et de se préparer un avenir prospère dans une carrière où j'ai
déblayé le chemin de presque tous les obstacles. Ils n'auront
plus qu'à vaincre ceux que rencontre ordinairement toute inno-
vation.

Je serai parfois dans la nécessité d'entrer dans des détails,
dans des explications qui seraient superflues, si je n'avais à
soumettre le résultat de mes expériences qu'à des érudits ; mais
elles seront loin d'être inutiles pour le médecin désireux de
devenir électricien et de mettre à profit et mes études et mes
conseils.

Je sais fort bien que les résultats de ces études sont encore
trop manifestement en contradiction avec l'enseignement des
savants, avec ce qui est généralement admis par les physiologistes modernes, pour qu'il me soit possible d'espérer qu'ils
daigneront y prêter encore quelque attention. Je me flatte
toutefois que plus tard, lorsque des hommes de progrès les
auront examinés et approfondis consciencieusement, ils finiront
par arriver aux mêmes conséquences et accepter ces nouvelles
idées.

Pour peu que l'on réfléchisse qu'il a fallu un demi-siècle pour
que le corps médical reconnût généralement la grande vérité
démontrée par Harvey en 1619, que le sang circule dans nos
veines sous l'influence de l'impulsion du cœur, il n'y a pas lieu
de s'étonner que, si deux siècles après on vient dire que cette
circulation n'est due, à proprement parler, qu'à l'influence de
l'électricité, cette nouvelle vérité ne soit pas acceptée tout
d'abord, et qu'il lui faille un certain temps pour prendre
racine.

Afin de mieux atteindre le but que je me propose, j'éviterai,
autant que possible, tous les termes usités en médecine qui ne
seraient pas assez clairs par eux-mêmes pour être compris du
lecteur étranger à la science.

Pour devenir bon électricien, capable d'appliquer utilement
l'électricité au soulagement de l'humanité, il faut avant tout
étudier cette force vitale sous ses différentes faces, afin de bien
s'identifier avec sa nature et ses propriétés ; il faut principale-

ment apprendre à connaître le rôle qu'elle joue dans notre organisme et l'action qu'elle opère dans notre corps, suivant qu'on y fait passer l'un ou l'autre de ses types.

5. Avant d'aider le lecteur dans cette étude, je ferai une observation qui, selon moi, a échappé à la majorité des médecins. Les méthodes curatives, anciennes et nouvelles, souvent contraires les unes aux autres, s'appuient toutes sur un grand nombre de guérisons plus ou moins surprenantes, mais parfaitement constatées. En dépit des systèmes et des théories, on voit beaucoup de maladies qui disparaissent sans le secours de l'art médical. Que résulte-t-il de ce fait pour quiconque s'est livré à l'étude de l'électricité? Qu'il existe dans la nature *un principe d'action universel*, lequel, dans de certaines conditions, opère ce que nous attribuons dans beaucoup de cas à la puissance de l'art. Or ce principe universel n'est autre que *l'électricité (a)*.

(a) Dans un discours que j'ai prononcé à la séance solennelle de la Société des Sciences industrielles, Arts et Belles-Lettres de Paris, dont j'étais alors le président, tenue à l'Hôtel-de-Ville le 12 juin 1858, j'ai, après avoir tracé le tableau de toutes les merveilles que nous devons à « *cette onde magique et* » *irrésistible* », comme l'appelle M. Dumas, exprimé l'opinion suivante sur la nature de l'électricité : « Je suis arrivé à croire que l'électricité, ce principe » de feu, de lumière, de mouvement, de vie, de création, de régénération et › de destruction, ce feu invisible qui remplit l'univers sans être ni matière ni » esprit, est pourtant ce qui constitue la nature animale, végétale et minérale, ⅅ de sorte que si elle pouvait être anéantie il en résulterait forcément l'anéan- » tissement de l'univers. Partant de ces principes, je pense donc (que les » savants me pardonnent de sortir ici de la science positive !) que l'électricité » n'est autre que le souffle de la Divinité, qui en a, dès le commencement, › pénétré l'univers d'outre en outre ; que ce souffle s'est incarné dans toutes » les molécules de la matière minérale, végétale et animale, et qu'ainsi ces » molécules ont été douées de la force créatrice que nous observons et » admirons dans toutes les œuvres de la nature. En d'autres termes non » figurés, je crois que ce fluide de vie, qu'aucun savant n'a encore pu analyser, › n'est autre chose qu'une manifestation directe, ou, si l'on veut, indirecte » de Dieu, sous une forme accessible à nos sens, agissant sur toute la nature, › animant toutes les molécules de l'univers; qu'il est, en un mot, le principe » créateur, animateur et conservateur de toute chose.

» Si cette idée que j'ai conçue de la nature de l'électricité est vraie, il en » résulte que ce principe créateur qui anime l'univers ne saurait pas plus que » Dieu lui-même tomber dans l'anéantissement ; *par conséquent*, si notre globe » venait à être détruit par un cataclysme quelconque, il renaîtrait de ses » cendres, grâce à l'activité de ce principe régénérateur, qui le peuplerait

Ce fluide (a) de feu est de nature matérielle et lumineuse, et comme tous les fluides, impondérable, invisible. C'est une substance dont l'essence nous échappe et dont nous n'entrevoyons l'existence que par ses effets; elle vivifie les corps organisés et exerce son activité, quand elle se trouve placée dans un milieu organique dans lequel elle puisse se mouvoir, ou d'où elle puisse prendre son essor; mais elle reste, en apparence du moins, dans l'inaction, tant qu'elle n'est pas divisée, séparée en deux. Elle est propre à recevoir, à propager et à communiquer toutes les impressions du mouvement. Plus subtile que la lumière, elle rayonne dans tous les sens et traverse l'espace avec une rapidité de 120,000 lieues dans une seconde (b); elle produit à la fois des effets mécaniques, chimiques, calorifiques, lumineux et physiologiques.

Pour mieux comprendre ces phénomènes, il importe de savoir que l'électricité est un corps double (c), c'est-à-dire le résultat de la combinaison de deux fluides ou plutôt de deux forces égales et contraires tendant constamment à se faire équilibre. L'une des deux moitiés, appelée négative, représente le principe reconstituant, et l'autre, appelée positive, celui du principe dissolvant; chacune d'elles a des propriétés chimiques et médicales différentes.

Cet agent, qui, par la réunion de ses deux moitiés séparées d'une manière quelconque, allume l'alcool, la poudre à canon, et fond les métaux, est appelé par une partie des physiciens et des physiologistes de notre époque, chimie vivante (d), agent mystérieux (e), et par d'autres fluide ou force vitale, agent du mouvement, etc.

» de nouveau d'intelligences et d'êtres, semblables et probablement supérieurs
» à ceux qui y existent actuellement. »

(a) Nous conservons cette expression, consacrée par la pratique. Aujourd'hui on est d'accord que l'électricité n'est pas un fluide, mais le résultat d'une action vibratoire.

(b) *Traité de physique*, par M. Becquerel.

(c) C'est au savant physicien Dufay, né à Paris en 1698 et mort en 1739, que l'on doit la découverte des deux électricités.

(d) Broussais.

(e) Dumas.

Les physiologistes modernes, nous l'avons déjà dit, l'ont considéré comme le principe de vie de tous les corps organisés, mais plus ou moins modifié selon les milieux qu'il traverse et les êtres qu'il anime.

Pour l'intelligence du lecteur auquel les sciences physiques peuvent être peu familières, nous devons faire connaître les trois types généraux ou agents électriques dont nous avons notamment à étudier l'action ; et si nous ne pouvons en approfondir la nature, il est nécessaire du moins que nous en recherchions la source. Nous ferons toutefois observer que, malgré la diversité des agents électriques, ils ont tous une nature identique, et cette diversité, qui n'existe que par rapport à leurs propriétés et à leurs effets, ne doit être attribuée qu'à la différence du mode de leur développement, et en partie aussi à la différence des substances qui servent à les produire; car leur source commune réside sans doute dans le fluide éminemment subtil que les physiciens désignent sous la dénomination d'*éther* et qui ne saurait être autre chose que l'électricité dans ses principes essentiels, substance éternelle et première de laquelle sont sorties toutes les autres, leur imprimant à toutes son action supérieure et formant elle-même le lien continu qui retient entre eux tous les points de l'espace. C'est par ses vibrations aussi rapides que la pensée que se transmettent les actions sans cesse échangées entre toutes les parties de l'univers.

Les trois types d'électricité sont :

1° L'électricité statique ;

2° L'électricité dynamique (inorganique);

3° Et l'électricité physiologique (organique).

1° Électricité statique.

6. Cette électricité générale, inorganique, est répandue dans tout l'univers, dans tous les corps pondérables ; c'est le fluide dont tout est composé, dans lequel tout est immergé, duquel tout est imprégné.

Elle peut être considérée, ainsi que je viens de le dire, comme une modification de l'électricité essentielle (éther), et la terre, qui, dès sa formation, possédait, comme toutes les autres planètes et leurs satellites, en un mot comme tous les corps de la nature, son électricité coexistante, en est un des foyers créateurs.

Bien que la science reconnaisse aujourd'hui que la terre est un des grands réservoirs de l'électricité, elle n'a pu encore préciser la cause qui engendre l'électricité et la dégage dans la terre. La plus vraisemblable de toutes les opinions émises à ce sujet par les savants de notre époque, dont les uns attribuent la création de l'électricité au soleil, me paraît être celle qui admet qu'elle est le résultat des actions chimiques continues qui ont lieu sur la face intérieure de l'écorce solide du globe, là où est la limite entre la portion solidifiée et la portion encore à l'état de liquidité incandescente (a).

En outre de ces actions chimiques locales, auxquelles nous devons probablement les tremblements de terre, il doit résulter des infiltrations de l'eau de mer, d'après les lois connues du dégagement de l'électricité dans les actions chimiques, que cette eau se charge d'électricité positive, et la terre d'électricité négative ; que les vapeurs s'élevant de la mer emportent constamment avec elles dans l'atmosphère de l'électricité positive, tandis que le globe, là où il n'y a pas de mer, conserve l'électricité négative. C'est ainsi qu'on peut s'expliquer que l'air et la terre sont chargés d'électricités contraires, qui se recombinent continuellement dans les couches inférieures de l'atmosphère, soit directement, soit par l'intermédiaire des corps placés à la surface du sol.

On obtient l'électricité statique par le frottement; et l'ancienne machine électrique à disque de verre, avec laquelle on peut la soustraire de l'air ambiant et la diviser dans ses deux manifestations sensibles et visibles, est le moyen le plus usité pour son développement.

2° Électricité dynamique.

7. Cette électricité est également développée artificiellement au moyen d'appareils de formes variées et plus ou moins parfaits. Quoiqu'elle ne soit, après tout, qu'une modification de

(a) Voir *Traité d'Électricité*, par De La Rive.

l'électricité générale, elle présente de grandes variétés dans la manifestation de ses propriétés chimiques et de ses forces électro-motrices. Nous en citerons trois sortes différentes, savoir :

a. L'électricité de contact, développée par des métaux, découverte par Galvani, et mise en pratique par une pile composée de disques de cuivre et de zinc, invention due à Volta devenue le point de départ de nombreux perfectionnements. D'après le nom de ses inventeurs, on l'appelle tantôt *Électricité Galvanique* et tantôt *Voltaïque*.

b. L'électricité d'induction, appelée Volta-Farradique ou Volta-Magnétique, développée au moyen d'une pile plus ou moins perfectionnée, dont on fait passer le courant par un fil de cuivre enroulé sur une bobine creuse ayant dans son centre un cylindre de fer doux, qui, par le passage du courant électrique, est temporairement transformé en un aimant dont le magnétisme développé réagit sur la force du courant. Si ensuite on enroule un autre fil de cuivre très-fin sur le premier, celui-ci électrise par influence le second, qui, en raison de la résistance que son diamètre oppose au passage du courant, produit un courant beaucoup plus intense que le premier et possède en outre des propriétés différentes de celles du courant direct. Cette manière de développer l'électricité est due à un célèbre physicien anglais du nom de Farraday.

c. L'électricité magnéto-électrique, 1° celle dont l'induction a sa source dans un aimant devant lequel on fait passer, par un mouvement de rotation, un petit électro-aimant, dont les fils reçoivent et communiquent le courant. Ce mode de développer l'électricité est basé sur les lois découvertes par l'académicien Ampère ; 2° celle développée par des aimants artificiels.

Ce sont ces trois genres d'électricité dynamique (en mouvement), servant à des usages multiples dans les sciences et dans l'industrie, qui sont employés comme agents thérapeutiques.

3° Électricité physiologique (a).

8. Cette électricité organique est aussi appelée électricité vitale ou animale, électricité nerveuse, etc. Chaque corps vivant

(a) C'est cette électricité, que les anciens philosophes, notamment Pythagore,

développe une certaine quantité de ce fluide, qui lui est propre et a des qualités empruntées aux éléments qui l'ont produit. C'est cette électricité qui préside à tous les actes de la vie.

Commençons par examiner quel est le rôle que nous devons attribuer à cette électricité dans notre organisme, et quelle est ensuite sa part dans la reproduction de l'espèce et dans la circulation nerveuse et sanguine Cet examen est de la plus haute importance, si nous voulons nous rendre un compte exact des effets que nous pourrons obtenir en dirigeant sur notre corps, sur certaines de ses parties ou sur le corps entier, des courants électriques d'une autre espèce que ceux qui entretiennent et font mouvoir la machine humaine. En posant des jalons alignés de distance en distance, mon intention est de faciliter la conception des théories que je ne développe que très-succinctement : ils serviront de guides à ceux qui voudront se vouer aux applications de l'électricité comme agent thérapeutique.

Démocrite, Platon, Apollonius, appelaient *feu régénérateur, feu principe, esprit vital, âme du monde*, et qui formait la base de leur philosophie occulte ; ils considéraient l'agent invisible, auquel ils rapportaient une foule de phénomènes de l'ordre physiologique, comme une substance spirituelle, ou du moins comme une substance mixte tenant le milieu entre les substances matérielles et les substances spirituelles, tandis que les savants de nos jours, qui n'ont pas, il est vrai, la prétention d'être philosophes, lui attribuent une nature purement matérielle, quelle que soit d'ailleurs la manière dont elle se manifeste à nos yeux.

C'est après une période de vingt et quelques siècles pendant lesquels cet agent mystérieux n'a cessé d'opérer, tant en nous qu'en dehors de nous, des phénomènes extraordinaires, toujours rapportés à des interventions spirituelles, que le docteur Mesmer, de Mersbourg (1790), étudia plus spécialement ces phénomènes ; mais, jugeant qu'ils se rapprochaient plus de ceux que nous présente l'aimant que de ceux qui distinguent l'électricité atmosphérique, il en appela la cause magnétisme animal. Vers la même époque, le célèbre physicien Galvani constata l'existence de l'électricité dans le corps des animaux et dans celui de l'homme, et partant lui donna le nom d'électricité animale. Toutefois, l'existence de cette électricité animale (physiologique), et les phénomènes auxquels elle donne lieu ont été longtemps et sont encore aujourd'hui niés par beaucoup de savants. Quelques philosophes de notre temps se rapprochent davantage de l'opinion des anciens ; nous citerons entre autres A.-J.-P. Philipps, professeur d'électro-biologie, le plus érudit, selon moi, des physiologistes, lequel admet également l'existence éternelle d'une matière première (l'électricité), qu'il considère comme l'atmosphère naturelle de la Divinité, comme son émanation atmosphérique, de laquelle sont sortis tous les mondes et tous les êtres qui les peuplent.

CHAPITRE IV.

L'électricité comme agent principal de la reproduction.

9. On ignorait jusqu'ici le rôle de l'électricité sous le point de vue le plus élevé, c'est-à-dire envisagée comme agent principal de la reproduction, et l'on est loin de se rendre compte de l'action importante qu'elle exerce sur l'existence humaine. Nous allons tâcher de démontrer cette mission secrète dévolue à l'électricité par le Créateur.

Comment l'œuf humain est-il fécondé? Il est prouvé par des expériences incontestables que la semence de l'homme est électrisée positivement (*a*). Or les ovaires de la femme, dont chaque œuf, comme centre de vie et d'action, contient également les deux électricités, opposent naturellement, au moment du contact avec l'animalcule microscopique chargé de l'électricité positive, leur côté négatif; et c'est la recomposition sur l'œuf même des deux électricités contraires de l'homme et de la femme qui donne ainsi, dans des conditions favorables, la vie à un nouvel être (*b*).

10. Lorsque ce phénomène a lieu, l'œuf humain a été frappé

(*a*) Ces expériences, faites sur des animaux, ne peuvent être relatées ici; je me borne à indiquer que les vésicules séminales sont, comme tous les organes sécréteurs, électrisées transversalement, c'est-à-dire que les particules électriques négatives sont tournées à l'intérieur et les positives à l'extérieur; que le sperme comme les spermatozoaires possède l'élément positif, et que c'est sous l'influence de l'électricité, accumulée à l'extrémité des nerfs qui y aboutissent, que ce viscère est contracté et son liquide expulsé.

(*b*) Il y a une nécessité métaphysique d'admettre un double organisme dans l'homme, l'un et l'autre animés et développés par la même force vitale et l'énergie inhérente à l'âme humaine pour individualiser l'homme après sa mort. Or il faut admettre, selon moi, que le sperme, cette essence éthérée de l'organisme humain, développe par son contact avec les ovaires une électricité essentielle, un éther condensé, lequel, en même temps qu'il donne la vie à un nouvel être, y crée aussi un organisme fluidique magnétique, destiné à succéder au corps au moment de sa mort pour servir d'enveloppe à l'âme qui s'en détache, cet organisme fluidique, essentiellement lié à l'âme, bien que matériel, est invisible et échappe par conséquent au scalpel de la science.

Je pourrais mentionner, à l'appui de cette théorie d'un double organisme dans l'homme, des faits innombrables qui nous sont révélés par les traditions générales de l'humanité. Cette opinion est d'ailleurs partagée par beaucoup de philosophes de notre époque.

de cette étincelle de feu qui crée les êtres (*a*), et en se détachant
de l'ovaire, il porte en lui sa propre vie, son électricité organique ; dès ce moment il se trouve détaché de tout lien direct
par continuité de substances avec les tissus de la mère, mais
il reste néanmoins en contact intime avec le principe vital,

(*a*) Je me bornerai à citer quelques faits, notamment les expériences faites
par le docteur Gros, et mentionnées dans l'ouvrage intitulé : « *Les lois de Dieu*
» *et l'esprit moderne* », par *Charles Richard*, ainsi que les expériences du *zoologue Filippo Filippi*, de Turin : « Exposez à la lumière un flacon plein d'eau
» pure et soigneusement bouché ; au bout de quelque temps vous y décou-
» vrirez des traces de végétations. Emplissez un autre flacon d'eau mélangée
» d'un autre liquide, vin, vinaigre, etc., puis exposez également ce flacon aux
» rayons du soleil ; quelques heures après, si vous examinez ce mélange au
» travers d'un bon microscope, vous y apercevrez une multitude compacte
» de petits êtres doués de mouvement intellectuel, c'est-à-dire manifestant le
» commencement de la vie animale. »

Quel agent a donc ainsi développé spontanément dans ces flacons bouchés
les phénomènes de la vie organique du règne végétal et du règne animal ?
Les savants répondent que ce sont les forces mystérieuses de la nature ; pour
moi ces forces se résument en une seule, que j'appelle *électricité*; car évidemment c'est l'électricité, développée par les rayons solaires, qui, combinant son
action avec celle de l'électricité de la terre, a produit ici la vie, comme elle la
produit partout ailleurs.

Poursuivez ces expériences : « Soumettez ces animalcules microscopiques
» qui viennent de naître dans le flacon à une sorte d'incubation solaire, un
» phénomène bien plus merveilleux se présentera à vos regards : les chrysa-
» lides se diviseront d'abord en plusieurs éléments, dont une partie reproduira
» des animalcules de l'espèce primitive et d'autres d'une espèce différente, et
» une autre partie donnera naissance à des rudiments de végétaux. Une seule
» expérience vous fournira donc ainsi une famille de petits animaux qui auront
» pour frères utérins de petits végétaux. »

Continuons les citations : « Prenez une seule goutte de l'eau trouble et ver-
» dâtre des marais ; exposez-la à la lumière ; un instant après, examinez-la au
» travers des lentilles d'un bon microscope et elle vous présentera (d'après le
» zoologue F. Filippi) un monde entier. On aperçoit une multitude de globules
» verts tantôt libres, tantôt oscillants, et tous remués, heurtés par d'autres
» corpuscules ovales, oblongs, transparents, qui sillonnent le champ, s'entre-
» lacent de mille manières, tandis que d'autres en forme de cloche se dilatent
» et s'allongent sur leurs tiges et disparaissent tour à tour. Leur rapide multi-
» plication ne s'effectue pas par une production interne de germes, mais bien
» par division : d'où ils ont reçu le nom collectif de *diatomés*, donné à cette
» nombreuse famille de formes organiques. Cette division procède de telle
» manière qu'un individu se sépare en deux. Ces deux-là, en se séparant
» ultérieurement, en font quatre, et ainsi de suite pour les autres. Les êtres
» nouvellement formés restent tantôt séparés, tantôt groupés entre eux de
» diverses façons. Ce mode de formation est si rapide, que, dans les meilleures

l'électricité, qui entretient la vie chez la mère, et sans laquelle
le germe ne pourrait se développer. Après que celui-ci s'est
fixé sur la paroi interne de la matrice, il suit la loi du développement, et les différents tissus, veines et artères, qui naissent,

» circonstances possibles, un seul diatomé donne naissance en deux jours à un
» million d'individus, en quatre jours à 140 billions, etc., etc. Semez ensuite
» ces animalcules dans une terre marneuse, comme vous sèmeriez de la graine,
» et au bout de quelque temps la terre vous rendra des mousses d'une hau-
» teur de 1 centimètre. »

Comment expliquer ces derniers phénomènes?

La terre, source de l'électricité négative, est en même temps un centre
particulier d'agglomération, un foyer d'attraction et un récipient de matières
assimilables. Or, comme il existe dans la nature une variété infinie de courants électriques et qu'il s'en dégage continuellement de la terre, se modifiant
selon les milieux et les couches diverses qu'ils traversent, l'électricité de
l'atmosphère (positive) vient se combiner et se recomposer avec celle de la
terre (négative), en lui apportant avec l'oxygène, dans de certaines conditions,
des germes de végétaux et d'animalcules microscopiques ; la fécondation qui
en résultera peut se manifester par des transformations de germes ou par des
créations nouvelles analogues à celles que nous avons vues se produire dans
les flacons. Ces expériences révèlent donc d'une manière concluante la puissance génératrice de l'électricité, qui, avec de l'eau, crée d'abord des germes,
auxquels elle donne ensuite la vie organique végétale et animale à la fois.

Après cette explication, on comprendra comment à travers les âges s'est
formée l'échelle graduée des êtres organisés, depuis les plus infimes jusqu'aux
plus élevés. « Lorsqu'on se reporte (selon M. Richard) à la création organique
» de notre planète, dont la surface était arrivée par le refroidissement à un
» état favorable à la reproduction des germes, comme les exemples cités peu-
» vent en donner une idée, on conçoit que l'activité du principe générateur n'a
» point trouvé de limite, et que des masses innombrables de détritus produits
» par les végétaux et les animalcules elle ait formé sans cesse de nouveaux mi-
» lieux, riches en matières organiques, dans lesquels ont dû se produire des
» germes d'un ordre supérieur. Ceux-ci, fécondés à leur tour dans des
» circonstances plus favorables encore, ont augmenté de leurs dépouilles
» les ressources dont la nature disposait déjà ; après eux, il en est venu
» d'autres, et bientôt la terre s'est transformée en un vaste laboratoire de
» créations. »

J'ai indiqué plus haut dans la puissance créatrice de l'électricité la cause de
toutes ces productions. La nature ne paraît s'être arrêtée dans ces créations
successives que lorsqu'elle eut réuni les germes du corps de l'homme, destinés
par Dieu à recevoir son souffle et par là le baptême de l'immortalité. Quelle a
été la première matrice de l'homme et par quelle incubation les différents
types répandus sur notre planète ont dû passer pour former les différentes
races qui la peuplent ; enfin, quelle a été la dernière matrice de la nature,
de laquelle est sortie la race caucasienne? C'est ce que nous laissons à d'autres
à rechercher.

forment avec le parenchyme de l'organe autant de foyers ou
de batteries électriques qu'il y a de tissus ; tous concourent
au développement progressif du fœtus et de ses enveloppes.

Bien qu'il n'y ait aucune communication directe entre le
sang fœtal et le sang maternel, il puise cependant par l'endosmose, à travers les parois placentaires, dans les sinus sanguins
de l'utérus, non-seulement les matériaux qu'il doit s'assimiler,
mais l'électricité oxygénée et magnétique respirée par la mère,
et qui entretient également le mouvement et la circulation du
sang propre au fœtus. C'est alors que s'opère, avec la recomposition incessante des deux espèces d'électricité, ce travail mystérieux des attractions et des répulsions continuelles, que la science
n'a pas encore pu pénétrer.

11. Expulsé du sein maternel où il vivait de sa *propre vie*,
ayant une circulation sanguine différente et indépendante de
celle de sa mère, circulation due à l'action imprimée par
l'électricité, l'enfant respire dès lors par ses poumons et se
procure, au moyen de cet organe, le principe vital et le moteur
que le placenta lui avait fournis jusque-là. Or la première
inspiration directe par l'enfant de l'électricité, oxygénée et
magnétique en même temps, ne produit chez lui aucun changement dans la polarisation de l'électricité du cœur et de tous
les autres organes du corps; car elle est déjà établie invariablement par l'électricité coexistante dans le fœtus. Le cœur du
fœtus exerçant, par l'électricité que lui fournissait le placenta,
ses fonctions attractives et répulsives dans sa vie intra-utérine
et pendant que ses poumons étaient privés d'air, il est clair que,
expulsé du sein maternel, il a dû continuer les mêmes fonctions
qu'auparavant, sans avoir besoin de la pression de l'air, son
moteur unique, l'électricité, lui étant communiqué par une autre
voie.

CHAPITRE V
L'électricité comme moteur de la circulation du sang (a)

12. Expliquons ici d'une manière concise cette nouvelle théorie. Tout en m'inclinant devant les célèbres physiologistes qui ont enseigné d'autres systèmes à ce sujet, je crois avoir le droit d'exprimer ma manière de voir, d'exposer les causes auxquelles on doit rapporter la circulation sanguine, ainsi que la circulation nerveuse, à l'égard de laquelle j'ai également une opinion différente de celle qui est généralement adoptée par les savants.

Examinons d'abord comment le cœur, organe central et principal moteur de la circulation du sang, opère son merveilleux travail d'attraction et de répulsion, c'est-à-dire attire le sang à lui pour l'expulser et le répandre dans tout l'organisme, puis le faire refluer vers lui pour le distribuer ensuite dans les poumons et le soumettre ainsi de nouveau à l'action de l'oxigène électrisé, et enfin lui faire recommencer le parcours du même cercle.

13. Comme tout corps vivant est formé de parties hétérogènes, composées chacune de molécules également différentes, c'est par le contact de ces molécules que se produit la force électro-motrice ; il s'opère autant de décompositions de l'électricité naturelle qu'il existe de points de contact, et la chaleur n'est que le résultat ou le produit des compositions et des décompositions chimiques qui ont lieu continuellement dans toutes les parties du corps. Il en résulte que le mouvement dans les corps animés est dû uniquement à un balancement perpétuel d'attractions et de répulsions moléculaires. L'homme est donc, sous le rapport de son état électrique, comparable à un aimant naturel, ayant autant de pôles tournés dans toutes

---

(a) Cette idée, que j'ai conçue depuis plus de douze ans et communiquée maintes fois à mes amis et à des médecins, paraît être partagée par un savant américain, le docteur Dods, dans son ouvrage intitulé : *The electrical psychology* (Psychologie électrique), New-York, 1854 ; mais, sauf l'idée, je diffère complétement avec lui sur la manière dont le phénomène de la circulation du sang s'accomplit. L'explication qu'il en donne est aussi vague qu'erronée.

les directions, que son corps est composé de molécules, dont les particules électriques s'attirent et se repoussent mutuellement. Ces phénomènes d'attraction et de répulsion ne sont cependant appréciables que dans un seul organe, le cœur; mais là ils le sont d'une manière aussi puissante que palpable; car la science a calculé que la force qui produit le mouvement du sang chez un adulte, peut être évaluée, selon Borelli, à une puissance de 67,000 kilogrammes, et qu'il passe journellement par le cœur au moins 250 kilogrammes de sang, produisant 4,200 pulsations par heure ou 100,800 par jour. Ceci posé, je rappellerai ce que j'ai dit à la fin du dernier chapitre sur l'électrisation du cœur du fœtus et de l'enfant. Or les deux parties du cœur, douées, comme nous l'avons fait observer dès le principe, de la force électro-motrice entretenue à sa périphérie par les fibres nerveuses (blanches) qui se rendent à ce muscle et l'aident dans son travail de contraction, étaient déjà orientées invariablement; car les particules électriques qui composent le centre de vie de chaque molécule ont été, dès la formation de l'embryon, disposées dans le cœur de façon à faire des deux moitiés, c'est-à-dire de leurs faces intérieures, un appareil agissant comme un double aimant, et cette orientation électrique du cœur a déterminé, ainsi que je l'ai dit, celle de tous les appareils organiques de notre corps, devenus par cela même, comme le cœur, autant de batteries électriques ayant chacune leur centre d'activité.

14. Si nous examinons maintenant le cœur dans son action attractive et répulsive, nous le trouvons électrisé et polarisé de la manière suivante :

1° La face interne de l'oreillette gauche.. . . . négativement.

2° La face interne du ventricule gauche. positivement.

3° La face interne de l'oreillette droite . . . . positivement.

4° La face interne du ventricule droit. . négativement.

D'après les explications qui précèdent, on comprendra facilement, que les faces extérieures des quatre parties du cœur, opposées et touchant immédiatement à celles des faces intérieures, devront présenter l'électricité contraire, et il en sera ainsi jusqu'aux enveloppes.

15. Les organes de la respiration apportent dans les poumons (a) l'air oxygéné et électrisé ; la vésicule pulmonaire microscopique, à laquelle viennent aboutir intérieurement une radicelle artérielle et une radicelle veineuse (l'une et l'autre se touchant, mais ne communiquant ensemble que sous l'influence de l'endosmose), les sépare du contact extérieur de l'air par sa cloison, dont les molécules possèdent également les deux électricités contraires.

16. A chaque inspiration, l'électricité libre de l'air atmosphérique, qui se divise dans les ramifications infinies des vésicules pulmonaires, est décomposée dans chacune d'elles en ses deux moitiés, sous l'influence de l'électricité organique dont sont chargées les vésicules ; et, ainsi divisée, l'électricité inorganique positive, chargée d'oxygène magnétique (b), passe à travers la mince cloison dans la radicelle artérielle, et l'électricité négative en est attirée dans le sang de la radicelle veineuse. Or cette cloison, qui forme l'extrémité de chaque tube artériel et veineux dans lequel le sang circule, a été polarisée dans le fœtus en ce sens que la première tunique artérielle est polarisée transversalement, et a ses pôles positifs tournés vers son centre et ses pôles négatifs extérieurement ; chaque tunique, superposée à la première, est par conséquent électrisée en sens contraire de celle qui la précède. Cette polarisation dans le tube veineux est, par suite de la même loi, l'opposé de ce qu'elle est dans le tube artériel, c'est-à-dire que les pôles négatifs sont tournés vers la face interne du tube veineux, et les pôles positifs vers la face extérieure ; il en résulte que les trois autres tuniques, dont les veines sont munies, sont éga-

(a) Le mouvement d'aspiration des poumons s'exécute 20 fois par minute, 1,200 fois par heure, 28,800 fois par jour. Dans chaque inspiration le poumon reçoit 110 centimètres cubes d'air, ce qui fait 22 mètres cubes par minute, 1,320 mètres par heure, 31,680 par jour. La capacité représentée par les cavités de toutes les vésicules pulmonaires est, d'après le docteur Jurin, de 6 mètres au moins ; et, suivant le célèbre Hales, la face interne de ce viscère surpasse 19 fois celle de la peau de tout le corps, et conséquemment égale 95 mètres carrés, qui contiennent 615 milliards 600 millions de pores.

(b) D'après M. Becquerel, l'oxygène possède une grande puissance magnétique, et il a reconnu qu'un mètre cube de gaz condensé agit sur une aiguille aimantée comme 5 grammes de fer.

lement électrisées, l'une toujours à l'opposé de l'autre, c'est-à-dire que la seconde le sera en sens inverse de la première, et que la troisième aura ses pôles opposés à celles de la seconde, etc.

17. Le sang artériel est donc, ainsi que nous l'avons démontré, électrisé positivement ; mais comme la face interne de la tunique qui le renferme possède aussi la même nature d'électricité que le sang, il en résulte que d'après les lois auxquelles obéit l'électricité, les électricités semblables se repoussant, le sang comme liquide subit cette loi et est repoussé dans la seule direction qui lui reste ouverte, c'est-à-dire vers l'oreillette gauche. Cette oreillette, comme je l'ai indiqué, est électrisée négativement ; or, en vertu de ses propriétés attractives, elle attire le sang oxygéné électrisé positivement ; puis, par l'effet de cette attraction même, elle se contracte et chasse le sang à travers l'orifice auriculo-ventriculaire dans le ventricule correspondant. Ce ventricule est électrisé positivement, c'est-à-dire chargé du même genre d'électricité que le sang. Il en résulte que ces électricités de même nature se repoussent et que le sang en est par conséquent expulsé avec une certaine violence dans l'aorte (a), par laquelle il se répand dans des divisions infinies et atteint les points les plus éloignés du centre circulatoire, c'est-à-dire les vaisseaux capillaires, dernières ramifications de l'arbre artériel. C'est là qu'il est attiré par son autre moitié qui a passé par les veines, qu'il est destiné à changer d'action et de nature, et que doit s'opérer la transformation du sang artériel en sang veineux.

18. Arrêtons-nous ici un instant pour expliquer ce changement. Il est inutile d'indiquer comment les physiologistes expliquent le phénomène du changement de couleur du sang ; car les différentes opinions émises à ce sujet sont parfaitement connues des médecins et ne présentent aucun intérêt pour les autres classes de lecteurs. Voici l'explication que nous en

---

(a) La circulation sanguine chez l'homme et chez les animaux a beaucoup d'analogie avec celle des plantes ; car le mouvement ascendant et descendant de leurs liquides n'est dû qu'à l'électricité et non pas, comme l'enseignent les botanistes, à l'influence de la capillarité et de l'endosmose ; ce que nous prouverons dans un travail spécial qui traite des applications de l'électricité à l'agriculture.

donnons : Le sang oxygéné, électrisé positivement, une fois qu'il est arrivé aux dernières ramifications, se trouve en présence des radicelles les plus ténues des veines naissantes, qui ont amené son autre moitié à sa rencontre; car la face interne de la première tunique des veines, nous le répétons, a été (contrairement à celle de la tunique renfermant le sang artériel) électrisée négativement et a ainsi communiqué cette même électricité au sang qu'elle renferme. Voilà donc le sang artériel, électrisé positivement, en face du sang veineux, électrisé négativement. Que se passe-t-il alors? Les deux courants électriques viennent se recomposer à chaque inspiration ; par leur contact, l'oxygène du sang artériel est absorbé, et l'acide carbonique dégagé; celui-ci passe dans le sang veineux, qui instantanément de rouge cerise devient rouge noir.

19. Maintenant, comment, par quelle force cette masse de sang, de 12 à 15 kilogrammes environ, renfermée dans ces milliers de tubes, va-t-elle opérer son ascension vers le cœur? L'opinion généralement admise à cet égard est que l'impulsion donnée par le cœur au sang artériel dans le ventricule gauche, en se contractant sur ce liquide, le chasse comme par un coup de piston, favorisé en outre par les contractions musculaires, et que ce sont là les seules causes du mouvement imprimé à la colonne artérielle. Quant à la force qui fait progresser le liquide sanguin dans le sens contraire à la pesanteur, on croit devoir l'attribuer aux contractions musculaires des veines, et ensuite à l'interposition des valvules à soupape placées de distance en distance dans les canaux veineux, laquelle empêcherait la colonne liquide de rétrograder.

20. Or voici, selon moi, comment les choses se passent. Le sang, dans les dernières radicelles artérielles, dépouillé après la recomposition des deux courants électriques de l'oxygène et chargé d'acide carbonique (a), est repris dans le système capillaire par les veines, dont la première, comme je l'ai démontré, a toujours sa paroi intérieure électrisée *négativement*. Les veines, dès ce moment, agissent par leur force répulsive sur le liquide,

(a) Un adulte aspire par heure 21 litres d'acide carbonique à zéro, représentant 12 grammes de carbone.

électrisé de même nature, et le refoulent en sens contraire,
poussé par le sang des artères ; elles sont aidées dans ce travail
par les contractions de leur troisième tunique, qui est composée
de fibres circulaires, et elles se contractent alternativement sur
les deux premières tuniques par suite de l'attraction et de la répulsion que celles-ci exercent constamment sur elle en vertu de
l'action répulsive non interrompue qui constitue leurs mouvements vitaux. Les soupapes des valvules obéissent aux mêmes
lois ; elles se contractent sur elles-mêmes et empêchent en se
fermant le sang de rétrograder.

21. Dans le trajet ascensionnel que fait le sang veineux, les
grandes divisions de cet arbre diminuent successivement de
nombre pour ne plus former que quelques grands troncs ou
canaux, dont le volume n'est plus en rapport avec les forces
électro-motrices répulsives dont les tuniques sont douées ; par
cela même la marche du sang devient lente et difficile. Il a donc
fallu que la nature suppléât d'une autre manière à ce manque
de puissance, afin d'aider aux veines à opérer et à accélérer le
retour du liquide au cœur ; et cela a lieu par la force d'attraction
de l'oreillette droite, qui, comme je l'ai indiqué plus haut, s'est
emparée à son intérieur de l'élément électro-positif et a formé le
pôle de l'un des deux aimants à pôles renversés qui représentent le cœur. Ici s'accomplit le même phénomène que nous
avons déjà observé dans la partie gauche du cœur, dont l'oreillette a également agi par sa force d'attraction sur le sang revenant des poumons, tandis que les deux ventricules exercent une
force répulsive. La colonne sanguine projetée par l'attraction
dans la cavité de l'oreillette droite par les veines caves, en même
temps que la lymphe et le chyle préparateur, obéissant aux
mêmes lois de l'électricité, s'y précipitent par la sous-clavière
gauche et la sous-clavière droite, est, par les contractions successives de l'oreillette, chassée forcément dans le ventricule
correspondant ; mais la cavité de ce ventricule se trouvant dans
le même état électrique que le sang qui s'y projette, il en est
par conséquent rejeté avec force par l'artère pulmonaire dans
les ramifications capillaires des poumons. C'est alors que, mis
de nouveau en contact avec l'électricité de l'atmosphère, le

sang dégage son carbone et le transmet à l'air, qui, en échange, lui donne une nouvelle dose d'oxygène et d'électricité ; puis il recommence son trajet circulaire de vivification, pour lequel, selon les physiologistes, il emploie chaque fois une période de deux minutes à deux minutes et demie.

Passons maintenant à l'explication de la circulation nerveuse, et démontrons le rôle que l'électricité joue dans les fonctions non moins importantes du système nerveux.

CHAPITRE VI.
Examen du Cerveau en tant qu'organe et source électrique.

22. La physiologie nous apprend que le cerveau est non seulement le siége des sentiments moraux et des facultés intellectuelles, mais aussi celui de la *volonté*. Je suis encore ici obligé de me placer sur un autre terrain que la plupart des physiologistes.

La *volonté* n'est, à mes yeux, qu'une manifestation de l'âme, c'est-à-dire du principe essentiellement sensitif, intelligent et passionné, existant par lui-même et constituant la personnalité humaine. Cette âme, principe immatériel, principe de la pensée, réside, selon moi, dans le grand sympathique, foyer de la puissance sensitive, et a pour organe matériel le cerveau, par lequel, au moyen de l'électricité qui lui est propre, elle communique avec le monde matériel ; les nerfs lui servent de conducteurs pour transmettre ses ordres et pour recevoir les communications de l'extérieur. Ici l'électricité est l'agent de toutes les relations fonctionnelles de l'âme, de toutes les fonctions de l'organisme et de toutes les forces du monde extérieur, avec lequel elle est susceptible d'entrer en rapport d'influence et de dépendance ; en un mot, la force électro-motrice, résultat d'un balancement perpétuel d'attractions et de répulsions moléculaires, étant mise en jeu par la volonté, imprime le mouvement à tout ce vaste assemblage de leviers et de charnières qui dirigent la machine animale (a).

(a) Apprendre à déplacer le fluide électrique, l'éther du cerveau, à le diriger

Une courte analyse du cerveau et de ses appendices nous mettra à même de constater que le cerveau est réellement un organe et un foyer d'électricité, duquel la volonté, exécuteur des ordres du Chef Suprême, dispose pour faire mouvoir ses nombreuses machines et leurs organes avec une incomparable rapidité.

23. Le cerveau consiste, tout le monde le sait, en deux hémisphères, dont chacun est composé de deux substances qui diffèrent essentiellement. L'une de couleur grise, comme une partie de la moelle, est formée, en outre de vaisseaux capillaires, de tubes nerveux avec des corpuscules ou cellules ganglionnaires ; cette masse se distribue par couches épaisses et serrées dans les circonvolutions du cervelet, qui lui-même est à sa surface composé d'une série concentrique de lames épaisses juxtaposées, séparées par des sillons dans lesquels s'introduit la pie-mère qui sépare les lames les unes des autres ; à la partie inférieure du cervelet vient communiquer la moelle épinière. L'autre substance, de couleur blanche, contient en outre de la matière amorphe, de larges tubes nerveux et des vaisseaux capillaires, dont la masse se distribue pareillement dans le cervelet, à l'extrémité inférieure duquel communique la moelle épinière. De plus, les deux lobes sont en contact avec deux liquides, l'un appelé arachnoïdien, l'autre céphalo-rachidien.

Les nerfs, organes en forme de tubes, sont de deux espèces : les nerfs blancs, qui, d'après ce que nous apprend la physiologie, servent de conducteurs au mouvement ; et les nerfs gris, qui sont considérés comme les intermédiaires du sentiment. Ces deux sortes de nerfs naissent dans le cerveau et dans la moelle, les premiers de cellules généralement quadripolaires, et les seconds de cellules tripolaires, ainsi que ceux qui se distribuent dans le grand sympathique et qui sont en général plus petits.

Les nerfs ont à leur centre un cylindre-axe, et l'espace com-

et à le concentrer sur certains organes, constitue la science du magnétisme animal, qui a sa place marquée entre la physique et la biologie.

pris entre cet axe et leur paroi intérieure est rempli d'un liquide visqueux.

De cet exposé il résulte :

1° Que chacun des deux lobes du cerveau est composé de deux substances différentes baignées dans deux liquides acides;

2° Que les principes constitutifs de la substance cérébrale sont de l'eau, des sels, des chlorures et des carbonates de soude et de potasse, des phosphates et des carbonates de chaux ;

3° Que les deux lobes communiquent avec le cervelet, qui est formé à sa partie supérieure de nombreuses lames juxtaposées, mais séparées les unes des autres ; et que du cervelet partent une infinité de racines ou nerfs, dont les ramifications se répandent dans les parties les plus ténues de l'organisme ;

4° Que tous ces filets sans nombre présentent, ainsi que la source d'où ils sortent, la composition et l'arrangement d'éléments de batteries électriques, destinées non seulement à développer elles-mêmes l'électricité et à vivifier les parties du corps qu'elles ont pour mission de traverser, mais en même temps à distribuer l'électricité développée dans le foyer principal auquel ils sont liés inséparablement ;

5° Qu'une partie des nerfs gris sont, en outre, munis d'une infinité de petites cellules sphériques, jusqu'à un certain point comparables à une chambre obscure, et paraissant avoir pour mission de recevoir et de conserver au service de la mémoire toutes les impressions du monde extérieur.

Or le cerveau, en raison des principes dont se composent ces différentes substances et le liquide avec lequel elles sont en contact, a la plus grande analogie avec deux piles galvaniques d'une surface immense et par conséquent d'une grande intensité. L'électricité passerait de chaque lobe dans le cervelet, lequel peut à son tour, en raison de la masse de lames juxtaposées, mais séparées les unes des autres, être considéré comme une série infinie de batteries d'éléments électriques, dont chacune est d'une tension en rapport avec le nombre de ses éléments (*a*).

(*a*) On connaît les propriétés électriques dont sont doués plusieurs poissons, notamment la torpille et la gymnote, que la nature a pourvues d'un appareil ou organe électrique très-puissant, soit pour servir à leur défense, soit pour les

Quant aux nerfs et à leurs tissus, ils peuvent être également considérés, tant pour leur arrangement moléculaire que pour leur composition substantielle, comme des piles ou batteries électriques, et par conséquent chaque nerf comme formant une pile séparée, qui, mise en mouvement, transmet son action aux tissus lamineux ambiants.

mettre à même de tuer de petits poissons qu'ils foudroient à distance. Nous allons à ce sujet entrer dans quelques détails anatomiques et physiologiques, afin de démontrer l'analogie qui existe entre l'appareil électrique de ces poissons et celui du cervelet de l'homme. L'organe électrique n'est pas le même chez tous les poissons qui en sont munis ; on en connaît cinq espèces. Chez la torpille, il est composé de deux portions semblables, symétriquement placées de chaque côté de la tête et occupant l'une et l'autre toute l'épaisseur qui sépare les deux plis de la peau. Chacune de ces portions consiste en un grand nombre de prismes de forme hexagonale, rangés parallèlement comme les alvéoles d'un rayon de miel, et dont une extrémité repose sur la peau de dessus, tandis que l'autre repose sur celle de dessous. Ces prismes sont formés d'une infinité de diaphragmes, dont les interstices sont remplis d'un liquide albumineux un peu salé. Selon Hunter (voir *Traité d'électricité*, par M. De La Rive, t. III, p. 66), l'organe électrique a 470 piles de chaque côté, par conséquent 940 pour l'organe entier, chacune contenant 2,000 diaphragmes à peu près. Les extrémités des prismes sont dans un état électrique contraire : les supérieures sont toutes positives, et les inférieures négatives. La décharge électrique et la contraction musculaire, qui a lieu en même temps, dépendent de la volonté de l'animal, qui, d'après les expériences de M. Matteucci, agit sur cet organe au moyen de quatre faisceaux nerveux partant du dernier lobe de son cerveau, qui est un renflement de la moelle allongée. Ces nerfs se distribuent dans l'organe électrique par des ramifications excessivement nombreuses, dont les filets nerveux, n'aboutissant pas directement aux diaphragmes mêmes, se rendent, selon Pacini, dans le liquide albumineux renfermé entre deux espaces successifs : là elles se subdivisent sur la paroi intérieure de chaque diaphragme, et les unes vont se perdre par leur extrémité dans la substance du diaphragme, tandis que les autres se terminent à sa surface même. Si l'on coupe un des quatre nerfs qui aboutissent à l'une des deux portions de l'organe, la décharge cesse du côté où est situé cet organe et continue du côté opposé. Lorsqu'on coupe trois nerfs ou qu'on se contente de les nouer, la décharge de l'animal se limite aux points de l'organe dans lesquels se trouvent les ramifications du nerf qu'on a laissé intact ; et si l'on coupe ensuite le quatrième nerf, toute décharge cesse. Ainsi toute action extérieure, exercée sur le corps du poisson électrique et à la suite de laquelle l'animal effectue la décharge, est transmise par les nerfs du point irrité au cerveau, et de là au lobe et aux nerfs de l'organe électrique. On voit donc, si l'on rapproche les phénomènes spéciaux propres aux poissons électriques des phénomènes généraux, que les nerfs du poisson électrique sont identiques aux nerfs du mouvement qui produisent la contraction musculaire chez l'homme et chez les animaux en général ; mais, au lieu de se concentrer, comme chez ceux-ci en action motrice, l'électricité s'accumule par l'effet de la

CHAPITRE VII.

L'Électricité agent de la force électro-motrice des nerfs et des muscles
(Circulation nerveuse et musculaire).

24. Nous pouvons juger par ce qui précède des fonctions dévolues à ces milliers de cordages et de filets qui prennent racine dans le cerveau. Chacun des innombrables modes distincts d'activité vitale qui caractérisent les fonctions diverses de la vie de relation et de la vie végétative (*a*) est, sans nul doute pour moi, administré par une fibre particulière, exclusivement à son service. Chaque tube nerveux, outre qu'on peut le considérer comme une batterie électrique et un fil télégraphique, est le siége d'une action vitale déterminée. Ainsi les fibres sensitives sont des routes établies au travers du corps, à l'aide desquelles l'agent électrique transmet à nos facultés perceptives les impressions du monde extérieur, impressions que les cellules ganglionnaires me paraissent avoir pour mission d'enregistrer et de conserver (*b*), de même que les fibres affec-

disposition des parties dont se compose l'organe, de manière à donner de violentes secousses. L'organe électrique chez la gymnote (anguille de Surinam) est composé d'un grand nombre de prismes semblables à des piles, avec la différence que ces piles sont dirigées de la tête à la queue de l'animal, au lieu de l'être transversalement, comme dans la torpille, du ventre au dos. Ces piles sont formées de cloisons minces et fibreuses, et elles sont séparées en un très-grand nombre de compartiments par des diaphragmes ; elles sont situées perpendiculairement à la longueur de l'animal, de sorte qu'une de leurs faces est du côté de la tête et l'autre du côté de la queue. Dans une gymnote moyenne, on compte, selon Hunter, 94 piles renfermant chacune 4,000 diaphragmes. Pacini compare l'appareil électrique de la gymnote à une pile à deux liquides, dans laquelle la membrane fibrilaire jouerait le rôle de la cloison poreuse.

(*a*) Se dit des propriétés de nutrition, de développement et de génération. On donne le nom d'organes et appareils végétatifs à ceux qui concourent aux fonctions de nutrition (digestion et urination, respiration et circulation), et ce terme s'emploie par opposition à organes et appareils de la vie animale, ou vie de relations qui existent chez les animaux et manquent aux plantes.

(*b*) Toute *sensation*, tout phénomène de sensibilité spéciale ou générale se compose de trois actes différents : 1° l'*impression* ; 2° la *transmission* ; 3° la *perception*. Le premier de ces phénomènes est l'action exercée par un objet extérieur à nous, soit directement sur les pôles électriques des extrémités ner-

técs au mouvement servent à porter du cerveau sur tous les points de la fibre musculaire, comme dans les centres végétatifs, l'agent qui a la propriété de faire contracter et mouvoir cette fibre, tout en étendant son action mystérieuse jusqu'aux régions les plus impénétrables de notre organisme.

25. Je rappellerai ici ce que j'ai dit dans le chapitre précédent, que les tubes nerveux ont un cylindre-axe à leur centre; qu'ils prennent naissance dans le cerveau et dans la moelle; que les nerfs blancs naissent de cellules quadripolaires, et les gris de cellules tripolaires. Or il importe de savoir que les particules électriques qui vivifient les molécules organiques de l'enveloppe des nerfs, c'est-à-dire de leur axe, sont polarisées transversalement de dedans en dehors, de sorte que les pôles négatifs des molécules sont tournés du côté du centre, et les pôles positifs en dehors (*a*), tandis que le cylindre-axe est polarisé longitudinalement, de manière que les pôles sont orientés dans leur sphère moléculaire, dans des directions opposées l'une à l'autre. Aussitôt que le nerf est mis en action par la volonté pour transmettre un ordre de mouvement ou pour recevoir une sensation du dehors, la polarisation change, les particules électriques se déplacent et opèrent une demi-révolution, par suite de laquelle la polarisation s'établit longitudinalement comme dans un fil télégraphique, de façon que le courant propre du nerf, ayant changé de direction, chemine alors à l'intérieur et à l'extérieur de l'axe. Il en résulte que les pôles négatifs se trouvent, pour les nerfs blancs, à l'endroit où l'axe du nerf prend naissance dans le cerveau, et les pôles

veuses de certains appareils (rétine, nerf auditif, etc.), soit sur le tissu où se terminent les tubes nerveux, et, par suite, indirectement sur ces extrémités (pupilles cutanées et linguales, organe de l'olfaction), soit enfin sur le trajet même des nerfs de la sensibilité spéciale ou générale dans les cas accidentels ou morbides. L'impression peut être : mécanique, comme dans le cas du toucher et dans beaucoup de circonstances accidentelles; physique proprement dit, comme dans le cas de l'audition, de la vision, etc.; etc. La *transmission* par l'électricité est opérée par la portion du tube nerveux, étendue du point impressionné jusqu'à l'encéphale, etc. La *perception* qui se passe à l'extrémité encéphalique des éléments nerveux est un phénomène cérébral.

(*a*). Ce qui résulte de toutes les expériences faites sur divers animaux. (Voir notamment « *Uber thierische Electricitact*, de Bois-Raimond. — Berlin. »

positifs à l'autre extrémité, celle qui aboutit aux muscles. Quant aux nerfs gris, ils sont polarisés en sens contraire des nerfs blancs, c'est-à-dire que les pôles positifs sont à la périphérie et les pôles négatifs au centre.

Chaque filament nerveux élémentaire est, ainsi que nous l'enseigne la physiologie, en communication avec une fibre musculaire élémentaire qu'il a pour mission de contracter. Mais chaque fois qu'un agent électrique vient opérer une contraction, un changement momentané dans la polarisation de cette fibre a lieu, les pôles intérieurs viennent alors se porter à l'extérieur, et ils se maintiennent dans cet état aussi longtemps que dure l'action électrique du nerf sur la fibre.

Pour pouvoir nous rendre compte comment l'agent électrique parvient à faire fonctionner les fibres musculaires, nous allons exposer brièvement quelle est la composition de celles-ci.

26. Les muscles sont composés de fibriles cylindriques réunies en faisceaux, et dont chacune, vue au microscope, paraît consister en une série de disques infiniment minces et étroitement rapprochés les uns des autres au moyen d'une multitude de fils excessivement fins, allant de la circonférence d'un disque à celle d'un autre, comme les générateurs d'un cylindre (a). Ces disques, sans être complétement circulaires, ressemblent à des anneaux, et chaque muscle est en outre recouvert d'une enveloppe tubulaire très-élastique. Les pôles électriques des muscles sont également tournés transversalement de l'intérieur à l'extérieur, c'est-à-dire que les pôles négatifs sont tournés vers le centre, et les pôles positifs en dehors; les muscles ont en outre des pôles distincts à chaque extrémité des fibriles. Sous l'action de l'électricité, que les nerfs moteurs portent du cerveau aux muscles, les particules électriques inhérentes à la fibrile musculaire opèrent une demi-révolution, qui fait tourner leurs pôles négatifs en dessous et leurs pôles positifs en dessus, et réciproquement. Il en résulte que ces particules, ayant leurs pôles contraires placés

____

(a) *Traité de l'Electricité*, par De La Rive, tome III, relatif aux expériences citées de Matteucci.

tous les uns près des autres dans la même direction rectiligne, qui est celle de la longueur de la fibrile, s'attirent
mutuellement, et dès lors les disques se rapprochent, comme
cela a lieu chaque fois qu'ils sont actionnés. On voit par là que
la fibrile est douée de la force électro-motrice, et doit aussi
être considérée comme une batterie électrique dont les courants circulent d'un pôle à l'autre et forment ainsi un circuit
fermé.

27. Les nerfs blancs (nerfs du mouvement) se distinguent
des nerfs gris (nerfs du sentiment) en ce qu'ils sont continus
dans toute leur longueur, tandis que les nerfs gris sont en
quelque sorte soudés à des corpuscules ou cellules ganglionnaires de forme sphérique ayant un noyau solide et brillant;
le tube nerveux communique à l'un des pôles du ganglion, et
reparaît au pôle opposé sous la forme qu'il avait de l'autre côté
du corpuscule; et cela a lieu chaque fois que le tube rencontre
un ganglion. Ces cellules ganglionnaires sont ou bipolaires, ou
tripolaires, ou quadripolaires, et même munies d'un plus grand
nombre de pôles, de sorte que les nerfs de la périphérie peuvent
se trouver en rapport avec le grand centre nerveux du cerveau
par un seul axe à cellules ganglionnaires, et communiquer en
même temps par d'autres axes avec d'autres organes, notamment avec le grand sympathique, qui réunit en groupes serrés
le nombre le plus considérable de ganglions, dont le plexus
solaire offre la plus forte agglomération.

28. Il faut en outre se représenter que chaque fibre sensitive, qu'elle serve au transport des sensations externes ou des
sensations internes, correspond à un des centres nerveux,
lequel perçoit la sensation qu'elle lui apporte à sa manière, et
ne peut percevoir indifféremment toutes sortes d'impressions
transmises par un autre nerf, attendu que chaque nerf a son
foyer perceptif distinct, et que chaque organe nerveux sert à
une faculté vitale circonscrite dans un cercle déterminé, en
dehors duquel elle ne saurait être mise en rapport direct avec
le monde matériel (a).

(a) Voyez « *Electro-dynanisme vital, ou Relations physiologiques de l'esprit et
de la matière,* » par A.-J.-P. Philips. Paris, 1855, pages 130 à 132

29. Parmi les nerfs sensitifs et leurs variétés infinies, auxquels appartient essentiellement la faculté d'exciter la sensibilité en général, ainsi que chacune des fibres servant au transport des sensations spéciales, par conséquent la faculté d'affecter l'âme, siége unique du principe sensible, il convient de distinguer ceux qui servent à exciter particulièrement les fibres ouvrières de la vue, du toucher, de l'ouïe, de l'odorat et du goût. Par les deux premiers de ces sens nous arrivent des sensations représentatives, d'où naissent pour nous les idées de dimension, d'étendue, de forme, de surface, etc., tandis que les trois autres sens ne nous donnent que des sensations de son, de saveur et d'odeur. C'est par les nombreuses fibres qui constituent les nerfs affectés au service spécial de chaque sens que l'agent électrique excite la surface des organes respectifs de ces sens, et détermine ainsi, par exemple, dans l'appareil optique la formation des images et leur transport au cerveau, et dans le limaçon et le nerf acoustique les vibrations sonores, au moyen des ondulations du liquide en contact avec les extrémités de toutes ces fibres ; dans la main, où viennent se terminer les fibres tacti'es, elle nous donne le pouvoir d'analyser avec une minutieuse précision les dimensions et les formes, etc., des objets que nous touchons.

30. Toutefois les nerfs, tant les blancs que les gris, ne jouent dans les actions nerveuses que le rôle de conducteurs de l'électricité vitale, qui est le véritable agent, l'agent essentiel et immédiat de la volonté ou des diverses facultés de l'âme ; et tandis que l'agent électrique, partant de différents points du quartier général, c'est-à-dire du centre à la périphérie, porte les ordres que lui transmet la volonté, le même agent emploie les nerfs gris pour rapporter au cerveau par une multitude de chemins spéciaux les impressions du dehors ; les deux espèces de nerfs lui servent donc également pour établir sa communication à l'intérieur et à l'extérieur, l'une par une action centrifuge et l'autre par une action centripète. Chaque nerf forme en outre une colonne ou pile électrique séparée et indépendante.

Les nerfs gris, qui se ramifient principalement dans les parties sensibles et semblent se perdre dans la substance des organes, et les nerfs blancs, qui se terminent pour la plupart dans les muscles, possèdent une gaîne d'un tissu lamineux, qui extérieurement les confond peu à peu avec les tissus ambiants. Ce tissu paraît former une autre espèce de batterie électrique, mise en activité chaque fois qu'un ordre est transmis par la volonté au siège d'une action vitale déterminée ; cette action se communique instantanément sur tout le parcours où l'ordre a été donné, et se manifeste aussitôt sur tous les tissus ou les organes qui touchent de plus près le centre d'activité. Ces tissus nerveux ont sans doute pour fonction de coopérer à la mise à exécution de l'ordre transmis, à augmenter peut-être l'intensité du courant ; car chaque tissu qui touche ou environne l'enveloppe des nerfs en ressent l'influence, et se polarise chaque fois en sens contraire du tissu qui le précède.

De cette courte analyse sur la circulation électrique dans les nerfs, il résulte que l'électricité est l'agent de toutes les transmissions, de toutes les relations, de toutes les fonctions de l'organisme, l'agent unique de l'âme dans ses rapports actifs et passifs avec le monde extérieur.

CHAPITRE VIII.

L'Électricité moteur de tous les rouages de la vie.

Les trois chapitres qui précèdent peuvent se résumer comme suit :

1° La procréation est le résultat d'une action électrique ; (9.)

2° La circulation et la vivification du sang ne sont dues qu'à l'influence de l'électricité atmosphérique, qui aussi en change la couleur ; (15 à 21.)

3° Les deux grands lobes du cerveau forment un double appareil électrique avec des éléments d'une grande surface ; (23.)

4° Le cervelet contient une infinité de petites batteries, qui peuvent être mises en activité par la volonté, soit isolément, soit ensemble, puisqu'elles sont reliées entre elles (a) ; (23.)

(a) Voir l'*Organisation de la torpille*, page 22.

5° Le corps est un immense récipient de l'électricité; non seulement il la reçoit, la décompose et la recompose, mais il en produit lui-même une grande quantité, depuis le derme, qui le recouvre et dont chaque pore forme un élément électrique, jusqu'à son centre; de même chaque molécule élémentaire de notre organisme renferme, comme centre de vie, les deux électricités contraires qui y coexistent; (13 et 31.)

6° Chaque organe de notre corps (nerfs, muscles, cœur, poumons, estomac, foie, rate, etc.) forme un foyer d'électricité, enveloppé de tissus organiques, qui, par leur composition et leur arrangement moléculaires, sont autant de batteries électriques maintenues en activité par les courants résultant de leur propre frottement. Chaque appareil organique avec ses diverses batteries forme un centre d'action, dont chaque section a son circuit électrique fermé. Ces organes manifestent leur action, les uns (cœur, estomac, muscles, nerfs) de leur propre centre à la périphérie, d'autres (vue, ouïe) de la périphérie au centre; (23.)

7° Le mouvement provoqué par chaque action vitale dans le centre ou dans la périphérie d'un organe, volontaire ou non, opère dans sa polarisation électrique un changement, qui se communique instantanément à tous les autres tissus de l'enveloppe, ainsi qu'aux tissus des organes environnants, qui, bien que d'autres fonctions leur soient dévolues, forment des batteries électriques semblables, lesquelles par conséquent ressentent les dernières vibrations des tissus de l'organe primitivement actionné et subissent dès lors une influence plus ou moins prononcée; (24.)

8° Les nerfs se partagent en deux grands systèmes, dont l'un, appelé cérébro-spinal, préside à la vie animale, et l'autre, appelé ganglionnaire ou grand sympathique, préside à la vie végétative; leurs branches innombrables s'entrelacent jusqu'aux dernières divisions de chacune d'elles; et par ce mode d'engrenage, les fibres de l'un et de l'autre système en relation physiologique se communiquent pour ainsi dire réciproquement ce qui se passe dans leur région respective. Les fibriles des nerfs blancs portent les ordres du cerveau aux fibres muscu-

laires, qui se contractent sous l'influence de la force électro-
motrice. Une autre série des fibres blanches s'anastomose en
quelque sorte avec les fibres grises du grand sympathique, et,
en vertu de ses fonctions, entretient au moyen de l'agent
électrique le mouvement dans la vie végétative, en transformant continuellement en éléments organisables les substances
puisées par l'absorption dans le monde extérieur et en rejetant
au dehors ceux des éléments non organisables et ceux désorga-
nisés qui doivent être successivement livrés à la décomposition
et à l'exaction Par contre, les fibriles des nerfs gris transmettent au cerveau les impressions du dehors, et toutes ces impressions ou sensations viennent se buriner d'une façon ou d'une
autre dans cet immense réceptacle, dont chacune des cellules
me paraît être le siége d'une faculté sensitive particulière et
avoir une série de nerfs exclusivement au service de sa correspondance électrique avec le monde extérieur ; (25 et 29.)

9° Les nerfs, bien qu'organes sécréteurs et distributeurs, ne
remplissent cependant que les fonctions de conducteurs électriques, et sont par rapport au cerveau ce que les fils électriques
sont par rapport à la pile; car, coupés, comprimés ou obstrués,
ils perdent leur propriété de transmettre, de même que le fil de
cuivre ou de fer cesse en pareil cas de communiquer le courant
de la pile ;

10° Quant à la transmission des sensations, fonction dévolue
aux nerfs gris, on peut conclure d'abord par rapport à la sensation visuelle, que, quelles qu'en soient là forme, l'étendue et
la couleur, l'image que reçoit la rétine est réflétée par le nerf
optique, qui, au moyen des nombreux filets dont il est composé,
la reporte au cerveau où chaque fil va déposer dans la cellule
ganglionnaire à laquelle il aboutit un reflet de cette image ;
celle-ci, ainsi reproduite, photographiée pour ainsi dire par
l'électricité, est conservée dans les archives cérébrales, où la
mémoire la retrouve plus ou moins complète, lorsqu'elle a
besoin d'y avoir recours ; on peut conclure ensuite, par rapport
aux impressions produites par le son dans le tympan, que le
son se communique au nerf auditif et est porté par chacune des
fibres de celui-ci dans les cellules cérébrales destinées à en re-

cevoir les ondulations et à en conserver le souvenir, c'est-à-dire
à enregistrer toutes les empreintes des sons et leur ensemble
(mélodie), ainsi que des mots parvenus au nerf auditif, empreintes que ces cellules gardent dans leurs casiers aussi facilement que les autres gardent les images que leur apporte
l'électricité par les nombreux filets du grand nerf optique ;

11° Il en est de même de toutes les perceptions et de toutes
les sensations, de quelque nature qu'elles soient ; elles sont
toutes apportées au cerveau par l'électricité au moyen des nerfs
gris de la périphérie ; ces perceptions et ces sensations viennent
occuper leurs places dans le cerveau et dans le grand sympathique, où elles se casent également dans certains centres et
dans certains groupes de cellules ganglionnaires, qui en conservent les impressions aussi longtemps qu'elles n'y sont pas
effacées par le temps ou par d'autres sensations plus fortes ; les
nouvelles vont nécessairement se ranger à côté des anciennes,
et elles se modifient plus ou moins les unes les autres ;

12° Le cerveau est à la fois un merveilleux appareil électrique, télégraphique et photographique, un *réceptacle* où toutes
les connaissances humaines, les sciences, les arts peuvent être
logés les uns à côté des autres sans confusion ; une immense
bibliothèque, un album contenant des milliers d'images de
toutes formes et de toutes dimensions ; un livre où sont gravées
plus ou moins nettement les impressions externes et internes.
Ce musée incomparable est dirigé par un chef, qui n'a qu'à
dépêcher un de ses auxiliaires, la mémoire, attribut de chaque
faculté sensitive, intellectuelle et passionnelle, pour qu'aussitôt
les fils télégraphiques transmettent sa volonté à celles des cellules de ses vastes archives qu'il veut vérifier ou inspecter, et
pour que celles-ci s'ouvrent instantanément devant lui ;

13° Notre corps peut être comparé à un immense laboratoire
de chimie, divisé en un grand nombre de sections, dont la
principale, située au centre (le cœur), possède la force électro-
motrice qu'elle distribue à toutes les autres sections, indépendamment des ordres du directeur (l'âme), qui siége dans une
autre section (le grand sympathique), et qui, ne pouvant rien
changer à l'organisation du laboratoire, se borne à le gouverner.

et à transmettre, par les agents électriques qui sont à sa disposition, aux diverses sections les ordres nécessaires à leurs travaux (mouvement), et à pourvoir à leur entretien (nutrition) ;

14° Quoique plusieurs de ces sections (estomac, poumons, foie, rate, intestins, etc.) aient une organisation parfaitement distincte, quelques-unes même une existence propre et jusqu'à un certain point indépendante (yeux, oreilles, etc.); et bien que chacune des sections exécute au moyen de leviers impalpables un travail spécial, toutes ces sections sont reliées entre elles par les mêmes conducteurs électriques (nerfs blancs et nerfs gris), qui les mettent en communication entre elles et avec le directeur, et toutes sans exception coopèrent à un travail général, à l'entretien et à la marche régulière de ce microcosme, qui dans sa merveilleuse organisation présente en outre les chefs-d'œuvre de la mécanique et de la physique, les types perfectionnés de toutes les inventions que l'intelligence humaine puisse imaginer ;

15° En un mot, l'électricité est, comme je l'ai dit dans l'Introduction, *le moteur invisible de tous les rouages de la vie*

Ce résumé, qui déroule en peu de lignes un vaste canevas d'études, dont je laisse à d'autres plus aptes que moi le soin de remplir les mailles et d'en faire un tableau, nous a mis à même de connaître les fonctions importantes que l'électricité remplit dans notre organisme. Nous allons passer à un autre chapitre qui nous fera connaître l'action qui se manifeste, lorsque notre corps est traversé par des courants d'électricité dynamique.

CHAPITRE IX.

Action physiologique et mécanique de l'électricité sur l'organisme de l'homme.

31. Nous ferons d'abord observer que le corps de l'homme est placé dans l'atmosphère comme le poisson dans l'eau, et aspire, non seulement par les poumons, mais encore par tous

les pores qui couvrent sa surface (a), l'électricité atmosphérique, qui vient exciter, ralentir ou accélérer celle qui vivifie
son organisme.

Or, si l'on met le corps en contact avec un appareil développant de l'électricité dynamique, et si on le fait traverser par
des courants intermittents, moyen le plus usité, quels seront
les effets et les changements que le passage de ces courants
opèrera en lui, ou quels sont les phénomènes qui, dans ce
cas, se produiront dans notre organisme?

32. A chaque passage du courant il y a action et réaction
opérées sur l'électricité propre du corps, c'est-à-dire sur toutes
les molécules composant la partie du corps que le courant a
traversée, attendu que les deux électricités contraires se trouvent combinées dans chaque molécule de notre corps, où elles
sont orientées dans la sphère moléculaire en des directions
opposées l'une à l'autre; mais, aussitôt qu'elles subissent une
influence plus forte que leur attraction mutuelle, les deux électricités se déplacent, opérant une demi-révolution sans quitter
la sphère d'activité qui leur est assignée autour de chaque
molécule. Or ce déplacement ou changement a lieu à chaque
passage d'un courant électrique (intermittent), soit galvanique,
soit volta-magnétique, soit magnéto-électrique; et à chaque
interruption ou intermittence du courant dynamique, l'électricité de la partie du corps qui a été actionnée rentre dans son
état naturel par le retour des particules électriques à leurs posi-
tions primitives.

Si au contraire on dirige sur le corps un courant galvanique
continu, les particules électriques des molécules nerveuses
tourneront toutes leurs pôles positifs du côté vers lequel se dirige le courant, et leurs négatifs du côté où il vient, et les pôles
resteront dans cet état aussi longtemps que le courant artificiel
n'aura pas été interrompu.

33. Dans cet état, chaque fibre, chaque nerf, chaque organe
traversé par le courant artificiel est transformé en quelque
sorte en un aimant, et chacun agit comme tel, aussi loin que

(a) Le corps humain est supposé contenir, sur les cinq mètres carrés qui
forment sa surface, deux milliards seize millions de pores.

sa propre influence et sa force d'attraction est capable de s'é-
tendre, sur toutes les particules électriques des tissus dont ils
se trouveront environnés.

Or, si, comme dans la méthode que j'ai adoptée, une personne
malade est soumise à l'action des courants électriques intermittents, tels que les développent les appareils que je construis, et
qu'elle demeure sous leur influence durant trente à soixante
minutes (maximum de la durée d'une application), elle aura
été pendant ce temps traversée jusqu'à deux millions de fois
par ces courants électriques; et toutes les particules électriques
qui se sont trouvées sur leur passage au travers de la partie du
corps sur laquelle ils ont été dirigés, auront été déplacées
autant de fois, c'est-à-dire qu'elles auront opéré un nombre
égal de fois une demi-révolution sur elles-mêmes et auront en
même temps accéléré et vivifié les courants propres à chaque
nerf et à chaque muscle (a).

(a) Galvani admettait que tous les animaux jouissent d'une électricité propre,
qui est sécrétée dans le cerveau et réside dans les nerfs, lesquels la transmettent à toutes les parties du corps. Les réservoirs communs sont, selon lui, les
muscles dont chaque fibre doit être considérée comme ayant deux surfaces,
sur chacune desquelles se trouve l'une des deux électricités.

Cette théorie fut vivement combattue par Volta; mais plus Galvani accumu-
lait de faits pour défendre sa théorie, plus Volta cherchait à la renverser en
apportant de nouvelles observations à l'appui de son opinion.

Malgré les expériences que l'Institut national de France fit faire à l'époque
de la découverte de Galvani par une commission composée de Colomb, de
Sabattier, de Guyton et de Hallé, laquelle constata entre autres les faits suivants : qu'en coupant un nerf chez un animal ou en le serrant par une ligature on fesait perdre la faculté de se mouvoir aux muscles dans lesquels ce
nerf se distribue, Volta et ses partisans ne continuèrent pas moins de nier
l'existence de l'électricité animale, et la plupart des savants finirent par considérer Galvani comme égaré par une imagination trop ardente et par reléguer sa
théorie parmi les chimères, attendu que les physiologistes les plus distingués
de l'époque, à la tête desquels était Bichat, ne purent découvrir la cause de
s les phénomènes galvaniques.

Cependant, depuis lors, beaucoup de savants ont reconnu que les assertions
de Galvani sont fondées.—Nobili a prouvé en 1827, et M. Mateucci a constaté
(voir *Traité des phénomènes électro-physiologiques des animaux*, — Paris, 1844),
ainsi que M. Bois-Raymond (voir *Untersuchungen über thierische Electricitael*,
—Berlin, 1848), que les tissus musculaires et nerveux sont le siége d'un mouvement électrique incessant. Cette opinion est également partagée par M. De
La Rive, de Genève (voir *Traité d'électricité*,—Paris 1858). Quant à M. Becc-
querel, il émet à ce sujet l'opinion suivante, dans son *Traité de physique*,

On comprendra facilement l'effet qui doit résulter de ce mouvement imprimé soit d'une manière, soit d'une autre, aux molécules bipolaires dont se compose l'organe malade qu'on aura à actionner, et à l'électricité, combinée dans chacune d'elles, si l'on considère que le mouvement c'est la vie, et que cette vie n'est autre chose que l'action combinée des forces électro-motrices, dont sont douées à des degrés différents les molécules qui forment l'ensemble des corps de la nature, lorsqu'elles sont mises en contact avec d'autres molécules. (13.)

34. Mais, en outre de l'électricité naturelle et coexistante dans toutes les particules organiques, il se manifeste dans le corps de l'homme, ainsi que dans celui des animaux et dans les plantes, d'innombrables courants répandus et divisés dans tous les nerfs et dans tous les muscles du corps, et dont chaque courant forme dans sa sphère d'action, ainsi que cela a été dit, un circuit fermé. Ces courants sont produits par le frottement continuel des liquides et des solides, par les compositions et les décompositions chimiques qui ont lieu constamment dans toutes les parties du corps ; en sus, ils sont entretenus et vivifiés par des portions dérivées des courants fournis à tout l'organisme par le cerveau. (13.)

35. On comprendra donc qu'une interruption plus ou moins prolongée de ces courants électriques, dans quelque partie de notre corps que ce soit, causée par l'influence de la température, par l'aspiration d'un air plus ou moins chargé de miasmes, par suite d'excès en tout genre, de chagrins, de fortes émotions, de chutes, de coups, etc., provoque des dérangements dans les fonctions habituelles de la machine humaine (a) ; de

page 61 : « Or les muscles, les nerfs et en général les tissus organiques étant
» formés de globules dont les dimensions sont les mêmes pour chaque organe,
» ne pourrait-on pas supposer que les globules qui sont les particules élémen-
» taires sont doués, comme les particules des composés organiques, de pro-
» priétés électriques contraires ? »

(a) Citons un exemple pour mieux rendre compte de l'action et du rôle des divers agents électriques de notre corps.

Supposons que les parties inférieures du corps, les jambes, aient perdu leur mobilité (état de paralysie), et que la volonté n'ait plus que peu ou point d'action sur elles, mais qu'elles se trouvent en apparence, ce qui est souvent le cas, dans leur état normal ; que la chaleur, la sensibilité, l'aspect des jambes soient

même que l'accumulation de cette électricité dans un de nos organes y produit d'abord un excès de chaleur, puis l'inflammation et la fièvre, son manque partiel ou total finit par y amener un dépérissement lent ou rapide. C'est donc la circulation normale de ces courants et le parfait équilibre dans notre corps de cette électricité toujours divisée, lorsqu'elle est en activité, en deux forces égales cherchant continuellement à se faire équilibre, qui constitue l'état normal de santé chez l'homme. On ne sera donc pas étonné que l'agent électrique, ce principe universel développé par des appareils spéciaux et rationnellement dirigés, puisse entretenir le mouvement et la circulation de l'électricité de notre corps, désobstruer les chemins (nerfs) par lesquels la volonté transmet d'une part ses ordres aux muscles, et de l'autre, reçoit les impressions du monde extérieur; et que par la même raison, son action sur les particules électriques qui se trouvent sur son trajet, lorsqu'il est dirigé sur un organe ou une partie quelconque de notre corps, accélère le mouvement des fluides, et par l'oscillation de tous les solides, met en jeu tous les ressorts de l'économie animale. (30.)

les mêmes que lorsqu'elles obéissaient à la volonté; voici comment s'expliquera ce phénomène : la circulation sanguine, entretenue par l'électricité atmosphérique, ensuite l'électricité coexistante comme centre de vie dans chaque molécule, et celle qui parcourt extérieurement d'un pôle à l'autre chaque section de muscles et de nerfs, suffisent sans le secours de la volonté pour entretenir dans les jambes la vie végétative ; mais l'électricité développée dans le cerveau, et qui sert à la volonté pour transmettre ses ordres, rencontre, dépêchée par celle-ci, dans son parcours des obstacles à son passage, soit une obstruction, soit une perturbation dans la polarisation de certains nerfs, c'est-à-dire que les pôles ont été par une cause quelconque tournés en sens contraire à leur état normal. Les courriers de la volonté se trouvent ainsi arrêtés, s'ils n'ont pas été même empêchés de partir. Il en résulte que les nombreux muscles des jambes, ne recevant plus l'influence du seul agent capable de mettre en mouvement leur force électro-motrice, de les contracter et de les faire agir dans un sens ou dans un autre, restent inactifs et se raidissent de plus en plus. Il va sans dire qu'il en sera de même de tous autres membres privés partiellement ou totalement de l'agent de la force électro-motrice, et l'on peut ainsi se rendre compte des causes de tant d'infirmités inexplicables jusqu'ici.

CHAPITRE X.

Exposé pratique.

Nomenclature raisonnée des différents systèmes et appareils électriques actuellement en usage dans la pratique médicale :

    1° Machines électriques à disque de verre ;
    2° Appareils volta-farradiques ou volta-magnétiques ;
    3° Appareils magnéto-électriques et aimants artificiels ;
    4° Appareils galvaniques.

---

1. — Application de l'électricité statique (6.).

Machines électriques à disque de verre (a).

---

36. Bien que ces machines électriques aient été longtemps les seules employées dans la pratique médicale et qu'on leur doive les premières expérimentations de l'électricité sur le corps humain, et même certains succès, notamment dans les cas de paralysie et de rhumatisme, elles sont aujourd'hui, à peu d'exceptions près, abandonnées, parce que leur usage présente de nombreux inconvénients. D'abord on ne peut en régler l'action ni en distribuer à volonté l'électricité, en la dirigeant sur telle ou telle partie du corps, sur tel ou tel organe malade, attendu qu'elle ne se répand que sur la surface de l'individu qu'on veut actionner ; puis ces machines exigent constamment l'aide d'un homme pour faire tourner la roue. Ensuite, lorsqu'on veut augmenter la tension électrique par la bouteille de Leyde, cela présente des dangers ; les commotions plus ou moins fortes qui en résultent plongent très-souvent les organes dans une torpeur qui peut avoir des conséquences funestes ; la recomposition électrique, bien qu'elle ait toujours lieu à la surface de l'épiderme et n'y produise aucune désorganisation, peut cependant occasionner des épanchements fâcheux dans le cerveau et de graves accidents dans les muscles ; chez les femmes surtout, ces commotions occasionnent des épanchements de sang, des fausses couches, etc. Ces désordres pro-

---

(a) C'est Guerrick, de Magdebourg, qui a, en 1642, inventé la première machine électrique.

viennent de ce qu'on ne peut limiter que très-imparfaitement l'action électrique de la bouteille de Leyde (a).

La méthode d'électrisation par ces machines consiste aujourd'hui (b) à isoler le patient en le plaçant sur une banquette à pieds isolants, puis à le mettre en communication avec le conducteur positif de la machine électrique. De cette façon l'électricité s'accumule à la surface du derme (comme elle s'accumule sur un cylindre métallique), et elle n'affecte point les organes intérieurs : ce qui est d'ailleurs prouvé par ce qu'aucun changement ne s'observe ni dans le pouls ni dans la respiration; toute son action se trouve limitée à la peau, et c'est à peine si l'on parvient à contracter quelques muscles superficiels.

Il en résulte que toute l'électricité développée par le disque de verre se répand à la superficie du corps et réagit sur les particules électriques de l'épiderme, dont les négatives seront attirées à la surface intérieure du derme, réagissant à leur tour également sur les tissus les plus voisins; mais je ne pourrais dire jusqu'où peut s'étendre à travers le derme la sphère d'action de l'électricité statique à l'intérieur. Plus on aura saturé la superficie du corps d'électricité dans une atmosphère sèche, plus l'électricité doit réagir sur les couches rapprochées de l'épithélium.

L'opérateur, qui est en communication avec le sol, soutire du malade, au moyen d'excitateurs métalliques ou par les mains, l'électricité dont celui-ci a été chargé.

Cette dernière méthode est la meilleure et ne produit aucune sensation désagréable au malade, du moins si l'opérateur dirige

(a) On ne saurait calculer le nombre des fausses couches qui ont été provoquées de cette façon au Conservatoire des Arts et Métiers par la manie, qui y prévalait il y a quelques années encore, d'amuser les visiteurs, ceux venant de la campagne surtout, en leur administrant, qu'ils y consentissent ou non, de fortes décharges de la bouteille de Leyde. Je me suis souvent prononcé en termes sévères contre ce déplorable usage, que je suis parvenu, bien qu'indirectement, à faire supprimer.

(b) M. le docteur Poggioli, à Paris, et M. Beckensteiner, à Lyon, traitent leurs malades par ce moyen; mais, nous le répétons, les effets physiologiques qu'on en obtient sont de peu d'importance (*voir chapitre V*) ; aussi ce mode d'électrisation est-il généralement abandonné.

les passés en se tenant éloigné de 20 à 25 centimètres du corps qu'on électrise.

Un autre moyen consiste en ce que l'opérateur se place aussi sur un isoloir et opère la décharge à l'aide d'un excitateur à manche isolant, auquel est attaché une chaîne communiquant avec le sol.

Ces deux méthodes d'électrisation (sans bouteille de Leyde) peuvent dans certains cas produire quelques résultats ; mais on obtiendra plus facilement les mêmes résultats, et de plus efficaces encore, en se servant de l'électricité volta-magnétique (farradique) par courants intermittents.

II. — Application de l'électricité d'induction (7.).

Au moyen des appareils appelés volta-farradiques, volta-électriques, électro-magnétiques et électro-médicaux.

Ces appareils fonctionnent au moyen de piles de Bunsen, de Grove, de Grenet, de Marié-Davy, etc., ou plus ou moins modifiées d'après celles-ci.

Nous ne parlons point des premiers appareils auxquels on a donné ce nom, et qui marchaient à l'aide d'un mouvement d'horlogerie, attendu qu'ils ont fait place aux appareils bien plus parfaits des Allemands et des Anglais, lesquels ont servi de modèles pour la construction de tous les appareils volta-magnétiques en usage aujourd'hui en France. Nous passerons également sous silence cette nombreuse variété d'instruments, œuvres du caprice, essais avortés de perfectionnement, tendant tous au même but à l'aide de moyens différents, qui ont tous été abandonnés ou n'ont eu qu'une existence éphémère. Nous ne nous occuperons que des appareils modernes.

37. Les appareils volta-magnétiques, appelés généralement électro-médicaux, électro ou volta-farradiques, etc., sont la plupart composés :

a. D'un cylindre creux en forme de bobine, sur lequel sont enroulés deux fils de cuivre de diamètres inégaux, dont les extrémités sont fixées comme il sera indiqué d'autre part ;

b. D'un cylindre plein en fer doux, ou d'un faisceau de fils de fer, introduit dans l'intérieur de la bobine, où l'on peut le rendre fixe ou le laisser mobile;

c. D'un tube en laiton (*a*) interposé entre la bobine et le fer doux *b*, et au moyen duquel on augmente ou diminue l'intensité des courants électriques, selon qu'on le retire plus ou moins de l'intérieur, laissant ainsi plus ou moins de passage aux réactions magnétiques du fer;

d. D'un instrument appelé trembleur, destiné à interrompre et à rétablir les courants de la pile, et à produire ainsi des intermittences. Cet instrument est formé de deux pièces : 1° un ressort auquel est fixé un morceau de fer doux plat, au milieu duquel est soudé un petit carré de platine; ce ressort est placé de façon à présenter la plaque de fer doux en regard du centre du cylindre de fer *b*, et à son extrémité est attachée l'extrémité du premier fil enroulé sur la bobine, par lequel doit passer le courant de la pile; 2° un montant en cuivre placé en face du fer plat du ressort et muni, à cette hauteur, d'une vis dont la pointe en platine, par conséquent inoxidable, est mise en regard de la petite plaque en platine du fer plat, c'est-à-dire au point où s'opère la recomposition des deux courants électriques;

e. D'une pile de Bunsen, ou d'une pile composée au bichromate de potasse ou au bi-sulfate de mercure, laquelle peut être séparée de l'appareil ou placée dedans. L'électricité développée par cette pile est communiquée à l'appareil par des boutons situés extérieurement ou intérieurement; l'un des deux courants est dirigé à travers le premier fil enroulé sur la bobine dont l'extrémité est fixée au trembleur *d* 1, et l'autre communique directement au montant en cuivre *d* 2, muni de la pointe en platine. La recomposition des deux courants, qui ont été ainsi séparés, s'opère par l'aimantation temporaire du fer doux. Le passage du courant électrique dans le premier fil décompose le magnétisme du fer doux posé au centre, dont il déplace les particules magnétiques de leur position élémen-

(*a*) Ce tube, dont je me sers depuis 1851 pour régler la tension électrique dans mes appareils, est de l'invention de M. Dove, professeur de physique à Berlin, et non de M. le docteur Duchenne de Boulogne.

taire, et que par là il transforme temporairement en un aimant; mais chaque fois que le courant n'est pas interrompu par le trembleur, la recomposition des particules électriques du fer s'opère instantanément, et le retour de ces particules à leur position primitive produit chaque fois un choc, une réaction, qui influence le courant électrique de la pile cheminant dans le premier fil ; et c'est principalement ce choc qui donne et augmente la tension électrique, laquelle, sans cela, serait à peine sensible.

L'appareil, tel que nous venons de le décrire, ne donne que le courant du premier fil, c'est-à-dire le courant direct ou de première induction. La deuxième induction ou le courant induit s'obtient au moyen du fil de cuivre fin enroulé par dessus le gros fil (8, 12 ou 16 tours, selon la grosseur) ; les deux extrémités du fil s'attachent à deux boutons communiquant à l'extérieur et communément appelés *rhéophores*. Cette électricité, développée par influence dans ce fil fin enroulé sur le gros; se porte aux deux extrémités de ce fil et se manifeste, lorsqu'on se place dans son circuit, par une tension plus ou moins énergique résultant de la résistance qu'elle rencontre pour traverser le fil. Cette deuxième induction, nommée courant induit, se règle aussi au moyen du tube graduateur *c*, attendu que l'action exercée par le premier fil sur celui qui lui est superposé est toujours en raison de la plus ou moins grande influence que lui aura fait subir le magnétisme développé dans le cylindre de fer.

Presque tous les appareils appelés électro-médicaux, en usage dans la pratique médicale, quels qu'en soient la forme et le générateur qui les met en action, sont munis d'un tube réglant la force électrique. Lorsqu'on retire ce tube en laiton quelque peu du creux de la bobine, on découvre un certain nombre de spires des fils enroulés dessus, et le magnétisme développé dans le cylindre en fer se communique, à chaque intermittence du courant, aux spires ainsi découvertes et augmente la force du courant.

Quelques-uns de ces appareils sont construits de manière à ne donner que le courant induit ou de deuxième induction, qui est le plus fort (*a*); mais ils ont aussi l'inconvénient de ne pouvoir régler leurs courants à 0°, c'est-à-dire à un degré assez faible pour qu'une personne sensible puisse les supporter. Outre que ce genre d'électricité est des plus excitants et ne convient que dans les rhumatismes et les paralysies, il est presque toujours dangereux de l'employer dans tous autres cas que ceux que nous venons de mentionner; aussi ces appareils ne paraissent-ils être construits qu'en vue des courants puissants, sans qu'on se soit inquiété du mal qu'un mode d'électrisation si violent peut produire dans des mains inexpérimentées, en ébranlant tout l'organisme et en renouvelant les fâcheux effets de la bouteille de Leyde. Ce mode de construction était assez général il y a quelques années, et est encore suivi par la plupart des fabricants; c'est-à-dire que le fil inducteur ne sert que comme intermédiaire pour développer l'induction dans le fil fin, et que le courant de celui-ci est seul employé. Ce n'est que depuis peu que quelques constructeurs imitent les appareils du docteur Duchenne et ceux de l'auteur, du moins pour ce qui a rapport aux deux courants.

(*a*) La série des appareils à seconde induction vient d'être augmentée d'un appareil, pour lequel on a fait une grande publicité et que le fabricant appelle « *brosse volta-électrique* »; mais ce n'est qu'une bobine montée sur un fond garni de pointes métalliques formant brosse, et contenant à l'intérieur, comme tous les nouveaux appareils, une pile au bi-sulfate de mercure. Il faut, lorsqu'on veut se frictionner avec cette brosse, à laquelle communique l'un des courants. et dont l'autre se prend par la main qui tient l'appareil, promener tout l'appareil sur la partie qu'il s'agit d'actionner. Or c'est inutilement multiplier les difficultés pour obtenir imparfaitement l'effet que produit une petite brosse métallique du genre de celle, dont je me sers pour les frictions, en y fixant un des courants en communication avec l'un ou l'autre de mes appareils. (*Voir Table des Instruments*, n° 32.) La brosse volta-électrique de Nos d'Argences ne constitue donc ni une invention ni un perfectionnement; elle n'avait pour but que de faire concurrence à la brosse dite volta-électrique de Hoffmann de Berlin, exploitée par Brandus, à Paris. Le même fabricant Nos d'Argences prétendait aussi avoir inventé celle-ci, qui, à force d'une publicité monstre, s'est fait connaître dans le monde entier; mais on finira, n'en doutons pas, par l'apprécier à sa juste valeur. La plupart des nouvelles productions dont l'électricité était indiquée comme l'agent, et dont on a fait d'abord tant de bruit en les annonçant comme des panacées, n'ont, heureusement pour le public, eu qu'une existence éphémère; toutefois elles étaient plutôt dues à l'ignorance qu'au charlatanisme.

Dans plusieurs des appareils volta-farradiques les plus modernes, on trouve les deux fils réunis en longueur, où le fil fin divisé en deux et même en trois sections, afin qu'on puisse s'en servir pour prendre le courant donné par les extrémités du premier et du second tiers, ainsi que les courants fournis par toute la longueur du fil ; ces dispositions non seulement ne sont d'aucune utilité, attendu qu'elles obligent, si l'on veut augmenter le courant, à faire sans nécessité trois opérations au lieu d'une ; mais en outre elles ont le désavantage de détruire les propriétés inhérentes aux courants de la première et de la deuxième induction (a).

L'appareil de M. Duchenne de Boulogne, qui a été pendant longtemps le plus parfait de ceux qui ont été fabriqués (on me permettra toutefois d'en excepter les miens), n'est pas exempt des défauts que je signale relativement à la force ; car cet appareil est également trop puissant pour la pratique médicale et ne peut régler à 0°, — condition nécessaire de tout bon appareil, — les deux courants qu'il développe. Pour obvier à cet inconvénient, M. Duchenne a été obligé d'ajouter à son appareil un tube de verre rempli d'eau, dans lequel il fait passer le courant, et par ce moyen il arrive à modérer la force des courants. Mais ce qui rend surtout cet appareil peu propre à l'usage des médecins, c'est que la pile plate, alimentée par l'acide nitrique et renfermée dans un tiroir de l'appareil, demande des précautions et des soins excessifs.

38. Je dois faire observer ici que mes appareils, quelles qu'en soient la forme et la grandeur, sont les seuls qui puissent régler leur force à 0° et qui, au moyen de nombreux instruments transporteurs ou excitateurs, permettent de traiter tous les genres de maladies et d'actionner les parties les plus délicates du corps, ainsi que toutes les cavités qu'on peut avoir besoin d'électriser ; se plaçant sur le corps, sans gêne ni fatigue, et sans qu'il soit jamais nécessaire de déshabiller les malades, comme les appareils de M. le docteur Duchenne et autres

(a) C'est malheureusement d'un appareil de ce genre que le Conseil de Santé de l'armée a fait choix pour introduire l'usage de l'électricité dans les hôpitaux militaires.

l'exigent, vu qu'ils n'ont à leur disposition que les deux cylindres garnis d'éponges et quelquefois un pinceau métallique et une tige à boule.

Comme les appareils électriques que je fais construire, tant pour les applications isolées que pour les applications collectives, sont au nombre de vingt-quatre, y compris les appareils magnéto-électriques, je vais entrer dans quelques détails sur les avantages qu'ils présentent, comparativement à ceux généralement en pratique.

Une série des appareils de la première catégorie (*voir Tarif général*), de formes et de grandeurs diverses, développent l'électricité volta-magnétique et l'électricité galvanique :

1° Ils fournissent le courant inducteur et le courant induit, c'est-à-dire la première et la seconde induction ;

2° Ils possèdent le moyen d'interrompre le courant de seconde induction (courant induit), et de graduer les commotions à tous les degrés de force ;

3° Ils possèdent le moyen d'augmenter ou de diminuer à volonté les intermittences ;

4° Ils distribuent également l'électricité galvanique ou l'électricité voltaïque (sans magnétisme) ;

5° Ils sont munis d'instruments propres à administrer aux malades, à volonté, l'électricité positive ou l'électricité négative ;

6° Ils permettent de distribuer l'électricité collectivement, c'est-à-dire sur quatre, six ou huit parties du corps en même temps ;

7° Ils possèdent le moyen de diriger l'un des courants électriques à travers des fioles placées dans l'appareil même, que l'on change à volonté et qui contiennent des substances végétales liquides, des métaux purs (or, argent, etc.); d'y développer, par le frottement qu'opère à chaque passage le courant intermittent de l'électricité de la première induction (courant direct), l'électricité qui est propre à la substance, et, en rendant son électricité libre, de la transporter directement avec son principe médicinal sur l'organe que l'on veut actionner ;

8° Ils fournissent l'électricité nécessaire pour tous les genres de bains.

Au résumé, ces appareils offrent aux médecins la réunion de tout ce qui est nécessaire pour les diverses applications de l'électricité, sans présenter aucun des inconvénients que produisent la plupart des autres.

Voici en quoi ils se distinguent en outre des autres appareils :

a. Les courants de première induction, ou courants directs, sont à peine sensibles sur la langue, lorsque le tube graduateur n'a pas été tiré, c'est-à-dire est resté fermé. Ils sont en même temps, dans leurs intermittences rapides et dans l'augmentation de la tension, d'une si grande régularité, qu'on ne saurait les comparer avec ceux que fournissent les autres appareils en usage. Ces courants, outre qu'ils décomposent l'eau, sont propres aux applications les plus délicates, et peuvent être supportés par les personnes les plus nerveuses, même par les enfants nouveau-nés.

b. Les courants de la seconde induction sont, dans leur plus faible tension (tube graduateur fermé), supportables pour les personnes les plus nerveuses. L'intensité de ces courants se règle et se gradue, comme celle du courant direct, avec une précision presque mathématique. Arrivés à leur maximum de force, ils ne peuvent guère être supportés par l'homme le plus vigoureux. La division du tube graduateur par millimètres permet de graduer chacune des deux inductions à des degrés de force différents. Il en est de même des commotions produites par les courants interrompus.

c. Chaque appareil est muni de deux piles : l'une au bi-sulfate de mercure est contenue dans l'intérieur de l'appareil, et l'autre, composée d'un couple Bunsen placé sur un plateau en porcelaine, se trouve en dehors. La première, qui se charge instantanément, sert aux médecins pour le traitement des malades à domicile ; la seconde, une fois montée, dure sept à huit jours sans avoir besoin d'être rechargée et n'exige qu'une seconde pour être mise en repos ou en fonction ; aussi présente-t-elle plus de commodité pour les électrisations au domicile du médecin, qui peut au besoin laisser marcher l'appareil plusieurs jours et plusieurs nuits de suite sans interruption. Les deux piles peuvent être reliées ensemble.

d. L'électricité galvanique ou voltaïque (sans magnétisme) peut être distribuée dans une certaine mesure, selon que l'on aura augmenté la source électrique; avec la pile de Bunsen, qui opère déjà la décomposition de l'eau, on détruit peu à peu des tumeurs même considérables, et l'on cautérise les tubercules des poumons *(voir l'Index)*. En chargeant et en mettant aussi en action la pile au bi-sulfate de mercure, on augmente la quantité de l'électricité et sa puissance calorifique, au point qu'en plaçant deux excitateurs distancés de cinq à dix centimètres l'un de l'autre, communiquant avec les deux pôles, on produit des escarres. On se rend compte de ce fait en entourant les deux bornes, auxquelles se prend l'électricité galvanique, d'un simple fil de fer de 1/4 millimètre, lequel devient instantanément incandescent.

En mettant en rapport avec l'appareil n° 13 une batterie de quatre éléments de Bunsen de moyenne grandeur, tels que je les construis pour mon usage, on peut, avec l'instrument à cautériser (n° 30 du Tableau des instruments), opérer instantanément tous les genres de cautérisation. Au moyen de cette batterie, on rougit à blanc un fil, une lame, un couteau, une boule de platine, dont on se sert ensuite en guise de cautère pour les ulcères, ou pour modifier des surfaces, diviser les tissus, extraire du corps un métal quelconque *(voir Règles générales)*.

e. L'électricité positive ou négative, qu'elle soit volta-magnétique ou galvanique, peut être dirigée à volonté sur un organe particulier ou répandue dans tout l'organisme à la fois, au moyen d'un instrument interrupteur. Lorsqu'il s'agit de neutraliser l'excès d'électricité positive (fièvres, inflammations), qui peut se trouver accumulé dans le corps, on sature celui-ci pendant quelque temps du courant négatif fourni par l'appareil; et l'on y fait passer l'électricité positive, lorsqu'il s'agit d'absorber un excès d'électricité négative, qui, par ce moyen, se recombine avec l'élément positif et rétablit ainsi l'équilibre de l'électricité du corps.

f. L'électrisation collective est facilitée par une disposition de l'appareil, qui permet d'agir simultanément sur les principaux organes et sur les extrémités du corps par huit courants. Cette ressource est d'une grande importance, quand on a besoin de rétablir instantanément la circulation du sang (asphyxie, choléra).

g. Au nombre des avantages incontestables qu'offrent ces appareils, il faut compter aussi la facilité qu'ils procurent d'administrer des bains de tout genre et de pouvoir ainsi faire passer l'électricité non seulement à travers tous les pores du corps qui se trouve baigné dans l'eau, mais au besoin, partiellement, soit de la nuque, par la colonne vertébrale, aux pieds, soit des bras, en traversant tout le thorax, etc., aux pieds.

h. A ces appareils, que leur solidité préserve de tout dérangement, sont joints trente-sept instruments transporteurs, nécessaires au traitement du plus grand nombre des maladies.

Une autre ressource importante est fournie aux médecins par deux autres appareils d'un genre différent, qui leur offrent de nouveaux moyens d'expérimentation pathologique. Ce sont ceux désignés sous les n°ˢ 11 et 12 de mon Tarif général, savoir :

Le premier, **Appareil pour le développement et le transport de l'électricité des végétaux**, au moyen des courants volta-farradiques. — Il contient sept tubes en cristal, renfermant chacun un cylindre platiné, pour recevoir des substances médicamenteuses à l'état liquide. Il est destiné à toutes les expérimentations sur des substances végétales.

Le second, **Appareil pour le développement et le transport de l'électricité des métaux.** — Il renferme également sept tubes en cristal, contenant les métaux suivants : or, argent, fer, antimoine, étain, zinc et plomb; il sert à toute expérimentation sur des substances métalliques.

39. Les appareils de la seconde catégorie, série n°ˢ 1 à 6, destinés aux électrisations collectives, lesquels sont également de formes et de grandeurs différentes, développent les mêmes genres d'électricités et possèdent les mêmes propriétés que les appareils n°ˢ 7, 8, 13 et 14; mais ils sont infiniment plus puissants. Les n°ˢ 15, 16 et 17 ont chacun un but spécial, qui sera

développé dans une brochure sous presse, ayant pour titre : *L'Électricité appliquée au traitement des maladies des animaux et à l'agriculture*. Je me borne à les mentionner ici comme appartenant à la deuxième catégorie.

Nᵒ 1. **Appareils pour hôpitaux et hospices**, permettant d'administrer l'électricité volta-farradique de première et de deuxième induction, par courants intermittents et interrompus, à 800 personnes dans un jour, et à chacune au degré de force en rapport avec son excitabilité, et l'électricité galvanique à 20 personnes.

Nᵒ 2. **Appareils pour maisons de santé**, pouvant électriser 8 personnes à la fois, 200 en un jour ; développant le même genre d'électricité que l'appareil nᵒ 1.

Nᵒ 3. **Appareils pour établissements électro-thérapeutiques** à l'instar de celui de l'inventeur, pouvant être établis dans toutes les formes désirables et appropriés aux localités ; distribuant de l'électricité volta-farradique à 4 et jusqu'à 40 personnes à la fois.

Nᵒ 4. **Appareils pour l'armée de terre et de mer**, les casernes, les camps militaires, les vaisseaux, tous les grands établissements de l'État et des particuliers en général ; pour tout établissement ou tout lieu où il s'agit d'offrir et de distribuer gratuitement l'électricité à un grand nombre de personnes à la fois. Avec un de ces appareils, on peut administrer l'électricité à 10,000 personnes *dans un jour*, et, avec un certain nombre de ces appareils, répartis dans Paris, à toute la population de la capitale et de la banlieue, de manière que chaque individu de cette masse d'un million et demi de personnes pourra jouir, dans les cas d'épidémies, pendant un quart d'heure, du bienfait de cette force vitale, qui paralyse l'action des miasmes.

Nᵒ 5. **Appareils pour palais, grands hôtels, maisons de santé, institutions, bains**, distribuant de l'électricité du matin au soir dans un grand nombre de chambres, de bains, etc., et dans tous au degré de force nécessaire et en rapport aux divers cas.

Nᵒ 6. **Appareils destinés aux établissements chargés de porter les premiers soins aux asphyxiés**, munis des moyens de pouvoir secourir 10 personnes à la fois, et de ranimer la vie là où elle n'est pas entièrement éteinte. Le même appareil sert aussi pour les usines, les fabriques et les théâtres, pour guérir les accidents les plus graves occasionnés par des matières en ébullition ou par le feu.

N° 15. **Appareil volta-farradique à l'usage des médecins-vétérinaires,** pour le traitement des animaux, notamment dans les épizooties, avec une pièce modèle de chaque accessoire spécial pour chaque espèce d'animaux. Électrisation de 200 à 300 chevaux, bœufs ou vaches, de 500 à 1,000 moutons en un jour.

N° 16. **Appareil galvanique pour la sériciculture,** servant à l'électrisation des vers à soie pendant l'accouplement et l'éclosion des œufs, et après la deuxième transformation ; avec accéssoires et instruction particulière.

N° 17. **Appareil galvanique pour l'agriculture en général,** avec modèles de rateaux, conducteurs, etc., servant à activer le développement des engrais, des semences et des germes, à féconder et à vivifier les terres.

Les appareils n°ˢ 1 à 6 sont combinés de manière à pouvoir servir à l'électrisation d'une seule personne, comme, au besoin, à celle de 100 et plus à la fois. Dans ces appareils, la première induction (courant direct) se règle, malgré la puissance de la bobine dont ces divers appareils sont munis, de manière que le tube étant fermé, on en ressent à peine le courant sur la langue. Elle se gradue avec la même précision que dans les appareils n°ˢ 7, 8, 13 et 14 de la première catégorie ; mais la force qu'elle atteint lorsque le tube est tiré jusqu'à la cinquième division, c'est-à-dire à 50 millimètres, devient hors de proportion avec la sensibilité d'une seule personne.

La seconde induction (courant induit) suit la même marche régulière pour sa graduation successive ; mais, passé un certain degré, sa force augmente dans la même proportion que celle de la première induction et n'est plus en rapport avec l'excitabilité d'un seul individu. On en modère et divise la force en la dirigeant dans un certain nombre de petits appareils, appelés « distributeurs-modérateurs » (sans bobine ou multiplicateur), dans lesquels elle peut être recueillie par un plus ou moins grand nombre de personnes, dont chacune est à même, sans quitter sa place, de régler les courants et de prendre la dose d'électricité qui lui convient, soit de la première, soit de la seconde induction. Ainsi, dans un hospice, les malades, placés dans les couloirs des salles, et assis devant des tables sur lesquelles ou dans lesquelles se trouvent les distributeurs, pourront s'électriser de toutes les façons, comme il leur aura été prescrit. Pour les malades alités, on place au chevet de chaque lit un distributeur modérateur, auquel communique un fil de l'appareil, qui met chaque malade à même de s'administrer l'électricité comme le lui aura enseigné l'interne ou l'infirmière.

Ces appareils peuvent toujours, au moyen des distributeurs spéciaux, fournir l'électricité à un grand nombre de bains à la fois.

Les n°* 1 à 3 développent également l'électricité galvanique par courants continus, qu'ils peuvent distribuer à une comme à 20 personnes à la fois, mais non simultanément avec la première et la seconde induction.

La source électrique, séparée de l'appareil, peut, si l'on veut, se placer en dehors du lieu de l'application ; pour la faire fonctionner, il faut de deux à cinq éléments de Bunsen.

Les appareils des séries n°* 1 à 6 peuvent donc servir pour les hôpitaux, les hospices, les usines, les arsenaux, les casernes, les établissements de l'Etat, etc., de même que pour les dispensaires dont j'ai réclamé l'établissement dans chaque arrondissement de Paris, et qui, dans les épidémies, et surtout dans le cas où le choléra reviendrait sévir parmi nous, offriraient, grâce à l'emploi de l'électricité, le moyen le plus prompt et le plus efficace de combattre les effets moraux et physiques du fléau.

40. Je dois mentionner ici qu'il se fabrique aujourd'hui, à Paris et ailleurs, une quantité d'appareils électriques, de toute forme et de toute espèce de construction, appelés *electro-médicaux* ; ces appareils étant en grande partie destinés à l'exportation, on n'a, dans la fabrication, eu en vue que le bon mar-

ché, afin d'être à même de soutenir la concurrence. Ces instruments doivent être classés dans la catégorie de ce que dans le commerce on nomme de la camelotte. Ils pourraient tout au plus servir à des collégiens voulant répéter leurs leçons de physique; car, pour l'application à la thérapeutique, beaucoup de ces appareils sont très-dangereux. Malheureusement leur propagation dans tous les pays pourra arrêter les applications de l'électricité, attendu que le médecin qui n'est pas en état de juger de leur efficacité, puisqu'il en obtient rarement un résultat, souvent même une aggravation du mal qu'il cherche à combattre par leur emploi, abandonne l'électrisation, qui est cependant un si puissant moyen de guérison. Même dans les cas de rhumatismes et de paralysies, dans lesquels ces appareils pourraient quelque fois servir, mais en prenant de grandes précautions, l'usage en est rarement avantageux, car ils donnent généralement un courant trop intense, que la plupart des malades ne peuvent supporter.

III. — Application de l'électricité magnétique (a).

Par : 1° les appareils magnéto-électriques, et 2° les aimants artificiels.

1° Appareils magnéto-électriques (7.).

Les plus anciens appareils de ce genre sont celui de Saxon, perfectionné par Clark; celui de Dujardin et celui de Pixii. Tous ces appareils sont dépourvus de moyens de graduation, par conséquent impropres à la pratique médicale, et même, dangereux. Ils ont cependant servi de modèles pour de nouveaux instruments simplifiés et munis de régulateur. Les plus connus dans la pratique sont les appareils magnéto-électriques de

(a) On appelle

Magnétisme sidéral, l'influence des corps célestes entre eux;

— *minéral*, l'influence de l'aimant sur les métaux et sur beaucoup d'autres corps terrestres;

— *végétal*, l'influence des végétaux entre eux;

— *animal*, l'influence des animaux entre eux;

— *humain*, l'influence de l'homme sur son espèce.

Breton frères, du docteur Duchenne de Boulogne, et de Gaiffe.

44. Dans ces appareils, dont l'induction prend sa source dans un aimant, la graduation s'opère en approchant ou en éloignant l'aimant du fer doux à l'aide d'une vis de rappel. Ce graduateur a un centimètre de long ; mais l'action n'en devient sensible ou appréciable que dans la seconde moitié de cette longueur, et à partir de là elle augmente dans une progression hors de proportion. Outre ce grave inconvénient qui les rend peu applicables à la thérapeutique, du moins dans les cas d'affections nerveuses, les courants de ces appareils, aussitôt qu'ils deviennent appréciables, occasionnent, par les vibrations de leurs intermittences éloignées, des sensations fort désagréables, insupportables pour beaucoup de personnes. Ce défaut a jusqu'ici été commun à tous les appareils magnéto-électriques, à cause du mouvement de rotation qu'on est forcé d'imprimer au fer doux, au moyen d'une manivelle, pour le faire mouvoir devant les pôles de l'aimant, qui produisent l'induction dans le fil enroulé sur les bras de l'aimant ou sur des bobines séparées. Si l'on ralentit ce mouvement de rotation, le magnétisme du fer, développé par ce mouvement, diminue l'induction, et par conséquent les courants électriques s'affaiblissent au point de devenir presque nuls.

Ces appareils, à cause des défauts que j'ai signalés plus haut. ne possèdent nullement, à mon avis, les conditions absolument exigibles pour le traitement thérapeutique. Néanmoins les appareils de Breton fières ont été longtemps le plus communément en usage, même dans les hospices, parce qu'ils ne nécessitaient pas de pile. On ignore généralement que l'électricité magnéto-électrique, développée de la manière indiquée, ne convient que dans un très-petit nombre de cas de maladies (a), d'abord parce qu'elle ne décompose pas l'eau (or la décomposition de l'eau est

(a) Ce qui est suffisamment prouvé par les nombreux insuccès et les dangers de l'application de l'électricité signalés dans le « *Traité des applications de l'électricité à la thérapeutique,* » Paris, 1857 et 1860, par M. le docteur Becquerel, qui emploie et prône ce genre d'appareils. Voir ma Notice envoyée à tous les médecins de France, datée du 1er juillet 1858, dans laquelle je combats les allégations de ce docteur à ce sujet.

une des propriétés les plus essentielles de l'électricité volta-far-radique), puis parce que ses intermittences saccadées, produites par le mouvement de rotation plus ou moins inégal imprimé à la manivelle, provoquent, lors du passage du courant dans le corps, des vibrations et des changements de pôles beaucoup trop brusques dans les particules électriques combinées autour de chaque molécule organique, dont elles constituent le centre de vie.

Ces trois genres d'appareils sont munis de deux tubes ou cylindres à manche, destinés à recevoir des éponges pour les applications sur le corps, et présentent par conséquent les mêmes inconvénients que j'ai signalés dans les applications à propos des appareils volta-farradiques.

2° Aimants artificiels (7.) :

1° Aimants à armatures; 2° Busc de Nicole; 3° Brosse de Haring; 4° Appareils magnéto-électriques Rebold : Électrisateur perpétuel; Ceintures abdominales; Ceintures pour femmes enceintes; Ceintures vaginales; Ceintures épigastriques; Semelles magnéto-électriques; Brosses ou Frictionneurs; Preuves scientifiques; Dessins.

1° Aimants simples et à armatures (a).

Dans le principe, la manière de se servir de ces aimants consistait principalement à les placer ou à les faire passer sur une partie souffrante du corps; la douleur se modifiait quelquefois ou même souvent était détruite selon la force de l'aimant et l'intelligence du manipulateur. On se figurait alors que l'action de l'aimant déplaçait des liquides stagnants et les mettait en circulation en en dégageant les nerfs, etc., etc. On était loin encore de penser que l'électricité de l'aimant attire et met en mouvement celle du corps humain et opère par cela même une circulation plus active du sang et des autres liquides.

(a) La pierre d'aimant est un minerai composé de fer et d'oxygène (deutoxide de fer); elle était connue de toute l'antiquité pour sa propriété d'attirer les particules de fer. On la nommait *Magnes*, de la ville de Magnésie, en Lydie, dans les environs de laquelle on la trouvait en abondance; de là le nom de *Magnétisme*, qu'on donne à l'ensemble des phénomènes se rapportant aux propriétés de la pierre d'aimant. Descartes, Euler et Bernouilli supposaient

Les résultats thérapeutiques obtenus par plusieurs savants avaient, en 1776, engagé la Société royale de médecine de Paris à nommer une commission pour examiner les tentatives de mise en pratique que l'abbé Lenoble en avait faites en France. Mais les corps savants sont les moins aptes à juger des applications naissantes de ce genre ; cette découverte fut examinée, comme tant d'autres, sous l'influence d'idées préconçues, etc. Quoique un astronome allemand du nom de Hell eût opéré des cures merveilleuses au moyen de l'application d'aimants moulés sur le corps, sa méthode fut abandonnée après sa mort

Paracelse employait souvent l'aimant contre les hémorrhagies, l'hystérie, l'épilepsie et les affections spasmodiques. Goregenet, médecin de la Faculté de Paris, prétend avoir guéri des phthisies pulmonaires par l'emploi d'aimants.

Le professeur Ellioston a renouvelé ces expériences à l'hôpi-

que l'aimant renfermait une matière s'y mouvant en tourbillons ; d'autres savants ont émis des opinions qui n'étaient pas mieux fondées. Wilke et Brugmann, ainsi que Coulomb, suggéraient déjà ce qu'Ampère a plus tard expliqué, c'est-à-dire que les phénomènes du magnétisme se démontrent par la théorie de l'électricité.

Le fer doux peut être rendu magnétique, si l'on y fait passer un courant d'électricité voltaïque, lequel sépare les particules magnétiques dont chaque molécule est le centre, c'est-à-dire que l'influence du courant électrique fait faire à ces particules une demi-révolution sur elles-mêmes, de manière que les particules électriques positives sont toutes tournées vers l'une des extrémités du fer, et les négatives vers l'extrémité opposée ; mais aussitôt que cesse l'action du courant électrique qu'on aura dirigé à travers un fil de cuivre enroulé sur le fer doux, les particules rentrent dans leur état normal, attendu que le fer ne possède pas de force coercitive pour les maintenir dans l'état de séparation. Lorsque le fer a été converti en acier et que celui-ci a subi une certaine préparation qui a resserré ses pores et ses molécules, le métal, ainsi transformé, acquiert des propriétés qu'il n'avait pas auparavant. Si l'on veut ensuite développer dans cet acier les propriétés magnétiques, c'est-à-dire le transformer en aimant, il faut le frotter sur un aimant artificiel ou sur un électro-aimant ; ce frottement aura pour résultat de séparer les deux magnétismes, faisant opérer aux particules magnétiques la même volte-face que nous avons vue se produire dans le fer doux, mais avec cette différence que, l'acier ayant acquis une grande force coercitive, cette force maintient les particules électriques dans leur état de séparation et les empêche d'obéir à leur attraction mutuelle. Quant aux causes du magnétisme lui-même, elles ne sont pas encore connues.

tal Saint-Thomas, à Londres : avec des aimants puissants, levant vingt kilogrammes, mais de forme ordinaire, c'est-à-dire en fer à cheval et aimantés comme de coutume, il est parvenu à faire cesser instantanément des douleurs rhumastismales ; mais sa manière de procéder était impraticable.

MM. Trousseau et Pidoux, de nos jours, ont aussi reconnu l'efficacité de l'usage des aimants ; mais ils ont allégué que c'était un moyen infidèle : observation très-judicieuse, attendu qu'avec des aimants tels qu'on les construit, simples ou munis des plus fortes armatures, il est impossible d'obtenir des résultats constants.

C'est par suite de ces tâtonnements, de ces essais imparfaits et peu scientifiques, que ce puissant moyen de guérison est resté jusqu'ici sans application sérieuse. L'étude que l'auteur a faite de cette force vitale et de son action sur les courants électriques du corps humain lui a fait trouver, pour la construction de ces aimants, d'autres formes et une préparation particulière, qui permettent de les appliquer de toutes les manières à la guérison des maladies. Avant d'en donner la description, nous parlerons de deux autres applications, qui ont précédé celle qu'en a faite l'auteur.

2° Busc magnéto-électrique de Nicole.

Ce busc est la première forme raisonnée sous laquelle un aimant isolé ait été appliqué à la thérapeutique. Il est composé d'une lame d'acier aimanté, qui, par l'attraction continuelle du magnétisme de ses deux pôles et des courants qui s'en dégagent, opère sur les particules électriques des tissus cutanés situés dans leur sphère d'action la même influence qu'un courant électrique qu'on y ferait traverser (33.), avec cette différence toutefois que ce courant agirait sur l'électricité de toute la ligne qu'il aurait à parcourir d'un pôle à l'autre, tandis que l'action des courants magnétiques du busc est limitée aux couches superficielles de la poitrine, où ils produisent également un mouvement continuel dans la position élémentaire des particules électriques, mouvement qui dès lors n'est pas sans exercer une influence salutaire dans les affections de la poitrine.

Il faut donc recommander l'usage de ces buscs à toutes les jeunes personnes sans exception.

3° Brosse magnéto-électrique de Haring.

La brosse magnéto-électrique de Haring pour les cheveux, à laquelle on attribue une certaine efficacité, se compose d'un aimant tourné en fer à cheval et caché dans l'intérieur de la brosse, lequel communique ses courants magnétiques à deux plaques de fer blanc touchant les fils métalliques de la brosse. Mais comme il n'y a pas d'interruption dans ces fils, c'est-à-dire qu'ils ne sont pas séparés de manière à former deux pôles distincts, la recomposition a lieu d'une série de fils à l'autre; aussi aucune action ne peut-elle se communiquer aux particules électriques du cuir chevelu; la brosse ne saurait exercer aucune autre influence sur les bulbes et les racines des cheveux que celle que peut produire la friction au moyen de pointes métalliques.

4° Appareils magnéto-électriques Rebold.

42. L'action des appareils dont la description va suivre repose sur la forme et l'aimantation particulières des aimants dont ils sont munis; les uns en contiennent deux, les autres quatre, de forme double. Chacun de ces aimants se compose de quatre branches ou bras, dont les deux parallèles sont toujours chargés du magnétisme nord, et les deux autres correspondants du magnétisme sud. En opposant un de ces doubles aimants à un autre; en plaçant, par exemple, l'un sur le creux de l'estomac et l'autre entre les omoplates, de façon qu'ils se présentent dans cette position les pôles contraires, leurs courants s'attireront réciproquement à travers le corps et opèreront, par leurs mouvements continuels et l'attraction mutuelle de leurs magnétismes nord et sud, un mouvement égal dans l'électricité du corps, en maintenant, en régularisant et en rétablissant l'équilibre entre les myriades de particules électriques qui parcourent dans tous les sens les tissus cutanés et ceux du système musculaire et du système nerveux. Ces courants agissent non seulement sur l'électricité des différents tissus qui constituent ces systèmes,

en calmant et en fortifiant la masse des nerfs, mais encore d'une façon très-prononcée sur le système sanguin, par l'influence qu'ils exercent sur les particules de fer qui se trouvent dans le sang. C'est ainsi qu'on peut s'expliquer l'action salutaire de chacun de ces appareils.

I. — Electrisateur magnéto-électrique perpétuel.

43. Cet instrument est composé de deux doubles aimants suspendus l'un sur la région de l'estomac et l'autre entre les omoplates (*Voir figure n° 1*). Son action a été décrite plus haut. Il a pour but de combattre les phthisies pulmonaires, l'asthme, l'épilepsie, l'anévrisme, l'hypertrophie du cœur, et, en général, toutes les maladies de l'estomac, du larynx et du pharynx.

II. — Ceinture magnéto-électrique abdominale.

44. Elle contient quatre aimants doubles, dont deux sont fixés dans la partie de la ceinture qui se place sur l'abdomen, et deux dans celle qui s'applique sur les reins. Ces aimants sont mobiles et peuvent être posés de manière que l'on puisse en diriger et faire passer les courants à travers les parties du corps les plus affectées. L'action salutaire de cette ceinture dans un grand nombre d'affections des deux sexes est prouvée incontestablement par une infinité de cures : guérisons de maladies d'intestins, de vessie, de rate, de foie, des reins, etc., de tumeurs et d'engorgements de toute nature, etc.

III. — Ceintures pour femmes enceintes.

45. L'action de cette ceinture est incomparable, tant sur la mère que sur l'enfant ; son influence sur le mouvement du sang et de tous les liquides se comprend par l'action déjà décrite de l'électrisateur perpétuel ; non seulement le développement de l'enfant a lieu dans les conditions les plus favorables, mais encore l'accouchement est rendu beaucoup plus facile et beaucoup moins douloureux ; elle prévient tout engorgement et toute adhérence, notamment celle du placenta qui est si dangereuse, et détruit les germes de certains vices physiques transmis à l'enfant par le père ou la mère. (10.)

IV. — Ceinture magnéto-électrique vaginale.

46. Les courants de ses aimants traversant l'utérus, elle régularise les menstrues, détruit les engorgements de différente nature, fait disparaître les flueurs blanches, les effets de l'hystérie, et rétablit les abaissements de matrice, etc.

V. — Ceinture magnéto-électrique épigastrique.

47. Dans cette ceinture, les quatre doubles aimants ne jouent qu'un rôle secondaire en apparence, néanmoins très-important, puisqu'ils ont pour mission d'entretenir une circulation régulière, qui est sans cesse troublée par une perturbation inévitable.

On sait que la cause du mal de mer est purement mécanique, et que ce mal ne se manifeste que lorsque la mer est plus ou moins agitée. Comme nos intestins sont mobiles dans les cavités de l'abdomen, il arrive que, quand la mer est houleuse et que le navire plonge, les intestins se soulèvent contre le diaphragme, compriment le foie et, par suite de cette pression, agissent sur la vésicule biliaire, qui laisse alors échapper goutte par goutte son contenu, lequel pénètre dans l'estomac, où il produit des vomissements verdâtres, conséquence de cette perturbation mécanique. Pour éviter cette perturbation, il s'agit simplement d'empêcher que les intestins ne se soulèvent contre le diaphragme; il faut pour cela les emprisonner, c'est-à-dire s'entourer d'une forte ceinture, qui, placée sur le haut du ventre, encoffre pour ainsi dire l'estomac, les reins, et resserre en même temps la masse intestinale : tel est le but de cette ceinture, dont l'action est augmentée par les quatre doubles aimants dont elle est munie, et par lesquels, malgré le resserrement de l'épigastre, la circulation du sang et de l'électricité propre au corps est entretenue, et la digestion facilitée.

Afin de prévenir toute comparaison erronée, il est bon de faire observer que les corsets que portent les dames sont tout-à-fait impuissants à les préserver des effets du tangage du navire, attendu que le corset, comprimant le thorax, en diminue beaucoup la capacité et provoque ce que la ceinture a pour but de prévenir, le refoulement du foie et du diaphragme vers les intestins. (*Voir pour d'autres précautions à observer* : MAL DE MER).

VI. — Semelles magnéto-électriques.

48. Nous croyons inutile d'énumérer toutes les affections que le froid et l'humidité aux pieds peuvent engendrer chez l'homme; il suffit, en effet, pour s'en rendre compte, de réfléchir combien convergent à la plante des pieds de nerfs, de muscles et d'artères, dont le contact avec tout l'organisme exerce par conséquent une influence immédiate, salutaire ou pernicieuse. Le moyen le plus sûr de se préserver d'une infinité de maux, c'est de maintenir ou de provoquer d'une façon quelconque une chaleur douce et constante aux pieds, et d'établir ainsi une circulation régulière du sang. Or cette propriété est possédée à un degré incomparable par les semelles magnéto-électriques, attendu que chacune est munie de deux aimants, en quelque sorte invisibles, mais dont l'action énergique peut se constater au moyen de l'expérience scientifique indiquée plus bas.

Ces semelles communiquent aux pieds l'électricité de leurs aimants, qui sont toujours en activité, et y provoquent une circulation incessante, qui, outre qu'elle produit la chaleur, entretient constamment, par l'attraction mutuelle de leurs magnétismes nord et sud, l'équilibre nécessaire de l'électricité du corps, auquel elle fait participer tous les nerfs et tous les muscles en contact avec ceux des pieds.

Ces semelles sont donc le préservatif le plus rationnel contre le froid aux pieds, les rhumes, les rhumatismes, la diarrhée, les coliques, les mauvaises digestions, les tendances aux congestions cérébrales, les suppressions des menstrues, etc., etc. Pendant la nuit, ces semelles, attachées aux pieds, continuent d'entretenir une circulation régulière et des plus salutaires.

VII. — Brosse ou Frictionneur magnéto-électrique.

49. Il est composé de deux ovales métalliques, dont chacun contient quelques centaines de pôles formés par des pointes de fer constamment aimantées. L'action de cet instrument est la même que celle décrite dans l'introduction. On peut, au moyen de ce frictionneur, faire passer dans les tissus cutanés et dans les muscles des courants magnétiques assez forts pour opérer une attraction et une répulsion continuelles sur les courants électriques qui vivifient ces organes. Des frictions répétées sur les parties affectées ont pour effet de faire disparaître des douleurs rhumatismales, etc.

Preuves scientifiques de l'action incessante des sept appareils dont la description précède.

Pour se rendre compte de l'action des aimants qui composent ces appareils, il y a plusieurs manières de procéder :

Plongez l'extrémité nord de l'un des deux électrisateurs n° 1 dans de la limaille de fer, et faites de même avec l'extrémité sud de l'autre; vous verrez s'y attacher des milliers de molécules de fer dont chacune devient ainsi elle-même

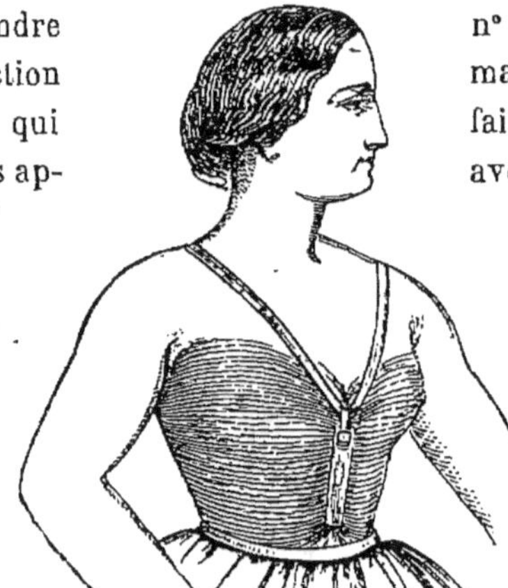

Figure n° 1.

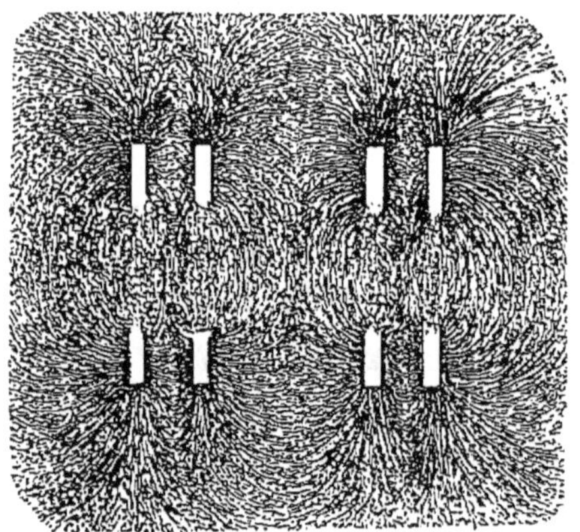

Dessin que forment les ceintures n°ˢ 2 à 5.

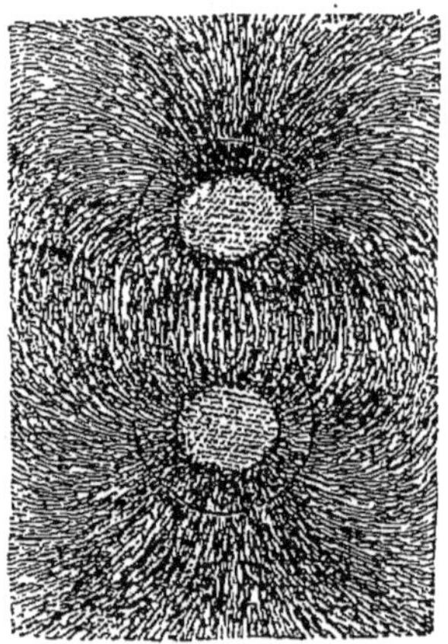

Dessin de la brosse n° 7.

un aimant, attendu que le contact avec l'aimant a instantanément développé l'électricité du fer. Rapprochez les deux électrisateurs des deux extrémités chargées de limaille, aussitôt les
molécules de fer se précipitent les unes vers les autres, étendant
leurs centaines de bras aimantés, et finissent par se réunir;
vous aurez ainsi une idée de l'attraction mutuelle des deux
doubles aimants qui constituent l'électrisateur perpétuel. Si
vous chargez ensuite encore de limaille celui des pôles de ces
deux aimants sur lequel il n'y en avait pas, et que vous le pré-
sentiez au pôle de l'autre aimant déjà chargé, vous verrez les
molécules de fer se repousser réciproquement.

Cette expérience terminée, enlevez la limaille au moyen
d'une brosse, et donnez à quelqu'un à tenir à la main, devant
l'estomac, mais par dessus les vêtements, une boussole,
placée de manière que l'aiguille soit parallèle au corps;
prenez un électrisateur et touchez avec une de ses extrémités
la partie du dos correspondante à l'estomac : vous verrez immédiatement l'aiguille de la boussole suivre l'attraction de
l'aimant; si vous changez alternativement les pôles de l'aimant,
c'est-à-dire si vous placez tantôt le pôle nord et tantôt le pôle
sud au dos, vous verrez constamment l'aiguille osciller en sens
inverse, et fournir la preuve que les courants magnétiques traversent non seulement le corps, qui est très-bon conducteur,
mais aussi tous les vêtements dont il est couvert.

On peut faire encore cette troisième expérience : placez une
feuille de papier blanc, soit sur une brosse, soit sur les semelles, soit sur les deux électrisateurs n° 1, ceux-ci distancés
l'un de l'autre de 12 à 15 centimètres, ou détachez une des
moitiés des trois ceintures, n'importe laquelle, la partie qui se
place sur le dos ou celle qui se met sur le ventre; jetez, au
moyen d'une sablière, de la limaille fine de fer sur le papier :
vous verrez aussitôt se former un dessin semblable à l'une des
figures ci-contre. Ces figures sont formées par les milliers de
courants qui partent sans interruption des aimants et arrêtent
la limaille au moment où elle est mise en contact avec eux,
constatant ainsi la vie dont ces aimants sont animés (*Voir les
figures ci-contre*).

La figure n° 1 montre comment les courants magnéto-électriques développés par les deux électrisateurs n° 1 convergent de l'un à l'autre, et, traversant le corps, opèrent, sans qu'aucun de ses courants se perde, leur action régénératrice. Le même effet se produit avec les quatre doubles aimants dont sont munies les ceintures ; ils agissent de la même manière au travers des parties du corps sur lesquelles on les aura appliqués.

IV. — Application de l'électricité galvanique ou voltaïque (7.) :

1° Par les anciens appareils à courants variables ; — 2° par les piles à courants constants, à deux liquides ; — 3° par les piles pour la galvano-caustique et la galvano-poncture ; — 4° par des piles à colonnes et des chaînes formées de fils de cuivre et de zinc tournés en hélices, etc.

50. L'emploi de l'électricité galvanique comme agent curatif a toujours été fort restreint et n'a abouti qu'à des essais sans résultat concluant : ce qui doit s'attribuer à l'ignorance complète dans laquelle on était des propriétés de ce genre d'électricité et de la manière de l'appliquer, ainsi qu'aux difficultés que présentaient l'établissement et l'entretien de batteries d'un certain nombre d'éléments, et à l'imperfection des appareils que l'on a tenté de construire pour suppléer à ces batteries. C'est toujours la pile de Volta qui a servi de base à toutes les combinaisons inventées pour la remplacer. Elle donna d'abord naissance à la pile à auge, puis à la pile à couronne de tasses, à celle de Wollaston, etc. (a). Tous ces appareils marchaient

(a) C'est dans ce genre d'appareils que je suis forcé de classer la brosse appelée « volta-électrique » du docteur Hoffmann, de Berlin, exploitée par Brandus, à Paris. Cette brosse était munie, dès le principe, d'une seule plaque de cuivre et de zinc, qui a été successivement augmentée jusqu'à trois, mises en activité par de l'eau salée dont on imprègne les bandelettes en drap interposées. Elle développe de l'électricité voltaïque, appréciable avec un galvanomètre sensible ; mais cela n'a lieu qu'en quantité tellement minime, qu'elle est tout au plus capable d'électriser des pattes de mouche. Pour pénétrer, par l'épiderme, à travers le corps, il faut déjà une certaine quantité d'électricité et une certaine tension, vu que la peau est un très-mauvais conducteur de l'électricité, au passage de laquelle elle oppose une résistance égale à celle

au moyen d'un seul liquide et donnaient un courant variable. Ils ont tous été remplacés par des piles à courants constants, qui servent en même temps pour l'application de l'électricité galvanique à la thérapeutique et comme moteurs d'appareils d'induction. Ces piles sont celles de Bunsen, de Grove, de Daniel, de Marié-Davy et de Duchemin.

En associant un certain nombre de ces piles par couples, et en les liant ensemble par leurs pôles de même nature, on obtient une batterie qui aura plus ou moins d'intensité; si on les accouple par leurs pôles de nature contraire, on formera une batterie d'une tension plus ou moins grande (a).

Un couple de Bunsen, de Grove, de Marié-Davy ou de Duchemin sert, ainsi que je viens de le dire, comme moteur aux

qu'un courant rencontre à traverser un fil de cuivre de 91,762 mètres de long. Ce calcul est dû aux physiciens Lenz et Ptschnelnikoff. Qu'on juge donc si quelques petites plaques de zinc et de cuivre sont capables, comme on le prétend, de vaincre une pareille résistance. Il faut plaindre l'ignorance qui propage de si préjudiciables erreurs.

(a) La production de l'électricité galvanique ou électro-génèse est le résultat d'une action chimique : elle s'obtient par la réunion de deux substances dont l'action chimique réciproque développe de l'électricité.

Voici la composition des piles que je viens de mentionner, qui ont besoin de deux liquides et donnent des courants plus ou moins constants :

Pile de Bunsen, modifiée par Archereau, qui en a renversé les éléments.

Le zinc est placé dans un bain d'eau acidulée d'un vingtième d'acide sulfurique, au milieu duquel on met un vase poreux, que l'on remplit de manière que le collecteur en charbon qu'il est destiné à recevoir ne fasse pas déborder le liquide. L'électricité positive passe dans le charbon, et la négative dans le zinc.

Pile de Grove. Ce couple ne diffère du précédent que par la substitution d'une lame de platine au charbon ; il développe une plus grande intensité que la pile de Bunsen.

Pile de Daniel, dont la pratique a renversé les éléments.

Le zinc baigne dans de l'eau légèrement acidulée par de l'acide sulfurique. Dans le diaphragme, ou vase poreux, qu se place comme dans les deux piles précédentes, on verse une dissolution de sulfate de cuivre, qu'on entretient au moyen d'un petit godet en cuivre ou d'un ballon en verre, dont le goulot plonge dans la dissolution, l'un et l'autre remplis de sulfate de cuivre. L'électricité positive se porte au collecteur en cuivre, et la négative au zinc.

Pile de Marié-Davy. Cette pile est formée avec du bi-sulfate de mercure, qu'on met dans un godet de charbon taillé selon la grandeur et la forme de l'appareil; on y verse un peu d'eau qui sert à liquéfier le mercure et à en développer l'activité. Dans ce godet vient se placer une plaque, ou une rondelle de

appareils d'induction; il n'en est pas de même de la pile Daniel, qui, en raison de sa faible action chimique, ne parvient à faire marcher un appareil volta-farradique qu'au moyen d'un certain nombre de couples ; car pour opérer des effets physiologiques et thérapeutiques, il est même nécessaire de réunir de vingt-cinq à cinquante couples (56.).

Les piles de Grove et de Bunsen de moyenne grandeur, réunies par quatre ou cinq couples, servent à la *galvano-caustique* et à la *galvano-poncture*, pour les cautérisations et pour de petites opérations chirurgicales.

Un appareil spécial a été construit dans ce but par le docteur Mideldorf. Il est composé de quatre couples Grove. L'inventeur procéda, en 1857, dans les hôpitaux de Paris, à des opérations qui excitèrent un vif intérêt et avaient fait concevoir les plus grandes espérances pour l'avenir de ce genre d'application; mais une fois qu'il fut parti, personne ne s'en occupa plus, quoiqu'il eût laissé ici un appareil modèle. Il faut avouer, toutefois, que cet appareil, outre les soins qu'il exige, est d'un transport difficile et d'un prix très-élevé (1,000 fr); ce qui, en tout cas, en restreint l'usage à la pratique des hospices.

Un autre appareil, destiné à remplacer celui dont il vient d'être fait mention, puisqu'il est d'une construction beaucoup plus simple et qu'il coûte bien moins cher, fut établi par M. Grenet; mais les espérances qu'on en avait conçues ne se sont pas non plus réalisées. Cet appareil, composé de quatre ou cinq plaques de zinc et d'autant de charbons, formant ensemble un seul couple à grande surface, se plonge dans une solution

zinc, qui doit baigner dans le liquide de façon à être attaquée par le mercure. Le charbon fait ici l'office de collecteur, comme dans les autres piles, et devient aussi le pôle positif. Cette pile sert comme moteur d'appareils d'induction, mais elle s'affaiblit assez promptement. On s'en sert aujourd'hui pour la télégraphie, mais au moyen d'une autre combinaison : tandis que dans les piles Daniel le diaphragme est rempli d'une dissolution de sulfate de cuivre, ici l'on y prépare un amalgame de proto-sulfate de mercure avec de l'eau pure, et l'on y place un charbon de forme ordinaire.

Pile Duchemin ou pile de Bunsen modifiée. L'acide nitrique y est remplacé par une solution aqueuse de perchlorure de fer, et l'acide sulfurique par du chlorure de sodium (eau salée); mais en conservant l'eau étendue de l'acide sulfurique, la pile est beaucoup plus constante.

de bi-chromate de potasse et fonctionne au moyen d'une bascule que l'opérateur fait mouvoir avec le pied ; mais l'action électrique de cet appareil s'affaiblit trop rapidement, et ses effets ne peuvent être comparés ni pour la force ni pour la constance, à ceux d'une batterie de piles de Bunsen on de Grove. Celles-ci resteront donc, jusqu'à ce que la science ait trouvé le moyen d'y suppléer, l'instrument le plus actif pour servir à la galvano-caustique.

J'ajouterai qu'en renforçant l'appareil n° 13 de l'auteur par quatre couples Bunsen de moyenne grandeur, on peut procéder également à toutes les opérations chirurgicales auxquelles la galvano-caustique est propre.

Un autre genre d'appareils galvaniques doit être mentionné ici ; ce sont des piles à colonnes formées de fils de cuivre et de zinc tournés en hélices, et des chaînes, appelées hydro-électriques, composées de trente à cent vingt éléments. Ces appareils sont munis des moyens de produire des intermittences, mais très-inégales et très-limitées. Pour les faire fonctionner on les plonge dans un baquet de vinaigre ; mais leur action s'affaiblit si promptement, que les variations qu'ils subissent en rendent l'utilité presque nulle pour la pratique médicale. Ils sont, en outre, sujets à se détériorer promptement ; et une fois que l'oxidation, qui est inévitable, est parvenue à un certain degré, ils finissent par ne plus fonctionner du tout.

CHAPITRE XI

Propriétés physiologiques, calorifiques, mécaniques et thérapeutiques des divers agents électriques.

I. — Électricité statique (6.).

---

51. Cette électricité, produite par le frottement, notamment au moyen de la machine électrique à rotation, s'administre soit par frictions, soit par étincelles, par pointes, et, lorsqu'elle est accumulée dans la bouteille de Leyde, par commotions (36.). Quand on l'emploie sans le secours de la bouteille de Leyde, elle exerce une action limitée sur le corps, à la surface duquel se concentre toute l'électricité développée par le frottement des quatre coussins sur les deux surfaces du plateau de verre, attendu que l'électricité de l'air ambiant, décomposée en ses deux moitiés, dont l'une reste sur le plateau et l'autre est refoulée dans les coussinets et de là dans la terre, est conduite, à l'aide d'un conducteur quelconque, au point où elle doit être mise en contact avec le malade; mais, quelle que soit cette région, l'électricité se répand toujours uniformément sur tout le corps, précisément de la même façon qu'elle s'accumule à la surface du cylindre en cuivre, dont chaque appareil est muni dans ce but.

Quelle que soit la durée de ce contact, toute l'électricité, développée par le temps le plus favorable, ne fait que s'accumuler sur le derme, sans jamais pénétrer dans l'intérieur.

Quand on accumule dans la bouteille de Leyde l'électricité produite par la machine, elle acquiert une grande tension; si ensuite on la dirige sur un point du corps, sur lequel on opère la recomposition des deux électricités, il en résulte, même avec une tension modérée, une commotion qui plonge presque toujours le corps dans une stupeur profonde.

Les physiciens admettent que lorsqu'on a, par une atmosphère très-sèche et par conséquent très-mauvaise conductrice, concentré sur le derme la quantité d'électricité qu'il est possible d'y accumuler (sans la bouteille de Leyde), et que l'on dirige l'excitateur sur une certaine région, on produit, par la soustraction de l'électricité du corps, une légère contraction sur quelques muscles superficiels. Ce fait ne souffre pas de contestation; mais cette contraction n'a pas lieu, comme on le croit en général, uniquement par suite de la recomposition sur le corps des deux électricités contraires, laquelle se manifeste par des étincelles; cette contraction provient d'une autre cause, que j'expliquerai plus loin.

Je ferai observer que toute électrisation par un temps humide devient inutile, par la raison que toute l'électricité dirigée sur le corps se dissipe immédiatement à l'air humide dans la masse de l'atmosphère.

L'accumulation de l'électricité statique sur le corps produit, au moment de la soustraction au moyen d'un excitateur, une action mécanique et une action physiologique. La première résulte de ce que l'électricité positive ou vitrée, dont on sature ordinairement la surface, réagit sur les particules électriques des molécules du derme, de sorte que toutes les particules négatives de la première couche sous-dermique sont forcées de se déplacer, c'est-à-dire de faire volte-face et de se tourner vers la surface extérieure; puis elles gardent cette position aussi longtemps que la surface du corps est chargée d'électricité artificielle de nature positive, et que son action surpasse l'attraction mutuelle des particules électriques des couches sous-jacentes. (32.) Si c'est le courant négatif qui a été dirigé sur le corps, ce seront les particules électriques *positives* qui se tourneront vers la surface, et les *négatives* vers le centre. Ce changement dans la position normale de l'électricité de la première couche sous-dermique réagit également sur les tissus les plus voisins et y produit un effet analogue, c'est-à-dire que ces tissus changent leur polarisation dans un sens ou dans un autre.

Mais jusqu'où peut s'étendre cette action? se borne-t-elle aux couches les plus rapprochées de l'épithélium, ou atteint-elle des organes plus profonds? Voilà ce qu'il m'est impossible d'indiquer.

De cette action mécanique et physiologique résultent un plus grand dégagement de calorique et une augmentation de la transpiration et des autres sécrétions : effet qui prouve déjà que l'action n'est pas, comme on le prétend, limitée à la peau.

Ces mêmes effets s'obtiennent aussi au moyen de l'électricité voltaïque de première induction, et de l'électricité galvanique : ils sont alors infiniment plus prononcés et offrent l'avantage de pouvoir se régler et se modifier à volonté.

Le mode de saturer complétement et aussi longtemps que possible, même en se servant de la bouteille de Leyde, la surface du corps du malade d'électricité statique, vitrée ou résineuse, en ayant soin de renouveler sans cesse l'électricité qui s'échappe du corps et se recompose avec l'électricité ambiante, était désigné sous la dénomination de *bain électro-positif* ou de *bain électro-négatif*, suivant le genre d'électricité employé.

Le premier de ces bains a, comme le supposaient avec raison les électriciens du siècle dernier, une propriété stimulante, et produit à un plus haut degré l'effet que l'on obtient au moyen des frictions et des étincelles. Le second bain était considéré comme exerçant une influence calmante, hyposthénisante, et on l'administrait surtout dans le but de soustraire du corps une dose plus ou moins considérable de l'électricité naturelle. Cette opinion est erronée, attendu que si l'on sature la surface du corps d'électricité négative, il n'est pas possible que cette électricité provoque une perte du fluide vital, vu que l'électricité négative s'échappe beaucoup moins facilement du corps que l'électricité positive, parce que le plus souvent celle de l'atmosphère, dans les couches près de la terre, est aussi négative et, partant, ne peut se combiner avec celle du corps, laquelle en est repoussée comme étant de même nature.

Pour expliquer l'action que l'on attribue à ce genre de bain, il faudrait admettre que le malade auquel on le fait prendre possède un excès d'électricité positive, qui, par une accumulation accidentelle ou constitutionnelle, aurait causé dans certains organes une circulation anormale et produit un état inflammatoire, une congestion, etc.; que l'électricité positive en excès se combine alors peu à peu avec l'électricité négative de la surface pour rétablir l'équilibre rompu, et qu'ainsi s'opèrerait l'effet signalé par les anciens électriciens, et récemment encore confirmé par Giacomini.

Quant à l'effet mécanique et physiologique (a) que produit l'électricité statique concentrée dans la bouteille de Leyde, on n'a, pour s'en rendre compte, qu'à se rappeler ce qui a été dit plus haut à propos de l'effet mécanique produit par cette même

---

(a) M. Beckensteiner de Lyon, l'auteur de l'ouvrage intitulé : « *Études sur l'électricité, nouvelle méthode pour son emploi médical*, Lyon, 1852 », commet une erreur en attribuant les effets thérapeutiques qu'il déclare, dans cet ouvrage, avoir obtenus par sa méthode d'électrisation, uniquement à l'électricité statique qu'il administre à ses malades ; car il résulte de toute sa méthode qu'il joint à son électrisation un magnétisme très-actif, et il en fournit la preuve la plus évidente par la façon dont il nous indique qu'il procède avec les mains. Bien qu'il cherche à nier qu'en électrisant ses malades il fasse

électricité sans la bouteille. La commotion que le corps éprouve par suite de la recomposition des deux électricités est le résultat du choc en retour provoqué par la révolution brusque qu'elle opère sur les particules électriques de toutes les couches, de tous les tissus des muscles et des nerfs atteints dans la direction donnée par l'excitateur. Cette commotion est telle que non seulement les centres nerveux dont ils dépendent sont comme foudroyés, mais que la réaction provenant de tous les organes, considérés comme autant d'appareils électriques, se fait ressentir dans tous les autres centres nerveux. Outre que cette commotion peut altérer la contraction moléculaire des nerfs et des muscles, ou en renverser la polarité électrique et les rendre par là incapables de fonctionner, elle arrête momentanément jusqu'à la circulation capillaire : ce que l'on peut constater en observant la décoloration de la peau dans la région du point excité.

Si déjà les moyens d'électrisation dont on dispose aujourd'hui rendent inutiles les anciens procédés, que je n'ai fait que passer brièvement en revue, à plus forte raison ne doit-il plus être question de la bouteille de Leyde, dont l'emploi, même à une faible tension, présente plus ou moins de danger, et qu'il faut par conséquent écarter pour toujours de la pratique médicale.

du magnétisme, il l'avoue, sans le vouloir, le plus naïvement du monde, à la page 321, où il dit :

« Par suite de ces résultats, je fus conduit à admettre la participation du
» fluide nerveux de l'opérateur, ainsi que l'influence de sa *volonté*. »

La friction avec les mains, pour éliminer l'électricité statique accumulée sur la surface du corps, réagit presque toujours lorsqu'elle est soutenue de la volonté de l'opérateur sur sa propre électricité, et une fois que celle-ci est mise en mouvement, elle pénètre le corps du malade, surtout si les fluides sont sympathiques, c'est-à-dire s'il y a équilibre et harmonie dans l'électricité entre leurs corps respectifs ; dans ce cas, le malade en ressentira les effets d'une manière plus sensible. L'opérateur devient ainsi, à son insu, magnétiseur, et c'est ce qui arrive à M. Beckensteiner ; aussi est-ce à l'influence de cette manipulation, exercée par le contact des deux corps et dans l'échange de leur électricité propre, qu'il faut attribuer en majeure partie les effets qui se produisent dans ces cas.

II. — Électricité volta-farradique ou volta-magnétique

1° Première induction, ou courant direct ;
2° Deuxième induction, ou courant induit.

L'électricité volta-farradique se partage en deux espèces spéciales, qui se distinguent tant sous le rapport de leur tension que sous celui de leurs propriétés physiologiques, chimiques et thérapeutiques.

1° Électricité de première induction.

52. L'électricité de première induction (premier ordre de M. Duchenne), produite par le gros fil enroulé sur son noyau de fer doux (37 b), donne le courant direct, c'est-à-dire celui qui sert de conducteur au courant de la pile, et dont les deux moitiés viennent se recomposer sur le trembleur (37 d). L'aimantation et la désaimantation temporaires, qui ont lieu par suite de cette recomposition des deux électricités contraires, produisent chaque fois une réaction du magnétisme qui se joint au courant cheminant, après la recomposition, en sens inverse, dans le même gros fil, et qualifié de choc en retour ou d'extra-courant.

Le caractère spécial de cette électricité, c'est qu'elle est l'excitant naturel des forces vitales non seulement du système nerveux et du système musculaire, mais en même temps aussi du système artériel et du système vasculaire ; ses propriétés stimulantes, dérivatives et désobstructives sont constatées par des milliers de faits. Cette électricité active l'action des liquides, régularise la digestion et la respiration, calme et fortifie les nerfs, en un mot, met en jeu les ressorts de tout l'organisme.

Les propriétés thérapeutiques de l'électricité volta-farradique de première induction en font l'agent le plus précieux pour combattre la plupart des maladies. L'action chimique de cette électricité, que M. Duchenne déclare nulle, est au contraire très-puissante, puisqu'avec un petit couple de Bunsen on produit la décomposition de l'eau, et que c'est à cette propriété qu'est due une grande partie de ses effets.

Si cette décomposition de l'eau ne s'obtient pas avec les appareils généralement en pratique, c'est que ces appareils ne sont pas convenablement construits : défaut d'autant plus important que cette action chimique est une propriété éminente du courant direct.

Quant à son action mécanique, elle produit à chaque passage du courant à travers le corps une double réaction sur l'électricité qui lui est propre, c'est-à-dire que chaque fibre, chaque tissu, chaque muscle, chaque nerf, chaque organe qui se trouve sur son passage est influencé, attendu que sa tension est infiniment supérieure à l'attraction mutuelle des particules électriques qui les constituent; elle y provoque chaque fois un changement dans leur polarisation, vu que les particules électriques de chaque molécule sont forcées de tourner leur électricité contraire vers le courant artificiel qui vient réagir dans leur sphère. Mais à chaque interruption de ce courant, et cela a lieu de six cents à huit cents fois par seconde, ces particules rentrent aussitôt dans leur position normale (32.). Il résulte de ce mouvement qui constitue la vie, que, pendant une demi-heure d'électrisation à laquelle on aura soumis un malade, son corps sera traversé plus de deux millions de fois par un courant électrique artificiel, et que ce changement dans la position normale des particules électriques du corps se sera opéré un nombre égal de fois sur toute la ligne de son parcours depuis un pôle à l'autre, dont l'étendue dépendra de la plus ou moins grande surface des excitateurs.

Cette révolution, produite par le courant électrique sur les organes qui se sont trouvés sur sa route, ne s'est pas opérée seulement sur ceux-ci; mais tous ceux qui en étaient plus ou moins rapprochés ont subi leur influence.

Bien que cette électricité, par son effet sur la circulation du sang, augmente la chaleur vitale, elle ne manifeste que très-peu d'action calorifique à l'extérieur ; car c'est à peine si, après une longue application, d'une heure par exemple, les points sur lesquels auraient été placés les excitateurs montrent un peu de rougeur. Cependant, lorsqu'on veut opérer une révulsion active au moyen d'un sinapisme, elle exercera son action chimique et produira, si l'on pose un petit linge plié en deux ou en quatre et imbibé d'alcali volatil (ammoniaque) sur le gras du mollet, un effet beaucoup plus prompt et plus énergique que toute autre, et provoquera une rubéfaction complète. (*Voir, pour cette application : Règles générales.*)

2° Électricité volta-farradique ou magnétique de deuxième induction.

53. Cette électricité est produite par l'action inductrice du gros fil sur le fil fin qui lui est superposé ; elle y développe, par influence, l'électricité propre au fil fin ; la difficulté qu'elle rencontre à traverser son propre fil, par rapport à son petit diamètre, lui fait acquérir une tension beaucoup plus considérable que celle qui se manifeste dans le gros fil, lequel reçoit le courant direct de la pile. Bien que cette électricité induite du fil fin soit le produit d'une puissance qui décèle moins de tension ou de force que ce dernier, elle est loin de posséder les propriétés physiologiques et thérapeutiques de celle qu'elle a engendrée. Cette deuxième induction se manifeste principalement par une plus forte tension et par une action excitante et contractante; mais, en raison de son peu d'intensité, elle ne produit aucun effet calorifique ou chimique appréciable. Et tandis que le courant direct aimante le fer à saturation, le courant induit a perdu toute propriété de ce genre : il pénètre, par contre, plus profondément que tout autre agent électrique dans le tronc des muscles et dans les centres nerveux, et, lorsqu'il est administré avec une certaine tension, il y provoque des actions réflexes trop énergiques et souvent dangereuses ; ces effets peuvent alors se comparer à ceux que produit l'électricité statique accumulée dans la bouteille de Leyde.

Il est aisé de comprendre que des courants trop énergiques et saccadés, tels que les fournissent la plupart des appareils en pratique, puissent provoquer des contractions trop brusques, de nature à affaiblir ou à altérer la contraction moléculaire des nerfs et par suite celle des muscles, et à empêcher leur polarité de se rétablir : ce qui, dans certains cas, peut arrêter jusqu'à la transmission du mouvement ou de la sensation, et explique, par conséquent, ces accidents et ces insuccès que signalent certains médecins. Mais aucun de ces inconvénients ne se produira si l'on se sert d'un appareil volta-magnétique administrant des courants réguliers avec des intermittences rapides (de six cents à huit cents par seconde), d'une intensité très-modérée et proportionnée à la force du malade et à la sensibilité des parties du corps sur lesquelles on les applique ; car des courants de cette nature sont incapables d'ébranler l'état moléculaire des nerfs ou des muscles, et, après chaque passage et à chaque interruption du courant artificiel, permettent aux pôles des particules électriques du corps de reprendre leur position normale ; en un mot, lorsque, par une cause quelconque, cette polarisation naturelle est interrompue et ne peut plus se rétablir d'elle-même, et qu'ainsi l'harmonie des fonctions des organes est détruite, l'application rationnelle de l'électricité volta-magnétique dans une infinité de cas, ou de l'électricité galvanique dans certains autres, leur fait presque toujours reprendre leur état normal.

On ne saurait donc assez recommander aux électriciens, et à tous ceux qui veulent le devenir, de n'appliquer cette seconde induction que dans les cas de goutte, de rhumatismes et de paralysies, et de ne pas l'administrer par des courants au-dessus d'un certain degré de force, que ce soit par courants intermittents ou par courants interrompus (secousses à volonté); appliqués avec prudence, ces courants rétablissent, dans beaucoup de cas, la circulation électrique des nerfs moteurs. Dans les différents genres de paralysies, cette circulation n'a souvent été interrompue que par une obstruction, une pression ou une interversion brusque de sa polarisation normale, survenue à la suite d'une forte secousse physique ou morale, qui a empêché les ordres de la volonté, expédiés par la télégraphie électrique du cerveau, d'arriver aux muscles, attendu que les routes sur lesquelles les courriers pouvaient seuls circuler leur sont devenues impraticables. Dans ces cas, les muscles, privés de l'agent moteur, peuvent être considérés comme une division d'armée que le chef est forcé d'abandonner à elle-même, attendu qu'il ne peut plus lui faire parvenir d'ordres : division perdue, si l'on ne parvient pas à rouvrir les communications par lesquelles on lui portait le mouvement et la vie.

Les propriétés calorifiques et chimiques de cette électricité de deuxième induction, ainsi que je viens de le dire, sont presque nulles ; par contre, l'action mécanique est la même que celle que j'ai indiquée comme propriété du courant direct ; seulement, les courants interrompus (secousses), qu'on emploie dans les paralysies anciennes et complètes, provoquent, lorsqu'elles sont administrées à une trop forte tension, des contractions et des recompositions de l'électricité du corps souvent trop violentes, de nature à produire des accidents fâcheux. Comme ces contractions brusques peuvent, dans certains cas, être nécessaires pour rétablir la polarisation normale, ou pour déblayer les routes obstruées, il faut, lorsqu'on n'est pas parvenu à obtenir ce résultat par les courants interrompus, n'avoir recours à ce moyen que graduellement et avec une grande prudence.

III. — Électricité galvanique dans ses divers modes de production et d'application :

1° Ses effets et ses propriétés lorsqu'elle est développée par un petit couple Bunsen ; — 2° Ses effets et ses propriétés lorsqu'elle est développée par deux petits couples Bunsen ; — 3° Ses effets et ses propriétés lorsqu'elle est développée par vingt-cinq à cinquante couples Daniel ; — 4° Servant à l'usage de la galvano-caustique, et à la galvano-poncture ; — 5° Servant à l'extraction des métaux du corps, par vingt couples Bunsen.

L'électricité galvanique agit principalement en vertu de deux conditions, qui sont :

1° Sa quantité ; 2° sa tension.

Dans le premier cas, elle est engendrée par un ou plusieurs couples à grandes surfaces, selon les effets que l'on cherche à produire, donnant une quantité d'électricité relative à leur surface, exerçant une forte action chimique et calorifique, mais n'ayant qu'une faible tension ; dans le second, c'est par des piles formées d'un certain nombre de couples, ordinairement de petite dimension, dont l'action chimique est peu énergique, mais se manifestant, selon le nombre des éléments dont elles se composent, par une plus ou moins grande tension (a).

___

1° Électricité galvanique produite par un petit couple Bunsen.

54. L'électricité, développée au moyen d'un couple de Bunsen, à petite surface (10 centimètres de haut sur 24 de circonférence), a pour propriété spéciale d'être fondante et résolutive, d'augmenter la chaleur vitale et, pour cette raison, de convenir plus particulièrement au traitement des affections tumérales en général.

Son action hyposthénisante est lente, mais graduelle et sûre. Cette électricité se distingue surtout par sa puissance chimique ; car, mise en contact avec des métaux (galvanoplastie), elle les désagrége, et, pendant que le pôle positif divise le métal en des myriades d'atomes, le pôle négatif les attire à lui et les reconstitue sous d'autres formes Par cette action qu'elle exerce sur les métaux, on peut juger de son influence sur le corps humain. C'est avec une pile de cette dimension que l'on procède dans les cas indiqués ; mais elle sert également à faire marcher les appareils n°ˢ 13 et 14 de mon système. Cette pile dure sept à huit jours sans qu'on ait besoin de la renouveler.

___

2° Électricité galvanique produite par deux couples.

55. Lorsque cette même électricité est développée par deux couples de la même dimension que celle qui vient d'être indiquée, elle a le pouvoir de décomposer l'eau acidulée, de rougir et de fondre un fil de fer (38.) enveloppant les deux boutons

___

(a) Je passe sous silence, comme impropres à la pratique médicale, les appareils galvaniques à courants variables, tels que : les petites batteries voltaïques composées d'un grand nombre d'éléments à petite surface, pile à auge, pile à colonnes, pile à couronnes de tasses, pile Wollaston, les chaînes hydro-électriques, etc., etc. Ces instruments ne servent plus qu'à des expériences de physique.

auxquels se prennent ses deux courants (appareils n° 13 et 14).
Si on la fait communiquer à des excitateurs à petite surface
placés sur une partie du corps, en distançant les pôles de 10 à
15 centimètres l'un de l'autre, ces courants produiront, en peu
de temps, des effets de résorption importants, et, selon le plus
ou moins de temps qu'on les aura laissés agir, ils occasionne-
ront d'abord de la rougeur, puis un exanthême, quelquefois un
enchymose et même, à la suite des phénomènes que je viens
de citer, des eschares. Lorsqu'on cherche à obtenir la résorption de fortes tumeurs, il faut arrêter l'électrisation après qu'on
a produit des eschares, attendu que le travail de la résorption
continue souvent à se faire sans électrisation ultérieure.

Il résulte de ce qui précède qu'avec deux petites piles on
obtient déjà une puissance chimique très-grande, de laquelle il
faut savoir faire usage avec prudence dans le traitement des
tumeurs et des kystes de toute nature, qui, quelle qu'en soit
l'étendue, ne peuvent résiter à ce moyen énergique.

L'électricité galvanique, développée à ce degré de force
chimique, est aussi d'une merveilleuse efficacité dans les affections cancéreuses, l'anévrisme, la varicocèle, l'hydrocèle, les
goîtres, etc.

3· Électricité galvanique produite par une batterie de vingt-cinq à cinquante couples Daniel (a).

56. Cette forme d'électricité galvanique donne des courants
constants, mais ne produit que peu de chaleur, et, malgré le
nombre des couples, qu'une quantité relativement minime
d'électricité. Employée avec vingt-cinq couples, elle est, dans
ses effets, sédative et relâchante; elle est particulièrement
efficace dans le traitement des aliénations mentales, des névral-

(a) C'est à l'aide d'une semblable batterie que M. le docteur Remark de
Berlin applique sa méthode d'électrisation, au moyen de laquelle il obtient, à
en juger par ses différents écrits, de très-grands résultats, qui ne font que
confirmer ce que d'autres électriciens, tels que Labeaume, Fabre-Palaprat et
autres, avant lui, ainsi que mes propres expériences, avaient déjà reconnu et
constaté de l'action thérapeutique du courant galvanique constant.

gies, des névroses, des asthmes et des phthisies pulmonaires ; elle régularise la circulation de l'électricité du corps, et dégage les organes de l'excès qui peut s'y trouver et y produire de l'irritation, de l'inflammation ou de l'engorgement. Si l'on emploie quarante à cinquante couples, l'électricité que l'on produit ainsi a une action très-énergique et très-prononcée dans les divers cas de paralysie, où elle réussit beaucoup mieux que l'électricité voltaïque de deuxième induction. Si l'on en dirige le courant positif en suivant les ramifications nerveuses du centre à la périphérie, où la recomposition doit s'opérer avec le pôle négatif, ce courant donne de la vie, du ton et de la force aux centres et aux troncs nerveux qu'il rend plus aptes à porter, par les routes qui y aboutissent ou qui en partent, les ordres que la volonté veut faire parvenir à ceux des organes qui se trouvent dans un état anormal et refusent plus ou moins de lui obéir.

Si, par contre, on dirige le courant positif en sens contraire du courant normal des nerfs moteurs, c'est-à-dire des extrémités aux centres, et que le pôle négatif soit placé à l'opposé, mais dans une direction ascendante, ce courant opèrera presque toujours une action réflexe des organes centraux (encéphale et moëlle) ; et, si on l'interrompt de seconde en seconde, il réagira favorablement sur les voies centrales qui peuvent être engorgées, en facilitant ainsi le passage des courriers électriques que la volonté envoie aux muscles paralysés, par l'intermédiaire des nerfs et de leurs diverses branches distribués à leur intérieur. Dans l'un et l'autre cas, les fonctions normales des nerfs moteurs et des nerfs de la sensibilité, lorsqu'elles ont été paralysées par une cause quelconque, se rétablissent, le plus souvent, au moyen d'une électrisation raisonnée par l'électricité galvanique. Mais ce type électrique ne possède pas seul cette propriété ; il la partage avec l'électricité volta-farradique de première induction, à l'aide de laquelle on obtient les mêmes résultats.

4° Électricité galvanique appliquée comme source abondante de calorique :

1° A la galvano-caustique, par quatre couples de Grove, ou cinq de Bunsen ; — 2° A la galvano-poncture, par cinq à huit couples de Bunsen ; — 3° A l'extraction des métaux du corps de l'homme.

1° Galvano-caustique.

57. L'électricité galvanique développée, dans ce but, par quatre ou cinq couples Bunsen à grande surface, est réservée exclusivement pour des opérations chirurgicales de son ressort, mais qui ne doivent jamais être faites que par un médecin.

Ce genre de batterie se compose de couples à surface double de celles indiquées au § 54. Elle développe une telle chaleur que l'on peut faire passer au rouge blanc des fils de platine, auxquels on donne les formes que l'opérateur juge nécessaires, telles que couteaux, anses, pinces, boules, etc. Par ce moyen on parvient à pratiquer des cautérisations de différents genres. Ces cautères, en fils ou en lames de platine, se fixent au bout d'un manche qui permet, au moyen d'un coulant ou d'une bascule (voir le *Tableau des instruments*, n° 38), d'ouvrir ou de fermer à volonté le circuit galvanique, et de pratiquer ainsi un certain nombre d'opérations chirurgicales. Comme tout le monde n'est pas familiarisé avec ces phénomènes, il ne sera sans doute point superflu de les expliquer.

Pour provoquer une température aussi élevée que celle qui est nécessaire pour rendre ces fils ou ces cautères incandescents, il faut que les deux courants produits par la batterie qu'on fait aboutir aux deux boutons du manche et, par lui, aux fils-cautères, rencontrent sur leur passage un obstacle qui arrête la rapidité de leur essor normal ; or la quantité d'électricité que ces quatre piles développent est telle, qu'accumulée sur les petites surfaces que présentent les cautères, les courants ne peuvent les traverser avec la force d'expansion qui lui est propre ; elle les arrête dans leur passage, et, par cela même, y concentre la chaleur à un tel point que l'électricité les chauffe à blanc et les maintient dans cet état aussi longtemps que la source électrique n'est pas diminuée ; le même phénomène continuera alors de se produire, et permet ainsi d'étendre l'opération à la durée que le médecin jugera convenable.

Ce moyen est d'un grand secours pour la chirurgie, en ce qu'il remplace avec un grand avantage l'emploi du fer rouge, qui présente de nombreux inconvénients.

2° Galvano-poncture (a).

58. Cette méthode, qui exige également la main d'un médecin expérimenté, nécessite aussi une source puissante d'électricité. Elle consiste à enfoncer dans une tumeur quelconque des aiguilles d'acier très-fines ou mieux encore de platine; si la tumeur est petite, cela doit se faire verticalement ou en

(a) Il ne faut pas confondre avec la galvano-poncture l'acuponcture des Chinois et des Japonais, comme l'avaient appliquée dans le temps Sarlandière et Magendie. Les Japonais pratiquaient l'acuponcture déjà depuis la plus haute antiquité, et, chez eux, elle avait pour but d'opérer une perturbation dans les couches organiques; ils enfonçaient des aiguilles en or ou en argent dans les chairs, à deux et à trois centimètres de profondeur; mais ils ne les y laissaient guère plus de trois minutes. Ce procédé, introduit en Europe en 1638, fut adopté par beaucoup de médecins français, puis abandonné, et de nouveau repris, mais combiné avec le galvanisme.

Le procédé chinois a reçu une heureuse modification d'un Allemand nommé Schrattenholz, à l'aide d'un instrument contenant trente-deux aiguilles aimantées disposées de façon qu'elles se trouvent les unes à côté des autres, avec leurs pôles renversés, c'est-à-dire que, pendant que la première aiguille a le pôle nord à sa pointe, le second l'a à sa base, par conséquent le pôle sud en haut, et ainsi de suite.

Cet instrument est nommé abducteur par celui qui l'a inventé; selon lui, c'est par les pores artificiels produits par l'abducteur dans la peau sur laquelle il est appliqué, et aux nœuds de contexture, que se communique une plus grande activité dans tout l'organisme, une plus grande accélération dans le mouvement du sang, etc.

Je crois que l'inventeur ne s'est pas bien rendu compte de la cause qui produit la révulsion qu'il opère par son instrument. Cette action n'est évidemment produite que par le magnétisme développé par les aiguilles aimantées, qui, mises en contact avec le corps, produisent instantanément un mouvement dans l'électricité de l'épiderme, et appliquées notamment sur le dos dans toutes les couches qui recouvrent plus ou moins la moelle épinière, foyer d'une grande quantité d'électricité. On comprend qu'en ponctuant ainsi journellement et successivement jusqu'à cent cinquante fois toutes les parties du corps, il est impossible qu'il n'en résulte pas une action révulsive pouvant, dans bien des cas, produire de très-bons effets. M. le docteur Lipkau, propagateur à Paris, de cette nouvelle méthode de guérison, en obtient beaucoup de succès.

inclinant en sens opposé vers son épaisseur ; si elle est plus étendue, cela aura lieu dans la direction de cette tumeur, c'est-à-dire en inclinant les aiguilles par la pointe les unes vers les autres ; on met ensuite en communication avec ces aiguilles les deux pôles d'une batterie galvanique pour y produire un foyer de chaleur. Par suite de l'accumulation de l'électricité qui résulte de la difficulté que présente aux courants électriques le passage à travers ces aiguilles, difficulté qui est la même que celle que j'ai signalée à propos de la galvano-caustique, les aiguilles deviennent incandescentes comme les cautères dont nous avons fait mention dans l'article précédent, et elles brûlent ou carbonisent de cette façon les tissus placés autour d'elles et entre elles.

Lorsque la tumeur que l'on veut détruire est très-développée et qu'on est obligé de distancer plus ou moins les aiguilles, une batterie de quatre à cinq couples n'est plus suffisante : il en faut une de six à huit couples, attendu que le courant qui a à traverser une certaine épaisseur de tissus qui peut en outre contenir des sérosités aqueuses, perd alors beaucoup de sa puissance calorifique et ne brûle ou ne cautérise plus assez. Or il faut que la source soit assez puissante pour vaincre les obtacles : celui du tissu et celui du liquide, et pour entretenir la même chaleur cautérisante jusqu'à la fin de l'opération.

Les eschares qui se forment aux deux pôles des aiguilles diffèrent de celles que l'action calorifique produit dans la galvano-caustique ; car à l'action calorifique se joint ici encore une action chimique très-prononcée, attendu que les acides des tissus actionnés se portent à l'aiguille à laquelle communique le pôle positif, et les alcalis à celle qui est en rapport avec le pôle négatif (a). Cette action chimique désorganise les tissus sains aussi bien que les tissus malades.

(a) On peut facilement se rendre compte de cette action chimique en enfonçant dans un petit morceau de viande de veau frais, à un centimètre de distance l'une de l'autre, deux aiguilles auxquelles on fait communiquer les pôles de trois couples Bunsen de la dimension indiquée au § 57 (ils suffisent pour l'expérience).

Dans un rapport qu'il a fait en 1860, à l'Académie de Médecine, sur ses expériences dans cette sphère des applications de l'électricité, le docteur

Ce mode d'électrisation a, en outre, l'inconvénient de provoquer de l'inflammation et des abcès aux points où les aiguilles ont été appliquées. De fortes douleurs sont inséparables de la galvano-poncture ; aussi ne doit-on y avoir recours que lorsqu'il s'agit de cautériser une excroissance de chair, un polype situé profondément, que l'on ne saurait atteindre facilement avec le cautère galvanique.

3° Électricité galvanique appliquée pour l'extraction des métaux du corps de l'homme (a).

59. Ce type électrique a aussi la propriété d'extraire les métaux du corps, si l'on concentre toutes les forces dont il a montré l'efficacité dans les diverses applications que je viens de passer en revue.

Le transport de métaux et de substances médicamenteuses au moyen des courants électriques a été longtemps contesté, et si, en présence des résultats de la galvano-plastie, il n'est plus possible de nier le premier fait, bien des gens conservent encore des doutes à l'égard de l'extraction des métaux du corps.

Cette extraction ne peut se faire qu'autant que le corps est plongé dans un bain d'eau acidulée selon la nature du métal qu'il s'agit d'extraire. Elle exige la mise en activité de toute l'énergie chimique et de toute la puissance de tension du galvanisme au moyen de vingt couples Bunsen de moyenne grandeur. (*Voir à ce sujet, Règles spéciales pour la manière de procéder et de composer les bains pour les divers métaux.*)

Quant à extraire des morceaux de plomb ou de cuivre, comme l'indiquent plusieurs auteurs, cela me paraît difficile, attendu

Ciniselli de Crémone se trompe lorsqu'il dit avoir obtenu la destruction de tumeurs au moyen d'une pile de Volta de quarante couples *d'un demi-centimètre carré de surface;* car avec une pile de ce genre il est impossible d'obtenir un foyer de chaleur propre à carboniser des tissus.

(a) MM. Poëy et Vergnes, médecins américains, ont fait, en 1854, grand bruit à Paris de cette invention, dont ils s'attribuaient le mérite, mais dont on a contesté depuis les résultats. Bien que, suivant une idée que je dois à Raspail, j'aie fait usage avant cette époque, pour le même but, d'une batterie de dix piles Bunsen, qui m'a donné d'assez bons résultats, je ne me crois, toutefois, pas en droit de contester leurs prétentions.

que le courant positif peut bien, par sa puissance chimique,
dissoudre les combinaisons qui ont eu lieu dans le corps par
l'effet du mercure, ou du cuivre, ou du plomb absorbé par les
pores de la peau, ou introduit autrement dans l'organisme ;
mais pour attaquer et dissoudre des *morceaux de métal*, il faudrait pouvoir diriger le courant dans toute sa force directement
sur le point où gît le métal à extraire et continuer ce travail
durant un temps assez long. Je crois la chose possible, mais,
en tout cas, très-difficile. Je n'ai jamais eu occasion d'expérimenter ce moyen.

IV. — Électricité magnéto-électrique (7.) :

1° Développée par des appareils appelés magnéto-électriques à courants intermittents, et par courants interrompus ; — 2° Développée
par des aimants artificiels, par courants continus, avec les anciennes
formes ; — 3° Développée par des aimants artificiels, forme donnée
par Rebold.

1° Appareils magnéto-électriques.

60. Les propriétés de cette électricité sont à peu près celles
de l'électricité volta-farradique de deuxième induction (53.) ;
elle est même, en raison de ses intermittences irrégulières,
plus excitante encore que celle-ci, attendu que si la manivelle
au moyen de laquelle on la développe dans les appareils magnéto-électriques (41.) n'est pas tournée avec une grande rapidité, ce qui n'est possible que pendant quelques instants, l'électricité ne se produit que par des courants saccadés qui provoquent des soubresauts chez les malades soumis à son action ; et
les effets que j'ai relatés à propos de l'électricité farradique de
deuxième induction sont alors plus manifestés encore, surtout
chez les personnes nerveuses.

Les appareils dont il s'agit ne possèdent, en outre, que des
moyens de graduation très-imparfaits, et les intermittences
éloignées qu'ils donnent relâchent les muscles au lieu de les
tonifier, ce qui exige des intermittences très-rapides (de six
cents à huit cents par seconde), que ces appareils sont dans

l'impossibilité d'administrer ; il en résulte qu'ils ne conviennent nullement pour la pratique médicale (a).

Le seul avantage qu'ils possèdent, c'est de n'avoir pas besoin de pile, avantage qui n'est cependant en aucun rapport avec les nombreuses défectuosités qu'ils présentent.

***

2· Aimants artificiels.

61. Les propriétés des aimants artificiels, simples ou avec armature, dans les formes qui leur ont été données jusqu'ici, n'ont jamais pu être définies, bien qu'il soit incontestable que l'on en a obtenu certains résultats (41.). Lorsqu'on emploie un aimant très-puissant et qu'on l'approche tout près du corps ou qu'on le place sur le corps même, il agira sans aucun doute sur les particules électriques de l'épiderme et des tissus sous-jacents, et en changera la polarisation de même que cela a lieu par l'électricité statique (36.) ; mais l'aimant ne produira cet effet qu'au point du corps avec lequel il aura été mis en contact : soit avec ses deux pôles, soit avec l'un, soit avec l'autre, à moins qu'il ne soit promené sur toute une région : alors il y opèrera des changements de polarisation successifs et alternatifs, qui doivent produire les mêmes effets mécaniques, physiologiques et thérapeutiques que ceux que j'ai relatés comme devant être le résultat de l'application de l'électricité statique, sans bouteille de Leyde.

***

3· Aimants artificiels de Rebold.

62. Ces aimants en fer à cheval doubles, liés et soudés par leurs centres, ne formant qu'un seul aimant avec deux des branches aimantées nord et les deux opposées aimantées sud, ont des propriétés particulières et présentent des phénomènes nouveaux, différant essentiellement de ceux qui ont été mentionnés dans l'article précédent. On peut juger de ces propriétés

(a) Je partage à ce sujet l'opinion de M. Duchenne de Boulogne, exprimée pages 116 à 119, dans son ouvrage « l'Électrisation localisée. »

par la description qui a été donnée de ces nouveaux instruments magnéto-électriques (43-49.) de l'auteur. Ces aimants sont destinés à être placés sur deux parties du corps opposées l'une à l'autre, afin que l'attraction mutuelle de leurs magnétismes nord et sud puisse pénétrer à travers la partie du corps placée entre eux ; cette attraction développe des milliers de courants magnétiques qui se dégagent sans interuption de leurs pôles et convergent à travers les tissus et les organes électriques (42.) qui se trouvent sur leur passage (*voir les trois figures*). Ces courants opèrent ainsi un mouvement insensible, mais continuel sur l'électricité du corps qui régularise la circulation de tous les liquides, tonifie les nerfs et les muscles et opère en même temps une action prononcée sur le système sanguin par l'influence que cette électricité magnétique exerce sur les particules de fer qui se trouvent dans le sang. Aussi le port de ces aimants sur une partie quelconque du corps produit-elle toujours une chaleur douce et agréable. Les effets thérapeutiques qu'ils opèrent ne sont pas la plupart du temps très-rapides, mais ils sont toujours sûrs. La chaleur qu'ils produisent chez certaines personnes, dès le commencement de l'application, leur semble souvent trop vive, comparée à leur état habituel ; mais quelques jours suffisent pour que cette sensation ne leur paraisse plus aussi étrange et qu'elles s'y habituent facilement.

En résumé, l'application raisonnée des aimants doubles à quatre branches doit prendre place parmi les moyens les plus actifs pour combattre un grand nombre d'affections chroniques.

CHAPITRE XII.

Causes des maladies.

Moyen de les neutraliser par l'usage de l'électricité.

Si l'air contient le principe de vie de tous les êtres, l'électricité et l'oxygène, il renferme aussi la cause de leur destruction, car il est le grand réservoir des exhalaisons, des miasmes, des diverses émanations, de toutes les décompositions enfin qui constituent ces masses d'essences insaississables, dont les molécules produisent dans nos organes, par le dépôt de leur poison, des décompositions successives qui amènent lentement ou rapidement la destruction de cette admirable machine, dont la science nous révèle jusqu'à un certain point la structure si compliquée, et dont toutes les parties sont coordonnées dans le but unique de conserver l'existence de l'espèce.

Chose bien singulière ! l'homme, ce Dieu de la création, qui a su se frayer un chemin jusque dans les profondeurs de la terre pour la forcer à lui livrer ses richesses ; qui s'est ouvert les abîmes des mers pour transmettre sa pensée plus rapidement qu'il ne l'avait pu jusqu'alors, au moyen de la vapeur qu'il attèle pour ainsi dire à ses vaisseaux ; qui perce les montagnes et fait passer les fleuves par dessus leurs sommets, qui arrête le feu du ciel, qui supprime les distances qui le séparent des continents éloignés, l'homme avec toute sa science n'a pas su employer pour sa propre conservation et pour sa santé le moyen à l'aide duquel il a accompli une partie des merveilles que nous venons de signaler.

C'est en apprenant à connaître les causes des maladies que nous arriverons plus facilement à les éviter et à les guérir. La cause de nos maladies, si elles ne sont pas héréditaires, est toujours externe à nos organes ; car, pour qu'un organe cesse de fonctionner, il faut qu'une cause quelconque vienne altérer sa constitution.

Nous résumerons ces causes en peu de mots. En voici les principales : 1° influence de la température ; 2° assimilation de molécules étrangères, vivantes ou inertes, qui franchissent les barrières établies par une nature prévoyante pour protéger notre organisme, soit qu'elles pénètrent par les voies digestives, soit qu'elles s'introduisent par les voies respiratoires ; 3° meurtrissure des molécules sanguines, dont un choc, une chute, a détruit le principe vital, l'électricité propre, et qui par cette raison sont devenues, pour le corps dans lequel elles habitaient, des molécules étrangères, que la nature tend par un travail quelconque à expulser ; 4° impressions sensitives, émotions, frayeurs, orages, etc., etc. ; 5° assimilation morale.

Quel est le moyen à employer pour parer à ces influences morbides ? La Providence l'offre à l'homme dans son plus précieux agent, l'électricité.

Bien que la manière dont il doit être utilisé dans ce cas soit indiqué, je le répéterai ici en deux mots : Pour conserver la santé et prolonger son existence, tout en fortifiant ses facultés intellectuelles, il faut que l'adulte, homme ou femme, s'administre tous les jours ou tous les deux jours une légère dose d'électricité *(voir l'application dans l'Index général)*, et, à l'aide de ce régime, il obtiendra que toutes les fonctions nécessaires à la vie s'exécutent chez lui avec régularité et facilité ; il détruira non seulement dès le début les germes des maladies qu'engendre l'air vicié ; mais il se préservera aussi le plus souvent des affections qui sont la conséquence d'une constitution faible ou nerveuse. En un mot, l'électricité, administrée rationnellement, rétablit sinon chez la généralité, du moins chez la plupart des individus, l'équilibre de toutes les fonctions vitales, qu'elle maintient dans leur état normal.

CHAPITRE XIII.

Préjugés et opinions erronées des médecins :

1° Erreurs concernant l'électricité, son action, ses vertus curatives et son application à la thérapeutique en général ;
2° L'électrisation localisée (système du docteur Duchenne, de Boulogne) ; ses défauts pratiques et scientifiques ;
3° L'instruction du Conseil de santé de l'armée aux médecins des hôpitaux militaires ;
4° Préjugés démontrés par de nombreux cas de la clinique de l'auteur ;
5° Le charlatanisme en électricité, encouragé par les médecins et par l'Académie ;
6° Préjugés à l'égard de l'homœopathie ; causes de son action, etc. ;
7° Préjugés à l'égard du système curatif de Raspail ;
8° Préjugés à l'égard du magnétisme humain ;
9° Préjugés au sujet de l'âme, etc. ;
10° Erreurs concernant le choléra et les maladies épidémiques ; leurs véritables causes et moyens de les combattre.

I. — Erreurs concernant l'électricité.

63. Que l'on me permette avant tout de confesser mon admi-

ration profonde pour la vocation de médecin, la plus belle à mes yeux, la plus sublime de toutes les missions qu'il soit donné à l'homme de remplir sur cette terre, lorsqu'il la remplit avec toute l'abnégation, tout le zèle, tous les sentiments philanthropiques que cet apostolat réclame.

Je m'incline aussi devant le génie, devant les grandes capacités qui sont à la tête de l'enseignement, dont le but est de soulager l'humanité souffrante, et je professe le plus grand respect pour tous les savants qui pratiquent la science dans l'intérêt du véritable progrès.

Qu'on ne se méprenne donc pas sur les motifs qui m'inspirent les critiques contenues dans ce chapitre.

Avouons d'abord que l'esprit de routine s'est de tout temps, surtout en France, opposé au développement des inventions nouvelles.

Plus que toute autre découverte peut-être, les applications de l'électricité à la thérapeutique ont éprouvé de grands obstacles à leur vulgarisation; or cela n'a rien de surprenant pour quiconque connaît les coteries de corps et de profession.

L'étude de l'électricité n'est pas l'affaire d'un instant; il faut du temps et de la persévérance pour se familiariser avec ses effets, et pour devenir capable de l'administrer avec connaissance de cause. Son application, en outre, exigeant un certain maniement, n'est pas exempte d'inconvénients et d'embarras; de sorte qu'on a préféré s'en passer et la reléguer parmi les moyens empiriques dont on pouvait se permettre de parler avec dédain. Il en est résulté que depuis une trentaine d'années la plupart des médecins sont, à l'égard de l'électricité et de ses propriétés en général, d'une ignorance peu excusable, qui n'a pas peu contribué à propager de nombreuses erreurs que le charlatanisme n'a point manqué d'exploiter, et à détourner le public de l'emploi de ce puissant moyen de guérison.

Mais cet état de choses paraît changer: un grand nombre de médecins se proclament aujourd'hui partisans de l'électricité; ceux qui ont fait quelques tentatives plus ou moins heureuses d'électrisation se posent en électriciens; plusieurs même écrivent des traités sur les applications de l'électricité, sans en avoir jamais fait sérieusement ; ils en parlent cependant avec autorité, et comme des initiés à ce grand livre, dont si peu d'hommes ont encore eu la faveur de tourner et de comprendre les premières pages.

Parmi ces derniers figurent en première ligne Otto de Guericke, OEpinus, Dufay, Franklin, Seebeck, Galvani, Volta, Coulomb, Davy, OErstedt, Ampère, Farraday, Matteucci, de la Rive, Becquerel et Dubois-Raymond. A ces noms s'associent dignement un grand nombre de savants français, qui occupent à l'heure qu'il est une place distinguée dans le monde scientifique. Ils sont trop nombreux pour que je puisse les nommer ici ; d'ailleurs ce serait prononcer un jugement, qu'il ne m'appartient pas de porter.

Dans mon humble sphère, ne pouvant pas même appuyer mes opinions d'un diplôme de médecin, c'est à peine si j'ose parler science. Cependant je me permets d'admettre sur une partie de la physiologie du corps humain des idées entièrement nouvelles, qui vont jusqu'à renverser les théories établies par de grands savants. Je crains bien qu'on ne me pardonne pas tant de hardiesse ; mais cela ne m'empêchera pas de faire connaître ce qui me semble conforme à la vérité. Qu'on me réfute, si je suis dans l'erreur ! toutefois on n'a pu le faire jusqu'ici : au lieu d'arguments sérieux, on ne me répond que par des affirmations plus courtoises que motivées, par cette conclusion presque générale : « *Vous pourriez bien avoir raison.* »

Si les théories que je développe dans les chapitres de IV à IX de cet ouvrage ne sont pas de nature, comme on le prétend cependant, à ouvrir de nouveaux horizons à la science, elles permettront du moins d'expliquer un grand nombre de phénomènes physiologiques, qui ont été jusqu'ici mal appréciés et mal interprétés, et elles contribueront ainsi à détruire bien des erreurs.

Les médecins qui parlent des applications de l'électricité, connaissent rarement les différents types qu'il faut employer de préférence dans l'électro-thérapie. La doctrine de l'identité électrique aux besoins de la médecine est générale chez la plupart des médecins, et ils croient qu'il est complétement in-

différent de rechercher par quel moyen l'électricité est développée. Aussi ne font-ils guère de différence dans l'application
de l'électricité statique, de l'électricité galvanique, de l'électricité volta-farradique de première et de deuxième induction,
et les propriétés spéciales de ces différents types d'électricité
leur sont presque inconnues; mais cela trouve son excuse en
ce qu'aucun traité ne le leur a enseigné jusqu'ici.

Lorsque le médecin fait l'acquisition d'un appareil électrique,
il regarde d'abord au bon marché, ensuite à sa force, car il
s'imagine, selon l'idée généralement accréditée, que plus l'instrument a de tension, mieux cela vaut.

Le chapitre qui précède fait justice de cette erreur. Il en existe
une autre, aussi accréditée parmi le corps médical : c'est que
l'électricité est un agent très-excitant, et qu'il ne convient d'y
avoir recours que dans les cas de paralysies, de rhumatismes,
de goutte, etc.

Comme la plupart des médecins n'ont jamais eu à leur portée
que des appareils d'induction à forte tension, tels qu'on en a
fabriqué depuis une quinzaine d'années, ils ne connaissent en
effet que ce genre d'électricité, qui est réellement excitante dans
ses effets, surtout par la manière dont elle est administrée en
général, c'est-à-dire par courants saccadés ou par commotions,
et propre à occasionner de dangereuses perturbations chez des
personnes nerveuses. Cette électricité de deuxième induction
ne doit s'employer, à peu d'exceptions près, que pour les maladies que nous venons de mentionner; car, dans tout autre cas,
elle ne saurait être entièrement exempte de danger.

Le traitement de la plupart des affections exige une électricité d'une nature calmante, ou fortifiante ou décomposante.
Or la lecture du chapitre où sont énumérées les propriétés
physiologiques, calorifiques, chimiques, mécaniques et thérapeutiques des différents types d'électricité (51), fera comprendre à MM. les médecins les erreurs propagées à ce sujet
jusqu'à présent.

Je vais en signaler quelques autres.

Le corps médical, ou du moins ceux des médecins qui s'occupent plus ou moins d'électricité, admettent généralement que

le courant électrique, soit galvanique, soit volta-farradique, appliqué sur le corps au moyen de deux excitateurs métalliques, nous traverse de part en outre ; il y en a même qui croient que lorsqu'ils tiennent dans les mains deux cylindres auxquels aboutissent les deux courants d'un appareil d'induction, l'électricité qu'ils ressentent se répand par tout le corps comme un ruisseau de feu, etc.

Une autre erreur aussi généralement répandue et appuyée malheureusement par M. Duchenne de Boulogne, c'est que quand on se place, d'après la même idée exprimée plus haut, dans le circuit de deux courants électriques, ceux-ci se recomposent dans notre corps.

Ces idées erronées s'expliquent facilement, en ce qu'elles ont été admises de tout temps et qu'aucune autre explication n'a pu être donnée des faits auxquels elles se rattachent. Or on ne renoncera pas à cette manière d'envisager le phénomène qui se passe dans l'application de l'électricité sur notre corps, et l'on continuera de se servir, pour indiquer l'action qui a lieu en cette circonstance, de l'expression conventionnelle de *courant* qui nous traverse, d'autant plus qu'elle rend compte du phénomène en question d'une façon plus intelligible que la démonstration scientifique ne pourrait le faire ; j'ai donc cru devoir m'y conformer également pour être mieux compris. Je vais toutefois expliquer comment ce phénomène a lieu :

Si vous appliquez sur une partie quelconque du corps un excitateur métallique attaché d'un côté au cordon qui communique au pôle positif d'un appareil d'induction, et un deuxième excitateur au côté opposé du corps qui sera attaché au pôle négatif, l'action se fera sentir en ligne directe, depuis les premières molécules en contact avec l'excitateur métallique, jusqu'aux dernières qui touchent immédiatement à l'excitateur opposé Cette action se répandra sur une région plus ou moins étendue, selon la surface des excitateurs, c'est-à-dire du nombre des pores et des racines ou filets nerveux que les excitateurs *couvriront*. Ces excitateurs peuvent donc, en raison de leur surface, actionner un certain nombre de nerfs et de muscles à la fois, et toutes les particules électriques dont leurs molécules sont saturées (32.) communiqueront l'impulsion reçue à tous les tissus placés entre les deux excitateurs, et l'étendront même à ceux qui les environnent. Or, si la tension de l'électricité artificielle que l'on fait ainsi agir sur le corps est faible, l'action sur les particules électriques des molécules le sera aussi, et les sensations qu'elle nous fera éprouver seront en rapport avec cette tension. Si au contraire elle est forte ou moyenne, les vibrations moléculaires se manifesteront dans la mesure de la tension qu'on leur aura donnée.

Si l'on dirige, par exemple, de l'électricité galvanique par courants continus sur le corps, en se plaçant, comme il a déjà été indiqué plus haut, entre deux excitateurs, il arrivera que les particules électriques négatives se tourneront, au premier contact avec le corps, vers l'excitateur auquel aboutit le *courant positif*, qui joue toujours le rôle actif, tandis que les particules positives feront toutes face au pôle négatif, et propageront l'action qui lui aura été imprimée de molécule en molécule jusqu'au pôle négatif, qui, après l'avoir subie également, la transportera de la même façon dans le fil de cuivre de molécule en molécule jusqu'au pôle zinc de la pile, qu'il traverse en opérant par son action chimique une nouvelle transformation pour recommencer un nouveau parcours circulatoire. Pendant ce trajet, qui a lieu avec une vitesse double de celle de la lumière, les particules électriques du corps, dont la direction a été changée, garderont leur position aussi longtemps que le courant galvanique ne sera pas interrompu ; dans ce cas, toutes les particules électriques actionnées directement et indirectement reprennent aussitôt leur position normale. Quant aux courants *intermittents*, soit galvaniques, soit de première ou de deuxième induction, ils opèreront la même action sur l'électricité de notre corps, avec cette différence toutefois qu'ils changeront la position des particules électriques autant de fois qu'auront lieu les intermittences (32.).

Il appert de ces faits que nous ne sommes jamais traversés, comme on le croit généralement, par les courants de l'électricité artificielle ; que ces courants, résultat d'actions chimiques produites dans la pile, se propagent à travers les fils de cuivre au moyen de vibrations moléculaires, qui, dirigées sur notre corps, *continuent à s'y opérer de la même manière sur sa propre électri- cité*, et que c'est à ces vibrations que nous devons attribuer toutes les sensations que nous fait éprouver l'électricité artificielle.

Je ferai remarquer que c'est toujours le courant positif de (*a*) l'électricité de l'un ou de l'autre type, qui agit sur celle de notre corps et provoque les changements que j'ai mentionnés, toute- fois jamais sans être en présence, de près ou de loin, de son autre moitié, le pôle négatif.

Or une recomposition des deux fluides électriques, qui che- minent l'un vers l'autre et viennent se recomposer dans notre corps, est une chimère, comme le système d'électrisation loca- lisée de **M.** Duchenne, qui est basé sur cette erreur.

Je dois, à cette occasion, parler du rôle que joue l'électricité dans les effets de transport. Ce transport est encore la consé- quence de décompositions et de recompositions chimiques successives. Je vais en citer un exemple, qui servira à expli- quer tous les phénomènes du même genre. Lorsqu'on veut décomposer l'eau au moyen de la pile, on y parvient en plon- geant les deux courants dans de l'eau un peu acidulée. Celle-ci, comme tout le monde le sait, est formée d'une partie d'oxygène et de deux parties hydrogène ; le fil positif, mis en contact avec l'eau, attire immédiatement à lui l'atôme oxygène de la première molécule, et repousse l'hydrogène, qui, mis en liberté, s'unit immédiatement à l'oxygène de la seconde molé- cule ; l'hydrogène de celle-ci passe alors à la troisième molé- cule, et ainsi de suite jusqu'au fil négatif, qui reçoit ainsi cons- tamment les derniers atômes d'hydrogène mis en liberté, lesquels s'accumulent ainsi à ce pôle, comme l'oxygène s'ac- cumule au pôle positif.

Dans les composés chimiques, les oxydes métalliques, les sels, etc., la même décomposition s'opère, sauf cette différence que l'acide est en outre attiré par le pôle positif, et que la base passe au pôle négatif (*b*).

(*a*) La seule exception qui se présente, c'est lorsqu'on veut électriser né- gativement, dont le procédé opératoire est indiqué dans les règles spéciales.

(*b*) Le même phénomène se présente dans la galvano-poncture. L'acide des

Il résulte de cette théorie (a), que le transport par l'électricité d'une substance ou d'une solution médicamenteuse quelconque, sans avoir subi préalablement la décomposition précitée, doit aussi être considérée comme une chimère, malgré l'avis contraire de plusieurs savants.

II. — L'électrisation localisée, système Duchenne.

Je passe à la discussion du système d'électrisation de M. le docteur Duchenne de Boulogne, système qu'il a intitulé « *l'Électrisation localisée* », et qui a atteint en quelque sorte l'importance d'une école. En voulant démontrer en quoi ce système est vicieux, je prie le lecteur de bien observer que cette critique ne porte en aucune manière sur le mérite des études électrophysiologiques de M. Duchenne, auxquelles personne ne rend plus sincèrement justice que moi. C'est à ses études du diaphragme que l'on doit la découverte de la paralysie et de la contracture de ce muscle, et la connaissance plus complète de l'atrophie musculaire progressive, de l'action et des altérations individuelles de certains organes, notamment des muscles, du tronc, de l'épaule et des doigts, etc.

Mais s'il faut rendre justice au talent de ce savant physiologiste, il est aussi un devoir à remplir à l'égard du corps médical entier, auquel il importe de signaler les erreurs dans lesquelles, selon moi, M. Duchenne a pu tomber, quant à son mode opératoire et sa manière d'expliquer les phénomènes de l'électricité dynamique ; et cela est d'autant plus urgent, que sa méthode d'électrisation et les instructions que donne son ouvrage sont aujourd'hui presque généralement prises pour guide par les jeunes médecins qui étudient ce puissant moyen et l'appliquent à la guérison des maladies.

En présence de la réputation qu'a acquise M. Duchenne comme électricien, et en considérant ses divers travaux électro-

---

tissus actionnés se porte à l'aiguille qui communique avec le pôle positif, et l'alcali au pôle négatif.

(a) Grotthuss fut le premier qui la donna comme une hypothèse.

physiologiques, les nombreuses applications qu'il a faites de l'électricité dans les hôpitaux et les succès qu'il a obtenus dans certains cas de paralysies et d'atrophies, on trouvera bien hardi qu'un électricien qui n'a encore que peu de renom, quoiqu'il pratique depuis quinze années avec un grand succès, vienne presque *seul* attaquer ce système d'électrisation, et sans doute dans le premier moment on attribuera cette critique à la jalousie, sinon à la malveillance. Or je déclare n'être guidé, dans les observations que je vais soumettre aux hommes capables d'en juger, que par l'intérêt de la science, attendu que j'ai la plus haute estime pour les connaissances de M. Duchenne, ainsi que je l'ai déjà exprimé dans la préface de cet ouvrage.

Les savantes recherches et expériences physiologiques qu'il a tentées au moyen de l'électricité démontrent combien il s'est donné de peine pour découvrir la vérité, et sont faites pour frapper vivement tous ceux qui ne sont pas initiés aux phénomènes électriques. Mais s'il a pénétré la vérité et ouvert de nouveaux horizons à la science par rapport à la physiologie musculaire, il s'est par contre trompé à l'égard des phénomènes au moyen desquels il est parvenu à étudier l'action musculaire, et en voulant généraliser, faire servir son mode opératoire à toutes les applications de l'électricité à la thérapeutique; d'où sont résultées de nombreuses contradictions dans ses exposés.

Résumons d'abord le système de M. Duchenne.

Voici comment il le définit lui-même dans son ouvrage, page 7 :

« La propriété la plus importante de l'électricité dynamique,
» c'est de pouvoir être dirigée et limitée dans presque tous les
» organes. Il ressort en effet de mes expériences, que l'on
» arrête à volonté cet agent dans la peau, ou que sans incision
» ni piqûre on peut traverser celle-ci et limiter l'action élec-
» trique dans les organes qu'elle recouvre, c'est-à-dire dans les
» nerfs, dans les muscles et même dans les os : c'est ce que je
» démontrerai par la suite. »

Page 28, il ajoute :

« Voici les principaux faits qui m'ont permis de remplir avec

» succès la tâche que je me suis imposée. Ils servent de base à
» l'électrisation localisée (a) :

» 1° Si la peau et les excitateurs sont parfaitement secs et
» l'épiderme d'une grande épaisseur, comme cela s'observe
» chez certains sujets que leur profession expose souvent au
» contact de l'air. les deux courants électriques provenant d'un
» appareil d'induction se recomposent à la surface de l'épiderme
» sans traverser le derme, en produisant des étincelles et une
» crépitation particulière, et sans donner lieu à aucun phéno-
» mène physiologique.

» 2° Met-on sur deux points de la peau un excitateur humide
» et l'autre sec, le sujet soumis à l'expérience accuse, dans le
» point où le dernier excitateur n'avait développé que des effets
» physiques, une sensation superficielle évidemment cutanée.
» Les électricités contraires, dans ce cas, se sont recomposées
» dans le point de l'épiderme sec, mais après avoir traversé la
» peau à l'aide de l'excitateur humide.

» 3° Mouille-t-on très-légèrement la peau dans une région
» dont l'épiderme offre une très-grande épaisseur, il se produit,
» dans les points où sont placés les excitateurs métalliques
» secs, une sensation superficielle comparativement plus forte
» que la précédente, sans étincelles ni crépitation. Ici la recom-
» position électrique a lieu dans l'épaisseur de la peau.

» 4° Enfin, la peau et les excitateurs sont-ils très-humides,
» on n'observe ni étincelles, ni crépitation, ni sensation de
» brûlure ; mais on obtient des phénomènes de contractilité ou
» de sensibilité très-variables, suivant qu'on agit sur un muscle
» ou sur un faisceau musculaire, sur un nerf ou sur une surface
» osseuse. Dans ce dernier cas, on détermine une douleur vive,
» d'un caractère tout particulier. Aussi doit-on éviter avec soin
» de placer les excitateurs humides sur des surfaces osseuses.

(a) M. Duchenne se munit dans ces opérations de deux cylindres en cuivre
à manche isolant, garnis d'éponges mouillées et de deux autres instruments
également à manche, chacun avec une tige en cuivre ayant à son bout une
petite olive allongée ; on trouve le dessin de ces excitateurs dans son ouvrage,
page 186, lequel montre en même temps la manière dont il les manipule, en
plaçant deux excitateurs très-près l'un de l'autre sur la partie du corps qu'il
veut actionner.

» *Il ressort de ces expériences, que l'on arrête à volonté la puis-*
» *sance électrique dans la peau ; que, sans incision ni piqûre, on*
» *peut la traverser et limiter l'action de l'électricité dans les*
» *organes qu'elle recouvre, c'est-à-dire dans les nerfs, dans les*
» *muscles, et même dans les os.* »

Cette définition repose sur une erreur capitale, et déjà M. le docteur Remack de Berlin, qui peut être aussi considéré comme chef d'école électro-thérapique, en fait justice dans son ouvrage traduit en français par le docteur Morpin (*voir le chapitre intitulé* : Effets accessoires des courants, *page* 133), de la manière suivante :

« Une des méprises les plus étranges introduites par M. le
» docteur Duchenne dans la science, c'est d'admettre qu'un
» courant induit, en produisant une douleur ou une contraction
» localisée, n'agisse pas en même temps sur les autres tissus
» parcourus ou voisins. »

En effet, comment expliquer que M. Duchenne, qui a tant manipulé l'électricité et l'a appliquée de tant de façons différentes sur l'homme et sur les animaux, ait pu arriver à une telle conclusion, et, qui plus est, bâtir sur elle tout un système si contraire à la réalité scientifique ? Mais ces erreurs ont-elles été signalées par quelques savants compétents ? A part l'observation que j'ai citée du docteur Remack, laquelle pourrait jusqu'à un certain point être attribuée à la jalousie, non seulement aucune réfutation n'a eu lieu à ce sujet, mais encore tout le monde, le corps médical comme l'Académie et les savants, ont admis le système de M. Duchenne comme le résultat d'expériences physiques et physiologiques sérieuses et incontestables ; et partant ce système a été accepté comme le guide futur de tout électricien. Or il importe de rectifier ces opinions.

Le rôle que j'ai démontré que remplit l'électricité artificielle, et son action sur notre corps lorsqu'elle est mise en contact avec lui, ne sauraient être contestées par personne ; car tous les écrits et toutes les expériences électro-physiologiques de MM. Matteucci, de la Rive, Dubois-Raymond et d'autres savants physiciens sont d'accord à ce sujet ; on ne révoquera non plus en doute le fait, généralement reconnu par la science moderne,

de la propagation de l'électricité au moyen de vibrations moléculaires. Ceci posé, examinons quelques autres arguments que
fait valoir M. Duchenne en faveur de son système, page 30.

« J'ai bien des fois répété ces expériences dans d'autres cas
» pathologiques, non seulement sur des muscles, mais aussi sur
» des troncs nerveux mixtes, et j'ai acquis la conviction que
» l'excitation électrique peut arriver dans un muscle ou dans
» un nerf sans agir sur la peau qu'elle traverse.

» Ici se présente une objection en apparence très-sérieuse,
» qui doit venir naturellement à tous les esprits, et qui a failli
» m'arrêter au début de mes recherches. S'il est vrai que l'on
» peut concentrer la puissance électrique dans un muscle, est-
» on aussi certain que l'excitation qui en résulte ne produit pas
» des phénomènes dits reflexes en réagissant sur les centres
» nerveux ; ou, en d'autres termes, n'est-il pas à craindre que
» l'électrisation d'un muscle produise non seulement la con-
» traction de ce muscle, mais encore celle d'un ensemble d'au-
» tres muscles ? S'il en eût été ainsi, j'aurais certes renoncé à
» mon idée comme à une chimère ; toutes les recherches que je
» dois à sa réalisation seraient encore à naître.

» Voici, en résumé, la série d'expériences qui m'ont dé-
» montré que l'action reflexe de la moelle ne vient pas troubler
» les phénomènes musculaires produits par l'électrisation
» localisée. »

Suivent six expériences à l'appui de son assertion. Il me serait facile d'expliquer autrement qu'il ne le fait les expériences
qu'il cite ; mais cela me conduirait trop loin ; et comme je
crois pouvoir combattre son système par des arguments irré-
futables, je m'abstiens.

Je vais tâcher de porter le jour sur les quatre articles que
M. Duchenne pose comme bases de son système.

Si l'on procède ainsi qu'il est indiqué dans l'article 1er, les
choses ne se passeront point comme M. Duchenne le suppose,
mais de la manière suivante : Le pôle positif appliqué sur la
peau sèche, attirera à lui les particules électriques négatives
des premières molécules de l'épiderme, avec lesquelles il est mis
en contact, et le même phénomène se répétera successivement

de molécule en molécule, produisant par l'action vibratoire une légère crépitation jusqu'à celles des molécules qui se trouvent immédiatement en contact avec l'excitateur métallique négatif, lequel reçoit l'action du courant (je me sers ici encore de cette expression conventionnelle pour mieux me faire comprendre). Or ce courant a passé à la surface de la peau jusqu'au pôle négatif, d'où il a été communiqué plus loin. J'admets donc que si l'on opère ainsi, et vu l'état idio-électrique de la peau, l'action peut effectivement se limiter à celle-ci.

En ce qui concerne l'article 2, l'excitateur humide avec le pôle positif a polarisé immédiatement par son action les particules électriques des molécules placées en travers de la peau, et continue à la face interne de cette dernière à propager la même action mécanique jusqu'à l'autre pôle au travers de la peau sèche.

J'arrive à l'article 3. Si l'on procède toujours de même, les choses se passent encore ici de la même façon.

Dans ces trois faits je ne vois rien encore qui justifie les données sur lesquelles M. Duchenne base son système.

A l'article 4, les choses changent. La peau, dans son état normal, étant, comme je viens de le faire observer, idio-électrique, ainsi constituée par une nature prévoyante pour empêcher une trop facile déperdition de l'électricité du corps (a), oppose, si elle n'est pas un peu humectée auparavant, une certaine résistance à l'action électrique. Or quand on mouille les deux excitateurs qui communiquent l'humidité aux pores, c'est-à-dire aux molécules de la peau, celle-ci change son état idio-électrique, et devient plus ou moins bonne conductrice de l'électricité artificielle, selon la région ou le plus ou moins d'épaisseur de la partie sur laquelle on aura appliqué les excitateurs. Les phénomènes qui en découlent, c'est-à-dire la transmission facile de l'électricité dynamique au travers de la peau, ont amené M. Duchenne à ces conclusions :

« Qu'en appliquant les excitateurs sur la peau, on obtient

(a) C'est par la peau, au moyen de la transpiration, que l'excès d'électricité est rejeté.

» des phénomènes de contractilité ou de sensibilité très-
» variables, suivant qu'on agit sur un muscle, sur un faisceau
» musculaire, sur un nerf ou sur une surface osseuse. »

Ceci encore admis sans contestation, en résulte-t-il que l'électricité traverse la peau et les tissus sans les influencer, et que
l'action électrique puisse être limitée aux organes qu'ils recouvrent, c'est-à-dire aux nerfs, aux muscles, et même aux os?
C'est ce que je conteste, c'est là que gît l'erreur dans laquelle
M. Duchenne s'est laissé entraîner par les effets apparents
de son mode opératoire.

Qu'on se rappelle maintenant ce que j'ai démontré plus haut :
que nous ne sommes jamais réellement traversés par un courant
électrique ; que le courant électrique ne se communique ni ne
se propage à travers le corps que par vibrations et au moyen
de notre propre électricité ; que ce transport n'a lieu que par le
pôle positif ; que, par conséquent, l'idée d'une recomposition
des deux fluides ou électricités contraires dans notre corps
même, comme l'admet M. Duchenne, repose sur une erreur.
De plus, si nous nous rappelons la série des phénomènes que
que j'ai relatés en discutant l'article 4, l'explication que je vais
donner fera comprendre comment ces faits nous conduisent à
une conclusion tout autre que celle que M. Duchenne en a
tirée.

L'excitateur du pôle positif étant appliqué sur la peau, un
certain nombre de molécules sont actionnées par l'électricité et
polarisées dans le sens du courant; elles communiquent la
vibration qu'elles reçoivent aux autres molécules sous-jacentes,
et il s'opère immédiatement une contraction du muscle ou des
muscles situés au-dessous des points excités, sans que le sujet
actionné éprouve une autre sensation appréciable, attendu
que la peau et les tissus placés entre l'excitateur et le muscle
ne manifestent d'aucune manière l'excitation qu'ils reçoivent,
par la raison qu'ils n'ont ni le degré d'irritabilité ni la faculté
de se contracter des muscles dans lesquels réside la force
électro-motrice. Il en résulte que la contraction primant toutes
les autres sensations, le sujet soumis à l'électrisation ne ressent
absolument que l'excitation produite sur le muscle.

C'est sans doute cette insensibilité apparente de la peau et des tissus, qui a fait croire à M. Duchenne que les courants électriques peuvent les traverser sans les influencer en aucune façon. Mais, pour qu'il en fût ainsi que le dit M. Duchenne, il faudrait admettre que les courants électriques, ou, pour m'exprimer en termes plus conformes à la vérité scientifique, que l'excitateur positif, qui seul agit, communiquant son action aux molécules de la peau avec lesquelles il a été mis en contact, ces molécules refusassent de recevoir l'excitation, et qu'alors le courant sautât directement à travers la peau sur le muscle, et opérât ainsi l'action contractante sans influencer les tissus intermédiaires et environnants. S'il est pratiquement et scientifiquement impossible d'actionner ainsi un muscle, sans en même temps produire plus ou moins la même excitation sur tous les tissus électriques situés sur son trajet, ainsi que sur les fibriles nerveuses qui l'entourent ou y aboutissent, il en sera de même, si l'on agit sur un nerf isolé : tous les tissus dont il est enveloppé en ressentiront l'action électrique ; à plus forte raison faut-il considérer comme une excentricité l'assertion qu'il est possible de limiter l'action électrique sur ou dans un os. Cependant c'est ce que prétend M. Duchenne. Or, à moins que l'auteur de « *l'Electrisation localisée* » ne puisse prouver que les courants électriques obéissent à sa volonté, qu'il est capable de prescrire aux excitateurs qu'il tient dans les mains de ne pas étendre leur action au-delà du muscle, du nerf ou de l'os sur lequel il a l'intention d'agir, comme on dit qu'un bon magnétiseur en a la puissance, il faudra renoncer à donner au système de M. Duchenne une autre importance que celle qu'il présente sous le rapport des explorations musculaires.

Je vais appuyer ces conclusions de quelques explications supplémentaires, qui feront ressortir davantage l'imperfection de ce mode d'opérer, quand M. le docteur Duchenne veut l'appliquer au traitement des maladies.

Dans son exposé des principaux faits sur lesquels il base son système, M. Duchenne avance : 1° que lorsqu'on place deux excitateurs secs sur l'épiderme également sec, les courants se

recomposent sur la peau sans la traverser ; 2° que lorsqu'on met
sur un point de la peau un excitateur sec et un autre humide,
les électricités contraires se recomposent sur le point de l'épiderme sec, mais après avoir traversé la peau à l'aide d'un excitateur humide ; 3° que lorsqu'on mouille la peau, et qu'on l'actionne avec des excitateurs secs, la recomposition électrique
s'opère dans l'épaisseur de la peau ; 4° qu'enfin, lorsque la peau
et les excitateurs sont très-humides, les deux électricités se
recomposent sur le muscle, sur le nerf ou sur l'os sur lequel on
agit, etc., etc.

J'ai déjà démontré que ce sont là autant d'erreurs, résultant
uniquement du procédé opératoire de M. Duchenne. Je vais
rendre cette démonstration encore plus concluante, en prouvant que son système est totalement impraticable pour le traitement du plus grand nombre des affections. Pour cela il me
suffira d'opposer mon mode d'électrisation à celui qu'il pratique.

Lorsqu'on veut, par exemple, électriser le corps entier au
moyen d'un appareil d'induction (n°° 8, 9, 13 et 14 de mon
système), on place la plaque n° 5 avec le PP à la nuque, et
une autre avec le PN à la plante de l'un des pieds, puis quinze
minutes après à la plante de l'autre ; si les plaques n'ont pas
été mouillées, il faudra, en raison de la résistance que la peau
oppose à l'action des courants électriques, user d'une assez
grande tension électrique pour que la personne électrisée
éprouve une sensation ; cette sensation est d'abord analogue à
celle que produit une brûlure. L'action qu'on aura produite se
communiquera au corps, selon la position plus ou moins inclinée de la tête de l'individu soumis à l'électrisation, soit au travers de la moelle, soit à l'intérieur de l'épine dorsale, en parcourant les nerfs vertébraux et le grand sympathique, et suivra
en ligne directe, dans une largeur ou une circonférence en rapport avec la surface de la plaque, les ramifications nerveuses et
musculaires au travers de tous les organes qui se trouveront
sur son passage jusqu'à la plante des pieds, et toujours depuis
le point de départ dans la direction du pied sous lequel sera
placé le pôle négatif ; l'action se manifestera par conséquent

9

depuis les régions lombaires, tantôt d'un côté, tantôt de l'autre, selon la place où se trouvera le pôle négatif. Si l'on mouille ensuite l'une des plaques où la peau sur laquelle on veut l'appliquer, on n'aura plus besoin de la même tension que lorsqu'on agissait sur deux côtés dont la peau était sèche, et la sensation sera beaucoup plus vive et occasionnera, au lieu d'une sensation de brûlure, un fourmillement plus ou moins fort. Quand on mouille les deux plaques où la peau sur laquelle les excitateurs seront appliqués, une tension électrique encore plus faible suffit pour produire de l'effet et pour faire ressentir l'action des deux courants à la fois, c'est-à-dire à l'entrée et à la sortie. Comme on le voit, la théorie de M. Duchenne est encore ici en défaut.

Pour actionner l'estomac, placez une plaque avec le pôle positif sur le creux de l'épigastre, et une avec le pôle négatif entre les omoplates, l'une et l'autre sur la peau sèche. L'action aura lieu au travers de l'estomac et de tous les organes situés dans la direction où l'on aura appliqué l'autre pôle (omoplates) ; mais on aura également besoin, pour éprouver une sensation de brûlure, d'une forte tension électrique en rapport avec la sécheresse de la peau ; si l'on mouille l'une des plaques, puis les deux, l'estomac, malgré une tension beaucoup moindre, s'agitera visiblement comme un soufflet, à chaque intermittence du courant.

Or ici encore se présente un résultat différent, puisque, d'après la théorie de M. Duchenne, le courant électrique devrait, dans l'application sèche, contourner le thorax à partir de l'estomac et cheminer à l'extérieur de la peau sèche pour aller se recomposer à la plaque placée entre les omoplates.

Pour électriser les poumons, on place aussi une plaque avec le pôle négatif entre les omoplates, et l'on attache la plaque avec le pôle positif à un cylindre muni d'une éponge, si la personne est très-maigre, sinon au frictionneur (n° 12, avec le manche n°* 1 et 2 du *Tableau des Excitateurs*), qu'on humecte légèrement et qu'on passe lentement depuis les cartilages thyorides (pomme d'Adam) par dessus le sternum jusqu'au creux de l'estomac ; ensuite on replace le frictionneur sur le haut de la poitrine, tantôt à gauche, tantôt à droite, selon que le mal est plutôt d'un côté que de l'autre ; puis on le descend toujours lentement jusqu'au creux de l'épigastre (a), excitant ainsi toute la région pectorale. Par ce moyen tous les organes de la respiration et de la circulation sont actionnés, et l'électricité de leurs molécules mise en mouvement. Le frictionneur avec le pôle positif, qu'on aura ainsi promené sur toute la poitrine, a transmis son action dans toutes les directions jusqu'à la plaque fixée au dos. Si, au lieu du frictionneur, vous appliquez sur la poitrine un plastron en étoffe métallique humecté (n° 34 du *Tableau des Excitateurs*), auquel on fixe le PP, l'action électrique se communiquera par toute la surface du plastron au travers des poumons jusqu'au dos. Les procédés et la doctrine de M. Duchenne sont encore défectueux sur ce point.

Voulez-vous actionner le foie pour n'importe quelle cause, afin de dégager, de désobstruer cet organe, ou d'activer la sécrétion et l'écoulement de la bile ; placez la plaque avec le PP sur le foie, et l'autre avec le PN, tantôt sur le rein gauche, tantôt sur le rein droit, et quelquefois même sous la fesse gauche ; l'action s'étendra en ligne directe jusqu'à l'autre pôle, et traversera le foie dans l'étendue qu'aura la surface de la plaque, et les organes situés sur le parcours du courant.

L'électrisation du cœur s'opère comme il est prescrit dans l'*Index général*, et selon le genre d'affection que vous avez à combattre (palpitations, anévrisme, hypertrophie), c'est-à-dire qu'on applique, à peu d'exceptions près, le PP sur la partie que l'on suppose être le siége du mal, qu'il s'agit de calmer, ou dont il faut régulariser ou équilibrer les fonctions vitales ; c'est tantôt sur la partie droite du cœur, tantôt sur la gauche, et souvent sur les régions environnantes, sous l'aisselle gauche, par exemple, etc., qu'il sera nécessaire de porter l'action élec-

(a) Quand on descend de la manière indiquée le frictionneur appliqué sur la peau, même humide, on entend la crépitation dont parle M. Duchenne à propos de son application de deux excitateurs secs sur une peau sèche ; seulement la cause de cette crépitation est tout autre que celle qu'il a signalée : elle provient de ce que, en promenant un excitateur sur la peau, par le déplacement de l'excitateur on déchire à chaque intermittence les courants électriques ; et c'est ce déchirement qui produit la crépitation.

trique. Le PN s'appliquera à l'opposé de l'autre plaque, mais toujours obliquement dans le sens des ramifications nerveuses, tantôt sur le foie, tantôt sur l'un des reins, tantôt à la plante des pieds, etc.

Les exemples qui précèdent de ma manière d'opérer, sont, comme le lecteur le voit, en contradiction manifeste avec la doctrine de recomposition des deux courants électriques sur tel muscle ou tel nerf, ainsi qu'elle a été établie par M Duchenne.

Non seulement le mode trop exclusif d'opérer de M. Duchenne l'expose à de nombreuses contradictions; mais encore il l'empêche dans un grand nombre de cas d'appliquer l'électricité sur les organes les plus essentiels. Je ne citerai pour preuve que l'aveu qu'il fait (page 69), que la farradisation de l'estomac, du foie, des poumons et du cœur est impossible, attendu l'épaisseur des parois thoraciques et abdominales, de sorte que ces organes ne peuvent, par conséquent, être farradisés qu'indirectement, c'est-à-dire par le pharynx et l'œsophage. Dans ces cas, en effet, M. Duchenne, en plaçant, par exemple, les deux cylindres plus ou moins rapprochés l'un de l'autre sur l'épigastre ou sur la région du cœur, ne peut réussir à faire contracter les grands muscles renfermés dans les cavités thoraciques, comme il y parvient en procédant de même sur les muscles du bras, des jambes et du dos, qu'il fait sauter en quelque sorte comme une carpe dans l'eau. Cependant dans un grand nombre de cas l'électrisation des organes que je viens de mentionner est des plus urgentes pour rétablir l'équilibre rompu des fonctions vitales.

Ainsi, de l'aveu même de M. Duchenne, sa méthode est impuissante à actionner aucun de ces organes ; sous ce rapport, elle présente donc encore une infériorité évidente comme application à la thérapeutique, puisque l'estomac, le foie, le cœur et les poumons peuvent être soumis directement et très-facilement à l'influence de l'électricité, ainsi que je viens de le prouver et que du reste je le pratique depuis quinze ans. En outre, tout autre organe, quelque profondément qu'il soit situé, tel que le rectum, la vessie, les ovaires, la prostrate, les intestins et les

reins, peut également recevoir l'action électrique sans aucune difficulté et directement, mais non sans que les tissus
les précèdant ou les environnant, qui se trouvent placés entre
les deux pôles, puissent en être isolés ; il n'est naturellement
plus question ici de faire jouer les muscles, mais simplement
de produire un mouvement régulier et vivifiant dans toute
l'étendue d'un organe malade tant intérieurement qu'extérieurement, et de mettre en jeu tous les ressorts de son organisme
particulier.

Je m'abstiens d'indiquer ici les moyens à employer, puisqu'ils
sont exposés dans les chapitres qui traitent des diverses maladies des organes. J'y renvoie donc simplement le lecteur.

Mais, nonobstant l'importance de cette critique du système
Duchenne, il ne faut pas méconnaître les immenses avantages
que son mode d'opérer présente pour explorer et nous révéler la
nature des fonctions musculaires, la production des divers mouvements que la nature a assignés aux muscles ; jusqu'ici, en
effet, aucun moyen ne nous les a fait mieux connaître que sa
manière de les actionner, et sous ce rapport la science lui doit
beaucoup. Sa méthode est en outre d'une efficacité incontestable dans toutes les paralysies et les atrophies musculaires,
où il faut tenter de mettre en activité la force électro-motrice
inhérente aux muscles qui ont été affaiblis ou neutralisés par
une cause quelconque, qui leur a fait perdre la faculté d'obéir
à la volonté. Dans ces cas, les indications de M. Duchenne sont
d'une grande utilité pour tout électricien ; car alors il est indifférent que la contraction à opérer ait lieu de la manière qu'il
indique, ou qu'elle se fasse selon mes données, puisqu'il est
question uniquement de provoquer des contractions. Seulement, je dois le dire ici en passant, il ne faut pas se borner à
actionner les muscles paralysés, comme le fait M. Duchenne, en
faisant tenir d'une main les deux cylindres à éponges, et en
les plaçant à 3 ou à 5 centimètres l'un de l'autre ; il faut, au
contraire, soumettre à l'électrisation (par le courant direct) le
muscle dans toute sa longueur d'une extrémité à l'autre, sans
s'occuper si l'action se répandra ou non en même temps sur une
autre série de muscles ou de nerfs. Il faut laisser les excitateurs

fixés aux deux extrémités ; ces excitateurs doivent avoir la
forme de plaques ovales, et non de cylindres ou d'olives, comme
en emploie M. Duchenne ; et étant placés comme je l'indique,
ils agiront et communiqueront leur action sur tous les anneaux
et sur toute l'enveloppe tubulaire dont il se compose, en un
mot, sur toute la colonne musculaire. On peut, en procédant
ainsi (par les courants intermittents), disloquer, dissoudre et
faire rentrer dans la circulation les globules de graisse qui pourraient s'être formés sur le muscle, et qui sont le plus souvent
l'unique cause de l'inactivité d'un ou de plusieurs muscles.

Il résulte de ce qui précède, que sauf les cas désignés dans
lesquels il n'est pas besoin d'agir spécialement sur un muscle
ou sur un nerf malade, le procédé d'électrisation de M. Duchenne est inapplicable, attendu que le traitement du plus
grand nombre des maladies exige une application toute spéciale et de trente minutes au moins, dans laquelle les pôles
se trouvent dans une position opposée l'un à l'autre, et placés,
selon le genre d'affection à combattre, ou horizontalement, ou
obliquement, ou verticalement. (*Voir : Règles générales.*)

Si j'ai rendu justice aux travaux électro-physiologiques de
M. le docteur Duchenne, j'ai le même devoir à remplir à l'égard
de ceux de M. le docteur Remack de Berlin ; mais je dois mentionner aussi les contradictions qui existent entre eux concernant certains faits relatés dans leurs ouvrages.

M. le docteur Duchenne confesse n'avoir que très-peu de
confiance dans les courants voltaïques constants : ce qui provient uniquement de ce qu'il ne les a jamais bien expéri-
mentés, et que d'ailleurs il ne peut en faire usage ni en
obtenir, pour la spécialité dont il s'occupe, les mêmes effets que
par l'électricité d'induction. De son côté, M. le docteur Remack
avoue ne croire nullement à l'efficacité des courants induits ; il
faut en conclure qu'il les a également peu étudiés et appliqués.
M. Remack ajoute même que les courants induits nuisent dans
la plupart des maladies. A ce propos, qu'il me soit permis de
lui faire observer que je suis à même, pour mon compte personnel, de citer plus de neuf mille cas de guérisons obtenues par
l'emploi du courant de première induction (courant direct),

nombre dans lequel se trouvaient beaucoup de malades abandonnés par les médecins.

Ni M. Duchenne ni M. Remack ne font de différence entre les effets thérapeutiques et les effets physiologiques des divers courants induits, pas plus de ceux développés par des appareils magnéto-électriques que de ceux produits à l'aide d'appareils volta-farradiques; il en résulte cependant trois types électriques complétement distincts. Confondre l'action de ces trois espèces d'électricités, parler des courants induits sans préciser, sauf de rares exceptions, de quel type il est question, et les jeter ainsi pêle-mêle dans leurs alambics, cela doit étonner au plus haut degré tous les hommes compétents.

Si le lecteur veut bien relire à ce sujet (53-60.) ce qu'une longue expérience m'a enseigné sur les propriétés des trois types de l'électricité d'induction, il partagera cet étonnement.

III. — L'instruction du Conseil de santé de l'armée aux médecins des hôpitaux militaires.

Les résultats heureux que M. Duchenne a pu présenter de ses études électro-physiologiques, ont naturellement fait penser au corps médical que la manière qu'il enseignait de traiter les maladies en général, résumait la perfection de l'application de l'électricité à la thérapeutique. Faut-il alors être surpris que le Conseil de santé de l'armée, composé de l'élite des médecins, auquel son devoir imposait la mission spéciale de faire jouir des bienfaits de l'électricité la classe nombreuse d'hommes dont il a à surveiller et à améliorer l'état sanitaire, se soit, après avoir compulsé tous les traités existants sur la matière, inspiré des enseignements de M. Duchenne, et ait conformé à ce procédé vicieux l'instruction qu'il a fait élaborer pour les médecins relativement au traitement électrique à introduire dans les hôpitaux militaires? Comme les membres de ce corps éminent ne s'étaient pas, du moins je le suppose, occupé spécialement d'applications de l'électricité, ils ont cru devoir s'entourer de toutes les lumières propres à justifier leur instruction, qui, par l'intermédiaire de S. Exc. M. le ministre de l'instruction publique, a été soumise au célèbre chimiste, M. Dumas, ancien ministre du commerce et de l'agriculture. Celui-ci, dans l'introduction du rapport qu'il a adressé à M. le ministre, s'exprime ainsi :

« J'ai lu avec le plus grand intérêt l'instruction sur l'emploi
» de l'électricité dans le service de l'armée, que Votre Excel-
» lence m'a fait l'honneur de me communiquer. C'est un travail
» très-remarquable où se trouvent réunies toutes les lumières
» du Conseil de santé et toute la sagesse de son éminent pré-
» sident.

» Il était impossible de résumer mieux les connaissances du
» physicien sur la matière. Les appareils et les procédés de
» leur manipulation y sont décrits avec une telle lucidité, que
» cette instruction pourra servir de guide, même aux prati-
» ciens les moins familiarisés avec l'emploi de ce nouvel
» agent. »

Je suis ennemi juré de toute flagornerie; or le lecteur pourra, en présence du langage de M. Dumas, se faire juge de mon opinion. Je m'incline profondément devant les connaissances étendues de ce savant; je fais toutefois mes réserves quant aux idées qu'il approuve ici sur les applications de l'électricité. Son rapport, à vrai dire, n'est qu'une répétition de l'instruction même, et ne répond pas à ce qu'on était en droit d'attendre d'un homme qui jouit d'une si haute réputation.

Cette instruction n'a pu servir, comme elle a en effet servi jusqu'ici aux médecins militaires, que pour provoquer dans certaines paralysies et atrophies la contractilité musculaire, en suivant les procédés opératoires de M. Duchenne; mais en dehors de ces cas, elle n'a pu donner que des résultats tout à fait négatifs, si tant est qu'en appliquant l'électricité, comme le prescrit la méthode prônée, on n'aggrave pas souvent la maladie qu'on veut combattre. Ce qui a lieu de m'étonner, c'est que le rapport de M. Dumas ne dit pas un mot des bains électriques dont l'instruction fait mention. Cette application importante, et une des plus efficaces de toute l'électro-thérapie, est également passée sous silence par M. Duchenne, qui, il paraîtrait, ne l'aurait jamais expérimentée. L'instruction, à cet égard, ne s'appuie que sur des indications non seulement vagues et incertaines, mais encore inexactes sous bien des rapports.

Les premiers bains électriques (a) ont été administrés par moi; les effets que j'en ai obtenus sont parvenus à la connaissance de quelques médecins, qui en ont fait part à leurs confrères, etc. On a ensuite cherché à en établir dans des établissements de bains, puis dans les hôpitaux; notamment à la Clinique, où l'on en a fait usage pendant huit à dix mois ; mais on les a abandonnés parce qu'on n'en a obtenu aucun résultat ; chose aisée à comprendre, car ces bains, établis par des gens dépourvus des connaissances nécessaires et d'après des informations puisées de côté et d'autre, n'étaient point de nature à produire les effets qu'on en attendait. D'ailleurs on n'avait point en vue l'électrisation du corps tout entier dans le but de le calmer, de le fortifier, de rétablir l'équilibre général de l'électricité qui lui est propre; les bains électriques établis à la Clinique avaient principalement pour objet l'extraction des métaux du corps (59.), et l'on n'y employait que deux à trois piles Bunsen, tandis qu'il en eût fallu une vingtaine (b). Aussi, au moyen de ces bains, ne parvint-on pas à extraire du mercure des malades chez lesquels l'inoculation de ce métal était prouvée ; et les individus intéressés à tirer parti de ce genre de traitement, ne réussissant pas, se sont avisés d'introduire du mercure dans le bain, on comprend à quelle fin, avant d'y placer le malade du corps duquel on prétendait vouloir éliminer ce métal ; mais ces manœuvres ont été découvertes et déjouées. Or ce stratagème n'aurait jamais pu se pratiquer, si quelque médecin se fût donné la peine de venir me consulter sur la manière d'établir de semblables bains, qui, chez moi, ont donné des résultats si avantageux. Mais un docteur attaché à un hôpital venir demander à un électricien, qui n'est pas médecin ou du moins n'en a pas le diplôme, un avis, fût-ce pour une chose qui n'est pas

(a) J'excepte les bains électro-positifs et électro-négatifs qu'on administrait autrefois au moyen de l'électricité statique, mais qui ne soutiennent aucune comparaison avec les bains électriques que je fais prendre à mes malades.

(b) Pour les bains électriques comme je les prescris le plus souvent, une pile suffit comme moteur.

du ressort de la médecine, ce serait faire trop bon marché de la
dignité doctorale.

Aujourd'hui l'usage des bains électriques est complétement
abandonné dans les hospices de Paris, et pas un médecin ne
serait à même de donner des renseignements basés sur la
science, pour en établir qui fussent de nature à produire les
effets salutaires qu'on peut en attendre. Ceux qui ont été
établis par des médecins d'après des données vagues, tant à
Londres qu'à Bonn et à Nassau, sont aussi imparfaits que ceux
qui ont été essayés à la Clinique. Quelques établissements de
bains de la capitale ont depuis peu cru devoir, comme une
amorce à la clientèle, joindre aux bains ordinaires des bains
électriques ; mais ceux-ci sont aussi organisés de façon à ne
pouvoir produire que très-peu d'effet.

A propos de l'instruction à laquelle je viens de faire allusion,
je relaterai ici que j'ai dans le temps envoyé au Conseil de
santé de l'armée un rapport sur mon système, dans lequel
j'indiquais aussi les moyens de faire passer dans le corps la
quintessence d'une substance minérale ou végétale, c'est-à-dire
l'électricité propre à cette substance, développée de la manière
que j'ai indiquée à la description de mes appareils (39.). Cette
communication inspira de telles alarmes au Conseil, qu'il crut
devoir insinuer à M. le ministre de l'instruction publique qu'il
était dangereux qu'un homme non médecin pût se servir de
pareils moyens, etc., etc. Son Excellence me fit part de ces
craintes ; je lui répondis en lui expliquant comment il fallait
entendre le transport des substances en question, etc.; que je
n'en avais d'ailleurs recours que pour des expériences qui
n'avaient lieu que sur moi-même et dans l'intérêt de la science,
attendu que pour le traitement des maladies quel qu'en soit le
genre, je ne m'en servais pas, vu que ma longue expérience
m'avait fait reconnaître que l'électricité possède et réunit dans
ses divers types toutes les propriétés que peuvent nous offrir
les substances végétales ou minérales les plus précieuses; qu'en
outre, appliquée judicieusement et avec l'intime connaissance
de ses diverses propriétés, elle ne présente jamais les dangers
qu'offre souvent l'emploi de ces substances prises à haute dose ;

que, du reste, ces dangers ne sont pas non plus à craindre quand on administre l'essence des substances, comme je l'ai indiqué dans mon rapport, c'est-à-dire par extraction de leur électricité propre, tout effet dangereux étant annihilé, etc., etc.

M. le ministre, qui aura sans doute communiqué ces explications au Conseil de santé de l'armée, paraît en avoir été satisfait; car je suis resté sans réponse ultérieure.

Je tiens à constater ici que les préjugés qui règnent parmi le corps médical relativement à l'électricité, tiennent autant à l'esprit de corps qu'à la difficulté que présente aux médecins, une étude approfondie de cet agent, difficulté d'autant plus grande que les ouvrages propres à leur faciliter cette étude sont rares et tellement remplis de contradictions et d'erreurs concernant son application à la thérapeutique, qu'il ne faut pas s'étonner de ne rencontrer qu'un petit nombre de médecins qui cherchent à vaincre ces obstacles.

J'espère que le présent ouvrage contribuera beaucoup à leur faciliter cette étude, et que ceux qui s'y voueront sérieusement reconnaîtront en peu de temps que l'électricité est en effet le conservateur et le régénérateur de la santé de l'homme.

IV. — Préjugés démontrés par de nombreux cas de la clinique de l'auteur.

A l'appui de ce qui précède, je citerai quelques faits de ma pratique électro-thérapeutique, que j'ai choisis entre mille, parce que je puis au besoin nommer les médecins et les personnes qu'ils concernent.

Je commencerai par quelques faits qui font connaître l'opinion des médecins étrangers sur l'électricité; ils présentent en tout point le même degré de connaissance dans cette sphère, que ceux que nous mentionnerons relativement aux médecins de France.

Un riche anglais, qui avait trop abusé de ses forces vitales, souffrait d'une affection de la moelle épinière et d'impotence; il vint réclamer mes soins.

Le docteur Marshall Hall, le plus célèbre des médecins de la Cité de Londres, décédé aujourd'hui, l'avait traité depuis nombre d'années, mais sans obtenir un changement notable dans son état. Le malade, passant à Paris en revenant d'Italie, entendit parler de cures opérées par moi dans le genre d'affection dont il était atteint, et il se détermina à essayer de l'électricité. Une quinzaine de jours de traitement produisit une amélioration sensible; le malade écrivit alors à son médecin pour lui faire part de ce qu'il avait entrepris sans le consulter et pour lui demander son avis.

Par le retour du courrier, le docteur lui fit impérieusement défense de continuer ce traitement, le prévenant que s'il se faisait électriser la colonne vertébrale, il ne lui garantissait pas trois mois d'existence. Le malade effrayé partit aussitôt pour Londres, muni d'une lettre de moi pour son médecin, dans laquelle je lui expliquai mon système. Le malade voulut lui faire comprendre de vive voix qu'il ne s'agissait pas ici d'une électrisation, comme il pouvait le supposer, d'après la méthode usitée jusque-là; en un mot, il tint à lui donner toutes les explications nécessaires pour obtenir son consentement à la continuation d'un traitement qui lui avait inspiré la plus grande confiance. Il revint quelques jours après à Paris avec cette autorisation, et m'apporta, comme hommage de la part du célèbre médecin, son ouvrage sur le système spinal (a). Deux mois après, le malade quitta Paris pour retourner en Italie, ayant recouvré en grande partie ses forces vitales, qu'il allait de nouveau mettre à l'épreuve.

Appelé en consultation à Bruxelles pour un cas de phthisie pulmonaire, j'emportai avec moi un appareil n° 13, lequel développe trois genres d'électricité, dont deux sont spéciaux pour le traitement de cette maladie. Le médecin du malade, présent aux instructions et aux applications que je fis, amena le len-

(a) « *Aperçu du système spinal, ou de la série des actions réflexes dans leurs applications à la physiologie, à la pathologie, et spécialement à l'épilepsie.* »

Si le docteur Marshall Hall avait eu connaissance des nouvelles théories que j'expose dans cet ouvrage, il n'aurait pas eu tant de peine à expliquer les actions reflexes du système spinal.

demain un de ses collègues, qui, selon ce que j'appris, jouissait d'une certaine réputation comme électricien, et dont il désirait avoir l'avis sur la manière dont je faisais appliquer les courants, mais sans me faire connaître la qualité de la personne qu'il me présentait.

Je lui donnai sur sa demande tous les renseignements qu'il désira.

Ses questions et ses observations, jointes aux aveux qu'il me fit plus tard, m'apprirent que ce médecin électricien possédait un appareil magnéto-électrique de Breton frères, duquel il appliquait les deux courants au moyen de deux cylindres garnis d'éponges mouillées, qu'il promenait sur telle ou telle partie malade, en faisant pendant une à deux minutes tourner la manivelle de l'appareil (41.) par un domestique. Voilà en quoi consistait toute la science qu'il possédait des applications électriques, et sur quoi il se fondait pour se donner le titre d'électricien, cela suffit, en effet, pour le faire passer comme tel parmi ses confrères. On peut en dire autant de certains médecins en France.

En 1864, je me rendis en Angleterre, où j'étais appelé, à près de cent lieues de Londres, par un malade frappé de débilité générale, par suite, me dit-on, de plusieurs attaques de paralysie.

Le lendemain de mon arrivée, au moment où je faisais une visite au malade, on me présenta un médecin de Londres, qu'un parent de la famille avait la veille, à mon insu, mandé par le télégraphe pour qu'il assistât à la consultation et donnât son opinion sur les prescriptions que je serais dans le cas de faire au malade. On m'apprit que ce médecin jouissait d'une certaine célébrité comme médecin allopathe et électricien, qu'il avait publié divers ouvrages, notamment un, que l'on me remit, sur les applications par l'électricité. On ajouta que la famille du malade avait cru devoir l'appeler pour plus de sûreté et de tranquillité, afin qu'il se concertât avec moi, et avec le médecin qui avait traité le malade jusqu'alors, sur le mode d'électrisation à adopter.

J'exposai à ces messieurs, dont l'un parlait fort bien le français, les causes qui, selon moi, avaient produit cette faiblesse générale chez le malade, et les moyens que je comptais employer pour la combattre, etc.

Comme ma méthode d'application diffère beaucoup de celle des autres électriciens, qui ont presque tous puisé leur science et leur mode d'application dans le traité de M. le docteur Duchenne de Boulogne, je m'attendais à des objections de leur part, notamment de celle de l'électricien de Londres ; mais ce dernier, dont l'opinion avait un grand poids aux yeux des membres de la famille, approuva toutes les applications que je prescrivis, et déclara que dans l'exposé que j'en avais fait il avait reconnu l'homme pratique et expérimenté. Je fus moins étonné plus tard de cette confiance, lorsque les conversations qui s'établirent entre lui et moi sur l'électro-thérapie en général m'eurent prouvé que le médecin de Londres, bien que d'un mérite incontestable sous bien des rapports, ne méritait pas la réputation qu'on lui faisait comme électricien, car il ne possédait que des notions très-superficielles sur les différents agents électriques et sur leur application à la thérapeutique ; du reste, il ne s'en servait, d'après son propre aveu, que très-accidentellement : ce qui ne l'a pas empêché de compiler un traité sur les applications de l'électricité, imitant en cela plus d'un de ses confrères en France.

Le fait suivant est de nature à donner une idée de l'état de l'électro-thérapie en Allemagne.

Appelé à Francfort pour le traitement d'un malade souffrant des suites d'une affection syphilitique, pour laquelle il avait précédemment suivi un traitement mercuriel, je fus à mon arrivée présenté par le malade à son médecin et à un de ses amis, qui avait désiré faire ma connaissance, étant lui-même aussi électricien et ayant déjà opéré, me disait-il, un grand nombre de guérisons par sa méthode, qu'il qualifia de « toute spéciale ». Un court entretien m'eut bientôt prouvé que ce n'était encore qu'un électricien comme il y en a tant, sachant tout au plus manier un appareil d'induction et en diriger sur le corps les courants saccadés au moyen de deux cylindres à éponges, en appliquant les pôles distancés l'un de l'autre de

15 à 20 centimètres, ainsi que le prescrit « l'électrisation localisée », et en faisant horriblement souffrir ses malades, auxquels il appliquait des courants hors de proportion.

Comme on était occupé à préparer un bain pour le malade,
l'occasion se présenta naturellement de parler des bains électriques et de la manière dont le soi-disant médecin électricien
les administrait à ses malades. Il m'expliqua qu'il procédait
comme il est enseigné dans l'*Exposé des applications de l'électricité*, par le vicomte Dumoncel, 1857, c'est-à-dire en plaçant une
plaque avec l'un des pôles dans l'eau et isolé de la baignoire, et
l'autre pôle fixé à la baignoire même ; mais que bien que l'auteur
en question indiquât qu'il fallait procéder ainsi à l'aide d'une
pile à auge, c'est-à-dire par courants galvaniques continus,
lui utilisait pour cela les courants fournis par son appareil
d'induction, et en ajoutant 1 kilo de sel dans le bain (a). Je lui
fis observer que de cette manière le derme, tout au plus, pouvait ressentir quelque peu l'action électrique ; mais qu'il ne
s'en produisait absolument aucune à l'intérieur du corps. Je
lui dis qu'il opérait comme beaucoup d'autres médecins, sans
s'expliquer exactement l'action de l'électricité ; néanmoins
qu'il n'était pas plus arriéré que tant de ses confrères qui pro-
cédaient à peu près de la même façon, travaillant sans se rendre
compte des effets qu'ils produisent. Je fis administrer en sa
présence deux genres de bains électriques : l'un simple, actionné
par un seul couple Bunsen et par les courants intermittents
de la première induction ; et le second acidulé, auquel une batterie de vingt couples Bunsen communiquait une action chimique suffisante pour l'extraction du mercure qu'il s'agissait
d'opérer. Le courant positif était dirigé alternativement par
les deux mains à travers la partie antérieure du corps vers les
pieds, puis par la colonne vertébrale à travers la partie postérieure également jusqu'aux pieds, qui étaient en contact,
par l'eau avec le pôle négatif, qui se composait d'une plaque

____

(a) L'eau étant devenue, par cette adjonction, meilleur conducteur que le
corps lui-même, les courants électriques ont communiqué leur action vibratoire aux molécules de l'eau, et n'en ont opéré d'autre sur le corps que celle
indiquée à sa superficie.

en métal doré poli, recevant le mercure éliminé du corps. (*Voir: Règles générales et particulières pour le but et la manière de procéder pour l'un et l'autre de ces bains.*)

Ces exemples suffiront sans doute pour faire juger de l'état où se trouvent encore les applications de l'électricité dans les divers pays que je viens de citer.

Je passe maintenant à quelques faits de ma clinique à Paris, que ma mémoire a retenus.

On apporta à mon établissement, sur les bras de sa mère, une jeune femme de vingt-deux ans, phthisique au troisième degré, condamnée par une consultation de trois médecins, au dire desquels elle n'avait plus un mois à vivre.

Cette jeune femme, mariée depuis quelques années, avait successivement été auscultée par onze médecins de Paris, et par trois de la province, qui avaient tous déclaré que le poumon gauche était détruit, etc., etc. L'aspect de la malade était en effet de nature à ne me laisser que peu d'espoir de la sauver. Cependant, à la suite de douze électrisations d'une heure chacune, elle reprit des forces, de l'appétit, du sommeil, des couleurs; la toux avait beaucoup diminué et les crachats avaient changé d'aspect.

Dans cet état, la mère présenta sa fille à un des médecins qui l'avait auscultée et avait prononcé quelques mois auparavant son arrêt de mort ; elle lui signala d'un air en quelque sorte victorieux les changements obtenus en si peu de temps dans l'état de santé de sa fille. Le médecin complimenta la jeune femme sur cette amélioration, mais avec beaucoup de réserve. La mère, non encore entièrement rassurée sur la santé de sa fille, retourna seule chez le médecin, homme distingué dans sa sphère, pour avoir son avis; il lui fit observer, bien froidement et laconiquement : « *qu'elle était libre de jeter son argent par la fenêtre, en faisant traiter sa fille par l'électricité, laquelle, à ses yeux, n'était que du charlatanisme ; que, dans son opinion, rien ne pouvait sauver sa fille, etc.* »

Après quarante-cinq séances d'électrisation, la jeune femme complétement rétablie, retourna avec sa mère en province, emportant avec elle un appareil pour continuer à se traiter, afin de maintenir et de fortifier sa santé. Elle est devenue fraîche comme une rose ; mais sa santé toujours délicate a besoin de beaucoup de ménagements. Plusieurs des médecins qui l'avaient ausculté précédemment avaient demandé après son rétablissement à examiner l'état de ses poumons, et ils ont été forcés d'avouer que le poumon gauche fonctionne aussi régulièrement que le droit. L'attestation de cette guérison est entre mes mains, revêtue des noms de tous les médecins qui ont traité et ausculté cette personne.

Quelle opinion se faire d'un médecin qui ose qualifier de charlatanisme l'application du principe de vie de tous les corps organisés, de l'agent conservateur et régénérateur de la santé ? Non seulement cette critique injuste est une insulte pour les honorables docteurs qui depuis un demi-siècle en ont fait une étude et une application spéciale ; mais c'est encore une preuve de plus que les médecins, en général, sont peu favorables à cette nouvelle médication, dont ils entraveront aussi longtemps que possible la vulgarisation.

Je fus demandé un jour pour porter un de mes appareils n° 14 à un commissaire de police de Paris, affecté d'une paralysie de la vessie, des parties génitales et du rectum, et, par suite, d'une paraplégie avec immobilité complète. Cet état provenait, selon moi, d'un traitement mercuriel qu'il avait subi quelques années auparavant pour une maladie syphilitique. On me fixa l'heure où je devais me rendre chez le malade, afin d'apprendre à sa femme et à un proche parent le fonctionnement de l'appareil. J'y trouvai deux messieurs, qui, me dit-on, étaient des amis et désiraient être présents à mes instructions. C'étaient, comme la suite me l'a démontré, deux médecins qui avaient inutilement épuisé tous les moyens de l'art médical pour soulager le malade, et étaient curieux de savoir comment j'envisagerais cette maladie et quelles seraient les applications que j'indiquerais pour la combattre. Ayant, en entrant dans la chambre du malade, remarqué sur la table, un appareil électro-médical de Rhumkorf, je manifestai mon étonnement, etc. Le malade me répondit qu'un de ses amis présents le lui avait apporté pour s'en servir, mais qu'il lui était impossible de le supporter même au degré le plus faible ; et comme il connaissait par une personne que j'avais traitée l'action et les effets de mes appareils, il m'avait fait prier de lui en apporter un, espérant que je voudrais bien le conseiller dans les applications à faire pour le cas grave dans lequel il se trouvait. On me laissa diagnostiquer, et l'on eut la bonne foi de reconnaître que mon jugement était tout à fait juste. Je fis remarquer au malade et aux deux amis, qu'avant d'administrer de grands bains électriques pour diviser et déplacer le mercure du siége du mal, puis l'éliminer du corps, il fallait employer d'abord de l'électricité de première induction à courants intermittents, ensuite l'électricité galvanique par courants continus, dirigés de la nuque à travers la colonne vertébrale jusqu'aux pieds, puis alternativement, du côté gauche, des vertèbres lombaires au pied droit, et, du côté droit, des lombes au pied gauche, etc. ; mon avis provoqua aussitôt de vives protestations de la part des amis, qui défendirent de toucher à la colonne vertébrale, de peur de produire un ébranlement dangereux. Je fis valoir mes raisons et mon expérience. Ce fut en vain ! on parla d'appeler M. le docteur Duchenne en consultation ; j'y consentis ; mais le malade lui-même s'y refusa, et déclara enfin qu'il voulait pendant quinze jours ne se faire électriser que les jambes, comme l'exigeaient ses amis (les médecins) ; que si au bout de ce temps il n'éprouvait que les effets que j'avais prédits, il procéderait alors comme je l'avais demandé. J'appris quelque temps après qu'il avait dû suivre mes prescriptions, et que deux mois après, il avait été de nouveau en état de marcher. Là se bornent les renseignements que j'ai de ce cas.

Une dame de charité de Vaugirard, que j'avais traitée dans le temps, m'amena un jour une pauvre femme avec sa petite fille, âgée de huit à neuf ans, en me sollicitant de l'examiner pour voir s'il y avait possibilité d'empêcher une opération dont l'enfant était menacée. Elle avait sur le dos de la main droite une plaie profonde et fétide par laquelle avait été attaqué le deuxième os métacarpien, qui était à nu et gangrené ; toute la main était enflée et avait un aspect livide.

Dans cet état, le médecin prétendait qu'il n'y avait malheureusement que l'amputation de la main qui pût arrêter le mal, et l'opération devait se faire le lendemain du jour où l'enfant me fut amenée. La mère désolée était allée demander conseil et protection à la dame de charité. Je ne jugeai pas, après un examen attentif de la main, le cas aussi désespéré que l'avait jugé le médecin; j'avais vu l'électricité réparer des désorganisations plus graves que celle-là.

Je commençai donc à donner à l'enfant des bains de main électriques, en y mêlant beaucoup de sel pour nettoyer la plaie et rétablir la circulation du sang; au bout de huit jours, l'os gangrené du métacarpe se détacha lorsqu'on lava la plaie, et fut enlevé par l'enfant lui-même. On continua les bains de main pendant une heure chaque jour, et en peu de temps la nature avait, avec son intelligence ordinaire, remplacé l'os expulsé; au bout d'un mois, la plaie se ferma, l'enfant put mouvoir sa main, laquelle recouvra peu à peu le fonctionnement intégral de toutes les articulations, et échappa ainsi à une opération, qui l'aurait rendue incapable de pourvoir à son existence.

Un propriétaire de la Sologne, atteint d'une amaurose, s'était fait traiter par le docteur Sichel; mais son traitement ne produisait aucune amélioration. Ayant précédemment accompagné chez moi un de ses amis, dont j'avais guéri la femme d'une maladie grave, il vint me consulter; mais avant de le faire, il était allé, comme il me l'avoua plus tard, demander l'avis de deux médecins non oculistes de sa connaissance.

L'un et l'autre lui avaient fait l'observation qu'en effet un oculiste de Paris se servait de l'électricité dans les cas d'amauroses, mais qu'on n'avait pas appris qu'il en eût retiré aucun avantage; aussi étaient-ils d'opinion que le malade ne s'exposât pas à un semblable traitement, surtout pratiqué par un homme qui n'était pas même médecin.

Malgré cet avis peu favorable, le malade vint chez moi pour se faire soigner. Six semaines après, il m'envoya de sa campagne deux perdreaux et un lièvre, qu'il avait tués lui-même à la chasse. Un médecin distingué de Paris, que le malade avait aussi consulté, est à même d'attester le fait.

On m'amena un jour, pendant que deux médecins de Paris

se trouvaient chez moi, une jeune fille de dix-huit ans environ, très-malade. Elle était accompagnée de sa mère, et venait
de quitter l'hospice de la Clinique. Je la soumis à l'examen de
ces messieurs. Cette fille avait fait une chute, de laquelle il
était résulté une double luxation de l'huméro-cubital et du
métacarpe, et subséquemment un phlegmon, qui peu à peu
avait envahi tout le bras ; la main tuméfiée s'était ouverte,
donnant issue à une quantité considérable de pus. Cette main
s'étant contournée, on l'avait fixée avec l'avant-bras sur une
planchette ; mais par suite de l'immobilité à laquelle ce membre
avait été ainsi contraint, le coude s'était ankylosé : tel était
l'état auquel deux mois de traitement avait réduit la malade.
Le médecin de l'hospice (j'ignore son nom) ne pensant pas, au
dire de la mère, pouvoir arrêter cette désorganisation, lui avait
donné à entendre qu'il serait probablement nécessaire d'avoir
recours à l'amputation du bras. Effrayée de cette triste perspec-
tive, la mère demanda à retirer sa fille de l'hospice. C'est alors
que sur la recommandation d'une connaissance, celle-ci me fut
amenée, le bras en écharpe, encore attaché sur la planchette,
et dans un état d'inflammation difficile à décrire.

Je consultai les médecins présents, et les priai d'exprimer
leur avis. Après qu'ils l'eurent examinée avec un soin minutieux, ils jugèrent le cas excessivement grave. Ces messieurs,
en me quittant, me demandèrent si j'avais réellement l'espoir
de guérir cette malade. Je répondis affirmativement : « Eh bien !
» me dit l'un d'eux avec un sourire ironique, veuillez nous
» écrire lorsque cela aura eu lieu. » Sept semaines après, phlegmon, luxation et ankylose avaient disparu, et je pus les aver-
tir que la jeune fille était complétement rétablie. Ils vinrent au
rendez-vous que je leur donnai selon leur demande, et ils constatèrent avec étonnement cette guérison inattendue. L'un d'eux
était tellement ravi du résultat qu'il avait sous les yeux, qu'il
baisa à plusieurs reprises la main de la jeune fille, cette même
main que peu de temps auparavant il avait vu si difforme et si
livide, et qu'il voyait maintenant si fraîche et si rose !

Le médecin en chef d'un hospice de Paris m'envoya avec
forte recommandation une très-jolie demoiselle de vingt ans,

souffrant depuis quatre ans d'un engorgement ganglionnaire qui avait fini par produire, au côté droit du cou, une induration de la grosseur d'un œuf, dont la malade n'espérait plus être débarrassée, ayant épuisé tous les traitements mercuriels et iodés en usage en pareils cas. Un des quatre médecins qui l'avaient traitée avait franchement avoué à la mère qu'il croyait impossible d'obtenir la résolution de cette tumeur, et qu'une opération présenterait trop de danger, etc., etc.

Il fallut un traitement électrique de six mois pour réduire cette induration ; mais elle disparut sans laisser aucune trace. Cette guérison m'a été constatée par écrit, comme toutes celles que j'ai relatées et dont je ferai encore mention. Ce fait prouve encore une fois de plus qu'on ne doit jamais désespérer de l'efficacité de l'électricité, qui est le plus puissant moyen de résorption.

Je vais citer un autre cas, non moins intéressant, et qui démontre également la puissance de l'agent électrique administré judicieusement.

Une jeune fille de vingt-quatre ans, couturière de son état, me fut adressée par un médecin dans une intention que je ne qualifierai pas ici. Une constitution débile et lymphatique jointe à des excès de travail, avait produit chez elle une incurvation de la colonne vertébrale et, par suite, une déviation très-prononcée de l'omoplate droite, accompagnées de vives douleurs. L'art médical et l'orthopédie avaient déjà épuisé toutes leurs ressources sans avoir obtenu le moindre succès. Au début du traitement, je fis constater par le médecin de l'Établissement, qui n'a jamais rempli ces fonctions que dans l'intérêt de la science et de l'amitié, une déviation en zig-zag de cinq centimètres de la direction normale.

Après quarante-cinq séances, le serpenteau de la colonne vertébrale ne présentait plus qu'un centimètre de déviation, et au bout de trois mois toute déviation avait disparu. Voilà donc l'électricité qui redresse même les os (*a*) !

Elle joue un rôle non moins extraordinaire dans le cas suivant :

(*a*) J'ai eu de nombreux cas de ce genre et, à peu d'exceptions près, ils ont eu le même résultat favorable.

On vint réquérir mes soins pour une jeune personne de seize ans qui avait été traitée sans succès par plusieurs célébrités médicales de Paris. J'étais, me dit-on, la dernière ancre de salut qui restât aux parents. Cette jeune fille avait toujours eu une constitution très-débile, dont les fonctions vitales s'accomplissaient avec une grande inertie, et ne pouvant pas marcher un quart d'heure sans ressentir une grande fatigue. Cette atonie dans les organes avait amené chez elle, selon les médecins, un ramollissement de la moelle allongée et, par suite, une déviation de la colonne vertébrale de trois pouces.

Le diagnostic de plusieurs des docteurs consultés portait en outre que chez cette fille l'ossification était imparfaite, que le travail de la nature avait été arrêté au début de la vie, etc. En effet, la cause du mal consistait, à mon avis, en ce que les fibres nerveuses végétatives chargées de préparer à l'aide de l'électricité inorganique (laquelle préside à toutes les opérations moléculaires) l'agrégation des molécules calcaires qui doivent entrer dans la formation des os, avaient été paralysées d'une manière quelconque, tandis que les fibres chargées d'éliminer les matériaux inorganisables et d'élaborer les molécules gélatineuses nécessaires à la constitution normale des os, avaient fourni un excès nuisible de gélatine.

Je fis coucher la malade deux fois par jour sur le parquet, les bras en croix, et lui électrisai la colonne vertébrale dans cette position; puis je lui fis donner tous les jours un grand bain électrique, dans lequel était en dissolution 2 kilos de phosphate de chaux mélangé avec un peu de sucre (le sucre rend le sulfate plus soluble dans l'eau et en facilite l'introduction dans l'organisme).

Après cinquante jours de ce traitement, la déviation avait complétement disparu et le système osseux s'était solidifié, au point que toute faiblesse avait cessé et l'atonie avait fait place à un état de santé normal.

Un jeune homme âgé de dix-huit ans, sourd-muet de naissance, avait vu échouer tous les efforts tentés pour le guérir de son infirmité par M. le docteur Guérin, médecin de l'Institut des Sourds-Muets de Lyon, et ensuite par M. le docteur

Blanchet, médecin de celui de Paris; il me fut amené par sa mère, qui avait entendu parler de plusieurs guérisons de surdité au moyen de ma méthode. Au bout de huit mois de traitement électrique, le jeune homme avait recouvré l'ouïe, puis peu à peu l'usage de la parole.

Trois médecins qui, sur ma demande, avaient examiné son état avant que je n'entrepris de le traiter, et dont l'un d'eux l'a surveillé pendant toute la durée du traitement, ont constaté cette guérison. Frappés des immenses avantages que ce résultat offrait pour l'avenir, ils ont, de leur propre chef, adressé à M. le ministre de l'instruction publique un rapport (a) dans lequel, se fondant sur cette guérison et les milliers de cures merveilleuses obtenues par ma méthode, ils concluaient par solliciter de Son Excellence une récompense nationale en ma faveur. Je suis encore à l'attendre!

Une autre fois je fus consulté par un notaire, que j'avais guéri

---

(a)   CONCLUSIONS DE CE RAPPORT.

.....Ces applications de l'électricité surpassent tout ce qui est connu dans ce genre jusqu'à présent.

Un fait positif immole à sa vérité un millier de faits négatifs. Il faut peser les phénomènes plutôt que les compter : Non numeranda, sed ponderanda. Un fait bien vu est la base d'une science.

Pénétrés de cet apophthegme, nous trouvons la preuve d'une immense efficacité dévolue au système de M. Rebold dans la seule guérison d'une surdi-mutité native, rebelle à tous les moyens thérapeutiques connus. L'heureuse stimulation, qui crée un sens nouveau par l'intromission artificielle des éléments mêmes de la vie, est un fait très-considérable pour la physiologie transcendante. Il n'y a point ici de procédé chirurgical, de section d'organes, de visible transmutation, c'est une simple action de la force animatrice.

Si cette action, cette stimulation modifie la chimie vivante au point de restituer leur état normal aux tissus altérés, si elle guérit les amauroses, les cavernes pulmonaires des phthisiques, elle gouverne la nature médicatrice, elle est cette nature elle-même au service de l'humanité ; l'électrisation est alors le plus grand bienfait qu'on lui ait rendu depuis bien des siècles.

Dans notre opinion consciencieuse, M. Rebold mérite une récompense nationale.

Paris, le 1er Septembre 1857.   Signé :

<table>
<tr><td>BROUSSAIS,
docteur-médecin, Chevalier de la
Légion-d'Honneur.</td><td>Marquis DU PLANTY,
docteur en médec. et chirurgie, Chevalier
de la Légion-d'Honneur.</td></tr>
</table>

GARON,
docteur-médecin, chirurgien-major en retraite,
Chevalier de la Légion-d'Honneur.

d'une maladie syphilitique assez avancée, au sujet de sa femme, alors enceinte de quatre mois, et chez laquelle se manifestait des accidents dus à la maladie dont j'avais débarrassé le mari. Cet homme était au désespoir, et me conjura de tout faire pour que son enfant n'en fût pas victime.

Sa femme vint me voir, mais accompagnée de son médecin, car elle se méfiait un peu de son mari. Elle me confessa entre autres choses, que comme elle avait eu déjà trois enfants, tous mis au monde au milieu d'atroces souffrances, le médecin qui la soignait précédemment lui avait prédit que si elle redevenait enceinte, elle ne survivrait pas; elle était donc persuadée qu'elle mourrait en couches. Je lui affirmai sérieusement que si elle voulait bien suivre mes prescriptions et s'électriser tous les deux jours de la manière que je lui indiquerai, non-seulement elle serait préservée des maux inséparables de l'état de grossesse, mais encore qu'elle accoucherait promptement, presque sans douleur et que l'enfant qu'elle mettrait au monde serait plus beau, plus fort, mieux portant que les trois qu'elle avait eus antérieurement.

Le médecin qui l'accompagnait me prit à part et me fit mille observations sur ma prescription, qu'il qualifiait d'étrange, et qui, selon lui, devait provoquer une fausse couche, etc. Je le rassurai, en lui prouvant que j'avais déjà traité un certain nombre de cas analogues, et que dans tous sans exception, le traitement avait eu le succès le plus complet. On finit par capituler, et plus tard la femme me bénit, car l'heureuse prédiction s'était accomplie à tous égards (a).

Je prie donc non seulement les médecins, mais tous les apôtres de l'humanité, les pères et les mères de famille, les philanthropes de tous les rangs de méditer le moyen que j'indique. Qu'ils concourent tous autant qu'il dépendra d'eux à en propager la pratique. Il faut commencer à faire comprendre aux jeunes femmes enceintes le rôle que l'électricité joue dans notre organisme (*chap. de IV à IX*). Dites-leur bien que l'enfant qu'elles portent dans leur sein ne vit que par l'électricité que la mère lui communique par le placenta, ce poumon du fœtus (10.); que si

(a) Je puis citer sept autres cas, qui ont tous eu le même résultat.

l'électricité possède les propriétés qui lui sont attribuées par les savants, elle doit être également salutaire pour l'enfant, etc.; que cette force vitale seule est capable de développer, de fortifier l'enfant, de détruire même dans leur germe ces vices physiques qui pourraient lui venir du père ou de la mère ; que l'électricité, appliquée de la manière prescrite à la jeune mère, non seulement entretient le mouvement de toutes les parties dans lesquelles le fœtus est enveloppé et en empêche les adhérences, mais donne en même temps à l'enfant de la vigueur et de l'énergie ; qu'en outre la mère ne sera point sujette aux divers maux qui accompagnent d'ordinaire l'état de grossesse dans les derniers mois.

Des expériences multiples m'ont prouvé que la femme électrisée depuis le cinquième mois de sa grossesse accouche avec une grande facilité et peu de douleurs ; que l'enfant qu'elle met au monde est généralement plus fort, mieux conformé et plus beau que ceux qu'elle a eus sans le concours de l'électricité.

Quand la jeune femme aura pu juger de l'action électrique par les résultats qu'elle aura obtenus, elle n'hésitera pas à administrer aussi ce remède bienfaisant à son enfant, dès son bas âge, et selon les circonstances, en lui donnant le plus souvent possible des bains électriques. L'action et le mouvement que ces bains opèreront sur l'électricité propre au corps de l'enfant, développeront non seulement ses forces physiques, mais aussi ses facultés intellectuelles ; de sorte qu'une santé parfaite en sera la conséquence.

Je conjure donc les médecins d'abandonner leurs préjugés, d'expérimenter avec prudence et sagesse les effets de l'électricité sous le rapport que je viens d'indiquer, et ils finiront par reconnaître, outre le grand soulagement qu'ils procureront aux mères, que l'électricité est le moyen le plus simple et le plus sûr de détruire les maladies héréditaires, d'améliorer la race humaine physiquement et moralement.

Une fois que ces idées seront entrées dans le domaine public, il faudra pourvoir à rendre facile à toutes les femmes du peuple l'emploi de ce moyen. Il sera du devoir des médecins de demander à l'autorité que dans toutes les mairies, dans toutes les salles d'asile, il soit établi des dispensaires électriques (ce qui n'exigera qu'une dépense de 200 fr. pour chacun), où, sur la surveillance d'une femme attachée au service de la maison, on pourra tous les jours, à des heures fixes, électriser les femmes enceintes. Ces dispensaires serviront en même temps, mais à d'autres heures du jour, à l'ouvrier, à la classe nombreuse des employés de commerce, à tout individu enfin qui voudra, conformément aux instructions qui devront être affichées au lieu même, s'administrer pendant quinze à trente minutes de l'électricité, soit pour se préserver de certaines maladies, soit pour fortifier la santé, soit pour combattre ou détruire dès son début le principe, la cause du mal que l'art médical est si souvent impuissant à éloigner.

Il sera aussi nécessaire d'établir des appareils électriques dans les hospices de maternité, afin de faciliter les accouchements laborieux et de rétablir la circulation sanguine chez l'enfant en apparence asphyxié.

En présence d'un pareil résultat obtenu ne fût-ce que partiellement, l'usage de l'électricité ne manquerait pas de se répandre rapidement dans la vie domestique. Les classes aisées, y trouvant un moyen bien simple de conserver leur santé ou de la rétablir en peu de temps lorsqu'elle est altérée, n'hésiteraient plus à administrer l'électricité à leurs enfants, ne serait-ce que pendant quelques minutes par jour (de la nuque aux pieds) : ce serait pour eux la plus puissante ressource hygiénique, dont l'usage deviendrait un besoin de tous les jours, comme celui du café, suppléerait en quelque sorte aux exercices gymnastiques, et rendrait les enfants forts, robustes physiquement et intellectuellement. L'emploi de l'électricité une fois vulgarisé, on verrait en un temps donné disparaître dans les familles, chez des enfants des deux sexes, ces innombrables cas de faiblesse constitutionnelle, de rachitisme, d'hystérie, d'épilepsie, de maladies de poitrine, de phthisie pulmonaire, de leucorrhées, et par suite tout l'arsenal du pharmacien deviendrait inutile. Les enfants qui auraient été électrisés pendant un certain temps seraient toujours gais, travailleraient avec facilité, avanceraient dans leurs études, en un mot présenteraient le type d'enfants sains de corps et d'esprit.

V. — Le charlatanisme encouragé par les médecins et l'Académie.

Je ne puis m'empêcher de mentionner ici quelques abus qui se font de l'électricité et dénotent une fois de plus l'ignorance dans laquelle on est généralement à son égard.

Le charlatanisme s'est emparé de l'électricité, et c'est à quelques savants et aux médecins qu'il faut s'en prendre, car ils contribuent eux-mêmes à induire le public en erreur. N'a-t-on pas entendu M. Elie de Beaumont, secrétaire perpétuel de l'Académie des sciences, lire en pleine séance de l'Académie, avec tout le sérieux dont il est capable, une note élogieuse sur les effets thérapeutiques des *plumes électro-galvaniques*, et l'Académie décider le renvoi du porte-plume électro-galvanique à l'examen de deux physiciens distingués, MM. Desprez et Babinet? N'a-t-on pas vu des hommes de science d'un mérite incontestable et un certain nombre de médecins de la province faire l'éloge de la brosse volta-électrique, qui est à peine capable d'électriser les pattes d'une mouche, en attribuant les effets obtenus à une action électrique, tandis qu'ils n'étaient dus qu'à la friction par les pointes métalliques dont la brosse se compose (50.); on invoque ici l'homœopathie, qui n'agit aussi que par doses infinitésimales, et qui guérit aussi en dépit des allopathes. Heureusement les calottes électriques, avec tout leurs accessoires, n'ont pas été présentées à l'Académie, car elles auraient bien pu y trouver également un défenseur. Cependant Messieurs les académiciens ne sont pas toujours dans les mêmes dispositions favorables pour l'électricité. En voici une preuve :

Lorsque, après la triste mort de mademoiselle Emma Livry, l'auteur eut envoyé à l'Académie des sciences et à l'Académie de médecine un moyen simple et facile pour guérir les brûlures même les plus graves, moyen dont une expérience de quinze années avait consacré l'infaillibilité, en indiquant comment il fallait en user ; ces corps savants n'ont pas daigné en prendre note, pas plus que de mes offres de donner aux internes des hôpitaux, ainsi qu'à tous ceux qui pouvaient le désirer, toutes les instructions nécessaires pour la mise en pratique. Cette communication, qui avait pour objet le soulagement de tant de souffrances, n'a pas eu la même faveur que le porte plume galvanique et la brosse volta-électrique ; elle n'a pas été envoyée à une commission, et les nombreuses victimes de ce genre d'accidents continuent d'être soumises au traitement routinier. *(Voir pour le traitement des brûlures: Règles générales).*

Le public se laisse encore trop facilement prendre à de belles annonces ; témoin les brosses électriques, les chaînes galvaniques, etc. ; celles de Goldberger ont été pendant une longue série d'années, prônées comme une panacée universelle, et elles n'ont pourtant jamais développé un atôme d'électricité (*voir* Traité d'électricité *de* MM. *Becquerel et fils*) : ce qui ne les a pas empêchées de rapporter, dit-on, trois millions à leur inventeur ; c'est l'attrait de ces millions qui a donné naissance aux chaînes et aux diverses brosses soi-disant galvaniques.

VI. — Préjugés à l'égard de l'homœopathie.

Les allopathes accablent leurs confrères de l'école de Hahnemann d'épithètes fort peu fraternelles , et déversent autant qu'ils peuvent le ridicule sur leur système médical, etc.

Les médecins allopathes envisagent comme une puérile subtilité la distinction établie par cette école entre les deux modes d'action des substances pathogénétiques, et ils contestent qu'on puisse faire passer le principe ou l'essence d'une substance médicamenteuse, soit minérale, soit végétale, dans un organe quelconque du corps (*a*). Je vais donc chercher à faire comprendre de quelle manière cela est possible, et à leur donner à cet égard une explication à mon point de vue, laquelle pourra en même temps servir aux homœopathes pour asseoir leur système sur

(*a*) Je rappellerai tout d'abord que MM. Becquerel père et fils ont, dans leur *Traité d'électricité*, etc., se fondant sur des expériences faites par Davy, avancé que le transport des substances médicinales avait été obtenu par ce savant ; et cette assertion a été combattue par deux physiciens de Saint-Pétersbourg, MM. Pelikan et Savelieff. Quant à moi, je ne crois pas ce transport possible de la manière que l'indiquent MM. Becquerel, d'après le dire de Davy, et que les physiciens russes l'ont admise tout en la combattant, attendu qu'il

une base plus solide et plus logique que celle sur laquelle ils l'ont fondé, et qui a fourni à leurs adversaires tant d'armes contre eux.

On sait que beaucoup de substances, entre autres le mercure et l'arsenic, jouissent de la propriété d'extirper certaines affections tenaces, mais seulement à titre d'agents néphrétiques; car leur action chimique et mécanique est des plus désastreuses pour l'économie animale. Or, pour les faire agir sans danger, il faut pouvoir séparer leur propriété salutaire des autres actions chimiques et mécaniques nuisibles au corps. C'est ce résultat que l'on obtient par les moyens enseignés par Hahnemann.

Admettons — ce qui n'est pas contesté — que tous les corps recèlent une électricité latente qui ne se manifeste en eux qu'après qu'ils ont été soumis au frottement. Lorsque ce frottement est tel que les éléments qui constituent un corps sont complétement désagrégés, les particules électriques, dont la molécule était le centre d'action, l'abandonnent pour se porter et s'accumuler sur la substance étrangère avec laquelle elle aura été mise en contact (ce qui est encore démontré par l'électro-chimie.) Que se passe-t-il alors ? Le dynamisme spécifique ou médicinal inhérent à la substance, porté à sa plus grande tension par la trituration, se dégage par la désagrégation de tous ses éléments, et rompt le lien qui l'enchaînait à chaque molécule de la substance intégrante ou primitive et s'incorpore avec le dynamisme statique, c'est-à-dire avec son électricité propre, qui se sature de ses propriétés. C'est ainsi que l'électricité est par la trituration transmise avec son dynamisme spécifique à un liquide (alcool) qui représente, dans ce cas, la concentration de l'électricité essentielle d'une grande masse de molécules désagrégées de la substance médicinale.

Dans cet état de concentration, ce liquide se trouve dégagé de la partie la plus matérielle, et n'est plus susceptible d'au-

n'y a réellement pas de courant électrique artificiel, comme je crois l'avoir prouvé, qui traverse le corps, et qu'il ne peut donc avoir de transport que de la manière que j'ai indiquée dans ce même chapitre, à propos des erreurs accréditées.

cune action mécanique ou chimique appréciable jusqu'à un certain point.

Comme ce dynamisme médicinal, artificiellement développé par la trituration et communiqué à l'alcool (au globule de sucre de lait dans l'homœopathie) n'est lié au liquide ou au sucre de lait que par un lien factice qui peut se rompre comme il s'est formé, il en résulte que l'homœopathie n'est autre que l'art d'appliquer, d'une manière particulière et à des doses infinitésimales, l'électricité dégagée des plantes ou des métaux, ou, en d'autres termes, leur principe médicinal, leur essence. Voilà donc en peu de mots l'exposé des causes auxquelles la médication homœopathique doit ses effets. Malgré le ridicule qu'ils cherchent encore à déverser sur elle, les allopathes ne peuvent plus aujourd'hui les contester, comme ils le faisaient il y a une vingtaine d'années. Or on comprendra maintenant que, lorsque nous faisons passer un courant électrique d'un certain genre dans un récipient ne contenant de la substance médicinale primitive (en teinture) que son principe, son électricité, ce courant par le frottement qu'il opère à chaque passage dans les fioles sur les petits appareils de platine (67.), la décompose et la rend libre, s'unit à cette électricité spéciale et concentrée qu'elle y rencontre et la porte directement sur la partie du corps ou sur l'organe qu'on veut actionner.

Les expériences de ce genre que j'ai faites en mainte occasion sur moi-même ont toutes produit les effets les plus surprenants.

Pour bien apprécier les résultats qu'on peut obtenir à l'aide de ces applications de substances simples à l'état liquide ou de métaux purs, parmi lesquels l'or, l'argent, l'antimoine et le fer surtout ont de grandes propriétés, il faut se rendre compte de l'action exercée dans ce cas par l'électricité.

Par exemple, un malade qui demeurera sous l'action électrique des courants intermittents seulement trente minutes (minimum de la durée de nos applications) sera pendant ce temps-là traversé à peu près un million de fois par les courants électriques. Chaque fois qu'un courant électrique intermittent est dirigé sur notre corps ou sur un de ses organes, il opère sur chaque molécule composant la partie qu'il traverse une action et une réaction. A chaque intermittence du courant il y a recomposition des courants électriques de la pile. L'électricité de notre corps est par conséquent mise en mouvement et en quelque sorte équilibrée autant de fois que notre corps est actionné par le courant électrique. Si l'on fait passer un des courants électriques par l'une ou l'autre des substances liquides ou métalliques renfermées dans des fioles contenant les petits appareils mentionnés plus haut, et dont la disposition intérieure force le courant à s'y arrêter le temps nécessaire pour opérer par le frottement le développement de l'électricité propre à la substance, il en résultera que le courant (positif) de l'électricité, traversant un liquide ou un métal quelconque, emportera avec lui, avant chaque recomposition, un atome électrique de cette substance, et par conséquent il portera, pendant les trente minutes de l'application, dans l'organe qui aura le plus d'affinité pour cette substance (c'est cette affinité qu'il faut étudier et apprendre à connaître), et selon qu'on aura réglé les intermittences, un million de fois des *atomes* du principe vital de cette même substance.

Toutes les expériences tentées à différentes époques pour obtenir par l'électricité le transport d'un médicament ou d'une substance renfermée dans des fioles de verre, expériences faites notamment par Newton à Londres, par Bazé à Wittemberg, par Jallabert à Genève, par Pivati à Venise, par l'abbé Nollet à Paris, ont, de l'aveu de ces savants, toutes échoué. Cependant Fabre-Palaprat ne doutait pas que ce résultat ne fût un jour obtenu, et il disait même que celui qui le trouverait planterait un des jalons les plus importants dans l'histoire de la médecine.

Je crois avoir résolu ce problème.

VII. — Préjugés à l'égard du système curatif de Raspail.

Les médecins ont rejeté et continuent de rejeter la plupart des idées émises par le célèbre chimiste Raspail. Selon un grand nombre d'entre eux, il n'existe pas de science en dehors du corps médical ; aucun homme qui n'appartient pas à cette caste, n'aurait ni le droit ni la mission de s'occuper de guérir ses semblables. Tout le ridicule possible a été déversé sur Raspail, signalant des germes vivants comme cause d'un grand nombre de maladies, et ne voyant également qu'une cause vivante dans le choléra, ainsi que dans beaucoup de maladies épidémiques et contagieuses.

Aujourd'hui cependant, grâce au progrès que l'on fait chaque jour, les hommes les plus avancés en médecine ont reconnu pour cause d'un assez grand nombre d'affections ces mêmes germes vivants, condamnés comme étant l'élucubration fantastique du cerveau de Raspail. Néanmoins ce pionnier de la philanthropie n'est toujours considéré que comme un empirique, dont toute médecine orthodoxe doit réprouver les doctrines.

VIII. — Préjugés à l'égard du magnétisme humain.

La même antipathie règne parmi les médecins à l'égard du magnétisme humain, dont Mesmer a été un des apôtres, et dont les partisans sont encore plus maltraités que ne l'est Raspail.

Si nous ouvrons les annales des sciences, si nous suivons à travers les âges le progrès humain, nous voyons combien de peines, combien de misères ont accablé la plupart des novateurs. Qu'il en ait été ainsi dans les siècles d'ignorance, cela n'étonnera pas ; mais qu'il en soit encore de même dans des siècles de lumière, voilà ce qui est vraiment désolant.

Mesmer, cet homme extraordinaire, nous avait appris que grâce à une faculté naturelle que nous possédons tous, nous pouvons agir en dehors de nous sur les êtres qui nous approchent et se trouvent dans la sphère d'activité de notre intelligence et de notre magnétisme inhérent, pourvu que ces êtres aient reçu le surcroît d'activité nécessaire ; que nous pouvons déterminer des changements dans une organisation qui n'est point la nôtre, la modifier profondément et provoquer une série de phénomènes des plus extraordinaires.

L'histoire de tous les peuples est pleine de récits, de prodiges, qui tous constatent la réalité de ces faits, et qui, comme ceux que je viens de mentionner, ont eu pour cause première l'agent magnétique ou électrique du corps humain. Cependant la science officielle a refusé jusqu'ici obstinément de reconnaître le magnétisme humain, qui nous révèle l'ensemble de ces phénomènes, bien que des milliers de faits incontestables en mettent l'existence hors de toute.

L'esprit de routine et d'immobilisme s'est opposé jusqu'ici à lui accorder ses lettres de naturalisation, quoique, chose étrange! il n'y ait pas dans l'Académie et peut-être dans le monde entier un seul médecin qui ne soit convaincu de l'existence de cette force morale et physique qu'on est convenu d'appeler magnétisme animal. La plupart des médecins croient devoir, par esprit de corps, le renier et jeter le ridicule sur ses partisans. Or le ridicule a tant d'empire en France, que nous avons vu un docteur de la Faculté de Paris, homme d'un grand mérite qui avait sans doute reconnu l'immense avantage que le magnétisme offre à la médecine, ne pas oser l'affronter ouvertement, dans la crainte que malgré la haute position scientifique qu'il occupait, il ne fût exposé aux sarcasmes de ses collègues, s'il s'avouait partisan du magnétisme. Aussi est-ce sous le couvert d'un autre nom qu'il tâcha de lui frayer un chemin dans le domaine de la science. Il baptisa le magnétisme (a) d'hypnotisme; mais quelque habilement qu'il s'y soit pris pour déguiser son stratagème et pour procurer le droit d'asile à son protégé, tous ses efforts n'ont abouti qu'à lui attirer de vives critiques.

De toutes les sciences qu'embrasse l'étude du médecin, il n'y en a pourtant aucune, selon moi, qui devrait lui présenter plus d'intérêt sous le rapport psychologique et physiologique, et qui lui serait, dans une multitude de cas, d'un aussi grand secours que le magnétisme; car, outre que la connaissance approfondie du magnétisme mettrait le médecin à même de soulager beaucoup de souffrances et souvent instantanément, elle nous présente le

(a) Il ne faut pas confondre, comme cela n'arrive que trop souvent, le magnétisme avec le somnambulisme; de même qu'il faut aussi se garder d'assimiler le magnétisme inhérent, vital et animique à ces procédés de magnétisme empirique, dont les exagérations intéressées ont de tout temps nui à la vulgarisation de cette science.

plus sublime privilége que le *créateur* nous ait accordé, celui de donner à notre *âme*, en vertu de sa puissance d'aspiration et d'expansion, et par le jeu régulier de l'appareil cérébral, le pouvoir d'échanger des relations progressives avec les forces vitales universelles. Tout est aimant dans ce monde, attraction et répulsion ; et la pensée humaine, qui est un des aimants les plus puissants, attire ou repousse continuellement, sans même que l'homme s'en doute. Par l'irradiation latente de cette effluve d'individualisme que l'on désigne sous le nom de fluide magnétique, l'homme agit à son insu en dehors de sa personnalité.

IX. — Préjugés au sujet de l'âme.

Plus d'un médecin sourira et haussera les épaules à la lecture des dernières lignes. Croire qu'il existe un Dieu, que nous avons une âme, n'est-ce pas l'indice d'un esprit superstitieux, faible, imbu des idées inculquées par des contes de nourrice, etc.? Les matérialistes, les athées, parce qu'ils n'ont jamais trouvé sous le scalpel, ni vu s'échapper du cadavre cette âme qu'ils cherchaient, nient que l'homme en ait une.

Je ne m'arrête pas sur le premier point, car pouvoir s'étudier, s'observer soi-même, avoir à sa disposition tous les moyens pour étudier la nature dans ses œuvres et ses lois admirables, et néanmoins nier Dieu, c'est, selon moi, trahir une maladie profonde qui a besoin d'être traitée sérieusement.

Quant au second point, en réponse aux sceptiques, je vais répéter ici l'opinion que j'ai émise à ce sujet, chapitre VI : L'âme, ce principe essentiellement sensitif, intelligent, qui existe par lui-même et constitue la personnalité humaine, est immatérielle et échappe par conséquent à toutes les investigations physiologiques, aussi bien que l'organisation électrique ou le corps invisible, qui, impondérable, tient le milieu entre les substances matérielles et les substances spirituelles et se développe en même temps que l'organisation corporelle charnue. C'est à ce corps électrique (*voir note, à l'art.* 22) que l'âme est liée, puisqu'il est l'agent principal de toutes ses relations fonctionnelles avec l'organisme humain; c'est ce corps impondérable et qui ne vieillit pas, que l'âme emporte avec elle lorsque le corps de chair et d'os est usé ou devenu par une cause quelconque inhabitable pour elle et pour son enveloppe électrique. Plus le corps charnu est jeune et vigoureux, plus le corps électrique, intimement lié avec tous les organes matériels, a de peine à s'en dégager ; mais le corps électrique ne ressent que faiblement les souffrances du corps charnu qu'il abandonne, et il conserve les traits rajeunis, l'empreinte, l'individualité de l'être humain, qu'il doit conserver, selon moi, à travers toutes les phases des vies futures, dans lesquelles il a mission d'accompagner l'âme immortelle, à qui il sert de corps ou d'enveloppe également de plus en plus perfectible.

Que les sceptiques renoncent donc à chercher l'âme à l'aide du scalpel !

X. — Erreurs concernant le choléra et les maladies épidémiques.

Je vais me faire l'organe d'un nombre infini de personnes, qui reprochent à la médecine de n'être (des médecins célèbres l'ont avoué eux-mêmes) que le résultat d'observations plus ou moins justes, d'indications peu certaines, de préceptes souvent erronés, dont l'ensemble forme la science du médecin, que l'on voit dans tous les cas graves douter de l'efficacité des moyens auxquels il a recours. Sans contester les immenses services que la médecine a rendus à l'humanité, à certains égards ces reproches ne sont pas tout-à-fait sans fondement ; qui peut en effet nier les tâtonnements, l'incertitude et l'impuissance de la médecine au sujet des maladies épidémiques ou contagieuses, et notamment du choléra ? Lorsque ce fléau est venu frapper les populations, la science les a laissé décimer presque sans défense, car tous les moyens, tous les spécifiques qu'elle lui a opposés sont demeurés sans effet. Quand on lit la foule des rapports, des avis émis sur le choléra, quand on examine les divers remèdes prescrits pour le combattre, on est tristement convaincu de l'entière impuissance de l'art médical non seulement à en arrêter les ravages, mais à arriver à des conclusions plus ou moins rationnelles sur ces causes, qui cependant me semblent si évidentes qu'elles ne devraient échapper à aucun homme intelligent.

Déjà en 1851, j'avais publié mon opinion fondée sur l'expérience que j'avais acquise des propriétés de l'électricité, que j'indiquais dès cette époque comme le moyen préservatif et curatif à opposer au choléra; mais en admettant qu'elle eût été entendue, une voix aussi obscure que la mienne ne pouvait que faire hausser les épaules aux hommes de science; cependant l'année 1853-1854, où cette maladie fit de nouveau apparition en France, m'a fourni l'occasion de constater la justesse de mon opinion. J'ai à cette époque guéri un assez grand nombre de cholériques; au début de la maladie j'employais simplement de l'eau salée, qui avait pour effet de détruire les œufs des miasmes déposés dans les voies de la respiration ; et lorsqu'ils étaient arrivés à la deuxième et à la troisième phase de la maladie, où les œufs avaient déjà opéré leur action délétère, j'ai eu recours à l'électricité en faisant, dans le dernier cas, agir six à huit courants électriques à la fois sur les principales parties du corps pour rétablir instantanément la circulation du sang, et j'ai ainsi obtenu le plus grand succès.

Je ne mentionnerai pas ici les moyens préconisés par la médecine pour combattre la maladie en question; les seules médications qui aient quelque peu réussi, sont celles qui ont eu pour but de détruire la *cause animée* et de prévenir la coagulation du sang. Je me bornerai à citer certaines hypothèses que les savants, déconcertés par le choléra, ont fini par admettre pour expliquer les causes qui avaient répandu de tant de manières différentes la mort parmi les hommes.

Selon la première de ces hypothèses, le choléra devrait être attribué à un manque dans l'atmosphère d'ozone, c'est-à-dire d'oxygène ayant dès sa formation subi l'influence de l'électricité positive. Cette présomption repose sur le fait qu'on a observé que, lors de l'apparition de l'épidémie, l'ozone disparaissait complétement de l'atmosphère, et qu'il ne reparaissait que lorsque le fléau était sur son déclin.

La seconde hypothèse donne pour cause à l'infection un état

particulier de l'azote, lequel, au moment de sa formation, serait, au passage, saisi par l'électricité négative qui s'échappe de la terre, et soumis à son action ; ce qui empêcherait la formation du fluide neutre. Par la propriété qu'il possède d'attirer à lui le carbone des corps avec lesquels il se combine, l'azote deviendrait un composé vénéneux (iodosmon), auquel seraient dûs les phénomènes que nous présente le choléra.

J'exposerai franchement mon opinion à ce sujet, non pour les médecins, auxquels je n'ai pas la prétention d'apprendre quelque chose en dehors de ma sphère comme électricien, mais pour ceux de mes lecteurs qui voudront utiliser mes expériences et mon système pour eux et leur famille, afin que si le choléra ou toute autre maladie épidémique revenait en France, ils fussent à même de juger ces maladies par les faits suivants, que je soumets en toute humilité à l'examen impartial des hommes spéciaux.

Les causes de ces maladies consistent dans une condition particulière de l'air, dans lequel se trouvent répandus en plus ou moins grande quantité des miasmes ou des corpuscules microscopiques.

Comment et dans quelles circonstances ces miasmes se produisent et se développent-ils? et comment agissent-ils sur l'organisme humain ?

Les bords des grands marais de l'Orient, aussi bien que ceux des marais de plusieurs contrées de l'Europe, des marais Pontins et de tant d'autres (a), les étangs, les mares, les flaques d'eau, etc., sont couverts de plantes aquatiques, qui, desséchées par les grandes chaleurs, entrent en décomposition. Leur fermentation produit des miasmes ou plutôt des corps organiques doués de vie et n'ayant pas subi eux-mêmes de décomposition. Ce sont des êtres tout-à-fait élémentaires que l'on trouve à la racine, au dégré le plus infime du règne organisé. Mais ces décompositions ne naissent pas toujours des êtres du même genre : tantôt c'est une espèce et tantôt une autre, suivant

---

(a) En France, les marais de la plaine du Forez embrassent à eux seuls une étendue de 3,000 hectares.

la plus ou moins grande intensité de chaleur qui les aura développés.

Lorsque, pendant les grandes chaleurs de l'été, les marais, les étangs, les flaques d'eau, etc., se desséchent, ces myriades d'animalcules se décomposent et produisent en partie ce qu'on appelle le gaz des marais, qui infecte l'air à des distances plus ou moins grandes; mais ce ne sont pas ces miasmes ou germes vivants qui engendrent directement les maladies épidémiques, telles que le choléra, etc ; ce sont des êtres encore plus près de la racine du règne organique, puisqu'ils sont invisibles au microscope : ceux-ci sont le produit de la décomposition des plantes aquatiques mises à sec, et il est probable que leur formation est semblable à celle des diatomés (10.) et aussi rapide.

Ces corpuscules, emportés par les vapeurs de la terre, s'élèvent à une hauteur en rapport avec leur gravité et leur force ascensionnelle (a). Les vents qui traversent ces foyers miasmatiques les entraînent et les répandent rapidement sur de vastes surfaces de pays. Dans l'air ils se développent et se reproduisent en quantités innombrables sous des conditions spéciales.

Jusqu'à présent ces miasmes sont restés inaccessibles aux investigations de la science, et l'analyse de l'air n'en a montré aucun vestige. Disséminés dans l'air sec, ils paraissent peu capables d'affecter gravement les êtres vivants; mais, quand l'air est refroidi par le rayonnement du soir et de la nuit, une masse d'humidité se précipite dans les couches inférieures de l'air, lequel transporte ces parasites avec lui en les concentrant; et, lorsque cette rosée se vaporise de nouveau aux premiers rayons du soleil, elle entraîne avec elle ces mêmes parasites dans son mouvement ascensionnel.

Absorbés en grande partie par la respiration et même par les pores des êtres vivants, ils manifestent leur effet délétère

(a) Ces corpuscules, d'après Rigault de Lille, s'élèvent à 300 mètres dans l'air aux environs des Marais Pontins; mais M. de Humboldt, dans son « *Essai sur le Mexique* », tome VI, page 524, dit qu'ils atteignent une hauteur de 900 mètres.

sur un certain nombre d'individus plus exposés que d'autres à leur influence (a). Leur action s'exerce tantôt sur les hommes, tantôt sur les animaux, tantôt sur les uns et les autres à la fois, sans que l'on sache encore par quelle modification elle s'opère, si c'est à la diversité des espèces d'animalcules qui diffèrent entre eux, comme nous l'avons dit plus haut, qu'il faut attribuer la diversité des germes de maladies qu'ils développent, ou bien si c'est le changement occasionné par les miasmes dans la composition de l'air qui en modifie l'action.

Ces animalcules s'implantent ou dans les tissus cellulaires des voies respiratoires, ou dans le tube digestif ; d'autres fois ils adhèrent à la surface du corps exposé à l'air. Dans le premier cas, ils produisent une obstruction dans le système circulatoire pulmonaire, cause du ralentissement du pouls qu'on observe chez les personnes menacées d'être atteintes du choléra ; dans le deuxième cas, ils provoquent avec une rapidité effrayante les désordres que nous présente surtout ce dernier genre d'épidémie chez l'homme (ainsi que certaines maladies épizootiques chez les animaux) ; dans-le troisième cas, ces animalcules déterminent les affections épidémiques du système cutané.

L'inoculation de ces germes vivants dans les organes même se termine presque toujours, dans un certain nombre d'heures, par la mort des animalcules, qui, passés à l'état de putréfaction, produisent souvent, selon le plus ou le moins d'inflammation, des odeurs infectantes, ainsi qu'on l'observe aussi dans plusieurs maladies épizootiques.

Nous venons de signaler comme cause des maladies épidé-

(a) Cela explique aussi pourquoi les villes situées au centre des courbes décrites par des fleuves au confluent des rivières sont beaucoup plus ravagées par cette maladie que celles qui sont bâties sur des emplacements secs et élevés, et dont la plupart, en effet, ont été préservées du fléau. L'effrayante mortalité qui a sévi en 1854, à l'hôpital de la Salpétrière, à Paris, en fournit une preuve frappante. Cet établissement, placé dans un triangle formé par la jonction de la Bièvre et de la Seine, se trouve dans les conditions hydrographiques et géographiques les plus favorables au développement de la funeste influence de l'épidémie. Les mêmes observations ont été faites dans tous les pays ; partout on a remarqué qu'une humidité abondante exerçait une influence pernicieuse sur la marche et les progrès du choléra.

miques (*a*) la présence dans l'air d'êtres élémentaires, produits de la décomposition des plantes aquatiques, qui exerce son in-fluence délétère tantôt sur l'homme, tantôt sur les animaux; mais nous avons à indiquer une autre cause encore, qui, sans être vivante ni aussi pernicieuse que la première, est néanmoins de nature à engendrer des maladies analogues.

Lorsque les produits de la décomposition des végétaux aqua-tiques ne sont ni enlevés par les vapeurs d'eau de la terre, ni entraînés par les courants d'air, ces miasmes se décomposent à leur tour, et alors il se dégage de cette fermentation du gaz appelé hydrogène proto-carboné; et quelquefois, si des eaux courantes contenant des sulfates viennent se mélanger avec les eaux des marais, il s'en dégage de l'acide sulfhydrique (hy-drogène sulfuré), dont les propriétés délétères sont connues. Ces gaz, qui sont probablement encore un composé de germes animés, se répandent dans l'air en plus ou moins grande quan-tité, et produisent dans les pays marécageux des fièvres de dif-férentes natures. Lorsque les courants entraînent ces gaz, qui ne se mêlent point à l'air hors de sa direction, ils peuvent pro-pager les germes de bien des maladies dans une certaine éten-due; leur action est modifiée dans leur course, suivant le degré d'humidité de l'atmosphère, et selon le plus ou le moins de fo-rêts qu'ils auront rencontrées dans leur marche, les absorbant et les tamisant en quelque sorte, comme cela arrive aussi en partie avec les miasmes, au travers des arbres, changeant ou modifiant leur action délétère, de façon qu'elle se manifeste également tantôt sur l'homme, tantôt sur les animaux et tan-tôt aussi sur les plantes Il est évident que si les décomposi-tions végétales, dont l'hydrogène sulfuré et l'hydrogène proto-carboné sont le produit, viennent de marais peu étendus, leur action se propagera également à des distances moins grandes, parce que ces gaz seront en moindre quantité, et par conséquent plus facilement arrêtés, absorbés et tamisés par les arbres; et par cette raison ils seront beaucoup moins délétères dans leurs efforts que si cette décomposition provenait des grands marais

____

(*a*) Qui est aussi celle des maladies épizootiques.

dont nous avons parlé. Cela peut aussi expliquer comment les maladies qui en sont le résultat se limitent souvent à certaines localités et à des fièvres peu malignes.

C'est ainsi que nous voyons, dans des conditions défavorables, apparaître assez régulièrement aux époques qui coïncident avec la décomposition des plantes marécageuses et de leurs produits, ces fièvres et ces maladies épidémiques, telles que la peste en Égypte et en Turquie ; dans l'Éthiopie et dans l'Arabie méridional , la lèpre, appelée éléphantiasis, permanente et localisée dans ces contrées ; dans l'Afrique intertropicale et aux Indes, la lèpre endémique ; à Madagascar, les fièvres pernicieuses ; dans une partie de l'Afrique, et entre Rome et Naples, la malaria. Le choléra asiatique exerce surtout ses ravages dans l'Hindoustan et dans l'île de Java, où il est presque permanent, et d'où, à diverses époques, des myriades d'animalcules pestilentiels, transportés par certains courants d'air, ont été amenés jusque dans l'Europe occidentale, après avoir préalablement infecté l'Arabie, la Perse, la Syrie, l'Égypte, et envahi même l'Amérique. Nous voyons la fièvre jaune et la dyssenterie régner simultanément sur tout le littoral américain, sans toutefois se borner à ces parages, puisqu'elles apparaissent quelquefois même sur les côtes de l'Europe méridionale. Les indigènes de quelques-unes des régions que nous venons de citer sont en outre décimés par la petite vérole épidémique ; dans le bassin du Mississipi ce sont les fièvres intermittentes qui sévissent ; dans les vallées de l'Ohio c'est une autre épidémie appelée typhus. Cette dernière maladie se développe aussi assez souvent en certaines circonstances, et probablement par la même espèce de germes vivants, dans les zônes tempérées, où la fièvre typhoïde s'est acclimatée.

Outre ces derniers genres d'épidémies qui diffèrent dans leurs manifestations et leurs caractères en raison des espèces variées des germes animés qui les ont produites, différant eux-mêmes selon le genre des plantes aquatiques et les plus ou moins grandes chaleurs qui ont agi sur leur développement, variant par cela même souvent les caractères et les symptômes d'un type de maladie, on constate encore dans un grand nombre de contrées du globe des maladies et des fièvres locales en général peu malignes. Nous citerons entre autres la grippe, qui nous visite presque tous les ans, et qui est pareillement le résultat de l'infection de l'air par des gaz délétères (a).

D'après ce qui précède, chacun pourra facilement se rendre compte des causes des maladies épidémiques et des maladies épizootiques, de leur apparition, de leur propagation rapide, de leur disparition subite, ainsi que de celles des fièvres périodiques locales ; en un mot, de toutes les fièvres en général qui ne sont pas dues à des causes accidentelles ou occasionnelles (b).

Si l'on se rappelle les faits qui ont signalé les apparitions et les disparitions soudaines des maladies épidémiques et des maladies épizootiques, les premières occasionnées par un temps lourd et humide, et les dernières souvent par un courant d'air, un orage, etc., et si l'on ajoute à cela tout ce que j'ai rapporté sur la nature inflammatoire de ces maladies, sur leur marche rapide, sur le résultat de l'autopsie des cadavres, il est impossible de ne pas reconnaître dans ces maladies un germe animé, qui, absorbé par la respiration, peut seul en quelques heures produire les phénomènes effrayants qu'elles nous présentent

J'ai indiqué ici les causes des épidémies, qui sont les mêmes que celles des épizooties, dont je donne dans mon *Appendice* le moyen de combattre les effets. Maintenant se présente cette question à résoudre : La science de l'homme offre-t-elle aussi un moyen de prévenir ou de détruire les causes qui engendrent ces maladies ? Nous ne craignons pas de répondre affirmativement et d'ajouter que ce moyen, très-simple

(a) D'après ces indications, il est aisé de se rendre compte pourquoi tous les cordons sanitaires établis contre les épidémies et les épizooties n'ont jamais réussi à arrêter la propagation des fléaux.

(b) Une multitude de faits viennent corroborer notre opinion à ce sujet. Nous en citerons entre autres un qui concerne la fièvre jaune, et que nous trouvons relaté dans le journal *l'Ami des sciences* du 20 septembre 1857 :

« M. Saintiol, dans une étude attentive de la cause de la coloration qui a
» donné son nom à la fièvre jaune, a reconnu l'existence de deux ictères
» successifs. Le premier, constant et caractéristique, apparaît dès les pre-
» miers jours ; il coïncide pendant la vie avec un ralentissement remarquable
» de la circulation capillaire, et quand la mort a été prompte, on le retrouve
» sur le cadavre, etc. »

en soi, ne demanderait pour être généralement employé et pour produire ses salutaires effets sur toute la terre, qu'un très-petit nombre d'années; mais comme c'est de l'Orient, de ses immenses marécages que nous arrive le contingent principal de ces myriades de germes animés qui nous apportent l'infection, et comme les gouvernements de ces pays ne sont ni encore assez avancés ni constitués de manière à pouvoir faire comprendre à leurs peuples les mesures à suivre pour l'adoption d'un pareil moyen, bien qu'elles soient toutes dans leur intérêt, il est malheureusement probable que la génération actuelle et peut-être même la suivante ne seront point encore affranchies du fatal tribut que nous payons trop souvent à ces terribles fléaux. Toutefois, si les gouvernements éclairés de l'Europe et de l'Amérique prennent la détermination de mettre en pratique le moyen que je conseille, ils parviendront, non pas, il est vrai, à préserver entièrement les populations d'être désolées par le choléra oriental; mais ils les mettront au moins à l'abri d'un grand nombre de maladies, de fièvres épidémiques, etc. (*Voir pour ces moyens l'Appendice.*)

Je ne crains pas d'avancer, en terminant ce chapitre, que les préjugés et l'ignorance concernant l'électricité disparaîtront, et que ceux qui déblatèrent encore aujourd'hui contre elle finiront par reconnaître les incalculables bienfaits de son application à l'hygiène, à la pathologie, à la physiologie et à la thérapeutique; et de même qu'elle occupe déjà sans conteste le premier rang dans les ressources de l'art et de l'industrie, elle le prendra également dans la science médicale; elle deviendra l'agent le plus puissant pour combattre les innombrables affections chroniques, qui jusqu'ici semblent déjouer les plus sages combinaisons des médecins; son emploi comme moyen hygiénique fera peu à peu disparaître une grande partie des maladies inhérentes à notre civilisation; en un mot, elle améliorera la race humaine, pour qui elle sera en quelque sorte une panacée.

CHAPITRE XIV.

Règles générales et spéciales
concernant les applications de l'électricité.

I. — Règles générales.

1° Règles d'applications élémentaires ; — 2° Grands bains divers ; — 3° Bains de siége, de pieds, de bras, de mains, de doigts, spéciaux ; — 4° Bains pour l'extraction du mercure ; — 5° Bains à administrer pour les brûlures de tout genre.

1° — Règles d'applications élémentaires.

Comme les actions physiologiques, mécaniques et même calorifiques, produites à l'aide des appareils appelés électro-médicaux, varient à l'infini dans leurs effets, en raison de l'irrégularité tant des intermittences que des courants que donnent ces appareils, de leur force et du genre d'électricité qu'ils développent, on comprendra que les règles que j'indique ne sont applicables qu'à l'usage des appareils de mon système ; car les autres étant très-différents sous le rapport de la construction et de la force des intermittences de leurs courants, non seulement il ne serait pas possible de fixer une règle pour leur emploi à la thérapeutique ; mais encore, le plus souvent, les effets qu'ils produisent sont contraires à ceux que l'on se propose d'obtenir (a), attendu que la tension des courants électriques qu'ils développent peut-être au plus haut degré nuisible à l'état d'irritabilité et de sensibilité de l'individu que l'on veut actionner, ainsi qu'à l'affection qu'on veut combattre (40.).

Je préviens donc le lecteur que les prescriptions suivantes n'ont trait qu'aux appareils de mon système (38.), ou à des appareils construits avec les mêmes soins et offrant les mêmes avantages que ceux dont je fais usage.

(a) Voir dans l'ouvrage de M. le docteur Becquerel (*Traité des applications de l'électricité à la thérapeutique*) ces nombreux insuccès et les aggravations qu'il signale, et qui sont dus uniquement à l'appareil magnéto-électrique dont il se servait, et qu'il prône néanmoins.

.68. Lorsqu'on se sert de la pile au bi-sulfate de mercure, contenu dans l'intérieur des appareils n°s 8, 9, 13 et 14, on n'a besoin que de monter la pile et de la remettre à sa place, pour que l'appareil marche aussitôt. Si par contre on fait usage d'une pile de Bunsen ou de Grove, qui dure huit jours et présente une grande facilité pour se démonter et se remonter instantanément après chaque emploi, on fait d'abord communiquer les fils de la pile aux deux ouvertures de côté, marquées « *charbon* » et « *zinc.* »

Après cela, on place les cordons conducteurs par l'une ou l'autre extrémité aux deux boutons portant les indications: *première induction, positif* et *négatif*. Lorsque le traitement prescrit la deuxième induction, on les place aux deux boutons portant la désignation de *pôle positif* et de *pôle négatif, deuxième induction;* et lorsqu'il faut employer l'électricité galvanique, les cordons se fixent aux deux boutons marqués *courants voltaïques,* P et N.

Les cordons conducteurs sont ensuite attachés par leur autre extrémité, soit aux plaques qui servent dans une infinité de cas, soit à l'un ou à l'autre des différents instruments d'induction appelés *transporteurs* ou *excitateurs,* lesquels sont désignés chacun par un numéro particulier afin d'éviter les erreurs. Je ferai toutefois observer qu'on peut souvent remplacer un instrument par un autre; de sorte que le médecin n'a pas besoin de toute la série des instruments dont le tableau et la nomenclature se trouvent à la fin de l'ouvrage (*a*).

69. Les applications doivent se faire et se suivre dans l'ordre

(*a*) De tous les instruments ou excitateurs inventés par M. Boulu, médecin par quartier de l'Empereur, il n'y a que la ventouse électrique qui soit basée sur une idée pratique : il serait bon de la recommander aux électriciens pour le traitement des goîtres, etc., si les pinces (n° 28 du *Tableau*) n'étaient pas beaucoup plus simples et beaucoup plus commodes à appliquer et à manier par le malade, qui, dans ce genre d'affection surtout, doit lui-même tenir les excitateurs pendant l'action électrique, et non pas le médecin, comme cela se pratique la plupart du temps, ce qui a pour conséquence qu'il ne laisse durer l'application le moins possible, tandis qu'elle devrait être au moins de trente à soixante minutes. C'est pourquoi tous mes excitateurs sont combinés de manière que chaque malade puisse les tenir, les appliquer et les diriger personnellement.

dans lequel je les indique pour les différents cas de maladies, en commençant par l'application prescrite la première, et en finissant par la dernière.

70. Les éponges, ou toutes autres garnitures, par exemple du linge imbibé d'un liquide, doivent être maintenues dans un état constant d'humidité, pour faciliter le passage de l'électricité à travers l'éponge ou le linge; on trempera donc de temps en temps les linges dans l'eau ou dans le liquide, ou, s'ils sont fixés sur le corps, on versera de l'eau dessus, lorsqu'ils ne seront plus assez humides; on retrempera également les éponges ainsi que les flanelles, dont certains boutons ou certaines plaques sont enveloppés, dans de l'eau fraîche ou légèrement salée.

71. Le pôle positif se place toujours sur la partie malade ou douloureuse; et le pôle négatif, à une certaine distance, dans une direction opposée, et autant que possible inférieure au siége du mal. Il résulte, d'ailleurs, par l'indication donnée relativement à l'application des excitateurs, qu'elle est tantôt horizontale, tantôt oblique et tantôt verticale

72. On électrise toujours de haut en bas, jamais de bas en haut. Par exemple, lorsqu'on se servira du frictionneur et qu'on le promènera sur la poitrine, on ira de haut en bas jusqu'au creux de l'estomac; puis, au lieu de remonter de bas en haut, on aura toujours soin de reporter le frictionneur sur la place où l'on aura commencé.

Dans le cas où le malade ne supporterait pas les courants électriques, le tube régulateur étant entièrement fermé (ce qui n'arrive que fort rarement, seulement avec les courants de deuxième induction, et chez des personnes d'une excitabilité excessive), on placerait sous l'une ou l'autre des plaques un morceau de linge mouillé dans de l'eau pure.

De ce que très-souvent ils ressentent l'action des courants électriques, à l'entrée du courant sur le corps aussi bien qu'à sa sortie, et que souvent aussi ils ne sentent plus ensuite l'action électrique s'opérer qu'à un seul endroit (soit à l'entrée, soit à la sortie), il arrive que les malades se figurent que le transporteur, appliqué sur telle ou telle partie de leur corps, où il ne produit pas d'effet sensible, n'agit pas ; je ferai observer que, pourvu qu'on ressente le courant électrique, que ce soit à son entrée dans le corps ou à sa sortie, cela suffit, sans qu'il soit nécessaire de le ressentir aux deux endroits à la fois, car l'un n'opère pas sans l'autre.

Chaque fois que l'on change d'application, où que l'on déplace l'un des excitateurs, il faut avoir soin de fermer le tube régulateur ; on le retire ensuite dans la proportion convenable à l'excitabilité de la nouvelle partie du corps sur laquelle on viendra le poser, attendu que les diverses parties du corps sont d'une excitabilité différente.

73. Chaque application peut durer de quinze à trente minutes ; mais, lorsqu'on n'a qu'une ou deux applications à faire, on peut en prolonger la durée jusqu'à cinquante ou à soixante minutes.

Les meilleurs conducteurs de l'électricité dans le corps sont les nerfs ; et les plus mauvais, la graisse, le périoste et l'épiderme en général (a).

L'action de l'électricité se limitera à la peau, si l'on applique les deux pôles tout près l'un de l'autre, surtout la peau étant sèche ; mais si l'on place les excitateurs l'un en opposition à l'autre et opère avec une certaine tension, l'électricité vaincra

---

(a) La résistance que le corps humain oppose aux courants électriques est, ainsi que je l'ai déjà mentionné précédemment, d'après l'ouvrage de MM. Lenz et Ptschnelikoff (*Beytræge zur Anatomie und Physiologie*, 1855), égale à celle qu'ils rencontrent pour traverser un fil de cuivre de 91,762 mètres de long sur une épaisseur de 1 millimètre. M. Pouillet, physicien distingué, n'estime cette résistance qu'à la moitié de celle indiquée ici.

L'accumulation de l'électricité statique au-delà de l'état naturel constitue l'électricité positive ; le manque ou la perte de l'électricité constitue l'électricité négative. — Une dose d'électricité positive communiquée à un corps qui en contient une égale d'électricité négative, ramène à zéro l'état électrique du corps. — Les deux électricités changent de nature selon le corps avec lequel elles sont mises en contact : la négative devient positive, *et vice versa*. — Les électricités de même nature se repoussent ; celles de nature contraires s'attirent. — L'action de l'acier électrisé naturellement ou artificiellement se transmet à travers tous les corps, et n'en éprouve d'autre affaiblissement que celui qui est dû à la distance, et que Coulomb a prouvé être en raison du carré de cette distance : loi qui régit également les attractions électriques et celles des corps célestes.

la résistance de la peau et communiquera son action à travers la partie interposée. Si au contraire on humecte les excitateurs ou la peau (ce qui revient au même), les courants trouveront un accès facile pour agir sur le corps.

Je crois utile de répéter qu'il n'y a que l'électricité du pôle positif qui agisse sur le corps et produise l'action vibratoire qui se communique jusqu'à l'excitateur du pôle opposé, vers lequel elle se dirige en suivant toujours le meilleur conducteur (les nerfs) et la ligne la plus courte.

___

2° **Grands bains** (a).

74. Voici les différents modes d'opérer pour administrer les divers genres de bains électriques, tant hygiéniques que pathologiques :

Ces bains électriques peuvent se prendre dans des baignoires en bois, en zinc ou en cuivre. Dans le premier cas, il faut que la lame n° 21, qui doit communiquer l'électricité négative au bain, touche l'eau ; tandis que pour les baignoires en métal, on n'a besoin que de placer la lame à cheval sur la baignoire, qui communiquera ainsi l'électricité au métal dont elle est composée, lequel, à son tour, la transmet à chaque molécule d'eau avec laquelle il est en contact, et ainsi à toutes celles de l'épiderme du baigneur. On procède ensuite de la manière suivante : on fixe un cordon flexible au PP de la première induction, et à l'autre bout un long cylindre (excitateur n° 22), que l'on tient dans les deux mains, appuyées sur un bâton ou sur une planchette mise en travers de la baignoire, à moins qu'on n'ait à sa disposition l'excitateur n° 43. L'électricité positive, en traversant par les mains et les bras tout le corps pour aller se recomposer avec son autre moitié, se divise également en autant de courants que le PN a été fractionné de fois par les

___

(a) Des bains électriques, où, avec un seul appareil à deux piles, on peut administrer jusqu'à vingt bains à la fois, et où chaque baigneur peut à volonté régler lui-même la force des courants, n'existent encore nulle part. Comme seul breveté pour l'établissement de semblables bains, j'espère sous peu les mettre à la disposition du public.

molécules d'eau, et toutes les parties antérieures du corps se trouvent ainsi traversées et actionnées par les courants électriques (a).

(a) J'avais rangé dans le chapitre des *Préjugés et Opinions erronées des médecins* les erreurs que le corps médical en général professe relativement aux propriétés des eaux minérales et de l'eau de mer, et à leurs effets sur l'organisme de l'homme; mais j'ai supprimé les notes que j'avais écrites à ce sujet, parce que cette critique ne parut pas justifiée aux yeux d'un de mes amis (médecin), à qui je les avais communiquées. Il m'a objecté que les médecins, en conseillant dans un grand nombre de maladies l'usage de tel bain thermal de préférence à tel autre, sans pouvoir se rendre compte de la façon dont agissent les eaux qu'ils recommandent, se fondent sur des résultats obtenus par l'emploi de certaines sources minérales, et que, quant à leurs propriétés, ils admettent qu'elles sont dues à la plus ou moins grande quantité de principes minéralisateurs qu'elles contiennent, etc.; que cette insuffisance d'explications ne doit pas s'attribuer à l'ignorance des médecins, mais à la science elle-même, qui est encore excessivement vague à cet égard, malgré des milliers de livres écrits sur ce sujet, et dont beaucoup réclament en faveur de telle ou telle source des prérogatives qui ne peuvent s'appuyer sur aucune base scientifique. Mon ami a ajouté qu'en présence de ces faits et des guérisons innombrables et spéciales obtenues grâce à l'usage des eaux thermales de tous les pays, chaudes, tièdes ou froides, venir prétendre, comme je le faisais, que ce n'est point aux substances minérales dont ces eaux sont plus ou moins saturées, qu'il faut attribuer les effets produits par elles, mais que ces effets ne sont dus qu'à l'électricité inhérente à ces eaux; puis se faire de l'incertitude et du vague qui règnent dans cette partie de la science médicale, une arme critique contre les médecins, c'était non seulement injuste de ma part, mais encore nuisible aux idées et aux théories développées dans mon ouvrage, que pour son compte il approuve pleinement; il pensait que j'allais trop loin, qu'à force de ne voir partout et dans tout qu'une action de l'électricité, on trouverait mes assertions à ce sujet trop hasardées, attendu qu'elles sont en contradiction avec l'opinion générale des médecins, et, qui plus est, avec celle des sommités scientifiques de l'Europe.

J'appuyais ma critique notamment sur les preuves suivantes :

1° Les éléments chimiques qui entrent dans la composition des eaux minérales se trouvent également en grande partie et en plus grand nombre dans toutes les eaux des fleuves et dans celles de la mer;

2° Les principes minéralisateurs contenus dans les eaux thermales sont la plupart des principes inertes, ou répartis en quantité tellement minime qu'il est impossible de leur attribuer une action quelconque;

3° Les eaux minérales transportées perdent leurs propriétés, bien que la substance n'en ait pas été altérée;

4° Quelle que soit la différence des substances de certaines sources comparées à celles d'autres, le plus souvent elles guérissent les mêmes genres de maladies;

5° C'est donc à une autre cause que la nature des substances infinitésimales contenues dans les eaux thermales qu'il faut attribuer leur action; cette action

Après qu'on a été de quinze à vingt-cinq minutes sous cette action, on enlève le cordon flexible du cylindre qu'on a tenu dans les mains, et on l'attache à une des plaques n° 5, ou à l'excitateur n° 29, que l'on applique ensuite au moyen d'un ruban sur la nuque, qu'il faut avoir soin de tenir en dehors de l'eau. De cette manière, l'action se communiquera le long de la colonne vertébrale et aux nerfs vertébraux, et traversera toute la partie postérieure du corps jusqu'aux pieds. Cette opération doit également durer de quinze à vingt-cinq minutes.

Pour rendre le bain électrique plus tonique, plus stimulant, et pour faire pénétrer l'électricité par tous les pores, on y ajoute 1 à 2 kilos de sel de cuisine. Pour les tempéraments vifs, secs,

a été, sinon connue, du moins pressentie par l'antiquité; car certaines populations admettaient, comme c'est encore le cas à notre époque dans quelques contrées, *une vie spéciale, un principe divin*, qui animait les eaux. Or ce principe de vie n'est autre que l'électricité qui se dégage au contact du corps humain dans toutes les sources thermales du globe, dans celles où le soufre domine en plus grande quantité que dans les autres;

6° L'eau de mer, qui n'est pas considérée comme une eau minérale, contient cependant plus de substances minérales que la plupart des eaux thermales (29,500 de chlorure de sodium, sel); mais ce n'est pas en raison de ses substances qu'elle agit favorablement sur l'organisme de l'homme; cette action se produit parce que la mer, qui est la source de l'électricité positive, comme la terre l'est de l'électricité négative, dégage sans cesse une grande quantité d'électricité oxygénée, que les organisations, surtout celles qui sont faibles et qui possèdent d'ordinaire un excès d'électricité négative, aspirent avec avidité, parce qu'elle est chez eux nécessaire au rétablissement de l'équilibre de l'électricité du corps; par ce même motif, les bains d'eau de mer pris à Paris ne produisent pas plus d'effet que tout autre bain ordinaire dans lequel on fait dissoudre du sel, etc., etc.

Au moment où j'allais envoyer à l'imprimerie l'article concernant les bains électriques, on m'a signalé un ouvrage ayant pour titre : « *De l'électricité considérée comme cause principale de l'action des eaux minérales sur l'organisme*, par le docteur Scoutetten. » Je l'ai fait aussitôt demander et j'ai pu le parcourir bien qu'à la hâte : chaque ligne m'a procuré une vive satisfaction, d'autant plus qu'elle me confirmait les convictions que j'ai exprimées depuis plus de dix ans, ainsi que je puis le prouver, à l'égard des eaux minérales. L'auteur de cet ouvrage a approfondi cette question avec une rare érudition, et de manière à ne laisser aucun doute sur les résultats des expériences multiples qu'il a faites. Cette lecture m'a encouragé à reproduire ici brièvement, n'ayant plus à craindre d'être taxé d'extravagance, mon article critique sur les eaux thermales et l'eau de mer, auquel j'ai fait allusion au commencement de cette note. Honneur et gloire à M. Scoutetten qui a le premier répandu la lumière sur cette partie si importante de la science médicale !

irritables et sanguins, il faut, au lieu de sel, faire fondre une même quantité de carbonate de soude, et par ce moyen on obtient un bain savonneux et rafraîchissant, que l'électricité rend diurétique et dissolvant, propre à calmer les douleurs même les plus aiguës dans les cas de sciatique et d'affections analogues. L'un et l'autre de ces bains sont à recommander comme hygiéniques, fortifiants et calmants.

75. Pour combattre les affections cutanées, la gale, les dartres, les scrofules, on procède de la même manière qu'il vient d'être indiqué ; seulement, pour augmenter dans ce cas l'action de l'électricité, il faut verser dans le bain 100 à 200 grammes d'alcali volatil ou 50 à 100 grammes d'acide phénique.

Après avoir fait les deux applications indiquées par les mains et la colonne vertébrale, on enlève le cordon flexible de l'instrument n° 29, et on le fixe à une seconde lame n° 21, qu'on pose à cheval au haut de la baignoire, en l'isolant un peu à l'aide d'un morceau de bois, si elle est en métal. De cette manière, et si l'on a soin que cette lame ne touche pas le dos ou la nuque du baigneur, l'électricité ne traversera pas le corps et n'opérera son action qu'à travers l'eau sulfureuse sur l'épiderme, dont l'électricité propre est excitée et mise en mouvement par ce contact. Cette dernière application, qui ne fera éprouver au malade aucune sensation appréciable, exige notamment une très-forte tension, et demande que le graduateur soit tiré au maximum pour agir puissamment sur l'épiderme.

76. Ces divers bains ne doivent jamais être pris à une température au-dessus de 24 à 26 degrés Réaumur (29 à 31 degrés centigrades), ni se prolonger au-delà de quarante à cinquante minutes en y maintenant autant que possible la température primitive.

77. Dans les maladies inflammatoires des organes contenus dans l'abdomen, les bains électriques ne sont pas moins efficaces ; seulement on fait bien de se servir dans ce cas d'un bain de son ou d'herbes émollientes ; mais la température n'en doit pas excéder 22 degrés Réaumur (28 degrés centigrades).

78. Un autre grand bain peut s'administrer aux personnes

d'une santé faible ou languissante, état dont la cause doit être cherchée dans un excès d'électricité négative. Il faut leur administrer un bain électro-positif, de nature à absorber l'excès d'électricité négative qu'il y a chez elles. Voici comment on procède :

Le condensateur n° 41 se fixe avec son fil au bouton négatif de la première induction ; et au bouton externe du condensateur du côté où se trouve la couche isolante, on accroche un des cordons flexibles, dont l'autre extrémité s'attache à une lame de bain qui se pose, comme dans les autres bains, à cheval au bas de la baignoire. Le deuxième conducteur s'ajuste par un bout au bouton positif de l'appareil, et par l'autre à la traverse n° 43. C'est sur cette traverse que le malade pose les mains, par lesquelles le courant est transmis à travers le corps jusqu'au condensateur, où il est arrêté par la couche isolante ; là ne pouvant se recomposer avec son autre moitié, c'est-à-dire le courant négatif, l'électricité positive s'accumule sur le corps du malade et absorbe peu à peu l'électricité négative en excès chez lui. Après quinze minutes d'électrisation de cette manière, on passe à l'électrisation par la colonne vertébrale (74.) (*voir les explications données à ce sujet, à propos de ce genre d'électrisation, mais sans bain*).

3° Bains de siége, de pieds, etc.

79. Pour les bains de siége, on y fait d'abord fondre 100 grammes de sel de cuisine ou de carbonate de soude, selon qu'il s'agit ou de fortifier ou de calmer. On place la lame n° 21 avec le PN sur le devant de la baignoire, et l'excitateur n° 29, mouillé, au PP fixé à la nuque, où il est attaché d'une manière quelconque. L'électricité (toujours première induction) dans le trajet que lui impose la direction des deux pôles, actionne la colonne vertébrale et la masse des nerfs vertébraux, qu'elle stimule et fortifie en mettant en mouvement leur électricité propre, et communique ce mouvement à toutes les parties contenues dans le grand bassin, notamment les organes génito-urinaires, qu'elle est obligée de traverser dans toutes leurs ramifications, pour se recomposer avec l'eau électrisée négativement, dans laquelle toute la surface du bassin est immergée.

80. Pour les bains de pieds, il faut avoir deux baquets très-étroits, mais assez hauts pour qu'on puisse y mettre de l'eau jusqu'à la cheville. Ensuite on fixe les deux lames n° 21 avec leur courant sur chacun des baquets, qui peuvent être en métal, en terre ou en bois. Le courant positif communique son action à la jambe par l'eau du baquet où il est appliqué; il la remonte et traverse une partie des organes renfermés dans le bassin, puis retourne en passant par l'autre jambe se recomposer dans l'eau de l'autre baquet, auquel communique le pôle négatif. Ces bains accélèrent la circulation sanguine dans les parties inférieures du corps, et y attirent l'excès du sang des parties supérieures, en dégageant la tête et la poitrine. Employés avec prudence dans certains cas, ils sont d'un effet incomparable pour régulariser et activer les menstrues, etc. Pour les rendre plus actifs, on fait fondre 250 grammes de sel dans chaque baquet. Ces bains exigent que toutes les cinq minutes on change les courants, ce qui s'opère en déplaçant les cordons, et en mettant le PP au PN, *et vice versâ.*

Lorsqu'il est question de faire passer des engelures non ulcérées, au lieu de sel on y met une décoction faite avec un 1/2 kilo d'écorce de chêne, réduite de moitié, et à laquelle on ajoute 50 grammes d'alun répartis dans les deux baquets.

81. Tous les bains locaux, bains de bras, de mains, d'un doigt, etc., se prennent en mettant la partie malade dans un baquet en métal, en terre ou en verre, rempli d'eau aux trois quarts, dans lequel sera plongé l'une des lames n° 21, avec le PN de l'appareil, pendant qu'on tiendra l'autre pôle avec l'excitateur n° 6 dans la main opposée à la partie malade. La durée de ces bains est de trente minutes, sauf pour les cas de brûlures, où on les laissera durer aussi longtemps qu'il existera encore de l'inflammation et de la douleur.

82. Dans ces derniers cas, comme pour les plaies, les piqûres, les panaris, les contusions, les meurtrissures, etc., il faut ajouter dans le bain de 5 à 10 grammes d'alun, selon la grandeur du baquet dont on se servira; et lorsqu'il est question

d'une dartre ou de la gale, on mêle aux bains de mains ou de bras de 5 à 10 grammes d'acide phénique ; trente à cinquante minutes d'électrisation sont nécessaires.

83. Pour les bains locaux spéciaux à prendre dans les affections vénériennes ou syphilitiques, on procède de la même manière, avec cette différence que pour baigner les parties génitales on doit se servir d'un vase de verre ou de faïence, et qu'au lieu de tenir le PP dans la main, on le place attaché à une plaque n° 5, au bas du coccyx, afin que l'action se communique et traverse essentiellement les parties génito-urinaires.

Dans les cas de contact suspect ou même lorsque l'infection s'est déclarée, il suffit le plus souvent de quelques bains de ce genre avec de l'eau de goudron très-forte pour la faire disparaître. Dans les cas plus graves et où le bain ci-dessus n'aurait pas suffi pour annihiler ou arrêter le progrès du mal, on mettra la quantité d'un petit verre à liqueur d'alcali volatil dans le vase qui sert de bain et qui doit pouvoir contenir au moins un litre d'eau, et l'on prendra trois bains tièdes par jour, de trente minutes chacun. (*Pour les femmes, voir* 79.)

Dans les affections urétrales, on ne met dans le bain que 10 à 15 grammes d'azotate de potasse (salpêtre).

4° Bains pour l'extraction du mercure.

84. Les bains pour l'extraction des métaux, mercure, cuivre, plomb, etc., exigent une batterie galvanique, telle qu'elle est indiquée chap. XV, art. 59. On procède comme pour les autres bains, faisant passer le courant P par les mains d'abord, puis par la colonne vertébrale ; les courants sont continus et ne produisent au malade aucune sensation appréciable, sauf que lorsqu'on fait communiquer ensemble les deux courants et qu'ensuite on les sépare, il en résulte un choc plus ou moins sensible. A défaut d'une baignoire en bois, on pourra en employer une en métal ; mais alors il faut placer au fond une forte grille garnie d'un dossier en bois recouvert d'un linge, afin que le malade soit isolé du métal de la baignoire. Pour s'assurer de l'extraction successive du métal, il faut visser sur la lame de bain n° 21, laquelle est munie d'une petite virole, une plaque fortement dorée et parfaitement polie, sur laquelle viendra se projeter le mercure, etc., extrait du corps par les courants électriques. Toutefois le métal ainsi éliminé est quelquefois à peine visible, au point qu'il faut souvent se servir d'une loupe pour le découvrir sur la lame dorée. Après chaque bain, on soumet la plaque dorée à l'action d'une lampe à esprit de vin, pour faire évaporer le mercure qui peut s'y être fixé.

85. On ajoute à chaque bain, pour rendre l'eau meilleure conductrice et le métal à extraire plus dissoluble, un petit verre d'acide nitrique, lorsqu'on a à agir sur le mercure; la même quantité d'acide muriatique, si c'est de l'argent; et toujours la même quantité d'acide sulfurique, si c'est du cuivre ou du plomb.

Je prescris pour quelques bains l'adjonction de certaines substances médicamenteuses, parce qu'elles rendent en effet l'action de l'électricité plus efficace; on peut, il est vrai, s'en passer; mais les effets des bains seront quelquefois un peu moins prompts.

5° Bains pour les brûlures.

86. Plongez entièrement la partie du corps atteinte dans une cuve, une baignoire ou un baquet en bois, en terre ou en métal, rempli d'eau; faites ensuite communiquer le pôle négatif de l'appareil avec l'eau, au moyen de l'un des conducteurs flexibles dont chaque appareil électrique est muni ordinairement, et au bout duquel sera fixée la petite lame n° 21, qui communiquera le courant à l'eau; placez l'autre cordon, fixé par l'une de ses extrémités au pôle positif de l'appareil, au moyen d'une plaque (25.), sur un point du corps hors de l'eau et un peu éloigné de la partie affectée, sur la nuque, le bras ou dans la main, du côté opposé de la brûlure, afin d'établir le courant électrique d'un pôle à l'autre à travers la partie souffrante; laissez cette partie sous l'action du courant électrique et au degré de force que le malade pourra supporter, jusqu'à ce que, si on la retire un instant de l'eau, celui-ci ne ressente

plus d'inflammation ; autrement, il faut continuer l'électrisation jusqu'à ce que la circulation du sang et avec elle la circulation de l'électricité du corps soient à peu près rétablies dans la partie affectée, et que l'inflammation et la douleur aient cessé. Couvrez ensuite de charpie trempée dans de l'eau fraîche les parties qui ont été atteintes, et posez par dessus la charpie un linge mouillé qu'on renouvellera aussi souvent que possible. On continuera l'électrisation deux et trois fois par jour, une demi-heure chaque fois, en procédant de la manière suivante : si l'étendue de la brûlure est peu considérable, on placera une plaque avec le courant positif sur la partie atteinte, et une autre plaque, dans la même direction, au-dessous, de manière que le courant électrique traverse les parties atteintes d'une plaque à l'autre ; si plusieurs parties ont souffert, il faudra suivre pour chacune le même mode d'électrisation ; en tout cas, l'opération doit se terminer par placer comme dérivatif, pendant cinq à dix minutes, les deux plaques avec leurs courants à la plante de chaque pied, pour détourner des régions atteintes le sang et l'affluence de l'électricité du corps. Le bain de pieds électrique (un baquet pour chaque pied, en faisant communiquer à l'eau de chacun des baquets une des plaques à défaut de lames de bains) est encore préférable. Il est bon de mettre dans chaque baquet une bonne poignée de sel.

Aussi longtemps que la partie atteinte restera placée dans l'eau et sous l'action électrique, le malade ne ressentira aucune douleur. Dans les cas peu graves, une heure d'électrisation dans le bain suffit, le plus souvent, pour enlever la douleur et l'inflammation. Lorsqu'il y a plaie, il faut quelquefois de deux à trois heures pour obtenir ce résultat.

Lorsque l'accident a eu lieu par une chute dans une cuve d'eau ou de matière en ébullition, ou si les vêtements ont pris feu d'une façon ou d'une autre, il faut plonger tout le corps, nu ou vêtu, dans une baignoire ou dans une cuve, puis procéder comme il vient d'être indiqué, en ayant soin de placer le courant négatif dans la direction des pieds. Si le corps entier a été atteint, on doit poser l'autre pôle à la nuque, où on le fixe au

moyen d'un ruban, etc., ou bien sur une autre partie du corps
qui n'ait pas été affectée et qui se trouve hors de l'eau. Il est
nécessaire d'enlever tous les quarts d'heure, assez vite et sans
déplacer le malade, une portion de l'eau du bain, laquelle,
s'étant chargée du calorique en excès, a besoin d'être rempla-
cée par de l'eau aussi froide que possible. (Chaque fois qu'on
enlève de l'eau, on verse de 100 à 200 grammes d'alun dissout
d'avance dans le bain, à l'effet de resserrer les chairs.) Il faut
dans les cas très-graves trois, quatre et même cinq heures, pour
vaincre l'inflammation et rétablir la circulation.

Quelques heures après qu'on aura retiré le malade du bain,
et après avoir suivi l'instruction pour recouvrir les parties
atteintes, comme elle est détaillée plus haut, on place à la nuque
une plaque, avec le courant positif, sur un linge mouillé, et
l'on promène ensuite le frictionneur plat n° 11 dont la surface
n'est pas plus large que la plaque fixée à la nuque, sur les
linges mouillés recouvrant les blessures ; cette opération doit se
faire deux à trois fois par jour, et se continuer jusqu'à la cautérisation complète des plaies. La reconstitution anatomique
des tissus s'opèrera beaucoup plus promptement que par tout
autre moyen, sans laisser souvent des traces de cicatrisation.

Quel que soit le traitement exigé par l'état du malade et prescrit par le médecin qu'on aura fait appeler, il faut, dans les cas
graves, après que l'inflammation aura été enlevée, continuer
l'électrisation deux fois par jour, comme il est indiqué plus
haut, afin d'empêcher, autant que possible, la suppuration des
plaies (a), en obtenir la prompte cautérisation et faciliter la
recomposition des chairs, ce qui a lieu assez promptement.

(a) Lorsqu'on a devant soi un cas où tout le corps est couvert de brûlures
et dont les plaies ne cessent de suppurer, il faut, pour les épurer, imbiber la
charpie dans une décoction de suie de cheminée, que l'on obtient en faisant
bouillir la quantité de suie qui entre dans une petite tasse à café dans deux
litres d'eau réduits à moitié, et appliquer à froid sur les plaies.

II. — Règles spéciales.

1° Quelques exceptions à la règle générale. — 2° Procédés opératoires
dans les paralysies ; — 3° dans les maladies nerveuses. — 4° Traitement des aliénations mentales ; — 5° du choléra, moyens préservatifs et curatifs ; — 6° du charbon ou pustule maligne ; — 7° des
cancers du sein ; — 8° des cancers de la matrice ; — 9° de la blennorrhagie et de la syphilis, moyens préservatifs et curatifs ; — 10° de
l'anesthésie par le chloroforme ; — 11° de la rage ou hydrophobie,
des piqûres d'insectes et des morsures d'animaux non enragés ; —
12° de la surdité ; — 13° de l'ulcère vénérien du nez ; — 14° des
hernies étranglées ; — 15° des déviations de la colonne vertébrale.
— 16° Pour combattre chez certains individus les phénomènes produits par l'état électrique de l'atmosphère. — 17° Pour appliquer
l'électricité propre aux métaux. — 18° Pour électriser négativement
ou positivement. — 19° Diverses notions à l'usage de l'électricien.
— 20° Conclusions.

1° Quelques exceptions à la règle générale.

87. Il a été prescrit dans les *Règles générales* d'appliquer
toujours le PP sur la partie malade, douloureuse ou engor-
gée, etc., etc. Les congestions cérébrales, l'affluence du sang
à la poitrine ou à la tête, les fièvres font exception à cette
règle. Or voici comment on doit procéder dans ces cas : il faut
actionner énergiquement les parties inférieures du corps pour
y activer la circulation du sang et y attirer l'excès d'électricité
accumulée dans les parties affectées ; cela se pratique le plus
efficacement au moyen de bains de pieds électriques à forte
tension, en mettant deux bonnes poignées de sel de cuisine
dans chaque baquet, et au moyen de sinapismes électriques sur
les mollets, lesquels se composent de deux morceaux de toile
de lin de la grandeur d'une pièce de cinq francs, trempés dans
de l'alcali volatil (ammoniaque liquide) et appliqués ensuite
sur les mollets, sur lesquels on attache les deux plaques n° 5.
Lorsqu'on ne peut pas facilement appliquer un bain de pieds
électrique, on le remplace en appliquant deux grandes plaques
à la plante des pieds. On obtient souvent le même résultat,
lorsqu'on a à combattre ces mêmes affections chez la femme
(non enceinte), en plaçant les deux plaques mouillées (sans
toile ni ammoniaque) à l'intérieur des cuisses, etc., etc.

2° Procédés opératoires dans les maladies paralytiques.

88. Le lecteur qui n'est pas médecin et qui tient particulièrement à appliquer utilement l'électricité à la guérison des maladies, ne saurait tirer un grand profit des enseignements de M. Duchenne relatifs à l'électrisation ou « farradisation musculaire, » soit directe, soit indirecte, pas plus que de ceux indiqués dans d'autres traités d'électricité; je crois donc devoir l'aider dans ce travail.

Cette électrisation indirecte consiste à actionner tel ou tel nerf pour faire contracter certains muscles; l'électrisation directe s'opère en agissant sur chaque muscle individuellement ou sur un faisceau musculaire, en plaçant les exitateurs humides sur les points de la peau qui correspondent à leurs surfaces. En outre il faut, pour obtenir, suivant M. Duchenne, la contraction des muscles, agir au niveau de leur masse charnue et jamais au niveau de leurs tendons; cette distinction peut souvent embarrasser même un médecin. Or comme par le procédé opératoire de M. Duchenne on n'obtient jamais, d'après son propre aveu (page 40), que la contraction partielle d'un muscle, quelle qu'en soit la longueur ou la largeur, et que cette contraction n'a lieu qu'au point où a été placé l'excitateur, tandis que les autres parties restent relâchées, ce procédé me semble en cela très-peu rationnel. Je fais de plus observer que la contraction ainsi obtenue est anormale et contraire à celle que la nature a assignée aux muscles, vu que les filets nerveux (blancs) qui y aboutissent et leur apportent les ordres de la volonté, produisent sur les disques et les fibres circulaires des muscles une action tout autre (26.) que celle qu'indique M. Duchenne. Ces filets nerveux affectés au mouvement et servant à porter du cerveau sur tous les points de la fibre musculaire, comme dans les centres végétatifs, l'agent électrique qui a la propriété de faire contracter et mouvoir cette fibre, opèrent sur les particules électriques inhérentes (co-existantes) de la fibrile musculaire une action qui fait tourner leurs pôles négatifs en dessous et leurs pôles positifs en dessus, et réciproquement. Or ces particules ayant leurs pôles contraires placés les uns près des autres dans la même direction rectiligne, qui est celle de la *longueur* de la fibrile, elles s'attirent mutuellement, et dès lors les disques se rapprochent, et cela a lieu chaque fois qu'ils sont actionnés; d'où il résulte d'abord que les fibriles musculaires (26.) sont douées de la force électro-motrice et doivent être considérées comme une batterie électrique dont les courants circulent également d'un pôle à l'autre et forment ainsi un circuit fermé. Au lieu d'agir comme l'agent électrique que la volonté envoie à la fibre musculaire, M. Duchenne n'actionne qu'une section d'un muscle et le plus souvent une de celles du milieu sur laquelle il fait agir les deux excitateurs; pour opérer la même excitation sur toute la longueur du muscle, il est donc obligé de promener successivement les excitateurs de section en section, tandis que pour occasionner une contraction normale il faudrait produire l'excitation en même temps sur toute la longueur du muscle ou du faisceau, telle que les courants électriques du cerveau l'opèrent lorsque les muscles sont dans un état normal.

Afin que le lecteur compétent soit à même de juger si les observations que j'oppose encore ici au système d'électrisation localisée de M. Duchenne sont fondées ou non, je vais exposer ma manière de procéder en pareil cas.

Je fais placer l'excitateur qui communique au PP sur la naissance du muscle que je veux actionner, et l'autre excitateur à sa terminaison; mais celui-ci, autant que cela est possible, du côté opposé du point où se trouve le premier excitateur, afin d'agir sur le muscle dans toute sa longueur et dans toute sa largeur; contractant de cette manière les parties charnues, les tendons, ainsi que toutes les fibres dont il se compose. Lorsqu'il est donc question dans une paralysie qui permet de reconnaître quels muscles ont été principalement atteints dans leur mobilité, j'agis spécialement sur ces muscles en tâchant d'y réveiller la contractilité sinon perdue, du moins altérée ou affectée; mais ce n'est qu'après les avoir actionnés pendant quelque temps au moyen de l'électricité de première induction et avoir changé de pôle toutes les cinq minutes, c'est-à-dire en actionnant les muscles tantôt par des courants centrifuges, tantôt par des courants centripètes, et n'en avoir obtenu aucun succès, que j'ai recours, surtout lorsque la paralysie est ancienne et complète, à l'électricité de deuxième induction et à forte tension, d'abord par des courants intermittents, puis par des courants interrompus (commotions). Si j'échoue dans ces deux modes d'applications, j'emploie l'électricité voltaïque par courants continus (56.); et si je ne parviens par aucun de ces moyens à rendre la vitalité aux muscles et à frayer le passage aux agents électriques du cerveau, j'agis alors sur le tronc nerveux sous la dépendance duquel les muscles paralysés se trouvent, c'est-à-dire auquel ce tronc distribue les nombreux filets qui y aboutissent et qui leur apportent l'agent intelligent qui les fait mouvoir lorsque leurs fonctions n'ont pas été altérées (a). Il est excessivement rare de ne pas obtenir,

(a) J'appuie mon opinion sur celle d'un des hommes les plus savants de notre époque, M. De la Rive. Il dit dans son *Traité d'Electricité*, page   :
« L'électricité est le moyen de communication qui existe entre les
» centres nerveux et les muscles, par l'intermédiaire des nerfs; nous avons
» réussi à déterminer l'état électrique naturel, soit des nerfs, soit des muscles,
» et la modification que cet état subit quand il y a action des centres à la pé-
» riphérie et de la périphérie aux centres. Cette modification consiste dans
» un déplacement moléculaire des particules des muscles et des particules des
» nerfs, analogue à celui qui s'opère dans les corps conducteurs, et, en parti-
» culier, dans les électrolytes, tels que l'eau, quand ils transmettent un courant
» électrique; déplacement en vertu duquel les particules sont polarisées, c'est-
» à-dire se trouvent avoir leurs pôles semblables tous tournés dans la même
» direction. L'existence de cette propriété dans le nerf et dans les muscles
» suppose qu'à l'état sain ces deux portions du corps animal ont leurs par-
» ticules douées d'une grande mobilité, de façon qu'elles puissent facilement
» obéir aux forces capables de troubler l'équilibre naturel, dans lequel elles
» se trouvent sous l'empire de la force vitale, pour leur imprimer la disposition
» nécessaire à l'accomplissement de leurs fonctions. Si nous examinons quelles
» sont les causes qui peuvent empêcher, dans l'état anormal de maladie, cet
» accomplissement d'avoir lieu, nous ne pouvons trouver que les suivantes :
» ou un état maladif du muscle qui gêne le mouvement de ses particules de
» façon qu'elles ne peuvent obéir à l'action du nerf, ou une maladie et une lésion
» du nerf qui empêchent la communication du centre nerveux au muscle ou du
» muscle au centre nerveux de s'opérer régulièrement, état anormal qui peut
» également exister dans la liaison des dernières ramifications nerveuses avec
» les muscles; ou, enfin, une maladie des centres nerveux eux-mêmes, d'où
» émane la force qui, à travers les nerfs, va atteindre les muscles, ou auxquels
» parvient l'impression qui part des extrémités. »

en procédant ainsi que je viens de l'exposer, un résultat plus ou moins satisfaisant.

Les paralysies provenant d'une lésion du cerveau ou de la moelle, plusieurs auteurs, parmi lesquels on compte M. Duchenne, ne les croient pas susceptibles d'être traitées par l'électricité, par la raison que dans ces cas la contractilité des muscles paralysés à la suite d'une hémorrhagie cérébrale reste intacte; ils admettent même qu'il est dangereux d'appliquer l'électricité avant la cicatrisation du foyer hémorrhagique, attendu que l'excitation électrique peut occasionner de nouvelles hémorrhagies. Cela pourrait en effet arriver, si l'on voulait, par exemple, agir sur les membres paralysés, notamment sur les muscles de la face ou de la langue, d'après le mode de procéder de M. Duchenne; mais ce n'est pas ainsi qu'il faut attaquer les paralysies symptômatiques d'une lésion cérébrale : il faut d'abord chercher à reconnaître le point du cerveau qui correspond au foyer pour résoudre l'épanchement sanguin qui a eu lieu. Ce point se reconnaît facilement, dans la plupart des cas, à la douleur que l'examen du cerveau fait éprouver au malade lorsqu'on le palpe avec les doigts.

Ce point reconnu, on fait raser les cheveux dessus afin de pouvoir y appliquer un excitateur muni d'une éponge très-humide, communiquant au pôle positif de l'appareil, ou l'on y applique un linge plié en quatre et mouillé d'eau salée ; puis après avoir fixé la plaque n° 5 avec son cordon au pôle négatif et placé celle-ci à la plante du pied du côté paralysé, on actionne le point en question en y appuyant fortement le cylindre. On l'enlèvera toutes les minutes pendant une seconde seulement, puis on l'appliquera de nouveau, en ayant soin que l'éponge soit toujours bien imprégnée d'eau salée.

89. Si la face a été atteinte de la paralysie, on procèdera de même, quant au foyer hémorrhagique; mais on enlève la plaque du pôle négatif, et l'on fixe le cordon au deuxième cylindre, également muni d'une éponge que l'on promène tantôt sur la région mentonnière (nerf maxillaire inférieur), tantôt sur la région rétro-auriculaire (branche du nerf facial).

90. Si c'est la langue seule qui a été atteinte, on fixera le

PN à l'excitateur n° 18, que l'on fixera sur la pointe de la langue, pendant qu'on laisse le PP appliqué sur le point hémorrhagique. Au lieu de l'éponge dans le cylindre, on peut, au besoin, y appliquer un linge plié en quatre, mouillé d'eau salée, et y fixer et attacher une des plaques.

Il faut, dans tous ces cas, faire usage d'abord de l'électricité voltaïque à courants continus (56.), puis de l'électricité volta-magnétique de première induction, par courants intermittents très-faibles, en laissant chacun de ces deux types agir pendant dix minutes au moins sur l'organe malade. Il faut souvent de vingt à trente séances avant d'obtenir la résorption du caillot de sang.

91. Dans les paralysies qui sont le résultat d'une maladie de la moelle, il faut sans crainte électriser la colonne vertébrale depuis la nuque jusqu'au coccyx alternativement par les deux mêmes types électriques ; on place dans ce but l'excitateur n° 29 à la nuque, et une plaque avec le pôle négatif au coccyx. On aura soin que le malade tienne la tête un peu penchée en avant, pour que les courants électriques actionnent la moelle et les nerfs vertébraux; sans quoi ils passeraient extérieurement le long des vertèbres jusqu'au coccyx et ne produiraient que très-peu d'effet. Au bout de quinze minutes, on change l'application indiquée en enlevant le pôle positif de la nuque pour le placer avec une plaque sur le coccyx, et le pôle négatif avec sa plaque se fixe à la plante des pieds, alternativement de l'un à l'autre.

On administrera en outre au malade, tous les soirs avant qu'il se couche, un bain de pieds électrique (80.), en mettant 100 grammes de sel dans chaque baquet.

92. L'hémiplégie faciale provenant de la paralysie de la septième paire de nerfs se traite en appliquant l'électricité de la manière indiquée au commencement de cet article (le PP sur le nerf facial et le PN, alternativement, tantôt à la région des vertèbres cervicales, tantôt à celle des vertèbres lombaires, et pour terminer on fera passer les courants par les deux mains, comme moyen dérivatif qu'il ne faut jamais négliger après avoir électrisé une partie quelconque de la tête).

93. Dans l'hémiplégie faciale isolée qui peut avoir été déterminée par une pression ou une lésion du nerf facial, ou sous l'influence d'un refroidissement par un courant d'air, on procède en faisant les mêmes applications.

94. Passons aux paralysies appelées traumatiques, qui sont causées par des lésions provenant d'accidents, de chutes, de luxations ou de blessures, c'est-à-dire lorsque la lésion d'un ou de plusieurs nerfs a produit dans les mouvements volontaires, et même dans la nutrition des muscles, un trouble par suite duquel il y a eu interruption dans la communication avec les centres nerveux dont ils dépendent. Ce genre de paralysie est caractérisé par la perte de la contractilité électro-musculaire, plus ou moins prononcée selon l'importance de la lésion, quelle que soit la gravité du cas, laquelle se juge au degré d'affaiblissement de la contractilité et de la sensibilité électrique; il est toujours possible de la combattre en actionnant les parties lésées de la manière que je l'ai démontré au commencement de ce chapitre, en employant alternativement l'une et l'autre électricité au degré de tension que le malade est capable de supporter. Plusieurs mois sont quelquefois nécessaires pour obtenir la guérison; mais il est rare que ce genre de paralysie résiste à un traitement rationnel. Il en est de même des paralysies nerveuses essentielles, rhumatismales, et des paralysies saturnines, modifiées par le principe toxique; en général, toutes les paralysies du mouvement et du sentiment sont susceptibles d'être combattues avec le plus grand succès par l'électricité.

3· Traitement des maladies nerveuses et leurs causes.

95. Les névralgies sans exception sont provoquées, selon moi, par une perturbation dans l'état normal d'un nerf ou d'une branche nerveuse. Ce nerf pompant des organes dont il est environné un excès d'électricité, il en résulte une lutte entre l'action normale que la nature lui a assignée et la disposition anormale que cette accumulation fait naître, et, par

suite, une surexcitation qui se manifeste par une douleur très-
vive, souvent lancinante ou intermittente, ne cessant que
lorsque le nerf surchargé a pu se débarrasser momentanément
de son excès d'électricité; mais aussi longtemps que la perturbation existe et que le nerf ou la branche nerveuse reçoit ou
pompe des tissus voisins une quantité d'électricité hors de
proportion avec celle nécessaire aux fonctions qui lui sont
dévolues, ces fonctions sont entravées. Cet excès d'électricité
dans un nerf ou une branche nerveuse se porte et s'accumule
toujours, comme dans un aimant, à ses extrémités; lorsque
l'accumulation a atteint un certain degré, il arrive forcément
un moment où, subissant d'autres influences, même extérieures, le nerf perd sa force d'attraction, et son excès d'électricité se porte subitement sur d'autres organes. Le malade
sentira alors ce dégagement à des élancements plus ou moins
fréquents dans la partie affectée, mais quelquefois si douloureux, qu'il les compare à des coups de foudre qui lui traver-
seraient le corps.

96. Les affections hystériques, de même que les diverses
espèces d'épilepsie, sont dans la plupart des cas dues à une
perturbation prolongée du même genre que les névralgies. Les
paralysies hystériques, qui se présentent sous forme tantôt
d'hémiplégie et tantôt de paraplégie, sont également causées
par une accumulation anormale de l'électricité dans les organes
génitaux, laquelle provoque les crises hystériques qui caractérisent ces affections. Ces organes finissent par se débarrasser
de l'excès de l'électricité qui y produit ces désordres, de la
même manière que dans les névralgies; mais ici ce dégagement
détermine quelquefois un changement subit dans la polarité
des nerfs qui sont en jeu, et prive tout-à-coup les muscles de
la communication avec leur agent moteur, sans lequel ils
restent dans l'inactivité; c'est alors que surviennent les accidents de paralysie dont j'ai fait mention.

Il faut dans tous ces cas agir par l'électricité voltaïque
(56.), ou par la première induction sur les centres nerveux
(plexus solaire), pour provoquer par des actions reflexes le
changement de polarisation anormale, lequel se produit

souvent aussi subitement que le dérangement s'était opéré.

Commencez par placer le PP avec un excitateur à éponge humide sur la douleur névralgique localisée lorsque le siége est à la tête, et le PN avec plaque au creux de l'estomac ou entre les omoplates, selon que la douleur sera à la partie postérieure ou antérieure, en intervertissant toutes les cinq minutes les pôles, c'est-à-dire en faisant exception à la règle (71.); ce changement s'opère sans déplacement des excitateurs et ne demande que celui des cordons, plaçant celui du PP dans le bouton du PN, et mettant celui-ci à la place du premier.

Dans les névralgies intercostales, les deux excitateurs se placent des deux côtés sous les aisselles ; puis de l'estomac aux premières vertèbres lombaires, tantôt d'un côté, tantôt de l'autre.

97. Dans les diverses épilepsies, la danse de saint Gui, et les maladies hystériques, l'électrisation a lieu de la nuque à l'estomac, puis de l'estomac aux vertèbres lombaires, en suivant dans toutes les maladies nerveuses la règle exceptionnelle de changer, ainsi que je l'ai indiqué plus haut, les pôles toutes les cinq minutes. Ces affections, en outre, toutes sans exception, exigent deux grands bains électriques par semaine, avec adjonction de carbonate de soude (74.).

4· Aliénation mentale.

Dérangement d'une ou de plusieurs facultés intellectuelles, continuel ou périodique, avec ou sans délire ni fièvre.

98. Le traitement des maladies que l'on comprend sous le nom générique d'aliénation mentale pour caractériser les diverses espèces de folie, n'est point aussi difficile qu'on le suppose. Cette question grave demanderait de très-longs développements, dans lesquels, ni l'état de mes connaissances, ni l'expérience que j'ai acquise à ce sujet, ni les limites de cet ouvrage, ne me permettent d'entrer ; aussi me bornerai-je à tracer ici une esquisse qui puisse servir de guide aux jeunes médecins dans le traitement de ces tristes affections, dont jusqu'à présent on n'a connu que les symptômes, leur nature, de l'aveu même des médecins aliénistes, ayant échappé à toutes les recherches.

Si les savants ne sont pas parvenus à découvrir la cause des lésions des facultés intellectuelles et affectives, c'est parce que dans leurs études de notre corps, ils ne l'ont jamais considéré comme constituant un immense appareil électrique, dont chaque organe forme un foyer d'électricité, enveloppé de tissus organiques, qui, par leur composition et leur arrangement moléculaire, sont autant de batteries électriques maintenues en activité par les courants résultant de leur propre frottement ; ils n'ont jamais pensé que chacun de ces appareils organiques, avec ses diverses batteries, forme un centre d'action dont chaque section a son circuit électrique fermé (a).

En étudiant notre organisation sous ce point de vue, on trouvera comme moi que les perturbations de l'intelligence sont dues à la même cause que j'ai déjà indiquée, dans le chapitre précédent, comme celle de toutes les névralgies et de toutes les épilepsies, c'est-à-dire qu'elles doivent être attribuées à un manque d'équilibre dans l'électricité du corps, lequel, dans la folie, est en outre augmenté d'une interversion dans la polarisation des deux grandes batteries électriques de notre organisme, le système cérébro-spinal et le système du grand sympathique, interversion provoquée par le dérangement d'une partie des nombreuses batteries de piles dont est composé le cervelet, et qui fournissent à la volonté sa télégraphie pour transmettre ses ordres à toutes les divisions du corps.

Il faut chercher avant tout à pénétrer les causes qui ont

(a) Je crois avoir démontré dans les chapitres IV à VIII, que la vie n'a pas de siége spécial, qu'elle est répandue dans tout l'organisme ; qu'en un mot elle ne réside que dans l'électricité. Je me trouve encore ici, je le répète, en contradiction avec beaucoup de savants, et notamment avec deux des plus éminents physiologistes de notre époque, M. Flourens et M. Claude Bernard; car je ne puis pas plus admettre le *nœud vital* du premier, que je ne puis admettre l'assertion du second relativement à la puissance nerveuse, qui, selon lui, serait créée dans les centres nerveux. Les chapitres cités plus haut donnent les raisons que j'oppose à ces théories.

amené le trouble dans l'intelligence, afin de savoir si elles sont de nature physique ou morale. Les aliénations provenant de causes physiques sont plus nombreuses que les autres ; mais elles se manifestent, à peu d'exceptions près, sous une forme moins difficile à guérir que celles provoquées par des causes morales. Parmi ces dernières, on peut citer l'ambition, l'orgueil, la passion du jeu, la frayeur, l'amour malheureux, etc.

L'influence du moral sur le physique et l'influence du physique sur le moral sont les conséquences physiologiques des rapports anatomiques établis entre les deux grands systèmes nerveux ; l'échange d'actions et de réactions au moyen desquels la vie animale et la vie végétative sont entretenues par l'électricité, unit individuellement chacune des facultés de l'âme à une des diverses facultés végétatives, comme les deux pôles d'un aimant sont unis entre eux par son axe.

Ces vérités sont pour moi aussi incontestables que la correspondance spéciale des diverses circonvolutions du cerveau avec les diverses facultés de l'âme, et de la proportionnalité des développements des *organes cérébraux* à la puissance des facultés respectives.

Pénétré de ces vérités, j'ai pu me convaincre que certaines folies ont pour cause première une affluence ou accumulation anormale de l'électricité du corps dans un ou plusieurs organes du cerveau, surexcité par le caractère passionné du malade ou par des habitudes contractées, organes qui correspondent au sentiment, à l'instinct ou à la passion qui domine l'individu. La même surexcitation peut se produire par suite d'une frayeur, d'un accident, d'une maladie, toutes circonstances où cette affluence anormale de l'électricité peut s'opérer violemment ou peu à peu, et la circulation en être ensuite comprimée ou arrêtée dans l'organe, se convertir en chaleur, produire de l'inflammation, puis de la fièvre, finir par réagir sur tout l'organisme environnant et intervertir la polarisation de quelques-unes des nombreuses batteries électriques du cervelet (23.).

L'électricité étant l'agent de toutes les transmissions, de toutes les relations et de toutes les fonctions de l'organisme, l'agent unique de l'âme dans ses rapports actifs et passifs avec le monde extérieur, il en résulte que si les nerfs du sentiment (nerfs gris), qui servent de route à l'électricité pour rapporter au cerveau par une multitude de chemins spéciaux les impressions du dehors (30.), et qui, en raison de leurs fonctions, ont leurs pôles positifs tournés vers la périphérie et leurs pôles négatifs vers le centre, éprouvent par suite d'une perturbation quelconque une obstruction, une interruption, même une interversion dans leur polarité, les perceptions et les sensations qui viennent occuper leur place dans le cerveau et dans le grand sympathique deviennent nécessairement confuses, faussées et même perverties, surtout si, dans le trajet que des obstacles les obligent de faire, il leur faut traverser des centres ganglionnaires, qui ont un autre foyer perceptif, lequel peut totalement changer ses perceptions ; car chaque organe nerveux sert à une faculté vitale circonscrite dans un cercle déterminé, en dehors duquel elle ne saurait être mise en rapport direct avec le monde matériel (28.).

Je suis entré dans ces détails, parce qu'ils m'ont paru indispensables pour bien faire comprendre la marche à suivre dans le traitement.

Après avoir préalablement mis en œuvre ce qui est nécessaire pour détruire l'idée dominante chez le malade, il faut s'attacher à calmer la surexcitation des organes malades, leur procurer un dégagement et rétablir l'équilibre rompu, ainsi que la polarisation intervertie.

La manière de procéder pour atteindre d'une manière plus ou moins complète ce résultat, est fort simple : il faut soumettre le malade, quelle que soit sa folie, pourvu qu'elle n'ait pas dégénéré en idiotisme, à l'action des grands bains électriques (74.), en les faisant durer d'abord quatre, puis six et jusqu'à douze heures consécutives, à la température primitive de 30 à 32 degrés centigrades.

Après avoir mis fondre dans le bain 2 kilos de carbonate de soude, à l'exception du cas où cette instruction serait repoussée par l'analyse, on y laissera le malade une heure sans l'électriser, puis on procédera comme l'indique l'article 74, c'est-à-dire en l'actionnant pendant quinze minutes par les mains appuyées sur le cylindre de bain n° 43, et quinze minutes par la colonne vertébrale (les bras dans l'eau) ; après quoi on enlève l'excitateur de la colonne vertébrale, et l'on fixe son cordon à la deuxième lamette de bains n° 21, qu'on place à cheval au haut de la baignoire, en prenant les précautions indiquées au deuxième alinéa du § 75. Après qu'on aura laissé le malade pendant une heure dans ce bain épidermique, qui ne produit sur lui aucune sensation appréciable, on recommencera une nouvelle électrisation par les mains, puis par la colonne vertébrale, pour passer de nouveau à celle de l'épiderme seul, et ainsi de suite jusqu'à la fin. On laissera un intervalle de vingt à vingt-quatre heures dans l'administration des bains prolongés, et cet intervalle sera employé à une autre électrisation non moins importante que l'autre que je vais indiquer. Si toutefois, après une dizaine de bains de quatre à douze heures, on n'a obtenu que peu ou point d'amélioration, il faut prolonger les bains jusqu'à vingt-quatre heures, en interrompant seulement pendant la nuit l'électrisation par les mains et la colonne vertébrale.

Je fais observer à cette occasion que la peau, ce laboratoire des sécrétions cutanées (a), est, ainsi que je l'ai fait remarquer ailleurs, idio-électrique, et empêche par là une trop grande déperdition de l'électricité du corps ; mais elle perd par le bain électrique cette propriété, et offre ainsi un facile écoulement à l'excès d'électricité accumulée dans les centres nerveux.

99. Le deuxième genre d'électrisation consiste à provoquer d'une autre manière une détension, un relâchement dans certains organes surexcités, à agir en même temps sur d'autres

(a) On sait que la peau est chargée de séparer de notre sang près de la moitié de nos aliments et de nos boissons ; par ce travail continuel et le frottement incessant des liquides avec les solides, il se développe une grande quantité d'électricité. La peau est, pour ainsi dire, un crible destiné par la nature à éliminer de notre corps les matières devenues impropres à la vie ; car sur 1 kilo 1/2 d'eau ou de vin que nous buvons, et sur 2 kilos 1/2 de pain et d'autres aliments que nous mangeons, notre corps rend en moyenne, en vingt-quatre heures, 1,250 grammes d'urine et 250 grammes de matières fécales, soit ensemble 1,500 grammes ; de sorte qu'environ 2,500 grammes passent par la transpiration insensible qui a lieu tant par la peau que par les poumons.

organes qui président à des penchants opposés aux précédents,
à les rendre plus actifs ; en un mot, à produire un mouvement
favorable dans le travail du cerveau pour obtenir par l'électricité artificielle sur les nombreuses batteries de piles du cervelet une action plus puissante que celle qui maintient une ou
plusieurs de ses sections dans un état anormal de polarisation,
pour ramener le rétablissement des fonctions normales.

Il faut pour cela appeler à notre aide la phrénologie, et comme
tous les lecteurs ne sont pas initiés à cette science, ainsi que
doit l'être le médecin, je vais indiquer sur les têtes phrénolo-
giques figurées ci-dessous les numéros qui correspondent aux
protubérances du cerveau sur lesquelles il faut appliquer les
excitateurs.

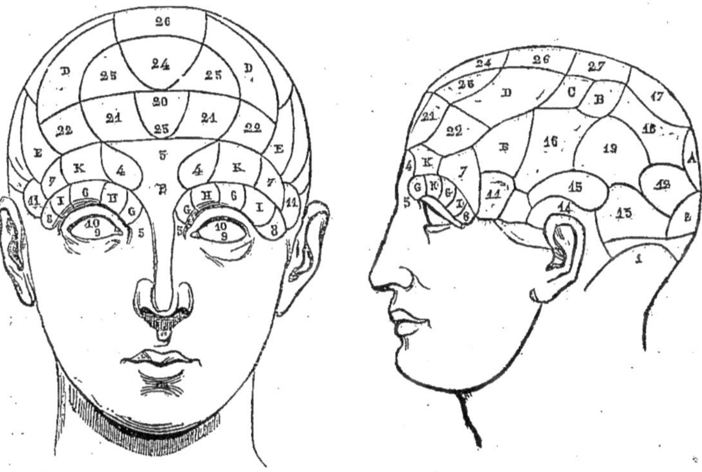

L'électricité galvanique est la seule applicable ici ; toutefois,
si l'électricien n'a pas à sa disposition une batterie de quinze à
vingt couples Daniel (56.), il se servira de la pile indiquée à
l'article 54. Le PN sera fixé à une plaque n° 5 humectée et le
PP à l'excitateur double n° 32, qui s'applique dans les diverses
formes de folies ci-dessous spécifiées, de la manière indiquée
pour chacune d'elles ; la première application durera seulement
cinq minutes, et la seconde, comme celles qui se bornent à
une seule électrisation, vingt minutes. Les places où l'appli-

cation devra se faire devront être auparavant humectées au moyen d'une éponge trempée dans de l'eau salée.

Ambition démesurée, orgueil. — Première application : l'excitateur n° 32 sur les deux côtés de la région marquée du chiffre 18, et une plaque n° 5 à la plante des pieds — Deuxième application : l'excitateur n° 32 sur les deux côtés de la région marquée n° 24; la plaque reste aux pieds.

Revers de fortune, chagrin. — Première application : le même excitateur sur les deux côtés marqués n° 11; la plaque aux pieds. — Deuxième application : le même excitateur sur les deux côtés de la lettre C, avec plaque aux pieds.

Avarice, envie. — Première application : le même excitateur sur les deux côtés du n° 16; plaque aux pieds. — Deuxième application : le même excitateur sur les deux côtés de la lettre B; plaque aux pieds.

Amour-propre froissé, perte de l'honneur. — Une seule application sur les deux côtés de la région C; plaque aux pieds.

Amour malheureux — Une seule application sur les deux côtés de la région marquée n° 12; plaque au bas-ventre.

Mélancolie, monomanie, hippomanie, hypocondrie. — Une seule application sur les deux côtés de la région marquée n° 12; plaque au bas-ventre.

Frayeur, peur. — Une seule application sur les deux côtés marqués n° 27; plaque au coccyx.

Lorsqu'on opère ainsi, l'excitateur n° 32, en forme de brosse à pointes métalliques, divise les courants électriques, de manière à traverser le cervelet dans toutes les directions et à longer les nerfs vertébraux et le grand sympathique pour se diriger tous vers l'autre pôle, et ainsi sont actionnés les principaux centres nerveux sans que le malade ressente la moindre action ou sensation.

Alors que la raison paraît perdue sans retour, quelques bains très-prolongés suffisent souvent pour la rétablir en absorbant la cause qui l'avait troublée.

5° Choléra.
Moyens préservatifs et curatifs (a).

100. J'ai indiqué dans le chapitre XIII, § 10, les causes du choléra, et je doute fort que quelqu'un puisse contester ce que j'ai avancé à ce sujet. Cette maladie épidémique est un empoisonnement miasmatique du sang, qui se manifeste par des vomissements et des selles de matières aqueuses et bilieuses ; lorsque les accidents augmentent, le corps se refroidit, la peau prend une couleur violacée, devient flasque et ridée ; la face et les membres se cyanosent complétement.

Ces phénomènes n'ont jamais été expliqués comme je vais le faire. Les myriades de miasmes de l'air atmosphérique absorbant pour leur propre vie une partie de l'électricité de l'atmosphère, celle-ci ne se combinant plus en quantité nécessaire avec l'oxygène, il en résulte un manque d'ozone, c'est-à-dire d'oxygène électrisé, et par suite un ralentissement de la circulation sanguine, qui prouve que l'électricité de l'atmosphère est insuffisante pour en entretenir le fonctionnement normal, surtout chez les personnes dont la santé est altérée (16.).

Dès lors les germes vivants que nous respirons, n'étant point entraînés et détruits dans le torrent de la circulation, s'implantent dans les tissus cellulaires des voies respiratoires et des voies digestives, où ils attirent tout le sang du corps,

(a) Le prix Bréant fixe une récompense de 100,000 fr. « pour celui qui » 1° trouvera une médication propre à guérir du choléra asiatique dans » l'immense majorité des cas ; 2° indiquera d'une manière incontestable les » causes du choléra asiatique, de sorte qu'en opérant la suppression de ces » causes, on fasse cesser l'épidémie. »

J'ai satisfait, je le crois du moins, à l'une et à l'autre de ces deux propositions du concours (*voir page* 155 *et l'Appendice, chapitre XXV*). Est-ce une raison pour que le prix me soit accordé? Nullement. Il en sera de ce concours comme de celui pour le prix de 50,000 fr., promis par le gouvernement pour l'application avec économie de la pile de Volta à la médecine, etc., et qu'on a adjugé, contrairement aux termes précis du décret de l'Empereur (*voir ma protestation*), à un mode de changer l'électricité dynamique en électricité statique, résultat que l'auteur avait obtenu sans l'avoir cherché, longtemps avant cette époque, mais qui ne lui avait point paru avoir de l'importance, vu que ce changement se produit chaque fois qu'une grande tension d'électricité dynamique agit par influence sur l'électricité ambiante.

obstruent le système circulatoire des poumons et provoquent avec une rapidité effrayante les désordres symptômatiques du choléra.

Les individus les plus exposés à son influence sont les gens d'un tempérament faible ou maladif, ceux qui mènent une vie sédentaire ou sont astreints à un travail fatigant; ceux également qui sont mal nourris, mal vêtus, manquent des soins de propreté, habitent des lieux insalubres; tous les gens enfin habitués à commettre des excès; et toutes ces personnes sont d'autant plus exposées à l'influence miasmatique, qu'elles ont passé l'âge de cinquante ans.

Les personnes qui ne se trouvent dans aucun des cas précités, qui mènent une vie réglée, qui sont sobres sous tous les rapports, qui se donnent beaucoup d'exercice, qui jouissent d'une bonne santé, sont rarement atteintes du choléra, parce que leur organisation supplée au défaut d'électricité oxygénée. Chez ces personnes une nourriture saine, par la décomposition chimique des aliments et le frottement constant des solides et des liquides, produit une grande quantité d'électricité, dont l'excès, dans les temps ordinaires, est rejeté au dehors au travers de l'épiderme, et, dans les cas de choléra, est pompé avec avidité, pour leur propre fonctionnement, par les organes qui peuvent momentanément manquer d'électricité; elle aide alors à entretenir la circulation du sang, de sorte que le défaut d'électricité neutre n'exercera aucune influence fâcheuse sur eux et que l'électricité propre au corps suffit pour neutraliser l'action des miasmes. Il faut toutefois que ces dispositions favorables ne soient pas détruites par des conditions géographiques ou hydrographiques de nature à augmenter l'intensité de l'épidémie, telles que des marécages, de vastes plaines sans forêts, des sites entre des courbes décrites par des fleuves, au confluent des rivières, etc. Cette dernière situation (a) surtout est des plus dangereuses, attendu que l'humidité abondante qui s'y concentre devient un foyer miasmatique, dont l'intensité peut abattre les natures les plus robustes.

(a) Voir page 159 les ravages produits par cette position à l'hôpital de la Salpétrière, à Paris.

Le moyen de préserver du choléra ceux mêmes qui en sont d'ordinaire les premières victimes réside dans *l'électricité*, qui en est en même temps l'agent curatif. Pour le prouver, je vais citer un fait en dehors de mes théories et de mes expériences, et qui, par cela même, sera plus convaincant pour le lecteur.

D'après les observations recueillies en plusieurs pays pendant les épidémies du choléra, faits acquis à la science, il est prouvé que dans les établissements où se travaillent le cuivre, le laiton, le bronze, l'acier, etc., le contact des métaux, développant plus ou moins d'électricité, a préservé du choléra les ouvriers, au point que sur mille il n'en a été atteint qu'un ou deux à peine, encore étaient-ce des individus adonnés à la boisson. Or de ce que le contact des métaux électriques et magnétiques a suffit pour préserver du choléra (a), on doit nécessairement con-

(a) C'est en grande partie à M. le docteur Burcq que l'on doit les intéressantes recherches sur l'immunité dont ont joui pendant les périodes cholériques les établissements où se travaillent les métaux, et c'est sur la protection transmise à leurs ouvriers par les émanations métalliques que ce médecin a fondé sa métallo-thérapie, et, par suite, ses moyens préservatifs du choléra.

Le système de M. le docteur Burcq, malgré de nombreuses et curieuses expériences dans les hôpitaux de Paris, où il est parvenu notamment à calmer instantanément des crampes par l'application d'anneaux de cuivre, n'a pas fait de progrès, non plus que son système de bains basé sur les mêmes principes. Cependant ce système avait été accueilli un moment avec enthousiasme et ses armatures métalliques étaient considérées comme de véritables panacées. Quoique rien ne soit venu depuis contredire les assertions de M. Burcq, ses expériences n'ont point été continuées et son système est tombé dans l'oubli le plus complet.

Quant aux armatures qu'il a composées pour préserver du choléra, le savant docteur s'est fait illusion sur les effets qu'il leur attribuait; car le port sur le corps de différents métaux en forme de plaques ou de boutons, sans contact ni frottement entre eux, ne pouvait développer l'électricité nécessaire pour suppléer à celle dont le manque peut faire souffrir l'organisme. Un tout autre effet est produit par le frottement continuel des métaux électriques entre eux : leur maniement par les ouvriers dégage constamment une grande quantité d'électricité, qui est immédiatement absorbée par les individus se trouvant dans la sphère du développement électrique. Ces résultats confirment une fois de plus l'exactitude des théories établies par moi (*chap. IV, art. 9 à 35*).

Pour se préserver des maladies épidémiques, il faut porter sur le corps des armatures, mais composées autrement que celles de M. Burcq, c'est-à-dire des aimants tels que je les ai décrits (42-48.) et qui, selon la position qui leur est donnée sur le corps, développent et échangent continuellement leur magnétisme inhérent, duquel notre organisme peut ainsi puiser la quantité dont il a besoin.

clure que si l'on remplace cette action salutaire des métaux par une application directe de l'électricité dynamique sur les organes de la respiration et de la digestion, l'action sur ces organes, et par suite sur la circulation, doit être bien plus active, bien plus vivifiante, bien plus préservatrice encore contre l'influence de l'épidémie. Conclusion d'autant plus irréfutable, à mes yeux du moins, que toutes les expériences que j'ai faites à ce sujet m'ont confirmé ce résultat (a).

Je me bornerai donc à indiquer les moyens préservatifs et curatifs à employer contre le choléra.

Moyens préservatifs pour l'individu.

101. Les moyens que je vais indiquer n'excluent pas l'observation des précautions suivantes : il faut s'habiller plus chaudement que de coutume, se gargariser matin et soir la bouche avec de l'eau salée et ne jamais sortir, surtout le matin, sans avoir pris cette précaution ; croquer de temps à autre un petit morceau de camphre entre les dents, en porter même dans ses poches ou en fumer une cigarette ; s'abstenir de boire de la bière, du cidre ou du lait ; se donner beaucoup d'exercice, afin d'entretenir la chaleur animale ; observer en général un régime sobre et régulier ; renouveler constamment l'air dans les lieux qu'on habite ; entretenir de grands feux de cheminées, dans lesquels on jettera de temps à autre un peu de résine ; éviter le froid et l'humidité, surtout la nuit, pendant laquelle les miasmes sont condensés en masses plus épaisses dans les couches basses de la terre, et par conséquent beaucoup plus dangereux que pendant le jour, surtout dans les quartiers habités par les classes ouvrières et pauvres. C'est là principalement que les habitants, autant que les inspecteurs de la salubrité publique,

---

(a) M. le docteur Poggioli a, dans ces derniers temps, exprimé une opinion analogue, mais sans dire où il l'avait puisée ; elle a été émise pour la première fois par moi en 1851. — L'électricité statique dont il se sert est incapable de préserver du choléra ou de le combattre, attendu que son action ne s'étend que sur le derme, tandis que l'un et l'autre cas exigent le déploiement d'une grande quantité d'électricité dynamique.

doivent veiller avec la plus stricte attention au rigoureux accomplissement des mesures sanitaires exigées par l'état des lieux et des habitations. Ces recommandations s'adressent surtout aux personnes habitant de petites chambres à plafond bas, qui ne peuvent être convenablement ventilées, et dans lesquelles logent souvent plusieurs individus à la fois; attendu que l'air miasmatique qui y pénètre le soir, n'étant pas constamment renouvelé, se condense et, échauffé par les exhalaisons et les transpirations incessantes des personnes qui les habitent, entre dans une espèce de fermentation qui favorise l'incubation et la reproduction rapide des êtres miasmatiques à un tel degré, que, étant respirés alors par l'homme pendant ce travail, les miasmes déposent leurs œufs dans les voies de la respiration, où ils déterminent aussitôt ce que nous appelons le choléra. Ceci explique la rapide propagation du fléau et de ses ravages dans les quartiers resserrés, mal aérés, sales et encombrés de population. Il faut, autant que possible, établir dans chaque chambre, surtout la nuit, des courants d'air ainsi qu'il est prescrit plus haut, et entretenir dans ce but du feu dans la cheminée. Si à ces précautions le gouvernement ou la municipalité ajoute celle que j'indique plus loin, on affaiblira considérablement les effets de l'épidémie.

En outre de ces précautions générales, il faut s'électriser tous les jours avec l'électricité de première induction en s'appliquant le PP au creux de l'estomac et le PN entre les omoplates; prendre tous les deux jours un bain de pieds électrique avec sel (80.). Pour que tout le monde puisse user de ce moyen, il est nécessaire que le gouvernement suive les conseils que j'ai donnés dans le chapitre XXIII, qui traite de la généralisation de l'électricité.

A part le moyen indiqué, dont chacun doit être mis en position d'user, il en est un autre plus simple et plus facile à exécuter: il consiste à porter sur la région de l'estomac un électrisateur perpétuel (42-43.), à l'aide duquel on sera constamment actionné par d'insensibles courants magnétiques, qui entretiendront la circulation sanguine en fournissant à l'organisme l'électricité qui peut lui manquer.

Si par plus de précaution encore on se munit d'une paire de semelles magnéto-électriques (42-48.), on sera sûr que le corps ne manquera pas de ce principe vital. En effet ces semelles entretiendront également la circulation du sang, d'abord dans les pieds, puis dans toutes les parties du corps, par l'entremise des artères et des veines, des nerfs et des muscles qui sont en contact avec les pieds; elles conserveront aux pieds une douce chaleur et opèreront en outre une action très-prononcée et incessante sur le sang, par l'influence que l'électricité magnétique exerce sur toutes les particules de fer qui se trouvent dans le sang. Je suis convaincu que si elles portent l'électrisateur perpétuel comme il est indiqué (42-43.) et les semelles avec leurs quadruples aimants, les personnes mêmes qui y sont le plus exposées par l'état de leur santé, seront préservées de toute attaque du choléra (a).

Moyens préservatifs pour les populations.

102. Aujourd'hui des milliers de faits ont prouvé que le choléra n'est pas, comme on l'a cru si longtemps, contagieux; aussi a-t-on abandonné l'idée d'établir des cordons sanitaires et des quarantaines contre cette épidémie; il ne reste plus d'autre moyen pour tâcher d'en arrêter les progrès, et cela est au pouvoir de l'homme, que de la combattre dans sa course aérienne ou lorsque le soir elle déverse sur nous ces germes vivants qui nous portent la mort. Or on comprendra que ce n'est pas chose facile, et la science aurait depuis longtemps dû s'occuper de chercher ce moyen; mais les savants ne sont pas même d'accord sur le principe meurtrier du fléau.

(a) En présence d'un intérêt humanitaire aussi général que celui qui s'attache à la diffusion d'un moyen préservatif contre un si terrible fléau, il me serait pénible de penser qu'on puisse supposer que, par la raison que je suis l'inventeur de ces instruments, d'intérêt personnel inspire mes conseils ; à ceux toutefois qui pourraient le croire, j'offre de fournir gratuitement, dans le cas où nous serions de nouveau visités par le choléra, un double électrisateur perpétuel et une paire de semelles magnéto-électriques (valant ensemble 32 fr.), à condition qu'ils prendront l'engagement par écrit de verser, après la disparition de l'épidémie dont ils auront été préservés, une somme de 1,000 à 10,000 fr., selon leur fortune, dans la caisse de bienfaisance de leur arrondissement.

Pour que les gouvernements suivent les conseils que je me suis permis de leur donner dans l'intérêt de l'humanité (*voir chapitre XXIII*), je conçois qu'il faille que la science officielle les ait approuvés, et il s'écoulera encore bien du temps jusque là. En attendant, si le choléra nous menace de nouveau, il trouvera, comme à l'époque de ses deux premières invasions, la population de la capitale, aussi bien que de toutes les villes, bourgs et villages de France, sans défense contre ses ravages. En présence de l'épidémie, il ne sera plus temps; il ne sera plus possible d'opposer au mal les préservatifs que j'indique (100 et 103), ni ceux désignés dans le chapitre précédent, attendu que lors même que la confiance du public serait acquise aux moyens que je prescris, je ne serais pas en état, avec la meilleure volonté du monde, de fournir la millième partie des appareils préservatifs indispensables. Dans cette fâcheuse alternative, je crois devoir suggérer une mesure qui pourrait, sans le secours de l'électricité, opposer une digue au choléra asiatique. Cette mesure ne parviendrait probablement pas à préserver la population tout entière de l'influence du fléau; mais j'ai la conviction qu'elle en affaiblirait beaucoup l'action et en diminuerait considérablement les ravages. D'ailleurs, les gouvernements sont à même de faire examiner d'avance si le moyen que je vais exposer mérite d'être recommandé par eux et mis en pratique dans toutes les parties de leurs pays respectifs.

Il faut d'abord que chaque habitant soit astreint à faire du feu chez lui, dans les cheminées, ou sur le foyer de la cuisine, et à y jeter de temps à autre un peu de résine. Chaque établissement, quelle qu'en soit l'importance, fabrique, fonderie, usine, devra se conformer strictement à cette ordonnance, afin que l'atmosphère soit ainsi purgée par les cent mille cheminées (je parle ici de Paris), qui y porteront leur fumée résineuse appelée à détruire les miasmes. En dehors de ces moyens à employer par les habitants, les gouvernements, les municipalités feront allumer, toute la journée et surtout vers le soir et pendant la nuit, de grands feux sur toutes les places publiques, dans les rues larges et le long des boulevarts et des quais, et sur les bords des fleuves voisins des habitations (a), en y faisant également jeter de la résine toutes les dix minutes.

Les petites villes et les bourgs établiront ces feux autour de leurs enceintes ; les campagnes et les maisons isolées autour de ces habitations.

La résine, comme on sait, est idio-électrique et s'électrise d'une manière négative ; elle jouit de la propriété de condenser et de conserver l'électricité, mais non de la conduire. Transformée de l'état solide à l'état de combustion, la résine développe une grande quantité d'électricité ; elle devient ainsi en même temps un principe vivifiant et un principe anti-miasmatique.

Si l'atmosphère est lourde, chargée de vapeurs, sans courants d'air, ce qui facilite la descente et la concentration des couches chargées de miasmes et en favorise le travail d'incubation et la multiplication à l'infini, on fera bien de se servir, là où c'est possible, des voitures d'arrosage de la salubrité publique (ou des pompes à incendie), pour y opposer encore un moyen neutralisant, en faisant verser dans chaque tonneau un à trois litres d'ammoniaque pour l'arrosage des rues. Les fabricants d'eau de Cologne ne s'en plaindront pas.

Outre ces deux moyens, il y en a encore un autre tout aussi important et efficace pour disperser et détruire les miasmes ; il consiste, à Paris par exemple, à faire tirer, tous les soirs après le coucher du soleil, cinquante coups de canon de chacun des forts avoisinant la ville, ainsi que des bastions des Invalides. Toutes les villes un peu considérables pourront user de ce moyen ; ce sera de la poudre mieux employée qu'elle ne l'est d'ordinaire.

Le premier des trois moyens indiqués exige que le gouvernement fasse à temps l'acquisition de quelques mille tonneaux de résine solide, pour les emmagasiner dans les caveaux des carrières ; le cas échéant, il en tiendra à la disposition du public autant que besoin sera. Il obligera ensuite toutes les communes de France à faire également leur provision de résine, afin qu'elles en soient pourvues au moment où l'on sera forcé d'en faire usage.

(a) A Paris, depuis Charenton jusqu'à Saint-Ouen.

Que la science prononce maintenant si le moyen que je conseille est propre à atteindre, plus ou moins complétement le but que j'indique. J'attends son jugement.

Moyens curatifs.

103. Lorsque l'infection se manifeste chez une personne par un malaise général, une faiblesse, un manque d'appétit, ou par la diarrhée jaune et muqueuse; après avoir placé le malade dans un lit chaud, on l'électrise d'abord en lui mettant une plaque sur le creux de l'estomac et une entre les omoplates; ensuite on les place à la nuque et aux pieds; après cela on applique les plaques des deux pôles sur la région des aisselles; enfin on les attache sur les deux côtés des reins. Chaque opération doit durer un quart d'heure. Si l'on n'obtient pas de résultat satisfaisant, on recommence la première application, puis les autres, sans interruption, jusqu'à ce qu'il se produise une amélioration sensible.

Il faut, avant et après l'électrisation, frictionner le corps avec de l'ammoniaque étendue d'eau, ou avec de l'eau-de-vie camphrée; on fait boire de celle-ci au malade une cuillerée à café; lui pose des cataplasmes et lui administre des lavements vermifuges selon la formule Raspail. Pour boisson, on lui donnera un verre d'eau fraîche, avec de la glace si possible, toutes les dix minutes, sans interruption, jusqu'à cessation complète de toute évacuation.

104. Dans la période appelée *algide*, qui est caractérisée par le refroidissement du corps et la cyanose de la face et des membres, les frictions et les lavements prescrits plus haut sont d'urgence, de demi-heure en demi-heure; mais si au bout d'une heure et demie il ne se manifeste pas de changement dans la coloration de la peau, et par là un indice du retour de la circulation sanguine, il faut recourir à l'électrisation générale en appliquant huit courants à la fois sur le corps. Cette application ne peut se faire qu'au moyen de mes appareils. Voici comment elle se pratique : on place deux cordons aux deux boutons P et N de la première induction, qui sont dirigés par leurs plaques, l'un sur le creux de

l'estomac et l'autre entre les omoplates ; deux autres cordons
sont fixés aux deux boutons P et N de la deuxième induction,
lesquels sont attachés aux deux tubes ou cylindres n° 6 et mis
dans les deux mains du malade ; on fixe ensuite douze cordons
aux douze trous des deux lames, dont l'une est marquée *positif*
et l'autre *négatif*. Ensuite on fixe des plaques à ces douze cordons et l'on place les deux premiers, l'un communiquant au
pôle positif et l'autre au pôle négatif, sur le foie et sur la rate ;
les deux suivants sur les deux côtés du bas-ventre, et ainsi de
suite ; un pôle positif et un pôle négatif sur les deux reins,
deux autres sur la nuque et sur le coccyx ; enfin les deux derniers cordons aux plantes de chaque pied.

Il faut bien faire attention que les plaques qui doivent être
appliquées sur les diverses parties du corps, après avoir été
mouillées auparavant, y adhèrent le plus complétement possible.

Tout étant ainsi disposé, on fait manœuvrer le régulateur
et l'on cherche à agir avec toute la force que le malade est
capable de supporter. S'il se plaint de ne pouvoir endurer le
courant sur telle ou telle région, on placera sous la plaque un
morceau de linge mouillé dans de l'eau non salée, afin de
modifier l'action sur la partie trop sensible ; on procédera ainsi
pour les autres places où l'électricité produira également une
sensation trop forte.

L'action de l'électricité, s'exerçant ainsi sur toutes les parties
du corps à la fois, est tellement puissante qu'elle détruit en
quinze minutes la cyanose, et rétablit la circulation du sang
et celle de l'électricité propre au corps.

Je n'ai eu que quelquefois occasion d'user de ce moyen
extrême : sur deux cholériques, en 1854, et puis dans des cas
d'apoplexie et d'asphyxie par submersion ; mais le résultat que
j'en ai obtenu me donne la conviction que, lorsqu'il est bien
appliqué, il doit, dans les cas les plus graves de choléra, rétablir
la circulation, et par suite détruire tous les effets de l'épidémie.

6° Charbon ou Pustule maligne.

105. Cette maladie, que les auteurs ont qualifiée d'affection
virulente, se manifeste par une altération profonde du sang et
l'apparition de tumeurs cutanées inflammatoires, appelées tu-

meurs charbonneuses ou pustulaires, n'est encore que le résultat d'une cause animée, inoculée directement ou indirectement à l'homme :

1° Par les dépouilles d'un animal mort du charbon ou de la maladie dite *sang de rate*, en voie de putréfaction, qui produit l'infection ;

2° Par un animal malade, ses déjections buccales ou rectales, qui peuvent également engendrer le germe de la contagion.

Le germe vivant développé dans l'un ou l'autre cas n'est pas toujours de la même espèce, car l'un produit le charbon proprement dit et l'autre la pustule maligne. Ces germes s'insinuent tellement dans tous les tissus de l'animal malade, que non seulement les dépouilles, la peau, la laine et toutes autres parties de son cadavre peuvent encore longtemps après infecter ceux qui les manient; ils peuvent même être transplantés par la piqûre d'une mouche qui a sucé le sang d'un animal atteint du charbon.

L'infection se manifeste d'abord par un petit point noir, puis par une petite tumeur purulente de la grosseur d'une lentille, qui, au bout de quatre à cinq jours, devient un foyer miasmatique, dont les parasites pénètrent rapidement dans les tissus cellulaires et amènent la période des symptômes graves, lesquels sont suivis de la mort, si du moins on n'a pas pu arrêter le mal à son début.

Il faut traiter cette affection comme la rage (111.) : compresses d'ammoniaque ou d'acide phénique étendu d'eau, sur lesquelles on applique le PN (exception à la règle), et du côté opposé le PP; on électrise trois fois par jour, une demi-heure chaque fois, et l'on panse ensuite la petite tumeur avec des compresses de même nature. — Le médecin fera bien de prescrire du camphre à l'intérieur et des lotions au vinaigre camphré étendu d'eau.

7° Cancers du sein.

106. Ce nom de cancer est donné à toutes les tumeurs qui désorganisent les tissus où elles se développent et s'étendent sans jamais rétrograder. C'est encore, selon la médecine, à un

virus spécial que sont dues ces affections, qui, dans mon opinion, n'ont encore d'autres sources que des germes vivants comme ceux que j'ai donnés pour cause des maladies épidémiques, de la syphilis, de la rage, et que l'on a fini par reconnaître comme principe de la gale, de la teigne et de toutes les maladies dartreuses.

Je ne m'occuperai ici que de deux espèces de cancers, les plus fréquents : les cancers du sein et les cancers de la matrice.

La première de ces affections a pour cause un développement anormal d'une glande, d'un ganglion lymphatique, par suite d'une pression, d'une contusion, et quelquefois même de la piqûre d'un insecte qui a déposé son germe dans l'épiderme. Dans cet état, la tumeur est facile à réduire par l'électricité voltaïque par courants continus (54.) en plaçant le PP sur la glande par dessus un linge imprégné d'eau ammoniaquée, et le PN au dos. Cette application suffit même lorsque la glande s'est déjà hypertrophiée, c'est-à-dire lorsqu'aux éléments préexistants sont venus se joindre, par une nutrition anormale et trop active, d'autres éléments anatomiques, que l'état de l'organe a formés hors de lui et qui sont devenus un foyer de fermentation dans lequel des parasites se sont développés et ont, en augmentant le volume de la glande, fait dégénérer les tissus; une fois que le cancer est arrivé à cet état, il faut avoir recours, en sus de l'électricité, à toute la pharmacie anti-helminthique (a) de Raspail, afin d'affaiblir de toutes les façons l'action de la cause animée. Cette médication devra être continuée jusqu'à parfaite guérison. En outre du traitement électrique prescrit, il faudra administrer au malade, par

(a) Cette médication consiste :

1° En lotions à l'alcool camphré et en frictions avec la pommade camphrée;

2° A saupoudrer chaque soir le lit de poudre de camphre;

3° A croquer quelquefois par jour gros comme un pois de camphre et à l'avaler au moyen d'une gorgée d'eau de chicorée ou de houblon;

4° A avaler matin et soir le quart d'un petit verre d'eau-de-vie camphrée;

5° En purgations à l'aloës (25 à 30 centigrammes) avalées avec une gorgée d'eau;

6° A boire de la tisane de garance, trois fois par jour;

7° Et en lavements vermifuges (224 de Raspail).

semaine, trois grands bains électriques (74.), dans lesquels on fera chaque fois fondre de 2 à 3 kilos de sel de cuisine.

Lorsque le mal empire et que les parasites pénètrent intérieurement dans les tissus, et, perçant simultanément l'épiderme, envahissent tout; que par suite il se forme toujours de nouveaux foyers de parasites (ce qu'il est facile de reconnaître par de petits boutons durs, et même des chapelets entiers, que l'on sent en palpant le sein et ses alentours), et que les parasites produisent des ulcérations et des plaies, il faut que le médecin cautérise les plaies avec de la potasse caustique de Vienne (poudre de chaux et de potasse) et aussi longtemps qu'il est nécessaire. Après chaque cautérisation on électrise ces mêmes parties en plaçant sur les plaies des compresses d'ammoniaque étendue d'eau (de 10 à 15 gouttes dans un verre). Entre les deux ou trois électrisations auxquelles on devra soumettre par jour la malade, on pansera les plaies avec des compresses ammoniaquées, qu'on renouvellera le plus souvent possible Ces compresses feront, au commencement, ressentir à la malade une certaine cuisson; mais il faut absolument qu'elle les endure. Il est rare qu'avec de la persévérance on ne parvienne pas à maîtriser le mal, à détruire les foyers parasitaires. Si la malade ressent des douleurs lancinantes, on imbibera de la charpie dans une solution d'acide citrique (5 grammes dans un demi-litre d'eau) et on l'appliquera sur les plaies et ulcères. L'acide citrique a la propriété de paralyser les parasites dans leur travail et de faire ainsi cesser les douleurs; mais comme cet acide n'est pas assez pénétrant pour les tuer, les douleurs peuvent reparaître : il faut, dans ce cas, recommencer l'opération.

Si au moment d'entreprendre le traitement d'une affection de cette nature le mal est déjà ancien, que des ulcérations, des plaies, des bourgeons, des crevasses existent, soit même après qu'on a fait usage de l'électricité ainsi qu'il est prescrit plus haut (ce qui n'est guère possible que dans les cas où l'on a à faire à des organisations très-scrofuleuses); si en outre il se forme des glandes sous les aisselles et autour du sein, ce qui indique que les parasites ont pénétré dans tous les tissus voi-

sins et y ont créé de nouveaux foyers de désordres, la situation
exige un redoublement d'activité dans le traitement.

Une fois que les parasites se sont implantés dans tous les
tissus, en ont désorganisé tous les éléments et ont fait irruption
dans le sang et l'ont corrompu, il n'y a que peu d'espoir de
vaincre le mal; on pourra soulager le malade; mais ni l'électricité, ni toute la pharmacie anti-helminthique de Raspail,
ni aucun autre spécifique ne parviendront, selon moi, à détruire
complétement la cause animée.

8° Cancers de la matrice.

107. Cette affection grave est souvent la suite d'obstructions
de ce viscère, suivies d'inflammation, et lorsque le mal a été
longtemps négligé, il finit par dégénérer en cancer. Le dérangement des menstrues et quelques accidents pendant ou
après les couches peuvent également en être la cause. Certains
écoulements, dont le mucus séjourne plus ou moins longtemps
dans les parties, y provoque également de l'inflammation, puis
des ulcérations, qui deviennent un foyer purulent de parasites
rongeurs de même espèce que ceux qui engendrent le cancer
du sein, sauf toutefois que ceux qui se développent dans la
matrice ne pénètrent pas au-delà, mais ils la rongent et y entretiennent une telle putréfaction que la médecine allopathique
est obligée, pour l'attaquer, d'employer le fer rouge. Lorsque
le foyer parasitaire embrasse presque tout l'organe, il est
impossible au fer rouge d'atteindre toutes les parties ulcérées,
quelques-unes échappent presque toujours au fer et alors les
parasites non atteints continuent leur travail destructeur. Dans
ces cas, l'électricité de première induction est le moyen le plus
efficace pour pénétrer toutes les parties malades, détruire le
foyer purulent en le cautérisant peu à peu, et rétablir la circulation normale du sang.

Voici comment on procède :

On fixe le PP au bouton de la lame n° 21, sur laquelle on
place la tige n° 16, surmontée d'une olive n° 13 (*a*); après avoir

(*a*) Les personnes qui préfèrent s'électriser soir et matin étant couchées,

bien mouillé la boule dans de l'eau salée, la malade, qui est assise, se l'introduit dans les parties, aussi profondément que possible, en tenant la lame à laquelle est attaché le conducteur tournée devant elle. On place ensuite au bas de la colonne vertébrale, avec le PN, une plaque qu'on enveloppe d'un morceau de flanelle mouillée dans de l'eau pure; puis on fait agir pendant trente minutes les courants avec toute la force que la malade peut supporter au dos, car elle ne sentira rien ou fort peu de choses dans la matrice, qui est insensible. Cette électrisation se renouvellera trois fois par jour. On fera prendre à la malade, matin et soir, des injections à l'eau de goudron très-forte, et s'il y a gonflement, on alternera l'injection en mettant dans l'eau de goudron 2 grammes de sulfate de zinc pour un verre d'eau de goudron ; en outre, on lui fera prendre par semaine deux grands bains électriques, dans lesquels on fera fondre 4 kilos de sel gris. Si la malade souffre de douleurs sourdes et d'élancements, elle s'administrera une ou deux injections avec la solution d'acide citrique (106.).

Il faut quelquefois quatre à six semaines pour obtenir la cautérisation de l'utérus.

La malade continuera l'électrisation de la matrice et les injections encore quelque temps après la guérison complète, afin de fortifier de plus en plus l'organe affaibli (a).

9° Blennorrhagie et Syphilis.

108. Je suis en désaccord avec la science officielle sur la cause de ces affections ; mais loin de vouloir lutter avec elle, je me bornerai à résumer l'état des connaissances acquises jusqu'à ce jour par les médecins concernant ces maladies, tel qu'il appert des paroles d'un des princes de la science : « La

se serviront de la tige urétrale n° 30, passée dans une autre tige de gutta-percha, et y visseront au bout l'olive n° 13 grand modèle, qui s'introduit dans la matrice, après lui avoir communiqué le courant P au moyen du boudin n° 24.

(a) Je compte dans ma pratique dix-huit guérisons de cancers de matrice et pas un seul insuccès.

» syphilis, a-t-il dit, est une maladie dont nous ne connais-
» sons pas la nature, et que nous croyons guérir par des médi-
» caments empiriques, c'est-à-dire dont l'action réelle ne nous
» est pas moins inconnue. » On ne saurait prononcer une critique plus sévère.

Malgré cet aveu, la routine persiste invariablement dans ses
aphorismes. Bien que depuis trente ans des médecins sérieux
aient découvert dans le pus syphilitique des animalcules
(vibrions, infusoires, algues, etc.), que dès lors il ait été reconnu
que la gale, les teignes et les affections dartreuses, dont le
caractère contagieux n'est plus douteux, sont le produit d'animalcules et de végétaux parasites; bien qu'on n'ait jamais pu
constater dans ces maladies ni virus ni vice du sang, la médecine a néanmoins continué à soutenir que la syphilis provient
de l'inoculation d'un virus spécial, indéfinissable, tandis que
la science aurait dû depuis longtemps reconnaître que la cause
en est la même que celle des maladies que je viens de mentionner, c'est-à-dire qu'elle consiste dans des germes vivants (a).

La blennorrhagie et la syphilis sont le résultat de causes
parfaitement connues; elles se produisent de trois manières
différentes :

1° Par le frottement plus ou moins prolongé, qui met d'abord
en mouvement et en activité l'électricité des deux corps en
contact, puis engendre une inflammation, qui, favorisée par les
dispositions particulières de l'un ou de l'autre, développe les
germes de parasites de nature végétale ou animale. Dans ce

(a) L'opinion que toutes les maladies cutanées, *gale*, *dartres*, *teigne*, et
même la *syphilis* et la *peste*, sont dues à des acares de différentes espèces, a
déjà été émise au siècle dernier (1754) par un savant suédois, le docteur
Baeckner, qui prétendait « que ces insectes microscopiques, s'introduisant
dans notre peau et nous perçant depuis les ongles jusqu'à la tête, sont la
source d'un grand nombre de nos maladies. » Cette doctrine a enfin de nos
jours trouvé un vigoureux défenseur dans un éminent médecin, le docteur De
la Plagne; celui-ci, dans une brochure que l'on me communique en ce moment, met en évidence l'empirisme qui préside au traitement des maladies
syphilitiques, l'insuffisance d'une médication désormais réprouvée et les effets
pernicieux du mercure; en un mot, il déclare à la médecine routinière un
combat à mort, d'où, je l'espère, il sortira vainqueur comme David luttant
contre Goliath.

dernier cas, ces germes peuvent être tantôt d'une espèce, tantôt d'une autre, selon le degré de leucorrhée ou même de blennorrhagie dont la femme est affectée. Ces parasites ainsi développés déterminent l'infection (la blennorrhagie ou le chancre), qui peut se produire à la fois chez les deux individus au même degré, ou se manifester chez l'un avec plus d'intensité que chez l'autre.

2° Par la contagion et par le contact d'un pus altéré contenant une espèce de ferment avec les germes des parasites blennorrhagiques ou vénériens, qui sont engendrés comme je l'ai indiqué dans l'article précédent, et qui, par suite du passage du pus altéré par une écorchure de l'épiderme, en opère l'inoculation dans l'organisme de l'individu sain, chez lequel cette cause vivante détermine les mêmes désordres que chez l'individu infecté.

3° Par accident, en touchant un objet ou un vase ayant servi à l'individu infecté.

La blennorrhagie doit être considérée comme le résultat de végétaux parasites, qu'un contact impur développe sur les muqueuses, sans que leurs produits infectent le sang; la syphilis, au contraire, provient de l'inoculation de parasites vivants qui peuvent peu à peu infecter toute l'économie et amener ce qu'on appelle des accidents secondaires et tertiaires.

Au début de l'infection, il est assez facile de détruire en peu de jours les parasites de l'une et de l'autre espèce, au moyen de bains électriques locaux.

Pour l'homme, on procède comme il est prescrit article 83, c'est-à-dire que la lamette avec le **PN** se fixe au baquet, et la plaque avec le **PP** au coccyx. On mettra en outre dans l'eau un vingtième d'ammoniaque ou une quantité proportionnée d'acide phénique étendu d'eau. Trois bains électriques par jour sont nécessaires.

Pour la femme, on se conforme aux prescriptions de l'article 79, avec la différence que la plaque du dos, à laquelle on attachera un cordon couvert de gutta-percha, sera fixée au coccyx au moyen d'une ceinture ou d'un ruban large qui recouvrira entièrement la plaque. L'eau du bain sera également saturée d'un vingtième d'ammoniaque ou d'acide phénique. On prendra deux bains électriques par jour, un le matin et l'autre le soir avant de se coucher.

Si l'infection s'est développée avant qu'on ait eu recours à ces moyens, il faut suivre les prescriptions indiquées sous la rubrique « *Maladies vénériennes,* » selon chacune des divisions qui les concernent.

Moyens préservatifs.

109. J'ai indiqué les moyens de se préserver du choléra, pourquoi ne ferais-je pas pareillement connaître ceux par lesquels on peut se prémunir contre l'infection syphilitique, ce fléau non moins terrible, quoique plus lent dans ses effets? Je crois même de mon devoir de le faire.

Les corps gras, notamment l'huile, empêchent la communication de deux courants électriques, par conséquent leur action et leurs effets; ils isolent également du contact avec les germes de l'infection et du pus syphilitique. Or dans ces cas l'huile camphrée est le spécifique le plus efficace pour se préserver de l'infection. Si l'on n'a pas pu prendre cette précaution préalablement, il faut se lotionner après avec de l'acide phénique ou de l'ammoniaque étendue d'eau. On peut ainsi avoir l'assurance d'être inattaquable à l'infection.

10· De l'Anesthésie par le chloroforme.

140. L'anesthésie produite par l'inspiration de l'éther ou du chloroforme, lorsqu'elle a été poussée trop loin ou qu'on l'a laissée durer trop longtemps, exige de prompts secours pour ne pas devenir mortelle.

L'effet de ces anesthésiques est presque instantané : ils neutralisent immédiatement l'action de l'électricité en polarisant en sens inverse de leur état normal tous les nerfs de la sensibilité, et en opérant par là une insensibilité plus ou moins complète. C'est pourquoi le réveil de la sensibilité réclame beaucoup de précaution.

Il faut appliquer au malade une plaque avec PN de la première induction sur le creux de l'estomac, tandis que l'opérateur lui-même prendra dans la main gauche un cylindre avec le PP (application qui constitue encore une exception à la règle et a pour but de rétablir la polarisation intervertie); puis il passera lentement le dos de sa main droite, humectée d'eau salée, sur toutes les parties frappées d'insensibilité, en augmentant la tension électrique autant que le cas l'exigera : d'abord sur les vertèbres cervicales en descendant jusqu'aux vertèbres lombaires, ensuite sur les reins, sous les aisselles, enfin sur le visage, etc.; si cela ne produit pas d'effet, il faut renoncer à l'électrisation indirecte et fixer le PP à l'excitateur n° 8, vissé sur le manche n° 1. L'opérateur tiendra cet excitateur par le manche et le passera, comme auparavant, sur toutes les parties anesthésiées, en augmentant également la tension jusqu'à la complète disparition de l'insensibilité.

Dans l'hyperesthésie et l'anesthésie musculaire ou hystérique, on procède de la même manière.

11° Rage ou Hydrophobie, Piqûres d'insectes et Morsures d'animaux non enragés.

111. La rage se déclare chez l'homme à la suite de morsures par des chiens, chez lesquels la privation de la fonction génératrice produit une irritation particulière qui amène une fermentation dans le mucus bronchique, et, par suite, engendre des parasites vivants que la science a désignés jusqu'à ce jour sous le nom de virus rabique.

L'animal chez lequel cette maladie s'est développée mord lorsqu'il est excité, et inocule avec sa salive dans la morsure qu'il a faite le ferment bronchique qui contient ces animalcules. Chez l'homme, l'incubation des miasmes a lieu par le système lymphatique et le système nerveux, mais dans un temps plus ou moins long. Lorsque la maladie se déclare, une excitation des fonctions intellectuelles et des sens se manifeste d'abord ; puis il se déclare une soif brûlante, un flux de bave écumeuse et un sentiment extrême de constriction à la gorge.

La salive des animaux devenus enragés par suite d'une morsure conserve, comme celle de l'homme, la propriété de transmettre la rage.

Le traitement de cette maladie constitue encore une exception à la règle, attendu que le PN est placé sur la plaie, recouverte préalablement d'un linge plié en quatre et trempé dans de l'ammoniaque étendue d'eau; on peut remplacer l'ammoniaque par de l'eau salée, de l'eau-de-vie ou de l'alcool camphré. On met ensuite le PP du côté opposé, parce que ici le courant positif a pour mission de repousser la transmission des miasmes aux tissus et d'en empêcher la communication au sang; il s'opère ainsi aux deux pôles, par suite de l'action de l'électricité et de l'ammoniaque, une décomposition qui détruit les germes inoculés. On laisse agir l'électricité (première induction) pendant une heure, en ayant soin de retremper de temps en temps le linge dans le liquide que l'on a à sa disposition; puis on interrompt l'électrisation; mais par prudence on la reprend encore deux ou trois fois dans la même journée. Dans l'intervalle de l'électrisation, on panse la blessure avec de l'eau-de-vie camphrée. Ce procédé se montrera infaillible dans tous les cas où l'on aura pu électriser sans retard. L'électricité sera encore d'une grande efficacité lors même qu'on ne pourrait en user que vingt-quatre heures après; cependant dans ce cas on ne saurait garantir complétement la destruction du venin parasite. On fera bien de continuer l'électrisation pendant une huitaine de jours, en opérant de la nuque aux pieds. Quelques bains de pieds électriques avec sel gris aideront également à la guérison.

112. Dans les cas de piqûres d'insectes et de morsures d'animaux non enragés, on procède tout à fait de la même manière; mais il est préférable, si la piqûre ou la morsure a eu lieu à une main, de placer celle-ci dans un bain, dont l'eau aura également été ammoniaquée, en suivant la règle indiquée (81.) pour ce genre de bains.

12· Surdité.

113. Si la règle prescrite pour le traitement de la surdité dans l'*Index général* n'a pas produit de résultat, commencez par nettoyer l'oreille avec de l'eau tiède, au moyen d'une seringue; puis couchez la tête du sourd sur une table du côté d'une oreille, et versez dans l'oreille opposée la quantité d'un dé à coudre d'eau tiède mélangée de quelques gouttes d'eau-de-vie camphrée ; faites prendre au malade le PN dans la main du côté opposé à l'oreille actionnée, et il s'introduira lui-même dans le conduit auditif le PP fixé à l'excitateur n° 20, vissé sur son manche, n° 1, de manière à atteindre le liquide qui baigne tous les nerfs aboutissant intérieurement et extérieurement au tympan ; il actionnera ainsi, par l'intermédiaire de l'une ou de l'autre de ces branches, les parties liquides ou solides dont l'obstruction empêche les sons de pénétrer distinctement dans l'oreille. Si les deux oreilles sont malades, on actionne l'une après l'autre comme il est indiqué.

13· Ulcère vénérien du nez.

114. Voici comment on traite cette ulcération : On fait prendre au malade, au moyen d'un cylindre, le PP dans une main; on fixe le PN à la lamette avec charnière n° 21, et on la place à cheval dans un grand verre rempli d'eau jusqu'à quelques millimètres du bord, et dans lequel on ajoute un petit morceau d'alun; puis on y fait baigner le nez pendant trente minutes. Cette position n'empêche pas le malade de régler lui-même les courants au degré auquel il peut les supporter.

Une inflammation quelconque de cet organe se traite de même avec autant de succès.

14· Hernies étranglées.

115. On place le malade dans un bain chaud, que l'on maintient à la même température. Le malade s'y tient autant que possible assis, les jambes fléchies et les genoux rapprochés du menton; on couvre d'une couverture la partie du corps en dehors de l'eau. On fait ensuite communiquer le PN (première induction, courants intermittents) à une plaque fixée à la nuque ou entre les omoplates, et en tout cas de manière qu'elle se trouve hors de l'eau. L'opérateur, qui devrait être un médecin, prend l'autre pôle, c'est-à-dire le PP, dans la main gauche, au moyen d'un des cylindres; et avec la main droite devenue ainsi transporteur et excitateur électrique, il manipule la hernie pour la réduire et la faire rentrer. Ce résultat s'obtient le plus souvent dans un très-court délai; mais quelquefois aussi l'opération peut se prolonger; alors on la suspend pendant cinq minutes, au bout desquelles on la recommence. Si l'on n'obtient pas de résultat après trente minutes, il faut avoir recours à l'électricité voltaïque (55.), qui par son action relâchante finira par amener la réduction de la hernie.

15° Déviation de la colonne vertébrale.

116. Dans les déviations de la taille et de la colonne vertébrale, on fait coucher le malade deux fois par jour sur le parquet, les bras en croix, la tête un peu relevée sur un coussin, et dans cette position on l'électrise en mettant le PP avec l'excitateur n° 29 à la nuque et le PN, au moyen d'une plaque, au coccyx d'abord, puis à la plante du pied.

Il faut quelquefois, et selon l'importance de la déviation, trois à cinq mois de traitement non interrompu avant d'obtenir le résultat désiré.

16° Phénomènes que produit chez certains individus l'état électrique de l'atmosphère.

117. Comme beaucoup de maladies ont le plus grand rapport avec l'état électrique de l'atmosphère, dans laquelle l'une ou l'autre des deux électricités (négative et positive) est souvent en excès, surtout dans les temps d'orage, et comme cet excès produit une certaine surexcitation et aggrave l'état maladif (a)

____

(a) Les nuages chargés d'électricités contraires, ayant une tension élec-

chez des personnes nerveuses, il faut dans ces cas appliquer une compresse de vinaigre étendue d'eau sur le front et sur toute la tête, de façon à provoquer une dérivation facile à l'excès d'électricité négative accumulé au cerveau, qui s'y trouve maintenu par suite de l'état électrique de même nature des couches d'air à la surface de la terre ; si le malade n'en est pas calmé, faites alors administrer un bain de pieds électrique (80.) avec beaucoup de sel, et bientôt sa tête sera dégagée. Il se présente encore chez certaines personnes un autre genre de phénomène qui tient également à l'état électrique de l'atmosphère.

Notre corps, ainsi que celui des animaux, des arbres et des plantes, sert de conducteur à l'électricité négative, qui s'échappe constamment de la terre et va, après l'avoir traversée, se recomposer avec l'électricité positive de l'atmosphère. Cependant cette conductibilité est par exception presque nulle chez quelques individus, sur le derme desquels cette électricité négative s'accumule et reste à l'état latent, et sa recomposition successive, mais lente avec l'électricité positive ambiante, produit des étincelles électriques qui jaillissent de la pointe de leurs cheveux lorsqu'on y passe la main, de leurs pieds quand ils enlèvent le bas de laine dont ils étaient chaussés, et souvent

trique inégale, soit entre eux, soit par rapport à la terre, sont la cause des orages. On les voit souvent grossir avec rapidité par suite d'une grande évaporation que provoque le défaut d'équilibre entre l'électricité de la terre et celle des couches supérieures de l'air. Cela explique comment un petit nuage peut tout à coup s'élever sur une montagne, sur un lac, sur des marais, et s'étendre démesurément, portant dans ses flancs une tension électrique d'autant plus grande, qu'elle est coercée par l'influence des électricités contraires de la couche d'air supérieure à celle de la terre. L'évaporation du plan supérieur des nuages forme alors le plus souvent une nouvelle couche de nuages superposée à la masse des couches inférieures. L'orage, ainsi amoncelé sur un point, grossit en marchant, poussé par les vents, et s'étend rapidement sur de vastes surfaces de pays.

Lorsque les nuages orageux, isolés entre eux et la terre par une atmosphère peu conductrice, se rapprochent assez près pour que l'échange des deux électricités puisse s'opérer au moyen d'une étincelle, il se produit ce que l'on appelle un *éclair*, qui paraît opérer jusqu'à un certain point le vide sur une certaine étendue ; phénomène qui est suivi, en raison de la précipitation de l'air ambiant dans ce vide, d'un bruit plus ou moins déchirant et plus ou moins prolongé, que l'on nomme *tonnerre*.

même de leur corps tout entier, lorsqu'ils ôtent un gilet de laine ou de flanelle. Cette particularité, qui était demeurée inexpliquée jusqu'ici, est rarement l'indice d'un état maladif; dans les temps ordinaires de grands bains électriques suffisent pour rendre le derme, qui est naturellement idio-électrique, meilleur conducteur de l'électricité de la terre. Mais, comme dans les temps d'épidémie cette électricité entraîne le matin avec les vapeurs de la terre les miasmes que les brouillards ont accumulés dans les couches bases de l'atmosphère, les personnes qui ont une pareille disposition doivent chaque matin se lotionner le corps avec de l'eau et du vinaigre, ou bien avec de l'eau étendue d'un peu d'alcali volatil (ammoniaque). Les préservatifs indiqués (101.) sont également à recommander dans ces cas.

17° Application de l'électricité propre aux métaux.

118. Les médecins qui voudront expérimenter les appareils n°° 11 et 12 de mon système, et utiliser la disposition des appareils n° 13, à l'aide desquels on peut faire passer l'électricité à travers les fioles contenant des métaux purs et en recueillir l'électricité, n'auront qu'à suivre les prescriptions imprimées jointes à chaque appareil. Pour mettre le lecteur à même de juger dans quels cas pathologiques il convient d'employer les métaux comme remède, je dirai ici sous quelle forme, et de quelle manière la médecine les applique. Je ferai toutefois observer que ce n'est que l'électricité propre au métal avec ses propriétés inhérentes qui est ici développée, et qui s'unit au courant volta-farradique de première induction, que l'on dirige sur le corps ou sur un des organes.

Voici sous quelle forme les métaux suivants s'emploient dans l'allopathie pour le traitement des maladies *(voir les auteurs)* :

Or, en oxyde et à l'état salin, notamment contre les scrofules (proto-chlorure d'or et de sodium, iodure d'or, peroxyde d'or).

Argent, à l'état de sel combiné avec l'acide azotique (azotate d'argent); extérieurement pour modifier soit la surface des plaies, soit la conjonctive dans certaines ophthalmies, soit la muqueuse urétrale et celle du vagin dans le cas de certains flux chroniques. On l'emploie intérieurement dans l'épilepsie, la chorée, les douleurs de tête, etc

Antimoine. S'applique intérieurement en une pommade dite d'*Authenried*, dont la base est le tartre stibié (tartrate antimonié de potasse); le kermès et l'oxyde blanc d'antimoine sont employés intérieurement pour modifier l'appareil de la respiration; la puissance modératrice en est presque instantanée dans les maladies des voies respiratoires, les catarrhes chroniques, etc. ; l'antimoine agit aussi très activement dans les affections de la poitrine, la laryngite, l'angine, la phthisie tuberculeuse, etc., etc.

Fer. Remède par excellence pour guérir l'aménorrhée, les pâles couleurs, les pertes blanches, les maux d'estomac, les mauvaises digestions; dérivatif efficace dans les congestions sanguines à la tête, les étourdissements, les bruits dans les oreilles, etc.

Zinc, à l'état d'oxyde et de sel extérieurement et intérieurement; calme la sciatique, le lombago, les douleurs aux jambes, etc.

Bien que je n'entende présenter ici l'emploi de l'électricité des métaux que comme sujet d'étude et d'expérimentation scientifiques, je dois cependant ajouter que ces diverses électricités ont été expérimentées avec beaucoup de succès, savoir :

L'électricité de l'or, dans les affections de la moelle et des organes génito-urinaires, dans la syphilis, dans les maladies scrofuleuses; elle a en outre été reconnue comme un tonique très-puissant.

L'électricité de l'argent a eu d'heureux résultats dans les maladies nerveuses, et surtout dans les aliénations mentales.

L'électricité de l'antimoine, dans les affections des poumons et des bronches; les résultats ont été extraordinaires.

L'électricité du fer produit de merveilleux effets dans toutes les maladies de l'estomac, du foie, et en général dans toutes les affections du sang.

L'électricité du zinc a été trouvée très-efficace dans les maladies inflammatoires, les douleurs aiguës, etc.

Quant aux substances végétales simples préparées homœopathiquement (64, 67, 149.), c'est-à-dire en *teinture-mère*, je laisse aux médecins à poursuivre les études commencées par Jallabert, Pivati, Nollet et Davy, et je leur offre par mes appareils, pour ce genre d'expériences, les mêmes facilités que pour les métaux.

18° Procédés opératoires pour l'électrisation positive ou négative.

119. Pour neutraliser un excès d'électricité de l'une ou de l'autre nature chez une personne, il faut charger toute l'enveloppe de son corps de l'électricité qui lui fait défaut, afin que celle-ci puisse se combiner avec l'électricité en excès et ainsi rétablir l'équilibre dans les deux électricités. Dans le cas d'atonie constitutionnelle, de débilité générale, ce qui est toujours l'indice d'un manque d'électricité positive, il faut électriser positivement; et lorsqu'il y a excès (constitution pléthorique avec manque de mouvement, d'activité), on électrise négativement.

Voici la manière de procéder dans le premier cas : Le condensateur n° 40 est ajusté à l'un ou à l'autre des appareils volta-magnétiques n°ˢ 13 ou 14 ; et lorsqu'il y a excès d'électricité négative, comme dans le premier cas cité, on adapte ce condensateur au bouton de l'appareil qui indique N, première induction. On place ensuite les deux conducteurs flexibles, l'un au bouton dont est muni l'instrument condensateur, et l'autre au bouton de l'appareil portant l'inscription P, également première induction; puis on fixe à l'autre extrémité des deux conducteurs les deux cylindres avec leur manche n° 6, et l'on en prend un dans chaque main. Ceci fait, on tire le cylindre graduateur de l'appareil jusqu'au bout, c'est-à-dire au maximum de sa force.

Le malade se trouvera ainsi placé, sans rien ressentir, dans le circuit d'un fort courant d'électricité positive, qui agira à

travers son corps jusqu'au condensateur, où le courant est
arrêté, parce qu'il ne peut pas se recomposer avec le courant
négatif de l'appareil, vu que celui-ci est retenu par la couche
isolante du condensateur; il en résulte que l'électricité positive
s'accumule sur le corps de la personne placée dans le circuit,
et que cette électricité est peu à peu absorbée par l'excès
d'électricité négative du corps, qui cherche à s'équilibrer en
se combinant avec elle.

Dans le second cas, c'est-à-dire celui d'une constitution
sanguine puissante où il y a excès dans la reproduction du
sang, on procède tout à fait de la même manière, sauf que
l'instrument condensateur, au lieu d'être fixé au bouton de
l'appareil marqué N, s'ajuste au bouton portant l'indication P.
Le sujet à électriser est alors traversé, contrairement au
cas précédent, par l'électricité négative, qui lui absorbera
peu à peu l'excès d'électricité positive, laquelle à son tour se
combine avec la négative qui aura été dirigée sur son corps
pour rétablir l'équilibre rompu. Bien que cet équilibre entre
les deux électricités puisse être, après trente à soixante minutes d'électrisation, considéré comme rétabli, il est toutefois
nécessaire de renouveler l'électrisation plusieurs jours de suite
pour combattre la tendance habituelle de l'économie à produire un excès d'électricité de l'une ou de l'autre espèce.

Après avoir employé ces deux moyens, il faut toujours terminer l'opération par une électrisation de cinq minutes avec
les mêmes courants intermittents, en continuant à tenir les
deux cylindres par les mains et en supprimant le condensateur.

19° Notes diverses à l'usage de l'électricien.

120. L'électricien doit bien se pénétrer des effets des deux
types électriques doués d'action chimique dont il fera un
si fréquent usage, c'est-à-dire l'électricité voltaïque ou galvanique par courants continus ou interrompus, et l'électricité
volta-magnétique de première induction, parce que l'un et
l'autre attirent par leurs pôles positifs (37.) les principes acides

et par leurs pôles négatifs les éléments alcalins de nos tissus, en dégageant en même temps de l'hydrogène, mis en liberté par l'action du pôle positif.

L'électricien doit aussi être instruit de certaines expressions employées dans les ouvrages qui traitent de l'électrothérapie, afin qu'elles ne l'induisent pas en erreur. Ainsi on appelle courant centrifuge (du centre à la périphérie) celui dont le pôle positif est placé dans le sens des ramifications nerveuses, par exemple à la nuque, pendant que le pôle négatif est tenu dans la main ou appliqué aux pieds. Le courant centripète est celui dont les pôles sont placés dans une position inverse de la précédente, c'est-à-dire dont le pôle négatif serait appliqué à la nuque et le pôle positif à la main, etc., ce dernier cheminant ainsi vers le pôle négatif en sens contraire des ramifications nerveuses.

Il est encore urgent que l'électricien sache que :

1° Les parties les plus délicates du corps sont le gland, la face, le tympan; et les plus insensibles, le col de l'utérus, la vessie et le rectum;

2° Que la peau est électro-négative à la surface externe et électro-positive à la surface interne;

3° Que les intermittences lentes relâchent les muscles, tandis que les intermittences rapides les tonifient;

4° Que pour calmer un nerf surexcité il faut employer les courants continus, et, lorsqu'il est dans un état d'atonie, les courants intermittents de la première induction;

5° Que lorsque la circulation de l'électricité est arrêtée ou comprimée, elle se convertit en chaleur, produit l'inflammation et par suite la fièvre;

6° Que les meilleurs conducteurs de l'électricité sont l'or, l'argent, le cuivre et le fer; ensuite tous les autres métaux; enfin le charbon, l'eau salée, la terre humide, les tissus de l'homme aussi bien que ceux des animaux;

7° Que les mauvais conducteurs sont le verre, les résines, le soufre, l'épiderme de l'homme, etc.;

8° Que l'élévation de la température diminue le pouvoir conducteur de l'électricité;

9° Que les électrisations générales ont toujours lieu d'un point central à un point de la périphérie ; par exemple, du sommet de la tête ou de la nuque aux mains ou aux pieds, de la région lombaire à l'intérieur de l'une où de l'autre des cuisses (au-dessus du genou).

20° Conclusions.

Il résulte des règles spéciales que je viens de donner qu'il n'y a que peu de maladies qui ne puissent être guéries par l'électricité. L'édifice habilement bâti par les hommes de l'art s'écroule donc en présence de l'électricité, et il faudra bien en reconstruire un autre en lui donnant, pour première assise, l'agent mystérieux qui préside comme moteur à tous les rouages de la vie.

La voix du progrès ordonne à toute intelligence de verser intégralement son contingent de lumières dans le trésor commun de l'humanité. Aussi j'ai si peu cédé aux conseils intéressés qui me blâmaient de communiquer tant aux médecins qu'au public tous les fruits de quinze années d'expérience, que je les lègue en entier aux hommes de tous les pays : je considère ce livre comme mon testament, et ai conscience qu'il procurera la fortune à beaucoup et la santé à un bien plus grand nombre.

Je suis toutefois loin de prétendre que toutes les prescriptions que j'indique pour le traitement des diverses maladies produiront dans tous les cas les résultats favorables qu'elles ont pour objet d'atteindre, et qu'on ne trouvera pas plus tard d'autres procédés plus efficaces que les miens ; j'espère au contraire que plus les applications de l'électricité se vulgariseront, et plus on multipliera les expériences, plus on découvrira de nouveaux moyens, à l'aide desquels on obtiendra des avantages plus certains encore que ceux qui sont signalés dans cet ouvrage.

CHAPITRE XVI.

Classification des Maladies
Qui peuvent être traitées par l'électricité,
Divisées en cinq catégories.

Explication des causes de la guérison de beaucoup de maladies, qui a lieu sans le secours de l'art médical.

Je ferai remarquer que j'ai cru, en faisant l'énumération des maladies qui peuvent être traitées efficacement au moyen de l'électricité, établir une division différente de celle adoptée par la science, quoiqu'elle ne s'en éloigne pas beaucoup, mais qui m'a paru être plus à la portée des gens du monde. Or, comme, en me fondant sur l'universalité des succès obtenus, j'ose affirmer que parmi toutes les affections dont l'espèce humaine est atteinte, il n'en est presque aucune qu'on ne parvienne, sinon à guérir radicalement, du moins à modifier sensiblement en ayant recours à l'électricité administrée conformément à ma méthode d'application. La nomenclature de ces affections renferme même la plupart des maladies réputées incurables.

Voici cette classification :

1re CATÉGORIE : *Maladies dont les causes sont dues à la contagion, à l'infection et à des accidents.*

2me CATÉGORIE : *Maladies des voies respiratoires, des voies digestives et des voies urinaires.*

3me CATÉGORIE : *Maladies du système vasculaire, du système veineux et du système lymphatique.*

4me CATÉGORIE : *Maladies du système nerveux et du système ganglionaire.*

5me CATÉGORIE : *Maladies du système intellectuel.*

Il y a, outre les maladies qui appartiennent à ces diverses catégories, des cas qui ne pouvaient y être classés, et dans lesquels cependant l'électricité est d'un immense secours. Je les indique au chapitre XXII.

J'ai dit au commencement qu'il existe dans la nature un principe agissant universellement, et que c'est ce principe qui dans

certaines circonstances opère le plus grand nombre des guérisons extraordinaires, que jusqu'ici les différentes méthodes curatives ont attribuées à la puissance de leur art respectif, tandis
que ces guérisons n'étaient dues réellement qu'à l'action de
l'électricité.

Je vais par deux exemples faire mieux ressortir ce fait :

Les annales de la médecine ne relatent-elles pas des milliers
de guérisons subites d'affections qualifiées d'incurables, et dont
une forte commotion morale a suffi pour débarrasser le malade
en un instant? Or comment expliquer l'action de l'électricité dans
de telles circonstances? Si l'on réfléchit à ce que j'ai dit, dans
les chapitres V et VII précédents, sur la circulation sanguine et
nerveuse, on s'en rendra plus facilement compte. Lorsque dans
un organe ou une partie plus ou moins étendue du corps, l'état
normal des courants électriques qui parcourent et vivifient nos
organes dans tous les sens subit une perturbation quelconque,
cette perturbation provoque une déviation, une interruption
ou une accumulation de ces courants dans certains organes, les
courants électriques qui circulent à l'intérieur de ces organes
sont ou neutralisés ou plus ou moins arrêtés dans leur développement, et l'organe souffre de ce manque d'action.

Dans le premier cas, les organes souffriront d'un manque de
vitalité et cesseront peu à peu de fonctionner régulièrement;
dans le second, il se produira dans ces mêmes organes une
accumulation et une concentration anormales de l'électricité, et
par suite un excès de chaleur qui engendrera l'irritation, l'inflammation, la fièvre. Admettez maintenant que l'état maladif
soit parvenu à un degré de gravité qui fasse craindre la mort,
et que cependant il survienne quelques heures après une amélioration extraordinaire de nature à écarter toute appréhension
ultérieure de danger, à quoi attribuera-t-on cet heureux changement? Sans nul doute à la science du médecin ou à la bonne
constitution du malade. Or comment a été réellement provoquée
cette révolution soudaine et inattendue? Elle peut être occasionnée quelquefois par l'administration au malade d'un remède
qui produit chez lui une réaction et par conséquent le rétablissement subit de l'équilibre dans son état électrique; mais le

plus souvent elle doit être attribuée à un travail mental extraordinaire opéré chez le malade par la conscience du danger; ayant le cerveau pour point de départ et causant une réaction violente sur tout l'organisme et en même temps sur un grand nombre des batteries électriques dont se composent nos organes et nos tissus, cette réaction peut provoquer un dégagement de l'électricité accumulée dans ses parties malades, qui se trouvent ainsi débarrassées tout à coup de cet excès de vitalité et rentrent dans leur état normal. Alors l'équilibre se rétablit jusqu'à un certain point dans l'état électrique de notre corps et, la cause de la maladie étant éloignée, le malade renaît à la vie.

Un phénomène analogue peut se produire chez un malade frappé d'une atonie profonde amenée peu à peu par l'affaiblissement progressif de certains organes provenant d'une insuffisance du principe vital. Cet état a pu ensuite engendrer un dérangement graduel dans la polarisation des batteries électriques de notre cervelet, dont les pôles contraires n'ont plus assez de pouvoir d'attraction; et de ce manque d'action et de mouvement il résulte un défaut dans la production de l'électricité nécessaire à l'entretien de la vie.

Une réaction semblable peut aussi, si elle est provoquée par une cause morale de même nature que celle que j'ai signalée plus haut, opérer dans le cerveau une révolution, par suite de laquelle a lieu, non, comme dans le cas précédent, le dégagement d'un excès d'électricité, mais l'éloignement des obstacles qui empêchaient la libre circulation ou la production de l'électricité fournie par les batteries électriques dérangées dans notre organisme. Alors les organes malades, qui se trouvaient privés depuis longtemps du principe vivifiant, reprennent tout à coup de la vigueur, et, l'obstacle une fois écarté, l'électricité y circule de nouveau et leur apporte le mouvement et la vie. Sous l'influence bienfaisante de la libre circulation des courants électriques, la santé se rétablit peu à peu, et souvent avec toutes les apparences du miracle.

CHAPITRE XVII

Maladies du premier ordre,
Dont les causes sont dues à l'infection, à la contagion ou à des accidents.

Dartres, Teigne, Gale, Charbon, Choléra, Variole, Hydrophobie, Maladies vénériennes, Plaies, Brûlures.

Les expériences faites et les principes établis jusqu'à présent nous font voir dans l'électricité la source unique, universelle, intarissable de la vie, et par conséquent dans la puissance qui donne cette vie et l'entretient le moyen de guérir les maux dont l'humanité est affligée.

Comme l'art médical ne connaît pas de moyens certains pour guérir le plus grand nombre de ces maladies, et qu'il se trouve impuissant ou échoue presque toujours dans le traitement de celles qui entrent dans la nomenclature de cette catégorie, il doit se résigner à employer cet agent puissant qui est seul capable de les combattre.

Pour faire comprendre la force et l'action chimique de l'électricité, je citerai ici pour exemple, que lorsqu'on a à traiter une plaie, une ulcération rebelle, sécrétant des matières alcalines, on change facilement cet état de choses en appliquant sur la partie malade un morceau de linge fin sur lequel on place le PP (principe dissolvant), et en mettant le PN (principe reconstituant) à côté de la plaie, on force l'organe à sécréter une humeur d'une nature différente et opposée à celle produite dans l'état pathologique ; par ce procédé, l'organe malade change de sécrétion, et rentre peu à peu dans son état normal.

Maladies parasitaires.
(La Gale, la Teigne, les Lèpres, les Dartres.)

Ces maladies sont dues à la présence d'animaux ou de végétaux parasites, dont on a longtemps contesté l'existence, mais dont l'action délétère est généralement admise aujourd'hui. Ces parasites, qui pour la plupart appartiennent à la nombreuse famille des cryptogames, sont tantôt visibles à l'œil nu ou à la loupe, et tantôt invisibles, soit parce qu'ils sont entrés trop profondément dans la peau, soit à cause du grand écartement des éléments qui les constituent.

On range dans cette catégorie la gale, la teigne, les lèpres, les dartres, etc.

TRAITEMENT. — Grands bains. *(Voir Règles générales*, p. 164.)

Dartres.

Ces maladies si nombreuses de la peau sont causées par des animalcules de formes et de noms différents, qui provoquent des démangeaisons insupportables, occasionnent parfois la fièvre et l'insomnie. Elles se manifestent tantôt par des écailles plus ou moins larges, tantôt par des pustules jaunes, grises, etc.

TRAITEMENT. — *(Voir Règles générales*, p. 164, art. 75 et 76.) Appliquer sur les parties atteintes un linge plié en quatre, imbibé d'ammoniaque étendue d'eau ou de Phénol-Bobœuf.

Placer le PP sur les parties malades et tenir le PN avec le cylindre dans une main ; administrer de forts courants d'électricité B. — Grands bains avec soude (art. 74).

Teigne.

Affection parasitique des poils et des cheveux, causée par la présence dans l'intérieur des cheveux d'animalcules appelés trichophytons, qui occasionnent sur le cuir chevelu des ulcérations d'un caractère contagieux.

TRAITEMENT. — Applications nᵒˢ 38 et 28, Elect. A.

Gale.

Affection de la peau causée par la présence d'animalcules microscopiques (acares), qui occasionnent des démangeaisons insupportables et forment des pustules coniques entourées d'un cercle enflammé. Le mal se communique par l'insecte et au contact.

TRAITEMENT. — *(Voir Règles générales*, p. 164, art. 75, 77, 81.)

Il est bon qu'après le bain le malade mette des gants dans lesquels il versera quelques grammes d'essence de térébenthine, opération qu'il devra renouveler le soir en se couchant ; mais il aura soin, le lendemain, de bien essuyer ses mains avant de les placer dans le bain ; car toute partie huilée empêche le passage de l'électricité.

Choléra.

(*Voir le Traitement*, page 193, art. 100.)

Charbon.

Cette maladie est commune à l'homme et aux animaux. Chez l'homme, elle est produite par l'introduction entre chair et peau, par la piqûre d'un insecte vénimeux, d'un corps étranger, irritant, etc.

TRAITEMENT. *(Voir Règles spéciales*, page 178, art. 111.)

Variole (petite vérole).

Cette maladie est à la fois contagieuse et miasmatique. Elle s'inocule directement. Elle se manifeste d'abord par un état fébrile général avec éruption pustuleuse à la peau. Elle est tantôt sporadique, tantôt épidémique. Son invasion est précédée d'une période d'incubation de plusieurs jours de durée, pendant laquelle le malade ressent une grande lassitude, des douleurs à la tête, etc.

Qu'elle ait été inoculée ou non, le traitement en est le même.

TRAITEMENT. — Applications n°ˢ 3 et 16.

Hydrophobie (horreur de l'eau, rage).

TRAITEMENT. — Application (*Voir Règles spéciales*, page 178, art. 111.)

Maladies vénériennes.

Ces maladies sont produites par des rapprochements sexuels impurs. Nous nous bornerons à indiquer le traitement à suivre à l'aide de l'électricité O, qui est encore un des moyens les plus énergiques pour détruire ces funestes affections.

Ces maladies se divisent en plusieurs classes :

1° Blenorrhagie et ulcérations qui en résultent ;

2° Syphilis primitive ;

3° Syphilis constitutionnelle, se divisant en accidents secondaires et en tertiaires.

4° Syphilis héréditaire.

1re Classe. — Blenorrhagie.

Cette affection transmise presque exclusivement par le contact, ainsi que toutes celles de cette catégorie, ne donne cependant pas lieu à des accidents secondaires tels qu'en produit généralement la syphilis sous ses différentes formes.

TRAITEMENT. — (*Voir Règles générales*, page 164, art. 79 à 83.)

2° Classe. — Syphilis primitive.

Les accidents de cette classe sont les chancres, pour lesquels les cautérisations par différents moyens sont souvent employées. Quel qu'ait été le moyen mis en usage, le traitement est le suivant :

TRAITEMENT. — (*Voir Règles générales*, page 164, art. 79 à 83.)

Règles spéciales. — On prend un morceau de toile fine plié en quatre (quatre centimètres carrés environ), et trempé dans du vin aromatique, ou, à défaut, dans une solution d'alun concentré. Ensuite on le fixe sur l'ulcération, de sorte qu'il se trouve ainsi interposé entre la plaie et les courants électriques, que l'on fait passer à travers les parties ulcérées de la manière suivante :

Placez sur le coccyx une plaque n° 5 avec PP, et touchez la partie affectée, ulcérée, après l'avoir couverte du linge imbibé, avec le cylindre n° 6, muni d'une éponge très-mouillée et communiquant avec PN. (*Voir* art. 70.) Le malade s'administrera les courants aussi forts qu'il pourra les supporter. Cette électrisation peut sans danger durer de trente à soixante minutes, et doit avoir lieu deux ou trois fois par jour. L'opération terminée, on remplace le linge par de la charpie imbibée du

— 229 —

même liquide. Souvent la cicatrisation et la destruction de la
cause vivante s'obtiennent au bout de quelques jours ; alors le
malade fera bien de continuer à prendre tous les jours un bain
électrique local d'un quart d'heure, comme il est prescrit au
traitement de la classe n° 1. S'il n'est pas possible d'opérer de
la manière indiquée pour la femme, on se bornera à actionner
la partie ulcérée au moyen du cylindre, ainsi qu'il vient d'être
prescrit. Les bains (art. 79 à 83) suppléeront à ce traitement.

3ᵉ Classe. — Syphilis constitutionnelle.

Cette affection se reconnaît aux accidents secondaires ou
tertiaires, qui indiquent la généralisation du mal et n'apparaissent très-souvent qu'un certain nombre d'années après la
syphilis primitive.

Les accidents secondaires se manifestent par des pustules, des
plaques muqueuses, des tubercules, des ganglions indurés, des
syphilides, etc., etc., qui, pour être détruits, doivent être actionnés de la même manière que les chancres (2ᵉ classe), c'est-
à-dire en promenant le transporteur n° 6 sur ces végétations
ou ces indurations.

Les accidents tertiaires présentent des caractères différents :
ce sont d'abord des tumeurs gommeuses, apparaissant à la
peau et atteignant un certain volume ; puis succède un défaut
d'extensibilité des muscles, joint à des points durs qu'on remarque sur leur trajet, et notamment aux jambes.

La syphilis constitutionnelle exige le traitement suivant :

On donnera toutes les semaines au malade deux ou trois
grands bains électriques (art. 74 et 75). On électrisera tous les
autres jours par n° 11, électricités A et C. Puis on couvre les
tumeurs strumeuses, les pustules et les chancres d'une compresse d'eau faiblement iodurée (art. 70), en y plaçant le PN fixé
à une plaque n° 5, et le PP à une autre qui s'applique au côté
opposé. Électricité A et ensuite celle indiquée lettre C.

Lorsque le malade a suivi, pour la guérison de la syphilis,
un traitement mercuriel, qu'on peut considérer comme la cause
principale des accidents divers qui se manifestent chez lui,
il faut avant tout chercher à extraire le mercure du corps ;

pour cela, il faut avoir recours aux bains. (*Voir Règles générales*, page 164, art. 84.)

4ᵉ Classe. — Syphilis héréditaire.

Lorsqu'on observe chez des petits enfants des troubles intestinaux et des tubercules muqueux aux organes génitaux et dans les plis de la peau, ce sont autant d'indices qui révèlent que le virus vivant a été transmis à la mère et que le fœtus en a été infecté. Dans ces cas, il faut donner à l'enfant tous les deux jours un bain électrique (art. 73), dans lequel on met un demi kilogramme de sel marin et on lui lotionnera plusieurs fois par jour les parties affectées avec de l'eau faiblement iodurée.

Cinq à six mois d'un pareil traitement seront nécessaires pour extirper radicalement le principe syphilitique du corps de l'enfant et le préserver des maux que lui prépare un héritage si pernicieux.

Plaies.

On divise les plaies, par rapport aux causes mécaniques qui les ont produites, en plaies faites par des instruments piquants, en plaies faites par des instruments tranchants, et en plaies faites par des corps contondants.

Les plaies envenimées sont le résultat de la piqûre ou de la morsure de quelque animal venimeux, ou celles dans lesquelles le corps vulnérant a laissé un principe vénéneux. Les morsures faites par les dents d'un animal produisent des déchirures ou des plaies par arrachement.

On nomme plaies simples les solutions de continuité, avec ou sans perte de substance, susceptibles de réunion immédiate, c'est-à-dire dont on peut obtenir la cicatrisation sans qu'elles suppurent.

TRAITEMENT. — (*Voir*, pour les cas qui sont de la première catégorie, et si la plaie se trouve être à la main : art. 112, page 212; puis *Règles générales*, page 164, art. 81 et 82.) Si elle est à une autre partie du corps, appliquez sur la plaie une compresse, c'est-à-dire un linge plié en quatre et imbibé d'ammoniaque étendue de beaucoup d'eau, en y fixant une plaque n° 5 avec PP et plaçant une seconde plaque avec PN au côté opposé de la plaie. Si la plaie est profonde et de mauvaise nature, il faut la cautériser. Cela s'opère de deux manières différentes soit par la galvano-caustique, soit par une cautérisation lente. Dans le premier cas on se sert de l'instrument n° 38 avec une boule en platine; au moyen de l'électricité F (art. 57) on chauffe au rouge une boule en platine; et à l'aide de la bascule du cautérisateur, on opère toute espèce d'opérations chirurgicales, et l'on cautérise ainsi une plaie. Pour la cautérisation lente, on emploie le manche n° 2, auquel on visse une des olives n° 16, de la grandeur de la plaie, et au moyen de l'électricité D on actionne plusieurs jours de suite la plaie, qui peu à peu se ferme et guérit.

Dans le cas de plaie simple, on procèdera par le bain (art. 81 et 82), qui se composera d'une décoction de camomille; et si la plaie se trouve ailleurs qu'à la main, le linge dont il faudra la couvrir sera trempé dans de l'eau légèrement salée.

Brûlures.

Traitement. — (*Voir Règles générales*, page 164, art. 86.)

CHAPITRE XVIII.

Maladies du deuxième ordre

Maladies des voies respiratoires : Coryza Laryngite, Bronchite, Pneumonie, Phthisie pulmonaire.

Maladies des voies digestives (estomac, abdomen, intestins) : Pharyngite, Crampes d'estomac, Gastralgie, Gastrite, Entérite, Entéralgie, Constipation, Diarrhée, Dyssenterie, Coliques des peintres, Hernie, Fistule à l'anus, Hépatite, Jaunisse, Obstruction de la rate.

Maladies des voies urinaires : Catarrhe vésical, Incontinence d'urine, Rétention d'urine, Gravelle, Graviers, Calculs, Albuminerie, Diabète.

Dans les maladies de cet ordre, l'électricité, administrée tantôt sous une forme, tantôt sous une autre, facilite la respiration, favorise les sécrétions et active la circulation des liquides avec une promptitude sans égale ; grâce à son action puissante et salutaire, des digestions d'ordinaire languissantes s'améliorent, la respiration et la circulation se régularisent, des congestions et des épanchements résultant de l'atonie générale disparaissent complétement.

Lorsqu'il a perdu sa propriété de sécréter le suc gastrique, l'estomac devient incapable d'accomplir ses fonctions, et par suite la faculté digestive cesse de s'exercer. Or on sait que dans ce cas l'électricité remplit exactement l'office de la puissance nerveuse dans la préparation du suc gastrique ; il est donc facile de concevoir la promptitude avec laquelle elle rétablit l'appétit et l'énergie auparavant suspendus. Les constipations et les indigestions les plus opiniâtres cèdent à l'emploi rationnel de l'agent électrique. Par l'action qu'il opère sur les particules électriques qui se trouvent sur son trajet, lorsqu'il est dirigé sur un organe ou une partie quelconque du corps, le mouvement des fluides est accéléré ; la transpiration et l'évaporation sont augmentées par l'oscillation de tous les solides ; l'électricité dynamique met en jeu tous les ressorts de l'économie animale et triomphe presque toujours du mal existant (a). Ainsi s'explique facilement le rôle que remplit l'électricité dans les maladies des poumons, du foie, de la rate et de la vessie.

Maladies des voies respiratoires.

Coryza (rhume de cerveau).

Inflammation catarrhale de la membrane muqueuse des fosses nasales, résultant d'un refroidissement de la tête ou des pieds.

Chez les nouveau-nés cette affection prend un caractère fort grave, attendu que souvent l'enfant ne peut téter sans être suffoqué.

TRAITEMENT. — Applications nᵒˢ 21 et 28, Elect. A.

(a) La gravelle, le diabète et l'albuminerie ne sont dus qu'à une altération du sang causée par un produit excrémentel en excès, l'acide urique ; ce n'est donc qu'à un trouble de la digestion et de la nutrition qu'il faut rapporter ces maladies.

Laryngite (catarrhe laryngien).

Inflammation du larynx, provenant le plus ordinairement d'une fatigue prolongée de l'organe de la voix. Elle a son siége à la membrane muqueuse du larynx ou au tissu cellulaire sous-muqueux de cet organe.

La laryngite est aiguë ou chronique; dans ce dernier cas, elle a pour dernier terme la phthisie laryngée.

TRAITEMENT. — Applications n°ˢ 23, 28 et 2, Elect. A, puis C.

Bronchite (catarrhe pulmonaire).

Inflammation de la membrane muqueuse des bronches. On ne saurait la rattacher à aucune cause externe appréciable ; on peut toutefois regarder l'impression du froid comme une de ses causes les plus ordinaires.

Légère, elle est vulgairement connue sous la dénomination de *rhume* et est peu dangereuse ; mais lorsqu'elle se manifeste par une vive chaleur, une toux sèche et fréquente et une forte oppression, elle réclame de grands soins.

TRAITEMENT. — Applications n°ˢ 29 et 28 *bis*, Elect. A.

Si le patient est maigre et faible et ne peut opérer lui-même, on fixe dans ce cas le PP au plastron métallique n° 34 et l'on procède d'après l'application n° 29 *bis*, qui n'exige aucune manipulation.

Pneumonie.

Inflammation du parenchyme pulmonaire. Elle est aiguë ou chronique. Dans le premier cas, elle est causée par un refroidissement subit, ou par un écart de régime, ou par un exercice excessif, etc. Ses symptômes consistent en des frissons suivis de chaleur, un sentiment d'ardeur dans la poitrine, des douleurs profondes et aiguës, une assez grande difficulté de respirer, et une toux qui amène l'expectoration de matières muqueuses, quelquefois sanguinolentes, mais toujours visqueuses et transparentes.

La pneumonie chronique a pour caractères presque invariables de fortes douleurs dans la poitrine, une toux sèche ou suivie d'expectoration, qui revient surtout après les repas, dans la soirée et pendant la nuit; alors le pouls est fébrile. Lorsque le malade marche avec précipitation ou monte un escalier, il éprouve de la difficulté à respirer; son teint s'anime et se colore, etc., etc.

Traitement. — Application n° 29. Elect. A, quinze minutes; Elect. E, quinze minutes. Finir par application n° 28, Elect. A. On peut dans le traitement de cette affection se servir également du plastron métallique n° 34, en procédant selon l'indication n° 29 *bis*.

Phthisie pulmonaire.

La phthisie pulmonaire, maladie chronique, est caractérisée par la toux, les crachats purulents, la fièvre hectique, l'amaigrissement et la faiblesse du corps. Les causes en sont infinies; mais les espèces les plus communes sont la tuberculeuse et la catarrhale.

Les tubercules (petites tumeurs du volume d'un pois ordinaire et formées dans quelque partie du poumon), se divisent en tubercules crus, en tubercules enflammés et en tubercules suppurants : ce qui constitue les trois degrés de la pulmonie. Cette maladie, arrivée à son deuxième degré, est regardée comme incurable, et à plus forte raison lorsqu'elle a atteint le troisième. Cette opinion n'a été jusqu'ici que trop fondée, parce que l'art médical n'a point à sa disposition d'autres remèdes pour combattre cette triste maladie que ceux connus de tout le monde, et dont l'huile de foie de morue est considérée comme un des plus efficaces.

Traitement. — Application n° 29. Elect. A, quinze minutes; Elect. C, quinze minutes. Finir par n° 28 et n° 2, Elect. A. Un électrisateur perpétuel n° 1 (art. 42 et 43) suffit souvent pour arrêter et combattre le mal. Dans le cas de grande faiblesse, on se sert du plastron métallique n° 34, et l'on procède d'après l'application n° 29 *bis*.

Maladies des voies digestives.

Estomac.

Pharyngite (catarrhe pharyngien).

Inflammation du pharynx laquelle se termine par la formation d'un abcès dans la paroi de ce canal.

Traitement. — Application n° 23, Elect. A, quinze minutes ; Elect. E, quinze minutes. Finir par n° 28, Elect. A, quinze minutes ; Elect. C, quinze minutes. Finir par n° 2. Elect. A.

Cardialgie (crampes d'estomac).

Douleur très-vive à l'épigastre, vers l'orifice supérieur de l'estomac.

Traitement. — Application n° 3. Elect. A, quinze minutes ; Elect. E, quinze minutes. Finir par n° 2, Elect. A. Un électrisateur perpétuel n° 1 (art. 42 et 43) est le meilleur moyen de se guérir de cette affection.

Gastralgie.

Douleur d'estomac caractérisée le plus ordinairement par des tiraillements ou des défaillances. Malgré ces symptômes, les malades digèrent souvent les aliments les plus indigestes.

Traitement. — Application n° 3, Elect. A. Finir par n° 2. Porter un électrisateur perpétuel, comme préservatif et curatif.

Gastrite (a).

Inflammation de la membrane muqueuse de l'estomac. Cette affection peut être due à des causes prédisposantes individuelles, à des variations subites de l'atmosphère, à une mauvaise nourriture, à l'abus des épices et des boissons fortes, à des indigestions répétées, à des coups, à des chûtes pouvant léser les voies digestives, à des pressions exercées sur l'estomac, etc. etc.

(a) Les gastrites, les gastralgies, les constipations, dont j'ai eu un grand nombre à traiter, n'ont pas présenté un seul cas où il y ait eu insuccès par ma méthode ; et des cas très-graves, qui avaient résisté à toutes les médications, ont été guéris en plus ou moins de temps.

Traitement. — Application n° 3. Elect. A, quinze minutes; Elect. E, quinze minutes. Finir par n° 2, Elect. A. Le port d'un électrisateur perpétuel n° 1 (art. 42 et 43) préserve de cette affection et la guérit aussi, si l'on évite tous les abus qui lui donnent naissance.

Abdomen et Intestins.

Entérite.

Inflammation de la membrane muqueuse du canal intestinal. C'est une maladie grave et très-fréquente, qui a pour causes internes principalement l'action directe de substances âcres ou vénéneuses sur les voies alimentaires, l'excès des purgatifs drastiques, les écarts de régime, l'abus des liqueurs spiritueuses, etc., et pour causes externes les blessures, les coups, etc.

Traitement. — Application n° 7. Elect. A, quinze minutes; Elect. E, quinze minutes. Finir par n°s 2 et 17, Elect. A. Porter une ceinture abdominale n° 2 (art. 44) comme moyen préservatif et curatif.

Entéralgie.

Douleur dans les intestins.

Traitement. — Applications n°s 7, 5 et 6, Elect. A. Finir par l'application n° 2.

Constipation.

Difficulté d'aller à la selle. Cette affection cède ordinairement, pour un certain temps du moins, aux boissons rafraîchissantes et aux lavements; mais lorsqu'elle est constitutionnelle et opiniâtre, il est rare qu'elle disparaisse complétement à l'aide de ces moyens, tandis qu'il suffit de huit à quinze électrisations pour obtenir ce résultat.

Traitement. — Applications n°s 3, 7 et 2, Elect. A.

Diarrhée (dévoiement).

Fréquence et liquidité anormales des déjections alvines, accompagnées parfois de coliques.

On peut considérer la diarrhée simplement comme un symptôme de l'entérite.

TRAITEMENT. — Application n° 2, Elect. A.

Dyssenterie.

Inflammation intestinale, suite le plus souvent de mauvais aliments, de fruits verts, etc. Elle se manifeste par l'évacuation fréquente de matières muqueuses, puriformes et parfois mêlées de sang, par des tranchées et par un sentiment d'ardeur dans tout le trajet du colon.

TRAITEMENT. — Applications n°ˢ 3, 2 et 17, Elect. A.

Colique des peintres.

Cette maladie est provoquée chez les broyeurs de couleurs par l'absorption par les voies respiratoires de sels cuivreux, qui, après avoir traversé les tissus et les membranes pulmonaires, sont portés dans le torrent circulatoire et occasionnent dans l'abdomen une chaleur vive et brûlante, des coliques crampoïdes, et donnent à l'urine une teinte rouge foncé, etc.

TRAITEMENT. — Applications n°ˢ 32, 2, 7 et 14, Elect. A.

Hernie et ses variétés.

Tumeur produite par la chûte ou le déplacement de quelqu'une des parties molles et flottantes contenues dans la cavité du bas-ventre.

TRAITEMENT. — Applications n°ˢ 33 et 26, Elect. A. (*Voir Traitement spécial*, page 213, *pour hernies étranglées.*)

Hernie ombilicale.

TRAITEMENT. — Applications n°ˢ 48 et 2, Elect. A.

Rhagade (fistule à l'anus).

Ulcère sinueux, étroit à son entrée et large au fond, qui a son siége dans les plis de l'anus. La fistule, qui a un orifice interne, s'indique par l'écoulement plus ou moins abondant d'une matière purulente et fétide.

TRAITEMENT. — Applications n°ˢ 60 et 14, Elect. A.

Maladies du foie et de la rate.

Hépatite.

Inflammation du foie. En voici les principaux caractères : tension, douleur aiguë dans l'hypocondre droit, fièvre, trouble dans la sécrétion biliaire, coloration de l'urine en jaune.

TRAITEMENT. — Applications nᵒˢ 5, 2 et 15, Elect. A.

Porter une ceinture magnéto-électrique nᵒ 2 (art. 44) pour se préserver des maladies du foie et de la rate.

Ictère (jaunisse).

Maladie causée par tout obstacle à l'excrétion ou à la libre circulation de la bile dans le duodenum. On la reconnaît à la couleur jaune de la peau, des conjonctives et de l'urine, et à la teinte grise des excréments. Le malade ressent des douleurs sourdes dans la région du foie et une turgescence plus ou moins forte dans tout l'abdomen.

TRAITEMENT. — Applications nᵒˢ 6, 2 et 13, Elect. A.

Obstruction de la rate.

Le gonflement que l'on observe parfois dans cet organe et qu'on appelle communément hypertrophie de la rate, est dû à la production d'une multitude de corpuscules qui peuvent atteindre le volume d'une lentille et causent une obstruction dans le viscère.

TRAITEMENT. — Application nᵒ 5. Elect. A. quinze minutes ; Elect. C, quinze minutes ; puis nᵒ 2 et nᵒ 19, Elec. A. Porter une ceinture magnéto-électrique nᵒ 2 (art. 44) pour s'en préserver.

Maladies des voies urinaires.

Cystite (catarrhe vésical).

Les symptômes les plus saillants de cette inflammation de la vessie sont des besoins d'uriner fréquents et irrésistibles, des douleurs cuisantes pendant la sortie de l'urine, l'extrème

sensibilité de l'hypogastre, la fièvre, la soif, l'agitation, l'insomnie, des vomissements, etc.

Traitement. — Applications n°s 2 et 30 *bis*. Bains de siége.
(*Voir Règles générales*, page 164, art. 79.) Finir par n° 15.
Elect. A, quinze minutes; Elect. E, quinze minutes.

Incontinence d'urine.

Suspension ou perte durant quelques heures de la faculté de
retenir l'urine. C'est un symptôme d'autres maladies plutôt
qu'une maladie même.

L'incontinence a pour cause le séjour forcé de l'urine dans
la vessie, par suite d'un état morbide du conduit excréteur
ou du réservoir de ce liquide. On l'observe assez généralement dans les fièvres typhoïdes, les congestions cérébrales,
l'ivresse, etc. Dans ce cas elle doit s'attribuer à une distension
démesurée du réservoir.

Traitement. — Applications n°s 2, 63 et 13, Elect. A.

Rétention d'urine.

Accumulation de l'urine dans la vessie. Selon qu'elle est plus
ou moins complète, on la divise en trois degrés : la dysurie, la
stranguric et l'ischurie. Elle est causée, soit par une paralysie
de la vessie, soit par un obstacle à l'écoulement de l'urine.

Traitement. — Applications n°s 2, 63, 57 et 13, Elect. A.

Gravelle, Graviers, Calculs.

On appelle *gravelle* des corpuscules granuleux, le plus ordinairement de la grosseur d'une tête d'épingle, et que dépose
l'urine de certaines personnes.

Ces corpuscules, un peu plus volumineux, mais ne dépassant
pas encore le diamètre de l'urètre, prennent le nom de *graviers*.

Mais lorsqu'ils ne peuvent plus traverser, on leur donne celui
de *calculs*.

Traitement. — Application n° 2 avec de légères commotions
pour détacher le gravier; puis n°s 10 et 62, Elect. A.

En faisant passer le PP dans un flacon de nitrate de potasse,
on facilite la résorption des calculs. (*Voir* page 67, art. 38.)

Albuminerie.

Urination d'albumine. L'albuminerie est passagère ou chronique. Dans le premier cas, c'est un symptôme de plusieurs genres de maladies ; par exemple : le choléra, la fièvre scarlatine ; dans le second cas, elle a un caractère beaucoup plus grave et annonce une lésion dans certaines cellules du rein, lesquelles deviennent opaques et se chargent de granulations donnant lieu à une hypertrophie souvent considérable.

TRAITEMENT. — Applications n°ˢ 2, 30 *bis* et 62. Elect. A, quinze minutes ; Elect. E, trente minutes. On finit par application n° 13, Elect. A.

Diabète.

Excrétion abondante d'urine contenant une matière cristallisable analogue au sucre de fécule. Le malade éprouve un surcroît d'appétit, une grande soif, et quelquefois on observe un amaigrissement sensible.

TRAITEMENT. — Applications n°ˢ 2, 30 *bis* et 62 Elect. A, quinze minutes ; Elect. E, trente minutes. Finir par l'application n° 13, Elect. A.

CHAPITRE XIX

Maladies du troisième ordre.

Maladies du système vasculaire, du système artériel (a), du système veineux et du système lymphatique.

Pléthore, Anémie, Pleurésie, Anévrisme du cœur, Ménorrhagie, Hémorrhagie, Suppression des menstrues, Cancer de matrice et du sein, Fleurs blanches, Chlorose, Hémorroïdes, Panaris, Engelures, Tumeurs blanches, Tumeurs vénériennes, Goîtres, Polypes, Hydropisie abdominale, Anasarque, Hydrocéphale, Hydrothorax, Hydrocèle, Suppression de la sécrétion lactée, Apoplexie, Fièvres, Congestions, Atrophie, Faiblesse constitutive des enfants, Rachitisme, Pertes séminales, Varicocèle, Chûte de matrice et du rectum, Calvitie.

Il n'existe pas de moyen aussi actif, aussi puissant pour rétablir la circulation du sang que l'agent électrique. Non seulement l'électricité opère la résolution des tumeurs abdominales, cervicales, ganglionnaires, et dans un délai relativement très-court ; mais encore c'est un spécifique unique dans tous les engorgements, quels qu'en soient les causes et le siége. Si les

(a) Pour faire comprendre au lecteur l'action électrique et le rôle qu'elle joue dans les différents systèmes de vaisseaux, je vais indiquer ici comment les vaisseaux artériels, composés de leurs trois tuniques, doivent se trouver électrisés. La première tunique, dans laquelle coule le sang, s'est emparée, à travers les deux autres tuniques, de l'électricité positive communiquant à celles-ci par l'électricité atmosphérique. La partie extérieure ou opposée de cette tunique a été, suivant la loi qui régit ces phénomènes, rendue électro-*négative* ; par conséquent, sur la paroi interne des membranes élastiques de la deuxième tunique, qui entoure la première, a dû se développer l'électricité positive, et par cela même son côté opposé ou extérieur est rendu électro-*négatif* ; dans la troisième tunique, sur la paroi interne, tournée vers la deuxième tunique, se développe l'électricité contraire, c'est-à-dire l'électricité *positive* qui a été développée par l'électricité atmosphérique, et l'électricité *négative* sur sa paroi extérieure ; cette paroi se confond en partie avec les tissus cellulaires qui l'avoisinent. Mais il est plus que probable que les fibres élastiques jaunâtres de la deuxième tunique artérielle, la substance fenêtrée et les fibres musculaires de la vie organique qu'on y rencontre sont, par leur action et leur influence réciproques, ainsi que par le frottement incessant de leurs parties, successivement électrisées en sens différents, et l'électricité agit ainsi non seulement sur la troisième tunique, mais aussi sur tous les tissus ambiants, avec lesquels elle entre plus ou moins en contact et qui à leur tour propagent l'action électro-motrice qui leur a été communiquée.

ganglions ont été engorgés sous l'influence d'un principe constitutionnel syphilitique, strumeux ou dartreux, l'électricité galvanique, si elle est bien administrée, fait disparaître complétement l'engorgement et rétablit l'état normal en plus ou moins de temps.

L'électricité est encore le moyen le plus sûr et le plus efficace de combattre les affections cancéreuses (a), les ulcères, etc., dont un grand nombre sont réputés incurables, du moins dans les cas où la diathèse n'est pas générale, c'est-à-dire lorsque le germe morbide n'a pas pénétré l'organisme tout entier, perforé tous les tissus et produit ainsi des foyers de propagation et de destruction. Dans ces derniers cas, les animalcules qu'engendrent ces foyers purulents sont détruits par l'électricité; le siége du mal est purgé, divisé par le mouvement et la double répulsion électriques; une partie s'évapore, et dans l'autre a lieu une accélération de mouvement à travers les vaisseaux capillaires, laquelle facilite la sortie des matières corrompues. On peut d'ailleurs se faire une idée des effets de l'électricité dans la plupart de ces maladies de la troisième catégorie, lorsqu'on connaît ceux qu'elle produit sur la circulation du sang et sur tous les liquides en général.

Dans les fièvres, qui indiquent une perturbation profonde dans toutes les fonctions organiques, l'accélération du pouls, une soif subite, la chaleur et la sécheresse de la peau, une congestion à la tête, etc., l'utilité de l'application de l'électricité ne saurait être mise en doute, attendu que ces symptômes proviennent d'inflammations internes ou externes qui accompagnent ces fièvres appelées symptômatiques. Dans les fièvres essentielles on observe également un état inflammatoire provoqué par une cause quelconque (froid, humidité, engorgement d'un organe, de la rate, du foie, etc.), et qui a pour résultat immédiat une augmentation dans les organes d'électricité, laquelle produit une chaleur anormale, et, par suite, une dilatation des

(a) J'ai eu le bonheur de guérir dix-huit cancers de matrice; quant aux cancers du sein et des reins, j'ai échoué dans plusieurs cas; il est vrai qu'ils étaient tous très-avancés et ne m'avaient pas donné beaucoup d'espoir de guérison.

vaisseaux capillaires sanguins ; comme le sang afflue avec plus d'abondance dans ces vaisseaux, et circule avec plus de rapidité dans les tissus, il y dégage plus d'électricité, et, partant, plus de calorique. L'électricité galvanique et l'électricité de première induction parviennent dans tous ces cas à détruire, par leurs propriétés calmantes, dérivatives et résolutives, les foyers inflammatoires dans tout l'organisme, en régularisant la circulation de tous les liquides, etc.

Dans les hernies et leurs variétés, l'électricité supplée à l'insuffisance de l'art, des bandages, etc., et opère sur le prolongement du péritoine une contraction salutaire, qui fait rentrer et disparaître la hernie en peu de temps.

Pléthore.

Surabondance générale ou partielle de sang dans le système sanguin. La peau devient rouge, le pouls dur, les vaisseaux sanguins se gonflent ; le malade ressent une chaleur incommode, des douleurs vagues et est sujet aux hémorrhagies. Lorsqu'il éprouve des vertiges, de la somnolence, que le sang lui monte aux yeux et au visage, que les veines du cou se gonflent outre mesure et que les artères carotides battent avec force, la pléthore peut dégénérer en congestion sanguine du cerveau.

Traitement. — Applications nᵒˢ 11 et 19. Elect. A, trente minutes ; Elect. E, trente minutes ; puis tous les soirs, aussi longtemps que l'état pléthorique n'est pas sensiblement diminué, des bains de pied électriques. (*Voir Règles générales,* page 164.) Après les applications nᵒˢ 11 et 19, finir par celle nᵒ 15, Elect. A.

Anémie.

État opposé à la pléthore, lequel consiste en une diminution de la masse du sang, ou, pour parler plus exactement, en un abaissement des globules du sang à un nombre proportionnel inférieur à leur nombre normal. (Suivant Andral, la moyenne normale des globules du sang est de 127 pour 1,000 ; leur diminution à 80 pour 1,000 peut être regardée comme la limite au-dessous de laquelle le vice du sang commence à être une cause de maladie.)

Les symptômes les plus saillants de l'anémie sont l'affaiblissement et la décoloration.

TRAITEMENT. — Applications n°ˢ 11 et 3, puis trois grands bains par semaine. (*Règles générales*, page 164, art 74.) Elect. A.

Pleurésie (pneumonie).

Inflammation de la plèvre, aiguë ou chronique.

La pleurésie aiguë peut se déclarer à la suite de coups ou d'une chûte sur la poitrine, ou de l'exposition au froid pendant ou après la transpiration. Le malade éprouve dans un des côtés de la poitrine des douleurs poignantes, qu'augmentent les efforts qu'il est obligé de faire pour respirer et pour tousser, au point qu'il ne peut plus se coucher sur ce côté. La toux est sèche, ou accompagnée d'une légère expectoration. La pleurésie chronique peut être la suite de la pleurésie aiguë, ou s'établir lentement sans cause apparente. Ses symptômes, qui consistent principalement en une toux sèche, de l'oppression, des douleurs vagues dans la poitrine, des frissons et des mouvements fébriles irréguliers, la font confondre souvent avec la phthisie pulmonaire ou l'hydropisie de poitrine. Elle se complique quelquefois d'une inflammation des poumons, et on lui donne alors le nom de pleuro-pneumonie.

TRAITEMENT. — Applications n°ˢ 29 et 4. Elect. A, et Elect. E, quinze minutes par chaque type; puis bains de pieds électriques (page 164, art. 80) On finit, après l'électrisation des n°ˢ 19 et 4. par l'application n° 15, Elect. A.

On peut également se servir ici du plastron métallique n° 34 à la place de l'application n° 29.

Hypertrophie (anévrisme du cœur).

C'est un épaississement des parois du cœur qui en rétrécit les cavités ; parfois, au contraire, c'est un amincissement de ces mêmes parois, d'où résultent un agrandissement anormal des cavités de l'organe et l'affaiblissement de ses fonctions.

TRAITEMENT. — Application n° 10. Elect. C, puis Elect. A ; ensuite passer aux applications n°ˢ 9, 2 et 15.

Palpitations du cœur.

Mouvement violent, convulsif du cœur, dont les contractions s'exécutent avec plus de force et de rapidité que dans le cas normal.

TRAITEMENT. — Applications nᵒˢ 10 et 20, Elect. A, puis C. Puis bains de pieds électriques. (*Voir Règles générales*, p. 164, art. 80.)

Hémorrhagie.

Effusion d'une quantité notable de sang, par suite de la rupture d'un vaisseau sanguin et principalement des capillaires congestionnés et distendus par l'excès du sang qui afflue en plus grande quantité qu'il n'en sort ; elle peut aussi avoir pour cause un dépôt de granulations graisseuses dans les parois capillaires, lequel affaiblit leur résistance, surtout dans les éléments mous, le cerveau, par exemple.

TRAITEMENT. — Applications nᵒˢ 13 et 15. Elect. A, quinze minutes ; Elect. C, quinze minutes ; puis souvent des bains de pieds (page 164, art. 80).

Métrorrhagie, Ménorrhagie.

Métrorrhagie, hémorrhagie utérine.

Ménorrhagie, excès du flux menstruel, de nature à déranger la santé.

L'hémorrhagie utérine est presque toujours mêlée de mucus, de matière purulente, etc., et accompagnée de vives souffrances. C'est le symptôme d'une lésion organique de l'utérus.

TRAITEMENT. — Application nᵒ 2, Elect. A.

Cancer de la matrice.

TRAITEMENT. — Applications nᵒˢ 52 ou 53 (page 206, art. 107).

Cancer du sein.

TRAITEMENT. — (*Voir Règles spéciales*, page 203, art. 106.) Appliquer sur le sein ulcéré ou non des compresses imbibées de Phénol-Bobœuf étendu de moitié d'eau ; placez-y une plaque avec le PP, et prenez dans la main, du même côté que le sein malade, un cylindre n° 6 avec le PN ; électrisez d'abord avec l'élect. A, puis avec celle sous chiffre E. Opération à faire deux fois par jour.

Aménorrhée (suppression des menstrues).

Interruption ou absence du flux menstruel chez la femme en âge d'être réglée, par suite d'un état général de faiblesse ou de l'inertie de l'utérus.

Le rétablissement normal des menstrues s'obtient très-facilement par l'électricité ; mais l'application en est laissée à la sagesse du médecin, attendu que nous ne voulons l'indiquer ici par des motifs que l'on comprendra.

Leucorrhée (fleurs blanches).

Ecoulement par le vagin de matière muqueuse, blanche, jaunâtre ou verdâtre, produite par un catarrhe ou une inflammation de la membrane muqueuse de l'utérus, et plus particulièrement de son col et du vagin. L'affection s'établit insensiblement et sans douleur ; mais bientôt les malades éprouvent de sourdes douleurs dans le vagin, à l'hypogastre et aux cuisses, des tiraillements d'estomac, du trouble dans les fonctions digestives, de la langueur et de la pâleur. Un tempérament faible et lymphatique, une vie licencieuse, un usage trop fréquent des bains en sont les causes prédisposantes.

Traitement. — Applications n° 3, 2 et 53, Elect. A.

Chlorose (pâles couleurs).

Affection particulière aux jeunes filles non réglées, due, comme l'anémie, à la diminution du nombre proportionnel des globules du sang, et caractérisée principalement par une pâleur excessive, ce qui lui a fait donner communément le nom de *pâles couleurs*.

Traitement. — Applications n° 13, 3 et 2, Elect. A.

Faire porter une ceinture magnéto-électrique vaginale n° 5 (art. 47).

Hémorroïdes.

Tumeurs formées à la marge de l'anus ou à l'orifice du rectum par la dilatation anormale des veines de cet intestin, et donnant cours à un écoulement sanguin par l'anus.

TRAITEMENT. — Application n° 61. Elect. **A**.

Tumeurs abdominales (a).

On désigne ordinairement sous cette dénomination toute éminence ou grosseur développée dans une partie du corps. Elles sont la suite de maladies des organes sécréteurs, des excréteurs et de ceux de la circulation, précédées de troubles survenus dans la nutrition des tissus qui forment les parois de ces organes.

On compte jusqu'à quatorze espèces de tumeurs. Nous croyons inutile d'en donner ici la nomenclature, attendu qu'elles peuvent toutes être combattues par la même application électrique.

TRAITEMENT. — Applications n° 57 et 58, selon que la tumeur est plus ou moins considérable ; d'abord Elect. A, quinze minutes, puis Elect. E, trente minutes. Finir par applications n° 7 et 14, Elect. A.

Tumeurs glandulaires (panaris).

Groupe de tumeurs ayant pour éléments essentiels les éléments des glandes qui en sont le siége. Elles varient d'aspect extérieur selon l'espèce de glande dont il s'agit.

TRAITEMENT. — Application : bains de doigt. (*Voir Règles générales*, page 164, art 81 et 82.)

Tumeurs blanches.

Gonflement des grandes articulations, dépendant de l'altération des parties osseuses ou des parties molles articulaires et d'une consistance plus ou moins prononcée. Une constitution scrofuleuse est la cause prédisposante de cette affection, dont le développement peut être déterminé par une distension violente, une contusion, etc.

(a) L'expérience acquise par la guérison d'un grand nombre de tumeurs qui avaient présenté un développement extraordinaire, me fait penser qu'il ne peut guère se présenter un cas de cette nature où l'électricité reste impuissante.

Traitement. — Application n° 2, puis on place deux plaques n° 5 des deux côtés de la tumeur et l'on y fixe les deux courants électriques. Elect. A, quinze minutes ; Elect. E, trente minutes. A défaut de cette dernière, celle indiquée sous la lettre D (art. 55). On finit par l'application n° 1, Elect. A.

Tumeurs vénériennes (cancroïde).

On donne ce nom à toutes les tumeurs épithéliales qui affectent la peau et les muqueuses et qui, une fois que celles-ci sont ulcérées, envahissent progressivement les tissus tant en largeur qu'en profondeur. Elles se présentent sous différents caractères et reçoivent des noms différents selon la place qu'elles occupent.

Traitement. — (*Voir Maladies vénériennes*, page 207, art. 108 et 109).

Engelures.

Traitement. — (*Voir Règles spéciales*, page 178, art. 80 et 81.)

Goître (loupes, polypes).

Accroissement anormal de la glande chiréoïde.

Les individus qui en sont le plus particulièrement affectés sont les femmes et les personnes lymphatiques.

Traitement. — Application n° 58, puis n° 2. Elect. A, quinze minutes ; Elect. C, trente minutes.

Polypes du nez.

Excroissances charnues, fangeuses, fibreuses, qui se forment dans les fosses nasales.

Traitement. — Applications n°ˢ 36 et 28, Elect. A.

Hydropisie.

On désigne généralement sous ce nom un épanchement séreux dans une cavité du corps ou dans les tissus cellulaires. Elle est le résultat d'un accroissement de l'action secrétoire et d'un afflux excessif du sang dans les capillaires artériels de la partie qui est le siége de la maladie, par conséquent de la présence d'un obstacle au cours du sang ou à l'absorption de la sérosité produite.

L'hydropisie peut être générale ou locale; elle a des caractères particuliers et reçoit des noms différents, selon les diverses parties du corps qui en deviennent le siége.

Ascite (hydropisie abdominale).

Accumulation de sérosité dans la cavité du péritoine, résultant d'une inflammation chronique ou d'autres altérations du péritoine. Le caractère le plus saillant de cette affection consiste dans une tuméfaction, quelquefois énorme, du bas-ventre et des extrémités inférieures.

TRAITEMENT. — Applications nᵒˢ 2 et 7. Après ces deux opérations, placez de nouveau PN sur l'un et l'autre rein, alternativement; puis attachez le PP au frictionneur nᵒ 11, avec lequel on passe sur toutes les parties imprégnées d'eau. Elect. B, trente minutes, puis Elect. E, quinze minutes. Finir par l'application nᵒ 15, Elect. A.

Anasarque (hydropisie des tissus cellulaires).

Infiltration de sérosité dans les tissus cellulaires, et, par suite, tuméfaction du corps, tantôt générale et tantôt partielle seulement. Elle commence presque toujours par attaquer les extrémités inférieures; puis elle gagne peu à peu toute l'économie. Dans certains cas, elle se manifeste par la bouffissure du visage ou d'une autre partie du corps. Elle provient la plupart du temps de trouble dans la nutrition.

TRAITEMENT. — Applications nᵒˢ 3, 2 et 7, puis nᵒ 30. Elect. B, trente minutes, puis Elect. E, quinze minutes. Finir par l'application nᵒ 1.

Hydrocéphale (hydropisie du cerveau).

TRAITEMENT. — Application nᵒ 39, Elect. A. Finir par l'application nᵒ 28.

Hydrothorax (hydropisie de la poitrine).

TRAITEMENT. — Applications nᵒˢ 3, 2, 30 et 16, Elect. A.

On peut aussi, si le malade ne veut s'actionner lui-même dans l'application n° 30, attacher le courant au plastron pectoral n° 34.

Hydrocèle (hydropisie du scrotum).

TRAITEMENT. — Application n° 2, puis bain local (art. 83). PN dans le bain et PP au coccyx. Elect. A. Finir par l'application n° 15.

Diminution ou Suppression de la sécrétion lactée.

Il arrive parfois aux femmes qui nourrissent de voir diminuer ou tarir complétement la sécrétion lactée, à la suite d'émotions vives ou subites; ce qui les rend incapables de continuer à nourrir leurs enfants.

TRAITEMENT. — Application n° 30. Promener le frictionneur n° 11 sur toute la circonférence du sein, en plaçant le PN entre les omoplates. Finir par l'application n° 2, Elect. A.

Apoplexie (hémorrhagie cérébrale).

Paralysie subite, plus ou moins complète, du sentiment et du mouvement, produite, dans le plus grand nombre de cas, par un épanchement de sang ou de sérosité dans les membranes ou les ventricules du cerveau, ou dans la substance même de l'encéphale.

L'apoplexie se présente sous trois formes différentes :

1° Le malade tombe privé de sentiment et de mouvement; son visage prend une teinte violacée; sa respiration est stertoreuse, son pouls plein et lent; dans quelques cas il y a convulsions. L'état de stupeur ne dure que quelques instants ou se prolonge pendant plusieurs jours. Le malade meurt; ou il se rétablit et ne conserve aucune marque sensible de l'attaque; ou il reste frappé d'hémiplégie, perd la parole ou la vue, momentanément ou permanemment. On donne vulgairement le nom de *coup de sang* à cette première espèce d'apoplexie; mais lorsqu'elle détermine la mort en quelques heures, notamment par suite de la rupture d'un anévrisme, on l'appelle *apoplexie foudroyante.*

Traitement. — Application , bains de pieds avant tout (art. 80), puis n° 19 ; et si ces deux applications n'ont pas produit d'effet, on procédera comme suit :

On applique au malade le courant positif et le courant négatif de la première induction sur l'estomac et entre les omoplates, puis les sept courants de la deuxième induction (38.) sous les aisselles, aux mains, aux pieds, à l'intérieur des cuisses, en haut et en bas de la colonne vertébrale, un sur la rate et un sur le foie, etc. Elect. C, quinze minutes , puis A, trente minutes.

2° Le malade éprouve subitement un violent mal de tête ; il tombe presque en syncope ; son visage pâlit, son pouls est faible, tout son corps est froid ; il divague et est enfin frappé de coma. Il y a rarement hémiplégie.

Traitement. — Application, bains de pieds (art. 80), puis après on a recours à l'application n° 19. Elect. E, quinze minutes, puis Elect. A. Finir par l'application n° 1.

3° Le malade est tout à coup paralysé d'une moitié du corps et privé de l'usage de la parole. Cette paralysie persiste plus ou moins longtemps.

Traitement. — Application même traitement que le précédent. *(Voir Règles spéciales, page 178, art. 88 à 90.)*

Fièvres.

Les fièvres peuvent être divisées en trois catégories. La première comprend toutes les fièvres qui accompagnent les inflammations internes ou externes, et qu'on appelle *symptômatiques* (chap. XIX) : elles n'ont d'ordinaire aucune gravité ; la seconde, les fièvres *essentielles* (typhoïde, nerveuse, putride, intermittente); et la troisième, les fièvres *contagieuses* (typhus, fièvre jaune, malaria, etc.).

On fera bien, au début, d'appeler un médecin pour le consulter sur le choix des purgatifs à prendre et pour l'emploi de sulfate de quinine.

Traitement. — 1re *catégorie* : Application nos 19 et 11, puis bains de pieds. *(Voir Règles générales, page 164, art. 80.)*

Traitement. — 2me *catégorie :* le même que ci-dessus.

Traitement. — 3me *catégorie*. (*Voir Moyens préservatifs et curatifs du choléra,* page 193, art. 100 à 104.)

Congestions.

On appelle *congestion* un afflux du sang dans les vaisseaux d'un organe autrement sain. Elle est permanente ou momentanée.

Les organes les plus vasculaires, tels que les poumons, la rate, le foie, et ceux qui reçoivent le plus immédiatement l'abord du sang, tels que les poumons et le cerveau, sont ceux qui éprouvent le plus souvent les effets de la congestion.

Traitement. — Application n° 20. Elect. A, puis Elect. E. Bains de pieds. (*Voir Règles générales,* page 164, art. 80.) Finir par l'application n° 1, Elect. A.

Atrophie.

On a rangé sous ce nom les affections qui proviennent du relâchement de l'acte d'assimilation, et qui, chez les enfants surtout, présente le phénomène inverse du développement. La compression de certains organes, en comprimant leur nutrition et en y empêchant ou ralentissant l'abord du sang, peut déterminer l'amaigrissement, la diminution de volume, et partant l'atrophie de ces organes.

Le traitement des nombreux cas de ce genre exige des connaissances anatomiques assez étendues de celui qui veut agir efficacement sur les muscles atrophiés. Le cadre de cet ouvrage ne permettant pas d'entrer ici dans tout le développement que comporte un pareil sujet, je me bornerai à recommander, pour les cas exceptionnels, aux médecins et aux partisans de l'électricité, l'ouvrage de M. le Dr Duchenne de Boulogne, *l'Électrisation localisée,* dans lequel la farradisation de tous les genres d'atrophie est expliquée d'une manière aussi savante que lucide; je la pratique de la même façon.

Dans les cas d'atrophie qui sont les plus fréquents : atrophie des bras ou des jambes, j'ai réussi dans de nombreux cas en procédant comme suit :

Dans le premier cas, **PN** au cylindre n° 6, qu'on tient dans la main ; ou bien la main se place avec le même courant dans un bain où l'on a jeté du sel ; le PP s'attache à l'excitateur musculaire n° 7, garni de flanelle et bien mouillé ; puis on le promène, en partant du haut de la colonne vertébrale, sur toutes les parties du bras, par dessus et par dessous, en actionnant vivement les articulations du coude et du métacarpe et en produisant des interruptions du courant. — Tous les deux jours, un bain de bras (art. 81).

Dans le second cas, PN à une plaque n° 4, attachée à la plante du pied ; et PP à l'excitateur musculaire n° 7 (bien mouillé), qu'on promène depuis la région lombaire, en passant d'abord sur le dessus de la jambe, jusqu'au gros orteil ; puis, en longeant le derrière de la jambe et l'intérieur des cuisses, jusqu'au talon, en ayant soin, comme pour le bras, d'interrompre de temps en temps le courant au moyen de l'excitateur. En outre de cette application, qui peut se pratiquer deux fois par jour (avant les repas), on administre au malade deux grands bains par semaine.

Elect. A et B, trente minutes.

Faiblesse constitutive des enfants.

Sans symptômes de rachitisme, ou syphilis héréditaire.

TRAITEMENT. — Grands bains électriques (74.), dans lesquels on met un demi-kilogramme de sel marin ; deux ou trois par semaine.

Rachitisme.

Cette maladie consiste en une perturbation qui arrête le développement de l'enfant ; elle provient de ce qu'une cause quelconque a paralysé l'action des fibres nerveuses végétatives chargées de préparer, à l'aide de l'électricité inorganique (qui préside à toutes les opérations moléculaires), l'agrégation des molécules calcaires qui doivent entrer dans la formation des os ; tandis que les fibres qui ont pour mission d'éliminer les matériaux non organisables et d'élaborer les molécules gélatineuses nécessaires à la constitution normale des os, fournissent un excès de gélatine propre à donner aux os une consistance anormale.

Ce qu'il importe de faire avant tout, c'est de rétablir l'équilibre dans l'activité des deux genres de fibres végétatives, en
soumettant tout l'organisme à des courants d'électricité volta-
farradique intermittente, et d'aider en même temps le travail
de l'ostéogénésie (génération des os) en fournissant aux fibres
de la première catégorie une plus grande quantité de matières
calcaires à élaborer.

Quelle que soit la période à laquelle est arrivée l'affection,
l'électricité est capable de rétablir la nutrition ralentie, troublée
ou suspendue ; même de corriger jusqu'à un certain point les
déformations osseuses. Il faut préalablement placer l'enfant
dans un endroit où il puisse respirer un air pur, le soumettre
à un régime fortifiant, lui faire boire à ses repas de l'eau ferrée
mêlée dans du vin, et entre ses repas un mélange de sirops et
de préparation calcaire, etc.

Traitement. — Faites coucher le malade tous les jours, pendant une demi-heure, et plus s'il est possible, sur un parquet,
les bras étendus en croix ; puis appliquez l'électricité de la
manière suivante :

Application n° 11, puis n°˙ 3 et 2. Ensuite on lui fera prendre
tous les deux jours un grand bain électrique, dans lequel on
fera dissoudre 500 grammes de phosphate de chaux, qu'on mé-
langera avec autant de sel marin pour le rendre plus soluble
dans l'eau et pour en faciliter l'introduction dans l'organisme,
au moyen des courants électriques. Ce bain durera de trente à
soixante minutes.

Pertes séminales.

Ecoulement involontaire du sperme. Il indique un trouble
profond dans tout l'organisme.

Traitement. — Application n° 60. Finir par l'application
n° 5. Compresses froides sur les organes génitaux et la colonne
vertébrale.

Varicocèle.

La varicocèle est caractérisée par une tumeur molle qui
s'élève au bord du testicule et s'étend jusqu'au niveau de l'ori-

fice, inférieur du canal inguinal, à travers lequel elle se prolonge quelquefois et gagne les régions lombaires.

TRAITEMENT. — On place les deux plaques n° 5 des deux côtés des testicules, l'une opposée à l'autre. On électrise d'abord par l'électricité A pendant une heure, puis par l'électricité D pendant quatre heures. Au bout de quelques jours il se forme une escarre, et à partir de ce moment la tumeur disparaît peu à peu, sans qu'il soit besoin d'autres électrisations.

Chute de la matrice et Rétroversion de la matrice, etc.

Déplacement de la matrice de sa position naturelle; dans le premier cas elle descend dans le vagin, même souvent entre les grandes lèvres et les cuisses.

TRAITEMENT. — Applications n° 53 et 2, Elect. A.

Chute du rectum.

Renversement d'une portion de la tunique interne du rectum ou dernier intestin, qui forme les replis valvuleux de son extrémité.

TRAITEMENT. — Après l'avoir fait rentrer avec le doigt enduit d'huile, et avoir lavé l'anus avec de l'eau fraîche, on procède comme suit :

Applications n° 62 et 2, Elect. A.

Calvitie (a).

Lorsque des accidents ont frappé la vitalité d'un plus ou moins grand espace du derme et des bulbes des cheveux,

(a) Liebig a trouvé en examinant les cellules à pigment une notable différence dans leur constitution, selon leur couleur :

	Cheveux blonds.	Cheveux noirs.
Carbone	49,345	49,935
Hydrogène	6,576	6,631
Azote	17,936	17,936
Oxygène et soufre	26,143	25,498

D'après cette analyse, il résulte que les cheveux blonds doivent leur éclat un excès de soufre et d'oxygène et à un défaut de carbone, tandis que les cheveux noirs, au contraire, doivent leur aspect de jais à un excès de carbone et à un défaut de soufre et d'oxygène.

par suite d'accouchement, de fièvres, de syphilis, d'émotions profondes, etc., rien n'est plus propre à réveiller l'action de l'appareil nutritif des bulbes que l'électricité.

TRAITEMENT. — Application n° 38. Finir par l'application n° 4, Elect. A.

CHAPITRE XX.

Maladies du quatrième ordre.

Système nerveux et Système ganglionaire.

Maladies de la moëlle épinière, Névralgies diverses, Goutte générale et sciatique, Paralysies diverses, Spasmes, Convulsions, Tétanos, Hystérie, Épilepsie, Catalepsie, Danse de St-Guy, Asthme nerveux, Rhumatismes divers, Lumbago, Entorse, Ankylose, Carie des os, Amaurose, Ophthalmie, Anesthésie, Surdité, Aphonie.

Le caractère classique de la plupart des maladies de cette catégorie, c'est la diminution, la résolution ou la prostration du sentiment, du mouvement et des forces dans tout le corps, ou seulement dans quelques membres. Ces maladies ont pour principe le relâchement ou l'obstruction des nerfs, causée par un manque d'activité électrique dans les molécules. L'électricité galvanique et l'électricité volta-magnétique ou farradique (première induction), en vertu de la propriété, dont elles sont douées, de rétablir la circulation électrique, de réveiller l'excitabilité des nerfs, quelle qu'en soit la faiblesse, exerce dans ces cas une heureuse influence, en mettant en mouvement le principe de vie qui s'y trouve momentanément dans une inaction plus ou moins grande ; l'électrisation rétablit peu à peu le mouvement, la circulation interrompue ou imparfaite de l'électricité propre au corps, et par là l'action des fibres nerveuses sur les muscles ; en d'autres termes, lorsque les agents de la volonté (l'électricité organique), trouvant une partie de leurs grandes voies (nerfs blancs), ainsi que leurs embranchements innombrables, encombrés, obtsrués par une cause quelconque

(engorgements, meurtrissures, chutes, etc.), le plus souvent
par des influences morales, ne parviennent plus ou ne parviennent qu'avec difficulté à transmettre les ordres qu'ils reçoivent
du général qui siége dans le cerveau aux extrémités des différentes divisions de l'armée à laquelle il commande, ces divisions, ou au moins une partie, restent alors plus ou moins
immobiles ; ces voies deviendraient même impraticables par la
suite, si l'on ne réussissait à déblayer, à enlever ces obstacles
et à frayer de nouveau à ces agents un libre passage jusqu'aux
dernières sentinelles qui ont à recevoir ses ordres et à les exécuter.

Dans un grand nombre de maladies de cette classe (épilepsie,
catalepsie, léthargie), il y a accumulation d'électricité ; dans
certaines autres, la circulation est arrêtée dans le grand sympathique, c'est-à-dire que l'électricité est en excès dans une
partie de l'organisme, tandis qu'elle fait défaut et est repoussée
en quelque sorte dans une autre, par suite de la perversion
de la polarité normale.

Dans les maladies inflammatoires et fébriles, il ne faut chercher la cause de l'inflammation, aiguë ou chronique, interne
ou externe, que dans un excès de feu électrique, accumulé et
concentré dans l'organe malade ou alentour. Il faut donc neutraliser, absorber cet excès d'électricité positive en faisant
passer par cet organe un courant d'électricité négative, tant
que l'état inflammatoire existe.

Les différentes affections rhumatismales causées par le froid,
l'humidité, la suppression de la transpiration, la rentrée des
éruptions cutanées, sont caractérisées par des douleurs qui
occupent les muscles, les membranes et les grandes articula-
sions des extrémités supérieures et inférieures du corps.

Pour combattre les névroses de l'appareil respiratoire,
l'asthme et les maladies de cette classe, qui se manifestent par
la difficulté de respirer sans fièvre inflammatoire, et qui sont
produites par les efforts que fait la force vitale pour écarter
les obstacles qui se trouvent dans les organes respiratoires, il
n'existe pas d'agent plus énergique que l'électricité ; aussi
résulte-t-il d'un rapport du docteur Labeaume, qu'à l'hôpital

de Worcester, sur cent asthmatiques quatre-vingt-dix ont été guéris à l'aide du galvanisme.

Dans les névralgies en général, l'emploi judicieux de l'électricité produit les plus heureux résultats, comme l'indique le chapitre XIV, page 184, qui traite de la méthode de son application à ces genres de maladies.

Maladies de la moëlle épinière.

Le ramollissement de la moëlle épinière se manifeste par une douleur de tête ordinairement fixe et tenace, avec mouvement instinctif et opiniâtre des malades pour y porter la main; par un sentiment d'engourdissement, de gêne et de pesanteur, et quelquefois même par des crampes. L'intelligence ne s'affaiblit que graduellement.

Traitement. — Applications n°s 45 ou 47, si le malade est affaibli et maigre; et l'application n° 32, si cela n'est pas le cas; outre cette application par l'Elect. A, d'abord, puis par l'Elect. C, on lui administrera trois grands bains électriques par semaine (page 168, art. 74), avec Elect. A.

Névralgies.

Nom générique de certaines maladies qui ont pour symptôme principal une douleur vive, intermittente, parcourant le trajet d'une branche nerveuse et ses ramifications, sans être accompagnée d'ardeur, de rougeur, de gonflement ou de tension. On en compte neuf espèces :

1° Névralgie frontale (tic douloureux).

Douleur qui a son origine aux trous sourciliers et envahit successivement le front, les sourcils, la paupière supérieure, la caroncule lacrymale, l'angle nasal des paupières et quelquefois même tout un côté du visage.

Traitement. — Applications n°s 44 et 43. (*Voir Règles spéciales*, page 178, art. 95 à 97.) Elect. A, quinze minutes, puis Elect. E.

2° Névralgie sous-orbitale.

Douleur qui du trou sous-orbitaire se répand à la joue, à l'aile du nez, à la paupière inférieure et à la lèvre supérieure.

TRAITEMENT. — Applications n°ˢ 24 et 10. Elect. A, quinze minutes, puis Elect. E autant.

3° Névralgie maxillaire.

Douleur au menton, aux lèvres, aux dents, à la langue et aux tempes.

TRAITEMENT. — Application n° 24. Elect. A, quinze minutes ; Elect. E autant. Finir par les applications n°ˢ 3 et 28, Elect. A.

4° Névralgie ilio-scrotale.

Douleur qui partant de la crête de l'ilion, gagne le cordon spermatique, le scrotum et les testicules, dont elle détermine la rétraction.

TRAITEMENT. — Applications n°ˢ 3 et 24. Elect. A, quinze minutes, puis Elect. C autant. Finir par l'application n° 16, Elect. A. Bains locaux. *(Voir Règles générales*, p. 174, art. 83.)

5° Névralgie fémoro-poplitaire (goutte sciatique).

Douleur se propageant de l'échancrure ischiatique au scrotum, à la face poplitaire de la cuisse et descend jusqu'à la plante du pied.

TRAITEMENT. — Application. *(Voir Goutte générale et Goutte sciatique.)* Grands bains. *(Voir Règles générales*, p. 168, art. 74.

6° Névralgie fémoro-prétibiale.

Douleur dont l'aîne est le point de départ, et qui s'étend sur le devant de la cuisse, le côté interne de la jambe, la malléole interne et le dos du pied.

TRAITEMENT. — Applications n°ˢ 2, 8, 15 et 1, Elect. A.

7° Névralgie plantaire.

Douleur dont la plante du pied est le siége.

TRAITEMENT. — Applications n°ˢ 2, 7 et 1, Élect. A.

8° Névralgie cubito-digitale.

Douleur partant du coude pour se porter à l'épitrochlée de l'humérus, au dos et au bord externe de la main

TRAITEMENT. — Applications n°° 3, 12 et 30, Élect. A.

9° Névralgies anomales.

Douleurs chroniques dont le siége varie à l'infini.

Lorsque c'est la tête qui en est le siége :

TRAITEMENT. — Applications PP et PN aux plaques n° 5, placées des deux côtés des tempes, et fixées par un ruban autour de la tête; dix minutes. Puis PP avec l'application n° 36, bande métallique frontale et applications n°° 44 et 43, quinze minutes. Élect. E, quinze minutes; Élect. A, quinze minutes. Finir par les applications n°° 12 et 13. Elect. A.

Goutte générale.

Cette maladie débute presque toujours par une douleur vive aux gros orteils, surtout pendant la nuit. De là elle se porte sur les petites articulations, après avoir donné lieu à divers accidents symptomatiques qui affectent surtout les organes digestifs; ce n'est que plus tard qu'elle se fixe sur les grandes articulations. C'est une affection extrêmement mobile et variable dans ses retours

TRAITEMENT. — Applications n°° 2, 30 ou 49; puis grands bains, trois par semaine. (Voir Règles générales, page 164, art. 74.)

Goutte sciatique (goutte nerveuse).

TRAITEMENT. — Application n° 2, puis PN sur le rein opposé à la douleur, et PP au frictionneur n° 11, qu'on promène depuis la région lombaire, le long du nerf sciatique, jusqu'à l'intérieur de la cuisse, au-dessous du genou. Elect. C, quinze minutes, puis Elect. A. Grands bains, trois par semaine. (Voir Règles générales, page 164, art. 74.)

Goutte aux pieds.

TRAITEMENT. — Applications n°ˢ 2 et 30, puis PP à la plaque n° 5, placée au mollet, et PN à la lame n° 21, dans un bain, avec 250 grammes de cristaux de soude. Elect. A.

Paralysies diverses.

(*Voir Règles spéciales*, page 178, art. 88.)

On désigne sous ce nom la diminution ou la disparition de la sensibilité et de la faculté de mouvoir les membres ou le corps. La paralysie dépend tantôt d'une lésion apparente de l'appareil nerveux : telle est celle qui a lieu à la suite d'une hémorrhagie cérébrale ou de violences externes ; tantôt elle provient d'une affection générale, d'une perturbation de la nutrition des nerfs ne laissant pas de traces perceptibles : telle est la paralysie déterminée par les excès vénériens, l'onanisme, etc. Quelquefois la paralysie n'attaque qu'un seul des organes de la sensibilité et peut se borner à un seul nerf de cet organe, comme dans l'amaurose, la surdité, etc. Souvent aussi le corps est affecté tout entier : on dit dans celles-ci que la paralysie est générale ; mais dans la plupart du temps ce n'est que progressivement qu'elle se généralise.

TRAITEMENT. — Pour les paralysies du mouvement, il faut électriser par courants ascendants, c'est-à-dire PP en bas et PN en haut ; et pour les paralysies des nerfs sensitifs, par des courants descendants, c'est-à-dire dans le sens contraire. Dans les premières, on fait usage de l'électricité B ; pour les autres, de l'électricité A.

Lorsqu'il y aura hémorrhagie cérébrale ou épanchement séreux, on doit principalement s'appliquer à résoudre la matière extravasée et la faire passer dans le torrent de la circution ; dans ce cas, on opère comme il est indiqué dans les *Règles spéciales* (page 178, art. 58). On peut aussi se servir de l'application n° 39, Elect. E ; puis finir par Elect. A.

Lorsqu'on a à faire à une *paralysie de la langue* qui persiste, il faut user de l'application n° 37, Elect. A.

Comme les organes digestifs exercent une grande influence

dans la plupart des paralysies, il est urgent d'électriser, avant d'actionner les parties affectées, les viscères abdominaux dont les applications sont indiquées par les n°ˢ 5, 6 et 7 de l'*Index général*.

Les *paralysies tremblantes* (tremblement nerveux), comme celles de la tête, des mains, des jambes, occasionnées par une transmission irrégulière de l'électricité du cerveau à quelques organes du mouvement, sont presque toujours combattues avec succès par l'électrisation de la colonne vertébrale (applications n°ˢ 45, 47 et 32) et les viscères abdominaux (applications n°ˢ 5, 6 et 7). L'usage des bains électriques (page 174, art. 83) avec cristaux de soude est aussi d'un grand secours dans ces affections. Lorsqu'elles ont résisté à ce traitement, il faut électriser positivement (119.); le tremblement des vieillards surtout, provenant d'un manque d'électricité positive, a besoin d'être combattu par ce moyen.

Dans la *paralysie des paupières*, on use de l'application n° 22, Elect. A.

Spasmes, Convulsions.

Contraction involontaire et instantanée des muscles, par suite d'une lésion directe ou indirecte des fibres nerveuses qui communiquent avec les muscles.

TRAITEMENT. — Applications n°ˢ 3, 2, 12 et 13. Elect. E, quinze minutes, puis Elect. A.

Tétanos.

Crampes et convulsions d'un certain nombre ou quelquefois de la généralité des muscles soumis à l'action de la volonté; cet état dure un temps indéfini et aboutit à une immobilité complète que la volonté du malade ni les efforts d'autrui ne peuvent vaincre.

TRAITEMENT. — Application n° 32. PN d'abord sur le sacrum, puis au creux de l'estomac. Finir par les applications n°ˢ 2 et 13, Elect. D, puis deux grands bains par semaine. *(Voir Règles générales*, page 164, art. 74.)

Hystérie.

TRAITEMENT. — *(Voir Maladies nerveuses*, dans les *Règles spéciales*, page 178, art. 95.)

Epilepsie.

(Voir Maladies nerveuses, dans les *Régles spéciales*, page 178, art. 95.)

Lorsqu'elle est arrivée à la suite d'une frayeur, de lésions diverses dans les intestins, d'accès de colère ou d'onanisme habituel :

TRAITEMENT. — Applications n°ˢ 40, 12, 3 et 7. Elect. A, quinze minutes, puis Elect. E autant. Porter un électrisateur perpétuel, n° 1 de l'*Index-général* (art. 42 et 43), seul déjà en état d'opérer la guérison d'une affection de ce genre.

Catalepsie.

Cette maladie s'observe chez les personnes très-nerveuses et mélancoliques, surtout chez les jeunes femmes, qui en sont atteintes à des époques irrégulières. Elle se manifeste par la perte instantanée de l'entendement et du sentiment, par une rigidité tétanique, partielle ou générale, du système musculaire, qui n'arrête point les fonctions de la vie intérieure.

TRAITEMENT. — Applications n°ˢ 11, 20, 2, 9 et 1. Elect. A, quinze minutes ; puis Elect. E. Porter un électrisateur perpétuel (art. 42 et 43), qui entretient et régularise la circulation nerveuse et sanguine.

Luxation.

Déplacement de deux ou de plusieurs pièces, dont les surfaces articulaires ont perdu en tout ou en partie leurs rapports naturels, soit par une violence externe, soit par suite d'une altération de quelqu'une des parties qui concourent à l'articulation.

TRAITEMENT. — Applications PP et PN aux deux plaques n° 5, attachées des deux côtés de la luxation. Placer sous chaque plaque un petit linge plié en quatre, imbibé d'eau arnicanisée.

On laisse le malade une heure sous l'action de l'Elect. A, puis une demi-heure sous celle d'un courant continu d'Elect. E ; puis, pour rétablir la circulation, PP à dix centimètres au-dessus de la luxation, et PN à dix centimètres au-dessous et du côté opposé où l'on aura placé le PP, Elect. A.

Chorée ou Danse de Saint-Guy.

Mouvements irréguliers et continuels de certains organes mus par le système locomoteur volontaire. Cette affection s'observe surtout chez les jeunes filles, et coïncide souvent avec une menstruation difficile. Elle est la suite de frayeur, d'émotions vives et subites, etc.

TRAITEMENT. — Application n° 39. PN à l'épigastre, Elect. E ; à défaut D. Puis les applications n°ˢ 11, 3 et 16, par la même électricité ou par de faibles courants A. Porter un électrisateur perpétuel n° 1 (art. 42 et 43), dont l'action incessante diminue les mouvements irréguliers, les rend beaucoup moins fréquents et facilite la guérison.

Asthme nerveux (a).

Névrose de l'appareil respiratoire, qui se manifeste par accès. Le malade éprouve tout à coup de l'oppression ; sa respiration devient haletante et laborieuse ; son visage se bouffit et pâlit ; il fait des efforts pour tousser, et il ne peut plus se tenir couché. Au bout d'un laps de temps, dont la durée varie suivant les cas, l'expectoration s'établit, les étouffements cessent et la quinte ne tarde pas à passer.

TRAITEMENT. — Applications n°ˢ 3, 18 et 19, Elect. A, alternée avec E. Porter un électrisateur perpétuel n° 1 (art. 42 et 43), qui produit souvent dans ses affections des effets aussi prompts que surprenants.

Angine.

Inflammation de la membrane muqueuse qui recouvre l'isthme du gosier, le palais, les amygdales, la luette, etc. Souvent elle

(a) D'après Fabre Palaprat, « du *Galvanisme appliqué à la Médecine*, 1828, » on guérit dans l'hôpital de Worcester, depuis l'introduction du galvanisme, quatre-vingt-dix asthmatiques sur cent.

se borne aux parois du pharynx, ou a son siége dans le trajet de l'œsophage et se manifeste alors par une vive douleur que le malade ressent dans la partie située depuis le milieu du cou jusqu'à la neuvième vertèbre du dos.

Traitement. — Application n° 23, Elect. A ; puis finir par Elect. E. dégagée par les applications n°ˢ 28 et 16.

Esquinancie (amygdalite).

Inflammation des amygdales, occasionnée le plus souvent par les variations de la température, le passage subit du chaud au froid. Ses principaux symptômes sont un sentiment d'obstruction dans la bouche et la difficulté d'avaler.

Traitement. — Application n° 23, Elect. A ; puis alterner avec l'Elect. E. Dégager ensuite par les applications n°ˢ 28 et 16, Elect. A.

Coqueluche.

Toux convulsive, se manifestant par quintes séparées par des répits plus ou moins longs, et consistant en plusieurs expirations successives suivies d'une inspiration pénible et bruyante. La coqueluche attaque principalement les enfants depuis la naissance jusqu'à la seconde dentition. On la dit épidémique et contagieuse.

Traitement. — Applications n°ˢ 23, 20 et 2, Elect. A.

Tremblement nerveux.

Traitement. — *(Voir Paralysies*, page 179.)

Rhumatisme.

C'est ainsi qu'on appelle toutes les douleurs qui se manifestent soit dans les articulations, soit dans la continuité des membres, et n'accompagnent pas les autres caractères de l'inflammation.

Le rhumastisme articulé (arthrite rhumatismale) est une inflammation du système fibro-séreux des articulations, compliquée d'une altération particulière du sang.

Le rhumatisme noueux, qui n'est ni goutte ni rhumatisme

18

proprement dit, se caractérise par une augmentation graduelle du volume des extrémités des os, du périoste et des ligaments qui concourent aux articulations, celles des doigts surtout.

Ces affections, qui envahissent diverses parties du corps, sont le plus souvent causées par l'impression du froid et de l'humidité ; mais elles dépendent beaucoup de prédispositions particulières et de la constitution des individus.

TRAITEMENT. — *Dans les douleurs en général* : applications n⁰ˢ 30 ou 50, puis grands bains électriques (page 164, art. 74), Elect. B.

Dans le rhumatisme articulaire et le rhumatisme goutteux chronique, il faut électriser les articulations qui sont le siége de la douleur, en plaçant les deux plaques n° 5 des deux côtés de l'articulation malade, chacune sur un linge fin, plié en quatre et imbibé d'eau, dans laquelle on fait dissoudre une certaine quantité de bi-carbonate de soude. Finir chaque électrisation par les applications n⁰ˢ 2 et 11, Elect. A et B. Faire prendre aussi quelques grands bains (art. 74).

Dans le rhumatisme noueux, il faut entourer les parties nouées avec une compresse fortement imbibée d'iode, sur laquelle on promènera les excitateurs n⁰ˢ 7 ou 11, fixés au PN, et l'on placera le PP, au moyen d'une plaque n° 5, à la nuque. Finir par les applications n⁰ˢ 2 et 11. On donnera également quelques grands bains électriques ; le tout avec l'Elect. A.

Le rhumatisme laiteux se combat en plaçant le PN sur un côté du sein, moyennant une plaque n° 5, et en fixant le PP à un cylindre n° 6 avec éponge, que l'on promène sur toute la région des glandes mamillaires, puis en continuant la même application, après avoir déplacé la plaque négative et l'avoir mise entre les omoplates. Elect. A.

Lumbago.

Douleur dans la région lombaire, survenant presque toujours soudainement et forçant le malade à se tenir courbé en avant. Elle peut être provoquée par l'exposition lombaire à un courant d'air, par des mouvements brusques, par des efforts tentés pour soulever un fardeau, par l'inclinaison prolongée du corps en avant, etc.

TRAITEMENT. — Application n° 2, par de forts courants d'Elect. B. Si la douleur ne disparaît pas dans une ou deux séances, on placera alors d'un côté, au-dessus de la hanche, une des plaques avec PN, et avec l'excitateur n° 6 on actionnera fortement toute la région entre la plaque jusqu'au côté opposé.

Entorse.

Elle est due à un mouvement forcé d'une articulation, et accompagnée de gonflement, d'extravasion de sang dans la partie lésée et de douleurs assez vives.

TRAITEMENT. — Placer des deux côtés de l'entorse les deux plaques n° 5, l'une et l'autre sur un linge fin plié en quatre et fortement imbibé d'eau arnicanisée. On laisse durer l'électrisation pendant une heure, puis on place l'une des plaques avec PN à dix centimètres au-dessous de l'entorse, et l'autre avec PP à dix centimètres au-dessus, mais du côté opposé, afin que le courant traverse l'articulation. Elect. A.

Amaurose (cataracte noire ou goutte sereine).

Affaiblissement ou perte de la vue, dépendant d'une lésion de la rétine ou d'une altération du nerf optique.

TRAITEMENT. — Applications n°ˢ 56 et 27. Il faut tremper les deux épongettes dans de l'eau distillée de fenouil, à laquelle on ajoutera un peu d'oxyde de zinc. On finit par l'application n° 28, Elect. A.

Ophthalmie.

Inflammation du globe de l'œil, accompagnée de rougeur de la conjonctive.

Quelle qu'en soit la nature ou la cause, le traitement est le même.

TRAITEMENT. — Applications n°ˢ 27, 3 et 28. Il faut tremper l'éponge dans de l'eau distillée de fenouil.

Anesthésie produite par le chloroforme ou l'éther.

Leur emploi menace souvent d'entraîner la mort. On fait cesser l'anesthésie en électrisant comme suit :

TRAITEMENT. — Application n° 37, mais PN à l'anus. Finir par les applications n°° 3 et 9, Elect. B.

Anesthésie des testicules, du pénis, du périnée, du gland, du scrotum, etc.

Ces affections ont souvent une cause commune.

TRAITEMENT. — On place PP à un cylindre n° 6, avec une éponge bien mouillée que l'on applique sur le gland ; et PN sur le scrotum au moyen d'une plaque n° 5 que l'on place alternativement de chaque côté ; puis on passe à l'application n° 63, Elect. A.

Surdité (a).

Affaiblissement ou perte du sens de l'ouïe.

On ne peut assigner au plus grand nombre de surdités une cause déterminée. La surdité peut être l'effet d'une inflammation de la membrane muqueuse de l'oreille, qui débute ordinairement par une douleur plus ou moins aiguë, un bourdonnement insupportable ou des élancements violents. Quelquefois elle résulte d'une paralysie de la pulpe auditive ou du tronc du nerf auditif ; enfin d'un obstacle mécanique qui s'oppose au libre accès des sons.

TRAITEMENT. — Applications n°° 34 et 35. Finir par l'application 28, Elect. A. *(Voir Règles générales, page 178, art. 113.)*

Aphonie (extinction de voix).

Elle survient à la suite de l'impression du froid, et dans ce cas elle n'a rien de grave ; mais celle qui est causée par une émotion vive, et surtout celle qui se manifeste sans lésion

---

(a) Nous pouvons citer plus de trois cents cas de guérison radicale de cette affection obtenus dans un temps relativement très-court. Chez plusieurs la surdité datait de vingt ans.

appréciable de l'appareil vocal, ont jusqu'à ce jour résisté à tous les traitements allopathiques ou homœopathiques.

TRAITEMENT. — On place PN à la nuque et PP à un cylindre n° 6 muni d'éponge mouillée, qu'on promène sur les parties supérieures et postérieures du cou ; puis on touche la langue sur différents points et ensuite sur l'apophyse mastoïde. Après cela on passe à l'application n° 23. On finit par l'application n° 2, Elect. A.

Ankylose.

Diminution ou impossibilité des mouvements d'une articulation ordinairement mobile. Cette maladie prend différents noms suivant la forme qu'elle affecte. Lorsqu'il y a soudure des extrémités articulaires, on la dit *vraie;* mais quand elle résulte seulement d'une adhérence des feuillets de la membrane synoviale, ou d'une simple sécheresse de cette membrane, ou de la rigidité des faisceaux ligamenteux et des muscles qui avoisinent l'articulation affectée, elle est appelée *fausse*.

TRAITEMENT. — On place deux plaques n° 5 sur les côtés de l'ankylose, l'une et l'autre sur un linge imbibé d'eau fortement iodée. L'électrisation par l'Élect. A doit durer un quart d'heure; puis on fait agir l'Elect. E, et à défaut de celle-ci, on emploiera celle indiquée sous la lettre D, pendant trente minutes. Finir par l'application n° 1, si l'ankylose se trouve aux membres inférieurs, et par l'application n° 28, si elle a son siége aux membres supérieurs; ces dernières applications ont lieu par l'Elect. A.

Carie des os.

Cette affection consiste dans une altération du système osseux. Elle se divise en carie *humide* et en carie *sèche* ou nécrose.

Dans la carie humide, l'os malade continue de vivre ; il suppure et sert de base à des végétations de mauvaise nature.

Dans la nécrose, la partie malade est morte ; il s'opère dans les parties voisines un travail d'élimination, qui amène la guérison.

TRAITEMENT. — Une bande de linge fin pliée en quatre, de

la longueur qu'occupe la carie, et imbibé fortement d'eau
iodée, se place et se fixe convenablement sur la partie malade.
Le PP est attaché au frictionneur n° 11, qui est promené sur
tout le trajet malade, couvert du linge, pendant que le PN,
attaché à une plaque n° 5, est maintenu du côté opposé au
mal par un ruban quelconque, de manière qu'on puisse changer
la plaque de place et la mettre tantôt en haut, tantôt en bas.
On commence par l'Elect. A.; après dix minutes, on passe à
l'emploi de l'Elect. E, et à défaut de celle-ci, on se sert de
celle D. On finit par l'application n° 1, Elect. A.

CHAPITRE XXI.

Maladies du cinquième ordre.

Système intellectuel.

Aliénation mentale, Folie, Démence, etc., etc.

Ces maladies sont caractérisées par la lésion plus ou moins
complète des facultés intellectuelles et affectives, sans trouble
apparent dans les fonctions génératrices et nutritives, ainsi
que dans les sensations et les mouvements volontaires.

La perturbation mentale est permanente et souvent de longue
durée; mais parfois elle est interrompue par des intervalles
pendant lesquels l'exercice des fonctions cérébrales est régulier.

Elle est due à un grand nombre de causes prédisposantes ou
directes; mais il en est une espèce particulière que l'on observe
dans les pénitenciers, les bagnes, les prisons, où elle se développe sous l'influence de la séquestration et de la privation
absolue de distractions et de plaisirs.

La cause matérielle de ces maladies réside dans le cerveau
et trouble plus ou moins les idées et le jugement; on doit
l'attribuer à un dérangement ou à un fonctionnement anormal
du cerveau, c'est-à-dire des parties, des éléments qui consti-

tuent le mécanisme de cet organe. Tandis que le plus souvent, dans les différentes espèces d'aliénation mentale, les organes du mouvement demeurent dans leur état normal et exécutent régulièrement les ordres que la volonté leur transmet par les nerfs blancs, les nerfs gris ou ceux du sentiment sont plus ou moins altérés, et une des nombreuses divisions nerveuses chargées de porter au cerveau les impressions et les sensations du monde extérieur se trouve obstruée ou interrompue dans ses fonctions régulières, et les perceptions n'arrivent au cerveau et de là aux cellules ganglionaires que confuses et même interverties, parce qu'elles ont été détournées dans leur trajet et forcées de traverser des centres ganglionaires. Cela peut s'attribuer à un développement anormal de certaines facultés du cerveau (orgueil démesuré, ambition, etc.), ou à un ébranlement subit (frayeur, chagrin, passion vive), qui a dérangé l'action régulière et le centre d'activité de certains éléments ou batteries électriques du cerveau. Or le moyen le plus sûr, le plus rationnel, c'est de dégager le cerveau de l'excès d'électricité accumulé dans certaines parties (66.), et par là rétablir le fonctionnement des batteries électriques dérangées, polarisées ou obstruées; de soumettre d'abord le cerveau, puis tout le corps, à une action régulière, douce et relâchante de l'électricité galvanique par courants continus, et ensuite rétablir l'équilibre par les courants intermittents de l'électricité voltafarradique de première induction, en se conformant aux prescriptions spéciales que je donne pour les diverses espèces d'aliénation (hallucination, monomanie, manie, démence, folie, etc.).

L'opération ne présente ni difficulté ni danger, quel que soit le degré de folie de la personne qu'on électrise; car l'application d'un courant galvanique continu, même avec trente couples Daniel, ne produit pas la plus légère sensation sur les malades; et l'électricité volta-magnétique, à intermittences rapides, mais à un faible degré de force, ne peut jamais, soit administrée par bains, soit appliquée sur la tête, ébranler le cerveau, comme cela arrive, il est vrai, assez souvent lorsqu'on se sert, sans les connaissances nécessaires, d'appareils trop puissants et avec l'électricité de deuxième induction. (*Voir pour le traitement des Aliénations mentales*, art. 98 et 99, page 136.)

Je dois ajouter à cette catégorie de maladies celle des passions violentes, que j'ai omis d'indiquer page 178, art. 98.

Passions violentes.

Caractère acariâtre et irritable, syncope habituelle.

Traitement. — Application n° 40, Elect. E ; à défaut, Elect. D. Grands bains prolongés.

Si après un mois d'électrisation suivie on n'observe pas un mieux, un calme notable, on passera à l'électrisation négative, c'est-à-dire à la neutralisation de l'électricité positive en excès chez le patient, et pour cela on procédera comme il est indiqué page 66, art. 78.

CHAPITRE XXII.

Cas divers.

Impuissance, Stérilité, Accouchement, Mort apparente des nouveau-nés, Mort apparente des adultes, Asphyxie, Empoisonnement, Mal de mer, Déviation de la colonne vertébrale.

Impuissance, Stérilité.

On distingue deux espèces d'*impuissance* : la première est l'incapacité d'accomplir le coït ; la seconde est l'inaptitude à opérer une copulation fécondante, par suite d'un défaut de conformation de l'un ou de l'autre sexe. L'impuissance peut encore avoir bien d'autres causes, entre autres, des aménorrhées ou des leucorrhées.

On appelle *stérilité* chez l'homme, l'incapacité de procréer et de féconder ; et chez la femme la non susceptibilité d'être fécondée, quoique l'un et l'autre présentent en apparence toutes les conditions nécessaires pour une copulation suivie de fécondation.

Toute femme, chez laquelle n'existe aucun des vices précités, est apte à concevoir ; sa stérilité apparente n'est due la plupart du temps qu'à un manque de puissance génératrice chez l'homme ; toutefois cette puissance peut être réveillée, ranimée, si elle n'a pas été complétement détruite par des excès ou des maladies.

L'impuissance chez l'homme provient le plus souvent des causes suivantes : 1° Vie trop sédentaire ; 2° Constitution lymphatique ou pléthorique, en raison de laquelle les spermatoïdes sont paresseux, dépourvus d'activité et de vigueur, incapables par conséquent d'atteindre jamais aux ovaires, qu'ils ne peuvent féconder.

Il peut également exister chez la femme une certaine atonie dans les ovaires, qui, à un moment donné, ne se contractent pas de manière à présenter leurs côtés négatifs aux spermatoïdes (9.).

Or, comme on ne peut savoir précisément de quel côté existe la faute, il faut que l'homme et la femme soient soumis à l'action électrique.

Traitement. — Ils prendront au moins tous les deux jours un bain de siége électrique (art. 79) dans lequel on mettra un demi-kilogramme de sel marin. Le même bain peut servir plusieurs fois.

Si l'homme est pléthorique, il faudra en outre le soumettre à une électrisation générale, pour rendre la circulation du système sanguin plus active, et on le soumettra à celle indiquée n° 11, Elect. A ; il faudra aussi qu'il prenne très-souvent des bains de pieds électriques (art. 80).

Ce procédé suffit dans la plupart des cas, surtout si l'un et l'autre malade portent une ceinture abdominale (n° 2 de l'*Index*) ; quand toutefois au bout de trois mois la stérilité n'a pas cessé, il faut avoir recours à une électrisation plus énergique qui manque bien rarement son effet, mais qu'il ne m'est pas possible de détailler ici.

Accouchements.

La femme enceinte, qui aura été électrisée pendant les trois à quatre derniers mois de sa grossesse, ou qui aura porté une ceinture (n° 3, art. 45), accouchera, ainsi que nous l'avons dit (art. 45), avec facilité et presque sans douleur ; on n'aura pas non plus besoin de recourir aux moyens artificiels, souvent nécessaires, pour seconder le travail de la nature. Or, dans les cas où cette électrisation préalable ou le port de la ceinture n° 3 n'a pas eu lieu, et lorsque l'accouchement présente quelque difficulté, il faut administrer l'électricité A de la manière suivante :

PP avec une plaque n° 5 sur les vertèbres lombaires supérieures ; PN à l'excitateur n° 11, promené sur la région du pubis. Puis, afin d'obtenir des interruptions du courant et partant de légères commotions, on pose et enlève alternativement l'excitateur de seconde en seconde. Si cette électrisation ne produit pas l'effet désiré, on transfère la plaque primitivement placée sur les lombes à la région des reins ; pour agir sur les deux côtés à la fois, on se sert de la ceinture métallique n° 37, et à l'aide du frictionneur on provoque des contractions, que l'on règle selon la force de la patiente.

Pour arrêter les hémorrhagies qui souvent se déclarent à la suite des couches, il faut électriser la région des reins : Application n° 2, Elect. A.

<h3 align="center">Mort apparente des nouveau-nés.</h3>

Quelle diversité d'opinions sur cette grave question et sur la nature des moyens à employer ! On n'est pas même d'accord sur la cause à laquelle attribuer cet état intermédiaire entre la vie et la mort. Ce que l'un préconise comme moyen curatif, est rejeté par l'autre.

Le nombre des enfants qui meurent en naissant est considérable, et c'est un fait d'autant plus déplorable qu'il suffirait souvent d'une simple électrisation pour rendre la moitié peut-être des enfants à la vie (a).

La mort apparente chez les nouveau-nés est généralement attribuée à deux conditions morbides : l'apoplexie et l'asphyxie,

(a) M. de Besser a enregistré en Russie, de 1849 à 1855, 185,125 naissances d'enfants morts-nés.

dues, selon les uns, au refoulement du sang dans le fœtus par les contractions soutenues de la matrice et par la longueur du travail, ce qui occasionne des congestions dans les principaux organes; et, selon d'autres, à la compression partielle ou totale du cordon ombilical.

La première chose à faire, dès qu'on observe que l'enfant ne respire pas, et quand il n'y a pas de médecin présent, c'est d'éliminer de la bouche et des fosses nasales, tous les corps étrangers, les glaires, les mucosités qui s'opposent à l'accès de l'air dans les poumons; on doit même faire tout au monde pour établir la respiration en insufflant l'air dans les poumons de l'enfant.

Ces deux opérations terminées, si la respiration n'est pas rétablie, on procède à l'électrisation.

TRAITEMENT. — Application n° 1. Si, au bout de dix minutes, on n'a pas obtenu de résultat, on place deux autres courants sur les parties indiquées sous le n° 9, en ayant soin de mettre sous les plaques un linge fin imbibé de vin aromatique. On commencera par tirer le tube régulateur jusqu'à la quatrième division; puis, au bout d'une minute, on augmente d'un degré de minute en minute, jusqu'à ce que l'enfant donne signe de vie. Si toutefois, après avoir augmenté successivement les courants jusqu'à un certain degré, cela n'est pas le cas, et si une électrisation de trente minutes n'a produit aucun résultat, il faut renoncer à rendre l'enfant à la vie.

Mort apparente des adultes (a).

On frémit d'horreur lorsqu'on pense combien les incertitudes

(a) Dans un ouvrage du Dr Bruhier, publié en 1740, sont relatés 181 cas de mort apparente; 52 de ces malades ont été enterrés vivants, 53 sont revenus à la vie au moment d'être inhumés; et sur 72 autres, la mort avait été déjà constatée, mais ils n'étaient que dans un sommeil léthargique, dont on ne les tira qu'en les ensevelissant.

Un autre auteur, M. de Guern, rapporte 46 cas de mort survenus dans l'espace de vingt ans, et dans lesquels le décès apparent avait été officiellement constaté; les uns se réveillèrent au moment où l'on allait les mettre en terre, les autres se ranimèrent grâce à des circonstances plus ou moins extraordinaires avant leur transport à leur dernière demeure.

qui ont régné jusque dans ces derniers temps concernant les signes véritables de la mort, ont plongé de créatures vivantes dans la tombe. Les inhumations précipitées ont également donné lieu à d'effrayantes méprises.

Aujourd'hui l'on est à peu près d'accord pour admettre comme signes caractéristiques de la mort l'absence des battements du cœur, la rigidité des membres, la putréfaction et la *non contractilité des muscles* sous l'influence de l'électrisation.

Traitement. — Application n° 20; puis on fixe aux pieds l'excitateur n° 42; on attache à ses deux boutons les deux courants P et N, et l'on tire le tube régulateur au dernier degré de force; Elect. B. Si cette dernière application reste sans résultat, la vie est éteinte. Si l'on n'a pas un instrument n° 42 à sa disposition, on le remplace par deux plaques n° 5, qu'on attache avec les courants aux pieds.

Asphyxie.

L'asphyxie est le résultat de la suspension de la respiration et de la non conversion du sang veineux en sang artériel, et partant de l'interruption de la circulation et de toutes les autres fonctions.

Le sang, qui se trouve dans les poumons, étant privé d'oxygène et de l'électricité atmosphérique, ne se transforme plus en sang artériel et n'est plus mis en mouvement par les deux courants électriques, de sorte que la circulation est subitement arrêtée.

Il n'existe pas de moyen plus énergique de réveiller le dernier atôme de vie qui peut subsister encore chez un asphyxié, que l'électricité administrée de la manière que j'indique; ce genre de traitement n'échoue que lorsque l'asphyxie est complète.

1° Asphyxie par submersion.

La cause de ce genre d'asphyxie consiste en ce que la respiration ne peut avoir lieu dans le liquide où le corps est plongé.

En l'absence d'un médecin, on doit toujours prendre les précautions suivantes : Il faut immédiatement, en attendant l'application de l'électricité, déshabiller le noyé, le coucher sur le côté, le réchauffer au moyen de frictions avec de l'eau-de-vie, de l'eau de Cologne, etc.; lui mettre sous le nez, à courts intervalles, un flacon d'ammoniaque, et lui insuffler de l'air dans les poumons à l'aide d'une sonde; puis on procède comme l'indiquent les applications nᵒˢ 3, 4 et 9, qui ont lieu les trois ensemble, en fixant les cordons flexibles dans les ouvertures des deux lames P et N, dont se trouvent munis mes appareils nᵒˢ 13 et 14; on peut au besoin se servir dans ce cas de tout autre appareil d'induction, mais il faut alors pouvoir fixer aux deux boutons deux diviseurs des courants (*Voir* nᵒ 39.) munis de trois ouvertures au moins pour recevoir chacun trois courants nécessaires à la présente application, qui peut au besoin être augmentée de trois autres applications, soit six à la fois, savoir : applications nᵒˢ 2, 7 et 16. L'Elect. B par les plus forts courants est ici admissible.

On a des exemples d'individus qui ont été rappelés à la vie après avoir resté longtemps sous l'eau. Il faut donc ne pas interrompre l'emploi des moyens que je viens d'indiquer pendant une heure et même deux heures; et si au bout de ce temps aucun symptôme de vitalité n'apparaît, il n'y a plus d'espoir de sauver le noyé.

2° Asphyxie par strangulation ou suffocation.

Elle est causée, dans les cas de strangulation, par une constriction extérieure; dans le croup, par de fausses membranes qui s'opposent au libre accès de l'air; dans l'angine, par des tumeurs et l'inflammation; puis, accidentellement, par l'occlusion des voies respiratoires par des corps étrangers. Dans le premier cas, il faut débarrasser l'asphyxié de tout ce qui peut gêner la circulation, puis avoir recours aux moyens indiqués pour le traitement des noyés. En outre des six plaques fixées comme je l'ai dit, on en place encore deux autres sur les veines du cou gonflées par le lien; et si l'empreinte produite par la ligature est déjà noirâtre, on peut appliquer cinq ou six sangsues derrière chaque oreille.

Afin d'amener la contraction brusque de tous les muscles du cou dans les cas où il y a eu strangulation, on augmente graduellement la force des courants, qui provoquent également dans la suffocation le déplacement ou le rejet de l'obstacle qui l'a causée.

3° Asphyxie par des gaz délétères.

On procède comme pour l'asphyxie par submersion ; mais en outre des trois applications n°° 3, 4 et 9, on l'augmente de celle indiquée sous le n° 16 par l'Elect. A, laquelle doit agir comme sinapisme électrique.

Il faut avoir soin de coucher le malade, la tête et la poitrine très-élevées, dans une chambre dont on doit tenir les fenêtres ouvertes. Durant l'électrisation, on lotionne tout le corps, mais principalement le visage et les mains, avec un morceau de flanelle imbibé de vinaigre, et préférablement de vinaigre aromatique.

Mal de mer.

On sait que la cause qui produit le mal de mer est purement mécanique, et que ce mal ne se manifeste que lorsque la mer est plus ou moins agitée. Comme nos intestins sont mobiles dans les cavités de l'abdomen, il arrive que, quand la mer est houleuse et que le navire plonge, les intestins se soulèvent contre le diaphragme, compriment le foie, et, par suite de cette pression, agissent sur la vésicule biliaire, qui laisse alors échapper goutte par goutte son contenu, lequel pénètre dans l'estomac, où il produit des vomissements verdâtres, conséquence de cette perturbation mécanique. Or, pour éviter cette perturbation, il suffit d'empêcher que les intestins ne se soulèvent contre le diaphrame ; il faut donc les emprisonner, c'est-à-dire s'entourer d'une forte ceinture, qui, placée sur le haut du ventre, encoffre pour ainsi dire l'estomac et les reins, et resserre en même temps la masse intestinale. L'action en est augmentée par les quatre doubles aimants dont elle est munie, et par lesquels, malgré le resserrement de l'épigastre, la circulation du sang et de l'électricité propre au corps est entretenue et la digestion facilitée.

Traitement. — Application, ceinture magnéto-électrique n° 5, à quatre aimants (art. 47).

Empoisonnements.

Ils peuvent être causés par l'introduction dans l'économie de substances narcotiques ou vénéneuses, de nature à altérer gravement la santé ou à déterminer la mort.

Le premier moyen de les combattre, c'est d'avoir recours aux contre-poisons, qui varient selon la nature du poison lui-même. S'ils n'ont point agi, qu'on ait alors recours à l'électricité.

TRAITEMENT. — Application; n° 37, mais en plaçant le PN attaché à l'excitateur n° 15 sur l'anus, Elect. A ; puis E ou D.

Déviation de la colonne vertébrale.

(*Voir Règles spéciales*, page 214, art. 116.)

CHAPITRE XXIII.

Index Général

Des Applications électriques aux diverses maladies.

NOTA. — Les diverses espèces d'électrités à employer sont désignées par lettres et par chiffres, comme ci-dessous.

A. Electricité de première induction ou courant direct par courants intermittents (art. 52).

B. Electricité de deuxième induction par courants intermittents (art. 53).

C. Electricité galvanique, telle que la donne mon appareil n° 13 (art. 54), par un seul couple.

D. Electricité galvanique par courants continus, par deux couples Bunsen (art. 55).

E. Electricité galvanique par courants continus, par trente couples Daniel (art. 56). — A défaut de cette batterie, on se sert de l'électricité C ou D, qui développe plus de calorique mais beaucoup moins de tension.

F.   Electricité galvano-caustique, exigeant quatre à cinq grands couples Bunsen.

G.   Bains pour l'extraction du mercure, etc., par quinze à vingt couples.

1.   Electricité magnéto-électrique fournie par l'électrisateur perpétuel (art. 42).

2.   Electricité magnéto-électrique, par les aimants de la ceinture abdominale (art. 44).

3.   Electricité magnéto-électrique, par la ceinture pour femmes enceintes (art. 45).

4.   Electricité magnéto-électrique, par la ceinture vaginale (art. 46).

5.   Electricité magnéto-électrique, par la ceinture épigastrique (art. 47).

Première Catégorie.

Applications pour lesquelles on ne se sert que des deux plaques ovales non garnies, n° 5 du TABLEAU DES INSTRUMENTS.

Nᵒˢ 1.   Pôle Positif et Pôle Négatif alternativement à l'un et à l'autre pied.

2.   PP et PN alternativement sur l'un et sur l'autre rein.

3.   PP au creux de l'estomac. PN entre les omoplates.

4.   PP à la nuque, PN au bas de la colonne vertébrale. — Essuyer le dos avec un linge et le frotter avant l'application.

5.   PP sur la rate, PN sur le rein droit.

6.   PP sur le foie, PN sur le rein gauche.

7.   PP et PN des deux côtés du ventre.

8.   PP et PN des deux côtés de la région inguinale (plis de l'aîne).

9.   PP et PN à l'une et à l'autre aisselle.

10.   PP au bas du cœur, PN sur le rein droit.

11.   PP à la nuque, soit à une plaque, soit à l'excitateur n° 29 ; PN alternativement à l'un ou à l'autre pied.

Nᵒˢ 12. PN à la nuque, soit à la plaque nᵒ 5, soit à l'excitateur nᵒ 29 ; PN alternativement dans l'une ou dans l'autre main.

13. PP à la nuque, soit à la plaque nᵒ 5, soit à l'excitateur nᵒ 29 ; PN alternativement de chaque côté de l'intérieur des cuisses, au-dessus du genou.

14. PP et PN, avec plaques nᵒ 5 à l'intérieur des cuisses, près du pli de l'aîne.

15. PP et PN sur les deux cuisses, à l'intérieur, au-dessus du genou.

16. PP et PN sur les deux mollets. — Pour opérer l'effet d'un sinapisme, on prend deux petits morceaux de linge humecté ; on mouille la place avec de l'ammoniaque liquide, sur une étendue d'une pièce de deux francs ; on pose d'abord les linges, puis les plaques, qu'on laisse jusqu'à ce qu'il se soit formé une forte rougeur ou même une cloche.

17. PP sur le nombril, PN au coccyx.

18. PP sur l'épigastre, PN aux lombes.

19. PP au creux de l'estomac, PN alternativement à l'un et à l'autre pied.

20. PP sur le cœur, PN au bas des reins.

Deuxième Catégorie.

Applications pour lesquelles on ne se sert que d'une plaque nᵒ 5 ou d'un des cylindres nᵒ 6, auxquels s'attache, selon l'indication, le pôle négatif (PN) ; l'autre courant, c'est-à-dire le pôle positif (PP), se fixe à l'un ou à l'autre des instruments désignés dans la LISTE DES INSTRUMENTS qui servent à communiquer l'électricité au corps.

Nᵒˢ 21. PP à un cylindre nᵒ 6, muni d'une éponge avec son manche nᵒ 1, qu'on promène sur le front, en commençant au milieu, puis en descendant des deux côtés alternativement jusqu'aux oreilles et sur la crête et les deux côtés du nez ; PN au deuxième cylindre nᵒ 6, qu'on tient dans la main opposée.

19

N° 22. PP à un cylindre à éponge, qu'on promène à partir du coin de l'œil, tantôt sur la paupière supérieure, tantôt sur la paupière inférieure, en le laissant parfois reposer sur le milieu de l'œil fermé. PN à la nuque pendant quinze minutes, puis à la main quinze autres minutes, moyennant le cylindre n° 6.

23. PP à un cylindre à éponge mouillée qu'on promène sur toute la région du larynx jusqu'au sternum; PN à la nuque d'abord, puis entre les omoplates.

24. PP à un cylindre à éponge mouillée, qu'on promène sur la partie douloureuse en le laissant souvent stationner sur le point le plus affecté; PN dans la main, du côté opposé à l'endroit douloureux.

25. PP à un cylindre à éponge, qu'on promène sur les deux côtés du cou, puis par intervalles on actionne la cinquième paire de nerfs : ce qui provoque de fortes contractions de la face; PN au creux de l'estomac, au moyen de la plaque n° 5.

26. PP à un cylindre à éponge, avec laquelle on passe sur la partie malade (yeux, face, gencives, gland, hernie, etc.); si c'est une plaie, la couvrir d'un linge fin de fil plié en deux et fortement humecté d'eau arnicanisée; PN à une plaque n° 5 placée sur une partie opposée à la partie actionnée par PP (nuque, coccyx, reins, etc.).

27. PP à un cylindre à éponge. — Passer alternativement sur l'un et l'autre œil l'éponge humectée d'eau ou trempée dans un collyre composé d'eau de fenouil distillée et d'oxyde de zinc, en tenant PN au cylindre n° 6 dans la main.

28. PP à l'un des cylindres n° 6 et PN à un autre, en les tenant dans les mains, mais en les changeant de côté toutes les minutes, c'est-à-dire celui de la main gauche à la main droite, *et vice versâ*.

29. PP au frictionneur n° 11, qu'on promène depuis le sommet du larynx jusqu'au creux de l'estomac, puis alternativement des deux côtés de la poitrine

en descendant toujours jusqu'au creux de l'estomac; PN au dos, au bas des omoplates, puis à la région lombaire, moyennant une des plaques n° 5.

N° 29 bis. PP au plastron métallique n° 34, attaché par derrière ; PN entre les omoplates, par une plaque n° 5.

30. PP au frictionneur n° 11, qu'on promène sur le trajet du mal ou de la douleur, en communiquant à l'endroit où elle commence à se faire sentir et en finissant à celui où elle s'arrête ; PN au bas de la colonne vertébrale, si la douleur ou le mal a son siége dans les parties inférieures du corps, et à la nuque ou entre les omoplates, si ce sont les parties supérieures qui sont affectées.

30 bis. PP au frictionneur n° 11, qu'on promène sur tout le bas-ventre ; PN au coccyx, au moyen de la plaque n° 5.

31. PP au frictionneur n° 11, qu'on promène sur le sein en le tenant plus longtemps sur la partie malade ; PN au dos, au moyen d'une des plaques n° 5.

32. PP au frictionneur dorsal n° 12, qu'on promène le long de la colonne vertébrale, des deux côtés alternativement, depuis la nuque jusqu'au bas. — Si cela ne peut être pratiqué par quelqu'un et que le malade soit réduit à se soigner seul, il se placera à la nuque la plaque fer à cheval n° 9 ; PN avec plaque n° 5, dans l'un et l'autre cas, au creux de l'estomac.

33. PP au frictionneur n° 12, avec lequel on frictionne les aînes ; PN sur le coccyx, au moyen d'une plaque.

34. PP à la sonde auditive simple n° 20, dont l'olive est enveloppée de flanelle, que l'on enfonce mouillée dans l'oreille malade, et qu'on tient tantôt de devant en arrière et d'arrière en avant, tantôt inclinée, tantôt relevée, afin que les courants traversent toutes les parties de l'oreille ; on alterne en la plaçant aussi dans l'oreille la moins malade ; PN au cylindre n° 6, dans la main opposée à l'oreille qu'on actionne.

N° 35. PP à la sonde auditive double n° 25, c'est-à-dire au bouton de l'une des pelotes; le PN au bouton de l'autre pelote. — Placer les deux pelotes avec leurs olives garnies de flanelle mouillée dans les deux oreilles, et assujettir le ressort qui les maintient dans les oreilles.

36. PP à la sonde simple n° 19, en se servant de la branche ayant une petite boule au bout, laquelle n'est pas garnie de flanelle; on fait entrer la petite boule dans les fosses nasales; PN à la nuque.

37. PP à la sonde buccale n° 18, que l'on pose sur le dessus de la langue. (Si le malade ne pouvait la supporter, lors même que [le tube régulateur de l'appareil resterait fermé, on se servirait alors dans le même but du cylindre à éponge, et dans ce cas le courant se trouverait modéré par l'éponge.) PN d'abord au creux de l'estomac, puis au bas de la colonne vertébrale (plaque n° 5).

38. PP à l'excitateur du cuir chevelu n° 23, que l'on promène, suivant le cas, ou sur la tête ou sur les parties du corps velues où les autres instruments ne peuvent atteindre l'épiderme; PN dans une main, par un cylindre, ou à une partie opposée à celle qu'on actionne, au moyen d'une plaque.

39. PP à l'excitateur encéphalique simple n° 32, que l'on place sur la région que l'on suppose être le siége du mal, et on l'attache sous le menton; PN à la plante des pieds, tantôt sous un pied, tantôt sous l'autre.

40. PP à l'excitateur simple n° 32, qu'on place sur le sommet de la tête; PN alternativement à la plante de l'un et de l'autre pied.

41. PP à l'excitateur double n° 32, qu'on place des deux côtés de la tête; PN au creux de l'estomac.

42. PP à l'excitateur double n° 32, en ayant soin de faire communiquer les deux parties de l'excitateur au moyen de la tige qui les relie; on les place plus ou

moins éloignées des deux côtés du cervelet ou du cerveau; PN au bas de la colonne vertébrale.

N°° 43. PP à la bande métallique frontale n° 36, qu'on place sur le front en l'attachant par derrière; PN à la plante des pieds.

44. PP à la bande frontale n° 36, qu'on pose sur le front; PN à la nuque.

45. PP à la plaque fer à cheval n° 29, qu'on attache autour du cou au haut de la colonne vertébrale, de manière que les deux branches tombent sur les deux côtés des vertèbres; PN à la plante des pieds.

46. PP à l'excitateur n° 12, placé sur un linge plié en quatre qu'on imbibe d'eau et que l'on place sur les lèvres vaginales; PN au coccyx.

47. PP à l'excitateur n° 12, qu'on descend depuis la nuque, alternativement des deux côtés de la colonne vertébrale, jusqu'au coccyx, où l'on place le PN, avec une plaque n° 5.

48. PP à la bande métallique n° 33, qu'on place sur la hernie ombilicale de l'enfant ou de la femme en l'attachant par derrière; PN au milieu du dos.

49. PP à l'excitateur de l'épiderme n° 7, que l'on passe sur les parties douloureuses; PN à la plante des pieds.

50. PP à l'excitateur de l'épiderme n° 7, que, dans les asphyxies ou dans le rhumatisme général, on passe toutes les parties du corps; PN à la plante des pieds.

51. PP à l'excitateur de l'épiderme n° 8 (balai, fustigateur), que l'on passe sur les parties du corps dures ou presque insensibles (oignons, durillons, cors, loupes, dartres, petites tumeurs, etc.); PN au côté opposé.

52. PP à la sonde extérieure à coulisse n° 26, que l'on introduit dans le vagin; ensuite on fait monter le cylindre mobile jusqu'au col de la matrice; PN au coccyx.

N° 53. PP à une des sondes utérines à olive n° 30 ou n° 13, dont la tige sera garnie de caoutchouc; on choisit l'olive de grosseur convenable et on la fait entrer dans le vagin jusqu'au col de la matrice; PN au coccyx.

54. PP à la sonde urétrale n° 21, qu'on fait passer dans le canal de l'urètre; PN au coccyx.

55. PP à la sonde pour amygdales, n°° 17 ou 20, qu'on fait passer dans la bouche pour toucher les amygdales, aussi longtemps et aussi souvent que la salivation le permet; PN à la nuque.

56. PP à l'un des boutons, avec plaque ovale n° 31, servant dans les amauroses. On place sur les yeux la lunette avec ses deux ovales à deux boutons, garnis d'éponges très-minces et mouillées, et on l'attache par derrière la tête; PN à l'autre bouton.—Après quinze minutes d'électrisation, on ôte le courant de l'œil gauche et on l'attache à un cylindre n° 6, que l'on tient dans la main gauche; quinze minutes après, on replace le courant sur l'œil gauche et l'on ôte le courant de l'œil droit, pour l'attacher au cylindre que l'on tient dans la main droite.

57. PP à l'un des boutons de la pince pour tumeurs abdominales n° 27; PN à l'autre bouton. — On fait avec les mains ressortir la tumeur autant que possible, ensuite on la prend entre la pince, que le malade maintient dans la position nécessaire par ses deux oreillettes.

58. PP à l'un des boutons de la pince n° 28; PN à l'autre. — On opère sur un goître ou sur une petite tumeur comme il est prescrit au numéro précédent.

59. PN à la sonde conique pour rectum, n° 14 sur n° 21. — On fait entrer le cône dans l'anus, en s'asseyant sur l'éponge, dont la base du cône est garnie; PP à la plaque n° 5, au bas de la colonne vertébrale ou au coccyx.

Nᵒˢ 60. PP à la sonde à coulisse n° 16 pour rectum. — On fait
entrer le cylindre dans l'anus ; et selon le plus ou
le moins de hauteur où l'on suppose être placée la
fistule ou l'engorgement de l'S du colon, on monte
la coulisse afin d'atteindre le siége du mal ; PN au
bas-ventre, région du pubis.

61. PP à la sonde pour le rectum n° 14, placée sur la
lame n° 21, garnie d'une large éponge à la base du
cône, que l'on introduit dans l'anus ; puis on
s'assied pour appliquer sur la plaque n° 5 ; PN à
l'un et à l'autre pied.

62. PP à la sonde cônique pour rectum n° 14, introduite
dans le rectum ; PN à la plaque n° 5, placée au bas-
ventre, région du pubis.

63. PP à une plaque n° 5 sur le bas-ventre (pubis) ; PN à
l'excitateur du périnée n° 15, sur la lame n° 21,
qui se place sur la partie pour laquelle elle est
destinée.

CHAPITRE XXIV.

Généralisation
De l'emploi de l'électricité comme moyen de destruction du plus grand nombre de maladies; et, par suite, amélioration physique et morale de la race humaine.

1° Considérations générales ; — 2° Introduction dans les établissements publics, les hospices civils et militaires, les hospices de maternité, etc., de sourds-muets, etc. ; — 3° Création de dispensaires électro-thérapeutiques pour les classes ouvrières ; — 4° Conclusions.

1° Considérations générales.

La plupart des médecins, je le répète, reconnaissent eux-mêmes l'impuissance des divers systèmes curatifs adoptés officiellement ou non. Beaucoup cherchent, sans grand succès, des moyens plus efficaces pour secourir leurs semblables ; et, chose étrange ! le seul moyen qui leur offre les ressources désirables est, sinon rejeté par eux, du moins classé parmi les remèdes empiriques. L'électricité, cette source de vie intarissable, toute puissante, universelle, cette force sans borne qui a illuminé l'horizon de presque toutes les sciences, et qui produit les milliers de phénomènes qui frappent tous les jours nos sens, cet agent *dans lequel réside tout l'avenir de la médecine*, l'électricité est encore dédaignée de la plupart des médecins.

Comment douter que la puissance qui donne et entretient la vie, ait aussi le pouvoir de conserver la santé et de réparer les désordres qui peuvent survenir dans la machine humaine ? Comment en douter, en présence des nombreuses guérisons accomplies chaque jour par ceux qui l'emploient, quelquefois même d'une manière peu rationnelle ?

Il est donc du devoir de tout médecin sérieux d'étudier, dans l'intérêt de l'humanité, la médication électrique, à laquelle nulle autre en pratique ne saurait être comparée, ni sous le rapport de la rapidité de l'action curative, ni sous celui de l'étendue et de la facilité de l'application.

Parmi les médecins partisans de l'électricité, et le nombre n'en est pas encore très-grand, je citerai M. le docteur Léopold Turck, médecin à Plombières, qui dans une de ses brochures (a), relatant l'opinion de Dzondi, de Dieffenbach et de Wiesemann sur les différents moyens excitateurs pour faire pousser des cheveux, s'exprime au sujet de l'électricité en ces termes :
« L'électricité peut admirablement bien produire cette excita-
» tion modérée, et je ne doute pas que bientôt on ne la consi-
» dère comme le restaurateur par excellence de l'homme vieilli,
» comme la véritable *fontaine de Jouvence*, aussi désirée qu'elle
» a été introuvable jusqu'à présent. »

Je citerai également M le docteur Saillard de Ravoton, qui, dans une de ses brochures, dit : « De toutes les maladies
» qui affligent l'humanité, il n'y en a peut-être pas une qu'on
» ne puisse traiter par l'électricité. Je l'ai toujours vue efficace
» contre toutes : jamais je ne l'ai appliquée en vain contre
» aucune, » etc.

Enfin, voici l'opinion émise par MM. Andral et Rattier dans l'*Encyclopédie des sciences, etc.* : « Dans l'état actuel des con-
» naissances, l'électricité produite par différents appareils peut
» être introduite dans le domaine de la thérapeutique comme
» un agent spécifique applicable, non à tous les cas sans dis-
» tinction, mais comme un agent physique extrêmement
» puissant, dont les effets peuvent être prévus, calculés, mo-
» difiés et dirigés avec plus de facilité et de précision que ne
» le peuvent être la plupart des médicaments connus. »

2° Introduction dans les établissements publics.

Pour généraliser l'application de l'électricité, pour la mettre à même de produire les transformations qu'elle promet dans l'état sanitaire des populations, et peu à peu l'amélioration de

(a) *De la Vieillesse étudiée comme maladie*, etc. Paris, 1852.

la race humaine, il faut que les autorités en encouragent, en recommandent l'usage dans tous les établissements publics :

1° Dans toutes les écoles publiques de l'un et de l'autre sexe, où les enfants seront électrisés aux heures de récréation sous la surveillance des maîtres ; électrisation qui par elle seule est capable de détruire les germes de maladies qui peuvent se trouver en eux ; (*Voir le Tableau n° 1, et art. 39.*)

2° Dans tous les colléges et dans toutes les institutions particulières, où l'on devra, en outre de l'usage de l'électricité comme moyen préservatif imposé aux élèves, leur apprendre à s'en servir pour se traiter en cas de maladie ; (*Voir les Tableaux n°° 1, 3 et 4, et art.* 39.)

3° Dans les grands établissements de l'État, manufactures, arsenaux, casernes, etc., où l'employé et l'ouvrier, l'officier et le soldat y auront recours pour rétablir l'équilibre de leurs forces, et au besoin pour détruire les germes de maladies naissantes : ce qui, dans le commencement, exigera une certaine surveillance, et le maintien d'instructions affichées dans l'établissement pour diriger les individus ; (*Voir Tableau n° 1, et art. 39.*)

4° Dans les mairies et les asiles, où pourront être établis des dispensaires, afin que durant toute la journée ou à des heures fixes, les personnes qui voudront s'électriser puissent, en se guidant sur les instructions qui y seront affichées, s'administrer l'électricité pendant quinze à trente minutes, soit pour conserver et fortifier leur santé, soit pour combattre certaine affection, et détruire dès le début le principe ou la cause du mal, que l'art médical est souvent impuissant à éloigner ; (*Voir Tableau n° 1, et art. 39.*)

5° Dans les hôpitaux civils et militaires, où l'action salutaire de l'électricité rétablira la plupart des malades dans un délai infiniment plus court que celui qu'aurait nécessité la guérison à l'aide des moyens ordinaires, si toutefois elle pouvait avoir lieu. (*Voir Tableau n° 2, et art.* 39.)

L'imperfection des méthodes et des appareils employés jusqu'ici pour tirer parti (40.) du plus puissant de tous les agents thérapeutiques, ne permettait que des applications restreintes à une seule personne, et faisait regarder comme une impossibilité, comme une chimère, une application étendue, générale, telle que l'électrisation d'un grand nombre d'individus à la fois. Aujourd'hui, ainsi que je l'ai démontré, au moyen des appareils que j'ai construits, ce dernier genre d'application est devenu facile *(Chap. X)*.

D'après l'état actuel des applications de l'électricité dans les hôpitaux, tel que je l'ai fait connaître *(Chap. XIII)*, on a vu combien ces applications laissent à désirer, surtout si on les compare aux résultats obtenus dans mon établissement.

Je fais donc appel à tous les médecins, amis du progrès, appelés à la direction des hospices, et je les sollicite au nom de l'humanité de réunir tous leurs efforts pour arriver à ce but.

Je ne crains pas d'avancer qu'un usage plus général et plus judicieux de l'électricité dans les hôpitaux civils et militaires, ainsi que dans tous les grands établissements de l'État, joint à la création de dispensaires électro-thérapeutiques pour les classes ouvrières, tels que je le propose à la fin de ce chapitre, aura dans un temps donné pour résultat de dépeupler les hôpitaux.

Mais si la philanthropie réclame impérieusement ce progrès, elle demande avec non moins d'insistance l'adoption et l'emploi de l'électricité : 1° dans les hospices de maternité, pour faciliter les accouchements, et pour rétablir la circulation sanguine chez les enfants nés en apparence asphyxiés ; et 2° dans les maisons d'aliénés, où le traitement que j'indique (98.) aura pour résultat indubitable de diminuer le nombre des malheureux qui les peuplent, en les rendant à la société ou entièrement guéris, ou dans un état mental considérablement amélioré ; 3° dans les établissements où sont recueillis les sourds-muets de naissance, qui ne sont pas moins dignes de notre compatissante sollicitude : l'électricité est le seul moyen efficace d'apporter un soulagement salutaire à leur infirmité ; j'ai la conviction qu'on pourrait rendre l'ouïe et la parole à un certain nombre de ces infortunés, et je suis d'autant plus fondé à émettre cette assertion, que j'ai moi-même guéri plusieurs sourds-muets de naissance ; une de ces guérisons a été constatée par trois médecins de la Faculté de Paris (a). (*Voir Règles spéciales*, page 178, art. 13.)

En demandant au nom de l'humanité qu'on prenne en considération plus sérieuse qu'on ne l'a fait jusqu'ici l'emploi de l'électricité dans la thérapeutique, je n'entends pas qu'il faille repousser ou exclure la médecine ordinaire ; je me borne à désirer que l'on regarde l'électricité comme son plus puissant auxiliaire.

Lorsque les médecins amis du progrès s'accorderont à reconnaître dans l'électricité le principe régénérateur de la santé, et demanderont eux-mêmes à appliquer cet agent de vitalité d'une manière plus générale, et surtout dans les hospices, il s'agira alors d'administrer l'électricité à quelques centaines de malades en un seul jour ; or cela sera-t-il possible avec les appareils en usage et avec le peu de connaissance qu'on a du mode d'application ? la négative ne fait pas l'ombre d'un doute. Il faudrait une si grande quantité d'appareils, un si grand nombre de personnes pour tourner les manivelles et appliquer les excitateurs ; il en résulterait, outre l'inconvénient des piles nécessaires pour les appareils volta-électriques, une telle irrégularité dans les applications, que l'on ne tarderait pas à renoncer à ce mode curatif, s'il n'était praticable autrement. Ces difficultés, ces inconvénients disparaissent en effet, grâce à mon système d'application et aux appareils que j'ai construits pour l'usage spécial des hôpitaux en général ; car deux appareils, l'un développant de l'électricité volta-farradique, et l'autre de l'électricité galvanique, suffisent pour distribuer de l'électricité dans un certain nombre de salles.

3° Création de dispensaires pour la classe ouvrière.

On sait que la plupart des malades qui peuplent les hôpitaux appartiennent à la classe ouvrière, et après avoir demandé souvent en vain aux soins des médecins des bureaux de bienfaisance le rétablissement de leur santé, ils finissent, ne pou-

(a) MM. les docteurs Broussais, Garon et du Planty. (*Voir page* 143).

vant plus travailler, par conséquent gagner le pain nécessaire à l'entretien de leur famille, par être obligés d'entrer dans un hôpital.

Or, par l'établissement de dispensaires électro-thérapeutiques, l'ouvrier pourrait à toute heure du jour, avant ou après les heures de son travail, suivre ce traitement si simple et si facile, et dans la plupart des cas se rétablir promptement de légères indispositions, avant que le germe ou la cause des maladies soit développée.

On reconnaîtrait bientôt l'immense influence que ces établissements exerceraient sur le bien-être physique et économique de la classe ouvrière ; car l'homme du peuple et sa famille, qui ne peuvent donner à l'hygiène du corps les soins nécessaires, y trouveraient les facilités de se soigner sans frais, et surtout sans perte de temps.

Ce but sera facilement atteint, si le gouvernement et les autorités municipales me secondent (a). Les sacrifices qu'ils auraient à faire seraient des plus minimes, comparativement aux avantages que ce mode de médication présenterait aux classes ouvrières. Il faudrait d'abord pour Paris, que l'autorité permît l'introduction d'un appareil (b) dans un des hospices de la ville, ou qu'il y fît adjoindre un dispensaire en vue de cette application, sous la direction d'un médecin spécial ; qu'ensuite il fît établir un appareil (c) dans une grande salle ou dans une cour assez vaste (dans une mairie, par exemple), pour recevoir dans son pourtour abrité un certain nombre de personnes (de 50 à 100), et où cet appareil serait à toute heure du jour à la disposition du public, sous la surveillance et la direction du concierge. Une instruction imprimée guiderait chacun dans l'emploi rationnel de l'électricité, qui avec mes appareils ne présente jamais de danger

Je crois devoir transcrire ici la lettre que j'ai écrite en réponse au ministre au sujet du choléra, à l'époque où nos armées

(a) J'ai à moi seul traité gratuitement, et en grande partie guéri, depuis 17 ans, 9800 personnes, dont plus de 6000 appartenaient à la classe ouvrière.

(b) *Voir Tableau* n° 3, page 68.

(c) *Voir Tableau* n° 4, page 68.

se trouvaient en Crimée, dans le but de lui montrer de quelle
importance peut être pour l'état sanitaire des citoyens sous les
armes l'application et l'usage de l'électricité, afin que le gouvernement la fasse étudier plus sérieusement que cela n'a eu lieu
jusqu'à présent.

« *A Son Excellence Monsieur le Ministre de la marine.*

» Votre Excellence a eu la bonté de répondre, à la date du
» 5 janvier courant, à la lettre que j'ai eu l'honneur de lui adres-
» ser, accompagnée de plusieurs documents ayant rapport à
» mon système curatif par l'électricité.

» Votre Excellence me mande que les indications que je lui
» donne ne peuvent être, selon elle, d'aucune utilité pour le
» service de santé de la marine ; et elle se borne par conséquent
» à me remercier de mes communications.

» Cette observation me fait penser que Votre Excellence n'a
» pas lu toutes les pièces qui lui ont été envoyées ; car il me
» paraîtrait alors impossible qu'elle n'eût pas été frappée de
» l'immense importance que les appareils électriques dont je
» l'entretiens offrent pour le service de santé non seulement
» de la marine, mais de l'armée de terre.

» M. le Ministre de la guerre paraît envisager cette question
» d'un autre œil que Votre Excellence ; car, dans la réponse
» qu'il m'a faite à la même date, il s'exprime en ces termes : « Je
» vous remercie, Monsieur, de cette intéressante communi-
» cation, et je transmettrai votre brochure au Conseil de santé
» de l'armée, auquel il appartient spécialement de juger s'il
» convient d'accorder à votre système curatif la préférence sur
» les moyens dont on fait usage dans la pratique de la méde-
» cine ordinaire. »

» Comme dans ma lettre à Votre Excellence, je n'ai exposé
» que très-sommairement les avantages de ces appareils desti-
» nés à l'armée de terre et de mer, je me permets, par ces lignes
» en réponse à la lettre de Votre Excellence, d'entrer dans quel-
» ques développements à cet égard et sous un point de vue
» spécial.

» Il s'agit ici de l'amélioration sanitaire de plusieurs cen-
» taines de mille homme; et devant un but si élevé sous le
» rapport humanitaire et politique, il ne peut être question
» d'intérêt personnel ; aussi je prie Votre Excellence de croire
» que je ne suis guidé dans cette démarche que par le senti-
» ment de l'homme d'honneur, ami de ses semblables.

» Désirant, avant tout, dans la position actuelle de notre
» brave armée en Crimée, établir devant vous le fait que l'élec-
» tricité est le préservatif et le curatif le plus rationnel du
» choléra, je dois appuyer cette assertion de preuves propres à
» décider Votre Excellence à soumettre cette question impor-
» tante à un examen sérieux, et à faire au moins un essai.

» Je prierai d'abord Votre Excellence de bien vouloir se rap-
» peler que, d'après des études profondes faites par plusieurs
» physiciens et chimistes distingués, qui n'ont pas été contre-
» dits par l'Académie, le choléra est, comme toutes les mala-
» dies épidémiques, causé par des miasmes dont l'air a été in-
» fecté, et qui sont dû particulièrement à la décomposition des
» plantes aquatiques des grands marais de l'Orient, dont les
» produits vivants ont été transportés dans nos climats par
» des courants d'air. Ces myriades d'animalcules microsco-
» piques, qui dans de certaines circonstances se multiplient à
» l'infini dans l'air, absorbent alors pour leur propre vie une
» partie de l'électricité de l'atmosphère, au point que partout
» où le choléra a étendu ses ravages, on a observé dans l'atmo-
» sphère un manque d'ozone ou d'oxygène électrisé, en d'autres
» termes d'oxygène n'étant point dans cet état particulier
» d'activité chimique qui lui est imprimé par l'électricité ; cet
» état non électrique de l'oxygène atmosphérique amène dans
» l'organisation animale d'un certain nombre d'individus des
» modifications profondes, et notamment un ralentissement de
» la circulation sanguine, provoqué par le défaut de la force
» vitale et par l'action des miasmes qui s'implantent dans le
» tube digestif et y produisent les phénomènes morbides qu'on
» remarque dans le choléra. Que si Votre Excellence compare
» ces faits acquis à la science avec les observations recueillies en
» plusieurs pays, pendant les épidémies du choléra, dans les éta-

» blissements où se travaillent le cuivre, les laitons, le bronze,
» l'acier, etc., et où le contact des métaux, développant plus
» ou moins d'électricité, a préservé les ouvriers du choléra,
» au point qu'un ou deux à peine sur mille y aient été atteints
» par le fléau ; que si le contact seul de ces métaux élec-
» triques et magnétiques a pu preserver du choléra, on doit
» nécessairement en conclure que si l'on applique directement
» sur les organes de la respiration et de la digestion l'élec-
» tricité dynamique, pendant que ce principe ne leur étant pas
» fourni ou l'étant en quantité insuffisante par l'air atmosphé-
» rique, leur manque pour neutraliser l'action des miasmes,
» cause du choléra, l'action en est bien plus vivifiante, plus
» préservative encore : c'est en effet ce que m'ont prouvé de
» nombreux cas. Je me plais donc à croire d'après ces faits que
» l'assertion que l'électricité est le meilleur préservatif et curatif
» du choléra (assertion que j'ai déjà avancée dans ma brochure,
» en 1851) ne sera plus regardée comme une simple hypothèse,
» et que le gouvernement la fera examiner comme une ques-
» tion humanitaire. J'ajouterai qu'il n'y a pas de moyen plus
» efficace que l'électricité aussi pour combattre le typhus.

» Quant à l'utilité que ces appareils offrent à l'armée de terre
» et à l'armée de mer en particulier, je prends la liberté d'op-
» poser ce qui suit à l'opinion émise par Votre Excellence.

» Supposons, Monsieur le Ministre, que ce que j'avance rela-
» tivement aux propriétés curatives de l'électricité soit fondé
» (ce que je prétends), et que chaque régiment partant pour
» l'Orient, chaque vaisseau de guerre ou de transport eût été
» muni d'un de mes appareils ; qu'en serait-il résulté ? Que les
» milliers de victimes, qui ont succombé au choléra, au scorbut
» et d'autres maladies, en auraient été préservées, du moins
» en grande partie ; que l'armée débarquée en Crimée, aug-
» mentée du grand nombre des braves qui sont péris, aurait
» pu agir autrement, et ce qu'on n'obtiendra aujourd'hui
» qu'après des travaux et des sacrifices immenses, aurait peut-
» être été l'affaire des premiers jours !....

» Quant à l'application et à l'usage de ces appareils, deux
» mots seulement : l'application en est très-facile et ne déran-

» gera en rien le service du soldat. Pour l'armée en campagne,
» l'appareil avec ses accessoires, porté sur un fourgon de l'am-
» bulance, peut être monté en un quart-d'heure. Pendant une
» halte du bataillon, on le fera fonctionner pour électriser,
» c'est-à-dire fortifier, délasser tous les soldats ; ce qui peut
» se faire au besoin, sans qu'ils se débarrassent de leurs armes.
» Sur les vaisseaux, l'appareil est fixe et n'occupe que très-peu
» de place. Tout l'équipage peut ainsi prendre de l'électricité
» à toutes les heures du jour, au nombre de 40 ou 50 hommes
» à la fois.

» L'application rationnelle de ce principe vital, développé
» par ces appareils, a toujours d'heureux résultats, et sera,
» outre les cas de choléra, de scorbut, etc., d'un immense
» avantage dans ceux de brûlures, de contusions, de bles-
» sures, d'amputations, etc.

» Dans l'attente, etc.

» Paris, 15 janvier 1855. »

D'après ce qui précède, on comprendra combien l'établissement de semblables dispensaires serait dans l'intérêt du public;
l'autorité compétente s'érigerait un monument digne d'elle en
réalisant les projets que je lui soumets.

Pour compléter cette œuvre, il faudrait qu'elle autorisât également (toujours après que l'expérimentation aura prouvé l'efficacité du moyen proposé) l'installation d'appareils spéciaux
dans les casernes des sapeurs-pompiers, qui, dans Paris, sont
chargés de donner les premiers soins aux asphyxiés.

4· Conclusions.

Je ne dissimule point les obstacles que rencontrera la réalisation des vœux que j'exprime, obstacles dont le plus grave
peut-être consiste en ce que je n'appartiens pas, à proprement
parler, au corps médical. Cependant j'espère que, en considération des années de labeur que m'ont coûtées l'invention et la
construction des appareils dont il est question, et que je pré-

sente aux médecins pour les mettre à même de faire participer des milliers de malades à la fois aux bienfaits de l'électricité, résultat qu'il y a dix ans encore on eût taxé d'utopie, on voudra bien me pardonner d'avoir, sans être porteur d'un diplôme qui m'y autorisât d'une manière légale, étendu par mes propres applications le domaine de la médecine, et planté un nouveau jalon sur la route qui conduit vers l'avenir et le progrès.

Comme une société bien constituée doit constamment tendre à améliorer l'état physique du plus grand nombre de ses membre, la santé publique mérite par conséquent à prendre rang parmi les intérêts les plus élevés qui doivent préoccuper les esprits dévoués. Aussi je ne crains pas de faire appel à toutes les autorités gouvernementales et municipales de l'Europe, aux médecins, aux chefs et aux directeurs d'hospices, ainsi qu'aux maîtres de grands établissements, de fabriques, d'usines, etc., aux propriétaires de grands hôtels, de palais, de bains, etc., les exhortant à établir ces nouveaux moyens d'application de l'électricité, qui mettront les premiers à même de distribuer gratuitement ce principe vital à leurs administrés, aux populations ouvrières, commerçantes et agricoles de leurs pays, et les seconds d'être utiles à leurs semblables et de les soulager dans des cas où la science est restée impuissante.

APPENDICE.

—

Le Choléra asiatique, la Peste et la Fièvre jaune.

—

Indication des causes de ces maladies, des lieux de leur naissance et des moyens d'en préserver à jamais les populations.

—

Malgré les études profondes et les expériences variées dont le choléra a été l'objet, on n'est pas plus avancé aujourd'hui sur sa cause, sur sa nature et sur son siége qu'en 1832, alors qu'il nous visitait pour la première fois.

Chaque fois que le fléau est venu frapper les populations, il les a trouvées presque sans défense ; tous les spécifiques que lui a opposés la science ont échoué ; en effet, d'après l'aveu même (a) de la Commission nommée par le Gouvernement pour lui faire un rapport sur les ravages de l'épidémie, « il ré-» sulte que de toutes les tentatives thérapeutiques auxquelles » on s'est livré en ville et dans les hôpitaux, il n'existe » point de spécifique pour la guérison du choléra. »

Déjà en 1851 (b), j'avais publié mon opinion, fondée sur l'expérience que j'avais acquise des propriétés de l'électricité, laquelle j'indiquais dès cette époque comme le moyen préservatif et curatif à opposer au choléra ; mais en admettant qu'elle eût été entendue, une voix aussi obscure que la mienne ne pouvait que faire hausser les épaules aux hommes de science ;

(a) Quand on réfléchit au grand nombre de célèbres physiologistes et de médecins d'un mérite incontestable, tels que MM. Claude Bernard, Flourens, Milne-Edwards, Velpeau, Andral, Rayer, Jobert de Lamballe, Clocquet et tant d'autres encore, dont les efforts dans cette importante question ont été stériles, on comprend que cette impuissance de la science ait amené beaucoup de médecins à la décourageante conclusion : qu'il n'y a pas de remède contre le choléra.

(b) *La Médecine du pauvre et du riche.* — 1851.

cependant l'année 1853-1854, où cette maladie fit de nouveau son apparition en France, m'a fourni l'occasion de constater la justesse de mon opinion. J'ai à cette époque guéri un assez grand nombre de cholériques ; lorsque les malades étaient arrivés à la période algide, j'avais recours à l'électricité en faisant agir six à huit courants électriques à la fois sur les principales parties du corps, pour rétablir peu à peu la circulation du sang, et j'ai ainsi obtenu le plus grand succès.

Je ne mentionnerai pas ici les moyens préconisés par la médecine pour combattre la maladie en question; les seules médications qui aient quelque peu réussi sont celles qui ont eu pour but de détruire la *cause animée* et de prévenir la coagulation du sang. Je me bornerai à citer certaines hypothèses que les savants, déconcertés par le choléra, ont fini par admettre pour expliquer les causes qui avaient répandu de tant de manières différentes la mort parmi les hommes.

Selon la première de ces hypothèses, le choléra devrait être attribué à un manque d'ozone dans l'atmosphère, c'est-à-dire d'oxygène ayant dès sa formation subi l'influence de l'électricité positive. Cette présomption repose sur le fait qu'on a observé, que, lors de l'apparition de l'épidémie, l'ozone disparaissait complétement de l'atmosphère, et qu'il ne reparaissait que lorsque le fléau était sur son déclin.

La seconde hypothèse donne pour cause à l'infection un état particulier de l'azote, lequel, au moment de sa formation, serait, au passage, saisi par l'électricité négative qui s'échappe de la terre, et soumis à son action ; ce qui empêcherait la formation du fluide neutre. Par la propriété qu'il possède d'attirer à lui le carbone des corps avec lesquels il se combine, l'azote deviendrait un composé vénéneux (iodosmon), auquel seraient dus les phénomènes que nous présente le choléra.

Des maladies épidémiques en général, et de la cause animée qui les produit.

La cause de ces maladies consiste dans une condition particulière de l'air, dans lequel sont tenus en suspens par les vapeurs d'eau, en plus ou en moins grande quantité, des miasmes, c'est-à-dire des corpuscules ou des matières organiques animées, invisibles au microscope, êtres tout à fait élémentaires, que l'on rencontre au degré le plus infime du règne organique.

Il importe de rechercher comment et dans quelles circonstances ces miasmes se produisent, se développent et agissent sur l'organisme humain ?

Il est à la connaissance de chacun que les marais sont des terrains en friches bourbeux, peu perméables, argileux, siliceux ; que les eaux ordinairement stagnantes dont ils sont couverts, alimentent une végétation toute spéciale, c'est-à-dire des plantes aquatiques.

Dans la vase de ces marais se développent des animalcules de la classe des infusoires, en quantité souvent innombrable (a).

Lorsque dans les grandes chaleurs ces marais se dessèchent, les plantes et tous les élémens organiques dont elles entretiennent la vie, entrent en fermentation, puis en putréfaction, dégagent une certaine quantité d'hydrogène carburé ou phosphoré, d'acide carbonique, et même, selon la composition du sol, d'hydrogène sulfuré, et engendrent en même temps des miasmes.

Toute fermentation devant, selon les plus savants chimistes, être considérée comme une action chimique opérée par des êtres organisés dans une substance organique, il en résulte un enchaînement de métamorphoses qui donne ici naissance à des animalcules, tantôt d'une espèce, tantôt d'une autre, doués de

(a) Voir pages 30 et 31 de l'ouvrage cité. Expériences du célèbre zoologue Philippo Philippi, de Turin, desquelles il résulte qu'une diatomée dans l'eau trouble d'un marais peut donner naissance en quatre jours à 140 billions d'êtres de son espèce.

propriétés variables, suivant leur origine, leur nature, et la plus ou moins grande intensité de la chaleur qui aura agi sur les ferments végétaux.

Lorsque les produits de la décomposition des végétaux aquatiques et des autres éléments organiques ne sont ni enlevés par les vapeurs d'eau de la terre, ni entraînés par des courants atmosphériques, les miasmes doivent également subir une décomposition qui donne lieu à une nouvelle transformation, et probablement à un dégagement de gaz hydrogène proto-carburé, lequel est sans doute aussi un composé de nouveaux germes animés.

Il est présumable que ce dégagement n'est pas constant, mais qu'il a lieu seulement dans de certaines conditions d'influence, de la lumière, de l'électricité ou de la chaleur, et au moment de la fermentation des matières solides et liquides contenues dans le marais. Or est-ce *pendant* ou *après* la fermentation ? c'est là une question aussi difficile à résoudre que celle de savoir si l'air qui séjourne au-dessus d'un marais en enlève des miasmes tout formés, ou bien si la vapeur d'eau se charge de certaines matières (carbone, hydrogène, ammoniaque, soufre), qui, soumises dans l'atmosphère à des actions et à des réactions chimiques, produisent les miasmes marécageux de toute espèce.

Il est évident que si ces décompositions végétales s'opèrent dans des marais peu étendus, l'action s'en propagera également à des distances moins grandes, par la raison que les miasmes ou les gaz, étant en moindre quantité, seront plus facilement arrêtés et absorbés par les arbres (*a*).

Quand les marais sont entourés de plantations ou de forêts, ces gaz sont complétement absorbés par les arbres qui en neutralisent l'action ; dans le cas contraire, cette action des gaz

---

(*a*) On sait que la désagrégation des végétaux et des matières animales dégage du gaz hydrogène carburé et de l'acide carbonique, et que ces gaz sont absorbés par les arbres et les végétaux, qui en prennent le carbone et en exhalent l'oxygène. On comprendra donc facilement que des plantations du genre de celles que j'indique soient propres à opérer l'absorption des gaz méphitiques.

s'étend sur une plus grande région; dans de certaines conditions climatériques, et selon la nature plus ou moins délétère des miasmes, il se produit des fièvres quelquefois malignes chez l'homme, mais toujours graves et souvent mortelles chez les animaux.

Dans les grandes chaleurs de l'été, les marais, les étangs, surtout ceux du midi de l'Europe, tels que les Marais Pontins, dans les États de l'Église, se dessèchent en partie, et des détritus putréfiés qu'ils renferment se dégagent des miasmes ou des gaz, qui occasionnent des fièvres dites endémiques, parce qu'elles sont restreintes à la contrée où l'infection se produit. Nous citerons, par exemple, la *malaria*, qui est engendrée par les exhalaisons des marais que je viens de nommer, et qui ne se fait sentir qu'à une certaine distance et rarement au-delà de Rome. C'est la vase des marais ou des étangs, dans laquelle des matières animales ou des excréments se sont mêlés avec les ferments des végétaux qui paraît engendrer les miasmes, cause des maladies épizootiques. Ces germes se reproduisent ensuite par eux-mêmes, et se propagent soit par l'air, soit par la contagion, soit par les émanations des animaux atteints.

Outre ces marais, il existe encore un grand nombre de foyers d'infection, sans compter ceux qui produisent les épidémies telles que la rougeole, la fièvre scarlatine, la grippe, etc.; ceux qui engendrent les germes morbigènes du choléra, de la peste et de la fièvre jaune. Je n'en citerai ici que quelques-uns.

Dans l'Orient, des marais immenses sont formés par le débordement périodique du Gange et de ses nombreux bras. Leurs eaux stagnantes et souvent fangeuses sont tous les ans infectées par la décomposition plus ou moins complète des cadavres, que les préjugés religieux des Indous jettent constamment dans leur fleuve sacré.

Ces cadavres, à partir de septembre jusqu'au mois d'avril, sont entraînés par le courant jusqu'à la mer; mais de juin à la fin d'août, par suite des débordements du fleuve et de ses bras, ils sont en partie rejetés sur les terres riveraines, dans des flaques d'eau et les marais, où ils sont desséchés et putréfiés par l'action de la chaleur brûlante qui règne dans ces régions.

Si à cela se joignent des circonstances exceptionnelles, telles que des chaleurs torrides de longue durée, la putréfaction développera des miasmes particuliers, qui, enlevés avec la vapeur d'eau par des courants d'air qui traversent ces foyers infects, peuvent être portés par les nuages sur d'immenses espaces de pays.

En Égypte, les débordements du Nil ont formé, depuis une trentaine de siècles, des lacs et des marais d'une étendue de 80 myriamètres, dans lesquels s'écoulent aujourd'hui les nombreux bras du Nil et les eaux des centaines de canaux qui en dérivent ; mais comme ces lacs et ces marais communiquent tous avec la mer, qui vient y mêler ses eaux salées, ils ne peuvent créer des foyers miasmatiques (a).

La position géographique et hydrographique de ce pays ; le mauvais entretien des canaux destinés à distribuer les eaux du Nil pour l'alimentation des villes et pour l'arrosage des terres, lesquels sont généralement curés imparfaitement et sans aucune précaution hygiénique ; l'usage des Musulmans d'ensevelir leurs morts à fleur de terre, ce qui les expose, lors des débordements du fleuve, à être déterrés et ballottés par les eaux ; la malpropreté des citernes où l'on conserve l'eau douce, et leur dessèchement partiel dans la saison des grandes chaleurs ; l'état insalubre des égouts : tout cela concourt à produire les miasmes générateurs de la peste épidémique et contagieuse. (*Voir Foyers de la peste.*)

Les foyers miasmatiques de la fièvre jaune sporadique et épidémique à la Nouvelle-Orléans, à Veracruz et à la Havane, et souvent aussi à Haïti, consistent dans des marais d'eau douce qui ne sont pas généralement d'une grande étendue. (*Voir Origine et Causes de la fièvre jaune.*) L'influence délétère des miasmes engendrés par ces marais paraît croître en raison de l'intensité et de la durée de la chaleur ; car souvent elle se borne à des fièvres peu malignes ; mais quel que soit le degré

(a) Les marais d'eau douce auxquels viennent se mélanger les eaux de la mer, ne produisent jamais de miasmes, comme l'ont supposé certains auteurs ; car, parmi les substances qui s'opposent à la fermentation et à la putréfaction, on place le sel marin en première ligne.

de gravité que la maladie ait atteint, il suffit d'un orage, d'une pluie, d'un léger froid pour détruire instantanément les germes infectants.

La nature des miasmes qui nous donnent le choléra doit nécessairement différer de celle des miasmes qui nous apportent la peste; car ceux-ci semblent ne pas être assez volatils pour être enlevés par les vapeurs d'eau; ils restent confinés dans les couches inférieures de l'atmosphère, et ne propagent l'infection que par le contact direct ou indirect; tandis que ceux du choléra, emportés par les vapeurs de la terre, s'élèvent à une hauteur en rapport avec leur gravité et leur force ascensionnelle (a); parvenus aux nuages, ils se développent et se reproduisent, dans des conditions spéciales, en quantités innombrables; mais lorsqu'ils rencontrent des vents froids ou violents, ils sont détruits ou dispersés.

Jusqu'à présent ces miasmes sont restés inaccessibles aux investigations de la science, et l'analyse de l'air n'en a montré aucun vestige. Disséminés dans l'air sec, ils paraissent peu capables d'affecter les êtres vivants; mais quand l'air est refroidi par le rayonnement du soir et de la nuit, une masse d'humidité se précipite dans les couches inférieures de l'air, lequel transporte ces parasites avec lui en les concentrant; et, lorsque cette rosée se vaporise de nouveau aux premiers rayons du soleil, elle entraîne avec elle ces mêmes parasites dans son mouvement ascensionnel.

Absorbés en grande partie par la respiration et même par les pores des êtres vivants, ces miasmes manifestent leur effet délétère sur un certain nombre d'individus plus exposés que d'autres à leur influence, selon leur état de santé ou selon la localité (b). Leur action s'exerce tantôt sur les hommes, tantôt sur

(a) Ces corpuscules, d'après Rigault de Lille, s'élèvent à 300 mètres dans l'air aux environs des Marais Pontins; mais M. de Humboldt, dans son « *Essai sur le Mexique* », tome VI, page 524, dit qu'ils atteignent une hauteur de 900 mètres.

(b) Les villes situées au centre des courbes décrites par des fleuves au confluent des rivières, sont beaucoup plus ravagées par cette maladie que celles qui sont bâties sur des emplacements secs et élevés, et dont la plupart, en effet, ont été préservées du fléau. L'effrayante mortalité qui a sévi en 1854 à

les animaux ; et c'est à la diversité des espèces d'animalcules qui diffèrent entre eux, comme je l'ai dit plus haut, qu'il faut attribuer la diversité des maladies qu'ils développent.

L'inoculation de ces germes vivants dans les organes mêmes se termine presque toujours, dans un certain nombre d'heures, par la mort des animalcules, qui, passés à l'état de putréfaction, produisent souvent, selon le plus ou le moins d'inflammation, des odeurs infectantes, ainsi qu'on l'observe aussi dans plusieurs maladies épizootiques.

C'est ainsi que nous voyons, dans des conditions défavorables, apparaître assez régulièrement aux époques qui coïncident avec la décomposition des plantes marécageuses et de leurs détritus, ces fièvres et ces maladies épidémiques, telles que la peste en Égypte et en Turquie ; dans l'Éthiopie et dans l'Arabie méridionale, la lèpre ou éléphantiasis, permanente et localisée dans ces contrées ; dans l'Afrique intertropicale et aux Indes, la lèpre endémique ; à Madagascar, les fièvres pernicieuses ; dans une partie de l'Afrique, et entre Rome et Naples, la malaria. Le choléra asiatique exerce surtout ses ravages dans l'Hindoustan, d'où, à diverses époques, des myriades d'animalcules pestilentiels, transportés par certains courants d'air, ont été amenés jusque dans l'Europe occidentale, après avoir préalablement infecté l'Arabie, la Perse, la Syrie, l'Égypte, et envahi même l'Amérique. Nous voyons la fièvre jaune régner simultanément à la Nouvelle-Orléans, à Veracruz et aux Antilles, sans toutefois se borner à ces parages, puisqu'elle apparaît quelquefois même sur les côtes de l'Europe méridionale. Les indigènes de quelques-unes des régions que nous venons de

l'hôpital de la Salpêtrière, à Paris, en fournit une preuve frappante. Cet établissement, placé dans un triangle formé par la jonction de la Bièvre et de la Seine, se trouve dans les conditions hydrographiques et géographiques les plus favorables au développement de la funeste influence de l'épidémie. Les mêmes observations ont été faites dans tous les pays ; partout on a remarqué qu'une humidité abondante exerçait une influence pernicieuse sur la marche et les progrès du choléra, surtout chez les individus habitant de petites chambres basses, où l'air ne pouvait se renouveler convenablement, et par conséquent favorisait, par les exhalaisons des habitants, l'incubation des miasmes, augmentant par ce travail leur action délétère.

citer sont en outre décimés par la petite vérole épidémique ; dans les vallées de l'Ohio c'est une autre épidémie appelée typhus. Cette dernière maladie se développe aussi assez souvent en certaines circonstances, et probablement par la même espèce de germes vivants, dans les zônes tempérées, où la fièvre typhoïde s'est acclimatée.

Ces épidémies diffèrent dans leurs manifestations et leurs caractères, en raison des espèces variées des germes animés qui les ont produites, différant eux-mêmes selon le genre des matières, et selon les plus ou moins grandes chaleurs qui ont agi sur leur développement, et qui par cela même varient souvent les caractères et les symptômes d'un type de maladie.

Examen et définition du choléra.

Après cet exposé général de l'action des miasmes morbifiques dans les épidémies, je vais m'occuper plus spécialement des phénomènes que nous présente l'épidémie du choléra.

Il est un fait qu'il importe de connaître, fait prouvé par beaucoup de savants, mais contesté par quelques autres, et duquel cependant la réalité est facile à mettre hors de doute : c'est que les myriades de miasmes de l'air atmosphérique absorbant pour leur propre vie une partie de l'électricité de l'atmosphère, et celle-ci ne se combinant plus en quantité nécessaire avec l'oxygène, il en résulte un manque d'ozone, c'est-à-dire d'oxygène électrisé, et par suite un ralentissement de la circulation sanguine, qui prouve que l'électricité de l'atmosphère est insuffisante pour en entretenir le fonctionnement normal, surtout chez les personnes dont la santé est altérée.

Bien que tout le monde connaisse à peu près les symptômes produisant les miasmes cholériques, je me crois obligé de les relater ici, afin de mieux démontrer que le choléra est le résultat d'une décomposition directe du sang par suite de la séparation de ses parties liquides (serum) avec ses parties solides, et de la transsudation des premières sur les surfaces intestinales. Cette décomposition est causée par l'obstruction plus ou moins rapide opérée par les miasmes dans les vésicules pulmonaires, laquelle empêche l'oxygène de se communiquer au sang, et l'électricité atmosphérique de pénétrer dans les artères et dans les veines, qu'ils ont ainsi privées de leur principe vivifiant et de leur agent moteur.

Les symptômes dont il est question sont si nombreux et si complexes, que je n'en mentionnerai que les principaux.

La maladie s'annonce par un malaise général avec diminution ou perte d'appétit, fatigue, frisson, engourdissement des membres, diarrhée plus ou moins fréquente ; suivent des éructations, des nausées et des évacuations alvines, qui se continuent et sont accompagnées de coliques et de vomissements, etc. Ces effets proviennent de ce que, par l'action des miasmes sur les poumons, le serum du sang se sépare de la partie solide, transsude sur les surfaces intestinales et est ensuite éliminé par les follicules sécréteurs du tube digestif. Si cette décomposition du sang n'est pas promptement arrêtée, et si la transsudation continue, il en résulte une suspension de la circulation, à cause de l'absence de la force vitale et de l'impossibilité de la circulation des résidus du sang, qui ne présentent alors qu'une masse épaisse, gélatineuse, ne retournant que difficilement et lentement vers le cœur. La dissolution de sa composition chimique par le manque de l'oxygène et de l'électricité ne permettant plus au sang de subir dans les poumons les changements nécessaires, il retourne au cœur tout à fait semblable au sang veineux, et dans la plupart des cas il ne peut plus être transmis par l'aorte jusqu'au système capillaire de la périphérie ; les urines sont complétement supprimées, parce que le sang n'a plus de liquide à leur fournir, et par suite le malade éprouve une soif excessive. Le manque de circulation du sang dans le système capillaire produit le refroidissement et la coloration violacée de la peau. Le côté droit du cœur cesse de se contracter, le sang veineux n'y retournant plus ; le système nerveux commence, bien que secondairement, à être affecté ; il survient des crampes de plus en plus fortes et fréquentes ; les yeux s'enfoncent dans leurs orbites, la peau des doigts se ride, et un amaigrissement ra-

pide frappe toutes les parties du corps, parce que tous les vaisseaux absorbent avec une avidité extrême les liquides qui y
sont déposés ; enfin la respiration devient de plus en plus difficile, etc.

Ces symptômes prouvent qu'il y a décomposition du sang,
occasionnée par des miasmes introduits dans l'organisme par
l'absorption pulmonaire. Mais la manière dont cette décomposition du sang s'opère est restée jusqu'ici un mystère pour la
science.

Aucun médecin, aucun physiologiste, du moins autant que je
sache, n'a tenté d'élucider cette importante question, parce
que le rôle que joue l'électricité dans notre organisme était
inconnu.

Maintenant, me référant au chapitre **V** de mon ouvrage,
qui traite de la circulation du sang, je vais donner l'explication du phénomène principal que nous observons dans le
choléra. Qu'il soit disséminé dans l'air ou concentré dans des
foyers d'émanation, le miasme, une fois qu'il est respiré par un
individu prédisposé par son organisation ou par un état maladif quelconque, pénètre avec l'air atmosphérique oxygéné et
légèrement électrisé, dans les vésicules pulmonaires (microscopiques), où l'électricité neutre est décomposée en ses deux
moitiés ; l'électricité positive avec son oxygène est attirée par le
sang artériel à travers la vésicule pulmonaire dans les tuniques
de l'artère, et l'électricité négative passe dans la tunique qui
contient le sang veineux. (*Voir le chapitre sur la circulation du
sang.*) La glotte et l'épiglotte n'opposent aucun obstacle au passage du miasme, qui, introduit ainsi avec l'air dans les cavités
du poumon par la membrane muqueuse, ne peut se défendre
contre les effets des matières atmosphériques. Ces miasmes s'attachent donc vraisemblablement aux parois des vésicules, où
ils s'accumulent à chaque aspiration ; mais ces corpuscules
sont altérables, s'ils viennent à être exposés à des causes des-
tructives. Or il est probable que lorsqu'ils sortent de la masse
mobile et vaporeuse pour laquelle ils ont le plus d'affinité, ils
meurent ; et alors leurs détritus peuvent devenir des foyers
d'émanation, ou bien leur agglomération et leur concentration

dans les vésicules, sous l'influence de la chaleur, produisent une nouvelle incubation, que les exhalaisons du cholérique transforme en un foyer d'infection pour ceux qui l'entourent.

Chez certains individus, chaque vésicule peut ainsi, en quelques heures, être obstruée par le miasme vivant ou mort, comme il se peut aussi que l'obstruction complète n'ait lieu qu'au bout de quelques jours.

L'effet immédiat de cette obstruction est d'intercepter plus ou moins le passage de l'oxygène et de l'électricité que l'air atmosphérique apporte aux poumons ; le sang est ainsi privé de son principe vivifiant et de son moteur unique (*Voir la note*) ; peu à peu le sang artériel, dont la circulation n'est plus entretenue normalement par l'électricité positive, se décompose ; un changement s'opère dans ses qualités chimiques ; le serum se sépare du caillot (formé par la fibrine et la partie colorante) (*a*). Enfin a lieu la coagulation du sang, par suite de laquelle la tunique intérieure de l'artère, électrisée aussi positivement comme le sang, se contracte sur elle-même, chasse en avant la partie plus ou moins liquide encore, puis, se rétrécissant de plus en plus, force le serum à transsuder jusque sur les surfaces des intestins.

La diminution de l'activité du cœur amène à un état voisin de l'adynamie, produit une réaction sur le système nerveux, qui, également alimenté par le sang chimiquement altéré, subit nécessairement des anomalies dans son mode d'action ; de là probablement les mouvements spasmodiques, les crampes fréquentes et prolongées qui accompagnent le choléra, et qui sont d'autant plus intenses que l'obstruction des vésicules pulmonaires est plus ou moins complète. Dans cet état, le pouls

(*a*) Des chimistes éminents, en analysant le sang normal d'individus bien portants, y ont trouvé une quantité notable d'acide acétique. Dans celui de cholériques pris à différentes périodes de la maladie, on a découvert une quantité *bien moindre* d'acide acétique libre et de serum. Ce qui manquait de ces deux substances dans le sang des cholériques s'est retrouvé dans les matières rejetées par les vomissements et par les évacuations alvines, et les mêmes chimistes les ont évalués dans plusieurs cas à 4 kilos. C'est donc à l'aide de l'eau et de l'acide acétique qu'il faudrait chercher à reconstituer le sang dans sa condition normale.

devient de plus en plus imperceptible, la respiration s'arrête peu à peu et l'asphyxie en est le dénouement définitif.

Ainsi s'expliquent ces phénomènes de transsudation sur les surfaces intestinales, et par suite la diarrhée, les vomissements et tous les autres accidents qui en sont la conséquence médiate ou immédiate.

D'après ce qui précède, on comprend qu'aucun sujet d'étude n'ait suscité plus d'opinions contradictoires ; qu'il n'y ait pas de maladie dont les causes aient donné lieu à plus d'affirmations et de négations, à plus de conflits entre ceux qui se flattent d'en avoir découvert la source et ceux qui déclarent cette source à tout jamais cachée pour l'intelligence humaine, et s'inclinent devant la formidable énigme. Le mot en est-il trouvé aujourd'hui? Hélas non ! il ne l'est encore qu'à moitié, et je laisse à d'autres le soin de continuer les investigations et d'achever la solution du problème; quant à moi, il me suffit de savoir si l'on en sait assez pour être à même de combattre le fléau et de ne plus avoir besoin de redouter ses attaques.

Les spécifiques contre le choléra.

Les moyens de combattre cette maladie sont, en première ligne *l'électricité*, comme préservatif et curatif; et en seconde ligne *l'eau ferrée, glacée et acidulée*.

Examinons les propriétés de l'agent électrique.

La science a reconnu l'électricité comme étant le principe de vie chez l'homme, chez les animaux et chez les végétaux. Ainsi chaque molécule du corps humain est saturée de cette électricité vitale, dont la circulation libre et régulière, parcourant le corps humain dans tous les sens, depuis le cerveau, source et centre principal, jusqu'aux dernières fibres, vivifiant tous les tissus des différents systèmes de notre organisme, est *une condition de la vie et de la santé*. Une interruption plus ou moins prolongée de ces courants électriques, dans quelque partie de notre corps que ce soit, causée par l'aspiration d'un air plus ou moins chargé de miasmes, par suite d'excès en tout genre, de chagrins, d'émotions, de chutes, etc , provoque des dérangements dans les fonctions habituelles de la machine humaine ; de même que l'accumulation de cette électricité dans un de nos organes y produit d'abord un excès de chaleur, puis l'inflammation et la fièvre, son manque partiel ou total finit par y occasionner un dépérissement lent ou rapide. C'est donc la circulation normale de ces courants, et le parfait équilibre dans notre corps de cette électricité, toujours divisée, lorsqu'elle est en activité, en deux forces égales cherchant continuellement à se faire équilibre, qui *constitue l'état normal de santé chez l'homme*, On ne sera donc pas étonné que l'agent électrique, ce principe universel, développé par des appareils spéciaux et rationnellement dirigé, puisse entretenir le mouvement et la circulation de l'électricité vitale de notre corps. La science, d'ailleurs, en a reconnu les propriétés stimulantes, résolutives et dérivatives. Il est aussi l'excitant naturel des forces vitales, des systèmes nerveux, musculaire, artériel et vasculaire ; il active la circulation des liquides ; il régularise la respiration et la digestion ; il calme et fortifie les nerfs ; en un mot, il met en jeu les ressorts de tout l'organisme et triomphe presque toujours des affections, même les plus rebelles. L'électricité peut donc être considérée comme un agent conservateur et régénérateur de la santé.

Appliquée au début des symptômes légers ou graves du choléra, l'électricité rétablit la circulation du sang en détruisant l'obstruction causée par les miasmes, en rendant au sang son agent moteur, et en empêchant le serum de continuer à transsuder sur les surfaces intestinales. Si la coagulation n'est pas arrivée au dernier degré, et que l'asphyxie ne soit pas complète, il y a encore espoir de la vaincre par une application rationnelle de l'électricité telle que je la conseille.

Quant à *l'eau ferrée, glacée et acidulée,* dont on peut faire usage à défaut de l'électricité, en voici l'action :

Comme il s'agit de remplacer les liquides expulsés par la transsudation, puis par le tube digestif, il est nécessaire de donner peu à peu au malade plusieurs litres de cette eau, qui pénétrant moléculairement dans l'organisme, soit transportée dans la circulation, remédie à la cause qui produit dans le choléra cette soif extraordinaire, c'est-à-dire au manque de liquide dans le sang ; aussi les vomissements sont-ils le plus souvent arrêtés presque instantanément par l'usage de cette eau. L'eau glacée agit également comme répercussif sur la transsudation du sang ; mais elle lui apporte aussi par le vinaigre un dissolvant du caillot, et secondée par le fer, devient en même temps un excellent conducteur et régulateur des courants électriques de tout l'organisme. Ces courants, dont les fonctions avaient été bouleversées par l'expulsion simultanée du sang des artères, rentrent, grâce à cette boisson électrique, peu à peu dans leur ordre fonctionnel ; et par ce moyen paralysent les effets de l'air miasmatique.

Il n'est pas inutile d'ajouter que le camphre et l'ammoniaque liquide sont de puissants auxiliaires dans le traitement du choléra. Bien qu'on pourrait s'en passer dans beaucoup de cas, il ne faut pas en négliger l'emploi, qui est toujours utile. Je vais indiquer leur action et montrer leur importance.

Le camphre pris intérieurement agit énergiquement sur les douleurs d'entrailles et la diarrhée ; il dissipe ou prévient les crampes ; employé en frictions et dissout dans l'alcool (alcool camphré), il réchauffe et possède comme l'ammoniaque liquide des propriétés anti-septiques et anti-putrides, supérieures à celles de toutes les autres substances. Le lotionnement avec l'alcool camphré a aussi l'avantage, en raison de la saveur amère et l'odeur acre du camphre, de créer autour de ceux qui s'en servent une atmosphère de nature à repousser et par conséquent à annihiler les miasmes. Il en est de même de l'ammoniaque, dont l'odeur piquante produit le même effet, et qui peut en outre être respirée (a) ; introduit dans les cavités des poumons, ce gaz volatil agit comme anti-putride et fait rentrer

(a) Il est très-prudent, surtout pour les personnes qui sont obligées de visiter des cholériques, pour celles qui les soignent notamment, d'être munies d'un petit flacon à odeur rempli d'alcali volatil, qui sert à détruire l'air vicié entré dans les poumons.

en même temps dans l'organisme un principe vital qui a été neutralisé par l'action des miasmes (a); détruit ou du moins repousse en dehors les miasmes qui y ont pénétré (b).

Foyers des épidémies.

I. — Fièvre jaune (c).

Typhus des Tropiques ou d'Amérique, typhus ictérode, vomito negro.

Les symptômes de cette fièvre sont très-variés, et ne se manifestent pas tous de la même manière chaque fois qu'elle sévit; mais c'est toujours sur la muqueuse gastro-intestinale que s'opère l'action du miasme; l'empoisonnement du sang par le germe animé en produit la décomposition; il en résulte des vomissements d'abord bilieux, puis d'une teinte brune et de plus en plus noirâtre; la couleur jaune du corps, qui a donné le nom à cette fièvre, n'apparaît le plus souvent qu'après la mort du malade, et l'autopsie du cadavre montre l'estomac ramolli, taché, ecchymosé, et rempli de sang décomposé amalgamé avec une matière noirâtre, qui doit provenir des détritus des miasmes putréfiés dans l'estomac.

L'action des miasmes qui engendrent la fièvre jaune est si délétère, que beaucoup d'individus y succombent, comme dans

(a) Voir Magendic : *Leçons sur le choléra*, page 69.

(b) Voir en outre pour les moyens préservatifs et curatifs, page 193.

(c) Un médecin distingué, M. le docteur Guillaume de Humboldt, établi à la Havane, est parvenu à préserver de la fièvre jaune par l'inoculation du venin d'un certain reptile; en effet, des tableaux officiels constatent que sur des milliers d'individus inoculés, un très-petit nombre ont été atteints du fléau; mais ce philosophe, qui a dévoué sa vie et sa fortune à l'intérêt de l'humanité, en a été récompensé comme presque tous ceux qui travaillent dans le même but : depuis qu'il a commencé ses expériences, il a été constamment en butte aux persécutions et aux railleries d'adversaires acharnés, appartenant au corps médical, et abreuvé de dégoût, il a quitté la Havane pour aller se fixer à Veracruz.

les cas de choléra, dans l'espace de dix à vingt-quatre heures ;
quelquefois aussi la mort n'arrive qu'au bout de quelques
jours.

Pour se préserver de cette épidémie et pour la combattre, il
faut employer les mêmes moyens que contre le choléra : les
autorités doivent faire exécuter ceux que je leur conseille;
c'est-à-dire faire établir de grands feux avec de la résine à l'intérieur et à l'extérieur de la ville, et tirer le soir des coups de
canon autant qu'il sera en leur pouvoir.

Examinons maintenant le delta du Mississipi, qu'on indique
comme le berceau de cette épidémie.

» Les vastes marécages qui avoisinent l'embouchure de ce
fleuve ont une étendue de plus de 50 lieues des deux côtés ;
mais tous ces marécages sont couverts en partie de forêts, en
partie de broussailles capables par elles-mêmes d'absorber les
foyers miasmatiques que pourraient y former des eaux stagnantes ; en outre, sur un grand espace, ils sont submergés
à chaque marée par la mer, qui y dépose ses eaux salées. Or
dans de pareilles circonstances il ne peut se former aucun foyer
miasmatique.

Quant aux débordements qui peuvent avoir lieu le long du
fleuve en remontant jusqu'à 50 et à 100 lieues, ils ne sont pas
de nature à produire une infection quelconque, puisque lors
même que par suite de leur dessèchement, il se serait dans certaines contrées marécageuses développé des miasmes ou dégagé
des gaz, l'action en serait complétement neutralisée par les
immenses forêts qui bordent le fleuve.

Les terrains envahis par les débordements anciens, ainsi que
par les crues de chaque année, ont formé de chaque côté des
bouches du fleuve, ainsi qu'il vient d'être dit, ces vastes
marécages qui s'étendent en grande partie le long du golfe,
mais qui, couverts de forêts et de broussailles, et baignés par
la marée qui vient jusqu'à une certaine distance y mêler les
eaux de la mer et y entretenir par conséquent un mouvement
continuel, ne peuvent développer des gaz méphitiques. Le sel,
dont est aussi imprégné le sol de ces marais, empêche également tout développement de miasmes; ce ne sont donc que

les marécages situés hors de ces influences qu'il nous faut explorer.

Le fait suivant nous met sur leurs traces : il est de notoriété qu'à quelques lieues de la Nouvelle-Orléans, aux environs des lacs Maurepas, Pontchartrain et Borgne, qui sont entourés de forêts, et dont les eaux douces se mêlent avec celles qui y entrent de la mer, on est entièrement à l'abri de la fièvre jaune, pendant qu'elle fait les plus grands ravages dans la ville. Or, comme de tout temps l'épidémie s'est manifestée en premier lieu à la Nouvelle-Orléans, c'est avant tout dans cette cité ou dans ses environs qu'il faut chercher la cause de l'infection.

La Nouvelle-Orléans est bâtie sur une langue de terre, qui en de certains endroits n'a guère que deux lieues de largeur, et forme entre le Mississipi, la rivière Amite et les lacs Maurepas, Pontchartrain et Borgne, une île dont le sol est sept pieds plus bas que le niveau du fleuve, par conséquent toujours infiltré d'eau et marécageux. L'extrémité de cette île vers le golfe est terminée par des marais assez étendus et de tout temps réputés très-mal sains.

Depuis les ravages de la fièvre jaune en 1811, en 1814, en 1822 et en 1829, une partie de ces marais ont été comblés et desséchés ; dès lors aussi l'épidémie n'a plus sévi avec autant de violence. Antérieurement l'infection s'étendait quelquefois par la navigation sur tout le littoral des États-Unis jusqu'au Canada.

C'est donc d'abord à la présence de ces marais, puis aux nappes d'eau croupies qui se trouvent à cinq et à six pieds sous le sol de la ville et reçoivent une partie des immondices des fosses d'aisances, qu'il faut attribuer le développement de la fièvre jaune. A ces causes se joint la position géographique et hydrographique de la Nouvelle-Orléans. Cette position insulaire, exceptionnelle, concentre à certaines époques de l'année une chaleur excessive, qui, après le dessèchement des marais et la putréfaction des détritus, y développe des miasmes, que la forte évaporation de la terre entraîne avec les vapeurs d'eau dans l'air, d'où, comme je l'ai indiqué à plusieurs reprises, ils descendent après le coucher du soleil, pour répandre leur action délétère parmi la population.

Ce qui, au surplus, confirme cette conclusion, c'est que la première pluie ou la plus légère gelée, en détruisant les miasmes, fait aussitôt disparaître la maladie.

D'après ce qui précède, on ne doit pas un instant douter de la possibilité d'écarter à jamais l'épidémie dont il est question. Il faudrait, selon moi, commencer par combler les marais d'où elle émane; et si cela n'était pas entièrement possible, on y suppléerait au moyen de certains travaux d'art; puis il faudrait les entourer de nombreuses plantations de plantes d'une venue facile et de nature à absorber les gaz méphitiques des marais, telles que le tournesol, le houblon, les fougères, etc. Il faudrait aussi y planter de 100,000 à 200,000 arbres d'une essence appropriée au sol, par exemple des aulnes et des saules, dans la ville et aux alentours et enfin dans toute l'étendue de l'île, principalement du côté des marais. On devrait choisir des arbres propres à opposer au bout de six à huit ans, par leur feuillage, une absorption suffisante aux miasmes ou aux gaz qui se dégagent de ces marais.

En attendant que l'île soit peuplée d'arbres, on pourrait essayer de détruire les foyers miasmatiques dès la première année, en procédant de la manière suivante : comme le fleuve est beaucoup plus élevé que le sol, dans la saison des grandes chaleurs, où les marais sont à peu près desséchés, on dirigerait du fleuve un ou plusieurs tuyaux dans des réservoirs spéciaux, dans lesquels on ferait dissoudre une certaine quantité de chaux; puis par d'autres tuyaux on conduirait cette eau alcalisée dans les marais, où elle empêcherait la fermentation et le développement des miasmes. Ces plantations, jointes aux travaux accessoires d'assainissement, n'exigeraient probablement pas une dépense au-dessus des ressources d'une ville aussi riche que la Nouvelle-Orléans, qui, en tout cas, pourrait être aidée dans cette œuvre salutaire par le gouvernement de l'État de la Louisiane.

La Nouvelle-Orléans n'est pas le seul endroit où se produise la fièvre jaune; car cette maladie sévit presque simultanément dans plusieurs contrées baignées par le golfe du Mexique, et notamment à l'île de Cuba, à Saint-Domingue et à Veracruz. En voici la cause :

La ville de *Veracruz* est entourée en partie d'un désert sablonneux, et en partie de marécages malsains, dont les exhalaisons en été empestent l'air ; aussi les habitants n'ignorent-ils pas d'où leur vient l'épidémie chaque année ; mais les autorités n'ont jamais rien fait pour la combattre, s'imaginant que c'est un mal irremédiable.

Ces marécages, couverts de broussailles, sont formés par des ruisseaux, qui naissent au bas du versant des Cordillières et sont alimentés pendant la saison des pluies ; les eaux ne pouvant s'écouler dans la mer, bordée de rochers qui forment le pied de cette chaîne de montagnes, demeurent stagnantes à quelques pieds de profondeur du sol. Comme ni l'infiltration de l'eau de la mer ni la marée ne peuvent les atteindre, elles finissent par croupir et se corrompre ; et, au moment de la sécheresse qui fait disparaître toute trace de végétation aux environs de Veracruz (a), ces marécages et les divers détritus qui y séjournent développent les miasmes qui provoquent l'épidémie.

Un second foyer d'infection réside dans l'eau, que le peuple est forcé de boire et de puiser à des puits creusés dans le sable, de huit à neuf pieds de profondeur, et dans lesquels on trouve de l'eau de très-mauvaise qualité, accumulée également par de petites rivières sans issue. Pour se procurer de l'eau passable, la classe aisée est obligée de faire creuser des fossés, que l'on

---

(a) Le remède le plus usité contre la fièvre jaune à Veracruz, c'est la décoction d'une plante appelée Mikania Guaco (*Eupatorium Satureiæfolium*), coupée en petits morceaux (30 grammes dans un litre d'eau), administrée en petites doses, de deux en deux heures. Cette plante est reconnue comme très-efficace contre la morsure des serpents venimeux, lorsqu'on en applique le suc sur les plaies.

Cette plante anti-miasmatique est en effet un exellent remède contre le vomito negro ; seulement il faut l'administrer à forte dose et non homœopathiquement, comme cela se pratique à Veracruz ; car malgré la puissance du remède, beaucoup d'individus succombent à cause de l'insuffisance de la dose administrée.

revêt de pierres fournies par la mer, et dans lesquels on recueille l'eau de pluie.

Ce qui prouvé que ce sont là les seuls foyers de l'infection, c'est que l'épidémie ne s'étend pas au-delà de trois à quatre lieues dans l'intérieur du pays.

Les moyens d'absorption indiqués pour détruire les miasmes à la Nouvelle-Orléans ne sont que partiellement applicables à Veracruz, en raison de la nature du sol et de l'extrême sécheresse; il importe donc ici d'assainir les marais, en établissant des réservoirs où de la chaux serait tenue en dissolution, puis dirigée par de petits canaux le long des marais, dans lesquels avant la saison de la grande sécheresse ils déverseraient l'eau alcalisée propre à neutraliser la fermentation et la putréfaction des détritus.

J'ai cité l'île de *Cuba* comme une des régions périodiquement désolées par la fièvre jaune. Si cette épidémie ne sévissait pas presque simultanément à la Nouvelle-Orléans et à Veracruz, on pourrait admettre qu'elle y est introduite par la contagion; mais cela n'est guère probable, car il existe également des foyers d'infection à Cuba et surtout à la Havane. En effet, dans la saison des pluies qui dure trois mois, de juin en août, les basses terres sont inondées, et plusieurs des grandes rivières, qui au nombre de cent soixante sillonnent l'île dans tous les sens, débordent et submergent, notamment au sud-est, de vastes plaines, où elles forment des marécages, dont le desséchement dans la saison des grandes chaleurs occasionne la putréfaction des plantes aquatiques, si variées dans ces parages, et par suite développe les miasmes générateurs de la fièvre.

Ce qui rend principalement l'épidémie si meurtrière à la Havane, c'est qu'aux circonstances qui la provoquent à la Nouvelle-Orléans, se joint le fait que les environs de la Havane sont d'une aridité complète et entièrement dépourvus d'arbres; en outre il règne parmi le peuple une grande malpropreté, entretenue par un manque total de mesures hygiéniques de la part des autorités locales.

En peu d'années on pourrait changer l'état sanitaire de cette ville par la canalisation et le desséchement partiel des marais, par des plantations d'arbres et par des précautions de salubrité appropriées à la localité.

L'île de *Haïti* est aussi visitée par la fièvre jaune ; mais moins fréquemment que les autres contrées. Elle devrait cependant en être préservée par les deux chaînes de montagnes qui la traversent, et qui sont couvertes d'immenses forêts. Le climat y est en général très-sain ; une circonstance toutefois lui est défavorable, c'est qu'il n'y règne que deux saisons, celle des pluies et celle de la sécheresse.

Les rivières qui descendent des quatre versants de ces deux grandes collines forment cinq bassins principaux ; plusieurs, notamment le *Neybé*, débordent dans la saison des pluies, inondent une partie des basses terres de l'île, composée de vastes plaines, et y forment des marécages, qui, pendant les cinq à six mois de chaleur torride, produisent, en de certaines années et dans des circonstances favorables au développement des miasmes, la fièvre maligne qui désole les contrées que j'ai déjà citées.

Je dois encore faire mention d'un pays où la fièvre jaune attaque impitoyablement surtout les Européens, et d'où elle s'étend quelquefois à tout le littoral voisin : c'est l'île de *Cayenne*, dans la Guyane française, dont le climat est en général très-mal sain, à cause de sa position géographique et hydrographique et des vastes marais dont se compose le territoire du centre.

La durée des pluies y est de huit mois, de novembre en juin, et les autres quatre mois de l'année sont marqués par des chaleurs tropicales et par une sécheresse qui souvent fait périr le bétail de faim et de soif.

Que les marais dont il est question sont la source des maladies, notamment de la fièvre jaune, qui accablent les habitants ; cela n'est douteux pour personne. Cependant on ne fait rien pour faire disparaître la cause de l'infection. Des travaux d'art pour écouler les eaux des marais, l'établissement de canaux alimentaires pour la saison des pluies et propres à subvenir aux arrosages, contribueraient puissamment à améliorer pendant la sécheresse l'état malsain de Cayenne ; si l'on pouvait en même temps opposer aux exhalaisons délétères des marais des plantations comme celles que j'ai indiquées ailleurs, on parviendrait en quelques années à obtenir un assainissement presque complet.

II. — Peste d'Orient.

Typhus d'Orient.

Cette maladie fébrile, particulière à l'Égypte, est due à des causes locales. Elle règne à des époques fixes, mais à des degrés d'intensité très-différents, selon le genre de miasmes que la température a développé. Elle est souvent peu maligne et se guérit promptement. Lorsque la fièvre est accompagnée d'abcès aux aînes, aux aisselles, et quelquefois au visage, elle est plus dangereuse ; elle ne devient grave et contagieuse que lorsque, outre des bubons, apparaissent des pétéchies et des charbons (anthrax) sur toutes les parties du corps, à la poitrine, au dos, au cou, aux joues, et en général aux parties charnues et surtout à celles non recouvertes de poils. Les désordres que l'infection provoque diffèrent peu de ceux qui caractérisent le choléra et la fièvre jaune ; en effet, ils produisent une inflammation ulcéreuse dans tout le canal intestinal, et une décomposition du sang, qui s'accuse par des vomissements et des diarrhées.

Le traitement qui a le mieux réussi jusqu'à présent contre les bubons charbonneux, c'est l'emploi de la glace en frictions, attendu que le froid glacial détruit les miasmes et les foyers de putréfaction, que l'absorption cutanée y a formés.

L'expérience prouve que la peste, une fois que les miasmes se sont développés, ne se propage que dans les couches basses de l'air ; que les courants atmosphériques, par suite probablement d'un manque de force ascensionnelle de ces miasmes, ne les communiquent pas au loin, comme c'est le cas pour ceux du choléra, et que l'infection en dehors du foyer méphitique n'a lieu que par le contact direct ou indirect, et notamment par les exhalaisons d'un certain nombre d'individus. C'est ainsi

que l'infection se répand souvent dans tout l'empire ottoman,
et gagne quelquefois les pays voisins. Le malade atteint succombe comme dans toutes les maladies épidémiques, le plus
souvent du troisième au sixième jour ; dans des circonstances
exceptionnelles, la mort peut survenir dans les vingt-quatre
heures. On a constaté dans le sang des cadavres morts de la
peste l'existence d'hydrogène sulfuré, gaz qui est étranger au
corps à l'état sain, et qui, partant, ne peut provenir que de la
rapide putréfaction des miasmes répandus dans l'organisme.

En comparant les caractères symptômatiques des épidémies
qui ont ravagé l'antiquité (a) avec ceux de la peste qui a régné
à Londres en 1592, en 1603, en 1625 et en 1665 ; à Marseille
d'aujourd'hui, on ne peut douter un instant que ces fléaux aient
une source commune, le sol de l'Égypte, et que les miasmes
qui s'y développèrent il y a plus de vingt siècles étaient les
mêmes que ceux qui y sont engendrés aujourd'hui.

Jetons un coup d'œil rapide sur la position géographique et
hydrographique de la Basse-Égypte, notamment sur le delta du
Nil.

Depuis le lac Birquet-Mariout (le lac Mœris des anciens),
à l'occident d'Alexandrie, lequel reçoit les eaux de plusieurs
petits bras du Nil, de la branche de Rosette et de quelques
canaux, jusqu'au golfe de Péluse, qui touche au lac Menzahleh
et reçoit les nombreux bras du fleuve et les eaux des canaux

(a) Les épidémies qui dans l'antiquité ont ravagé les populations, sont :

La *peste antonine*, qui sévit dans l'Empire romain, et particulièrement à
Rome, sous l'empereur Antonin. Elle se manifestait par un exenthème laissant
après lui des ulcérations à la peau, par une toux violente, par une rougeur de
la bouche entière et de la langue, et par une diarrhée qui causait presque
toujours la mort.

La *peste d'Athènes*, qui désola la ville de ce nom pendant la guerre de Péno-
ponèse (ve siècle avant J.-C.). Elle avait pour caractères particuliers une éruption cutanée couvrant la peau de petites ulcérations, des vomissements et de
la diarrhée, qui indiquaient que les organes respiratoires et digestifs étaient
également affectés.

La *peste noire*, qui au milieu du xive siècle ravagea l'Europe et l'Afrique,
Elle affectait principalement les organes de la respiration ; en outre des bubons
et des charbons qu'elle occcasionnait, le malade répandait une odeur fétide,
due à la putréfaction rapide des animalcules qui s'étaient implantés dans les
voies respiratoires.

dérivant de l'autre grand bras du Nil, c'est-à-dire de la branche de Damiette, il y a une étendue de 40 à 50 myriamètres.

Dans ce vaste espace de terre bordé par la mer, on compte plusieurs grands lacs, ceux d'Etko, de Bourlos et de Menzahleh, dont le dernier a 8 myriamètres d'étendue; tous ces lacs sont entourés d'énormes marécages formés depuis des siècles par les débordements du Nil. Ils reçoivent, outre une trentaine de petits bras du Nil, les eaux des nombreux canaux établis pour déverser à différentes époques de l'année les eaux du fleuve destinées à arroser les terres, jusqu'au moment où le Nil, à son maximum de crue, permet avant son débordement de remplir les grands canaux alimentaires qui fournissent l'eau aux petits. Ces lacs communiquent avec la mer, qui pénètre jusque dans les marécages attenant aux terres cultivées. Le fameux lac Mœris communique également avec la mer, et forme à certaines époques une plaine fangeuse couverte d'une croûte de sel de plusieurs pieds de profondeur. D'après cette description, pour peu qu'on se rappelle ce que j'ai dit des marécages du bassin du Mississipi, il est aisé de comprendre que ni ces lacs ni leurs marécages ne peuvent fournir la cause de l'infection, bien qu'ils ne soient point entourés de forêts, attendu que toutes ces eaux, en partie stagnantes, sont en communication avec les eaux de la mer et par cela même incapables de produire des foyers miasmatiques.

Quoiqu'en Égypte on emploie annuellement durant quatre mois plus de 150,000 hommes à l'étiage et au curage des canaux, ces travaux laissent beaucoup à désirer; car le cultivateur, n'ayant en vue que l'arrosage puis l'écoulement des eaux qui ne lui servent plus, ne songe guère à l'hygiène publique. Ajoutons que les Musulmans ayant l'habitude d'enterrer leurs morts à fleur de terre et souvent dans le voisinage des canaux, les eaux s'infiltrent dans les terres où gisent les cadavres et en enlèvent les détritus en putréfaction. Si ces cimetières, ainsi lavés par les eaux, sont ensuite exposés à des chaleurs excessives, ils deviennent des foyers d'infection. Une autre cause de production miasmatique est la malpropreté des canaux destinés à alimenter d'eau douce les citernes ou réservoirs établis en grand nombre dans toutes les villes d'Égypte, surtout dans celles éloignées du fleuve, par exemple à Alexandrie, qui est plus que toute autre ravagée par la peste Outre que ces canaux charrient le limon du fleuve, ils sont souvent à sec en été; les habitants, malgré la surveillance du gouvernement, y jettent des matières animales et végétales, qui, après avoir séjourné dans l'eau ne tardent pas à entrer en putréfaction.

Outre les dangers que je viens de signaler, je dois en indiquer un autre encore, qui paraît avoir échappé jusqu'ici aux investigations de la science. Pour comprendre comment la peste prend naissance et se développe, principalement dans les quartiers habités par les populations pauvres, il faut savoir qu'en Égypte, et notamment à Alexandrie, le bas peuple se compose des races du Levant les moins habituées à la propreté ; que généralement mal vêtu et mal nourri, habitant des cloaques, il est plus exposé que les classes aisées à l'action des miasmes. En été il arrive souvent dans ces quartiers que des citernes, épuisées plus tôt que d'autres, se dessèchent ; et si avec le limon du Nil des détritus de matières en putréfaction y ont été déposés, ou si des infiltrations de quelque égout y ont pénétré, les matières desséchées entrent en fermentation et engendrent des miasmes. Dans des circonstances favorables à leur développement, telles que des chaleurs extraordinaires, des vents chauds, ces germes microscopiques peuvent se multiplier à l'infini dans une citerne desséchée et de là répandre peu à peu l'infection dans le voisinage ; ensuite, inoculés à un certain nombre de personnes, l'infection se propage par le contact ou au moyen des vêtements et en général de tous les objets dans lesquels les miasmes ont pu s'implanter.

De ce qui précède il résulte donc que nous sommes en présence de trois causes d'infection ; mais d'après les caractères particuliers que réunit la dernière elle est, à mes yeux, la véritable cause de la peste.

Quant aux deux autres, nul doute qu'elles peuvent également engendrer des fièvres plus ou moins malignes, mais concentrées aux localités où gît le foyer de l'infection. Il faut se rappeler à ce sujet que les miasmes développés dans ce pays paraissent, comme je l'ai déjà fait observer, occuper seulement les couches basses de l'atmosphère tout près de la terre, et ne pouvoir être enlevés par les vapeurs d'eau dans l'air, de sorte que leur action ne s'étend d'abord que dans la sphère où ils naissent; mais une fois que l'inoculation a eu lieu chez des individus, les miasmes pour se propager à d'autres n'ont plus besoin de l'intervention de la cause ou des causes qui leur ont donné naissance; ils se reproduisent d'eux-mêmes par l'incubation, favorisée par la transpiration et les exhalaisons des individus atteints, ils se multiplient à l'infini sur leurs corps et dans leurs vêtements, et se transmettent d'une personne à l'autre, indépendamment des conditions atmosphériques. Ainsi l'on comprend, comment par le transport d'objets ou de marchandises la contagion s'opère en dehors de la sphère de l'infection et peut se propager au loin.

Pour combattre les effets de la peste, le gouvernement égyptien n'a qu'à employer les moyens que j'ai indiqués contre le choléra (*voir Moyens préservatifs pour les populations*); mais pour y avoir recours il ne doit pas attendre que l'épidémie se déclare : il est de son devoir de prendre des mesures pour en détruire à jamais les causes.

Il doit soumettre à une surveillance rigoureuse et active tous les canaux, tous les réservoirs d'eau douce à Alexandrie, et dans toutes les autres villes où il en existe ; exiger le curage régulier des égouts, des réservoirs, des canaux, et punir de fortes amendes les contraventions et le manque de propreté ; ne point permettre d'enterrer les morts à fleur de terre, mais selon les règles d'une saine hygiène, comme chez tous les peuples occidentaux ; établir les cimetières sur des hauteurs, ou du moins dans des endrois à l'abri des inondations, et faire planter de grandes quantités d'arbres alentour, ainsi que le long de tous les canaux. Ces plantations d'arbres appropriés au sol et d'une venue facile devront s'étendre à toutes les villes, surtout à celles qui, éloignées du Nil, sont alimentées d'eau douce au moyen de canaux ; enfin astreindre les pélerinages à la Mecque à des prescriptions hygiéniques.

Tous les gouvernements de l'Europe devraient, dans l'intérêt des populations de l'Occident, se réunir pour solliciter du vice-roi d'Égypte l'adoption de ces mesures préventives.

III. — Choléra épidémique.

Choléra morbus, — choléra asiatique.

Examinons maintenant si nous pourrons aussi découvrir le berceau du fléau qui nous est envoyé de l'extrême Orient.

Toute l'Asie, notamment l'Asie méridionale et l'Hindoustan sont sillonnés par un grand nombre de fleuves, dont quelques-uns, de même que le Nil et le Mississipi, débordent à une certaine époque de l'année, et inondent les terres, qu'ils transforment en lacs, quelquefois de plusieurs lieues d'étendue. Lorsque ces fleuves rentrent dans leur lit, il est rare que les eaux déversées s'écoulent complétement, et elles forment, selon la nature du sol, des marécages ou des plaines sablonneuses plus ou moins considérables. Parmi les fleuves de cette catégorie, je citerai le Gondock, le Godavery, le Sind, le Kitna, le Soobertal, le Methenedy et le Gange. Le Gondock qui vient du Thibet, grossi par divers affluents, envahit des espaces immenses de terre; mais les nombreux marécages formés par ses débordements ne répandent sur son parcours ni maladies épidémiques ni maladies endémiques, attendu que ce fleuve est environné de vastes forêts qui absorbent les miasmes qui auraient pu se produire.

Le fleuve Godavery, qui reçoit six affluents, forme également après les crues, entre lui et le lac Colair d'un côté, ensuite dans son propre delta, puis du côté opposé vers ses nombreuses embouchures, des étangs et des marécages d'une étendue de 20 à 30 lieues. Bien que ces marécages soient séparés de la mer, celle-ci communique avec eux par de nombreux bras, et y dépose son sel; aussi ne peut-il s'y former de foyers miasmatiques.

Le Sind (Indus) qui prend sa source dans le petit Thibet et reçoit huit affluents dans son cours de 600 lieues, se trouve,

comme le Kisna ou Krichna, le Soobertal, le Methenedy, dans
la même catégorie. Ils présentent tous plus ou moins les mêmes
phénomènes, c'est-à-dire qu'ils sont encaissés par d'immenses
forêts, ou par des terres de niveau ou plus basses que les
fleuves, et, après leurs débordements périodiques, présentent
de vastes plaines sablonneuses, de véritables déserts, quelquefois à perte de vue, notamment vers les embouchures;
mais les eaux stagnantes de ces deltas sont en communication
avec la mer.

Le Gange, dont le delta est désigné comme étant le berceau
du choléra, prend sa source dans les monts Himalaya, à 500
lieues de son embouchure, et reçoit dans son parcours quinze
affluents plus ou moins considérables, qui lui donnent dans de
certains endroits une largeur d'une lieue et demie anglaise, et
une vitesse moyenne d'une lieue par heure dans les temps
ordinaires, et de deux lieues dans la saison des grandes pluies.
Le delta formé par les nombreux bras du Gange qui se jettent
dans le golfe du Bengale, est une plaine d'environ 40 lieues
de largeur sur la mer et de presque autant de longueur, entre-
coupée par une trentaine de bras du fleuve formant une cin-
quantaine d'îlots couverts de vastes forêts, où croît presque
exclusivement une seule espèce d'arbres et où abondent les
crocodiles, les rhinocéros, les buffles, les sangliers, les chacals et les tigres. C'est un véritable labyrinthe de criques et de
rivières impénétrables à l'homme du côté de la terre. La marée
montante se ressent dans plusieurs des bras du fleuve jusqu'à
50 milles anglais en amont de leur embouchure et dépose
sur les bords, aussi loin qu'elle remonte, une grande quantité
de sel; mais elle n'influe que très-peu sur la rapidité du cours.
Un des bras les plus importants est celui qui coule à l'extrémité
occidentale du delta; c'est le seul navigable, et il ne l'est toutefois que jusqu'à 15 lieues au-dessous de Calcutta.

Cette description du delta prouve suffisamment que les auteurs qui l'ont considéré comme composé de lacs et d'eaux stagnantes, et partant comme étant le berceau de l'infection, ont
été induits en erreur. D'abord il n'existe point d'eaux stagnantes sur le delta; et, en admettant qu'il en existât sur quel-

ques-unes de ses îles qui ont de 20 à 30 lieues de longueur, il ne pourrait s'y développer la moindre infection, puisque ces îles sont couvertes de forêts. Je ferai en outre remarquer que le sol du delta est profondément imprégné de sel : condition qui suffit pour en écarter toute recherche d'un foyer miasmatique. Comme c'est dans le district de Djessore, dont la partie méridionale touche le delta, que le choléra a sévi pour la première fois en 1817, d'où il a passé à Calcutta, cette circonstance a contribué à répandre l'erreur que je signale.

On doit donc chercher le berceau de l'épidémie ailleurs que dans l'immense delta du Gange.

Tous les bras de ce fleuve commencent à croître vers le mois d'avril, par suite de la fonte des neiges de l'Himalaya et des pluies continuelles de la saison ; toutes les régions inférieures du Bengale, voisines du Gange, sont inondées vers la fin de juillet, en partie couvertes par le limon que les eaux charrient, et ainsi fertilisées pour la culture du riz.

Les eaux du Gange sont réputées chez les Indous pour leurs propriétés médicinales ; mais un préjugé religieux fait qu'on jette dans le fleuve une quantité de cadavres, qui, du mois de septembre à la fin de celui d'avril, sont entraînés jusqu'à la mer, mais qui, à partir de juin jusqu'à la fin d'août, par suite des débordements, sont en grand nombre rejetés sur les terres riveraines, où ils sont dévorés par les chacals, ou desséchés et putréfiés par la chaleur dans les flaques d'eau où ils gisent. Souvent ces cadavres s'accumulent sur des îlots formés pendant le débordement du fleuve, où les chacals ne peuvent les atteindre, et où ils deviennent par conséquent des foyers d'infection.

En remontant à 100 lieues au-dessus de Calcutta, le fleuve appelé Hougly, sur les bords duquel est bâtie cette ville, on arrive aux deux bras occidentaux du Gange, nommés Cassimbazar et Jelinghi, dont la réunion forme le Hougly. En continuant de suivre le bras principal du fleuve, on voit que depuis les villes de Bénarès, d'Allah-Bade, de Mitzaboor jusqu'à Delamow, il forme de nombreux contours, des coudes ou angles, sur les côtés desquels les débordements ont laissé de vastes déserts sablonneux. Dans les grandes crues, le fleuve charrie d'énormes arbres déracinés, qui, arrêtés souvent en travers du fleuve par des obstacles, le plus fréquemment vers ses bords, obstruent le cours des eaux ; il s'ensuit que les cadavres déversés dans le Gange par ses quinze affluents et ceux qui y sont jetés directement par les Indous s'accumulent près de ces obstacles. Si l'obstruction a lieu dans un angle du fleuve, la rapidité du courant fait remonter les cadavres à la surface de l'eau, les refoule du côté de l'angle ; et si l'on est au commencement ou à la fin de la crue, elle les rejette et les entasse sur les bords, ou les entraîne dans les plaines submergées. Ces angles du fleuve sont généralement situés dans des contrées peu habitées, et les cadavres, après que les chaleurs ont desséché une partie des terres inondées, restent dans quelques mares ou marécages, où ils sont dévorés par les chacals; dans le cas contraire, les chaleurs torrides qui règnent dans ces contrées achèvent la décomposition et la putréfaction des détritus qui donnent naissance à des miasmes d'une autre espèce que ceux produits par le dessèchement des plantes aquatiques. Si un certain nombre de cadavres ont été charriés ou déposés sur quelque îlot où les chacals n'ont pu pénétrer, on comprend l'intensité de l'infection qui peut en résulter. Dans ce cas, les miasmes qui s'en exhalent peuvent être enlevés par l'évaporation de la terre ou de l'eau du fleuve, et, transportés par les brouillards en aval ou en amont, se répandre dans les lieux habités.

Les immenses flaques d'eau formées par les débordements de ces fleuves peuvent, après leur dessèchement, à l'époque des grandes chaleurs, ainsi que cela a lieu dans beaucoup de pays par suite de la fermentation et de la putréfaction des plantes aquatiques, engendrer des fièvres périodiques plus ou moins malignes, comme celles qui en effet désolent souvent certaines possessions anglaises de l'Inde ; mais elles restent d'ordinaire confinées dans une région qu'elles ne dépassent pas.

Ces fièvres endémiques ne sont pas toujours sans danger; souvent elles se compliquent, sans cependant présenter ni le caractère ni la gravité du choléra, qui d'ailleurs était inconnu à Calcutta et dans tout l'Hindoustan avant 1817.

L'examen le plus minutieux de ces questions : dans quelles circonstances ce fléau destructeur apparaît-il dans l'Inde, et comment peut-il se propager de si loin jusqu'aux extrémités de l'Europe ? ne saurait conduire qu'à des hypothèses. Cependant, de ce que cette maladie n'était point connue dans l'Inde avant 1817, on peut conclure qu'elle provient de circonstances exceptionnelles, qui ne semblent pas s'être produites pendant des siècles, et qui cependant peuvent se présenter dans une certaine période plusieurs fois de suite, ainsi que nous en avons l'expérience, puisque l'épidémie a paru dans ce siècle pour la quatrième fois en Europe. Aujourd'hui le choléra s'est en quelque sorte acclimaté dans certaines contrées de l'Hindoustan, où les miasmes développés survivent, à ce qu'il paraît, à la saison rigoureuse qui jadis les détruisait ordinairement; toutefois sa propagation au loin semble dépendre de circonstances extraordinaires.

De ce qui précède je conclus que l'accumulation accidentelle dans certains marécages de cadavres jetés, selon l'usage religieux des Indous, dans les fleuves et notamment dans les divers bras du Gange, dont les eaux sont regardées comme sacrées, et leur putréfaction après que les fleuves sont rentrés dans leur lit, coïncidant avec les chaleurs brûlantes de ces climats, doivent être considérées comme les causes principales de l'épidémie du choléra.

Pour que ce fléau se propage hors de sa contrée natale, il faut, je le répète, la réunion de circonstances extraordinaires. Il faut que l'évaporation de la terre enlève les miasmes du lieu de l'infection, et que les vapeurs d'eau qui les tiennent suspendus dans l'atmosphère soient entraînées par des courants d'air à une grande hauteur, où ils rencontrent d'autres courants qui les emportent avec les nuages dans telle ou telle direction ; que pendant ce trajet leur incubation soit favorisée d'une manière ou d'une autre, et que ces courants d'air venant à cesser, ils soient abandonnés à leur propre poids et descendent après le coucher du soleil vers la terre, où ils se concentrent dans les couches basses de l'atmosphère.

Ici se présente naturellement la grave question de savoir s'il est possible d'opposer une digue au choléra qui nous est envoyé de l'Orient.

Ma réponse sera encore affirmative, comme elle l'a été pour la peste et la fièvre jaune.

L'immense importance qu'aurait un semblable résultat impose, selon moi, à tous les gouvernements le devoir de tenter l'essai, bien qu'il présente, j'en conviens, de grandes difficultés, que cependant je ne crois pas insurmontables. Il faudrait que tous les gouvernements, et notamment celui de l'Angleterre, nommassent une commission scientifique, avec mission de se rendre à Calcutta pour explorer le pays, faire une enquête dans le Djessore afin de reconnaître l'endroit où le choléra a éclaté en premier lieu avant d'avoir atteint Calcutta, et afin de savoir si sur les bords occidentaux du Hougly, à 20 ou à 30 lieues de son embouchure, il se trouve quelques criques ou tourbillons, où une accumulation de cadavres pourrait s'être effectuée soit accidentellement, soit constamment ; la commission aurait à s'assurer si le Hougly charrie des cadavres qui lui sont déversés par les deux bras du Gange dont ce cours d'eau est formé, ou seulement ceux qui sont jetés directement dans son lit par les Indous. Après cela, en remontant les deux rives du Hougly jusqu'aux deux bras mentionnés du Gange, il s'agit d'inspecter les marécages soupçonnés d'engendrer les fièvres endémiques, et enfin d'explorer le grand fleuve jusqu'à Delamoow.

Si l'on constate que l'usage de jeter les morts dans le fleuve a les conséquences funestes que je signale, la commission avisera et adoptera les moyens propres à prévenir la production des foyers d'infection. Le plus important de ces moyens sera de faire établir aux coudes des fleuves des barrages considérables, de manière à empêcher les cadavres d'être rejetés sur les bords.

Il est probable que la commission trouvera encore dans des marécages éloignés des forêts des foyers d'infection engendrant les fièvres endémiques, desquelles on pourrait préserver les habitants par les moyens que j'ai indiqués ailleurs.

Les travaux que ces moyens préservatifs exigent pourront

peut-être embrasser une ligne de 100 lieues; les barrages surtout pourront occasionner des frais considérables; mais quelque énormes que puissent être ces dépenses, il est du devoir de tous les gouvernements de participer à une enquête sérieuse, dans le but de s'assurer s'il est possible (ce dont je suis convaincu) de préserver non-seulement les populations de l'Orient, mais aussi celles de l'Occident, du fléau qui vient parfois les décimer.

Les avis que je crois de mon devoir de donner aux gouvernements pour préserver la génération présente et celles à venir de la peste d'Orient, du choléra et de la fièvre jaune, sont applicables à tous les lieux où règnent des maladies épidémiques, par conséquent aussi aux Marais Pontins dans les États Romains; car si l'on emploie là les moyens indiqués pour la destruction de la fièvre jaune à la Nouvelle-Orléans, on verra bientôt disparaître la malaria.

Il en sera de même de toutes les fièvres locales engendrées par le voisinage de marécages, partout où l'on prendra de semblables mesures.

Dieu a donné à l'homme l'intelligence pour se préserver de tout ce qui est nuisible à son bien-être moral et physique; s'il n'en use pas, il n'a qu'à s'en prendre à lui-même.

Mesures préventives
à prendre par les capitaines de navires dans les ports suspects de maladies épidémiques.

Le capitaine devra, avant d'y introduire des marchandises, asperger les cales et tout l'intérieur de son navire avec du chlorure liquide, puis saupoudrer chaque colis de chlorure de chaux; dans chaque compartiment des cales, il ménagera des ouvertures pour des courants d'air, qui sont d'une nécessité absolue. Après l'emmagasinage du chargement, il disposera au milieu de chaque compartiment une petite place pour un vase plat destiné à recevoir de l'ammoniaque pure, précaution qui devra se renouveler plusieurs fois pendant le voyage. Il exigera de chaque passager qu'il saupoudre de chlore ses bagages avant de les embarquer, ainsi que ses vêtements de laine ; et il se fera exhiber par chacun l'approvisionnement suivant, dont j'indique ici le minimum pour un voyage de peu de durée :

125 à 250 grammes de camphre;

1 litre d'eau-de-vie camphrée ;

2 kilog. de chlorure en poudre.

Les premiers jours que l'on sera en mer, tous les passagers devront porter sur eux un morceau de camphre, se lotionner le corps avec de l'eau-de-vie camphrée, et en boire même matin et soir quelques gouttes dans un peu d'eau sucrée. Au bout du troisième jour, ces prescriptions ne seront plus de rigueur ; elles ne seront renouvelées que s'il survient un cas de maladie avec le caractère épidémique : alors le malade sera isolé dans sa cabine, qui sera lavée de fond en comble avec du chlorure liquide, et dans laquelle on brûlera sur une pelle rougie de l'eau-de-vie camphrée, et l'on usera à l'égard du malade de tous les moyens curatifs indiqués au chapitre y relatif; toutes les précautions hygiéniques seront renouvelées par le capitaine: ammoniaque tous les jours dans les cales, et lotionnement avec de l'eau-de-vie camphrée pour les passagers et pour tous les matelots.

Lors de l'arrivée du navire à sa destination, si aucune maladie ne s'est déclarée à bord, il n'y a d'autres précautions à prendre que d'ouvrir tout à fait les cales; mais avant de décharger les marchandises, on procèdera deux jours de suite à une fumigation complète dans les cales au moyen d'eau-de-vie camphrée chauffée sur des réchauds; après cette opération, qui sera précédée, avant le débarquement, d'un lotionnement général du corps imposé comme mesure de précaution et de sûreté à tous les voyageurs, on pourra sans crainte commencer le déchargement du navire.

Si dans le trajet le navire est forcé de relâcher dans un port suspecté pour y débarquer des marchandises ou des passagers, le capitaine soumettra les hommes ou les matelots qui viendront à bord au lotionnement du corps avec de l'eau-de-vie camphrée qu'il leur fournira, et il défendra aux passagers tout contact avec eux.

S'il reçoit de nouveaux passagers à bord, il leur imposera les mêmes mesures de précaution qui ont été prescrites pour les autres. Toute négligence à cet égard de la part du capitaine devrait être punie sévèrement.

Si l'on observe scrupuleusement les prescriptions que je viens d'indiquer, il est impossible que pendant ou après le voyage une contagion se produise. Il dépend donc de tout gouvernement de se préserver de l'importation de la peste, de la fièvre jaune, et même du choléra, bien que le caractère de ce dernier soit essentiellement épidémique et non contagieux.

<hr>

Réflexions

sur la nature des miasmes qui attaquent l'espèce humaine sans affecter les animaux, *et vice versâ.*

Je crois avoir épuisé ce qui, quant à présent, peut être dit sur les épidémies et sur les moyens préservatifs et curatifs à employer, notamment contre le choléra. Nous allons voir que les épizooties, dont je m'occuperai plus particulièrement dans le chapitre suivant, ont des causes analogues à celles des épidémies, et que par conséquent on peut également en prévenir les effets. Toutefois la cause même de ces maladies renferme un mystère impénétrable jusqu'ici : c'est l'organisation des êtres qui les provoquent.

Les marais, les eaux stagnantes et les détritus de matières animales et végétales qui y séjournent, engendrent, comme nous l'avons dit mainte fois, dans la saison des fortes chaleurs, en certains pays, des espèces de miasmes dont la nature paraît varier selon l'espèce des plantes aquatiques et le sol qui les nourrit, ou selon les matières animales décomposées. Que ces germes varient également en raison des influences climatériques produisant une certaine espèce une année, et une autre année une espèce différente, ce qui peut s'expliquer sans difficulté; que ces germes animés, une fois qu'ils se sont répandus dans l'atmosphère et ont été respirés par l'homme et par les animaux, peuvent exercer une influence plus ou moins nuisible sur la santé, c'est encore un fait dont on n'a pas besoin de fournir la preuve; mais ce qui a lieu d'étonner, c'est que, tandis que le microscope découvre, à la suite des êtres qui constituent pour nous la création visible et tangible, une série innombrable d'êtres infiniment petits peuplant la terre et les mers, et dont l'organisation, en raison de leur exiguité, paraît plus prodigieuse encore que celle de l'homme, on ne soit pas parvenu, au moyen des instruments de ce genre les plus perfectionnés, à découvrir ces êtres dans l'air, où cependant ils exercent une si grande influence sur l'homme et sur les animaux, et que toutes les investigations de la science à ce sujet sont restées jusqu'ici sans résultat. Oui, cette science qui lit dans les astres, qui sonde les mystères grandioses de la création, est demeurée muette pour expliquer comment l'air ainsi vicié par ces créatures invisibles affecte certaines espèces d'animaux sans atteindre les autres, sans atteindre les hommes. Ainsi ces miasmes produisent la clavelée chez le mouton, sans que les autres espèces d'animaux en ressentent le moindre effet; ainsi, tandis que l'espèce chevaline est attaquée d'une maladie, l'espèce bovine en est préservée, *et vice versâ*. Or il est incontestable que l'organe que toutes les maladies épizootiques affectent principalement, c'est le tube digestif soit indirectement, soit directement; et qu'il s'ensuit une inflammation dans tout l'appareil gastro-intestinal telle que le bétail succombe au bout de quelques jours.

Les mêmes effets se produisent également, plus ou moins caractérisés, dans toutes les épidémies auxquelles est exposée la race humaine; cependant lorsque l'homme en est atteint, les animaux n'en ressentent aucun effet.

Il faut donc que ces germes vivants, qui doivent se trouver à la racine infime du règne animal, aient malgré cela une organisation tellement extraordinaire et tellement distincte les uns dès autres, qu'une espèce est capable de n'affecter qu'une seule catégorie d'animaux, tandis qu'elle est impuissante à exercer aucune influence sur une autre catégorie ; et que les miasmes qui affectent spécialement l'homme doivent être d'une organisation différente, puisque les animaux ne sont pas atteints par eux, quoique l'action des uns comme des autres se localise principalement dans les voies digestives et respiratoires.

Mon intelligence ne pouvant approfondir ce mystère, je m'inclinerai jusqu'à terre devant les savants qui réussiront à lever le voile dont il est encore enveloppé.

Sans doute il est pour nous, pour notre intelligence limitée et finie, d'éternels, d'insurmontables mystères ; mais parmi ces mystères n'en est-il pas aussi dont Dieu nous a permis la conquête ? C'est nier la grande loi du progrès que de déclarer insoluble, ainsi qu'on me l'objecte, un problème de cette nature, lors même que de nombreuses tentatives n'en auraient pas fait avancer la solution. Il est probable, en effet, qu'il nous faudra attendre, pour arriver à celui-ci, que la science de l'optique soit parvenue à un plus grand perfectionnement dans la fabrication du microscope, et alors, sans nul doute, quelque savant zoologue parviendra à résoudre ce problème.

Appendice.

Enumération des principaux foyers miasmatiques.

I. — Ceux dont les émanations attaquent l'homme.

1° Marais.

Les marais et les étangs, avec leurs variétés de plantes aquatiques et les diverses espèces d'êtres qui y végètent, deviennent périodiquement des foyers de maladies, à moins qu'ils ne soient près de forêts capables d'absorber leurs effluves méphitiques. Les matières végétales et animales, propres à ces marais ou à ces étangs, lors des grandes chaleurs qui les dessèchent, entrent en putréfaction et développent des miasmes d'espèces souvent différentes. Selon le degré de la chaleur et le progrès de la décomposition, il se produira une quantité plus ou moins considérable de miasmes et de gaz hydrogène carbonné. Lorsque les matières végétales dominent dans les décompositions, leurs émanations produisent des fièvres de tous les types, ayant tantôt le caractère endémique, tantôt le caractère épidémique, mais généralement d'une nature peu maligne, tandis que si les matières animales propres aux marais et aux étangs sont prépondérantes, les émanations auront des effets plus graves et toujours le caractère épidémique ; de ce nombre sont le typhus, la fièvre pernicieuse, l'ulcère contagieux de Mozambique, etc., etc.

Les marais qui reçoivent accidentellement ou périodiquement des matières animales étrangères en plus ou en moins grande quantité, surtout s'ils sont situés sous un climat chaud ou sous les tropiques, présentent des dangers plus graves encore tant pour les habitants du pays que pour les populations voisines. Quand des corps d'animaux malades ou des cadavres humains putréfiés par la chaleur ont subi une seconde et une troisième décomposition, ces ferments, mêlés à ceux des autres éléments organiques propres à ces marais, donnent naissance à des miasmes d'espèces différentes de ceux qui se développaient ordinairement dans ces foyers sans l'assimilation de détritus étrangers, attendu que la putréfaction d'animaux morts par suite de certaines maladies, de même que les cadavres humains (comme ceux que l'on jette dans le Gange), présentent des caractères très-différents de putréfaction, selon le genre de maladies dont ces animaux ou ces corps humains étaient affectés. Les êtres provenant de la décomposition de ces détritus ont été jusqu'ici des germes de mort pour l'homme, qui n'a su quels moyens leur opposer pour en neutraliser les effets. Ces matières organiques, développées par une série de circonstances exceptionnelles, rares, il est vrai, lorsqu'après avoir été enlevées par les vapeurs de l'eau elles redescendent sur la terre, offrent toujours dans leurs effets le caractère épidémique à un certain degré de gravité. C'est sans aucun doute à ces détritus de cadavres que sont dus le choléra et la peste.

2° Fosses d'aisances.

Les fosses d'aisances, surtout si elles ne sont pas creusées à une certaine profondeur, peuvent, dans certaines circonstances, par exemple sous les climats très-chauds, engendrer après de fortes chaleurs des exhalaisons miasmatiques propres à produire des maladies épidémiques. La nature même des matières fécales peut aussi devenir une cause spéciale de miasmes, attendu que de celles qui proviennent de la population aisée on retire en grande partie des produits ammoniacaux et hydrogénés, qui sont presque nuls ou même tout à fait absents dans les fosses d'aisances et les égouts alimentés par la classe ouvrière ou pauvre ; de là une génération variable de miasmes lorsque ces matières subissent une fermentation extraordinaire.

3° Agglomération d'individus.

Toute accumulation d'individus dans un espace beaucoup trop restreint produit par la transpiration et les exhalaisons collectives des individus, jointes par fois au défaut de propreté, un air vicié. Les éléments qui composent ces exhalaisons (carbone, hydrogène, ammoniaque) entrent ainsi dans l'atmosphère ambiante, où, par suite d'actions et de réactions chimiques, ils peuvent donner naissance à des miasmes d'une espèce plus ou moins maligne.

Il suffit de la transpiration malsaine d'un *seul* individu pour que dans certains cas ces exhalaisons deviennent un foyer de miasmes (a) délétères propres à infecter l'air autour de lui, et puissent atteindre ses voisins et les autres individus en contact ou moins rapproché avec celui dont l'infection émane.

C'est à ces circonstances qu'il faut attribuer les variétés de fièvres et de typhus qui règnent si souvent sur les vaisseaux de guerre, dans les camps, dans les hôpitaux, partout enfin où il y a agglomération d'individus hors de proportion avec la quantité d'air dont ils ont besoin.

Le pèlerinage des musulmans à la Mecque, durant lequel les pèlerins ne changent point de vêtements, a souvent provoqué des fièvres endémiques, mais jamais la peste, comme on l'a prétendu. Par l'insouciance des Orientaux, les détritus des milliers d'animaux sacrifiés à la Mecque peuvent encore devenir une source de miasmes de nature à engendrer des maladies (b).

(a) Je citerai deux exemples à l'appui de ce fait. La fièvre pernicieuse, endémique dans plusieurs points de l'Asie et sur les côtes d'Afrique, due dans ces pays à des émanations marécageuses auxquelles se mêlent probablement des substances animales, s'observe parfois en Europe chez des sujets atteints de la fièvre intermittente, et dont les transpirations pendant leurs maladies, jointes à un air déjà plus ou moins vicié, froid et humide, ont donné naissance à des miasmes qui ont développé chez eux la fièvre pernicieuse, qui devient à son tour un foyer d'émanations capables de propager l'infection, comme cela s'est vu souvent.

La fièvre puerpérale, de laquelle meurent tant de femmes, prend fréquemment dans les hospices de maternité un caractère épidémique par suite de l'agglomération et des exhalaisons collectives d'un certain nombre de femmes en couches. L'inflammation de la matrice et des annexes résultant de l'accouchement produit, on ne saurait en douter, ces germes épidémiques qui, en altérant le sang, développent subitement la fièvre puerpérale grave chez la femme accouchée. Mais outre ces cas, et en dehors des hospices, cette fièvre peut se produire, et alors ce n'est plus l'air vicié d'une agglomération de femmes en couches qui engendre le germe miasmatique ; il se développe dans ce cas par suite d'une constitution particulière de l'accoucheur et de son contact avec les liquides expulsés et les exhalaisons particulières qui en émanent.

(b) On assainit facilement un camp infecté de maladies en tirant matin

II. — Causes des épizooties.

Les mares éloignées de forêts, et où des quadrupèdes, des volatiles sont habitués à s'abreuver, à se baigner et à déposer leurs excréments, peuvent également devenir des foyers miasmatiques dangereux, notamment pendant les grandes chaleurs, qui les mettent plus ou moins à sec.

Mêlés à la vase de la mare, les excréments entrent en fermentation lorsque la mare vient à se dessécher ; alors il s'en exhale une odeur fétide, et il y naît des myriades d'animalcules délétères, sur l'espèce et le développement desquels l'intensité et la durée de la chaleur et la radiation solaire exercent une grande influence.

C'est à ces foyers d'infection qu'il faut, selon moi, attribuer la plupart des maladies épizootiques ; la différence de leurs symptômes, ainsi que des races qu'elles frappent, n'est probablement que la conséquence de l'espèce d'excréments qui a servi à engendrer le miasme.

Ces germes infectants, une fois produits, s'implantent dans le poil ou la peau de l'animal et s'y reproduisent ensuite d'eux-mêmes, soit sur le corps de l'animal malade, soit dans les étables privées de courants d'air, où ils se condensent, et, par suite des exhalaisons et des transpirations des animaux affectés, occasionnent dans l'atmosphère échauffée de l'étable une fermentation qui favorise leur incubation et leur reproduction. De ces maladies épizootiques, le typhus charbonneux et le typhus con-

et soir, des quatre coins du camp et au milieu, plusieurs centaines de coups de canon, et en entretenant du soir au lendemain matin, dans tous les quartiers, des feux dans lesquels on jette de temps à autre de la résine, ainsi que je l'ai indiqué ailleurs.

Les vaisseaux, les casernes et les hôpitaux sont encore plus faciles à purifier des émanations miasmatiques, produites par les exhalaisons collectives des individus qui s'y trouvent réunis. La première condition à observer, c'est une ventilation rigoureuse et souvent renouvelée de jour et de nuit ; ensuite il faut placer sous chaque lit un vase avec de l'ammoniaque étendue d'eau ou de chlorure de chaux liquide. En outre, on doit promener trois fois par jour, dans chacune des salles, un réchaud sur lequel on verse du vinaigre très-fort.

tagieux, dits aussi peste des bœufs, peste varioleuse, sont les plus graves.

Quelle que soit la race atteinte, l'épizootie se propage directement et indirectement par les émanations, et ne disparaît la plupart du temps que par suite d'un changement atmosphérique ou d'un orage ; le transport du bétail d'une vallée sans courants d'air sur des hauteurs battues par les vents a souvent eu le même résultat. (Les moyens préservatifs et curatifs à opposer aux épizooties sont indiqués dans l'*Appendice* cité au commencement.)

III. — Causes des enzooties.

Si des substances étrangères ont infecté les mares et les puits servant spécialement à l'abreuvage sans qu'il y eût dessèchement, elles pourront aussi, par la production de nouveaux infusoires, déterminer des enzooties.

Souvent des maladies se déclarent subitement dans une localité qui n'a pour abreuver le bétail que des puits ou des mares ; à la suite d'un brusque changement de température et de fortes chaleurs, le bétail tombe malade sans qu'on puisse découvrir aucune cause de contagion extérieure. Dans ces cas, il ne faut chercher cette cause que dans une détérioration de l'eau (a), où ont été engendrés accidentellement des animalcules étrangers. Ces êtres produisent dans le tube intestinal de l'animal une telle perturbation que souvent celui-ci succombe en quelques heures. Il ressort de plusieurs faits de ce genre que la même espèce d'infusoires ou de miasmes qui produit ces funestes accidents sur telle ou telle race peut, quelques années plus tard, se reproduisant sous d'autres influences, engendrer

---

(a) On parvient à prévenir les mauvais effets de certaines eaux de puits en y versant un petit verre de vinaigre pour la quantité d'un seau ; puis on fouette l'eau fortement avec un petit balai ; on la laisse reposer quelques minutes, ensuite on en décante les neuf dixièmes pour l'usage du bétail et l'on jette le reste. Il est aussi probable qu'on détruirait l'infection dans un puits en y jetant quelques paniers de charbon de bois très-menu.

une autre maladie et frapper même une autre race d'animaux.

La science ne s'est malheureusement pas occupée jusqu'ici d'examiner de quelle nature peuvent être les infusoires qui sont ainsi capables de donner si rapidement la mort à des animaux d'une organisation aussi puissante que le cheval, le bœuf, etc.; de rechercher si ces infusoires appartiennent à un des cinq ordres dans lesquels on divise cette classe d'animalcules, ou s'ils forment une espèce inconnue encore des zoologues et engendrée par de certaines matières mêlées à l'eau d'une manière ou d'une autre.

Il est du devoir des hommes spéciaux d'étudier sérieusement ces questions si importantes pour l'agriculteur, afin que, lorsque ces cas surviennent, on mette ce dernier à même de purifier immédiatement l'eau nécessaire à son bétail et de prévenir ainsi les fâcheuses conséquences de ce genre d'empoisonnement.

Le cadavre en putréfaction d'un animal mort du charbon ou de la maladie appelée sang de rate, est dans le cas d'engendrer des miasmes, qui, transportés dans le voisinage sur d'autres animaux, peuvent déterminer chez eux la même maladie (a); et parfois cette maladie se propage par le contact des dépouilles de l'animal mort, de sa peau ou de toute autre partie. Parfois un animal atteint de l'une ou de l'autre de ces maladies sème par ses déjections buccales et rectales les germes de la contagion qui attaque à la fois les bêtes à laine et les bêtes à corne.

Un sol marécageux, des pâturages, des habitations humides et malpropres, des étables chaudes et peu aérées peuvent aussi devenir un foyer de miasmes qui engendrent, notamment chez la race ovine, des maladies, telles que la maladie de sang, le mal rouge, enzootiques dans la Sologne.

<hr>

(a) La piqûre d'une mouche qui a sucé le sang d'un animal atteint du charbon peut inoculer cette maladie aussi bien à une personne qu'à une bête.

Conseils aux Médecins vétérinaires.

Causes des maladies épizootiques.

Les maladies qui attaquent les animaux peuvent être comme je l'ai dit, assimilées sous tous les rapports aux épidémies qui affectent l'espèce humaine. Les épizooties sont un des plus grands fléaux des agriculteurs : en outre du tort qu'elles causent par la perte du bétail, il y en a qui se propagent quelquefois à l'homme ; telles que, par exemple, le charbon (anthrax), la pustule maligne, etc., provoqués par les miasmes dégagés des animaux et des cadavres putréfiés.

Les maladies épizootiques, d'ailleurs, ne diffèrent pas des autres d'une manière sensible : les causes en sont attribuées soit aux influences atmosphériques, soit aux mauvais aliments, soit à l'insalubrité des habitations. En effet, les animaux domestiques participent aux inconvénients comme aux bienfaits de la civilisation ; ils peuvent être tous affectés de maladies épizootiques, dont les unes sont contagieuses et les autres, sans présenter le même danger, sans se transmettre de l'individu malade à l'individu sain, se propagent par infection avec une grande rapidité. Les espèces ovines, bovines et chevalines y sont plus exposées que les autres, ou du moins on remarque davantage les épizooties qui les frappent, à cause sans doute des conséquences immédiates qu'elles ont.

Chez les peuples anciens, les épizooties, les épidémies étaient attribuées au courroux céleste, et, pour les détourner ou les combattre, on se bornait à recourir aux sacrifices, aux prières, sans se préoccuper aucunement des moyens de les prévenir à l'aide des sciences naturelles ; mais elles sont devenues moins fréquentes et moins meurtrières à la fois, à mesure qu'on a apporté des soins dans la construction des locaux destinés aux animaux, qu'on a déployé plus d'intelligence dans le choix de leurs aliments, et qu'on les a traités avec plus d'humanité. Toutefois c'est une erreur de croire qu'il faut attribuer les maladies épizootiques à l'insalubrité des étables et des écuries basses et humides qui dégagent des gaz délétères, à la mauvaise qualité des aliments et de l'eau ; ces circonstances ne font que les développer plus rapidement et les rendre plus désastreuses. On sait qu'une maladie épizootique peut se développer dans une contrée, par suite de l'introduction de bétail malade amené d'un autre pays, et par lequel se propage l'infection ; mais aussi très-souvent, sans contagion et sans cause apparente, on voit soudainement des milliers d'animaux frappés de torpeur ; leurs membres ne les soutiennent plus ; les voies respiratoires et digestives sont le siége de vives inflammations, suivies de pustules, de sécrétions muqueuses ; les fonctions sont altérées, quelques-unes même totalement suspendues. C'est en vain qu'on applique les moyens que l'on croit les plus efficaces ; l'épizootie n'en continue pas moins ses ravages, et, quand elle a détruit la richesse d'une foule de fermiers ou d'industriels, elle disparaît souvent du jour au lendemain par un changement dans l'état de l'atmosphère pourse porter dans une autre localité, sans laisser après elle aucune trace de sa nature, de ses causes, ni aucun indice des moyens de la combattre.

Quand on considère les nombreuses épizooties qui ont sévi dans le siècle dernier, et dont une seule a enlevé en Italie 30,000 bœufs, et une autre en Hollande 60,000 têtes de bétail, il faut reconnaître que c'est un des plus grands bienfaits que l'on puisse rendre à l'agriculture que d'indiquer le moyen de détruire ces maladies mystérieuses dans leurs causes, rapides et effrayantes dans leur marche, meurtrières dans leurs effets.

Conditions dans lesquelles se développent les maladies épizootiques. — Organes qu'elles affectent. — Causes de ces maladies.

Examinons brièvement quelques-uns des phénomènes que présentent ces maladies, et voyons si le moyen de les combattre ou de les détruire n'est pas trouvé.

Parmi les épizooties, les unes commencent simultanément

dans un grand nombre de localités à la fois; les autres se déclarent d'abord dans un endroit, puis elles parcourent successivement une étendue de pays souvent immense, affectant
parfois dans leur extension une direction régulière et traversant
les climats les plus divers.

Rappelons-nous les faits déjà signalés concernant les causes
des maladies épidémiques, du choléra, de la peste et de la fièvre
jaune (*Voir* pages 155, 193, 301 et suivantes), et ajoutons que
souvent un changement d'air, un orage suffisent pour faire
disparaître une épizootie du jour au lendemain; on en a vue
même détruite par le seul fait du transport des troupeaux sur
un lieu élevé. Ce phénomène a été observé lors du simple
changement de position, c'est-à-dire du transport du bétail
d'un marécage sur des terres sèches, d'une vallée sans courant
d'air sur des hauteurs battues par les vents.

Indépendamment de ces faits, il est reconnu : 1° que toutes
les maladies épizootiques ont pour siége principal le tube
digestif; et qu'elles se manifestent toutes par une violente
inflammation de l'appareil gastro-intestinal, inflammation dont
la marche est tellement rapide que, dans beaucoup de cas, le
bétail succombe trois à quatre jours après en avoir été atteint;
2° que l'autopsie cadavérique prouve que les altérations ont
principalement lieu dans les organes digestifs et qu'on les
trouve, ainsi que le palais et la langue, gangrenés et couverts
d'ulcères; 3° que la médication la mieux appropriée n'a jamais
fait disparaître une épizootie, car si la maladie cessait chez
les animaux en traitement, il en était de même à l'égard de
ceux qui ne suivaient aucune médication.

Il résulte de ce qui précède que l'insalubrité des étables et
les mauvais aliments ne sont pas la cause principale des maladies épizootiques, et que dès lors il faut la chercher dans une
cause animée, c'est-à-dire dans la même que nous avons
reconnue comme étant celle qui produit et développe les maladies épidémiques chez l'homme. (*Voir* chap. XIV, page 155.)

Après cet exposé, nous nous demanderons comment il se fait
qu'aucun savant n'ait jugé cette question digne d'un examen
sérieux et n'ait tâché d'expliquer scientifiquement les causes

de ces maladies, que distingue encore ce trait caractéristique;
qu'*elles naissent ordinairement pendant les grandes chaleurs ou
les brumes de l'automne.*

Nous ferons remarquer que souvent les maladies contagieuses, la péripneumonie et le charbon, par exemple, se
déclarent chez les animaux d'une localité sans se propager
plus loin; ce qui laisserait supposer que ces maladies doivent
être attribuées à d'autres causes. Ainsi elles peuvent être dues
à la putréfaction d'un animal mort du charbon ou de la maladie appelée sang de rate, et sur le cadavre duquel se sont
développés des miasmes qui ont pu infecter l'air dans un certain
rayon; mais le plus souvent on en trouvera la cause dans
quelques eaux stagnantes avoisinant cette localité; quelquefois même dans une petite mare où des quadrupèdes ou bien
des volatiles ont coutume d'aller s'abreuver et déposer leurs
excréments. Il suffit souvent de quelques jours de fortes chaleurs pour opérer le desséchement de ces eaux et pour y développer ensuite, par la fermentation des matières animales
et végétales qui s'y trouvent en putréfaction, des miasmes
d'une espèce infiniment plus rapprochée du règne animal que
ceux que j'ai déjà décrits (a). Ces miasmes, s'ils sont emportés
par l'évaporation de la terre ou par quelques courants d'air,
ne tardent pas à redescendre par suite d'un refroidissement
subit de la température, et ils opèrent alors sur le bétail des
effets perturbateurs, mais ne s'étendant pas le plus souvent
au-delà d'une certaine localité, surtout si elle est entourée de
quelques forêts.

Il est une cause encore des maladies locales que je dois
signaler : c'est l'eau des puits, qui peut, à certaines époques
de l'année, contenir des animalcules nuisibles, mais dont on
parvient facilement à neutraliser les effets (b).

(a) Voir pages 30 et 31, Expériences du célèbre zoologue Filippo Filippi,
de Turin, d'où il résulte qu'un diatomé, dans l'eau trouble d'un marais, peut
donner naissance en quatre jours à cent quarante billions d'êtres de son
espèce.

(b) On parvient à prévenir les mauvais effets qui pourraient résulter de
l'usage de certaines eaux de puits, en versant d'avance dans l'eau destinée

D'après ce qui précède, je crois avoir établi que l'air vicié et corrompu provenant de miasmes ou de gaz méphitiques résultant de la décomposition des miasmes, est aussi la cause des maladies épizootiques, comme nous avons démontré par des preuves incontestables quelle était celle des maladies épidémiques.

____

Moyens préservatifs et curatifs à opposer aux maladies épizootiques.

____

Nous avons vu, lorsque j'ai parlé des gastrites et des gastralgies chez l'homme, quelle action puissante l'électricité opère dans toutes les affections qui ont pour siége les organes de la respiration et de la digestion. Nous avons aussi démontré que non seulement elle facilite la respiration et les sécrétions, en accélérant la circulation des liquides; mais encore qu'elle fait disparaître rapidement tous les symptômes de ces affections. Il n'y a donc pas de moyen plus puissant, plus énergique, à opposer aux maladies épizootiques, lesquelles présentent toutes les mêmes caractères.

Nous allons commencer par indiquer comment il faut agir lors de l'apparition des symptômes épizootiques et pendant qu'on prépare les moyens d'électrisation.

Lorsqu'il se manifeste quelques symptômes de maladie dans un troupeau, il faut aussitôt faire sortir le bétail à l'air, nettoyer l'étable de fond en comble, purifier l'air en brûlant de l'alcool sur une pelle rougie. Ceci fait, il faut allumer du feu avec du bois dans un poêle, que l'on placera, en prenant les précautions nécessaires, dans le couloir ; on y jettera de temps à autre quelques morceaux de résine. Après avoir fait rentrer le troupeau dans l'étable, on y maintiendra un fort courant d'air (a) et du feu le jour et la nuit, et cela pendant plusieurs

____

au bétail un petit verre de vinaigre par seau; puis on la fouette fortement pendant quelques minutes avec un petit balai ; enfin on la décante avant de la donner à boire aux animaux.

(a) Ces courants d'air sont nécessaires, attendu que partout où l'air vicié

jours de suite. Si l'on peut avoir à brûler des branches de sapin ou des sarments de genièvre, cela n'en vaudra que mieux.

On commencera par laver le corps de chaque animal au moyen d'une éponge, avec de l'eau étendue d'acide sulfurique (un demi-verre dans un seau d'eau), et principalement la tête et les oreilles, les narines et la gueule; puis on mêlera du sel à leur nourriture et à leur breuvage.

Si les symptômes se sont déclarés dans plusieurs étables ou écuries à la fois, et qu'il n'y ait plus lieu de douter d'un commencement d'épizootie, il faut étendre ces précautions autant que possible en allumant autour des étables ou des écuries, avec du bois de sapin de préférence, plusieurs grands feux, dans lesquels on jettera de temps à autre des morceaux de résine, comme nous l'avons dit plus haut, afin de purifier l'air et de détruire les miasmes. On lotionnera le bétail deux fois par jour.

Si le temps est brumeux, il faut entretenir le feu toute la journée, et surtout l'augmenter vers le coucher du soleil ou le rayonnement du soir et de la nuit; car c'est alors que l'air refroidi laisse se précipiter dans ses couches basses une masse d'humidité, qui entraîne avec elle les miasmes, dont l'action est en ce moment-là le plus à redouter, parce que, ainsi concentrés, ils se trouvent dans un état de fermentation qui favorise l'incubation, et par ce travail rend leur action sur le tube digestif beaucoup plus délétère.

Si le temps est sec, c'est au lever du soleil qu'il faut allumer les feux, attendu que les vapeurs d'eau qui se dégagent alors de la terre vivifient en quelque sorte les miasmes, dont l'action paraît presque nulle dans un air sec.

L'observation rigoureuse des précautions que je viens d'indiquer empêchera le plus souvent la propagation d'un com-

entre et ne peut circuler, il s'échauffe peu à peu par les exhalaisons et les transpirations du bétail, et il favorise ainsi l'incubation. C'est pendant ce travail d'incubation que l'action des miasmes est des plus pernicieuses, parce qu'ils déposent alors leurs œufs dans le tube digestif et provoquent en peu d'heures les symptômes les plus prononcés de la maladie.

mencement d'épizootie, ou du moins en atténuera considérablement les effets.

Lorsque ces précautions n'ont pas été observées et qu'une
épidémie se manifeste subitement dans une étable, il faut immédiatement procéder au lotionnement de tout le bétail et aux
purifications. Mais comme il n'est peut-être plus possible à ce
moment de neutraliser le mal, il faut avoir recours à l'électrisation générale de tout le troupeau, en ayant soin de séparer
les individus sains de ceux qui sont malades ; ensuite on soumet
chaque individu séparément à l'électrisation, telle qu'elle est
prescrite pour chaque cas particulier. Cela peut avoir lieu
uniquement au moyen de boissons qu'on administrera aux
animaux, lesquelles, comme nous l'indiquons ailleurs, seront
saturées soit de sel, soit de vinaigre, soit d'acide sulfurique ;
ce qui dépend du genre de maladie et du jugement du médecin
vétérinaire.

Les médecins vétérinaires qui font une étude spéciale des
épizooties ne doivent pas attendre, pour expérimenter la puissance électrique que je leur indique comme un moyen curatif,
qu'une maladie épizootique soit déclarée ; l'expérience qu'ils
auront acquise des effets de l'électricité dans le traitement des
maladies isolées chez les animaux, et ayant plus ou moins de
rapport avec celles que l'on range parmi les épizooties, les
guidera dans le choix des moyens à prendre lorsqu'une épizootie se sera déclarée.

L'emploi de l'électricité n'exclut nullement la médication
dont on se sera servie en pareil cas avec le plus de succès.
Nous croyons toutefois qu'il convient de se borner à saturer
l'eau destinée à la boisson du troupeau malade de certaines
substances, telles que du sel, du vinaigre, de l'acide sulfurique, etc. ; car cette boisson, pénétrant ainsi électrisée dans
le canal alimentaire pour se répandre dans toute l'économie
animale, fera cesser dans la plupart des cas l'inflammation,
détruira les effets de l'inoculation des animalcules, dissipera et
cautérisera les bubons produits par leur piqûre, s'il s'en était
déjà formé.

N'ayant pu expérimenter que dans des cas isolés, je ne puis

que mettre entre les mains des hommes spéciaux des appareils avec les accessoires nécessaires pour exercer la puissance curative de l'électricité sur les animaux. Ces appareils permettront aux médecins vétérinaires non seulement de traiter tous les cas isolés de maladie chez les animaux domestiques, mais encore d'en électriser des centaines par jour, à quelque espèce qu'ils appartiennent.

Bien que ce soit le canal digestif qui soit le siège du mal dans toutes les maladies épizootiques, attendu que l'appareil digestif est plus favorablement disposé pour recevoir l'animalcule microscopique que les voies de la respiration lui ont apporté et implanté, il y a néanmoins une différence à faire dans l'application de l'électricité.

Dans la dyssenterie comme dans la pneumonie, l'esquinancie, le charbon et la phthisie, il faut toujours, chez le cheval, le bœuf ou la vache, faire passer le courant électrique à travers les organes malades, c'est-à-dire de la poitrine à l'anus, ou bien par la bouche au moyen des boissons. Dans quelques cas seulement, il faut appliquer différemment les pôles électriques.

Chez le cheval, le vertigo exige une autre application et demande qu'un des courants électriques traverse le cerveau, qui dans cette maladie est secondairement attaqué.

L'espèce bovine et l'espèce chevaline sont en général très-faciles à électriser ; l'électrisation des bêtes à laine et du porc présente plus de difficulté, celle de cette dernière espèce surtout ; néanmoins avec un seul appareil on peut, dans un cas de clavelée, électriser des pieds à la tête de 500 à 1,000 moutons dans un jour ; mais comme il convient que cette opération se fasse deux fois par jour, il faudra, si l'on n'a qu'un seul appareil, se borner à un plus petit nombre. Pour une bergerie comptant plusieurs milliers de moutons, il faudrait établir plusieurs appareils.

Cinq à six électrisations, de dix minutes chacune, doivent suffire pour détruire les miasmes et leurs effets chez les animaux malades, ainsi que pour en préserver ceux qui ne le sont pas. Je ne fais qu'émettre une opinion, (attendu, je le répète, que je ne puis encore asseoir mon jugement à cet égard que sur des résultats obtenus dans des cas *isolés* et sur la connaissance de l'action qu'en général l'électricité exerce dans toutes les maladies de l'homme.

C'est cette connaissance qui m'a amené naturellement à chercher à utiliser également, pour la guérison des animaux, cet agent vital et curatif si efficace; car si la science offre de toutes parts à l'homme les instruments de sa régénération physique et morale, ne lui impose-t-elle pas le devoir de les employer aussi pour combattre les maladies des animaux, et surtout des animaux domestiques, ces fidèles compagnons de l'homme, ces nourriciers de la famille et souvent l'unique richesse du cultivateur ?

Application de l'électricité aux différents cas de maladies dont les espèces chevalines, bovines et ovines sont le plus souvent atteintes.

Dyssenterie, Pneumonie, Esquinancie, Phthisie, Charbon et Vertigo.

Aussitôt qu'il s'aperçoit d'un malaise général du bétail et de symptômes épidémiques, quel que soit le type qu'ils affectent, le cultivateur ou l'éleveur doit, de concert avec le médecin vétérinaire, commencer à lotionner le bétail ainsi qu'il a été prescrit plus haut, en ajoutant au breuvage du sel et du vinaigre ; puis ils prendront les dispositions suivantes :

Creuser hors de l'écurie, et autant que possible à couvert, une petite fosse de 1 m. 80 c. à 2 m. de long sur 0 m. 80 c. de large et 20 c. de profondeur ; en garnir le fond de béton, de briques ou d'un châssis en planches bien clouées et goudronnées dans les joints, afin de conserver quelques heures au moins l'eau dont il faudra la remplir, de manière qu'on ait le temps nécessaire de pouvoir électriser cinquante pièces de bétail. On entourera cette fosse à la hauteur d'un mètre, celle de la poitrine de l'animal, d'une barrière un peu forte, ayant un des côtés étroits mobile, pour qu'on puisse y faire entrer l'animal ; une fois qu'il sera dans la fosse, on l'y maintiendra en l'attachant au besoin de manière que les quatre pieds se trouvent baignés dans l'eau jusqu'à la cheville. On fera dissoudre dans cette eau 2 à 3 kilos de sel de cuisine ; ensuite, après avoir disposé un appareil d'induction tout près de cette fosse et fixé aux deux boutons qui donnent l'électricité de *première induction* (courant direct) deux cordons flexibles, on fera communiquer le cordon avec le PN à l'eau au moyen d'une lame placée au milieu d'un des côtés longs; puis on accrochera le cordon avec le PP au moyen d'une lame recourbée *(Voir le Tableau des Instruments, n° 21)* à un seau que l'on a rempli d'eau pour donner à boire à l'animal.

On versera dans cette eau un verre de vinaigre ou deux verres d'eau salée (*a*). Ces dispositions prises, on commencera par donner à boire à l'animal, sans tirer le tube qui règle la force des courants, pour qu'il ne ressente rien dans les premiers moments; mais un instant après qu'il sera en train de boire, on retirera peu à peu et graduellement le tube régulateur jusqu'à ce qu'on s'aperçoive aux mouvements de l'animal, qui commence par retirer la gueule de l'eau, qu'il sent l'action des courants électriques; on se bornera à ce degré de force, car si l'on agissait avec des courants trop forts, la bête refuserait de boire et l'on perdrait ainsi le moyen de l'actionner. On peut au besoin la contraindre, au moyen d'une bride, à tenir la gueule dans le seau pour la forcer à boire, ou au moins l'habituer à l'action électrique et obtenir ainsi le passage du courant à travers tout le corps jusqu'aux quatre jambes baignées dans l'eau et dont toutes les molécules sont électrisées négativement; tous les organes de l'animal, de la gueule aux jambes, seront ainsi actionnés. Plus on pourra maintenir l'animal sous cette action, mieux cela vaudra.

Cette électrisation du bétail, soit pour combattre les maladies dont il peut être atteint, soit pour le préserver de l'influence

(*a*) Cette eau salée se prépare au moyen d'un kilo de sel de cuisine dissous dans un litre d'eau chaude.

des miasmes, est indispensable dans tous les cas d'épidémies,
dyssenterie, pneumonie, esquinancie, phthisie, charbon, vertigo, etc.; seulement, dans les cas que je vais spécifier, on
soumettra l'animal malade immédiatement, si cela est possible,
à une seconde électrisation, de la manière suivante :

Dans la *pneumonie* et la *phthisie*, le vétérinaire se procurera
deux plaques en cuivre de huit centimètres chacune au moins
de diamètre, munies au milieu ou à l'un des bouts d'un bouton (*a*), auquel on puisse attacher ou fixer un des cordons de
l'appareil; au bord de ces plaques, il fera percer plusieurs petits
trous pour y fixer une éponge, qui, quoique mince, devra
dépasser d'un demi-centimètre la plaque à laquelle elle adhè-
rera parfaitement. Avant d'appliquer les deux plaques, on
trempera l'une des éponges dans de l'eau salée et l'autre dans
de l'eau pure. La plaque avec l'éponge imbibée d'eau pure
s'appliquera à l'anus de l'animal, maintenue à la queue par un
tampon; la plaque avec l'éponge d'eau salée se fixera au moyen
d'une courroie en étoffe à boucle sur le poitrail, qu'on aura
soin d'humecter aussi d'eau salée, soit avec la main, soit
au moyen d'une éponge. Ensuite on fera fonctionner l'appareil
en tirant lentement le tube régulateur jusqu'à ce que les
mouvements de l'animal indiquent qu'il sent l'action électrique. Si l'on donnait trop de tension, on courrait risque d'effrayer
la bête; en agissant lentement et successivement on finit par
l'habituer peu à peu. Le cheval se montre quelquefois beaucoup plus sensible à l'action électrique que l'homme, car souvent un courant de cinq à six degrés, première induction,
suffit pour le faire tressaillir et bondir.

Cette électrisation peut durer de quinze à vingt minutes et
doit se répéter deux fois par jour.

Dans le *vertigo*, on procédera comme il suit :

Après l'électrisation par la gueule et aux jambes, on laissera
l'animal dans le bain, et on lui appliquera sur le haut de la tête
des compresses froides, sur lesquelles on attachera l'une des

---

(*a*) Voir pour la forme le *Tableau des Instruments*, n° 5. On pourra toujours
en trouver chez moi.

deux plaques que je viens de mentionner, en y faisant communiquer le PP, qui, dans l'électrisation précédente, était attaché à la lame communiquant l'électricité au seau d'eau ; seulement on ôtera de la plaque l'éponge dont elle était munie, à moins qu'on n'ait une troisième plaque sans éponge.

Cette électrisation doit également se faire par des courants faibles, c'est-à-dire que l'on cesse de tirer le tube graduateur aussitôt que l'on s'aperçoit que l'électricité agit sur l'animal.

Le médecin vétérinaire pourra, dans ces cas comme dans la dyssenterie et l'esquinancie, administrer, en outre de ces électrisations, le camphre à forte dose, car à petite dose, tel qu'il a été employé jusqu'ici, il n'est pas capable de produire de l'action sur un animal atteint gravement de ces maladies.

Dans le *charbon*, après l'électrisation par le bain, on enlèvera également le cordon positif de la lame plongée dans le seau, et on l'attachera à l'une des plaques munies d'éponges, que l'on appliquera bien mouillée sur la tumeur cutanée inflammatoire, signe caractéristique de cette affection. Si la plaque avec son éponge n'est pas suffisante pour couvrir la tumeur, on la promènera successivement sur toutes les parties tuméfiées.

Il est de toute nécessité que celui qui dirige ces électrisations mette les plus grands soins dans l'application des excitateurs (plaques), car si les éponges ne sont pas bien mouillées ou n'adhèrent pas partout au cuivre qui leur communique l'électricité, le travail ne se fera que très-incomplétement ; on risquera de provoquer une inégalité dans la transmission de l'électricité et d'administrer à l'animal malade des courants interrompus qui lui donneront des commotions, ce qu'il faut éviter ; le cheval surtout en sera effrayé, et l'on sera alors obligé de l'attacher entre deux poteaux pour pouvoir continuer l'électrisation.

Pour l'électrisation des moutons, on se sert d'une espèce de barrière à cellules, qu'il faut préparer d'avance (a) au sortir

---

(a) On trouve chez moi un modèle de cet agencement, que je tiens à la disposition de toute personne qui désirerait en faire construire dans ce but.

de l'étable ; on fait entrer les moutons dans cette barrière,
dont chaque cellule forme au fond un baquet, isolé des autres,
que l'on remplit (comme dans la fossette pour le gros bétail)
d'eau légèrement salée, et dans laquelle plongent les quatre
pieds de la bête. Pour maintenir les moutons dans cette position, on abaisse jusque sous leur cou une barre de bois trans-
versale adaptée au devant des cellules. A la première cellule est fixée une pièce de bois garnie de deux rondelles,
qui reçoivent les deux courants de l'appareil dont on se sert
pour l'opération ; de ces rondelles partent autant de fils qu'il y
a de cellules, de sorte qu'à chaque cellule viennent aboutir les
deux fils ou pôles de l'appareil électrique, que l'on fixe à
chaque cellule au moyen de deux boutons. Le pôle négatif
communique un courant au baquet d'eau, tandis que l'autre
courant passe, comme il est indiqué plus haut, dans un seau
destiné à faire boire la bête.

Première Protestation

Contre la décision de la Commission chargée de juger du mérite des concurrents au prix de 50,000 francs, institué par décret impérial du 24 février 1852.

A S. M. l'Empereur Napoléon III.

SIRE,

Le 4 décembre 1857, j'ai eu l'honneur d'adresser à Votre Majesté une lettre à laquelle était joint l'exposé de mon système d'application universelle de l'électricité, ainsi que plusieurs rapports signés de médecins et de savants distingués, qui attestaient que dans leur conviction ce système doit être considéré comme une des plus importantes découvertes de notre époque sous le rapport humanitaire. La conclusion d'un de ces rapports, rédigé par trois médecins, tous chevaliers de la Légion-d'Honneur, est celle-ci : « Le sieur Rebold a » mérité une récompense nationale. »

En soumettant ces divers documents à Votre Majesté, je la priais de vouloir bien nommer une commission chargée d'examiner mon système et de lui présenter un rapport à ce sujet.

Le 9 janvier 1858, une lettre émanant de M. le secrétaire de la commission des pétitions m'a informé que ces pièces avaient été renvoyées à S. Exc. M. le ministre de l'intérieur ; puis, comme je m'y attendais du reste, je n'en ai plus entendu parler.

Cependant MM. les commissaires chargés de juger du mérite des concurrents au prix de 50,000 fr., institué par Votre Majesté, lui ont adressé leur rapport, dans lequel ils s'exprimaient en ces termes : « La commission ne s'est pas contentée » d'accueillir avec empressement les travaux qui lui étaient » soumis ; fidèle aux intentions de Votre Majesté, elle est allée » au devant de tous ceux qui lui paraissaient dignes d'atten- » tion. »

Ne reconnaissant point ces assertions comme fondées, je proteste de la manière la plus formelle contre leur exactitude et leurs conséquences ; et si ma plainte ne retombe point sur la commission elle-même, elle s'adresse à celui de ses membres qui était chargé de l'examen de mon mémoire et qui le laissait ignorer à la commission.

La généreuse pensée de Napoléon Ier, qui avait créé un prix de 60,000 fr. en faveur de découvertes et d'applications dans le domaine de l'électricité, devait être d'autant mieux comprise que le décret du 24 février 1852 a prouvé que Votre Majesté est pénétrée des avantages immenses qu'on peut retirer de l'emploi de cette puissante force de la nature.

L'Empereur Conrad répondit un jour à ses ministres, qui voulaient interpréter à leur guise le sens de certaines promesses faites par lui : « *Nein, nein ; ein Kaiserwort soll mann* » *nicht drehn noch deüteln !* »

Or il n'est pas possible, Sire, de détourner le sens d'un décret plus complétement qu'on a dénaturé celui du décret de Votre Majesté, dont la teneur est comme suit : « **Le prix est** » **institué en faveur de la découverte qui rendra la pile de** » **Volta applicable avec économie à diverses branches des** » **sciences, et notamment à la médecine pratique.** »

Dès lors que les applications partielles de l'électricité à la thérapeutique faites par M. Duchesne, de Boulogne, et par M. Middeldorf ont été examinées, il fallait, pour se conformer à la teneur du décret, les apprécier au point de vue de *l'économie* ; il fallait, pour être juste, examiner aussi le système que j'applique depuis huit ans sur la plus vaste échelle ; systéme qui, j'ose le dire, *est unique dans son genre et hors de comparaison avec tous les autres en usage,* puisque seul il permet d'électriser dans un jour, au moyen d'un seul appareil, tous les malades d'un grand hôpital, et, au besoin, une armée entière en un jour, à l'aide d'un certain nombre d'appareils. *(Voir Appareils, n° 4 de l'Exposé.)* La commission avait donc à vérifier s'il est incontestable que des milliers de cures couronnées de succès aient établi non seulement la supériorité de ce système sur tous les autres, mais aussi *l'économie* sans exemple qu'il réalise. Lé résultat de ces investigations aurait sans doute amené la commission à m'adjuger le prix.

Jusqu'à ce jour toutes les applications de l'électricité à la thérapeutique sans exception, celles de MM. Duchesne, Remack et Middeldorf comprises, se sont bornées à l'électrisation d'une seule personne avec des appareils plus ou moins imparfaits, et tous les moyens employés ne permettaient pas de songer à des applications moins restreintes.

Votre Majesté est convaincue que l'électricité est susceptible de l'application la plus large et la plus féconde, et je n'en veux d'autre preuve que le décret qui atteste toute l'importance qu'Elle pense qu'en doit retirer dans un prochain avenir l'art de soulager et de guérir.

C'est pourquoi j'ai moi-même la conviction d'avoir compris la noble pensée du cœur de Votre Majesté, et je fais un appel à son impartialité. Il se pourra que mon système ne me rapporte dans mon pays d'autre récompense que celle d'avoir soulagé mes semblables, d'avoir rendu à la santé des milliers de malades abandonnés par les médecins; mais j'ai déjà au moins la satisfaction de pressentir que le jalon que j'ai planté dans le vaste champ de la médecine provoquera dans cette sphère de la science une révolution depuis longtemps attendue. Cette révolution s'accomplira, Sire; j'en prends à témoin Dieu et Votre Majesté, et, en dépit du mauvais vouloir et de la routine, elle rangera un jour sous sa bannière tous les hommes d'intelligence et de progrès.

Je prie humblement Votre Majesté de prendre ma requête en considération. Si j'ose y mettre quelque insistance, c'est que je me sens fort de mon droit, de mes succès incontestables et de ma véracité. Vous aimez, Sire, les hommes de cœur qui font appel à Votre sagesse et à Votre équité, et je n'aurais point le courage d'invoquer Votre appui, si je n'étais lésé dans mon honneur et ma sincérité par le rapport de la commission susmentionnée.

Je vous réitère donc ma demande de la nomination d'une commission spéciale pour examiner mon système.

J'ai l'honneur d'être avec un profond respect, Sire, de Votre Majesté le très-humble et fidèle serviteur,

E. REBOLD.

Paris, le 12 décembre 1858.

Deuxième Protestation

A S. Exc. M. le Ministre de l'Instruction publique.

Monsieur le Ministre,

Le *Moniteur* du 13 septembre 1864 contient le rapport que vous avez adressé à S. M. l'Empereur relativement au décret du 23 février 1852, qui avait fondé un prix de 50,000 fr. en faveur de la découverte « qui rendra la pile de Volta applicable » avec *économie* à l'*industrie*, à l'*éclairage*, à la *chimie*, à la » *mécanique*, à la *médecine pratique*. »

La commission nommée par Votre Excellence pour juger les concurrents n'en ayant trouvé aucun digne du prix à l'époque fixée pour le décerner, le concours a été renouvelé pour un nouveau terme de cinq ans.

J'ai pris la liberté, dans le temps, d'adresser à votre prédécesseur une protestation à ce sujet, dont je vous envoie ci-joint la copie.

Cette protestation était fondée notamment sur ce que la commission n'avait point examiné les documents à elle envoyés et les appareils électriques que j'avais à lui soumettre, ni ne m'avait appelé pour lui fournir des éclaircissements à cet égard.

J'ai fait parvenir ma protestation non seulement à l'Empereur et à tous les ministres, mais aussi à tous les membres de la commission. Avant que fût arrivé le terme du second concours, j'ai écrit à M. Dumas, président de cette commission, afin de le prévenir que je me mettrai de nouveau sur les rangs pour concourir, en ajoutant aux pièces que j'avais présentées dans l'origine :

1° Copie d'un mémoire envoyé à l'Académie des sciences, à S. Exc. le ministre de l'agriculture et du commerce, et à la Société d'encouragement, concernant l'application de l'électricité galvanique à la guérison de la maladie des vers à soie;

2° Un autre mémoire envoyé également à l'Académie des

sciences et à l'Académie de médecine, relatif à trois nouveaux instruments magnéto-électriques résolvant le problème d'une pile constante, inépuisable, presque perpétuelle, et produisant, lorsqu'ils sont appliqués sur une partie du corps, les effets thérapeutiques les plus salutaires, capables de guérir un grand nombre d'affections.

Je demandais instamment l'examen de mon système et de mes appareils ; mais je n'ai reçu aucune réponse ; j'ai donc été écarté encore une fois du concours.

La commission, dans les rapports qu'elle vous a faits, commence par rappeler que « par son décret du 23 février 1862, » l'Empereur a fondé un prix de 50,000 fr. à décerner après » cinq ans à l'auteur de la découverte la plus importante » concernant les applications de l'électricité. » En s'exprimant ainsi, la commission dénaturait le texte et l'esprit du décret, comme il est facile d'en juger en comparant la version que je viens de citer avec la teneur même du décret que j'ai reproduite au commencement de cette lettre ; et cela sans doute afin de pouvoir justifier son jugement par lequel le prix a été décerné à un appareil, qui a un grand mérite, il est vrai, mais qui ne satisfait pas à toutes les conditions requises par le décret. Voici en quels termes cela a lieu : « La commission est d'avis que le » prix de 50,000 fr. mis au concours par l'Empereur doit être » décerné à M. Rhumkorff ; *artiste*, qu'elle avait distingué » dans le concours précédent, et sur les travaux duquel elle » avait déjà appelé l'intérêt de S. M. »

La commission, qui en a ainsi décidé, est cependant composée de savants d'un talent incontestable ; et l'on ne saurait supposer qu'elle se soit laissé guider par des influences de camaraderie, de protection spéciale résultant du contact journalier avec l'inventeur. Ce qui toutefois a lieu d'étonner, c'est de voir cette commission signaler parmi les avantages attribués à l'appareil de M. Rhumkorff beaucoup de résultats qu'on obtient par l'électricité sans cet appareil ; c'est pourquoi je me permets d'émettre l'opinion — qui du reste est partagée par bien d'autres personnes — que la commission aurait dû, laissant de côté les dissertations, les raisonnements auxquels elle se livre pour justifier sa décision, se borner à l'énumération des avantages qu'offre réellement l'appareil en question, et qu'elle décrit elle-même en ces termes :

« L'exploitation des carrières, le percement des tunnels,
» l'explosion des mines à grande charge font aujourd'hui un
» emploi journalier de l'appareil Rhumkorff. Les grandes
» distances auxquelles se porte l'étincelle capable d'enflammer
» les amorces permettent d'effectuer sans péril l'explosion des
» mines, qui remuent des masses importantes et brisent des
» obstacles inaccessibles, etc. » Voilà ces avantages; personne ne les contestera; néanmoins je me permettrai, Monsieur le ministre, de relever à ce sujet un fait qui a surpris tout le monde. La commission mentionne dans son introduction qu'elle aurait pu désigner un plus grand nombre de concurrents comme ayant approché du prix, mais qu'elle a dû choisir; qu'elle a étudié toutes les applications de l'électricité qui lui ont été soumises (?), mais qu'elle a dû accorder la préférence à l'invention qu'elle présente comme seule digne de la récompense.

Selon ce raisonnement, des inventions telles que celles de MM. Bonelli, Caselli, Hugues, Foucault doivent être considérées comme inférieures à celle de M. Rhumkorff, tandis qu'on eût cru juste et équitable que la commission partageât au moins le prix entre tous ces inventeurs, attendu que leurs applications de l'électricité sont des inventions *réelles* d'une grande importance, et que la bobine d'induction de M. Rhumkorff ne constitue à vrai dire qu'un perfectionnement très-utile, très-important, j'en conviens; mais ce n'est toujours qu'un perfectionnement : ce n'est nullement une découverte ou invention, car beaucoup d'autres physiciens ou fabricants d'appareils ont construit, après la découverte de Farraday, des appareils d'induction ayant plus ou moins de tension, donnant des étincelles très-longues, tels que l'appareil de l'Américain Ruetschy. Tout le mérite de M. Rhumkorff consiste à avoir augmenté cette tension, principalement par l'adjonction d'un condensateur. Or ce mérite appartient-il à lui seul? C'est ce que nous allons voir; et je demande pardon à Monsieur le Ministre si je l'entretiens maintenant d'un fait personnel dans l'intérêt historique de l'électricité.

M'occupant depuis 1850 à appliquer l'électricité à la guérison des maladies, j'avais déjà obtenu en 1853 des résultats étonnants, et reconnaissant que dans cette sphère les bornes du possible peuvent être immensément étendues, j'ai publié une brochure : « *La Médecine du pauvre et du riche*, » dans laquelle j'exposais mon système et ses avantages. J'avais en vue d'étendre aux hôpitaux l'application de l'électricité comme principe conservateur et régénérateur de la santé. Il fallait pour cela construire des appareils au moyen desquels on pût électriser, au besoin, cent malades à la fois et quoique placés dans des salles différentes, de façon que chaque malade fût à même de régler à volonté la force des courants tant de la première que de la deuxième induction, ainsi que de l'électricité galvanique.

A cette fin, j'ai fait construire en ma présence et par un habile ouvrier une forte bobine enroulée, comme de coutume, de deux fils de cuivre inégaux, avec un noyau en fil de fer recouvert d'un tube formant régulateur, qui me permît, en retirant tant soit peu ce tube et en découvrant ainsi quelques spires des fils de cuivre, de développer par l'aimantation temporaire du fer une quantité très-minime d'électricité à peine sensible sur la langue, et néanmoins, en découvrant un plus ou moins grand nombre de spires, de pouvoir administrer aux malades non seulement le courant de la pile passant par le premier fil, mais aussi, à volonté et selon le caractère des maladies, le courant induit (deuxième induction), de manière qu'en divisant en plusieurs sections l'électricité fournie par ma bobine je pouvais électriser le nombre de personnes que je voulais, et, en utilisant toute l'électricité que la bobine était capable de fournir, donner de l'électricité à cent personnes à la fois, avec une telle facilité que chacune pouvait, sans se déplacer de son lit, régler la force du courant de ces deux genres d'électricité, dont chacune a des propriétés différentes, ignorées jusqu'ici par le corps médical et la science officielle.

J'avais donc résolu le problème que je m'étais posé, lequel était de pouvoir administrer l'électricité à un grand nombre de personnes à la fois, et par là faciliter l'usage de l'électrisation dans les hôpitaux, dès que je serais parvenu à vaincre les préjugés et l'empirisme du corps médical, ce à quoi je me flattais d'arriver devant les avantages immenses que je prévoyais.

Comme le mouvement du trembleur interrupteur ne me satisfaisait pas entièrement, ne donnant que cinq à six cents recompositions par seconde, au lieu de huit cents à mille que je tenais à obtenir, je me rendis chez M. Rhumkorff avec mon appareil, pour le prier de me faire corriger cette imperfection. M. Rhumkorff examina avec beaucoup d'attention l'appareil, dont je lui expliquai le but et l'usage. En discutant ensemble sur la force de tension de la bobine, je lui fis observer que je pourrais l'augmenter de beaucoup, si je voulais, mais que le but que je me proposais ne l'exigeait pas. Il me demanda comment je m'y prendrais pour augmenter la tension. Je lui répondis qu'il me suffirait d'appliquer à côté ou au fond de la bobine une dizaine de feuilles bien minces d'étain, de zinc ou de cuivre, isolées les unes des autres par du papier goudronné, et d'y faire communiquer le courant après qu'il aurait traversé le fil. Mon observation ne provoqua aucune réplique de sa part; et comme tout à coup il ne sembla plus se soucier de satisfaire à mon désir, je pris congé de lui.

Il paraît que M. Rhumkorff ne mit pas immédiatement mon observation à profit; car il se passa plusieurs années avant que j'entendisse parler de bobines construites par M. Rhumkorff, donnant ces fortes étincelles qui étonnent les physiciens, et qu'on a appliquées surtout à allumer les mines. C'est en vue de cet usage seul que M. Rhumkorff chercha à perfectionner ces bobines, tandis que je n'avais d'autre but que l'application de l'électricité à la thérapeutique, dans laquelle j'ai obtenu un succès de plus en plus marquant.

En 1857, mon système fut examiné par trois médecins, membres de la Légion-d'Honneur, qui soumirent plusieurs de mes malades à de longues expériences; et après avoir constaté l'efficacité de mon système, ils en firent, le 1ᵉʳ septembre 1857, un rapport à M. le Ministre de l'Instruction publique, en lui demandant, de leur propre chef, une *récompense* NATIONALE en ma faveur ; mais il n'y fut donné aucune suite.

Dans deux autres rapports émanant de deux sociétés savantes de Paris, rédigé par cinq médecins, on lit entr'autres choses *(Rapport du 1er juin 1857.)* au sujet de l'appareil duquel je viens de parler :

« Cet appareil est peut-être ce qu'on a fait de plus étonnant
» comme application de l'électricité. M. Rebold nous a *prouvé*
» qu'on peut ainsi électriser dix mille personnes dans un seul
» jour, au degré de force que chacun désire. C'est là une des
» plus *vastes conceptions de notre époque.* »

Le second de ces rapports, qui est signé par M. le duc de Bellune comme président, dit dans ses conclusions :

« Attendu que M. Rebold a déjà obtenu de la Société la
» médaille d'or pour des appareils hors ligne, nous vous pro-
» posons de lui accorder, pour ses travaux conçus dans l'intérêt
» humanitaire, la plus haute de vos récompenses, etc. »

Ces rapports, imprimés avec les noms des rapporteurs, se trouvent parmi les pièces à l'appui de ma demande de concours, que j'ai transmise par écrit à la commission présidée par M. Dumas, mais sans me présenter chez les membres et leur faire la cour, comme il paraît que c'est l'usage, ma dignité se refusant à de semblables démarches.

J'avais à cette époque soumis également mon système à la Société d'Encouragement, qui nomma M. le comte Du Moncel comme examinateur et rapporteur ; et c'est en cette qualité que j'eus l'honneur de sa visite. Outre une série de vingt appareils que je lui présentai, je provoquai son jugement sur les appareils nᵒˢ 1 à 10, destinés aux hôpitaux, aux casernes, aux maisons d'éducation, etc., et ayant pour but l'électrisation d'un grand nombre de personnes à la fois, en lui exhibant les accessoires nécessaires pour tous les genres d'application de l'électricité, et je lui démontrai qu'à l'aide de trois piles de Bunsen je pouvais metttre en activité un de ces appareils et lui faire fournir la quantité d'électricité suffisante pour obtenir le résultat proposé (a). **M.** le comte Du Moncel ne voulut pas admettre ma prétention d'être le premier qui eût ainsi divisé les courants électriques ; il allégua que cela se faisait pour les sonneries et pour la lumière électriques. Il ne put ou ne voulut pas reconnaître la différence énorme qui existe entre ces deux modes de division, puisque chacun de mes courants divisés est conduit dans un récepteur-distributeur à eau, qui permet de modérer le courant principal à volonté en rapprochant les deux courants qui s'y portent au moyen d'un bouton à crémaillère, et transforme ainsi un seul appareil en autant d'appareils qu'il y a de malades à traiter.

Mes applications n'étant pas comprises par lui, je le priai d'attendre, pour faire son rapport, l'apparition de mon ouvrage, alors sous presse, portant pour titre : « *L'Electricité, moteur*
» *de tous les rouages de la vie ; sa physiologie, les propriétés*
» *de ses divers types, et leur application au traitement des ma-*
» *ladies chroniques, aux affections réputées incurables, etc.* »

(a) Je lui montrai aussi les instruments (râteaux, etc.) au moyen desquels je pouvais, par les mêmes appareils, électriser sans interruptions multipliées plusieurs hectares de terre à la fois, depuis 1 jusqu'à 10 cent. de profondeur, et ainsi sans déplacement de l'appareil, électriser toutes les terres d'un vaste domaine, dirigeant à volonté de sa chambre les courants tantôt sur un terrain, tantôt sur un autre, et ainsi non seulement faire servir l'électricité à la thérapeutique végétale, c'est-à-dire à la guérison des plantes, mais en vivifiant, en fécondant les terres et en activant par elle le développement des engrais, des semences et des germes, exercer une immense influence sur les revenus, problème cherché par plusieurs savants anglais et américains. Si j'ai résolu ce problème et indiqué les moyens faciles de quintupler le rendement des terres, je suis toutefois persuadé que je serai depuis longtemps en poussière avant qu'il soit mis en pratique.

Je démontrai également à M. Du Moncel, sans probablement beaucoup le convaincre, comment on pourrait, avec un de mes appareils placé sur un fourgon d'ambulance, électriser plusieurs compagnies à la fois, et chaque soldat des pieds à la tête, et leur faire ainsi passer en quinze minutes la fatigue d'une marche forcée, en remettant par là en circulation et en équilibre l'électricité du corps absorbée et dépensée en excès par les muscles des jambes. Mais, lui dis-je, bien que les applications de l'électricité à l'usage de l'armée fussent très-nombreuses et des plus salutaires, il n'y avait dans l'état actuel des connaissances et des préjugés du corps médical et du conseil de santé de l'armée notamment, aucun espoir de voir introduire de semblables moyens ni dans l'armée ni dans les hôpitaux militaires, pas plus que dans les hospices d'aliénés et de sourds-muets de naissance, pour lesquels cependant l'élec-

Ce que je viens de rapporter, ainsi que le fait suivant, montre dans une certaine mesure quel était à cette époque l'état des connaissances du monde savant à l'endroit de l'électricité appliquée à la thérapeutique.

Pour donner à M. le comte Du Mancel une idée de la tension de l'appareil destiné à l'électrisation d'une comme de cent personnes à la fois, je lui mis dans une main un tube dont le fil communiquait avec le pôle positif de l'appareil en question ; puis me trouvant entièrement isolé et sans aucune communication avec cet appareil, je pris dans la main un petit morceau de fil de cuivre, à l'aide duquel je lui soutirai des étincelles de 8 à 10 mill. de l'une et de l'autre main. Ce phénomène l'étonna sans qu'il pût le comprendre, jusqu'à ce que je lui en fissé l'explication quelques minutes après. Voici cette explication : Une bobine d'induction d'un certain calibre, enroulée d'un certain nombre de tours de fil fin sur la spirale du gros fil, développe et décompose toujours par sa tension l'électricité statique ambiante, la sépare en ces deux forces contraires, dont la réunion ou recomposition se manifeste par une étincelle plus ou moins apparente.

Que ressort-il de ces différents faits ?

1° Que c'est sans nul doute à mon indication que M. Rhumkorff doit d'avoir adapté un condensateur à sa bobine ; qu'il a ensuite profité de l'invention de Ruetschi en enveloppant le fil fin par cloisons isolées, en employant des disques de verre à la place de ceux en bois, et en supprimant mon régulateur peu convenable dans ce cas ; c'est par ce moyen qu'il est arrivé à perfectionner sa bobine d'induction, en lui donnant une forte tension, capable de décomposer une grande quantité d'électricité statique et de l'accumuler de manière à obtenir le résultat qui lui vaut aujourd'hui une certaine réputation et lui fait décerner le prix du concours ; mais en tout cela M. Rhumkorff n'a nullement le mérite que lui attribue le rapport de la commission, bien que composée de savants, c'est-

tricité est le remède souverain et au moyen duquel on pourrait guérir, sinon les trois quarts, au moins la moitié de ces malheureux.

à-dire d'avoir transformé l'électricité dynamique en électricité statique, attendu que la commission ignorait, à ce qu'il paraît, que ce changement s'opérât dans chaque bobine d'induction à forte tension mise en activité par un générateur quelconque. Le mérite de la soi-disant invention de M. Rhumkorff doit donc être réduite à sa juste valeur.

2° Que lorsque M. le comte Du Moncel a examiné chez moi, en 1857, l'appareil dont j'ai parlé, la transformation que j'ai signalée n'avait pas encore été observée par la science officielle : je l'avais obtenue sans la chercher, et si je n'en ai pas fait mention, c'est que je la croyais connue des physiciens et d'ailleurs sans importance.

3° Que pendant que je travaillais à vulgariser l'emploi de l'électricité dans l'intérêt de l'humanité, j'avais déjà, au moyen de trois piles de Bunsen (moyennes) et de la bobine spéciale susmentionnée, obtenu des résultats qui avant moi auraient exigé l'emploi de cent piles et de cent appareils, et qui me mettaient à même, grâce à ma méthode spéciale d'application, de guérir la plupart des maladies connues et notamment un grand nombre des affections réputées incurables ; que le nombre des malades que j'ai guéris s'est élevé en quinze ans au nombre de huit mille cinq cents, dont six mille au moins ont été traités gratuitement. Le perfectionnement des bobines Rhumkorff, dont la mienne fut le point de départ, a été jugée infiniment supérieure à bien d'autres inventions, au point de les éliminer toutes et même de reléguer au dernier rang la plus importante des cinq branches de sciences citées par le décret, celle qui a pour but le bien-être physique de l'homme.

4° Que la commission a donc singulièrement méconnu le texte et l'esprit du décret de l'Empereur, lequel dit d'une façon positive « que le prix est fondé en faveur de la découverte qui » rendra la pile de Volta applicable avec économie, entr'autres » sciences, à la médecine pratique. » Or les documents et les certificats envoyés par moi à la commission lui révélaient des applications de l'électricité à la médecine d'une immense importance, toutes nouvelles et sans comparaison avec celles connues jusque là, notamment avec celles de M. Duchesne de Boulogne, qui pourtant méritaient une mention plus avantageuse que celle qui en a été faite dans le rapport de la commission, bien que ces applications ne constituent pas plus que celles de M. Rhumkorff une invention à proprement parler, ni une économie dans l'emploi de la pile de Volta.

5° Que, par tous les motifs qui précédent, je me crois fondé à protester énergiquement contre les conclusions de la commission, ainsi que je l'ai déjà fait contre son rapport sur le premier concours ; et pour apprécier cette protestation, j'en appelle au jugement de tous les savants compétents de l'Europe.

Recevez, Monsieur le Ministre, etc.

E. REBOLD.

Paris, le 20 novembre 1864.

TABLE DES MATIÈRES.

* 9 7 8 2 3 2 9 0 1 7 3 5 8 *

PRÉFACE

Si l'étude des microbes anaérobies a été jusqu'à présent assez négligée, c'est que les travailleurs étaient arrêtés par l'idée que la technique spéciale comporte de très grandes difficultés. Cependant le rôle de ces microbes dans la nature est immense. Il suffit de rappeler que ce sont eux qui occupent la première place dans les phénomènes de la putréfaction et dans nombre de fermentations, eux aussi qui constituent la plus grande partie de la flore intestinale de l'homme et de la plupart des animaux.

C'est donc une très heureuse idée qu'ont eue les auteurs du présent ouvrage, de réunir en un volume l'ensemble des connaissances actuelles sur un si vaste et si important sujet. Possédant à la perfection la technique microbiologique et tous les autres éléments de la science des anaérobies, ils facilitent à leurs lecteurs l'étude de ces microbes et contribuent à réaliser de nouveaux progrès dans ce chapitre de la microbiologie.

Il faut espérer qu'enfin, grâce aux livres comme celui-ci, il ne nous arrivera plus de lire des travaux sur la flore intestinale où l'auteur passe sous silence tous les anaéro-bies, ainsi que cela s'est vu tout récemment dans un mémoire sur les microbes du tube digestif du chien.

Ce guide pratique et théorique a sa place marquée dans les laboratoires, et je lui souhaite tout le succès qu'il mérite.

Élie METCHNIKOFF.

INTRODUCTION

Aujourd'hui il n'est plus question de monomorphisme et de pléomorphisme. Personne ne songe plus à nier la variabilité des bactéries.

On sait que lès bactéries sont des organismes très plastiques, qu'elles peuvent perdre ou acquérir la mobilité, perdre ou acquérir le pouvoir pathogène, qui, d'ailleurs, paraît bien être un caractère acquis dans le passage de la vie libre à la vie parasitaire; elles peuvent changer leur forme, leur pouvoir fermentatif, etc. Mais il est cependant légitime d'admettre une certaine fixité des caractères, qui a permis de distinguer les espèces.

La question de l'espèce a été portée sur le terrain de l'expérience, en zoologie par les travaux de Standfuss et Fischer et par Klebs en botanique.

Klebs[1] distingue dans une plante trois conditions :

1° Une structure spécifique, c'est-à-dire la composition chimique et physique d'une espèce déterminée;

2° Les conditions extérieures (thermiques, chimiques, mécaniques, etc.);

[1]. *Willkürliche Entwickelungsänderungen bei Pflanzen*, Iéna, G. Fischer, 1903.

3° Les conditions intérieures (ferments sécrétés, propriétés physiques du protoplasme, du suc cellulaire, de la paroi cellulaire, etc.).

La condition 1 ne varie pas; tandis que 2 et 3 sont des grandeurs variables, qui s'expriment avec la courbe de Galton ou la loi de Quetelet (c'est-à-dire que la valeur des qualités d'un organe, considérés chez un grand nombre d'individus, oscille autour d'une valeur moyenne).

La notion de l'espèce que nous donne Klebs s'applique parfaitement aux bactéries.

En effet, comme nous avons dit, on peut faire varier les bactéries, mais jusqu'à maintenant personne n'a été capable de transformer leur caractère de spécificité, et on sait qu'on peut, en remettant dans leurs milieux de choix les bactéries modifiées, leur restituer les propriétés chimiques ou morphologiques de l'espèce.

Ce n'est pas que nous songions le moins du monde à nier l'origine commune des êtres organisés, ni la transformation des espèces, mais jusqu'ici ce domaine des origines nous échappe.

Les bactéries sont des organismes qui, mieux que les autres, à cause de leur simplicité, se prêtent à semblables études.

Sans doute les bactériologistes sont naturellement portés à étudier les microbes surtout en vue de la thérapeutique; mais chaque bactérie a une biologie spéciale, qui, étudiée et connue, serait, pour les recherches médicales, de la plus grande utilité. La révolution accomplie dans la médecine par Pasteur a eu pour origine des travaux purement biologiques et chimiques.

Gardons-nous bien de décrire des variations individuelles comme des caractères spécifiques. Les mutations ne sont pas des acquisitions héréditaires. C'est ce que nous paraît enseigner l'exemple de l'*Œnothera Lamarkiana*.

Méfions-nous aussi des erreurs de laboratoire, des souillures et, principalement, des cultures impures. Si nous ne sommes pas extrêmement soigneux, il pourra bien nous arriver de décrire un microbe morphologiquement et, lorsque nous croirons étudier dans un autre milieu ses propriétés biologiques, d'avoir alors entre les mains un autre microbe.

Il peut paraître excessif de faire de semblables recommandations; mais à cet égard les anaérobies sont d'un maniement particulièrement délicat. L'exemple du *Vibrion septique* et *Bacillus Chauvaei*, l'exemple du *Putrificus* et du *Sporogenes*, sont assez significatifs.

C'est lorsqu'on étudie les anaérobies qu'il est le plus nécessaire de les définir par la série de leurs propriétés biochimiques, constatées sur les divers milieux appropriés : lait, gélatine, blanc d'œuf, amidon, sucre, etc.

Beaucoup de descriptions sont restées imparfaites, parce qu'elles sont restées incomplètes.

Certains caractères, décrits en un temps où l'emploi des milieux solides n'était pas encore universel, ne doivent être admis que s'ils ont été confirmés par les meilleures techniques.

Nous aurions voulu soumettre tous les microbes déjà décrits à une revision de ce genre : c'est un travail immense, qui doit faire pour le travailleur l'objet de monographies spéciales et qui dépasse le but que nous nous sommes proposé dans un modeste manuel. Cependant, lorsque nous nous sommes trouvés devant des descriptions discordantes, nous avons tenu à donner une note personnelle, chaque fois que nous avons eu en notre possession le microbe à étudier.

Nous avons tenté un essai de classification : tâche bien difficile, chacun le sait, mais qui trouve sa justification dans le désir de faciliter le travail du lecteur.

Il y a un nom que nous voulons citer avec reconnaissance, après celui de notre maître M. Metchnikoff. C'est celui de notre éminent collègue et ami le docteur Henri Tissier. Qui pouvait mieux nous guider dans ce domaine de la science des anaérobies, où il est incontestablement un maître? Nous lui sommes redevables de ce qu'il y a de meilleur dans ce petit livre.

LES ANAÉROBIES

CHAPITRE I

HISTORIQUE

En 1861, Pasteur fait connaître que la fermentation butyrique est provoquée par un organisme microscopique et que cet organisme « vit sans oxygène libre ». Peu de temps après, il émet une théorie nouvelle de la fermentation, qui peut se résumer en ces mots : « la fermentation est la vie sans air ».

Le retentissement de ce nouveau fait et des idées pasteuriennes fut énorme, car il se trouvait en contradiction flagrante avec les lois admises jusqu'alors, qui établissaient que la vie et la végétation étaient inséparablement liées à l'intervention de l'oxygène libre de l'air. Continuant ses recherches, Pasteur signale (1865) la fermentation du tartrate de chaux, causée par un vibrion, ne vivant pas au contact de l'air. Dans la même année, il met en lumière le rôle de ces êtres particuliers dans la putréfaction et dans les nombreuses fermentations qui se passent dans le sol.

A ces microbes ne vivant pas au contact de l'air et de l'oxygène libre, Pasteur donna le nom d'anaérobies.

Avec la découverte du vibrion septique (1878), il nous apprend le rôle de ces microbes dans la gangrène gazeuse et fait faire à la pathologie un notable progrès.

Le principe de la vie sans air étant admis, on étudie le rôle des anaérobies dans certaines fermentations. En même temps, Liborius (1886), Lüderitz (1889), Okada (1892), Sanfelice (1893) cherchent ces mêmes anaérobies dans le sol et arrivent à isoler quelques nouvelles espèces. Gaerstner (1894) étudie les anaérobies dans les boues d'égouts.

Au même moment, de nombreux travaux étaient consacrés au vibrion septique, au b. Chauvaei, au b. de Nicolaïer.

Fuchs (1890), Lewy, Achalme, Welch (1891), Fränkel (1893), van Ermengen, Krönig et Menge (1897) faisaient connaître le résultat de leurs recherches personnelles, mais toutes ces observations restaient isolées et disparates et depuis Pasteur le rôle des anaérobies était resté très minime.

Pendant longtemps, ils n'ont formé qu'un groupe très restreint et personne, en raison des difficultés que l'on trouve à les cultiver et surtout à les isoler, n'avait essayé d'en faire une recherche systématique dans les différentes infections.

C'est à Liborius et à Veillon que l'on doit une technique qui présente, au point de vue de l'anaérobiose, tous les avantages de la méthode des plaques pour l'isolement des microbes aérobies et c'est grâce à cette méthode que le nombre des anaérobies, jusque-là très restreint, s'est enrichi de nouvelles unités. En outre Veillon et ses élèves ont établi les premiers la pathogénie des processus fétides et gangreneux, qui se développent dans les différents organes.

Il est actuellement de règle dans n'importe quel processus morbide de rechercher systématiquement les anaérobies sous peine d'être incomplet.

CHAPITRE II

TECHNIQUE

A. — EXAMEN MICROSCOPIQUE

Cet ouvrage n'étant pas un traité de bactériologie générale, mais un travail spécial concernant les anaérobies, il est bien évident que nous ne devons pas donner la technique habituelle des examens microscopiques : fixations des préparations, méthodes de coloration diverses, etc. On les trouvera dans tous les traités classiques.

Nous ferons remarquer simplement que la coloration des anaérobies est parfois assez délicate. Tantôt la gélose forme des masses englobant les microbes, tantôt les sucres, se caramélisant par la chaleur, viennent gêner la coloration.

Il existe aussi principalement parmi les anaérobies des espèces se colorant avec beaucoup de difficultés, comme le bacillus fundiliformis, le bacillus Albarrani, etc., ou ne prenant la couleur que par places (bifidus, bacille granuleux, etc.); encore un fait également important à noter, la vitalité de ces anaérobies étant en général précaire, dans toutes les préparations, il existe des individus morts, qui ne prennent pas ou prennent mal la couleur.

Pour obvier à tous ces inconvénients, nous conseillons de faire pour tout microbe, la coloration par la méthode de Gram et ensuite de recolorer la préparation par de la fuchsine alcoolique.

B. — PROCÉDÉS DE CULTURE

Méthodes anciennes pour cultiver les anaréobies. — Nous verrons tout à l'heure de quelle façon Pasteur procédait pour cultiver les anaérobies à l'abri de l'air. A cette époque il n'était question que de tubes, ballons, appareils, dispositifs spéciaux, permettant de faire des cultures en milieu liquide à l'abri de l'oxygène et, tant que l'on n'a pu cultiver les microbes que dans les milieux liquides, l'isolement des anaérobies n'a fait que très peu de progrès.

Koch (1881) a voulu appliquer aux anaérobies sa technique si féconde des cultures en plaques. Il cherchait à empêcher l'accès de l'air en déposant sur la gélatine étalée une plaque de mica.

Un grand pas est fait avec Liborius (1886) qui cultive des anaérobies, après les avoir isolés, dans des tubes de gélose en couche profonde, additionnés de glucose, dont il cherche le premier à utiliser les propriétés réductrices. Il construit un appareil permettant de faire des cultures en plaques, sous une cloche remplie d'hydrogène.

Toute une série d'appareils sont nés ensuite avec Blücher (1890), Botkin (1891), Hesse (1892), Novy (1899), Lubinski (1894), Migula (1896).

Esmarch (1886) applique à la culture des anaérobies sa méthode des plaques par enroulement. Il pratique l'ensemencement dans un tube de gélatine à 90°, agite pour répartir les germes et ensuite solidifie le milieu en roulant entre ses doigts le tube, à peu près horizontalement placé, sous un courant d'eau froide : la gélatine est aussitôt solidifiée.

Roux (1887), appliquant les deux principes de culture, soit dans le vide, soit en présence d'un gaz inerte, a imaginé une série d'appareils, permettant de faire développer les microbes anaérobies, dans tous les milieux solides et liquides en profondeur et en surface et de les isoler. Les tubes de Fränkel, de Gruber ne sont que des tubes de Roux modifiés.

Kitasato a fait des ampoules plates, Kamen, Roth, Beck, Bombicci des boîtes analogues à celles de Kitasato dans lesquelles on combine l'action du vide par une trompe à eau et du lavage par l'hydrogène.

Dans ces dernières années on a encore inventé des appareils pour la culture des anaérobies (Biffi, Bordet, Galvagno et Calderini, Meyer, Ruzicka, Zinserr, Ruata, etc.), des étuves à vide (Tretrop, Baginsky, Wiesnegg). A l'heure actuelle les tubes ou les appareils sont trop nombreux et tous présentent le même inconvénient : utilisables pour cultiver les microbes en culture pure, ils ne valent pas grand'chose pour les isoler.

Méthodes actuelles. — On peut classer en quatre catégories les différents procédés employés pour préparer les milieux nutritifs privés d'air.

1° **Procédé basé sur l'ébullition.** — Pasteur qui le premier a cultivé des microbes anaérobies, se servait des ballons de bouillon, dont il chassait l'air par l'ébullition prolongée. Dans ces ballons il pratiquait ensuite l'ensemencement, en empêchant l'entrée de l'air par un dispositif particulier. Des tubes spéciaux furent utilisés par Pasteur, Joubert et Chamberland, Nencki, Lacomme, des pipettes par Roux; des ballons à peu près pareils à ceux de Pasteur par Küfner, Rosenbach, etc.

Actuellement cette méthode est très peu employée seule; elle est au contraire d'un emploi courant en combinaison avec d'autres procédés.

2° **Procédé basé sur l'emploi des gaz inertes.** — On peut remplacer l'air contenu dans les milieux liquides de culture par un gaz inerte, qu'on y a fait barboter. On a tour à tour proposé l'azote, l'acide carbonique, le gaz d'éclairage, l'hydrogène. Mais l'azote est difficile à préparer, l'acide carbonique a un pouvoir antiseptique, le gaz d'éclairage contient des produits nuisibles pour les microbes, on utilise couramment l'hydrogène. L'hydrogène purifié est facile à préparer.

Lachowicz et Nencki (1884), Hauser (1885), Fränkel et d'autres ont préconisé l'emploi de ce gaz.

Toute une série d'appareils et de dispositifs ingénieux ont été inventés dans le but de remplacer l'air par l'hydrogène, mais nous croyons que l'appareil générateur d'hydrogène de Roux utilisé dans tous les laboratoires est le meilleur.

Ce procédé de remplacement de l'air par l'hydrogène, n'est employé actuellement qu'en combinaison avec d'autres procédés, comme nous le verrons ultérieurement.

3° **Procédé de l'extraction de l'air par des machines spéciales.** — A. *Machine pneumatique.* — Pour obtenir le vide on peut se servir d'une machine pneumatique quelconque.

B. *Trompe à eau.* — On utilise couramment les trompes à eau, bien qu'elles ne donnent qu'un vide imparfait. Ces trompes qui nécessitent une pression d'eau de 10-11 mètres sont d'une installation et d'un maniement facile et commode. Elles sont munies d'un indicateur de vide et peuvent, à l'aide de robinets, agir de concert avec un appareil à hydrogène de Roux.

C. *Pompe à mercure.* — Cet appareil permet d'obtenir un

vide presque parfait, mais a l'inconvénient d'être coûteux, fragile et d'un mouvement délicat et long. Il peut être mis en rapport avec un appareil à hydrogène et en combinant ainsi le vide et le lavage par ce gaz inerte, on arrive à chasser toute trace d'air des milieux de culture.

4° Procédés basés sur l'emploi de substances ou de bacilles capables d'absorber l'oxygène. — A. *Bacilles désoxydants.* — Pasteur avait constaté que certaines espèces microbiennes très avides d'oxygène, favorisaient la fermentation du tartrate de chaux, dont l'agent spécifique est un anaérobie strict. Roux a montré qu'on pouvait mettre à profit, pour cultiver les anaérobies, la propriété d'absorber l'oxygène que possèdent certains microbes strictement aérobies, en donnant des voiles épais, par exemple le bacillus subtilis, le mesentericus, etc. On pratique d'abord l'ensemencement du microbe anaérobie en milieu solide et à la surface on ensemence l'aérobie strict.

Utilisant cette méthode Debrand a montré, en effet, que le bacille tétanique en présence du bacillus subtilis, élabore un poison aussi actif que lorsqu'il se trouve à l'état de pureté.

Mécanisme de la symbiose aéro-anaérobie. — L'action favorisante des cultures des microbes aérobies sur celle des anaérobies peut être expliquée de quatre façons différentes : 1° par la théorie de Pasteur sur l'absence d'oxygène libre, consommé par les microbes aérobies ; 2° par la théorie des ferments solubles de Kedrowski ; 3° par la théorie des ferments organisés de Œttingen ; et enfin 4° par la récente théorie des substances réduites de Tarozzi.

Pendant longtemps on a cru, d'après les idées et les recherches de Pasteur, que les anaérobies ne pouvaient se développer dans les putréfactions courantes qu'après que les aérobies avaient absorbé l'oxygène libre dans les milieux de culture. Toute une série de recherches et celles fort intéressantes de Tarozzi ont prouvé que cette théorie n'expliquait pas tout le processus de l'anaérobiose.

Kedrowski, dès 1895, avait constaté que le clostridium butyricum se développait dans les milieux de culture non privés d'air si en même temps on y faisait pousser le bacillus prodigiosus. Le même fait se produit si au lieu du microbe vivant on ajoute des cultures mortes. Il pensait que l'explication de ce phénomène ne doit pas relever uniquement de l'absorption de l'oxygène par le microbe aérobie, mais aussi de la production d'une substance spéciale, probablement un ferment.

OEttingen a remarqué que si on ensemence deux tubes, l'un avec un microbe aérobie et l'autre avec un microbe anaérobie et si on met les tubes en communication par leur partie supérieure, on ne voit pas de développement de l'espèce anaérobie. Cette symbiose séparée, comme l'appelle OEttingen, prouve que l'absorption de l'oxygène par le microbe aérobie n'est pas suffisante pour permettre le développement de l'anaérobie. De plus, il n'a pas vu pousser le germe anaérobie même lorsqu'il ajoutait, comme avait fait Kedrowski, une culture morte d'une espèce aérobie. OEttingen est ainsi amené à penser que les aérobies vivants représentent eux-mêmes le ferment organisé permettant le développement des anaérobies en présence de l'air.

Tout récemment Tarozzi et Foà ont dit que le rôle des aérobies dans la symbiose avec les anaérobies n'est pas uniquement de désoxyder le milieu, mais de produire aussi une substance encore inconnue, favorisant le développement de ces derniers.

B. *Substances réductrices diverses.* — Plusieurs auteurs ont ajouté aux milieux de culture différentes substances réductrices. Kitasato et Weil ajoutaient 0,3-0,5 p. 100 de formiate de soude, Salomonsen le sulfo-indigotate de soude, 0,1 p. 100, Liborius, Sanfelice et Veillon la glucose; d'autres auteurs ajoutent le pyrogallate de soude, le phosphore, etc.

Nencki, le premier, s'est servi de l'acide pyrogallique pour réaliser l'anaérobiose et pour la vérifier. Mais c'est Büchner qui utilisa le pyrogallate de soude qui possède la propriété d'absorber très énergiquement l'oxygène. Il chasse d'abord par l'ébullition l'air d'un tube de bouillon, le refroidit rapidement et pratique l'ensemencement. Ce tube est disposé dans un deuxième tube plus grand au fond duquel on a versé quelques centimètres cubes d'une solution alcaline d'acide pyrogallique.

Acide pyrogallique. . . . . }	āā 1 gramme.
Potasse caustique . . . . }	
Eau distillée. 10	—

Ce deuxième tube est fermé avec un bouchon qu'on recouvre avec de la cire Golaz. Un tube de 100 centimètres cubes de capacité est ainsi débarrassé au bout de 24 heures, de tout son oxygène.

Sellards a utilisé le phosphore comme absorbant de ce

dernier gaz. D'après cet auteur, au bout de 2 heures on aurait, dans des appareils très simples inventés par lui, une absorption complète de l'oxygène, démontrée par la décoloration de l'indigo et du bleu de méthylène. L'action des vapeurs d'eau n'est pas à craindre, car en présence d'un excès de potasse ou de magnésie, l'anhydride phosphorique, produit par l'oxydation du métalloïde, est rapidement saturé.

a) Milieu de Tarozzi. — Tarozzi se demanda si l'oxygène empêche directement le développement de ces germes, ou bien s'il est un obstacle à la production des phénomènes de réduction dans les milieux nutritifs ordinaires. Après plusieurs tentatives il constata que si on ajoute, soit en permanence, soit simplement pendant quelques heures, à un tube de bouillon ou de gélose ordinaires, peu propices au développement des anaérobies, un fragment d'organe de préférence parenchymateux fraîchement enlevé à un animal, ces milieux deviennent très favorables [1]. Il constata également que ces mêmes milieux additionnés de ces organes perdaient cette propriété, quand ils ont été portés à 107°.

D'après cet auteur ces fragments de tissus agiraient d'une manière indirecte laissant diffuser dans les milieux nutritifs des substances capables de favoriser le développement des germes anaérobiés. Il attribue l'action empêchante de la chaleur à des phénomènes d'oxydation de ces substances réductrices.

Grixoni réussit à cultiver les anaérobies en ajoutant aux milieux ordinaires de l'extrait glycériné de foie tyndalisé à 55° ou des sels d'ammonium.

Bandini en desséchant et pulvérisant le coagulum albumineux qui se produit dans la préparation du bouillon ordinaire, constate qu'un peu de cette poudre, ajoutée au bouillon le rend propice au développement des anaérobies en présence de l'air. Ce même résultat est encore mieux obtenu avec de la poudre provenant de la macération des organes. Ces poudres gardent pendant plusieurs mois cette propriété, même étant stérilisées à l'autoclave ou encore stérilisées à la chaleur sèche à 150° pendant 1 heure.

---

1. Hesse, cité par Roux, avait réussi, en 1887, à obtenir un développement du vibrion septique, en faisant pénétrer jusque dans le fond du tube de gélatine un fragment d'un animal mort de septicémie. La culture se faisait autour des fragments.

Ori, Wrzosek constatent plus tard que les anaérobies poussent dans les milieux ordinaires, quand ceux-ci sont additionnés de morceaux de tissu végétal (pomme de terre) soit cru, soit préalablement stérilisé à 120° pendant 15 minutes.

Reprenant l'idée de Grixoni, Liefmann puis Pfuhl obtiennent des cultures d'anaérobies à l'air libre en ajoutant aux milieux ordinaires des substances minérales, telles que le sulfate de fer ammoniacal, le sulfate de zinc ammoniacal (Liefmann), la mousse de platine (Pfuhl). Ce dernier auteur arrive au même résultat en ajoutant une catalase connue sous le nom de lépine.

Après une nouvelle série d'expériences, Tarozzi confirme d'abord d'une manière générale les faits constatés par Ori et par Wrzosek, mais il ajoute que souvent les milieux de ces auteurs ne permettent pas un développement complet des germes, et d'autre part que ces milieux perdent leur propriété favorisante beaucoup plus rapidement que ceux additionnés de morceaux crus d'organes d'animaux. Tarozzi suppose que le rôle favorisant du tissu cru et celui du tissu chauffé sont différents. Le tissu cru constitue par lui-même un substratum propice au développement des anaérobies, au contraire le tissu traité par la chaleur n'agit plus en servant d'aliment pour les germes, mais en facilitant les phénomènes de réduction des substances oxydables du bouillon.

Bandini, Girardi ont étudié le mécanisme de l'anaérobiose dans les milieux de Tarozzi. Pour Girardi les tissus n'auraient pas une influence directe sur le développement des germes et n'agiraient qu'en absorbant l'oxygène contenu dans les milieux nutritifs. Plusieurs faits viennent à l'appui de cette dernière opinion. Le bouillon additionné de suc hépatique, de même que le bouillon ordinaire glucosé, perdent leur propriété favorisante quelques jours après leur préparation comme s'ils avaient épuisé leur action absorbante sur l'oxygène. L'action des sucs d'organes serait une action amorçante. Sitôt la végétation commencée, la présence de l'oxygène ne serait plus fâcheuse sur le développement ultérieure des anaérobies, en raison de la grande quantité de gaz qui se dégage et qui pendant quelque temps reste dans le milieu nutritif.

Guillemot et Mlle Szczawinska ont repris et répété les expériences de Tarozzi, Ori, Wrzosek avec des fragments de tissus animaux ou végétaux et ont montré que des substances très variées, telles que la moelle de sureau, les champignons comestibles, les graines de légumineuses, donnent les mêmes résultats. Toutes ces substances n'agissent que comme des absorbants de l'oxygène du milieu. Ils ont en outre mis nettement en évidence l'action réductrice de ces fragments de tissus, en utilisant les milieux colorés au bleu de méthylène. La désoxydation ainsi produite est souvent limitée à une zone restreinte, mais il suffit pour créer une petite zone d'anaérobiose permettant l'amorçage des cultures, fait déjà constaté par Girardi. Une fois commencé le développement des germes gagne de proche en proche même dans des zones saturées d'oxygène, cela grâce à une action également désoxydante, mais celle-ci d'ordre microbien.

Nous avons, de notre côté, ensemencé dans les milieux de Tarozzi (tissus animaux) et de Ori (végétaux) plusieurs anaérobies et obtenu des cultures évidentes. Le bacille du tétanos, le vibrion septique, le charbon symptomatique, le bacillus perfringens et plusieurs espèces s'y sont bien développés ; cependant la vitalité de ces bactéries s'épuise au bout de quelques jours et beaucoup plus vite que dans les milieux à l'abri de l'air. D'autres microbes qui poussent mal dans les milieux ordinaires liquides n'ont pas poussé dans les milieux de Tarozzi, de Ori et Wrzosek. Bien entendu, ces derniers milieux ne se prêtent pas à l'isolement des microbes.

b) Milieux de Liborius-Veillon. — Nous devons à Veillon une technique aussi précise que simple.

Veillon a perfectionné la méthode de Liborius.

En 1886 Liborius faisait connaître une méthode de culture des anaérobies, basée sur le double principe de l'élimination de l'air par l'ébullition et de l'emploi de substances qui absorbent l'oxygène. Le premier il employa les milieux nutritifs solides en couches profondes.

Il imagina de liquéfier la gélatine ou de la gélose, additionnée de glucose à 2 p. 100 et de procéder à l'ensemencement, en faisant des dilutions progressives dans une série de tubes qu'il faisait ensuite solidifier rapidement en les plongeant dans l'eau froide.

Par les dilutions progressives, les microbes sont bien partagés dans le milieu de culture et les colonies se forment et se développent à distance les unes des autres.

Pour examiner ces colonies, Liborius jetait, alors, dans une boîte de Petri stérile, la masse de gélatine ou de gélose et les partageait en fragments avec un instrument stérile.

La méthode de Liborius était très pratique et donnait à peu de frais une anaérobiose presque complète. Mais elle présentait un inconvénient capital : on était, en effet, obligé de casser un tube toutes les fois que l'on voulait isoler une colonie pour l'étudier; de plus le cylindre de gélose, placé dans la boîte de Petri, glissant très facilement, il était alors souvent difficile ou même impossible d'atteindre avec le fil de platine la colonie qu'on voulait examiner. Lorsque, en outre, la colonie était placée au centre du cylindre de gélose, la tâche devenait presque impossible.

Enfin, inconvénient capital, on laissait la boîte de Petri découverte pendant toute la durée de ces manœuvres. Modifiant la technique de Liborius, Veillon réalise l'isolement des diverses colonies d'une manière bien plus élégante. A l'aide de pipettes longues et minces, il atteint facilement dans le milieu la colonie qu'il veut étudier sans sacrifier le tube de culture et surtout sans le contaminer.

Nous décrirons brièvement la méthode de Veillon que nous avons employée dans nos recherches et qui nous semble de beaucoup la plus pratique et la plus sûre.

Préparation des milieux de culture : on prend 600 grammes de viande de bœuf [1] hachée et on la laisse bouillir 10 minutes dans 1 litre d'eau [2]. On ajoute ensuite : 1 p. 100 de peptone, 0,5 p. 100 de chlorure de sodium [3] et 1,5 p. 100 de gélose. On porte à l'autoclave à 100° pendant 20 minutes pour fondre la peptone, le sel et la gélose et pour faire précipiter les albuminoïdes; on alcalinise. Lorsque la température est descendue à 45° on ajoute un blanc d'œuf délayé dans de l'eau, en agitant bien la masse, puis du sucre dans la proportion de 1,5 p. 100 [4], préalablement dissous dans un peu d'eau à basse température.

---

1. Proca (1896), Cohendy (1902), Lotti (1908) estimant que l'isolement des microbes nécessite un milieu nutritif aussi voisin que possible du milieu naturel ont préparé des bouillons pour l'étude de la flore intestinale, en utilisant les intestins et les glandes annexes des différents animaux.

2. Veillon recommande de faire macérer la viande pendant 2-3 jours avant de la faire bouillir.

3. Veillon n'ajoute plus le chlorure de sodium, ne le croyant pas utile.

4. Tissier a signalé dans ses travaux sur la putréfaction que dans les milieux contenant moins que 1 p. 100 de sucre les bactéries empêchantes ne produisent plus assez d'acides pour gêner le développement des autres espèces. Il conseille donc de ne jamais mettre dans les milieux plus de

Il faut alors dans la cuisson [1] ultérieure à l'autoclave ne pas dépasser 120° pour éviter la caramélisation du sucre qui rendrait presque opaque le milieu nutritif. On porte à l'autoclave à 120° et on filtre à travers un filtre Chardin (en hiver la filtration sera faite à l'autoclave à 100°). On répartit le liquide filtré dans des tubes (de 17 centimètres de longueur et 1 cm. 7 de diamètre) à raison de 10 à 12 centimètres de hauteur.

Lorsque tout a été fait bien correctement et que la température n'a jamais dépassé 120°, le filtrat est limpide et si on le refroidit rapidement dans de l'eau on a une masse compacte et transparente.

Il ne reste qu'à boucher les tubes et à les reporter une dernière fois à l'autoclave à 110° pendant 20 minutes, sans dépasser 115° pour éviter les précipités.

Gélatine. — On se sert soit de gélatine ordinaire, soit de gélatine additionnée de glucose à 1,5 p. 100 et on en remplit des tubes à hauteurs différentes de 5 et de 8 centimètres.

Autres milieux : Bouillon. — On doit avoir à sa disposition des tubes contenant du bouillon Martin et du bouillon ordinaire additionné des principaux sucres : glucose, saccharose, dextrine, lactose, dans la proportion de 2 p. 100.

Lait. — On répartit dans des tubes, jusqu'à une hauteur de 8 à 10 centimètres du lait de vache, recueilli le plus aseptiquement possible et auquel on peut ajouter 25 centimètres cubes de teinture bleue de tournesol par litre. On stérilise à l'autoclave à 110° pendant 20 minutes.

On se sert aussi couramment dans les laboratoires de bouillons ordinaires et même d'eau physiologique contenant de petits cubes de blanc d'œuf cuit. Le milieu est utile pour étudier l'action des microbes sur l'albumine cuite.

On peut mettre dans l'eau physiologique ou dans le bouillon diverses autres substances comme pomme de terre, carotte, amidon cuit, papier, etc., suivant les recherches qu'on veut entreprendre.

0,8 p. 100 de sucre, par exemple 0,4 de glucose et 0,4 p. 100 de sucre moins facilement dissociable comme le lactose ou le saccharose. Il est incontestable qu'avec du lactose les colonies gazogènes donnent moins de gaz (communication orale).

1. L'opération du collage est la plus importante; nous recommandons de bien laisser l'autoclave à 120° pendant une demi-heure ou trois quarts d'heure.

C. — MÉTHODE POUR L'ENSEMENCEMENT

Après avoir prélevé le plus aseptiquement possible la matière à examiner, on fait d'abord plusieurs examens microscopiques, coloration de Gram, avec ou sans recoloration, on regarde s'il y a plusieurs espèces microbiennes afin de déterminer approximativement la quantité à ensemencer et on fait encore 4-5 frottis que l'on met de côté sans les colorer. Lorsque l'étude bactériologique des cultures sera terminée, peut-être aura-t-on besoin de savoir si un microbe est capsulé ou non, sporulé, comme il se présente dans le pus et dans les cultures. C'est alors que l'on utilisera les préparations en les colorant suivant le besoin. Il ne faut jamais négliger cet examen préliminaire et ne jamais faire l'ensemencement sans se rendre préalablement compte du nombre approximatif des espèces microbiennes : le négliger, c'est s'exposer à perdre un nombre assez considérable de tubes ou même à perdre un cas très intéressant. Après avoir fait l'examen préliminaire, on fera fondre un certain nombre de tubes de gélose qu'on laisse ensuite refroidir entre 40° et 45° en les maintenant à cette température. Si le matériel prélevé est riche en microbes, on prend une pipette bien effilée, on la stérilise à la lampe et on se sert de cette pipette comme d'une anse de platine, on dilue dans un premier tube, dans un second et successivement dans une série de tubes. Si le matériel contient peu de microbes, ou, si tout en étant riche, on a eu soin de le diluer suffisamment dans du bouillon stérile, on aura besoin de se servir de moins de tubes pour l'ensemencement primitif. On plonge ensuite ces tubes dans l'eau froide en hiver, dans l'eau glacée en été, au fur et à mesure de leur ensemencement. Ce procédé, par le déséquilibre de température qui se produit ramène à la surface les quelques bulles d'air qui pourraient avoir pénétré dans les tubes pendant l'ensemencement. On met les tubes à l'étuve à 37°. Si on a bien pratiqué l'ensemencement (et c'est là le grand secret pour l'isolement des anaérobies), c'est-à-dire si les dilutions ont été bien faites, les colonies apparaissent assez séparées pour se prêter à un prélèvement facile; dans le cas contraire, on perd facilement 10 à 15 tubes sans arriver à isoler un seul microbe. Lorsque les dilutions ont été mal faites, il est impossible de reprendre l'ensemencement, même en prélevant le matériel de l'un des derniers tubes : cela arrive souvent surtout quand il y a plusieurs espèces gazogènes. Le mieux dans ce cas est de mettre de côté les tubes sans perdre plus de temps et d'en tirer une leçon pour l'avenir. Au fur et à mesure que les colonies se développent, il est nécessaire de les réensemencer dans des nouveaux tubes pour pouvoir identifier les espèces microbiennes. Or, pour prélever une colonie, on se sert d'une pipette effilée à pointe cassée; par capillarité et grâce à des mouvements de va-et-vient, la colonie est aspirée. Cela est facile quand la colonie est grosse et située peu profondément. Mais, quand on se trouve en présence de petites colonies, quelquefois punctiformes, il faut procéder au prélèvement en se servant, pour l'aspiration dans la pipette, comme l'a conseillé Guillemot, d'un tube de caoutchouc simple, de diamètre moyen, assez résistant, long environ de 40 centimètres. Avec ces colonies, ainsi prélevées, on fait l'ensemencement dans 2, 3, 4 tubes de gélose sucrée en couche profonde. Quelques jours après l'ensemencement, les colonies occupent toute la longueur de la colonne de gélose : en haut, ce sont les aérobies facultatifs et les aérobies stricts qui poussent. A partir de 2 à 3 centimètres de la surface et jusqu'au fond ce sont les anaérobies stricts qui se développent. Nous savons par l'expérience de nos devanciers et par la nôtre propre, qu'il faut, surtout au début, prélever, isoler et réensemencer toutes les colonies qui, dans la zone d'anaérobiose, sont différentes entre elles. Il est utile, surtout quand la colonie est grosse, d'en prélever une parcelle pour en faire des frottis, puis l'ensemencer à nouveau. Cette précaution est nécessaire, dit Rist, et nous sommes sur ce point tout à fait de son avis, car l'aspect morphologique des colonies anaérobies est beaucoup plus inconstant que celui des colonies aérobies. On peut rencontrer dans le même tube, d'après cet auteur, deux colonies absolument différentes au point de vue morphologique et qui, examinées au microscope, appartiennent à une seule et même espèce. Vice versa deux colonies d'aspect identique peuvent appartenir à deux espèces différentes. On comprend comment cette variabilité morphologique complique l'isolement des espèces (Rist). Si nous sommes d'accord avec Rist sur ce point, que deux microbes différents peuvent donner des colonies d'aspect identique, nous croyons qu'il est bien rare qu'un même microbe puisse donner des colonies d'aspect complètement différent. Chaque microbe donne des colonies en général assez spéciales. Il peut y avoir des différences de grosseur, mais il y en a rarement de plus marquées.

Nous avons dit qu'il ne suffit pas, pour admettre qu'on se trouve en présence d'un microbe anaérobie de constater que ce dernier ne s'est développé que dans la profondeur de la gélose. Il faut toujours faire la contre-épreuve et cela, en faisant l'ensemencement dans les milieux ordinaires (bouillon, gélose, gélose-ascite). Un premier critérium pour savoir si un microbe, isolé bien entendu, est anaérobie strict, peut être tiré de son mode de développement exclusif dans la profondeur du milieu solide. En général, les colonies se développent réunies plus ou moins uniformément, avec une zone de développement très accentuée à 1 à 2 centimètres de la surface de la gélose. Mais ce qui est caractéristique c'est l'arrêt brusque du développement de la culture à 2 centimètres de la surface[1]. Dans quelques cas, on constate que le développement commence juste à la zone limite et gagne peu à peu la profondeur.

Gélose inclinée. — On liquéfie des tubes de gélose dont on chasse l'air par l'ébullition, on incline la gélose, on laisse solidifier. On ensemence, on tire ensuite le tube à la lampe, on fait le vide et on ferme à la lampe dans la partie étirée.

Cultures en gélatine. — La technique des cultures en gélatine est basée sur les mêmes principes que celle des cultures en gélose : dilutions progressives et refroidissement rapide. Aussitôt que l'on a fait l'ensemencement, on laisse descendre, le long de la paroi du tube, de la gélose liquide (3 à 4 cm³). De cette façon, la gélose solidifiée constitue une sorte de bouchon imperméable. Les anaérobies, si l'on excepte quelques espèces, poussent en général très tardivement et maigrement dans la gélatine. En été on fera l'ensemencement dans de petits tubes de gélatine sucrée dont on extraira l'air par la pompe et on fermera à la lampe. On gardera les tubes à la température de 37°. En les retirant de l'étuve, on conclura du fait que la gélatine se solidifie ou reste liquide dans un courant d'eau glacée que l'on a affaire à une espèce liquéfiante ou non.

Cultures dans les milieux liquides. — On peut faire l'ensemencement, dans des tubes de bouillon glucosé contenant

---

1. Quand on a employé au lieu du glucose du lactose on remarque que cette zone de 1 à 2 centimètres est fort diminuée (communication orale de Tissier).

quelques centimètres d'huile de vaseline liquide à leur surface. Au moment de s'en servir on chasse l'air par l'ébullition et on laisse refroidir rapidement. Pour procéder à l'ensemencement, on tient de la main gauche le tube incliné, de telle façon que la couche d'huile s'étalant le long de la paroi du tube permette à la pipette chargée, d'entrer directement en contact avec le bouillon. A ce moment on pousse en soufflant le contenu de la pipette et par une ou deux aspirations, on effectue l'homogénéité du mélange. On peut faire de même l'ensemencement dans des tubes de bouillon glucosé sans huile de vaseline, on y fait alternativement le vide et le rinçage à l'hydrogène. Lorsque l'air a été chassé et le rinçage à l'hydrogène suffisant, on ferme les tubes à la lampe. Ce dernier procédé nous semble de beaucoup préférable.

Isolement des anaérobies par la méthode des cultures en plaques. — Koch (1884) a voulu appliquer aux anaérobies sa technique des cultures en plaque et pour empêcher l'accès de l'air déposait sur la gélatine étalée une plaque de mica. A.-S. Robin (1905) recouvre une couche d'agar lactosée à 1,2 p. 100 par de l'eau gélosée à 1,2 p. 100 qui forme un opercule très adhérent. Tarozzi (1906) utilise la boîte de Petri ordinaire, mais fermée à l'émeri pour empêcher l'accès et le renouvellement de l'air. Comme milieu nutritif il emploie la gélose glucosée alcalinisée, chauffée à l'avance à l'autoclave à forte pression. Ce milieu doit former dans la boîte une hauteur de 1 centimètre. Pour mieux assurer la fermeture de la boîte, Tarozzi paraffine la ligne de clôture formée par les deux moitiés. Marino (1907) additionne à des tubes contenant 30 à 35 centimètres cubes de la gélose glucosée à 5 p. 100, privée d'air par l'ébullition, et lorsque la température est descendue à 42°, 1 centimètre cube de sérum de lapin ou de cheval, préalablement chauffé à 55° pendant 20 minutes. Il pratique ensuite l'ensemencement par des dilutions progressives dans plusieurs tubes. Après avoir fait tous les ensemencements, on verse la gélose de chaque tube dans la moitié la plus large d'une boîte de Pétri et on la recouvre de la seconde moitié, en tournant vers le haut l'ouverture de celle-ci. Ainsi le milieu est compris et pressé entre deux surfaces de verre parfaitement stériles. Marino, pour plus de commodité, recommande de stériliser les boîtes de Pétri en disposant les deux moitiés dans la situation où elles doivent se trouver, après l'introduction de la gélose entre elles. On n'a ainsi qu'à soulever la partie supérieure et on évite toute souillure des faces qui doivent rentrer en contact avec le milieu de culture. Pour éviter toute contamination par l'air extérieur, on recouvre le tout par une plaque plus grande qui est stérilisée en même temps que les plaques sous-jacentes. Liefmann, Fehrs, et Sachs-Müke (1908) versent jusqu'à déborder de la gélose, additionnée d'une substance réductrice, dans une moitié de boîte de Pétri. Ils placent ensuite sur la gélose, dont le niveau dépasse légèrement les bords de la moitié de la boîte, une plaque de verre qui ne laisse subsister ainsi aucune bulle d'air entre son niveau inférieur et la surface de la gélose.

Parmi les méthodes des cultures en plaques, la meilleure est sans doute celle de Marino. Celles de Liefmann, de Fehrs et Sachs-Muke viennent ensuite. Mais nous devons tout de suite dire que la méthode de Marino, très commode lorsqu'il s'agit d'étudier un microbe déjà en culture pure, n'est pas une bonne méthode d'isolement. D'abord, lorsqu'on fait l'ensemencement, on est mal protégé contre les poussières de l'atmosphère, ensuite lorsqu'on est obligé, pour prélever une colonie, de détacher l'une de l'autre les deux surfaces de verre, il arrive que le milieu se désagrège et on ne retrouve plus la colonie qu'on voulait repiquer. Si on la retrouve, elle a souvent été en contact en même temps que d'autres colonies avec le liquide de condensation. En outre, une fois la boîte ouverte on ne peut plus la remettre utilement à l'étuve. Ainsi, nous sommes convaincus que la méthode de Marino, qui *a priori* devrait rendre la tâche de l'isolement des microbes anaérobies moins difficile, est loin d'être préférable à celle de Liborius-Veillon. Celle-ci n'est pas non plus une méthode idéale, mais, telle qu'elle est, elle peut rendre d'assez bons services.

Les insuccès constants obtenus par toutes ces méthodes se servant de milieux en plaque s'expliquent de la façon suivante : toutes ces substances, gélose ou gélatine, en se solidifiant emprisonnent de l'air. La gélose ordinaire s'en imprègne jusqu'à une profondeur de 3 à 4 centimètres, la gélose glucosée jusqu'à une profondeur variant entre 1 et 2 centimètres ; la gélose lactosée entre 0,5 et 1 centimètre. La gélatine glucosée peut s'en imprégner jusqu'à 3 et 4 centimètres. Or, jamais dans ces façons de faire on n'emploie des couches des substances nutritives de cette épaisseur. Ces plaques épaisses de 1 à 2 centimètres au plus seront donc, quoi qu'on fasse, toujours imprégnées d'une petite quantité d'oxygène. On se rendra compte facilement de ces particularités, en incorporant dans le milieu de l'indigo ou d'autres substances colorantes. Toutes les parties contenant de l'oxygène resteront colorées, celles qui n'en contiennent pas seront incolores.

D. — AÉROBISATION DES ANAÉROBIES

Nous devons en terminant signaler que Rosenthal aurait réussi à adapter à la vie aérobie des microbes anaérobies stricts. Il y serait arrivé par plusieurs procédés dont les plus importants sont :

1° *Gamme ascendante de pression*, c'est-à-dire par une série de repiquages faits à des pressions de plus en plus fortes jusqu'à pratiquer la culture à la pression atmosphérique.

2° *Gamme descendante de hauteur*, c'est-à-dire en diminuant progressivement la colonne de milieu nutritif.

Les quelques recherches que nous avons faites ne nous permettent pas de confirmer les résultats expérimentaux de Rosenthal.

E. — INJECTIONS AUX ANIMAUX

Certains anaérobies poussent facilement dans les milieux liquides. Dans ce cas, on peut inoculer par n'importe quelle voie. Il en est d'autres qui poussent très difficilement ou même ne poussent pas du tout dans les milieux liquides. Dans ce cas, on peut injecter les animaux soit sous la peau, soit dans le péritoine, avec des cultures en gélose. La gélose ne trouble pas le résultat de l'injection car, comme J. Hallé l'a déjà démontré depuis longtemps, on peut introduire impunément une quantité même considérable de gélose stérile, soit sous la peau, soit dans le péritoine, et la résorption s'accomplit rapidement. On voit, assez fréquemment, des anaérobies isolés dans des processus même gangreneux, n'avoir aucun ou qu'un faible pouvoir pathogène pour les animaux. Ce fait s'explique facilement de la façon suivante : on a l'habitude d'isoler et de cultiver les anaérobies en milieux sucrés précisément à cause du pouvoir réducteur du sucre. Or, comme Tissier l'a démontré, l'acidité, produite par les microbes ferments des sucres, arrête non seulement leur développement, mais encore la production de leur diastase et de leur toxine.

CHAPITRE III

RÔLE DES ANAÉROBIES

A. — LES FERMENTATIONS DANS LA NATURE

On sait que dans la nature s'accomplissent des phénomènes très complexes de synthèse et de décomposition, qui servent à maintenir l'équilibre dynamique.

Ces phénomènes sont rangés sous le nom générique de « fermentation ».

Ce mot fermentation est dû à ce que dans ces divers processus il se produit des gaz. C'est un fait général, qui cependant ne serait pas sans souffrir quelques rares exceptions.

L'étude de la fermentation est unie intimement à celle de la génération spontanée, depuis Lewenweck (1632) et les expériences classiques de Redi et Spallanzani jusqu'à Guignard, qui supposait la fermentation due à des organismes vivants.

Jusqu'alors deux théories étaient en présence : celle de Liebig ou théorie chimique, en vertu de laquelle la fermentation est un mouvement moléculaire, et celle de Guignard ou théorie vitale.

Liebig avait établi une distinction entre la fermentation et la putréfaction. Cette dernière pour lui ne s'arrête pas une fois commencée, tandis que la fermentation a besoin d'un ferment pour continuer sa marche.

En 1857, Pasteur démontra dans une série de mémoires, la fausseté de l'idée de la génération spontanée et établit que l'origine de l'acide lactique du sucre est l'œuvre de micro-organismes.

La même année, Pasteur démontra que la fermentation alcoolique est due à une activité vitale. Les expériences de ce savant donnent la preuve documentée de la vérité des hypothèses de Stahl et Guignard.

La théorie chimique de Liebig tombe pour ne jamais revivre et les travaux de Pasteur ouvrent une ère nouvelle à la science.

En 1861, Pasteur fait la mémorable découverte du vibrion butyrique, lequel transforma le lactate de chaux en acide butyrique, dans les conditions d'anaérobioses.

La biologie vient d'être enrichie d'un fait nouveau et très important : la vie sans oxygène.

Ce fait bien constaté, fait émettre à Pasteur son aphorisme : « La fermentation est la vie sans air ».

Bien que cet aphorisme n'aie pas la portée générale que Pasteur voulait lui donner, il n'en est pas moins vrai que c'est là le fait principal.

On doit noter que non seulement la substance organique est dédoublée par les anaérobies, mais aussi que dans le monde minéral, ces derniers jouent un rôle très important.

La découverte faite par Beijerinck, du spirillum desulfuricans, qui transforme le sulfate en sulfite, en est un exemple.

En dehors de la théorie de Pasteur, il y a celle de Nägeli, qui prend une position moyenne entre Pasteur et Liebig, en soutenant la théorie « physico-moléculaire » de la fermentation.

A côté de la théorie purement vitaliste, s'est formée la théorie diastasique de la fermentation (Kühn).

Cette théorie, tout en ne niant pas l'importance de la fermentation due à des microorganismes (ferments organisés), admet l'œuvre importante d'une substance sécrétée par la cellule vivante, appelée diastase ou ferment inorganisé.

Le premier qui a donné de cette théorie une démonstration expérimentale est Miquel qui isola dans la fermentation de l'urée, l'urease, produit du micrococcus uræa.

Une autre preuve importante, appuyant cette théorie fut donnée par Buchner, lequel en 1879, isola la *zymase* ou l'alcoolase, qui peut dédoubler le sucre en alcool et acide carbonique.

Les recherches à ce sujet se sont multipliées et aujourd'hui personne ne nie l'importance des diastases dans les fermentations.

Nous allons maintenant passer en revue, aussi succinctement que possible, les fermentations principalement dues aux microbes anaérobies stricts.

1° *Fermentation des matières hydrocarbonées.*

a) **La fermentation de la cellulose.** — Cette substance forme la partie principale de la membrane cellulaire des plantes.

Sa formule empirique est $(C_6H_{10}O_5)_n$.

L'acide sulfurique transforme la cellulose en une substance insoluble, laquelle devient bleue en présence d'iode. Quand on fait agir longtemps l'acide sulfurique, il se produit de la dextrine qui, après dilution dans l'eau et cuisson, se transforme en glucose.

Selon Omelianski il y a plusieurs celluloses, lesquelles se comportent différemment vis-à-vis des divers agents chimiques.

Par exemple, les groupes extrêmes résistent à l'hydrolyse et à l'oxydation, tandis que les autres (oxycelluloses) sont doués d'un moindre pouvoir de résistance. Il y a d'autres groupes encore (pseudocelluloses, hémicelluloses) qui se décomposent en présence d'acides dilués et sont plus ou moins solubles dans les alcalis.

La fermentation de la cellulose est des plus importantes dans la nature, parce que c'est à elle que nous devons la transformation de la grande masse de la cellulose, qui s'accumule chaque jour à la surface de la terre.

C'est sans doute cette fermentation qui nous rend compte de la formation et de l'accumulation du charbon fossile.

Le mécanisme de la décomposition de la cellulose serait suivant Hoppe-Seyler :

1re phase. Hydratation de la cellulose et formation d'une hexose.

$$C_6H_{10}O_5 + H_2O = C_6H_{12}O_6.$$

2e phase. Décomposition de l'hexose en méthane et CO_2 et peut-être avec formation préalable de produits secondaires.

$$C_6H_{12}O_6 = 3CO_2 + 3CH_4.$$

Mais après le travail d'Omelianski il est hors de doute que cette réaction ne soit pas la véritable, parce qu'il se forme toujours, à côté du méthane et de l'oxyde de carbone, de l'hydrogène.

Omelianski prétend que la fermentation de la cellulose s'accomplit en deux étapes : la première est celle de la production du méthane, l'autre celle de la production de l'hydrogène.

La manière dont Omelianski a réalisé ces deux fermentations, démontre qu'on a affaire à deux microbes très différents par leurs propriétés biologiques.

En effet, l'agent de la fermentation du méthane, on l'obtient tout simplement en ensemençant dans le milieu d'Omelianski du fumier ou de la boue; au contraire l'agent de la fermentation de l'hydrogène, on l'a en chauffant les matières à 75° pendant un quart d'heure.

En outre cet auteur n'a jamais pu constater que l'une des fermentations se transformât en l'autre.

Les expériences *in vitro* nous renseignent très bien sur les phénomènes qui se passent dans la nature. Il est évident que la fermentation à méthane sert à préparer le terrain à l'autre, en donnant les énormes quantités de calories nécessaires au développement des spores.

b) **La fermentation de la pectine.** — La pectine est un hydrate de carbone; très voisine du mucilage des plantes et des gommes, elle se trouve dans les fruits, dans le coton et associée à la cellulose dans le méristème et dans la membrane cellulaire.

Elle dérive d'une substance insoluble dans l'eau, le pectose, transformable par l'action des acides dilués, des alcalis ou par un ferment, la pectase, en acide pectique ou pectine qui est ensuite dédoublé en acide inconnu et en pentane ou hexane.

Sur les agents spécifiques de cette fermentation, appelée rouissage, nous sommes très mal renseignés. On a décrit plusieurs microbes capables de cette action, et on ne sait même pas s'il s'agit vraiment d'une fermentation exclusivement due à des microbes anaérobies, car Haumann puis Beijerink et van Delden ont montré que quelques espèces de *mesentericus* peuvent aussi attaquer la pectine.

Cette fermentation a été décrite la première fois par van Tieghem qui l'a attribuée à son amylobacter (vibr. butyricus de Pasteur et clostridium butyricum de Prazmovski).

Ensuite Beherens l'a attribuée à son clostridium dans le rouissage du lin; Fribes et Winogradski, Beijerinck et van Delden à un autre microbe, le granulobacter pectinivorum. Ce que nous devons conclure de tout ceci c'est qu'il semble exister plusieurs agents susceptibles de donner lieu au phénomène du rouissage.

c) **Fermentation de l'amidon.** — Peu de microbes attaquent en général l'amidon. Parmi les principaux nous devons

signaler en premier lieu le bacillus butyricus. Cette attaque
semble se faire en deux temps. Dans une première phase
l'amidon est transformé en dextrine et dans un deuxième
temps cette dextrine est dédoublée à son tour. Nous devons
signaler, parmi les microbes attaquant l'amidon, le bacille
perfringens (Achalme, Tissier et Martelly).

d) **Fermentation des sucres.** — La plupart des microbes
anaérobies, que nous signalons dans ce travail, attaquent les
sucres, glucose, lactose, etc.

Dans cette attaque il se produit en général de l'acétone, de
l'alcool, des acides gras, de l'acide carbonique, de l'hydrogène, etc. En général ces fermentations sont toujours très complexes. Nous ne connaissons pas jusqu'ici un microbe anaérobie
strict donnant un seul alcool ou un seul acide. La plupart donnent 2 ou 3 ou 4 acides. Il existe sur ce point une véritable
lacune en ce qui concerne les anaérobies stricts. Les chercheurs
semblent s'être très peu préoccupés de ces questions chimiques.
Leur attention semble avoir été presque uniquement attirée par
l'action pathogénique de ces bactéries.

Tout ce que nous savons, c'est qu'on trouve de l'acide formique dans les cultures du microbe de Ghon et Sachs, de
l'acide acétique dans les cultures du bifidus, de l'acide propy-
lique dans celles du microbe de Ghon et Mucha, de l'acide valérianique dans les cultures du perfringens, de l'acide butyrique,
de l'acide baldrianique dans les cultures de deux microbes
décrits par Rodella; acide capronique (Rodella), de l'acide lactique dans les cultures du bifidus, de l'acide succinique, de
l'acétone, des alcools méthylique et éthylique.

Mais l'intensité avec laquelle ces microbes dédoublent les sucres
est extrêmement variable. Tandis que certains ont une action
rapide non seulement sur les hexoses, mais aussi sur les corps
hydrocarbonés à noyau plus complexe comme la dextrine et
l'amidon, il en est d'autres dont l'action est insignifiante; elle
semble se borner au plus simple de tous ces corps, le glucose
et encore se produire parfois avec une lenteur toute spéciale.

Il est un fait qui nous semble digne de remarque, c'est que
les microbes dont l'action est rapide ont tendance à donner des
acides à noyau complexe, comme acide butyrique et valérianique (perfringens), tandis que ceux dont l'attaque est plus
lente, mais tout aussi forte, donnent des acides à noyau plus
simple, ex. : bifidus. Autre fait que tous les microbes à attaque

rapide donnent des gaz tandis que les microbes à attaque lente
n'en donnent pas.

Comme nous venons de le voir, beaucoup de ces microbes
ne sont pas de véritables ferments acides. Nous considérons,
comme l'ont fait Tissier et Martelly, sous ce nom de ferments
acides ou de ferments mixtes ceux qui sont capables de fournir
une quantité totale d'acide susceptible d'arrêter l'action d'une
diastase de type trypsine, c'est-à-dire une acidité supérieure à
2 p. 100 en H_2SO_4. Cette quantité d'acide est en effet très
variable. Nous avons des microbes dont l'acidité d'arrêt est de
0,47 seulement, d'autres, comme le bifidus, dont cette même
acidité peut atteindre 4,90. Ceux-là seulement seront à proprement parler de véritables ferments mixtes.

Nous devons faire une mention spéciale pour la fermentation
butyrique. C'est en effet la mieux et la plus anciennement étudiée de toutes.

e) **La fermentation butyrique.** — Cette fermentation a été
découverte par Pasteur en 1861. Elle est due à l'action d'agents
spéciaux, qui dans les conditions d'anaérobiose, dédoublent les
hydrates de carbone, l'acide lactique et peut-être aussi la mannite et la glycérine en acide butyrique, en hydrogène et oxyde
de carbone.

La formule classique par laquelle on a représenté schémati-
quement cette réaction est la suivante :

$$2C_3H_6O_3 = C_4H_8O_2 + 4H + 2CO_2$$

Lactose.   Ac. butyrique.

Mais on doit tout de suite noter, comme nous l'avons vu
plus haut, que l'acide butyrique n'est pas le seul produit qui se
forme dans cette fermentation très compliquée; à côté de lui se
produit de l'acide lactique (Fitz, Grassberger) qui n'est pas
transformé en acide butyrique et, comme produits secondaires,
on trouve presque toujours des acides acétique, propionique et
valérianique.

On doit encore noter que quoique Hueppe, Löffler et Adametz
aient décrit des microbes aérobies qui produisent l'acide butyrique, pourtant jusqu'à maintenant on n'a pas trouvé un seul
aérobie qui donne l'acide butyrique comme produit primaire.
Il y a dans ce chapitre de la bactériologie très peu de clarté, car
la fermentation butyrique est une des plus répandues et se
trouve n'être pas seulement le produit de décomposition des
hydrates de carbone, mais aussi de la molécule d'albumine.

Pour cette raison si nous voulions classer les microbes selon leur pouvoir de produire de l'acide butyrique dans leurs cultures, nous nous trouverions très embarrassés, parce qu'il serait facile de démontrer que tous en produisent.

La notion de ferment butyrique devrait d'abord être restreinte et l'on devrait réserver le nom de microbes butyriques à ceux qui produisent de l'acide butyrique comme produit principal, mais cette définition est-elle suffisante pour nous mettre à l'abri de la critique? Von Hibler, tout récemment, a montré que l'acide butyrique ne se trouve pas constamment dans les mêmes proportions dans les cultures d'un même échantillon et qu'il varie jusqu'à n'être plus qu'un produit secondaire. Il a démontré encore que les produits de fermentation sont fonction de la composition des milieux nutritifs. Un autre exemple qui confirme les expériences de von Hibler est la variété acétique du bacille butyrique de Tissier qui a constaté dans ses cultures 10 p. 100 d'acide acétique et 1 p. 100 d'acide butyrique.

Les recherches classiques de Grassberger et Schattenfroh ont montré qu'un même microbe, celui du charbon symptomatique, peut donner dans des conditions favorables de l'acide butyrique et dans les conditions différentes de l'acide lactique comme produit principal. Grassberger et Schattenfroh dans un essai de classification divisent la grande famille des butyriques en quatre sous-familles :

1. *Le groupe du bacille mobile de l'acide butyrique* (amylobacter), lequel fait fermenter les hydrates de carbone, ne forme pas d'hydrogène sulfuré et donne comme produit principal de l'acide butyrique.

2. *Du bacille du charbon symptomatique* qui sporule dans la condition naturelle et ne sporule pas dans la condition dénaturée. L'une et l'autre forme font fermenter les hydrates de carbone; elles donnent de l'hydrogène sulfuré; il n'est pas rare qu'elles décomposent complètement l'albumine. Dans la condition naturelle, il y a comme produit principal de la fermentation de l'acide butyrique et, dans la condition dénaturée, il se forme principalement de l'acide lactique.

3. *Le groupe du vibrion septique* qui fait fermenter les hydrates de carbone; souvent il produit la putréfaction. Il forme des hydrates de carbone, principalement de l'acide lactique et régulièrement de l'alcool éthylique.

4. *Le groupe du bacille butyrique qui produit la putréfaction* (bac. putrificus et cadaveris sporogenes); il fait fermenter les hydrates de carbone, il provoque régulièrement la putréfaction. Il transforme les hydrates de carbone en acide lactique et donne régulièrement de l'alcool éthylique.

Cet essai de classification des agents spécifiques de la fermentation butyrique nous semble mauvais, parce qu'on pourrait ranger d'abord dans ce système tous les microbes connus, étant donné que dans presque toutes les cultures on peut trouver de l'acide butyrique. Ensuite il n'y a pas de raison pour mettre à côté l'un de l'autre un peptolytique et un protéolytique vrai, qui accomplissent vis-à-vis de la molécule vivante des fonctions tout à fait différentes.

Classer signifie réunir les organismes d'après leurs propriétés chimiques, physiologiques et morphologiques. Or, au point de vue chimique, la formation de l'acide butyrique, comme nous l'avons montré, n'est pas la fonction exclusive d'un même groupement bactérien. Prenons par exemple le butyrique de Klecki et le putrificus. Le premier donne de l'acide butyrique aux dépens des hydrocarbonés, le deuxième n'en donne qu'aux dépens de la matière albuminoïde.

Prenons d'autre part ce même microbe de Klecki et le perfringens. Tous les deux donnent de l'acide butyrique aux dépens des matières hydrocarbonées et leur action sur la cellule vivante est totalement différente. Il ne nous semble pas logique de réunir dans une même classe des microbes si différents.

Les travaux de Grassberger et Schattenfroh nous apprennent qu'un organisme peut se transformer; qu'il est soumis à des variations biologiques, qu'il entraîne des variations dans ses produits d'échange; qu'il peut acquérir des propriétés qui s'éloignent de celles de sa race originelle, mais il ne nous a pas donné de preuve qu'il y ait en effet des liens, des formes de passage entre ces divers microbes. Cette partie phylogénétique du travail a manqué son but, parce que d'abord von Hibler et ensuite nous-mêmes avons tenté de reproduire les expériences de Grassberger et Schattenfroh sur le perfringens. Mais rien ne nous autorise à admettre la transformation de cette espèce immobile en une espèce mobile.

Nous ferons la même réflexion sur la transformation du charbon symptomatique en bacille perfringens.

Pour nous donc il y a une fermentation butyrique, mais sa généralité ne nous permet pas de nous en servir pour la classification des microbes.

2° *Fermentation des matières albuminoïdes (Putréfaction).*

On appelle putréfaction la fermentation des matières albuminoïdes. Par cet important processus les substances de structure moléculaire complexe sont réduites en composés de constitution très simple.

Nous connaissons la molécule d'albumine jusqu'à 50 p. 100 de sa constitution seulement et nous ne pouvons pas, à cause de ces notions insuffisantes, grouper les différents produits de la décomposition organique et suivre du commencement jusqu'à la fin toutes les étapes de la désintégration.

Ce que nous savons de ces phénomènes c'est qu'ils sont de nature hydrolytique et dus à des enzymes d'origine bactériennes, qui agissent dans une première période de manière à donner les mêmes produits qu'avec les enzymes de la digestion; ensuite vient une autre décomposition plus profonde, d'où naissent un grand nombre de substances qui appartiennent à la série grasse, en partie à la série aromatique et en partie à celle hétérocyclique.

Les produits appartenant à la série grasse sont : les acides capronique, valérianique, butyrique, succinique, en outre le méthane, le méthylmercaptan, etc.

Les produits des 2ᵉ et 3ᵉ séries se divisent selon Salkowski en trois groupes : 1° le groupe du phénol, tyrosine, oxyacides aromatiques, crésol; 2° le groupe du phényl avec l'acide phénylacétique et l'acide phénylpropionique; 3° le groupe de l'indol qui contient l'indol, le scatol, l'acide scatolacétique et l'acide scatolcarbonique. Ces produits prennent origine dans la putréfaction au contact de l'air, tandis que dans la putréfaction anaérobie, selon Nencki et Bovet, on obtiendrait seulement de l'acide paraoxyphénylpropionique, de l'acide phénylpropionique et de l'acide scatolacétique.

Ces trois acides prennent leur origine des trois acides aminés correspondants (tyrosine, acides phénylaminopropionique et scatolaminoacétique (indolaminopropionique). Ces derniers acides existeraient préformés dans la molécule d'albumine.

Comme derniers produits nous devons placer les corps les plus simples, produits ultimes de la fermentation : ammoniaque, acide carbonique, hydrogène sulfuré, hydrogène.

Les différentes étapes de la putréfaction sont peu connues au point de vue chimique, elles le sont mieux au point de vue bactériologique. On connaît maintenant les microbes de la putréfaction, leurs actions successives.

a) **Fermentation de l'albumine.** — Tout ce que nous savons jusqu'à présent sur ce point provient des analyses de Wallach, données dans le travail de Bienstock, et des travaux de Tissier et Martelly.

Wallach a en effet trouvé, dans les cultures du bacillus putrificus faites sur fibrine, en milieu de Utschinski-Fränkel, des peptones dont la quantité diminue avec l'âge de la culture, des amines, de la leucine, tyrosine, de l'NH_3, des acides acétique, butyrique, valérianique, paraoxyphénylpropionique, de l'H_2S, jamais de phénol ou d'indol. Mais au bout de 3 semaines, sur 30 grammes de fibrine on ne trouve plus que 0,02 p. 100 d'albumine insoluble, 0,1285 p. 100 de peptone et 0,70 p. 100 d'extractives On trouve aussi des bases toxiques, telles que les ptomaïnes, ayant tous les caractères des alcaloïdes. Cette attaque de l'albumine se produirait selon Tissier et Martelly au moyen d'une diastase trypsique très active, susceptible de digérer en 8 à 15 jours 30 grammes de fibrine. — Ces derniers auteurs ont également étudié l'action du bacille perfringens sur la fibrine. Ils ont trouvé dans les cultures contenant de la fibrine, dans le liquide de Utschinski Fränkel, du CO_2, H_2S, du phénol, de l'indol, des protéoses (6,51 pour 350 gr. de liquide) des traces d'albumine insoluble, des amines, leucine, tyrosine, urée (1,5 p. 100), de l'NH_2, du carbonate d'ammoniaque (0,25 p. 100), des acides propianique, butyrique, valérianique. Cette attaque se fait également au moyen d'une diastase de type trypsique, susceptible de digérer la fibrine ou le blanc d'œuf, sans production de gaz ou d'indol, ni de phénol. Cette diastase s'arrête, comme celle du putrificus, dans un milieu contenant 1,50 à 1,70 de H_2SO p. 1 000.

b) **Putréfaction de la viande de boucherie.** — Nous empruntons au beau travail de Tissier et Martelly les conclusions qu'ils donnent à ce sujet. « Tout d'abord : la viande prise à la boucherie, aussi fraîche que possible, contient tous les germes nécessaires à sa complète putréfaction, germes qui ne se multiplieront que lorsque le milieu leur sera devenu favorable.

« Étudions la putréfaction au contact de l'air. Nous connaissons la composition d'une viande fraîche, nous l'avons indiquée ; nous savons que dès les premières heures la fermentation des sucres est active et qu'il se produit une attaque légère des albuminoïdes puisque dès 24 heures on trouve : protéoses 1,56 p. 100, poids d'extractifs 1 gr. 17 p. 100, leucine, tyrosine, amines, trace d'ammoniaque. Les ensemencements nous montrent des aérobies ferments mixtes ; microccus flavus liq., staphylocoque blanc, bac. coli, streptocoque pyogène, diplococcus griseus non liq., b. filiformis.

« Au bout de 3 à 4 jours, la réaction acide est moins nette ; l'attaque des albumines a beaucoup augmenté : l'odeur commence à être légèrement putride. Le milieu étant désoxydé, les anaérobies vont apparaître Ce ne sont encore que des ferments mixtes : b. perfringens, b. bifermentans sporogenes.

« Au bout de 8 à 10 jours, le sucre a disparu, les matières grasses saponifiées sont devenues des savons ammoniacaux, la glycérine est brûlée, l'odeur est très fétide. Les peptones atteignent 3,40 p. 100, le poids extractif 2,47 p. 100. Tout indique l'attaque rapide de la matière protéique (présence de phénols, d'indol, H_2S, d'amines, d'ammoniaque, etc.). On trouve alors les ferments protéolytiques, b. putridus gracilis, b. putrificus et des peptolytiques purs : diplococcus magnus anaerobius, proteus Zenckeri, en plus des bactéries précitées.

« Au bout de trois semaines, un mois, l'analyse chimique indique que l'attaque se produit plus au fond, que les protéoses et les corps extractifs eux-mêmes subissent l'action bactérienne. Les ferments protéolytiques mixtes se montrent moins vivaces et moins nombreux dans les isolements. Ils vont disparaître peu à peu pour laisser la place aux protéolytiques purs qui vont pulluler.

« A partir de cette époque, l'attaque semble se ralentir. L'albumine insoluble est peu abondante, les peptones sont en voie de décroissance. Vers le cinquantième jour, elles sont encore de 1,399 p. 100. Le b. putrificus commence à donner des spores, les aérobies sont moins nombreux, on note encore le b. coli, le diplococcus griseus non liq., le b. filiformis.

« Au bout de 3 mois, les espèces restantes ne vivent plus que sur les déchets et les substances dérivées. Les protéoses : 0,488, les poids d'extractifs : 1,24. Au bout de 4 mois, la viande est devenue une masse noirâtre, visqueuse, ne dégageant plus d'odeur. Elle ne contient plus de peptones, le poids d'extractifs : 0,192, l'ammoniaque : 0,13. Les isolements ne montrent plus que du b. putrificus et du b. gracilis putridus, des aérobies, il ne reste que le diplococcus griseus non liq.

« Telle est la marche résumée d'une putréfaction au contact de l'air.

« Quant le milieu est privé d'air, l'action désoxydante des bactéries aérobies n'a plus besoin de se produire et l'apparition des anaérobies est plus rapide, mais elle se fait cependant dans un ordre identique.

« Toutes les espèces existaient dès le début, car nous nous sommes servis de la même viande, répartie dans des ballons bouchés et stérilisés. »

Il résulte en outre de ces travaux qu'il y a une opposition marquée entre les protéolytiques simples et les protéolytiques mixtes.

En effet la vie du putrificus dépend de la quantité du sucre et de l'albumine que le milieu contient. On peut très facilement se persuader de ce fait en ensemençant le perfringens et le putrificus dans un même milieu sucré. On verra que ce dernier ne pousse pas alors que le premier pousse abondamment.

Ces microbes protéolytiques mixtes exercent donc un véritable rôle empêchant de la putréfaction.

Cette action empêchante n'est pas due d'autre part à une force antagoniste comme croyait Bienstock, mais à l'acidification du milieu, ainsi que l'ont démontré Tissier et Martelly.

C'est ainsi que le lait stérilisé est un bon milieu pour le développement du putrificus, tandis que le lait non stérilisé est un mauvais milieu du fait des microbes empêchants qu'il contient.

Cette action empêchante de quelques microbes vis-à-vis de ceux de la putréfaction, joue un rôle capital dans l'intestin.

Entre les microbes empêchants ou producteurs d'acide il faut nommer le coli et le lactis aerogenes, le bacillus bifidus, l'acidophilus et les bacilles lactiques.

C'est grâce à l'action empêchante de ces derniers microbes que les fonctions intestinales pourront s'accomplir sans danger pour le bien général de l'organisme. Ils sont des microbes bienfaisants, car ils empêchent les microbes de la putréfaction de se développer et de sécréter leurs poisons.

Metchnikoff a montré dernièrement l'existence constante dans l'intestin humain du perfringens, du putrificus et du sporogenes et on comprend très facilement quel rôle ils joueraient dans les intoxications, s'il n'y avait pas les microbes empêchant leur développement.

Bienstock a nié l'existence du putrificus dans l'intestin humain. Il s'appuie notamment sur le travail de Conradi qui a isolé du coli une endotoxine, capable à la dilution de 1/100 000 de surpasser la valeur des plus forts antiseptiques et de l'acide phénique même. Cet antiseptique empêcherait toutes espèces microbiennes de se développer à côté du coli. Or tout bactériologiste sait qu'il existe dans l'intestin de nombreuses espèces à côté de ce dernier microbe. Pour beaucoup d'auteurs le bacille putrificus existe à l'état constant chez l'homme adulte.

Que doit-on penser du rôle des anaérobies dans la putréfaction? Est-elle due à ces bactéries uniquement comme le voulait Pasteur, où est-elle possible sans leurs concours?

Des recherches de Tissier et Martelly il résulte que les aérobies sont impuissants à accomplir à eux seuls une putréfaction, exception faite toutefois pour le staphylococcus et le proteus, et que les anaérobies seuls y parviennent facilement mais d'une façon plus lente. Au contraire, la symbiose de ces deux catégories représente la meilleure combinaison possible pour la putréfaction de la viande.

Il faut noter d'autre part que dans chaque putréfaction il y a toujours des anaérobies, lesquels ont un rôle prépondérant. Ainsi reste, selon nous, encore debout l'idée de Pasteur.

Poisson. — Il existe, sur la putréfaction de la viande de poisson, un travail de Samuel Ulrich qui nous apprend qu'il n'existe dans ces cas, avec quelques anaérobies facultatifs, que deux espèces d'anaérobies stricts seulement : l'un qu'il rapproche du saccharobutyricus, mais qui par son action sur le lait doit être identifié au perfringens ; l'autre est un microbe que l'auteur n'a pu isoler.

c) **Fermentation du lait.** — Nous devons maintenant étudier ce qui se passe dans la putréfaction spontanée du lait. Il semble qu'ici les anaérobies, selon Tissier et Gasching, jouent un rôle secondaire. Nous empruntons à ces auteurs les conclusions de leur travail. « Tout d'abord comme l'ont déjà vu de nombreux auteurs, le lait contient, à la sortie de la laiterie, tous les germes nécessaires à sa complète putréfaction, germes qui ne se multiplieront que lorsque le milieu leur sera devenu favorable.

Mais, les champignons impriment à la marche générale un caractère plus marqué que les bactéries. Nous avons bien noté avec le bacille putrificus une odeur plus fétide et peut-être une désintégration plus rapide de la caséine, et ces différences sont, surtout dans les échantillons d'été, assez importantes. Elles sont cependant plus marquées quand on empêche ou ralentit le développement des moisissures. Leur rôle est si important que l'on peut de ce fait ralentir ou arrêter les processus de destruction.

En résumé, nous voyons qu'on peut considérer deux phases :

1° Phase des ferments mixtes, causant une fermentation acide complexe, puis une fermentation lactique et enfin une fermentation lactique, propionique et butyrique.

Les ferments simples agissent simultanément jusqu'à la coagulation du lait.

Les champignons détruisent les acides produits et attaquent la caséine.

2° Phase des ferments simples qui achèvent l'attaque de l'albumine et de ses dérivés ultimes.

Donc, si, dans ses lignes générales, la putréfaction du lait se rapproche de celle de la viande, il est évident que, dans le détail, il existe de grosses différences, dont les principales portent sur la longue durée, la fétidité moindre, la présence constante et essentielle de moisissures, etc.

Elles sont probablement dues à la quantité et à la nature du sucre du lait qui exige, pour sa destruction, la présence de ferments très actifs, dont les déchets empêcheront ou gêneront la destruction de la caséine et à la nature de cette albumine en solution ou en suspension dans un liquide aéré (Marshall). Cet ensemble de circonstances rend nécessaire la présence des moisissures et empêche l'action des protéolytiques et surtout des anaérobies, qui, lorsque le milieu leur sera redevenu favorable, auront, en grande partie, perdu leur activité première. »

B. — IMPORTANCE DES ANAÉROBIES
EN PATHOLOGIE HUMAINE

Nous venons de voir dans le chapitre précédent l'importance des anaérobies dans les processus de destruction des matières organiques, hydrocarbonées, albuminoïdes. Il est clair que les cavités naturelles de l'homme, étant elles-mêmes privées d'air, seront un milieu très favorable pour le développement de ces espèces. Comme nous le verrons plus loin, l'enfant venant au monde, encore sans défense, sera au bout de peu de temps infecté par ces microorganismes, dont il pourrait devenir la proie facile, si les défenses naturelles ne s'établissaient vite. Les recherches récentes ont démontré la présence de ces espèces anaérobies dans les cavités saines naso-pharyngienne, buccale, stomacale, intestinale, urétrale, génitale et les culs-de-sac conjonctivaux.

Depuis longtemps les cliniciens, ne tenant compte que des caractères extérieurs, connaissaient trois sortes de pus, ayant des caractères bien définis. Dans une suppuration ordinaire le pus — *pus bonum* et *laudabile* — est crémeux, jaune foncé, sans odeur et on y trouve en général des coli. Dans les abcès froids le pus est représenté par un liquide séreux, louche, contenant en suspension des grumeaux; il donne au repos deux couches, l'une, la supérieure, liquide, pâle; l'autre inférieure solide, d'une couleur gris sale. Ce pus est le plus souvent dû au bacille de Koch, mais on peut le rencontrer dans d'autres infections, telles que l'actinomycose, la sporotrichose, la lèpre, etc. Dans une troisième classe les suppurations sont fétides. Le pus est plus fluide, plus liquide que le pus louable, il a une couleur sale, verdâtre, noirâtre, brunâtre, chocolat, il tient en suspension des grumeaux déchiquetés, son odeur est fécaloïde. La structure histologique de ce dernier pus est différente de celle des pus précédents. Tandis que dans le pus *bonum* et *laudabile* on trouve beaucoup de cellules intactes, se colorant bien avec différenciation du noyau de la substance protoplasmique, dans le pus fétide il y a une destruction cellulaire presque complète, on n'y trouve que des fragments de cellules. Les rares leucocytes que l'on voit sont vésiculeux et leurs noyaux se colorent mal; les éléments sont déchiquetés, déformés, réduits à des fragments non reconnaissables. Aussi tous ces fragments forment des détritus, les préparations sont sales, quoique soigneusement faites. Au point de vue bactériologique on note une abondance considérable de microorganismes, c'est une véritable purée de microbes, appartenant le plus souvent à plusieurs espèces différentes et rarement à une seule.

Les caractères extérieurs du pus fétide et surtout sa putridité avaient frappé les chirurgiens; comme on rencontrait surtout ces suppurations au voisinage du tube digestif et des cavités ouvertes (bouche, oreille, etc.), pendant longtemps on attribua au voisinage du tube digestif l'odeur fécaloïde. Mais on trouve souvent les putréfactions fétides dans des régions très éloignées du tube digestif. Dans ces cas la fétidité ne pouvait pas être sous la dépendance de l'intestin. On pensa tout d'abord que l'abondance des leucocytes était due aux microbes habituels de la suppuration. On trouvait en effet du colibacille, du proteus, etc., mais il y avait discordance entre les résultats fournis par l'examen microscopique et les résultats obtenus par les cultures : en effet, lorsqu'on ensemençait une goutte de pus dans des tubes inclinés on n'obtenait qu'un très petit nombre de colonies ou même pas du tout, alors que la préparation microscopique du même pus avait présenté une grande variété de microbes. Pour expliquer ce fait en apparence paradoxal on dit d'abord que les microbes étaient morts. Cette explication était peu plausible : en effet le pus était recueilli en pleine suppuration et les inoculations positives aux animaux donnaient un démenti formel.

Pasteur ayant constaté que certains processus, la gangrène gazeuse par exemple, étaient dus à des microbes qui ne peuvent vivre en présence de l'air, on pensa qu'il fallait chercher dans ce sens pour obtenir des colonies. La suppuration fétide en effet a quelquefois des caractères communs avec la gangrène gazeuse. Il fallait donc employer les méthodes de cultures anaérobies. Mais si le vibrion septique, le tétanos, qui ont une grande puissance de végétabilité, grâce à leurs spores, sont faciles à manier et à cultiver, par contre les microbes de la suppuration étaient plus fragiles et plus délicats. Aussi étudia-t-on d'abord les premiers. L'isolement et l'étude des autres anaérobies a été impossible ou pénible tant qu'on n'a pas eu à sa disposition une méthode facile. On sait le rôle important joué par Veillon dans ces dernières recherches,

Grâce à lui il nous est maintenant possible d'étudier la pathogénie des processus putrides dans les différents appareils et
de voir le rôle important joué par les microbes anaérobies.
Dans presque toutes les suppurations fétides et gangreneuses
on trouve des bactéries strictement anaérobies, parfois seules,
le plus souvent associées à quelques espèces anaérobies facultatives. Dans quelques cas les anaérobies facultatifs déterminent les lésions primordiales, les anaérobies stricts viennent
ensuite déterminer la fétidité et la putridité. Mais dans la
grande majorité des cas les processus sont d'emblée putrides
et le rôle joué par les anaérobies stricts est bien évident, étant
donné l'absence d'autres espèces microbiennes. L'expérimentation est venue encore confirmer les faits cliniques, car avec
plusieurs espèces anaérobies strictes on a déterminé chez les
animaux des processus fétides et gangreneux.

Nous verrons en détail comment les anaérobies, considérés
jusqu'il y a quelques années comme des microbes saprophytes,
ont acquis une importance toujours croissante et comment le
rôle qu'ils jouent en pathologie a fini par nous apparaître de
premier ordre. A côté des anaérobies que nous connaissons il
est d'autres espèces que l'on trouve parfois à l'examen microscopique et que l'on n'arrive pas à cultiver; il est permis
d'espérer que des méthodes nouvelles et plus sensibles permettront un jour de les isoler et d'en étudier le rôle pathogène.

1° *Appareil digestif.*

a) **La flore de la bouche normale et pathologique.** — C'est
Lewkowicz (1901) le premier qui a recherché les anaérobies dans
la bouche des nourrissons. Mais, c'est à Jeannin (1904) que
nous devons des recherches nombreuses sur les microbes de la
bouche depuis la naissance jusqu'aux premières années de la
vie. D'après lui, au moment de la naissance 4 fois sur 5 cas, le
liquide buccal s'est révélé absolument stérile.

Dans un cas, l'existence d'un bec-de-lièvre peut expliquer la
présence prématurée des microbes. C'est dans les heures qui
s'écoulent entre la naissance et la première tétée que la bouche
se peuple de microbes peu nombreux apportés par l'air inspiré
et déjà à ce moment on rencontre des anaérobies stricts comme
le staphyloccus parvulus, le streptococcus anaerobius. Après
la première tétée la flore augmente encore : en général, on

retrouve des espèces aérobies et des espèces anaérobies.

Pendant l'allaitement les aérobies prédominent nettement sur les anaérobies : la flore n'est pas modifiée par le mode d'alimentation. Chez les enfants malades la flore devient très riche, les anaérobies augmentent. Au staphylococcus parvulus et au streptococcus tenuis qu'on rencontre le plus souvent, viennent bientôt s'ajouter : le micrococcus fœtidus et exceptionnellement le bacillus perfringens (Jeannin), le bacille anaerobius gracilis, le bacillus helminthoïde, le leptothrix tenuis (Lewkowicz).

b) **Glandes salivaires.** — Gilbert et Lippmann (1904) ont étudié la flore normale des glandes salivaires du chien en prenant la salive dans le canal de Sténon. A l'état normal, d'après ces auteurs, le canal de Sténon est envahi par une flore microbienne extrêmement abondante. Cet envahissement microbien principalement accusé au niveau de l'ouverture buccale du conduit s'atténue progressivement au fur et à mesure que l'on remonte vers la glande parotide. Les canalicules intraglandulaires, le parenchyme glandulaire contiennent surtout des germes anaérobies. Ceux-ci l'emportent de beaucoup par leur constance, leur nombre et leur variété sur les germes aérobies. Parmi les anaérobies isolés par Gilbert et Lippmann on relève le bacillus perfringens, le bacillus fragilis, le bacillus nebulosus, le streptococcus anaérobie, le bacillus serpens, le bacillus ramosus.

c) **Les microbes de la diphtérie.** — Le processus diphtérique relève tantôt et le plus souvent du bacille de Löffler en culture pure, tantôt de ce même microbe associé à d'autres. Ces formes mixtes à pronostic sérieux ont un caractère commun : la fétidité est souvent le caractère gangreneux de l'exsudat. On y rencontre assez fréquemment le bacillus fusiformis (Lewkowicz, etc.). Le staphylococcus parvulus et d'autres anaérobies ont été retrouvés par Leiner. Buday (1905) a isolé dans un cas de noma le bacille fusiformis.

d) **Carie dentaire.** — Le premier travail paru sur la question a été fait par Miller (1862). Il n'apporte malheureusement aucune donnée précise. Arkovy (1898) prétend avoir isolé le microbe de la carie. Cook (1899), Goadby (1901) isolent de nombreux microbes dans cette lésion, les uns sécrétant des acides qui dissolvent la dentine, d'autres la liquéfiant et la colorant en brun. Veillon (1900) affirme la nature gangreneuse ou putride de la carie dentaire et des suppurations consécutives. Monier (1904), préoccupé de la grande quantité de microbes qu'on rencontre dans la carie dentaire pour se rendre compte de la pathogénie de cette infection, a essayé de reprendre le problème sous une autre face. Il a étudié toutes les affections (pulpites, périostites, phlegmons, etc.) consécutives à une carie dentaire, affections dans lesquelles on doit trouver les microbes qui ont passé par la dent dont la carie a été la véritable porte d'entrée. Il a pu voir, ainsi que le rôle des microbes anaérobies dans les infections dentaires est très grand, car ces microbes non seulement sont constants, mais même dans quelques cas existent seuls sans association d'aérobies. Les microbes anaérobies isolés par Monier sont : le bacille ramosus, le bacille fragilis, le micrococcus fœtidus et le coccobacille de Veillon et Morax. Gaudiani (1907) a retrouvé dans un phlegmon gazeux d'origine dentaire un anaérobie strict non déterminé.

e) **Estomac**. — A l'état normal, dans le contenu gastrique, on ne trouve après un repas ordinaire que très peu de microbes. Coyon (1900) a recherché le premier les anaérobies dans l'estomac humain avec résultat négatif. Tissier (1900) a retrouvé chez les nourrissons le bacille bifidus. En général dans l'estomac, de même que dans le duodénum, les anaérobies facultatifs sont en grande majorité et la seule espèce anaérobie serait le bacille bifidus. Pour vérifier cette assertion Tissier a refait les mêmes recherches chez le chien et les résultats ont été à peu près pareils. La flore de l'estomac à l'état pathologique est peu connue. Achalme et Rosenthal ont isolé dans l'estomac, chez une malade de gastrite aiguë, le bacille perfringens et une nouvelle espèce anaérobie : le bacille gracilis ethylogenes. Minot (1907) dans un cas de gastrite alcoolique a isolé encore une nouvelle espèce anaérobie : le bacille punctillatus. Rocchi et Magni (1908) dans un cas de périgastrite suppurée ont isolé le bacille perfringens et le bacille ramosus.

f) **Intestin**. — Il n'est pas fait mention de microbes anaérobies dans le remarquable travail d'Escherich sur la flore intestinale du nourrisson. L'auteur n'ayant pu en obtenir avec la méthode qu'il avait employée (plaques de gélatine recouvertes de mica) suppose que ces espèces ne doivent pas exister dans l'intestin du jeune enfant.

Les recherches de Tissier montrent au contraire que ces espèces y sont en grande majorité et qu'elles peuplent presque à elles seules le tube digestif.

Voici, d'après les travaux de cet auteur, comment se forme et se compose définitivement la flore intestinale de l'enfant jusqu'à cinq ans. Le tube digestif est stérile au moment de la naissance. Au bout de quelques heures l'intestin est envahi par toute une série de microbes de la putréfaction. Dans cette phase « d'infection croissante », au milieu d'une débâcle des cellules épithéliales d'origine buccale, on voit d'abord des staphylocoques blancs, du coli, du perfringens. Plus tard apparaissent d'autres microbes, le Rodella III, le perfoetens, le lactis aerogenes, l'entérocoque, des sarcines, le mesentericus. On remarque qu'il y a plus d'anaérobies facultatifs que d'anaérobies stricts. Dans une troisième « phase de transformation de la flore », il se fait une simplification, une des dernières bactéries parues, un anaérobie strict, le bacillus bifidus, se développe rapidement et ne tarde pas à remplacer les autres. Tant que l'enfant n'aura d'autre nourriture que le sein, sa flore intestinale gardera le même aspect typique : elle ne semblera formée que d'une seule espèce : le bifidus. Un examen bactériologique complet montrera à côté du bifidus (85 p. 100), 6 p. 100 de coli, 4 à 7 p. 100 d'entérocoque. Chez l'enfant au biberon l'aspect bactériologique des selles est bien différent. La flore habituelle de ces nourrissons ne paraît être qu'une sorte de continuation de la phase d'infection croissante. A part, quelques espèces qui finalement disparaissent, la plupart semblent persister, ce qui donne à cette flore un aspect bien spécial. Les bactéries y sont très variées : on trouve à côté des espèces ci-dessus mentionnées et en nombre égal : bacille acidophilus, bacille exilis, bacille lactis aerogenes, staphylocoque blanc, sarcines, bacille Rodella III, coli, levure, etc. Dès que la mère ajoutera à l'alimentation de l'enfant qu'elle a nourri jusqu'alors exclusivement, un peu de lait de vache coupé d'eau, on verra apparaître dans la selle quelques rares bacilles rigides, longs et épais : bacille acidophilus, le Rodella III. Vers le dix-huitième mois, quand on aura donné des potages, le bifidus ne paraîtra plus aussi nombreux et il présentera des formes différentes ; à côté des formes habituelles on voit se développer des formes naines et géantes. A l'acidophilus, au Rodella III s'ajouteront d'autres anaérobies stricts : le staphylococcus parvulus, le perfringens. Vers deux ans, quand l'alimentation est plus variée, la flore bactérienne présente un aspect plus complexe. Aux espèces citées plus haut viennent s'adjoindre le diplococcus orbiculus, le bacille funduliformis. Vers trois ans quand l'enfant commence à prendre plus de matières albuminoïdes animales apparaissent dans les selles d'autres microbes : le coccobacillus preacutus, le coccobacillus oviformis et vers la quatrième et cinquième année, le streptobacillus ventriosus, le bacille capillosus. A cette époque, chez l'enfant ayant une alimentation mixte, on arrive à isoler jusqu'à 14 espèces différentes, 10 anaérobies stricts et 4 facultatifs. A « la flore fondamentale » analogue à celle du nourrisson s'est ajoutée toute une série d'anaérobies : perfringens, staphylococcus parvulus, orbiculus, preacutus, etc., qui forment « la flore surajoutée ». En faisant le pourcentage des colonies, on trouve que 80 p. 100 environ sont encore formées par les microbes du nourrisson et 20 p. 100 seulement font partie de la nouvelle flore. Le bifidus est toujours l'espèce dominante puisqu'il forme encore 70 p. 100 des colonies totales. La flore des enfants ayant une alimentation végétarienne rappelle de très près celle du nourrisson au sein et le rapport entre « la flore fondamentale » et la « flore surajoutée » est de 90 à 10 p. 100. Les colonies du bifidus forment 80 p. 100 des colonies totales. La flore des enfants ayant une alimentation riche en matières albuminoïdes est celle qui s'éloigne le plus de la flore de l'enfant au sein. On trouve toutes les espèces de la flore surajoutée et en plus grand nombre. Quelquefois on isole en plus des espèces de passage, anaérobies protéolytiques tels que le bacillus bifermentans. Le rapport de la « flore fondamentale » à la « flore surajoutée » est plus petit que chez les autres enfants. Il est environ 70/30 : 50 p. 100 des colonies, seulement sont formées de bacille bifidus. L'aspect bactérien des selles varie donc avec l'alimentation antérieure ; l'alimentation habituelle et même dans une certaine mesure avec l'alimentation journalière. Chaque individu paraîtra posséder une flore personnelle : on voit aussi dans une même famille des enfants posséder dans leurs selles des particularités communes, ce qui peut faire penser à des flores familiales. Ces flores individuelles et familiales ont été vues par Metchnikoff dès 1894.

g) **Rôle physiologique de la flore intestinale normale.** — Chez le nourrisson les microbes intestinaux ne paraissent pas servir à la nutrition générale. Chez l'enfant au sein les microbes intestinaux sont complètement inoffensifs, un seul produit de l'indol, le bacille coli. Il est en si petit nombre dans les selles que son effet nuisible ne peut être considérable. On ne trouve du reste, pas de sulfoconjugués dans les urines. Ces bactéries et principalement le bifidus, qui est l'espèce dominante, possèdent une propriété des plus intéressantes. Grâce à ces pouvoirs fermentatifs, elle sert de moyen de protection contre l'infection. Cette flore est inoffensive et empêchante : elle est en harmonie avec l'organisme. Il n'en est pas de même chez l'enfant au biberon : les déchets nutritifs étant surtout composés de la matière albuminoïde du lait de vache et contenant moins de sucre, le bacille bifidus ne pourra pas se développer aussi bien que chez l'enfant au sein : son action d'arrêt sera moindre, ce qui permettra aux espèces protéolytiques ou anormales de se développer à leur aise. Chez l'enfant sevré, comme chez le nourrisson, les microbes ne semblent pas devoir servir à la nutrition de l'organisme, avec une alimentation contenant suffisamment d'hydrates de carbone, les microbes intestinaux, ferments mixtes, trouveront un milieu chimique favorable et le plus fort d'entre eux, le bacille bifidus deviendra prédominant dans la dernière moitié du gros intestin. Là son action sera doublement favorable. Par sa production d'acide, il excitera, d'une part, le péristaltisme intestinal, il exercera d'autre part une action empêchante non seulement sur les bactéries nuisibles, venues du dehors, mais encore sur toute cette flore surajoutée dont l'action ne peut être que mauvaise. Ainsi la flore fondamentale reste inoffensive et empêchante, telle qu'elle était chez le nourrisson. La flore surajoutée composée de microbes produisant des toxines ou ayant une action pathogène peut être considérée comme nuisible. Néanmoins, on ne trouve pas chez l'enfant de cinq ans ces anaérobies, ferments simples, puissants qui détruisent rapidement la matière albuminoïde (hormis le bacille perfringens toujours en très petit nombre). Il n'y a donc pas à proprement parler chez ces enfants de putréfaction intestinale. C'est à peine s'il s'en produit une ébauche décelable par l'indol, le scatol et les phénols. Dans les états pathologiques l'aspect de la flore est complètement différent. Il se produit d'abord une « modification diarrhéique habituelle » consistant en un pullulement des anaérobies facultatifs, principalement du coli et une diminution de l'anaérobie strict, le bifidus. On voit à côté se développer des *espèces anormales*. Chez le nourrisson, Tissier signale le perfringens, le perfoetens, etc. Chez les enfants plus âgés, on voit également se produire cette même modification diarrhéique habituelle, la flore surajoutée pullule et on peut isoler aussi des espèces anormales (pseudo-coli anaérobie, Jungano). Cahn en 1901 puis Escherich confirment les recherches de Tissier concernant la flore du nourrisson. Parmi les autres auteurs qui se sont occupés de la même question nous devons citer maintenant Rodella. D'après cet auteur on rencontre dans l'intestin du nourrisson d'autres espèces. Dans un premier travail (1902) il décrit trois espèces anaérobies : bacille I, bacille II, bacille III, dont une seule, le bacille III, a été retrouvée par Tissier. Dans les 2 observations qu'il donne ayant trait aux enfants au sein, il n'avait trouvé dans un des cas aucun anaérobie, dans l'autre le bacille III et le bacille II. Dans un deuxième travail paru en 1903 il décrit encore 5 nouvelles espèces chez l'enfant normal. Enfin dans un travail récent (1908) il prétend que le bacille bifidus est une transformation du bacille acidophilus. D'après cet auteur le bacille perfringens, le bacille paraputrificus, le bacille Rodella III seraient utiles, car ils serviraient à l'inversion du saccharose. Les bacilles II et III seraient, d'après lui, capables d'assimiler et de fixer l'azote provenant de la putréfaction. Passini (1903) constate non seulement chez l'adulte, mais encore chez les nourrissons au biberon et quelquefois au sein, le bacille putrificus. Il isole encore constamment chez l'adulte et chez tous les nourrissons le bacille perfringens. D'après Passini les anaérobies protéolytiques peuvent compléter l'action des sucs digestifs et jouer ainsi un rôle utile. Il ajoute que ce rôle est cependant peu important. Ces bactéries enlèvent peut-être à l'organisme plus de matériaux assimilables qu'elles ne sont en état de lui en donner. Bienstock (1906) dit que ce n'est pas le véritable putrificus *qui se trouve* dans l'intestin et qui a été isolé par Passini mais un autre microbe : le bacille paraputrificus qui attaque les sucres. Cohendy (1906) dans une note sur la flore intestinale de l'homme adulte trouve également que les anaérobies sont de beaucoup prédominants : 3 espèces lui paraissent les plus fréquentes : deux qui n'ont pas encore été décrites et la troisième le bacille bifidus. Jacobson (1908) arrive aux mêmes conclusions que Tissier. Sittler (1908) confirme également les travaux de Tissier. Mais il rencontre chez l'enfant au biberon presque constamment le bacille perfringens. Lotti et Franchini attribuent à la présence des anaérobies la production de l'indol dans l'intestin. Rocchi (1908), dans un travail d'ensemble sur les anaérobies, cherche à déterminer le rôle de ces microbes de l'intestin. Il confirme les idées de Tissier et ajoute que l'autolyse des bactéries intestinales mettant en liberté des toxines empêche le développement du putrificus. Rocchi appelle ce phénomène « antagonisme autotoxique ». Il reprend ensuite l'idée émise par Rodella sur la fixation de l'azote par les bactéries intestinales et pense que le bacille bifidus doit avoir un rôle assez semblable à celui des bactéroïdes des tubercules des légumineuses.

Metchnikoff (1908) dans des travaux récents étudie spécialement les microbes putréfiants de la flore intestinale de l'homme. Ce sont 3 anaérobies dont il donne une description complète : le bacille de Welch (bacille perfringens), le putrificus, le bacille sporogenes. Ces microbes seraient très fréquents chez l'homme et formeraient dans notre tube digestif une source d'auto-intoxication contre laquelle l'organisme doit lutter d'une façon constante. Avant de terminer nous devons rappeler les recherches anciennes de Klein et Anderrs, de van Ermenghen et celles récentes de Herter. Klein et Anderrs dès 1891 ont décrit une épidémie d'entérites relevant du bacille enteriditis sporogenes. Van Ermenghen (1897) a bien mis en relief l'action d'une espèce anaérobie dans le botulisme.

Herter émet l'hypothèse que les bacilles du groupe butyrique doivent jouer un grand rôle dans les diarrhées fétides. Ils détermineraient une fermentation putride dans les dernières portions de l'intestin grêle et dans le gros intestin, se traduisant par une congestion chronique de la muqueuse, par une augmentation de desquamation épithéliale, par des troubles de la digestion et du péristaltisme.

h) **Suppurations hépatiques et affections parabiliaires.** — Plusieurs observateurs avaient en maintes occasions constaté la stérilité des cultures faites avec du pus des abcès du foie, mais cela tenait au fait qu'on ne faisait pas les cultures anaérobies. C'est Harris le premier qui décrit un bacille anaérobie isolé dans un abcès du foie. Zuber et Lereboullet (1898) cultivent de même des anaérobies. Legrand et Axisa dans 4 cas d'abcès du foie de nature dysentérique, dont 2 compliqués d'abcès du cerveau, ont trouvé plusieurs microbes anaérobies, appartenant à des espèces très différentes. Gilbert et Lippmann dans 2 cas d'abcès tropicaux du foie les retrouvent à côté du staphylocoque doré et de l'entérocoque, le ramosus et le fragilis dans 1 cas et dans l'autre cas l'entérocoque et le bacillus funduliformis. Rist et Ribadeau-Dumas ont réalisé chez les animaux des abcès du foie et des angiocholites à l'aide d'injections intra-

veineuses de différents anaérobies (bacille tethoïdes, bacille
serpens, bacille perfringens). A côté de l'infection biliaire d'origine intestinale, concluent ces auteurs, dont la réalité n'est pas
contestable, il faut donc faire place aux abcès et aux angiocholites d'origine septicémique dus aux microbes anaérobies. Cette
pathogénie paraît notamment pouvoir être invoquée dans les cas
d'hépatite suppurée d'origine appendiculaire. Dans les kystes
hydatiques suppurés du foie, on a également trouvé des anaérobies. On a toujours insisté (Chauffard et Widal) sur l'état anaérobie de ces infections. Cette absence d'organismes pathogènes
paraît être confirmée par la clinique qui montre que dans certains
cas le pus d'un kyste hydatique suppuré, ouvert spontanément
ou chirurgicalement dans le péritoine et la plèvre (Tuffier), n'a
donné lieu à aucune complication septique. Hallé et Bacaloglu
dans un cas de kyste suppuré du foie trouvent à côté du streptocoque pyogène et du coli, le staphylococcus parvulus et le
bacillus fragilis. Lippmann dans un cas semblable isole le
streptococcus tenuis, le staphylococcus parvulus, le nebulosus.
Ce dernier auteur avec Gilbert, dans 2 cas d'abcès tropicaux du
foie, a trouvé une série d'anaérobies. Dans un premier cas à
côté de 5 espèces anaérobies, il a trouvé le staphylocoque doré,
dans l'autre cas il n'a vu pousser que deux espèces de microbes
anaérobies.

Pour terminer nous signalerons l'observation publiée par
J. Monod d'un cas de gangrène gazeuse du foie à la suite d'une
septicémie post partum. A l'autopsie il trouva des anaérobies
dans le foie gangreneux.

  i) **Le microbisme biliaire normal.** — La bile à l'état normal
est-elle stérile? Cette question a donné lieu à de nombreuses
controverses. Copeman et Winston, Corrado et Bernabei ont
réussi à cultiver plusieurs microbes pathogènes dans des milieux
de culture additionnés de bile. Gilbert et Dominici et plusieurs
autres observateurs cultivent sans le moindre inconvénient les
principaux germes pathogènes des affections des voies biliaires
dans ce même milieu. Michallovitch cependant a eu un certain
retard dans la culture de quelques microbes en présence de la
bile. Plus tard, on constate une action bactériolytique de la bile
vis-à-vis de certains microbes : le pneumocoque (Neufeld,
Nicolle et Abilbey), le méningocoque, le gonocoque (Jungano).
Il s'ensuit que si la bile ne gêne pas le développement de
certaines espèces microbiennes, elle a, vis-à-vis de certaines

autres, une action bactériolytique. La bile et les voies biliaires du chien (Dupré), du lapin (Netter), de l'homme (Gilbert et Girode, Thiroloix, Naunyn, etc.), sont normalement aseptiques. Seules Ehret et Stolz s'élèvent contre cette idée de la stérilité de la bile dans laquelle ils retrouvent presque constamment quelques espèces microbiennes. Les constatations, en grande partie négatives pour la bile normale, ont été toujours positives, quand il s'est agi de la bile à l'état pathologique.

La bile peut s'infecter par la voie ascendante et par la voie sanguine. Une étude très précise et complète sur le microbisme biliaire a été faite dans ces dernières années par Lippmann. Les aérobies et les anaérobies sont en proportion égale dans la portion inférieure du cholédoque. Les aérobies commencent à diminuer dans la portion moyenne pour disparaître complètement dans la zone supérieure et laisser la place aux anaérobies. Sur les 4 chiens examinés, Lippmann a trouvé 4 fois le perfringens, et 2 fois le bacillus fragilis et le funduliformis. Il a examiné ensuite la vésicule biliaire de plusieurs animaux (chien, chat, porc, bœuf, lapin). La bile du lapin s'est montré stérile. Pour les autres animaux : il a isolé du contenu normal de la vésicule biliaire : le funduliformis (8 fois), le fragilis (3 fois), le radiiformis, le perfringens, le ramosus (2 fois), le streptobacille fusiformis (1 fois) et 2 fois seulement le coli et l'entérocoque.

Il a examiné ensuite les canaux hépatiques de 8 chiens : dans 7 cas ces canaux se sont montrés stériles.

Dans le huitième cas, il a isolé le funduliformis. Il s'agissait d'un de ces longs canaux hépatiques du côté gauche, lesquels vont, après un trajet étendu, rejoindre le cholédoque dans un point près de l'union de ce conduit avec le tube intestinal. Ne tenant pas compte de cette anomalie, Lippmann conclut que la flore anaérobie s'arrête à la vésicule biliaire : elle s'atténue progressivement dans les canaux hépatiques au fur et à mesure que l'on se rapproche du hile du foie, pour disparaître alors complètement. Les voies intrahépatiques des chiens normaux sont stériles. Le microbisme pathologique de l'homme a été envisagé dans les différentes affections et infections. Lippmann a examiné 12 cas de cholécystes lithiasiques non suppurées.

Dans 1 cas, il n'a rencontré que des aérobies, dans 2 des anaérobies, dans les autres 9 cas une flore mixte avec prédo-

minance des anaérobies. Parmi les anaérobies, le plus fréquent
a été le funduliformis (5 fois), le perfringens, le streptocoque, le
fragilis (3 fois), le radiiformis (2 fois), le ramosus, le nebulosus,
le micrococcus fœtidus (1 fois). Tandis que dans les cholécystites simples les aérobies font totalement défaut, dans la
moitié des cas, dans les angio-cholécystites suppurées la proportion entre les espèces aérobies et les anaérobies est presque
égale. On retrouve les mêmes espèces anaérobies. De plus Lippmann a retrouvé 1 fois le micrococcus reniformis de Cottet.
En examinant enfin 4 calculs biliaires, il n'a retrouvé dans leur
centre que le nebulosus, le streptocoque anaérobie, le fragilis.

j) **Le microbisme normal pancréatique.** — Tout ce que l'on
sait sur le microbisme du pancréas est contenu dans une courte
note que Gilbert et Lippmann ont présentée à la Société de biologie (1904). D'après ces auteurs, à l'état normal, les conduits
pancréatiques sont envahis dans leur portion terminale par
une abondante flore microbienne. Celle-ci, très marquée au
niveau de l'embouchure intestinale des canaux pancréatiques,
disparaît presque totalement à 2 centimètres au-dessus. Les
anaérobies offrent par leur fréquence extrême, leur abondance,
leur variété un contraste frappant avec l'inconstance, la pau-
vreté et la rareté des aérobies. Cette opposition s'accentue
encore pour peu que l'on remonte au-dessus de la zone habituelle d'infection. L'influence exercée sur le microbisme par les
diverses périodes digestives ne peut quant à présent et malgré
la multiplicité des expériences donner lieu à des conclusions
fermes. Il est néanmoins à remarquer que dans les deux états
extrêmes de grande activité digestive d'une part, de jeûne
prolongé d'autre part, la flore microbienne a paru la plus constante, la plus abondante et la plus riche. Les anaérobies rencontrés sont le funduliformis (3 fois) le streptococcus anaérobie,
le radiiformis, le perfringens (1 fois).

k) **Bactériologie des ascites.** — Gilbert et Lippmann (1906)
ont examiné au point de vue bactériologique 15 cas d'ascites de
pathogénie différente (cirrhose atrophique, cirrhose cardiaque,
cirrhose hypertrophique, cancer du péritoine, tuberculose péritonéale). Dans 5 cas les cultures ont été positives : déclarant
1 fois le coli, 4 fois une espèce anaérobie. Les résultats de ces
auteurs si rarements positifs et si pauvres, diffèrent sensiblement de ceux de Ch. Nicolle qui avait insisté sur l'altération
presque constante des liquides d'ascite recueillis à l'abri de l'air.

Cette contradiction peut s'expliquer par ce fait que Gilbert et Lippmann ont eu affaire à des ascites encore non ponctionnées.

. *l*) **Péritonites.** — Welch (1901) a isolé à l'autopsie dans 13 cas de péritonite diffuse le bacille perfringens. Parmi ces cas 10 étaient la conséquence de la perforation d'ulcères typhiques, 2 d'ulcères gastriques, 1 de perforation de l'intestin étranglé. Brunner (1902) a aussi retrouvé des anaérobies stricts dans les péritonites par perforation d'ulcères gastriques. D'après cet auteur ces microbes ne joueraient pas un grand rôle, parce qu'ils sont toujours associés à des espèces anaérobies facultatives. Silberschimdt a étudié un cas de péritonite à anaréobies. Ghon et Sachs (1903) dans un cas de péritonite sous la dépendance d'un cancer de l'estomac ulcéré dans l'abdomen a retrouvé un bacille identifiable, peut-être au bacille funduliformis de J. Hallé.

m) **La flore de l'appendice normal et pathologique.** — Les recherches sur la bactériologie de l'appendicite ne sont ni nombreuses ni anciennes. Les premiers travaux sont ceux de Hodenphyl et ceux de Lanz et Tavel (1893). Hodenphyl a étudié 11 cas : dans 10, il rencontre le bacterium coli en culture pure, dans 1 cas le streptocoque pyogène. Mlle Mayer (1897) sur 40 cas en trouve 25 stériles ; dans 19 cas le bacille pseudotétanique de Tavel, dans 2 le staphyloque doré. Achard et Broca (1897) sur 20 cas constatent dans 5 le coli à l'état pur, dans 10 le coli associé à d'autres microbes. Veillon applique sa technique déjà si féconde à la recherche des anaérobies dans l'appendicite. Avec Zuber, il étudia 22 cas, dans 1 cas ils isolèrent le pneumocoque en culture pure, dans 2 cas des anaérobies stricts seulement, dans 19 cas des anaérobies stricts associés à de rares streptocoques et au colibacille. Dans un cas d'appendicite normal, Zuber a retrouvé le bacille bifidus (cité par Tissier). Kelly a rencontré le coli dans 73,4 p. 100 des cas : il n'a pas recherché les anaérobies. Lanz et Tavel (1904) ont examiné 8 appendices normaux et isolé à côté de 3 espèces aérobies 2 anaérobies stricts : les vibrions septiques et le pseudo-tétanique (Tavel). Ces mêmes microbes anaérobies ont été retrouvés dans 138 cas d'appendicite seulement, tandis que dans l'appendice normal, ils les ont retrouvés dans 62,5 p. 100 des cas : dans l'appendicite, ils n'existeraient que dans 37,7-45 p. 100 des cas. Perrone (1905) a examiné 14 cas d'appendicite à froid. Il confirme le rôle important des anaérobies en isolant 7 fois le bacille fragilis, 6 fois le bacille perfringens, et 1 fois le bacille fusiformis. Dans 1 cas l'ensemencement a été négatif. Tavel a constaté dans 10 p. 100 d'appendicites opérées à froid l'absence de microbes. Grigoroff (1905) a étudié la flore de 18 appendices normaux et de 31 appendices pathologiques. Dans les appendices normaux, il n'a jamais constaté de stérilité. A côté des aérobies et des anaérobies facultatifs, il n'a jamais constaté des anaérobies stricts ou en si petite quantité qu'ils s'échappent le plus souvent à l'analyse. Dans les appendices pathologiques la flore anaérobie stricte est de beaucoup prépondérante. Tandis que Lanz et Tavel étaient venus à cette conclusion que la flore microbienne dans l'appendice normal et dans l'appendicite reste la même au point de vue qualitatif, Grigoroff affirme au contraire qu'il existe de grandes différences. Constatant que ce sont les microbes de la putréfaction qu'on rencontre le plus souvent dans l'appendicite, Grigoroff se croit autorisé à dire que l'appendicite n'est autre chose qu'un phénomène de putréfaction intestinale caractérisé par un processus gangreneux. Les microbes le plus souvent isolés par cet auteur sont : le bacille fragilis (14 fois), le bacille ramosus (13 fois), le bacille fusiformis (10 fois), le bacille perfringens (9 fois), le bacille putrificus (5 fois), le staphylococcus parvulus (4 fois), le bacille furcosus (2 fois). Gaudiani (1907) ainsi que Rocchi (1908) ont isolé quelques anaérobies dans plusieurs cas d'appendicite. Gilbert et Lippmann (1906) ont étudié la flore de l'appendice normal chez le chien et chez le lapin. D'après ces auteurs, les cultures anaérobies l'emportent d'une façon remarquable et par la richesse de la prolification microbienne et par la multiplicité des espèces sur les cultures ordinaires.

n) **Occlusion intestinale.** — La pathogénie des phénomènes généraux graves dans l'occlusion intestinale est différemment interprétée. D'après quelques auteurs tout s'explique par le passage des microbes dans le péritoine et dans la circulation sanguine. Roger et Garnier en provoquant l'occlusion de l'intestin chez 2 chiens et 3 lapins ont trouvé dans le sang, 9 fois le bacille perfringens, 6 fois seul, 3 fois associé au bacille coli. Ces auteurs nient presque tout rôle au bacille perfringens, se basant sur les deux faits suivants : 1° l'absence de tout pouvoir pathogène ; 2° sa disparition du sang aussitôt que l'obstacle intestinal a été levé. Ces mêmes recherches ont été reprises et étendues tout récemment par Ikonnikoff. Les expériences ont porté sur le lapin chez qui cet auteur pratiquait un étranglement de la portion inférieure de l'intestin grêle. Le bacille perfringens apparaît le premier ; plus tard, lorsque la muqueuse intestinale est déjà touchée par le processus nécrotique, on trouve le bacille paraputrificus, le bacille Rodella III et le capillosus. Quant au bacille coli et aux cocci (ces derniers deux fois sur 23 expériences) Ikonnikoff ne les a rencontrés dans l'exsudat que dans les cas de nécrose intense de la paroi intestinale. Rocchi nous donne le résultat de l'examen bactériologique du contenu intestinal au-dessus du point occlus chez deux malades atteints d'occlusion intestinale et chez les animaux. D'après cet auteur, dans l'occlusion de l'intestin grêle, on trouve rarement des germes dans le sang, et le contenu intestinal au-dessus de l'occlusion contient une flore presque semblable à celle du gros intestin, sauf une augmentation du nombre des anaérobies du groupe butyrique, une diminution et souvent la disparition du coli, du bifidus. Quelquefois on constate des germes protéolytiques tels que le pseudo-tétanique, le bacille putrificus.

2° *Les anaérobies dans l'appareil urinaire.*

Le passé des anaérobies, en tant que facteurs étiologiques d'infections urinaires, ne remonte pas au delà d'une dizaine d'années. C'est Veillon qui, le premier (1897), a isolé un anaérobie strict (micrococcus fœtidus) dans un phlegmon périnéphrétique. Albarran et Cottet, à plusieurs reprises (1898-1900) ont attiré l'attention sur l'importance des anaérobies dans certaines affections urinaires (pyo-néphroses, lésions périurétrales). Plus tard (1903) Hartmann et Roger ont publié quelques observations de cystite se rattachant à la même cause. Gilbert et Lippmann (1907) publient un cas de néphrite à microbes anaérobies.

Jungano (1907-1908) fait paraître une étude systématique destinée à bien mettre en relief le rôle de ces microbes dans les affections des diverses parties de l'arbre urinaire.

a) **La flore de l'urètre normal chez l'homme et chez l'enfant.** — Giovannini (1886), Lustgarten et Mannaberg, Oberlander (1887), Rowsing (1889), Petit et Wassermann (1891), Melchior (1893), Hermann (1903), Stanziale (1906) ont étudié la flore de l'urètre normal.

Jungano a porté ses recherches sur 10 urètres d'individus sans passé blennorragique, ni urinaire, sur 4 garçons et sur 3 petites filles.

La flore microbienne de l'urètre normal comprend des microbes aérobies et des microbes anaérobies et ceux-ci en plus grand nombre. En effet, chez 16 individus (car chez 1 l'examen bactériologique a été négatif) ce dernier auteur a isolé 17 fois des aérobies et 32 fois des anaérobies.

Parmi les microbes anaérobies cet auteur a retrouvé le staphylococcus Jungano et le micrococcus fœtidus (8 fois), le bacille perfringens et le bacille neigeux (5 fois), le ramosus (3 fois), le vibrion septique et le bacillus intestinalis de Metchnikoff (2 fois), le bacille téthoïde (1 fois). Dans l'urètre des adultes ce sont les formes bacillaires anaérobies qui prédominent, tandis que chez les enfants c'est le genre cocci anaérobie. Les microbes se retrouvent dans l'urètre normal, soit à l'état normal, soit à l'état virulent. Jungano a étudié ensuite les deux formes d'urétrites chroniques, la forme muqueuse, la forme glandulaire.

Dans les urétrites chroniques muqueuses il trouve des anaérobies, soit exclusivement soit en prédominance. Parmi les urétrites glandulaires, il étudie un certain nombre de cas où la sécrétion, à plusieurs reprises, s'était montrée stérile, lorsqu'on s'était borné à faire la recherche microscopique ou l'ensemencement dans les milieux aérobies.

Mais lorsqu'il a procédé au massage des glandes de l'urètre et a fait l'ensemencement dans les milieux à l'abri de l'air, les cultures ont été toujours positives avec présence ou d'anérobies stricts dans le plus grand nombre de cas ou d'anaérobies facultatifs.

Repassant alors l'histoire des soi-disant urétrites aseptiques, cet auteur arrive à cette conclusion que les urétrites aseptiques n'existent pas.

En plus il a étudié la flore du pus dans deux cas d'abcès de la verge, l'un circonscrit et l'autre diffus. Dans le premier, à côté du streptocoque pyogène, il y avait le bacillus bifidus, dans l'autre cas à côté du staphylocoque doré il y avait 4 espèces anaérobies : le micrococcus fœtidus, le staphylocoque Jungano, le bacillus perfringens, le bacillus nebulosus.

Dans un cas de gangrène de la verge, à côté du staphylococcus blanc et du bacillus subtilis, 4 espèces anaérobies : le bacillus perfringens, le bacillus ramosus, le micrococcus fœtidus, le staphylocoque Jungano.

b) **Suppurations périurétrales. Abcès et phlegmon du périnée.** — L'étude bactériologique des abcès urineux commence avec Albarran et Hallé (1888.) Ils constatèrent dans 2 cas d'abcès urineux périnéaux la présence du bacterium coli. Successivement ce même microbe est encore retrouvé par Clado (1888), par Tuffier et Albarran. Guyon et Albarran (1891) étudient un cas de gangrène urinaire avec diffusion à la verge et au scrotum et ils constatent localement le coli, le staphylocoque et un gros bacille à bouts carrés. Dans les organes, l'examen histo-bactériologique fit constater soit le bacterium coli, soit le gros bacille, qu'ils n'ont pas pu cultiver dans des milieux aérobies et qu'ils supposèrent devoir être un anaérobie.

Albarran et Banzet (1896) dans d'autres recherches bactériologiques d'infiltrations périnéales font la remarque que, dans plusieurs cas, ils n'ont pas trouvé dans les cultures certains microbes qu'ils avaient observés à l'examen microscopique.

Albarran et Cottet (1898) ont étudié ensuite 23 cas d'abcès urineux circonscrits et diffus. Parmi les 15 cas d'abcès circonscrits ils trouvent : 19 fois des anaérobies seuls ou en plus grand nombre que les aérobies, 1 fois des aérobies seuls. Parmi les 8 phlegmons diffus ils trouvent 6 fois des anaérobies seuls ou prédominants, 2 fois des aérobies seuls.

Parmi les anaérobies le microbe le plus fréquemment isolé a été le micrococcus fœtidus (10 fois), le bacillus fragilis (6 fois), le diplococcus reniformis (5 fois) et ensuite le bacillus funduliformis, le staphylococcus parvulus. Albarran et Cottet concluent que les suppurations périurétrales peuvent être exclusivement dues à des anaérobies facultatifs (13 p. 100), à des anaérobies facultatifs associés à des anaérobies stricts (75 p. 100), à des anaérobies stricts seuls (12 p. 100).

Jungano a étudié (1907) 8 cas de suppurations périurétrales, qui peuvent ainsi se grouper : 5 phlegmons diffus avec gangrène, 1 phlegmon circonscrit compliqué d'infection générale, 1 abcès circonscrit, 1 cas d'infiltration périnéale non opérée, compliquée d'infection septicémique après l'urétrotomie interne.

Le seul cas d'abcès circonscrit est dû à des aérobies. Dans le cas de phlegmon circonscrit on trouve 1 espèce aérobie et 2 anaérobies. Parmi les 5 cas de phlegmons diffus, 1 est dû à des microbes aérobies, 1 autre à des microbes anaérobies, dans les trois autres cas les espèces anaérobies prédominent sur les aérobies.

Dans les 5 cas de phlegmons gangreneux cet auteur a rencontré 4 fois le bacille perfringens. Il confirme les résultats d'Albarran et Cottet et établit avec certitude que la forme phlegmoneuse grave relève presque exclusivement de la présence des microbes anaérobies et surtout de l'action du bacille perfringens.

c) **Prostate.** — La bactériologie des suppurations prostatiques a été étudiée pour le processus aigu par Albarran, Cottet et Duval, Casper, Jungano. Cottet et Duval (1900) dans un cas de prostatite phlegmoneuse ont isolé le perfringens. Jungano a étudié 5 cas de suppurations aiguës et 4 cas de suppurations chroniques de la prostate.

Dans les affections aiguës il n'a pas trouvé des anaérobies stricts : les suppurations chroniques, au contraire, seraient dues en partie à des espèces anaérobies strictes.

d) **Vessie.** — La bactériologie des cystites a été l'objet d'un rapport de la part d'Albarran, Hallé et Legrain, à l'Association française d'urologie (1898) : 304 cas de cystite y sont rapportés.

Dans la même année Albarran et Cottet ont communiqué le premier cas de cystite où en même temps que le bacterium coli et le streptocoque ils avaient isolé le diplococcus reniformis.

Les mêmes auteurs (1900) et Hartmann et Roger (1903) publient 5 cas de cystite à anaérobies.

Jungano (1907) n'a pas retrouvé des anaérobies dans les cystites aiguës, tandis qu'il en a retrouvé, et en très grand nombre, dans les processus infectieux chroniques.

Si on demande quel rôle jouent les anaérobies dans les infections vésicales chroniques, nous sommes obligés de rester dans la plus complète incertitude. On ne peut s'empêcher de considérer que le nombre des microbes n'est pas en rapport avec les phénomènes inflammatoires et que souvent les microbes pullulent dans la vessie comme dans un tube de culture sans aggraver le processus morbide.

Il s'agit dans ces cas d'infections polymicrobiennes : il y a des anaérobies facultatifs et des anaérobies stricts et ces derniers souvent en majorité.

Ce qu'on observe, en général, ce sont les mêmes microbes

anaérobies qu'on rencontre dans les processus pathologiques urétraux et périnéaux.

e) **Infections rénales.** — Les infections rénales d'origine sanguine relèvent, pour la plupart, d'espèces anaérobies facultatives, tandis que ce sont les anaérobies stricts qu'on retrouve dans les infections d'origine sanguine, compliquées d'infection ascendante. Il s'ensuit que les anaérobies remontent lentement le canal urétro-vésical ou bien sont portés directement dans la vessie par des lavages ou par des instruments.

f) **Microbisme du canal génital de la femme à l'état normal et pathologique.** — Y a-t-il des microorganismes pathogènes dans le vagin de la femme à l'état normal? Winter, Witte, Samschin répondent affirmativement, tandis que Bumm, Krönig, Menge, Stroganoff disent qu'il n'existe que des saprophytes.

Dœderlein (1892) croit qu'à l'état normal, en raison de la réaction acide du mucus vaginal, il n'existe qu'une seule espèce bactérienne, qui représenterait à elle seule la flore vaginale normale.

Stroganoff (1893), cherchant la cause de la rareté des espèces pathogènes dans le contenu vaginal, prétendit avoir démontré, *in vitro*, un antagonisme entre les bactéries du vagin et le staphylocoque blanc, et que les microbes pathogènes ne se développent pas à cause de l'action bactéricide du mucus vaginal. La cavité cervicale de l'utérus, d'après Stroganoff, est stérile.

Menge et Krönig (1898) sont les premiers qui aient fait des cultures à l'abri de l'air.

Menge rencontra dans la vulve une flore variable et provenant pour la grande partie du vagin. Cette flore comprend, d'après cet auteur, un nombre appréciable de saprophytes anaérobies et surtout un coccus déjà isolé par Krönig et non pathogène pour les animaux. Il conclut de ces résultats que le vagin a un pouvoir d'auto-stérilisation vis-à-vis des microbes pathogènes.

Dans la cavité cervicale, Menge ne rencontre que très rarement des anaérobies stricts, tandis qu'il trouve très fréquemment (16 sur 20) des anaérobies facultatifs remontés du canal vaginal.

L'orifice externe du col serait la limite entre la zone inférieure infectée et la zone supérieure stérile.

Krönig (1897) montre que chez la femme enceinte le vagin ne

contient pas de germes aérobies, la flore vaginale est presque exclusivement composée de saprophytes anaérobies ; il a cherché 11 fois ces germes et les a toujours trouvés.

J. Hallé (1898) fait paraître un remarquable travail sur la flore de la vulve des petites filles et des femmes : cet auteur rencontre un assez grand nombre de microorganismes qu'il retrouve pour la plus grande partie dans le vagin.

Ce canal contient à l'état normal des microbes aérobies et des anaérobies stricts. Ces derniers paraissent souvent augmenter de nombre dans le bouchon muqueux du col utérin.

A partir de ce point le canal génital (utérus-trompe) ne contient pas de germes à l'état normal.

Aucune des espèces anaérobies n'est pathogène pour l'animal.

g) **Bartholinites.** — Dujon (1897) a le premier étudié la flore aérobie et anaérobie dans les bartholinites. Dans un seul cas à pus fétide sur 14 examinés il trouva le coccobacile de Veillon et Morax.

J. Hallé (1898) a examiné 18 cas d'infection de la glande de Bartholin. Dans tous les cas d'abcès à pus fétide cet auteur a retrouvé les anaérobies, soit seuls, soit associés à d'autres microbes, et surtout au gonocoque. Les anaérobies le plus fréquemment isolés sont le b. funduliformis (9 fois), le micrococcus fœtidus (6 fois), le b. nebulosus (2 fois). On voit donc que dans les bartholinites on rencontre comme microbes anaérobies les mêmes espèces que dans le vagin à l'état sain.

h) **Infections puerpérales putrides.** — Krönig, Hallé, Doleris, Brindeau et Macé avaient étudié la question, mais pas d'une façon complète.

Dans une première période de l'époque bactériologique, l'agent exclusif des infections puerpérales est le streptocoque pyogène.

Les cocci en chaînettes entrevus par Coze et Feltz (1869) dans le sang d'une puerpérale et par Waldeyer (1872), par Heiberg et Orth (1873) furent identifiés au streptocoque par Pasteur (1879).

Doleris (1881) posa le premier le principe de la pluralité microbienne et trouva en effet soit des cocci, soit des bacilles.

Chauveau (1882) et Arloing (1884) ayant isolé le streptocoque dans un cas d'infection puerpérale, en le cultivant de différentes façons, obtiennent, chez l'animal, des formes cliniques tout à fait différentes. Arloing conclut que le strepto-coque n'est pas spécifique de l'infection puerpérale.

Fritsch (1885) incline à admettre l'existence d'une seule espèce, mais avec des variations de virulence.

Widal (1889) admet aussi le streptocoque seul.

Cette théorie régna incontestée, en France au moins, jus-qu'en 1899.

Du Bouchet en recherchant les aérobies et les anaérobies trouva toute une série de microbes.

Doleris (1900) fait le procès de l'unicité étiologique, pour admettre la théorie de la pluralité des germes.

Krönig et Menge (1900) arrivent aux mêmes conclusions : dans toute une série de cas dans lesquels les accouchées ont présenté des accidents fébriles, le streptocoque est rarement seul dans la cavité utérine. Ils rappellent deux cas personnels et un dû à Ernst (1893), où l'examen bactériologique n'a décelé aucun streptocoque, mais seulement des anaérobies. Nous arrivons ainsi à Jeannin (1902) qui a donné une étude très approfondie de la question. Rist, Gourand, Rist et Mouchotte (1903) apportent de nouvelles contributions à la bactériologie des infections utérines.

Telle est rapidement résumée l'histoire de l'infection puerpé-rale putride.

i) **Décomposition putride du liquide amniotique.** — Dans les 7 cas que Jeannin a étudiés, l'infection était mixte aéro-anaérobie : les espèces anaérobies eurent toujours le rôle pré-pondérant, sauf dans une observation où le colibacille domina de beaucoup. Les microbes isolés par Jeannin ont été : le perfringens (4 fois), le micrococcus fœtidus, le streptococcus tenuis (5 fois), le b. radiiformis (3 fois), le b. ramosus, le b. cadu-cus (2 fois), le b. fragilis, le b. tethoïdes, le staphylococcus parvulus (1 fois).

Krönig dans 21 cas de fièvre du travail a rencontré une fois le streptocoque et une fois le staphylocoque en culture pure dans les seuls cas où le liquide amniotique n'était pas fétide. Dans les 19 autres observations de putréfaction intra-amnio-tique, il trouva 4 fois le bacterium coli et 15 fois des microbes anaérobies que Jeannin identifie au b. perfringens, au micro-coccus fœtidus, au streptococcus tenuis.

Ce dernier auteur a étudié ensuite 3 cas d'infection amnio-tique avant la rupture des membranes. Quoique l'examen bactériologique décelât la présence de deux espèces aérobies, le rôle prédominant appartenait aux anaérobies dont il isola cinq espèces différentes. D'après lui ce seraient les microbes des voies intravaginales qui passent au travers des membranes, au niveau du pôle inférieur de l'œuf. Plusieurs conditions favorisent ce passage dont la plus importante est le travail en raison de la chute du bouchon muqueux cervical, qui disparaît lors des premières douleurs, une très mince barrière séparant alors le liquide amniotique du vagin.

j) **Infections putrides post partum**. — Les premières recherches sur l'infection puerpérale dans lesquelles on décela la présence des anaérobies appartiennent à Vignal (1882), qui constata le vibrion septique, et à Du Bouchet (1897) qui, dans plusieurs cas, trouva des anaérobies dans le contenu utérin. Krönig a examiné 55 cas de lochies fétides : dans tous les cas où les cultures furent positives il a isolé des anaérobies en partie identiques à ceux retrouvés dans les cas de fièvre du travail, en partie différents : les uns et les autres non pathogènes pour le lapin. Brindeau et Macé ont étudié 5 cas de putréfaction intra-utérine post partum : ils n'auraient pas trouvé des anaérobies stricts. Jeannin rapporte, dans son travail, 21 observations dans lesquelles la culture a donné 3 espèces aérobies et 13 anaérobies.

Les rapports proportionnels existant entre les espèces aérobies et anaérobies, dans 21 observations, sont les suivants : Infection à aérobies purs, 1 cas; mixte aéro-anaérobies, 10; mixte avec prédominance des anaérobies, 1 fois.

Dans un travail ultérieur (1907) Jeannin apporte une nouvelle contribution de 7 cas confirmant ses premiers résultats. Même chez les accouchées en état de santé parfaite et sans fièvre, les lochies contiennent souvent beaucoup de microbes anaérobies (Gioelli).

k) **Rétentions placentaires putrides post abortum**. — Du Bouchet a étudié 4 cas de rétentions placentaires post abortum et y a isolé 2 fois le b. coli et 3 fois un bacille qui pourrait être le b. perfringens.

Dans les 4 cas de J. Hallé, les anaérobies étaient en forte prédominance, et même dans un cas existaient seuls. Parmi eux et dans les 4 cas il a isolé le b. caducus.

Jeannin a étudié 19 cas : 1 seule fois l'infection fut unimicrobienne, 18 fois polymicrobienne. Sur l'ensemble des cas non seulement le nombre des anaérobies (12) l'emporte sur celui des aérobies (3), mais dans chaque observation en particulier à côté d'une ou deux espèces aérobies on rencontre 3, 4 et même 5 anaérobies. Les anaérobies isolées sont par ordre de fréquence : le b. perfringens (12 fois), le b. thethoïdes, le streptococcus tenuis, le staphylococcus parvulus (6 fois), le b. radiiformis (4 fois), le micrococcus fœtidus, le b. caducus (3 fois), le b. nebulosus (1 fois).

A ce chapitre peut se rattacher l'observation publiée en 1904 par Jeannin. Il s'agissait d'une femme qui au 3ᵉ jour d'un accouchement naturel, présenta de la fièvre et de la fétidité lochiale. Cette femme avait une antéversion de l'utérus, son état étant aggravé, la malade fit de la gangrène pulmonaire et mourut. L'examen, pendant la vie, du contenu utérin et du poumon après la mort décela la présence exclusive de deux anaérobies stricts : le b. perfringens et le micrococcus fœtidus.

l) **Septicémies gazeuses.** — Jeannin réunit sous ce titre toutes les infections putrides dans lesquelles il y a formation, dans l'organisme et durant la vie, de gaz provenant de la décomposition des humeurs et des tissus attaqués par les agents microbiens. Sur 4 cas de putréfaction intrautérine avec développement de gaz, étudiés par Jeannin et Demelin, ces auteurs n'ont pas trouvé d'aérobies, mais exclusivement des anaérobies.

3° *Affections méningitiques et cérébrales.*

Weichselbaum (1898), dans un cas de méningite traumatique, trouva à l'autopsie pratiquée 20 heures après la mort le bacille Welch-Fränkel (bacillus perfringens). Howard (1899) rencontra le même bacille dans un cas de méningite. Il s'agissait d'un malade porteur d'une fistule urinaire auquel on avait pratiqué le curettage de la fistule et mis une sonde à demeure. Quelques jours après éclataient les symptômes de méningite. On trouva à l'autopsie un abcès cérébral. Dans le sang du cœur de même que dans le pus de l'abcès cérébral Howard constata la présence du bacille de Welch.

Moser dans un cas de méningite aiguë cérébro-spinale isola une bactérie anaérobie qu'il ne put définir.

Ghon, Mucha, Müller (1904) ont étudié 4 cas de méningite, dont 2 avec présence d'anaérobies seuls, 1 avec prédominance d'anaérobies et le dernier à infection mixte aéro-anaérobie. Deux espèces anaérobies ont été identifiées avec le bacillus radiiformis et le spirillum nigrum.

Legrand et Axisa (1905) ont trouvé des anaérobies dans un abcès cérébral chez un malade mort de dysenterie.

Heyde (1908) dans un abcès primitif de la zone rolandique gauche n'isola qu'un seul microbe : un bacille anaérobie strict qu'il n'a pu identifier à aucun autre anaérobie décrit.

4° *Organes des sens.*

A. **Peau normale.** — Rodella (1903) a signalé la présence d'anaérobies (bacillus paraputrificus) dans la sueur des pieds. Rocchi (1908) a fait des recherches analogues.

Il a utilisé le produit de curettage de la surface interdigitale des pieds et du creux axillaire d'ouvriers après 8-10 heures de travail. Il a retrouvé en dehors de nombreux cocci et du bacillus subtilis, des germes anaérobies identifiés avec le b. perfringens, le b. paraputrificus, qui joueraient un rôle dans la sécrétion fétide.

a) Gangrène disséminée de la peau chez les enfants. — Veillon et Hallé (1901) ont étudié un cas de gangrène disséminée de la peau chez un petit malade venant d'avoir la rougeole. Ils ont trouvé dans les lésions purement suppuratives le staphylocoque doré et dans les phlegmons gangreneux ils ont vu qu'il existait un microbe anaérobie strict : bacillus ramosus.

Plus tard, J. Hallé (1905) publia le cas d'une petite fille convalescente d'une varicelle, chez laquelle se développa un phlegmon gazeux à point de départ dans la grande lèvre gauche qui gagna l'aine, l'hypocondre et l'aisselle. Dans le pus de ce phlegmon cet auteur constata la présence du streptocoque pyogène en très faible quantité et de 4 espèces anaérobies dont 3 identifiées avec le bacillus funduliformis, le micrococcus reniformis et le bacillus nebulosus

b) Phlegmons gazeux. — Stierlin fait intervenir, dans la formation des gaz, la présence des germes gazogènes de la putréfaction, associés aux germes banaux ; mais il n'en apporte pas la démonstration.

Rosenbach (1884) dans la sanie de la gangrène trouve des microbes, qu'il ne retrouve pas dans les cultures. Ce n'est que plus tard que W. Koch, Arloing, Levy, Wichlein ont isolé dans plusieurs cas de gangrène gazeuse le vibrion septique. Pendant quelque temps, on a fait du vibrion septique l'agent exclusif de la septicémie gangreneuse.

Fränkel (1890) isola en culture pure et dans plusieurs cas de phlegmons septiques diffus un bacille anaérobie strict qu'il dénomma bacillus phlegmones emphysematosæ (b. aerogenes capsulatus de Welch, perfringens Veillon). Welch, Veillon, etc., l'ont retrouvé dans les processus gangreneux les plus différents.

Dernièrement (1904) il a été encore isolé par Werner dans un cas de phlegmon de l'avant-bras avec abcès métastatique du rein et par Hasemann (1907) dans un cas de phlegmon du bras.

Fränkel prétendit ultérieurement que son bacille déterminait des lésions différentes de celles du vibrion septique.

La gangrène gazeuse n'est pas une entité sous la dépendance d'une seule espèce microbienne anaérobie : Hintschmann et Lindenthal l'ont bien démontré. D'autres anaérobies, surtout associés, qui ne sont ni le b. perfringens, ni le vibrion septique, peuvent déterminer des processus gangreneux (Veillon et Hallé, Lippmann et Foisy, Gaudiani, Heyde, etc.). On a même cité des espèces anaérobies facultatives : le bacterium coli (Margarucci, Alessandri, Jungano, etc.), le bacillus septicus aerobius (Legros et Lecène), le streptobacillus gazogenes aerobius (de Gaetano), pourraient être les agents exclusifs de la gangrène.

Rocchi a étudié la pathogénie de la gangrène des membres sans lésions cutanées.

Or, d'après Rocchi, il n'est pas possible de croire que tous les germes trouvés dans la gangrène existaient déjà dans le sang des vaisseaux au-dessous de la ligature. Pour ces raisons il conclut que dans la gangrène gazeuse sans lésion de la peau, secondaire à un traumatisme, l'infection vient rarement par la voie sanguine, mais que son origine probable doit être recherchée dans le pansement chaud appliqué sur le membre qui en macérant la peau faciliterait l'infection transcutanée.

B. Oreille. — *Suppuration d'origine otique.* — Les travaux de Wetter, de Zaufal, parmi les nombreux parus, ont fixé le rôle des microbes pyogènes ordinaires dans les suppurations aiguës de la caisse.

Stern (1896) a essayé d'aborder l'étude bactériologique

comparative des otites aiguës non fétides et des otorrhées chroniques fétides. Il est frappé de la discordance qui existe entre le grand nombre des microbes à l'examen microscopique du pus et le peu de résultats que lui donnent les cultures.

Les recherches de Rist portent sur 15 cas. Dans 3 cas d'otorrhées chroniques à pus fétide il a isolé en grande quantité des espèces anaérobies et, en plus petite quantité, des espèces anaérobies facultatifs. Dans les 6 cas de mastoïdites aiguës consécutives à des otorrhées chroniques il a trouvé dans les cas où le pus n'avait aucune odeur des aérobies, dans les autres cas au contraire n'existaient que des anaérobies toujours en nombre prépondérant et souvent seuls.

On voit plus nettement ici le rôle que jouent les anaérobies. Dans les suppurations avoisinant l'oreille, les aérobies ou sont seuls ou prédominent ; dans les lésions à distance, de même que dans le sang, on ne rencontre, presque toujours, que des espèces anaérobies.

Les anaérobies isolés par Rist sont : le b. ramosus (6 fois), le b. perfringens, le micrococcus fœtidus, le staphylococcus parvulus (3 fois), le b. radiiformis et le b. funduliformis (2 fois), le b. serpens et le spirillum nigrum (1 fois). On voit donc que les anaérobies, pour la plus grande partie provenant des cavités naso- et bucco-pharyngiennes, peuvent produire les lésions les plus variées.

C. Nez. — *Sinusites*. — Baup et Stanculeanu ont étudié au point de vue bactériologique les sinusites. Ils ont retrouvé, très fréquemment, surtout dans celles d'origine dentaire, des anaérobies tels que le bacillus ramosus, le bacillus fragilis. Dans les sinusites d'origine nasale ils n'ont trouvé que des pyogènes banaux.

D'après ces auteurs la présence des anaérobies est un critérium pour affirmer l'origine dentaire d'une sinusite.

D. Œil. — *Globe oculaire, paupières, etc.* — Morax et Veillon les premiers ont isolé dans un cas de dacryo-cystite gangreneuse un coccobacille anaérobie.

Chaillous retrouve le bacillus perfringens dans deux cas d'infection traumatique du globe oculaire.

Benedetti dans différentes infections oculaires a isolé de nombreux anaérobies. Il a retrouvé, en outre, dans le sac conjonctival à l'état sain des anaérobies, comme Fava en a récemment trouvé dans les cils normaux.

5° *Appareil respiratoire*.

a) **Pleurésies putrides.** — Levy (1895) aurait le premier constaté un anaérobie dans une pleurésie non fétide, le bac. perfringens.

Roger et Comte (1897) publient un cas de pleurésie putride post-embolique. Ayant isolé dans l'exsudat 2 microbes qu'ils injectèrent au lapin, ils reproduisirent chez ces animaux un épanchement n'exhalant que peu d'odeur. Ils conclurent qu'ils n'avaient pas isolé le véritable agent de la putréfaction et que celle-ci devait être attribuée à des saprophytes.

En face de l'opinion ancienne représentée de nos jours par Roger et Comte, nous voyons se dresser une nouvelle interprétation, celle de Courmont et de Cassoët, pour lesquels l'association des germes pyogènes vulgaires suffirait à donner lieu à la putridité.

Plusieurs auteurs constatent, cependant, que l'inoculation aux animaux de germes banaux isolés ne suffit pas à reproduire la pleurésie putride, alors que l'inoculation du pus en nature la détermine aisément.

En 1898, Hamilton parvient à isoler de ces pus un anaérobie : le bac. perfringens.

Lorrain (1902) dans un cas de pleurésie putride trouve 2 anaérobies stricts : un coccus et le b. ramosus ; Guillemot, Hallé et Rist (1904) nous donnent une étude d'ensemble sur la question en ajoutant à ses nombreuses observations des recherches expérimentales.

Ces auteurs ont examiné 13 cas.

Dans un seul cas le pus ne contenait que le bacillus glutinosus.

Dans les 12 autres cas il s'agissait de suppurations polymicrobiennes.

Dans 5 cas sur 13 le pus ne renfermait que des anaérobies stricts.

Dans les autres cas ils ont trouvé aussi des facultatifs.

La seconde partie du remarquable travail de Guillemot, Hallé et Rist comprend des recherches expérimentales sur les pleurésies putrides.

Les auteurs concluent que les anaérobies facultatifs à eux seuls ou associés sont incapables de produire la pleurésie putride. Le rôle des anaérobies ne se borne pas à faire subir à des tissus déjà lésés une putréfaction secondaire; ils sont capables d'attaquer les tissus vivants, de les enflammer et de les nécroser, pour les putréfier ensuite.

En injectant plusieurs espèces anaérobies à la fois, Guillemot, Hallé, Rist, ont reproduit chez l'animal cette maladie.

b) **Gangrène pulmonaire.** — Les recherches de Veillon et Zuber ont jeté un nouveau jour sur la pathogénie des gangrènes, en montrant que le processus gangreneux et putride est fonction des anaérobies.

Guillemot, qui a très bien étudié la gangrène pulmonaire, rapporte dans la première partie de son travail 8 cas de gangrène embolique, tous d'origine otique, y compris 2 cas de Rist et 1 cas de Veillon et Zuber. La seconde partie contient 6 cas de gangrène d'origine aérienne, c'est-à-dire de gangrène où l'infection paraît avoir pénétré par la voie respiratoire, sans que l'on puisse d'ailleurs préjuger en rien de la modalité de cette infection.

Dans l'un de ces cas l'infection était sous la dépendance exclusive des anaérobies stricts ; tous les autres étaient d'origine mixte avec prédominance des anaérobies stricts.

Les microbes le plus souvent retrouvés sont le b. ramosus (8 fois) et le b. fragilis (6 fois); viennent ensuite le b. funduliformis (3 fois), le b. serpens, le b. fusiformis, le spirillum nigrum (2 fois), le staphylococcus parvulus et le b. perfringens (1 fois).

Guillemot arrive à réaliser la gangrène pulmonaire par embolie, en injectant plusieurs espèces anaérobies et une seule aérobie non virulente, mais la présence des anaérobies facultatifs n'est pas indispensable. En effet, chez un malade examiné par Guillemot il n'existait que des anaérobies ; Veillon et Zuber, en outre, auraient réalisé dans l'animal un processus gangreneux, en n'injectant que des espèces anaérobies.

Guillemot, examinant enfin la pathogénie de la gangrène pulmonaire, trouve que dans la gangrène pulmonaire d'origine embolique, l'embolus, qui par lui-même ne jouerait qu'un rôle mécanique, ne provoque la gangrène que parce qu'il contient dans son intérieur des anaérobies, agents de la fermentation putride. Ces microbes s'attaqueraient directement aux tissus vivants, sans avoir besoin de trouver un terrain préparé par l'action antérieure d'autres agents ou d'autres causes morbides. Il est possible d'expliquer, de même, les gangrènes qui ne reconnaissent pas pour cause un embolus, celles qui paraissent être sous la dépendance directe d'une infection d'origine aérienne.

6° *Appareil circulatoire.*

Sang. — On a toujours considéré comme impossible la végétation des germes anaérobies dans le sang. Krönig, qui a fait de nombreuses recherches sur le rôle des anaérobies, admettait que les infections anaérobies se propageaient seulement par les lymphatiques et par contiguïté avec les cavités séreuses. C'est un fait très important à noter que tandis que dans un foyer primitif on trouve des anaérobies stricts associés aux facultatifs, dans les lésions métastatiques on trouve seulement des anaérobies stricts.

Fränkel isole le premier le bacillus perfringens dans le sang d'un sujet atteint de phlegmon gazeux. Achalme et d'autres observateurs isolent le même microbe dans le sang d'individus atteints de rhumatisme articulaire aigu.

Albarran, Cottet, Jungano trouvent des anaérobies chez des malades présentant des phlegmons diffus du périnée. Rist en retrouve chez des malades présentant des otites gangreneuses.

Roger et Garnier décèlent dans le sang d'un homme atteint d'occlusion intestinale un anaérobie strict : le bacillus pocciloïdes. Ils isolent assez fréquemment le bacillus perfringens, soit seul, soit associé à des anaérobies facultatifs, dans le sang des chiens et des lapins, chez qui ils avaient pratiqué l'occlusion intestinale.

D'après Garnier et Simon l'infection anaérobie du sang est aussi fréquente dans certaines maladies qui lèsent la muqueuse intestinale, et en particulier au cours de la fièvre typhoïde : ils ont trouvé chez deux typhiques dans le sang une fois le bacillus perfringens, associé à un anaérobie facultatif, une autre fois une nouvelle espèce anaérobie stricte, le bacillus angulosus. Ces mêmes auteurs ont trouvé aussi des anaérobies dans le sang de malades atteints d'états infectieux d'origine inconnue, dont la porte d'entrée intestinale est possible, tels que l'ictère catarrhal, le purpura, etc.

Thaon chez un malade atteint de septicémie à la suite d'une chute dans une fosse d'aisances isole des anaérobies.

Gilbert et Lippmann dans un cas de gangrène sénile trouvent dans le sang le bacillus ramosus, anaérobie qui fut rencontré associé à quelques espèces aérobies dans la sanie entourant la plaque de gangrène.

7° *Système osseux.*

Ostéomyélite. — Depuis que Pasteur (1880) avait isolé dans le pus d'une ostéomyélite le staphylocoque doré on admit généralement la spécificité de ce germe, d'autant plus que les expérimentateurs avaient réussi à reproduire cette infection chez les animaux (Colzi, Rodet, Jaboulay). Successivement on a trouvé dans le pus d'autres microbes : le streptocoque, le pneumocoque, le bacterium coli, le bacille typhique.

Wyss a décrit un cas d'ostéomyélite du tibia avec infection générale par un anaérobie : le bacillus halosepticum.

Rist (1898) dans un cas de coxite secondaire à une infection d'origine optique isola le bacillus tethoïdes.

Lippmann et Froisy (1902) ont recherché les anaérobies dans le pus d'une ostéomyélite aiguë d'un tuberculeux avec bronchite fétide. Ils isolèrent des anaérobies stricts seulement : le streptococcus anaerobius, le bacillus ramosus, le bacillus serpens.

ESSAI DE CLASSIFICATION DES MICROBES ANAÉROBIES

Il est difficile de faire une bonne classification des anaérobies. Nous adopterons celle qui nous semble la plus simple : cocci et bacilles. Nous placerons ensuite ces deux groupes d'après leur pouvoir fermentatif. Nous mettrons en première ligne les bacilles les plus actifs au point de vue chimique et au point de vue pathogénique. Nous étudierons donc d'abord les microbes à la fois ferments de l'albumine et des sucres (les protéolytiques mixtes de Tissier et Martelly), puis ceux qui ne s'attaqueront qu'à l'albumine, dont l'action sur les sucres est presque insignifiante (protéolytiques simples des mêmes auteurs).

Nous ferons de même pour les microbes qui ne s'attaquent qu'aux matières albuminoïdes ayant subi un commencement d'hydratation (peptolytiques de Tissier et Martelly), se subdivisant aussi en deux catégories : les mixtes et les simples. C'est en effet de cette façon que se classent les bactéries anaérobies dans les processus putrides : les protéolytiques destructeurs des sucres se développent d'abord, puis les protéolytiques simples et enfin en dernier lieu les peptolytiques qui vivent de déchets des autres.

On trouve fréquemment dans la littérature scientifique des descriptions de microbes dont les unes sont absolument identiques, dont les autres ne diffèrent que par quelques points de détail insignifiant.

D'autres descriptions semblent avoir été faites avec des cultures impures.

Il est clair qu'on pourrait passer sous silence ces descriptions et ne conserver que la plus ancienne ou celle qui nous a paru la plus exacte. Nous ne nous croyons pas autorisés à trancher la question d'une façon si catégorique. Nous préférons, pour faciliter les recherches de nos lecteurs et pour la clarté de l'ouvrage, réunir toutes les descriptions identiques ou toutes celles qui se rapportent suivant nous, à un seul et même microbe ou à des variétés, dans des groupes.

Ainsi nous donnons par exemple sous le nom de « groupe de perfringens » toute une série de descriptions qui semblent se rapporter à cette seule et même espèce.

CHAPITRE IV

BACILLES PROTÉOLYTIQUES

A. — GROUPE DU PERFRINGENS

Bacillus perfringens. — Ce microbe a été mainte fois décrit sous des noms absolument différents. Nous conserverons le nom de perfringens qui nous semble être le plus répandu. Il fut découvert en 1891 par Achalme, dans les liquides céphalorachidiens d'un homme mort de rhumatisme cérébral. Ce même microbe a été ensuite et dans un certain nombre de cas, retrouvé soit à l'autopsie, soit dans le sang des individus atteints de rhumatisme articulaire aigu par Achalme, Lucatello, Thiroloix, Papillon, Riva et plusieurs autres savants. Achalme se basant sur ces données veut en faire l'agent spécifique du rhumatisme articulaire aigu. La même année (1891) ce microbe fut aussi découvert et étudié par Welch dans les organes

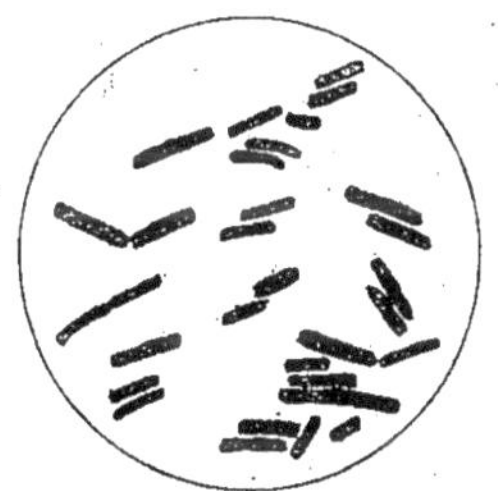

Fig. I. — Bacillus perfringens.

emphysémateux d'un cadavre (1892); mieux étudié ensuite par Welch et Nuttall et dénommé par eux bacillus aerogenes capsulatus.

Isolé par Fränkel (1893) dans un phlegmon, il reçut de ce fait le nom de bacillus phlegmonis emphysematosæ. Plus tard, Muscatello et Gangitano (1898) en firent l'objet d'assez importants travaux. La même année Veillon et Zuber l'isolèrent et l'étudièrent sous le nom de bacillus perfringens. Les élèves de Veillon (Rist, Guillemot, Hallé, Tissier, Cottet, etc.) le retrouvèrent et le décrivirent successivement au cours de leurs travaux. Depuis de nombreux observateurs en firent également mention.

C'est un microbe très répandu : on le retrouve un peu partout, dans l'intestin normal de l'homme et de beaucoup d'animaux à régime carné ou mixte, dans l'urètre normal, dans les urétrites chroniques (Jungano), dans les infiltrations gangreneuses du périnée (Guyon et Albarran, Albarran et Cottet, Jungano), dans les infections oculaires (Chaillous, Benedetti), et en général dans les processus gangreneux siégeant dans les différents organes. On le rencontre fréquemment dans la putréfaction, surtout au début. Il semble diminuer à un moment donné, puis disparaître (Tissier). Pour ce dernier auteur cette bactérie serait capable de jouer un rôle important dans la pathogénie de certaines diarrhées. Passini, puis Sittler disent l'avoir isolé des selles des nourrissons normaux, fait à nouveau contesté par Tissier.

C'est un bacille un peu plus gros que la bactéridie charbonneuse à bouts parfois carrés, parfois arrondis. Sa longueur est très variable. En général, il garde la même longueur que le bacille charbonneux. Dans les organes, dans le sang, dans l'exsudat péritonéal, il peut devenir tellement court qu'il ne dépasse pas les dimensions du bacterium coli.

Quelquefois nous avons eu l'occasion de l'observer (fait d'ailleurs déjà constaté par Welch) dans l'exsudation péritonéale, sous formes réunies en chaînes très longues. Dans les milieux liquides, le bacille est plus mince et plus long que dans les milieux solides. On rencontre dans de vieilles cultures des formes anormales : bacilles déformés, irréguliers, à bouts renflés. Le perfringens est immobile. Il prend bien, et d'une façon uniforme, toutes les couleurs d'aniline et le Gram. Les bacilles des vieilles cultures ne se colorent pas entièrement et quelquefois, lorsque les bacilles ont perdu toute vitalité, ils se décolorent complètement par le Gram. Il possède une capsule.

Dans les milieux ordinaires sucrés, le microbe ne sporifie pas. Achalme conseille de cultiver le microbe pour le faire sporifier dans les milieux nutritifs sans glucose (eau physiologique avec un peu de blanc d'œuf cuit). D'après Muscatello [1], la spore unique siégerait dans le corps du bacille, plus près d'une des extrémités, mais ne serait jamais terminale. Elle serait légèrement ovale, le

1. Loris-Melikov (*C. R. Soc. Biol.*, déc. 1909) confirme les données de Muscatello. La spore débute par une masse médiane, en même temps le corps bacillaire s'efface. Elle devient ensuite ovoïde et très volumineuse.

plus grand axe dans le sens de la longueur du bacille et un peu en saillie sur son profil. Les spores sans coloration se montreraient comme des points réfringents ; d'autre part, elles se coloreraient avec beaucoup de difficultés. Achalme dit, au contraire, que la spore est toujours terminale, volumineuse et très réfringente [1].

Le perfringens se développe bien et vite dans tous les milieux de cultures, soit liquides, soit solides, aussi bien à la température de 37° qu'à celle de 22°. Il trouble très vite et d'une façon uniforme le bouillon qui au bout de quelques jours se clarifie presque complètement. Il se développe dans la gélatine au bout de 2 ou 3 jours avec une production de gaz. Selon certains auteurs, le perfringens ne liquéfie pas la gélatine et c'est ce caractère qui permit à Veillon de différencier ce microbe du bacille de Fränkel.

Veillon par la suite a vu que le perfringens, lorsque l'ensemencement est abondant, pouvait liquéfier la gélatine.

Un des perfringens isolés par Muscatello liquéfiait la gélatine, tandis que les autres la liquéfiaient tardivement et d'une façon moins intense. Pour expérimenter l'action du perfringens sur la gélatine, il faut l'ensemencer dans le milieu non sucré.

Dans la gélatine, les colonies n'ont rien de caractéristique, elles sont rondes, à contours réguliers, légèrement granuleuses. La gélatine est fendue par de nombreuses bulles de gaz, elle se ramollit, puis se liquéfie. Dans la gélose le développement est rapide : les colonies sont rondes, lenticulaires, quelquefois en

---

1. Rosenthal aurait adapté graduellement le bacille perfringens à la vie aérobie. Dans l'aérobisation le microbe ne perd aucune de ses propriétés. Mais cette conservation des fonctions n'est que provisoire. En effet, en continuant à cultiver le microbe en présence de l'air, on arrive à une seconde étape (étape de la discordance aéro-anaérobie) où le pouvoir fermentatif, de même que le pouvoir pathogène disparaissent. Cependant, ce bacille qui a perdu tous ses caractères d'origine revient rapidement à son type primitif, si on le cultive à nouveau en anaérobiose (anaérobie de reconstitution). Mais en continuant la culture en série du germe, elle atteindra le troisième stade, caractérisé par la perte absolue des fonctions fermentatives et pathogènes. Le bacillus perfringens privé de toutes fonctions est devenu le bacillogène perfringens. D'après Rosenthal, peut-être existerait-il une quatrième étape dans l'aérobisation du bacille, la perte de la morphologie et l'acquisition de l'aspect et des caractères d'un autre germe. Une fois, il a vu le bacillogène perfringens se transformer en un diplocoque et ensuite en un entérocoque de Thiercelin. Ce phénomène sort à tel point du cadre de nos connaissances bactériologiques, que n'ayant pu l'observer par nous-mêmes, nous ne le citons ici que pour mémoire.

forme de cœur, à contours réguliers et à bords nets. Vues au microscope elles ont l'aspect granuleux.

Nous insistons sur cet aspect des colonies, car il est tellement caractéristique à notre avis qu'on peut porter le diagnostic de perfringens. Le développement dans la gélose s'accompagne d'une production très abondante et très rapide de gaz. Le perfringens se développe également très bien dans le lait en produisant du gaz. Le lait est coagulé au bout de vingt-quatre heures et présente un aspect tout à fait caractéristique. Le coagulum plus ou moins diminué, suivant l'activité de la race, est perforé de logettes qui le font ressembler à une éponge. Le liquide reste toujours incolore et clair. Les cultures donnent une odeur caractéristique de beurre rance. L'examen du gaz aurait démontré la présence d'hydrogène, d'acide carbonique et d'azote en proportions variables. Il attaque le blanc d'œuf cuit, mais son action est très lente. Un pigment noir se dépose bientôt au fond du tube; ce pigment est insoluble dans l'eau, l'alcool et les alcalis concentrés, soluble dans l'acide sulfurique, et présente de grandes analogies avec la mélanine (Achalme). La membrane d'enveloppe de l'œuf n'est pas digérée (Achalme).

Les propriétés chimiques du bacille perfringens ont été étudiées par Achalme, Tissier et Martelly.

Il attaque les sucres d'une façon très intense : le glucose, le lactose sont dédoublés et brûlés avec production de HCO^2 et formation d'acides acétique, butyrique, propionique, lactique. Il saccharifie l'amidon.

Dans les cultures sur viande de boucherie, on peut voir que ce bacille sécrète une lipase émulsionnant et saponifiant les graisses. Il attaque également les substances protéïques en sécrétant une diastase du type trypsine. Les protéoses sont transformés rapidement avec production de H_2S, de gaz fétides tels que tyrosine, ammoniaque, etc. Le perfringens ne forme pas d'indol (Achalme). D'après Tissier et Martelly il en donne une faible quantité. Le perfringens détruit encore l'urée. Dans une urine contenant 17,93 de ce corps, on n'en trouve après huit jours d'étuve que 11,53.

Achalme a indiqué une curieuse propriété de ce microbe; il réduirait les nitrates en nitrite.

Il joue donc un rôle capital dans la putréfaction, grâce à ses fonctions mixtes de ferments des sucres, de l'amidon, des albuminoïdes et des graisses. Il produit trois diastases : tryp-

sine, amylase, lipase, et possède aussi un pouvoir pathogène
important. D'après Rosenthal, il faut distinguer dans le bacille
perfringens deux variétés : l'une, banale, à culture fétide, à
chimisme puissant; une autre mieux différenciée, à culture non
fétide, à chimisme moins intense (bacille du rhumatisme). Le
cobaye est l'animal le plus sensible. Quelle que soit la voie
d'inoculation, l'animal meurt de septicémie très aiguë. Les
organes, surtout la rate, sont bourrés de microbes. Quand on
procède par inoculation sous la peau, il se forme des abcès
gazeux formant des grands décollements. Le lapin résiste à des
doses assez fortes, même par la voie veineuse. Par infection
sous-cutanée, il se produit une véritable culture *in vivo* avec
production de gaz, mais, au bout de quelques jours, la tuméfaction se résorbe et l'animal se remet complètement. Jungano
a fait de nombreuses expériences pour voir si le microbe
produisait une toxine. Les cultures filtrées par la bougie de
Berkefeld, ou rendues inactives par le chloroforme, ont été sans
action sur le cobaye et sur le lapin; il a filtré des cultures
à partir de 24 heures et jusqu'à 15 jours. Au bout de ce
temps le microbe à l'étuve a perdu toute vitalité. Nous avons
répété les essais avec un perfringens, dont nous avions renforcé
le pouvoir pathogène à travers 20 cobayes et les résultats ont
été toujours négatifs. Le perfringens donnerait une hémolysine
et aussi une leucocidine : nous n'avons pas contrôlé ces faits.
Korentchevsky aurait obtenu une toxine d'un échantillon de
bacille perfringens, isolé chez le chien, capable, injectée par la
voie intraveineuse, de tuer un lapin à la dose de 1 cm³ par kilogramme du poids de l'animal. Il aurait eu une toxine encore
plus active en faisant passer le bacille perfringens par 2 ou
3 lapins, animaux, comme l'on sait, presque réfractaires à ce
microbe. Cette toxine serait plus active chez les jeunes lapins
que chez les vieux. Elle agirait quoique d'une façon moins
active lorsqu'on l'injecte par la voie rectale.

Nous rappelons que ce microbe jouerait un grand rôle dans
les putréfactions intestinales (Tissier, Metchnikoff). Son action
nocive d'après Herther serait accrue dans la vieillesse.

Bacillus pyogenes anaerobius (Fuchs, selon Flügge). — Isolé
du pus d'un lapin mort spontanément, il est immobile, trapu.
Il ne donne pas de spores. Il ne pousse pas à 22° et est un anaérobie strict.

Il produit chez le lapin de grands abcès.

Bacillus cadaveris (Sternberg, selon Flügge). — Isolé des organes internes dans l'autopsie des cadavres.

Il est large de 1 à 2 μ et long de 1,5 à 4 μ.

Il est immobile. Il ne donne pas de spores.

Il ne pousse pas en gélatine et il ne donne pas de gaz. Il donne des acides en glycérine, agar et dans les tissus des organes internes.

Un morceau de foie d'un de ces cadavres tue un cobaye, tandis que le bacille en culture pure n'est pas pathogène.

Bacillus anaerobius liquefaciens (Sternberg, selon Flügge). — Isolé du contenu intestinal d'un individu mort de fièvre jaune.

Il est immobile. Il mesure une largeur de 0,6 μ et une longueur de 2 à 3 μ. Il forme souvent des filaments et il donne des spores.

Les colonies sont granuleuses.

L'anaerobius liquefaciens liquéfie la gélatine.

Microbe de Séwerine. — C'est un microbe trapu, à bouts arrondis.

Il donne des chaînes de 2 et parfois de plusieurs articles. Son protoplasme est granuleux et se colore irrégulièrement. Il a 1 μ de largeur et 2 à 8 μ de longueur.

Il est immobile. Il ne donne pas de spores.

Les colonies apparaissent au bout de 24 heures à la température de 37 à 38°; elles sont rondes ou ovales, de couleur brune ou jaune, avec des granulations ou des gibbosités.

Le bacille de Séwerine donne des gaz.

Il pousse après 2 jours dans la gélatine à 22°, donnant lieu à des colonies rondes ou ovales de couleur jaune clair ou brune. Leur surface est granuleuse, les contours très nets.

Il se produit des gaz abondants et le milieu n'est pas liquéfié.

Le bouillon est troublé en 24 heures, mais après quinze jours il s'éclaircit donnant lieu à un précipité.

Le lait est coagulé en une masse compacte; à la partie supérieure du coagulum nage un liquide clair.

Bacillus enteritidis sporogenes (Klein). — C'est un bâtonnet cylindrique, isolé dans des cas de diarrhée dans les hôpitaux de Londres, chez les enfants ayant succombé à la diarrhée, au choléra nostras; chez un enfant mort de diarrhée estivale; de l'iléum, dans deux cas de choléra nostras.

Ce bacille mesure 1,6 μ à 4,8 μ de longueur et 0,8 μ de large.

Il forme des chaînes de 2 à 3 individus et donne rarement des filaments.

C'est un bacille mobile, et qui prend le Gram.

Il forme des spores libres, ovales, mesurant de 0,8 μ jusqu'à 1 μ de largueur et 1,6 μ de longueur.

On voit aussi des spores qui restent attachées au microbe même et peuvent être terminales ou médianes. Sur culture en gélatine ce bacille produit après 3 jours la liquéfaction complète et provoque la formation d'une forte quantité de gaz, accompagnée d'une odeur d'acide butyrique. Au fond de la culture se dépose une énorme quantité de spores.

Le gaz qui se forme est le méthane.

Les colonies en agar sont fines, transparentes, comme des disques à bord arrondis.

Ensemencé dans le lait il le coagule après 26-48 heures, en donnant un caillot à la surface et un dépôt de caséine. Les cultures dégagent une odeur très marquée d'acide butyrique.

Quand dans les cultures en gélatine il y a un fort développement de gaz, la liquéfaction demande de 8 à 20 jours pour s'accomplir.

Dans ce cas on n'observe jamais la formation de spores. Mais si on ensemence ces derniers microbes dans des tubes de gélatine fraîche, on obtient des cultures où la gélatine est en très peu de temps complètement liquéfiée et alors a lieu la sporulation.

Exposé à la lumière ce genre de culture donne une grande quantité de gaz.

En somme s'il y a développement abondant de gaz, il n'y a pas formation de spores et la liquéfaction de culture est très lente ; au contraire quand il y a peu de développement de gaz, il y a sûrement des spores et la liquéfaction est très rapide.

Les cultures en gélatine, exposées à la température de 78-80°, pendant 10-15 minutes, ne meurent pas. A ces faits il faut ajouter qu'en ensemençant des spores dans la gélatine elle se liquéfie très vite, et qu'au contraire, en ensemençant le microbe non sporulé, la liquéfaction est très lente à se produire.

Dans le lait, l'évolution du milieu sous l'influence des sporogènes est classique.

Si on ensemence une goutte de culture en gélatine, la transformation du lait s'accomplit rapidement : il y a formation intense de gaz et pas de sporulation.

Les phénomènes que nous avons décrits pour la gélatine sont donc plus accentués pour le lait.

Il y a formation nette de deux variétés de colonies ; Klein les appelle typiques et atypiques.

Voici leurs caractères de contraste dans le lait :

1) La couche crémeuse est fragmentée par le gaz dans la culture typique ; dans l'atypique au contraire elle reste intacte.

2) La culture typique a une réaction acide, tandis que celle de l'atypique a une réaction alcaline.

3) L'atypique a une odeur d'acide butyrique ; la typique une odeur de putréfaction.

4) La variété typique en gélatine donne des colonies qui ne sporulent pas et ne liquéfient pas le milieu ; tandis que l'atypique donne des colonies qui liquéfient et sporulent.

5) La variété typique est virulente ; l'atypique n'est pas pathogène.

Les spores de la culture atypique reproduisent les formes qui caractérisent l'espèce typique.

Le bacillus enteritidis sporogenes est pathogène.

Le cobaye ou la souris, avec une injection de 0,5-1 centimètre cube sous la peau, meurent d'infection généralisée après 24 heures.

Le liquide sous-cutané d'un animal mort est fortement virulent. Il suffit d'en injecter à un cobaye quelques gouttes pour le tuer en 20 heures.

Ingéré par la bouche ce bacille ne provoque pas l'infection.

Hibler, tout récemment, a trouvé que l'enteritidis sporogenes coagule le lait avant de le peptoniser.

Nous soulignons dans cette description les faits suivants :

Klein décrit une forme qu'il appelle typique, donnant des colonies lenticulaires, coagulant le lait sans le peptoniser, liquéfiant mal la gélatine sans donner de spores et pathogène. Cette description se rapproche beaucoup de celle du bac. perfringens.

La variété « atypique », au contraire, donne des colonies ramifiées, peptonise le lait, liquéfie la gélatine, donne des spores et n'est pas pathogène ; elle semble se rapprocher beaucoup du putrificus.

B. — GROUPE DU BIFERMENTANS

Bacillus bifermentans sporogenes (Tissier). — Il se trouve au premier stade de la putréfaction spontanée de la viande de boucherie.

C'est un gros bâtonnet qui ressemble beaucoup au perfringens, de longueur de 5 à 6 μ et plus et de largeur de 0,8 jusqu'à 1 μ.

On trouve souvent des chaînettes de 5 à 6 éléments. Jamais on ne trouve de formes filamenteuses.

Il donne rapidement des spores au bout de 24 heures, même quand le milieu est sucré. La spore est située au milieu du bâtonnet.

Il est immobile et se colore par le Gram.

Sa vitalité est considérable. Les spores supportent une température de 100° pendant 1 minute et demie.

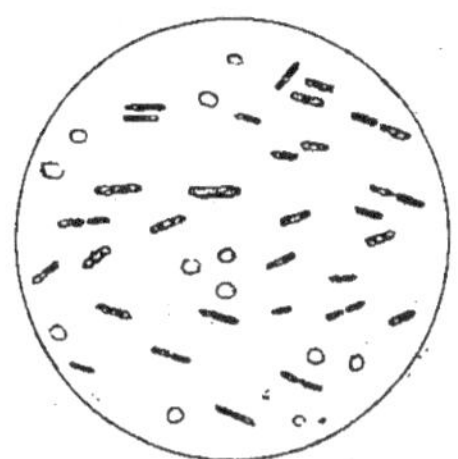

Fig. 2. — Bacillus bifermentans.

Traité avec la solution iodo-iodurée, il ne donne pas la réaction de la granuleuse.

Il pousse à 22° et à 37°.

Il se développe bien dans les milieux glucosés.

Dans la gélose sucrée il donne des colonies blanc grisâtre, très régulières, qui sont bien apparentes seulement après 48 heures ; 3 jours après il dégage des gaz d'odeur très fétide.

Dans les cultures âgées les colonies semblent donner des bosselures qui se disposent d'une façon très régulière autour d'un noyau central. Tissier nous a montré des cultures où les colonies présentaient l'aspect d'une tranche de citron ; autour de cette masse centrale se disposaient très régulièrement de petites colonies lenticulaires de même contexture.

Ces colonies en vieillissant prennent une teinte jaune brunâtre, tout en restant transparentes.

Dans la gélatine sucrée profonde, le milieu se liquéfie très lentement.

Dans le bouillon sucré, le dépôt muqueux adhère au fond du tube et ne se laisse détacher que par une forte agitation ; après cela il reste en suspension dans le liquide comme une masse zoogléique de moisissure.

Le lait se coagule après 5 jours sous la forme de fins grumeaux microscopiques ; la caséine est ensuite peptonisée et le liquide prend une teinte jaune ambrée très caractéristique.

Les grumeaux de la caséine, qui n'ont pas subi l'action de la diastase, se déposent au fond sous forme d'un dépôt sablonneux.

L'attaque du glucose se fait activement sans production d'alcool, ni d'acide lactique ; mais en donnant des acides acétique et butyrique.

Il n'a pas d'action sur le lactose, ni sur l'amidon.

D'après Tissier et Martelly, il donne naissance à une lipase.

Les substances protéiques sont transformées au moyen d'une diastase du type trypsique. Il donne de l'indol, de l'H^2S, des protéoses, des amines, de la leucine, de la tyrosine, des acides gras et aromatiques et de l'ammoniaque. Il n'est pas pathogène.

Bacillus butylicus (Fitz). — C'est un bâtonnet qui varie selon l'âge et la composition des cultures.

Quand il est jeune, et qu'il provient de cultures à contenu albumineux, il est fin et long ; quand le milieu est glycériné, il est alors très gros.

Lorsque la culture atteint son maximum de fermentation, le bacille présente un renflement qui lui donne l'aspect d'un tonneau.

Dans des cas exceptionnels, on trouve des bâtonnets qui affectent la forme d'une saucisse ou sont plus ou moins incurvés.

La réaction de la granulose s'obtient seulement, quand les bacilles commencent à sporuler.

On trouve parfois des spores au deuxième ou troisième jour et, dans des conditions anormales, elles peuvent atteindre des dimensions deux ou trois fois plus grandes que normalement.

Ce bacille a son optimum de température entre 42° et 46°.

Il peut supporter la température de 100°, durant 15 minutes et celle de 70° pendant 12 heures, sans perdre la faculté de se reproduire.

Il produit de l'alcool butylique dans les proportions de 0,5 jusqu'à 1,05 p. 100 ; de l'alcool éthylique 2,7 jusqu'à 3,3 p. 100 ; de l'alcool butyrique entre 0,05 jusqu'à 0,1 p. 100 et de la glycérine au-dessus de 25 p. 100.

Il se développe très bien dans le lait, en l'alcalinisant.

Il fait fermenter la glycérine, la mannite et le saccharose.

Dans la fermentation il produit principalement de l'acide butyrique et comme produits secondaires donne de l'acide acétique, copronique et succinique.

Il perd sa faculté fermentative au-dessous de 100°, s'il se trouve en présence de grandes quantités d'acides.

Il produit une enzyme capable d'intervertir le saccharose.

Il n'est pas capable de saccharifier l'amidon, n'intervertit pas l'acide lactique, et n'hydrate pas l'urée.

Il digère la caséine, la séro-albumine et la fibrine.

Il ne développe pas de gaz et ne donne pas d'odeur de putréfaction.

C. — GROUPE DU VIBRION SEPTIQUE

Vibrion septique.

Le vibrion septique est le germe pathogène anaérobie le plus anciennement connu. En 1877 Pasteur fixait la morphologie et la biologie du vibrion septique, en même temps qu'il décrivait, sous le nom de septicémie expérimentale aiguë, la maladie

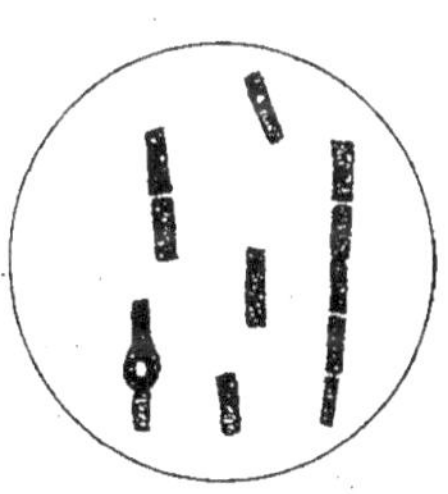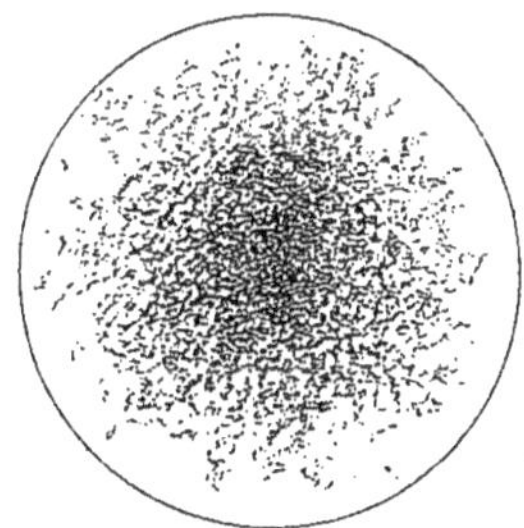

Fig. 3. — Vibrion septique.

qui succède à son introduction dans le tissu cellulaire sous-cutané des animaux de laboratoire.

Koch (1881) étudie le vibrion septique qu'il rencontra accidentellement dans la terre : il lui donne le nom de *bacille de l'œdème malin.*

Chauveau et Arloing (1884) montrent que le vibrion septique n'est autre que l'agent de la gangrène gazeuse foudroyante de l'homme.

Plus tard Roux et Chamberland (1887) démontrent l'existence d'un poison spécial sécrété par ce microbe.

Besson (1889) étudie la pathogénie de la septicémie gangre-

neuse, puis Leclainche et Morel (1848) en réalisent la sérothérapie.

Le vibrion septique a été considéré, quoique à tort, comme
l'agent unique des processus gangreneux. Il est actuellement
bien connu que la gangrène est sous la dépendance de plusieurs
espèces microbiennes anaérobies et même d'anaérobies facultatifs pour certains auteurs.

Le vibrion septique est extrêmement répandu : on le trouve
dans la terre, dans la poussière, dans les eaux, dans l'intestin de
l'homme et des animaux. On l'a rencontré aussi dans l'urètre
normal de l'homme (Jungano).

Le vibrion septique est un gros bâtonnet à bouts tantôt carrés,
tantôt légèrement arrondis. Court, rigide dans la sérosité de
l'œdème et dans les cultures jeunes, il ne tarde pas au bout de
24 heures à former des filaments assez longs. La forme filamenteuse est beaucoup plus accentuée dans le sang du cœur des
animaux morts de septicémie. Plusieurs filaments inégaux se
disposent en longues chaînettes occupant parfois tout le champ
du microscope. Sur la surface du foie, de même que dans la
sérosité péritonéale, on observe des filaments inégaux.

Il est mobile. Pasteur compara les mouvements du vibrion
septique à ceux des serpents rampant entre les herbes. Si on fait
un ensemencement dans la gélose par piqûre, dans l'eau de
condensation à la surface de la culture, largement exposée au
contact de l'air, on retrouve des vibrions qui constituent par
leur entrelacement d'énormes fuseaux, avec cils géants. Au
contact de l'air le microbe perd rapidement sa mobilité. Il se
colore bien par toutes les couleurs d'aniline et par le Gram : à
côté des bacilles bien colorés, on en voit d'autres, même dans
les cultures jeunes, se décolorant en partie ou presque complètement par le Gram.

Il donne des spores. Chez les animaux inoculés on trouve des
spores non seulement au lieu d'inoculation, mais aussi dans le
sang, surtout quand on a laissé quelque temps l'animal mort
à l'étuve. Quand l'animal a résisté plus longtemps à l'infection, on en trouve même avant sa mort, quoiqu'en quantité
moindre.

Les filaments ne contiennent pas de spores. La spore apparaît
comme un point ovoïde brillant, réfringent, produisant un
renflement soit à la partie moyenne, soit à une des extrémités
des bâtonnets isolés. Cette spore est rarement à l'extrémité du

bacille : il reste au delà d'elle une petite portion du corps du bacille se colorant par la méthode de Gram. Elle n'est presque jamais centrale. A côté des spores allongées, ovoïdes, on en voit de presque rondes. Nous avons rencontré encore quelques éléments (sang du cœur) avec deux spores. Pour ne plus avoir dans les cultures que des spores, il suffit de les laisser à l'étuve à 37° pendant plusieurs mois ou 3 heures à la température de 80° (Besson).

Tandis que le bacille meurt par le chauffage à 60°, les spores résistent plus d'une demi-heure à 90° (Besson) et au delà de 50 heures à la lumière solaire (San Felice).

Il est parmi les anaérobies stricts un des moins exigeants. Il pousse à la température de 22° et de 38°. Il trouble le bouillon qui se clarifie, au bout de quelques jours, en formant un dépôt floconneux. Le bouillon Martin, excellent lorsqu'il est frais, devient un mauvais milieu au bout de peu de temps.

Dans la gélatine sucrée il donne des colonies très caractéristiques, quand elles sont bien séparées. Elles se présentent d'abord sous la forme d'une petite masse ronde, de coloration blanche, qui ne tarde pas à émettre des prolongements courts, gros, puis très ramifiés. L'aspect général de cette colonie rappelle un flocon d'ouate. Le milieu est rapidement liquéfié.

En gélose sucrée profonde les colonies ont des formes analogues. Dans ces deux milieux la production de gaz est constante, tantôt abondante, tantôt légère suivant la race.

Le vibrion septique pousse bien dans le lait, précipite la caséine en fins grumeaux et la digère ensuite après un temps variable, transformant le milieu en un liquide transparent, incolore. La rapidité de précipitation et de digestion de la caséine varient également suivant les races. Il liquéfie le sérum coagulé. Dans le sang, le caillot sous l'influence de ce microbe devient spongieux, mou et est finalement dissous.

Il digère le blanc d'œuf cuit. Cette action semble se faire sous l'influence d'une diastase du type trypsique qui n'a pas été isolé. Il attaque enfin les dérivés de ces substances protéiques comme les peptones, en produisant dans ces diverses attaques des traces d'indol. D'après Macé il attaquerait la dextrine et tous les autres sucres. D'après Achalme, il attaquerait seulement le glucose, le maltose, le galactose. Nous avons étudié l'action d'un échantillon de vibrion septique vis-à-vis du glucose, du saccharose, de la dextrine et du lactose. Il ne nous a paru avoir aucune action sur la dextrine et sur le saccharose, mais attaquer légèrement le glucose et le lactose. D'après Tissier il produirait dans l'attaque du glucose une acidité variant entre 1,47 et 1,96, insuffisante en tout cas pour arrêter l'action de sa diastase protéolytique.

Nous avons dit plus haut que le vibrion septique est parmi les anaérobies stricts un des moins exigeants.

Rosenthal aurait adapté le vibrion septique à la vie aérobie. Le microbe y arrive à travers trois phases : dans la première il garde toutes ses propriétés chimiques et biologiques, dans la deuxième les fonctions chimiques et biologiques tendent à disparaître dans les cultures aérobies, mais se régénèrent dans les cultures anaérobies, la troisième, où en dehors d'artifices spéciaux, le bacille semble devenir un microbe sans importance n'ayant plus du vibrion septique que le nom.

Pouvoir pathogène. — Davaine et Pasteur ont donné la description de l'inoculation au cobaye. Si on injecte à cet animal du vibrion septique sous la peau de l'abdomen, il se produit un œdème local qui s'étend vite, devient crépitant et se prolonge jusqu'aux régions inguinales et axillaires. En même temps éclatent des phénomènes généraux graves, les poils se hérissent, l'animal paraît souffrir énormément, il pousse des cris qui redoublent dès qu'on le touche. La mort survient quelquefois en 6 heures, généralement dans les 24 heures. A l'autopsie on constate de l'exsudation dans les différentes cavités séreuses, congestion des organes à l'exception du foie qui a un aspect lavé. Au point d'inoculation les tissus sont nécrosés, sphacélés, avec des bulles gazeuses. Il est à remarquer à l'autopsie du cobaye la grande facilité avec laquelle on peut arracher les poils et l'odeur d'acide butyrique qui se dégage à l'ouverture du ventre.

Si on inocule un cobaye dans le péritoine, on ne rencontre, en général, dans l'exsudat abdominal et à la surface du foie, que des formes bacillaires et filamenteuses, de même dans le sang du cœur où abondent de longs filaments.

Si on inocule le même animal dans le tissu sous-cutané, comme nous avons dit, ou dans une masse musculaire, on ne rencontre dans le liquide de l'œdème que des formes bacillaires courtes. En laissant l'animal à l'étuve à 37°, à partir de 8-10 heures la sporulation commence et se poursuit rapidement d'abord dans la sang du cœur, ensuite et moins abondamment dans l'exsudat péritonéal.

Le lapin est moins sensible que le cobaye. Le mouton, le cheval sont encore très sensibles : de même le chat, placé souvent à tort parmi les animaux résistants (Besson). Beaucoup plus sensibles sont le chien, le porc, la poule, le canard, le pigeon. Le rat d'égout est presque réfractaire : il ne meurt que sous l'influence d'une très forte dose d'un virus très actif, après avoir présenté une grosse lésion locale purulente (Besson). Cet animal est au contraire très sensible à la toxine des bovidés, ainsi qu'au bacillus Chauvei et il ne le serait pas au vibrion septique. La grenouille est infectée si on la garde à la température de 22° (Tédenat). Tous les échantillons de vibrion septique ne sont pas également virulents : il y en a d'avirulents même pour le cobaye (Kirsten).

Toxine. — Le vibrion septique produit une toxine. Cette toxine, qu'on prépare de plusieurs façons, a une action très active et instantanée, comme le venin des serpents, vis-à-vis de certains animaux. On admet l'existence de plusieurs vibrions, dont quelques-uns tendent au type toxique et d'autres au type virulent (Nicolle).

Roux et Chamberland ont obtenu leur toxine, en filtrant sur bougie la sérosité des muscles de cobaye et de lapins ayant succombé à la septicémie gangreneuse : le filtrat injecté dans le péritoine produit la mort des cobayes à la dose de 40 centimètres cubes. Moins active était la toxine obtenue par la filtration des cultures en bouillon.

Besson a obtenu une toxine plus active en cultivant le vibrion dans un mélange stérile de viande de bœuf hachée et d'eau. Après 6 jours de séjour à l'étuve la culture présente son maximum de toxicité. La partie liquide est décantée, la partie solide est passée à la presse à viande et la sérosité obtenue est mélangée au produit de la décantation : le tout est filtré sur une bougie de Chamberland. La dose mortelle pour le cobaye serait, d'après Besson, de 5 à 10 centimètres cubes de culture par injection intrapéritonéale, tandis que le filtrat de la sérosité d'œdème d'animaux morts de septicémie, ne tuerait le cobaye qu'à la dose de 30-40 centimètres cubes par injection intrapéritonéale. A l'abri de l'air et de la lumière et à la température ordinaire, cette toxine garde toute son activité. Elle possède des propriétés chimiotaxiques négatives devenant positives par le chauffage à 80° pendant 2-3 heures.

Leclainche et Morel obtiennent une toxine active en cultivant le vibrion en bouillon Martin : la culture est décantée et non filtrée, le filtre retenant une partie de la toxine. Le produit obtenu tue le lapin à la dose de 5 centimètres cubes par injection intraveineuse et de 5 à 6 gouttes, quand l'inoculation est pratiquée dans le cerveau.

L'action de la toxine se fait sans période d'incubation. Quand on injecte une trop grande quantité de culture, il peut arriver que l'animal meure subitement, tué par la toxine, avant de présenter le moindre phénomène de réaction.

Vaccination. — Roux et Chamberland ont réussi à vacciner le cobaye en lui injectant dans le péritoine, à plusieurs reprises et à quelques jours d'intervalle, des cultures en bouillon chauffées 10 minutes à 110° ou, à 7-8 reprises, 1 centimètre cube de sérosité filtrée sur bougie et provenant d'un animal mort de septicémie gangreneuse.

Besson a vacciné le lapin par des inoculations répétées de sérosité septique, non filtrée, dans le tissu cellulaire de l'oreille; la vaccination du cobaye n'a pas donné de résultats constants.

Leclainche et Vallée ont vacciné le cobaye par un procédé analogue à celui indiqué par Arloing et Cornevin pour le charbon symptomatique. Ils gardent du sang septique, recueilli en ampoules scellées, pendant 5 jours à 37°. Au bout de ce temps tous les vibrions sont sporulés : on dessèche le sang et on le réduit en poudre. Pour préparer le vaccin on mélange 1 partie en poids de poudre virulente à la moitié d'eau : le tout est porté à 92° pendant 7 heures. Les cobayes qui reçoivent 2 centigrammes de poudre résistent à l'inoculation de 1 goutte entière de sérosité septique.

Leclainche a vacciné l'âne, à l'aide d'inoculations multiples de sérosité virulente, dans les veines et dans le tissu musculaire.

Leclainche et Morel ont vacciné le cheval avec des inoculations intraveineuses de cultures du vibron septique en bouillon Martin. Le sérum de cet animal possède des propriétés préventives et un pouvoir curatif, seulement chez les animaux peu sensibles au vibrion. Les inoculations du mélange sérum-virus sont inoffensives, mais elles ne confèrent pas l'immunité. Le sérum exerce une action à la fois antimicrobienne et antitoxique. Il est doué d'un pouvoir agglutinant assez notable (p. 300).

La pathogénie de la septicémie gangreneuse a été étudiée par Penzo et Besson. Si on injecte dans les tissus vivants et sains d'un cobaye des spores privées de toxine, elles ne déterminent aucune maladie. Les spores sont phagocytées; si, au contraire, avec des spores on injecte des traces de toxine ou une substance quelconque (acide lactique), capable d'empêcher la phagocytose, l'animal meurt (Besson); on obtient le même résultat si on nécrose les tissus où l'on pratique l'injection ou si en même temps on injecte des microbes (micrococcus prodigiosus, staphylococcus aureus) plus facilement phagocytés (Besson). Les expériences de Besson sont calquées sur celles, classiques, de Vaillard sur le bacille du tétanos.

Dans l'infection naturelle il est très probable qu'aux microbes favorisants ou au traumatisme revient le rôle important d'entraver la phagocytose et de permettre la germination des spores.

La septicémie gangreneuse reconnaît généralement une infection externe, mais peut relever aussi d'une infection interne. On connaît le cas de cet aliéné qui but de l'eau de fumier; il eut des accidents infectieux graves et au niveau de la cuisse une tumeur gazeuse, crépitante. On trouva dans le sang et dans les organes, après la mort, le vibrion septique en culture pure. La production de la tumeur s'explique par une contusion qu'a dû se faire ce malade. En effet quand on injecte à un animal du vibrion septique et qu'on traumatise une partie quelconque de son corps il se produit en cet endroit une localisation du virus. Ce phénomène n'est pas spécial à ce microbe, car Colzi a déterminé l'ostéomyélite aiguë chez le lapin, en traumatisant le fémur dans la région juxta-épiphysaire après injection de staphylocoque doré.

Bacillus sporogenes (Metchnikoff). — C'est un bâtonnet isolé des matières fécales des hommes sains ou atteints de troubles légers de l'intestin, du contenu du cæcum, d'un cas de colite chronique et enfin isolé encore des matières fécales de plusieurs personnes atteintes spontanément d'une forte diarrhée, à la suite de l'absorption d'un lait qui renfermait le même microbe.

C'est un bacille à bouts plus ou moins arrondis, tantôt isolé, tantôt réuni en chaînettes de longueurs différentes. Il donne des spores de préférence dans les milieux sucrés.

La spore, placée soit au centre, soit à l'un des pôles du corps du microbe, est ovale et résiste à la température de l'ébullition de l'eau.

Dans la gélose profonde ce microbe donne des colonies composées d'une partie centrale, munie d'appendice sous forme de bourgeons ou de filaments plus ou moins longs ou ramifiés.

Il donne des gaz.

Il attaque l'albumine et la caséine en produisant des substances fétides.

Metchnikoff distingue deux variétés : L'une A se présente dans les milieux peptonés sous forme de bâtonnet et de filament mince souvent réunis en chaînes de plusieurs éléments. Les spores sont polaires. L'autre B se développe plus abondamment dans le lait et dans l'eau physiologique avec le blanc d'œuf. Les bacilles de cette variété soit isolés, soit réunis en chaîne, sont beaucoup plus gros que ceux de la variété A. Dans le bouillon glucosé, avec blanc d'œuf, les bacilles sont à bouts arrondis et de forme

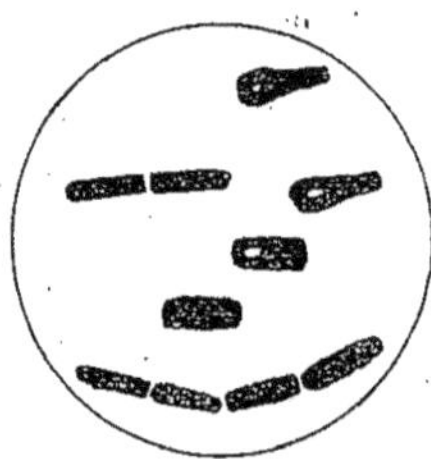

Fig. 4. — Bacillus sporogenes (Metchnikoff).

ovoïde. Les spores qui s'y développent occupent juste le milieu de la cellule.

Les bacilles de la variété B, cultivés dans la macération de viande dans l'eau, donnent lieu, dans leur contenu, au dépôt d'un pigment noir.

Berthelot a fait l'étude clinique de ces deux variétés. Dans les cultures en viande l'action de la variété B est plus énergique que celle de la variété A.

Dans le lait, la variété B digère la caséine très activement, tandis que l'action de la variété A est lente et n'arrive jamais à dissoudre complètement la caséine.

Le lait n'est pas coagulé.

La tyrosine se trouve en quantité notable dans les cultures de la variété B, tandis que dans celles de la variété A, il y en a seulement des traces.

Seule, la variété B donne lieu à les sphérocristaux qui peuvent être de la leucine.

Les deux variétés ne donnent ni phénol ni crésol, mais seulement de petites traces d'indol. Il y a formation d'ammoniaque, d'amine et d'oxyacides aromatiques.

Il y a production d'hydrogène sulfuré, mais en plus grande quantité pour A.

La variété B est pathogène, même le précipité alcoolique

obtenu après filtration sur bougie, injecté dans les veines est toxique. Ce poison appartient peut-être au groupe des ptomaïnes.

Les deux variétés attaquent le glucose, le lévulose, le galactose, le maltose et la mannite, mais restent sans action sur le saccharose et l'amidon.

Elles donnent de l'acide butyrique, de l'acide acétique et de l'acide lactique ; mais la variété *A* produit plus d'acide butyrique et la *B* plus d'acide acétique. L'acide lactique est donné en très petite quantité.

Il y a formation d'acide carbonique et très petite quantité d'hydrogène.

Metchnikoff pense qu'il faut considérer ce microbe comme une variété de vibrion septique.

Bacille de Ghon et Mucha. — C'est un bacille, isolé d'un cas de péritonite, qui ressemble au perfringens.

Il a une longueur de 3 à 7 μ. et une largeur qui oscille aux environs de 0,6 μ.; à bouts arrondis, droit ou un peu infléchi, il se présente isolé ou en diplobacilles.

Dans l'exsudat péritonéal de la souris le bâtonnet se présente en filaments non articulés qui atteignent la longueur de 100 μ., et qui sont rarement droits, tandis que dans le liquide œdémateux du cobaye la formation des filaments n'a pas lieu.

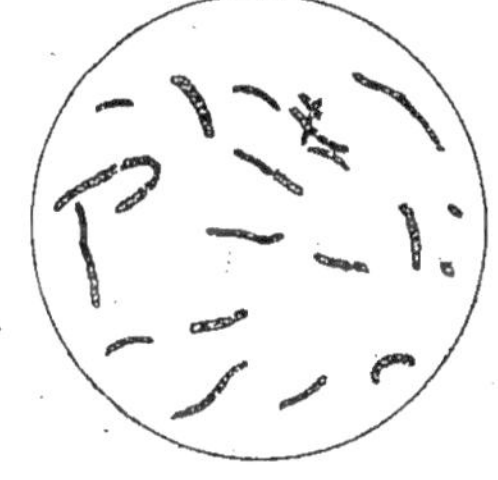

Fig. 5. — Bacille de Ghon et Mucha.

Dans les vieilles cultures sur agar on trouve aussi les filaments qu'on doit considérer comme formes d'involution.

Dans les cultures âgées de 130 jours, les bacilles sont réunis en houppe, mais dans les cultures plus vieilles l'on trouve des formes désagrégées.

Le bacille est mobile. Il prend le Gram ; mais au bout de 2 jours en gélatine sucrée, on voit souvent le bacille perdre cette propriété.

Les formes qui ne prennent pas le Gram sont plus grêles que les autres.

Il n'offre jamais la réaction de la granulose. Il produit des spores, qui ne sont pas si fréquentes que dans l'œdème malin, d'un ovale allongé, et qui occupent le centre ou même l'un des pôles des bacilles. Elles sont très fréquentes dans l'eau peptoniséeà 2 p. 100. Les spores ne se trouvent jamais dans l'exsudat péritonéal.

Le bacille possède une capsule.

Les colonies sur agar sont rondes ou presque rondes et ressemblent à celles du perfringens.

Les colonies sur agar profond restent toujours petites, mais quand elles sont bien éloignées l'une de l'autre, elles atteignent la grandeur d'une tête d'épingle et sont en forme de balle de neige ou de mousse. Le bacille pousse à la température de 20-21°, mais son optimum est à 37°. Les colonies se développent seulement après 48 heures.

Il y a très petite formation de gaz.

En gélatine sucrée par piqûre à 20-22°, il y a développement après 48 heures avec production de gaz et liquéfaction, la culture s'éclaircit ensuite et donne un dépôt blanchâtre.

Le bouillon est troublé, mais après quelques jours il s'éclaircit et il se produit un dépôt. Il se forme à la surface une couche d'écume, qui disparaît peu à peu. Dans le bouillon on trouve toujours les formes filamenteuses.

Dans l'eau peptonisée le développement ne se fait pas sur le milieu, quand il est très peu alcalin.

Le bacille ne pousse jamais dans les milieux pauvres d'albumine.

Il coagule la caséine en 4 jours et la dissout après 5 à 6 semaines.

Les cultures avec le liquide d'hydrocèle et d'ascite coagulé sont liquéfiées, mais pas toujours uniformément.

Il y a formation d'indol, d'alcool éthylique, d'acide butyrique et d'acide lactique, mais on ne constate que des traces d'acide acétique.

L'analyse des gaz donne : $CO_2 = 33$ p. 100; $N = 4,33$ p. 100; $H = 62,34$ p. 100.

Le bacille est peu pathogène.

La souris et le moineau sont les animaux les plus sensibles. Pour les tuer il faut employer une grande quantité de culture. Le microbe est quelquefois pathogène pour le cobaye, jamais pour le lapin.

Les symptômes sont ceux constatés dans le vibrion septique, mais les phénomènes sont beaucoup moins accentués.

Bacille de Ghon et Sachs. — C'est un bacille isolé d'un

foie de malade, atteint de la gangrène gazeuse, dont l'auteur croit qu'il est l'agent spécifique.

Ce microbe ressemble beaucoup au perfringens, mais il serait plus grêle, quelquefois il est recourbé. Il forme parfois des filaments.

Dans des cultures avec glucose ou avec amidon, il présente parfois des formes de poire, de massue ou bien il est pointu ou renflé. Fréquemment on trouve l'un joint à l'autre de tels renflements, de sorte qu'il se forme un filament ayant l'aspect d'un chapelet.

Fig. 6. — Bacille de Ghon et Sachs.

Dans les cultures liquides, on trouve des formes courtes ou des filaments non articulés. Ce bacille donne après 48 heures des spores qui sont médianes.

La réaction de la granulose se produit dans la période de la sporulation.

Il est mobile. Il prend le Gram quand il est jeune, mais il perd cette propriété en vieillissant.

Les colonies, dans l'agar sucré par piqûre, peuvent atteindre 2 millimètres. Les plus grandes sont sinueuses, les plus petites sont rondes, de couleur blanc grisâtre et opaques.

Quelquefois la partie centrale des colonies s'élève en cône renversé.

Dans l'agar profond sucré, il donne beaucoup de gaz; il trouble le milieu et les colonies présentent souvent des prolongements partant de la périphérie.

Dans l'agar non sucré, le développement est le même.

Dans la gélatine profonde, il forme un trouble diffus, donne des gaz et un précipité. La gélatine devient acide et se liquéfie.

Sur pomme de terre se forme une couche homogène.

Dans le bouillon sucré, on observe d'abord un trouble; ensuite le milieu s'éclaircit et donne un précipité.

Le bacille ne se développe pas en milieux sans albumine.

Le lait est coagulé, mais la caséine n'est pas attaquée, même après 2 ans.

Il ne dissout ni l'ascite, ni le liquide de l'hydrocèle coagulés.

Il donne de l'indol, de l'acide acétique et de l'acétone. Il produit aussi de l'acide butyrique, et de l'alcool éthylique, mais en petites quantités.

L'acide lactique se trouve en quantité variable.

La vitalité du bacille non sporulé est de 8-10 jours; mais les spores vivent plus de 5 ans.

Il n'est pas pathogène pour la souris; il produit seulement une tumeur passagère.

Il n'est pas pathogène pour le cobaye à la dose de 2 cm³ et même pas pour le lapin.

Ghon et Sachs croient que le bacille produit la gangrène gazeuse chez le lapin.

Bacillus radiatus (Lüderitz). — C'est un bâtonnet, à bouts arrondis de 4 à 7 μ. de long et 0,8 de large, isolé chez des cobayes et des souris morts après injection de terre de jardin.

Il est mobile.

Il donne des spores médianes ou voisines de l'un des pôles, dans les bacilles qui sont les plus gros.

Les spores libres ont de 0,8 à 0,9 μ. d'épaisseur et de 1,2 μ. à 2 μ. de longueur. Elles sont fortement réfringentes et à bouts arrondis.

Dans la gélatine préparée depuis longtemps, on observe à côté des filaments typiques, sveltes, des masses granuleuses rondes et plates, dont le diamètre est plus grand que celui du bacille même. L'auteur croit que ces formations sont les produits de filaments fragmentés.

Dans les vieilles cultures, on observe aussi souvent des formations spéciales, jaunâtres et réfringentes de 0 μ. 8 d'épaisseur environ et de 1,5 à 3 μ. de long, à contour en zigzag que Lüderitz suppose être des formations cristallines.

Le bacille ne donne jamais la réaction de la granulose.

C'est dans les milieux sucrés qu'il pousse le mieux.

Dans la gélatine, au bout de 24 heures, et à 22°, on observe des colonies très nombreuses et fines qui troublent le milieu; ensuite on voit apparaître des prolongements rayonnants, qui partant du centre compact, sont le point de départ de nouvelles colonies, qui se répandent dans tout le milieu. En 2 ou 3 jours la géla-tine est remplie de tous ces prolongements et liquéfiée complè-tement. Ensuite, au fond de la gélatine liquéfiée, tombe un dépôt et le milieu s'éclaircit.

Lorsque les dilutions sont bien faites, les colonies sont alors en petite quantité et ressemblent à des champignons.

Le bacille se développe en piqûre au bout de 2 jours en

donnant des colonies un peu plus épaisses que les précédentes, d'où partent de nombreux prolongements.

Ces colonies sont moins réfringentes, ramifiées et comme feutrées, ce qui leur donne l'aspect d'une racine avec ses radicules secondaires.

En agar les colonies forment des dirimations délicates sem-blables dans les premiers jours à celles du bacillus liquefaciens magnus, mais encore plus fines.

Quand les colonies sont devenues grandes, elles atteignent les dimensions de 3 à 4 millimètres : les ramifications princi-pales sont plus fortes et les petites plus épaisses que celles du bacillus liquefaciens magnus.

Dans tous les milieux la fermentation est énergique, mais elle l'est encore plus avec les sucres.

Ce bacille dégage une odeur infecte. Il dissout le sérum sanguin coagulé avec production de gaz et en donnant une odeur de putréfaction.

Ce bacille n'est pas pathogène pour la souris.

Clostridium fœtidum (Liborius-Sanfelice). — C'est un bacille de longueur variable, de 1 μ de largeur, qui parfois se pré-sente en forme filamenteuse. Il est mobile. Il forme des clostridium pen-dant la sporulation et a des spores ovales, très fortement réfringentes, de diamètre encore plus grand que le bacille lui-même. Elles sont situées normalement dans le milieu du corps microbien. Pourtant les spores peu-vent, quelquefois, être terminales.

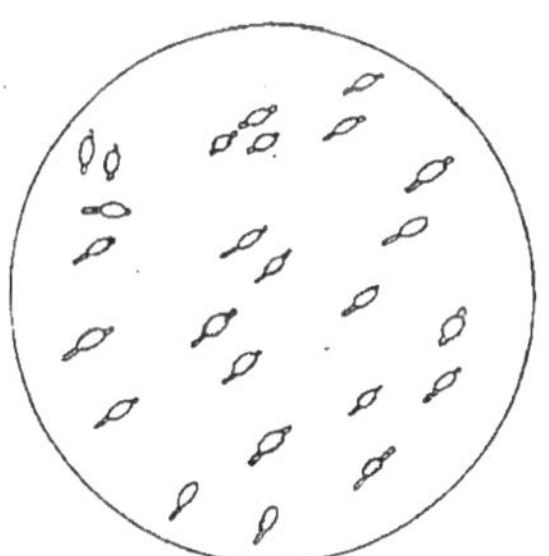

Fig. 7. — Clostridium fœtidum.

Dans l'agar le clostridium forme des petites colonies en forme de petites masses irrégulières, de couleur jaune brunâtre, possédant de courts prolongements plus compacts et plus vigoureux que ceux du vibrion septique. Ces prolongements deviennent plus nets quand les cultures vieillissent.

Dans la gélatine, le bacille forme des colonies irrégulières, très mal limitées, autour desquelles se forme une zone trouble, due à la liquéfaction du milieu.

La gélatine est liquéfiée ensuite complètement.

Dans le sérum sanguin solidifié, on observe le long de la piqûre un trouble homogène.

Le bacille produit beaucoup de gaz et dégage une odeur désagréable.

On constate la présence d'acides gras, entre autres de l'acide butyrique.

Dans les milieux sucrés, le développement de gaz est plus abondant, mais l'odeur des acides gras n'est pas la plus marquée.

Lüderitz, sous le nom de bacillus magnus liquefaciens, a décrit un bacille isolé de la même manière que le clostridium fœtidum, ayant les mêmes caractères que celui-ci. De plus, il donne avec l'iode la réaction de la granulose, le sérum coagulé est liquéfié en partie et il est pathogène pour le cobaye et pour la souris.

Gaerstner, selon Matzuschita, a décrit 6 espèces qui ont les mêmes caractères de mobilité, de coloration, et peuvent toutes peptoniser la gélatine et donner des spores.

Elles diffèrent les unes des autres par la forme des colonies. En effet, nous croyons que l'auteur a eu affaire à une seule et même espèce, qui paraît être une race du vibrion septique. Nous ne pouvons pas en donner la description détaillée, car la monographie nous en a semblé fort incomplète.

Voici le nom de ces divers microbes :

1° *Bacillus Cincinnali*, avec colonies à contour sinueux.

2° *Bacillus funicularis*, avec colonies qui ressemblent à celles du polypiformis.

3° *Bacillus fibrosus*, avec colonies formées de filaments entrelacés.

4° *Bacillus pinicœlatus*, avec colonies neigeuses.

5° *Bacillus diffrangens*, avec petites colonies non transparentes, à bords nets.

6° *Bacillus granulatus*, avec des colonies rondes et jaunâtres, transparentes, granuleuses.

Bacillus spinosus (Lüderitz-Sanfelice). — C'est un bacille droit ou courbé, à extrémités arrondies, de 0,6 μ de large et de longueurs différentes, isolé de la viande putréfiée et de la terre de jardin.

Les plus petits mesurent 1,5 μ, mais leurs dimensions varient de 3 à 8 μ.

Dans la gélatine, on trouve toujours des filaments courbes, formés de plusieurs éléments.

Ce bacille est mobile.

Il donne des spores, mais seulement dans les bacilles mesurant de 3 à 6 μ d'épaisseur, chez lesquels on constate une épaisseur de 1 à 2 μ au point où sortira la spore.

Il ne donne pas la réaction de la granulose.

Il ne pousse pas dans les milieux sans sucre.

Dans la gélatine il forme, à 20°, en 2 jours, de petites alvéoles rondes et irrégulières, remplies de liquide et de la grandeur d'un pépin de raisin.

Plus tard les colonies, en s'agrandissant, viennent se confondre peu à peu et la gélatine est liquéfiée. En même temps se forme un dépôt de masses muqueuses.

Avec un ensemencement abondant, on observe la formation de zooglées. Dans ce cas on voit, dans la gélatine liquéfiée, un amas muqueux, qui paraît être composé de filaments bacillaires et d'une substance intermédiaire. Sur plaque de gélatine, les colonies d'aspect liquide montrent dans leur milieu une sphère blanchâtre, dont les bords sont striés.

Dans l'agar, les colonies sont opaques, semblables à des pelotes. Elles peuvent mesurer environ 4 millimètres et être composées d'innombrables filaments entortillés.

Dans les vieilles cultures les colonies présentent des fins filaments, qui leur donnent un aspect chevelu, ou bien les colonies sont constituées de masses nodulaires.

Le sérum sanguin solidifié est liquéfié.

Le bacille donne des gaz. L'odeur des cultures en gélatine sucrée, rappelle celle du fromage de gruyère et du jus de framboises gâté.

Dans le bouillon et dans le sérum sanguin l'odeur est encore plus désagréable, mais sans atteindre celle de la putréfaction.

Le spinosus n'est pathogène ni pour le cobaye, ni pour la souris.

Bacillus cadavéris sporogenes (Klein). — C'est un bacille mobile, qui prend le Gram.

Ses colonies ressemblent complètement à celles du spinosus de Lüderitz.

L'auteur l'a isolé du foie et de la rate d'un cadavre déjà enseveli depuis 2 ou 4 semaines. Il l'a obtenu de la même manière d'un cobaye. Le bacille, prétend Klein, a son siège dans l'intestin et pendant la putréfaction émigrerait dans les muscles.

Il y a entre le cadaveris de Klein et le vibrion septique la différence que le premier se présente avec ses spores terminales et l'ensemble prend la forme d'une baguette de tambour.

Il diffère du bacille enteritidis sporogenes par la forme de ses colonies en agar.

Dans le lait il forme 3 couches : l'une supérieure crémeuse, l'autre moyenne jaunâtre, l'autre inférieure qui contient le coagulum.

En plus il se différencie de l'enteritidis sporogenes, car il liquéfie le sérum coagulé.

Sans doute ce bacille est le même que le spinosus de Lüderitz.

D. — GROUPE DU BACILLUS CHAUVÆI

Bacillus Chauvæi.

Arloing, Cornevin et Thomas (1879) précisent expérimentalement la différence entre la fièvre charbonneuse et le charbon symptomatique ; ils indiquent (1880) les principaux caractères du bacillus Chauvæi et signalent un premier procédé d'immunisation ; poursuivant jusqu'en 1884 l'étude de la maladie ils

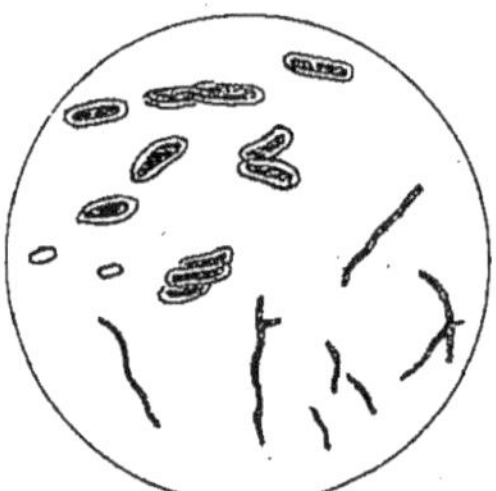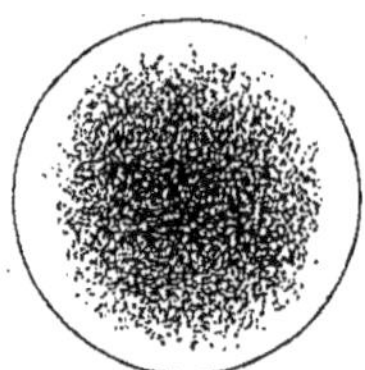

Fig. 8. — Charbon symptomatique.

font connaître une méthode de vaccination répandue partout à l'heure actuelle.

Roux (1887) obtient des cultures pures du bacille en bouillon et sur gélose et Kitasato (1889) sur les autres milieux de culture.

Roux (1888) fait connaître une méthode d'immunisation contre le charbon symptomatique, au moyen des substances solubles. La toxine du bacillus Chauvæi est étudiée par Dünschmann, Leclainche et Vallée, Grassberger et Schattenfroh. L'étude de la sérothérapie, commencée par Kitt, Dünschmann, Arloing, a été reprise par Leclainche et Vallée, Grassberger et Schattenfroh, Gomez de Faria.

Le bacillus Chauvæi morphologiquement ressemble au vibrion septique. Il n'y a qu'un caractère différentiel. Si l'on frotte avec une lame la surface du foie d'un cobaye mort de charbon symptomatique, on voit des bactéries disposées en chaînettes. Les chaînettes sont composées d'une série d'articles, moins longs que ceux du vibrion septique et tous égaux entre eux. Ces caractères, bien mis en relief par Leclainche et Vallée, sont considérés comme non spécifiques par Gomez de Faria qui dit, dans une thèse récente, avoir retrouvé à la surface du foie des formes filamenteuses, comme celles qu'on rencontre dans la septicémie gangreneuse. Nous avons repris la question et nos conclusions sont identiques à celles de Leclainche et Vallée. Les séreuses des animaux, morts de charbon symptomatique, renferment des formes droites, moins trapues que celles des tumeurs charbonneuses, quelquefois réunies bout à bout, au nombre de 3 à 4 articles de longueur égale, les formes sont asporulées. Dans les tumeurs musculaires, il se forme rapidement des spores : elles peuvent cependant manquer quand l'animal est mort très rapidement. La spore se présente comme un point ovoïde, réfringent, elle siège soit à une extrémité, soit au centre du bâtonnet, donnant des formes en raquette, en battant de cloche. Les spores sont plus abondantes dans la maladie naturelle que dans la maladie expérimentale et assez peu nombreuses dans les vaccins (Roger).

Le bacillus Chauvæi se colore par les couleurs basiques d'aniline et par le Gram. Il est moins mobile que le vibrion septique.

Il pousse à la température de 22° et de 37°.

Tandis que le bacille est détruit à 100° après 2 minutes, les spores peuvent supporter des températures élevées pendant 2 heures à 80°; une demi-heure à 90°-95°, quelques minutes à 100° (Leclainche et Vallée).

Le bacille du charbon symptomatique pousse bien dans tous les milieux soit liquides, soit solides. Dans les milieux liquides non sucrés il ne pousse que si le milieu est fraîchement préparé. Le bouillon Martin frais, excellent pour cultiver le bacillus Chauvæi, est complètement impropre lorsque sa préparation remonte à 6-7 jours. Il trouble le bouillon dans les 24-36 heures avec formation d'un dépôt, comme de la fine poussière et avec éclaircissement graduel de la masse liquide.

Nous n'avons pas trouvé de descriptions de cette espèce en milieux solides : nous avons donc été obligés de faire des recherches sur ce dernier point et en voici les résultats. Il est très facile, croyons-nous, de différencier ce bacille du vibrion septique, avec lequel on le confond si fréquemment, simplement par l'examen de ces colonies. Dans la gélatine, comme dans la gélose profonde, le bacillus Chauvæi donne des colonies arrondies, lenticulaires, rappelant celles du bacillus perfringens. Mais au microscope, on voit que les granulations, qui composent la colonie, sont plus nettes à la périphérie qu'au centre, tandis que c'est le contraire pour le bacille perfringens.

Les colonies qui avoisinent surtout la zone limite d'anaérobiose, prennent avec le temps une coloration gris noirâtre. Dans ces deux milieux la production de gaz est variable d'après les races. En général elle est assez abondante. La gélatine est liquéfiée rapidement.

Il pousse bien dans le lait : il précipite la caséine, puis la digère dans un temps variable. Le lait est transformé en un liquide transparent et incolore.

Pour la plupart des auteurs il attaque le blanc d'œuf cuit. D'après nos recherches personnelles, cette action n'est pas considérable, les deux races que nous avons étudiées n'ont pas donné d'attaque sensible. Il agit sur les protéoses en donnant des traces d'indol.

Il n'a aucune action sur le saccharose et sur le dextrose; il attaque le glucose et, d'une façon moins énergique, le lactose.

Pouvoir pathogène et réceptivité. — La réceptivité est limitée à quelques espèces domestiques. Le bœuf, à peu près seul exposé à l'infection naturelle, est tué par l'inoculation du virus sous la peau et dans les muscles. Le mouton, presque réfractaire à la maladie accidentelle, possède une extrême sensibilité au virus inoculé. Le cheval, l'âne, le porc sont très résistants. Le chien et le chat ont une immunité absolue. Parmi les petits animaux, le cobaye presque seul est sensible au bacillus Chauvæi. Le lapin est sur la limite de la réceptivité : il est tué avec des cultures toxiques et sa résistance est vaincue, si on neutralise la phagocytose par des substances chimiques (acide acétique, acide lactique, etc.), par le simple traumatisme, ou par l'injection simultanée de microbes favorisants (micrococcus prodigiosus, proteus vulgaris). Le rat, la poule, le canard, le pigeon sont réfractaires (Nocard et Leclainche).

Toxine. — Dünschmann prépare une toxine active, tuant le cobaye, à la dose de 2 centimètres cubes en injection intrapéritonéale. Il cultive le bacille dans la pulpe de viande et en arrêtant la culture au septième jour, la sérosité obtenue est filtrée sur porcelaine et concentrée dans le vide sur l'acide sulfurique.

Ensuite Leclainche et Vallée ont montré qu'en bouillon Martin le bacillus Chauvæi donne une toxine, dont le maximum de toxicité dans les cultures est atteint vers le cinquième jour, puis décroît. Cette toxine injectée par la voie endoveineuse tue le lapin en quelques minutes. Lorsque les filtres retiennent une grande partie du poison, la culture filtrée peut encore tuer les animaux d'expérience. Le chauffage à 75° modifie ses propriétés chimiotoxiques qui, de négatives, deviennent positives. La toxine est altérée par l'air en 48 heures, elle n'est pas détruite par la température de 115°.

Grassberger et Schattenfroh, partant du principe que tous les échantillons de bacillus Chauvæi ne sont pas capables de fournir une toxine active, recommandent le bouillon lactosé, additionné de carbonate de chaux pour les bacilles produisant rapidement une fermentation active et le bouillon additionné de lactate de chaux pour les échantillons ne produisant pas de fermentation à allure rapide. Ces auteurs obtiennent une toxine tuant le cobaye en 24 jours à la dose de 0,01, en inoculation sous-cutanée. Tout dernièrement Gomez de Faria étudie trois échantillons de bacillus Chauvæi, dont deux isolés par lui-lui-même et le troisième reçu par Kitt. Il n'a jamais obtenu aucune toxine.

La toxine du charbon symptomatique d'après les uns serait thermolabile (Eisenberg, Grassberger et Schattenfroh), d'après les autres, thermostabile (Leclainche et Vallée). Tandis que la toxine de Leclainche et Vallée est extrêmement active pour le lapin, celle des auteurs viennois est beaucoup moins active et en outre agit vis-à-vis du pigeon, réfractaire au microbe.

Eisenberg a montré comment le charbon symptomatique, de même que le vibrion septique, sécrète une leucocidine et une hémolysine. Cette leucocidine est détruite, quand elle est chauffée à 50°-55° pendant une demi-heure. Elle garde son activité pendant des mois si on la maintient dans des tubes scellés à la lampe, à l'abri de l'air et à basse température. Chez le lapin, Eisenberg a obtenu une antileucocidine et d'après cet auteur le sérum n'est pas spécifique, étant donné qu'il neutralise non seulement la leucocidine du charbon symptomatique, mais aussi et au même titre, celle du vibrion septique.

Vaccination. — Arloing et Cornevin ont créé la vaccination contre le charbon symptomatique. Ils ont préparé deux vaccins : le premier, en chauffant la poudre obtenue de la sérosité musculaire desséchée à 100°-105° pendant 5-6 heures, le deuxième, en le chauffant pendant 5-6 heures à 90°-94°. On injecte le premier vaccin, puis le deuxième à quelques jours d'intervalle. Ces poudres contiennent de nombreuses impuretés.

Arloing, Cornevin et Thomas, ayant vacciné les animaux, croyaient avoir affaire à un virus atténué à leur gré. Ils rendaient, à ce virus atténué, la virulence primitive ou même l'exaltaient, en ajoutant quelques gouttes d'acide lactique au cinquième.

Nocard et Roux ont voulu étudier le rôle de l'acide lactique dans ce prétendu retour à la virulence du virus atténué. Ils se sont bien vite aperçus « que le rôle de l'acide lactique est d'affaiblir la concurrence des cellules ; c'est ainsi qu'il paraît restituer la virulence aux spores qui sont contenues dans la poudre, préparée avec le bacillus Chauvœi ».

Kitt prépare un seul vaccin en maintenant le virus, préparé à la façon des auteurs précédents, dans la vapeur d'eau à 98°-100°, pendant 5-6 heures ; 2 centigrammes de virus ainsi traité, injectés au mouton et au bœuf, confèrent une seule fois à ces animaux l'immunité.

Thomas a préparé d'autre part un vaccin différent. Il insère sous la peau de la queue des animaux qu'il veut immuniser un fil imprégné, au préalable, de jus de grenouille broyée, après avoir été inoculée avec du virus très fort, et conservé à 18°-20° pendant quelque temps.

Leclainche et Vallée dessèchent le sang du cœur et chauffent pendant 7 heures à 102° (1er vaccin) et 7 heures à 92° (2e vaccin). Ce procédé permet d'obtenir un vaccin pur pour les recherches de laboratoire.

Roux, le premier, a réussi à vacciner le cobaye par les toxines. Il injecte chaque jour sous la peau 1 centimètre cube de sérosité filtrée. Au bout de 10-12 injections l'immunité est acquise.

Kitasato a ensuite immunisé un cobaye avec des cultures en bouillon, âgées de plus de 2 semaines, ou avec des cultures virulentes, chauffées à 80° pendant 30 minutes.

Kitt applique cette immunisation au mouton et aux bovidés. Leclainche et Vallée ont repris les recherches de Kitt, mais au lieu de faire vieillir les cultures, ils les chauffent à 70° pendant 2 heures. Les bovidés acquièrent une immunité solide, qui leur permet de recevoir impunément l'inoculation des cultures pures les plus virulentes à la dose de 2 centimètres cubes. Ces auteurs complètent l'immunisation des bovidés avec quelques injections de culture non chauffée.

Schattenfroh et Grassberger pratiquent l'immunisation avec un mélange de toxine et de sérum. Malgré la présence de l'antitoxine dans le sérum des animaux, ceux-ci contractaient la maladie. Ces auteurs pensent à une dissociation complète entre l'immunité antitoxique et antibactérienne.

Sérothérapie. — Les premières tentatives de sérothérapie sont réalisées par Kitt (1893). Il a vacciné un mouton en lui injectant à trois reprises du jus de muscles virulents. Le sérum du mouton ainsi vacciné, à la dose de 40 centimètres cubes sous la peau, préserve un autre mouton contre une inoculation virulente massive.

Dünschmann, ensuite, renforce la résistance naturelle du lapin par des doses croissantes de virus : il obtient un sérum, pour le cobaye, antitoxique et préventif, mais dépourvu de pouvoir curatif.

En 1899, Kitt immunise le cheval, la chèvre, le bœuf par des inoculations intraveineuses ou sous-cutanées. Après quelques injections, le sérum des animaux préserve le mouton à la dose de 5-10 centimètres cubes, contre une inoculation virulente, pratiquée 3 à 8 jours plus tard. Les moutons qui ont reçu successivement les inoculations de sérum et de virus, possèdent une immunité active durable.

Arloing (1900) constate l'existence de propriétés préventives, curatives et antitoxiques dans le sang d'une génisse immunisée pendant 6 mois, par l'inoculation de doses croissantes de virus. L'injection sous-cutanée d'une dose de sérum, largement préventive, arrête, chez le mouton, la marche d'une inoculation mortelle, si elle est pratiquée moins de 9 heures après cette dernière : par voie sanguine la même dose est curative 9 heures après l'infection et inefficace au bout de 12 heures.

Leclainche et Vallée obtiennent un sérum actif, en hyperimmunisant la chèvre et le cheval. Le sérum a un faible effet préventif et n'a aucun effet thérapeutique chez le cobaye : son pouvoir agglutinant est assez fort (1 : 9000).

Grassberger et Schattenfroh ont immunisé le veau : le sérum

a les mêmes effets que le précédent vis-à-vis du cobaye.

Si on injecte dans les tissus vivants et sains d'un cobaye des spores, privées de toxine, elles ne déterminent aucune maladie (Roux). Ces expériences, dont Roux avait donné l'explication exacte, ont été reprises et complétées par Leclainche et Vallée. Les conditions nécessaires à la germination des spores du charbon symptomatique sont analogues à celles étudiées par Besson pour le vibrion septique. On peut faire intervenir aussi l'action des microbes favorisants tels que le staphylocoque blanc, des steptocoques non pathogènes, un streptothrix (Leclainche et Vallée), le proteus vulgaris, le prodigiosus (Roger).

Dans l'infection naturelle, la germination des spores peut être favorisée par l'action de microbes favorisants ou par un traumatisme.

Parallèle entre le vibrion septique et le charbon symptomatique. — Certains auteurs ont prétendu que l'on peut vacciner contre le charbon symptomatique par le vibrion septique. C'est Leclainche et Vallée qui ont mis cette question sous son vrai jour. Ils ont d'abord démontré que le bacillus Chauvæi favorise le développement du vibrion septique. Si on fait des passages successifs aux cobayes de bacillus Chauvæi, on constate qu'au bout de quelques passages on trouve dans l'exsudat péritonéal simultanément du vibrion septique sous forme de filaments longs, inégaux, onduleux. Si on ne s'entoure pas de précautions, on arrive souvent à vacciner les animaux avec les deux germes et quelquefois la vaccination ne se poursuit qu'avec le vibrion septique seul. Nous croyons qu'à présent toute difficulté doit être éliminée, car on peut à chaque passage s'assurer de la pureté de la culture, en faisant des ensemencements dans la gélose sucrée en couche profonde. Nous avons bien indiqué la forme de la colonie du charbon symptomatique dans les milieux solides et rien n'est plus facile, à notre avis, de la reconnaître parmi celles bien caractéristiques du vibrion septique, lorsque ce microbe y pousse en même temps.

Leclainche et Vallée, qui ont réussi à vacciner les animaux vis-à-vis du charbon symptomatique seul, sont venus à cette conclusion que les animaux, immunisés contre le charbon symptomatique, n'ont aucune immunité contre la septicémie gangreneuse. D'autre part le sérum antigangreneux ne vaccine pas contre le bacillus Chauvæi.

Bacillus pseudo-œdema (Liborius). — C'est un bâtonnet isolé d'une souris inoculée avec terre de jardin, de la viande pourrie (Sanfelice) et des selles d'un cobaye (Sanfelice); il ressemble au vibrion septique, mais il est plus épais que celui-ci et possède une capsule.

Sanfelice décrit des filaments munis de spores.

Le bacille du pseudo-œdème présente presque toujours deux spores terminales, qui ne déforment pas le bacille.

Dans la gélatine, les colonies sont d'abord petites, puis elles deviennent grandes comme un petit pois, troubles dans la partie inférieure, tandis que la partie supérieure reste claire. Sanfelice compare ces colonies à celles du proteus mirabilis.

Ensuite, il se forme dans le centre des colonies une petite vésicule qui devient de plus en plus grande. C'est le commencement de la liquéfaction de la gélatine, qui se poursuit jusqu'à la liquéfaction complète du milieu.

Le bacille produit beaucoup de gaz qui sont capables de faire éclater le tube.

La culture a une odeur de vieux fromage.

En agar, les colonies sont petites, ovales ou en forme de sphère avec des contours irréguliers et grossiers. Le long de la piqûre se montre un trouble léger.

Le bacille est pathogène quand on l'injecte en grande quantité, pourtant le petit lapin est tué en 8 heures avec une injection intraveineuse de 0,5 centimètre cube.

Dans un lapin, mort 45 heures après l'injection intraveineuse, Liborius a trouvé une péritonite fibreuse.

Dans l'exsudat, les bacilles ne sont pas pourvus de spores.

Bacillus liquefaciens parvus (Lüderitz). — C'est un bâtonnet, isolé de la terre de jardin, de longueur de 2 à 5 μ et d'épaisseur de 0,5 μ à 0,7 μ.

Il forme dans les cultures solides de longs filaments.

Il est immobile.

Dans les cultures en bouillon l'épaisseur du bacille augmente et atteint jusqu'à 1 μ.

Dans le sérum sanguin on observe des bacilles ayant une épaisseur de 0,6 μ à 1 μ et 2 μ.

Dans les cultures sur sérum sanguin coagulé on voit, à une extrémité ou répartis dans tout le corps cellulaire, des corpuscules brillants, ronds, de grandeur inégale, qui ne se colorent pas avec les couleurs d'aniline.

Ces corpuscules sont probablement des spores.

Le bouillon et le sérum sanguin sont les deux milieux convenables pour la formation des spores.

Avec l'iode il n'y a pas de réaction de la granulose.

En gélatine, en agar, en bouillon, en sérum sanguin à 20°-22° il pousse fort bien.

Les milieux sucrés lui conviennent mieux.

Les colonies sur gélatine en piqûre, ou profonde, sont punctiformes. A faible grossissement elles semblent être des masses rondes, limitées grossièrement. Elles atteignent un diamètre de 2 à 2,5 μ.

Le liquefaciens parvus liquéfie très faiblement la gélatine. La liquéfaction est limitée à une zone autour des colonies, sans formation de gaz.

En agar, les colonies commencent par être des masses compactes, opaques en forme d'amandes, nettement limitées; ensuite elles changent d'aspect en donnant des proliférations à forme de tubercule.

En agar il y a parfois production de gaz, mais en quantité limitée.

Dans le sérum sanguin coagulé, il émet de la piqûre des proliférations, rappelant des tubercules. Le milieu est ensuite lentement liquéfié.

En bouillon il dégage une odeur de putréfaction.

Le bacille n'est pas pathogène.

E. — GROUPE DU BOTULINUS

Bacillus botulinus (van Ermengen). — C'est un bâtonnet isolé d'un cas d'empoisonnement par le jambon par van Ermengen (1896), ensuite par Römer (1900) chez des personnes atteintes d'empoisonnement par le botulinus. Landmann (1904) l'a isolé des haricots en conserve, qui avaient causé l'empoisonnement de 21 personnes, dont 11 sont mortes. Ce bacille a été isolé aussi de la salade; Kempner (1897) l'a aussi isolé des fèces du porc.

Il est droit, avec les bouts arrondis et ressemble beaucoup au vibrion septique et à celui du charbon symptomatique.

Il a une longueur de 4 à 9 μ, et une épaisseur de 0,9 à 1,2 μ, souvent réunis 2 à 2, souvent en chaînes courtes.

Mobilité peu accentuée et cils ondulés. Il prend le Gram.

Il forme des clostridiums sur agar et sur gélatine. En gélatine très alcaline il donne des spores presque toujours terminales, mais rarement dans la partie moyenne du corps microbien.

Ces spores ont une forme ovale allongée et sont un peu plus épaisses que le bacille même. Elles ne se produisent jamais à une température supérieure à 35°.

Les colonies en gélatine sont très caractéristiques. Elles apparaissent au bout de 4 à 6 jours, rondes, transparentes, de couleur brun jaunâtre, formées de grains très réfringents, particulièrement en mouvement à la périphérie.

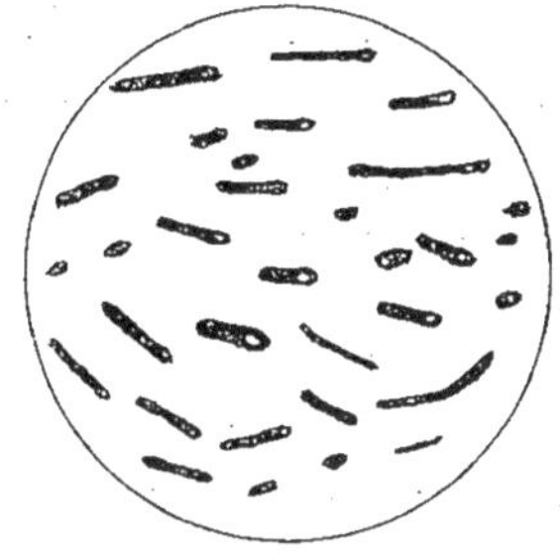

Tout autour des colonies il se forme une zone de liquéfaction.

Plus tard les colonies deviennent opaques et montrent seulement à la périphérie une zone de granules en mouvement ; ensuite elles deviennent très sinueuses et irrégulières.

Fig. 9. — Bacillus botulinus.

Un autre type de colonies est celui en forme de cocarde ou de fleur étoilée.

Ce bacille produit des gaz qui fragmentent la gélatine, mais quand il n'y a pas de fragmentation, les gaz montent à la surface, en formant une couche mousseuse.

Quand la gélatine est liquéfiée, il se produit un dépôt floconneux.

Dans la gélatine par piqûre, il se développe comme une végétation arborescente ; il y a alors abondant développement de gaz et la liquéfaction est très lente.

Dans l'agar il y a abondante production de gaz et odeur très forte d'acide butyrique.

Dans le bouillon sucré le bacille se développe abondamment à 35°, il y a trouble du milieu, forte production de gaz, qui après 3-4 jours cesse et le liquide redevient clair. Au contraire, la production de gaz, à la température de 20°-25°, dure plusieurs jours et l'on constate une forte odeur d'acide butyrique.

Il ne coagule pas le lait et son développement est lent. Von Hibler, récemment, a trouvé que le bac. botulinus coagule le lait et le peptonise ensuite.

Il ne pousse pas dans les milieux sans albumine.

La température optima est entre 20° et 30°.

A 37°-38° les cultures présentent des filaments longs, qui montrent des granules irréguliers et des épaississements. Ces cultures perdent bientôt leur activité biologique.

Le milieu le plus favorable pour le bac. botulinus est la viande de porc.

Mis en atmosphère de CO_2 il meurt.

Le glucose ne peut pas être substitué à n'importe quel sucre.

Avec 6 p. 100 de chlorure de sodium il ne pousse pas.

La vitalité des spores est d'un an environ

Il ne résiste pas 15 minutes à 85°, ni 30 minutes à 80°, pas plus qu'aux agents chimiques.

Le bâtonnet n'est pas très répandu dans la nature.

Il tue le lapin avec 10-20 centimètres cubes en 48 heures. Mais avec des doses plus petites, on a d'abord une cachexie et la mort ne survient que longtemps après.

Il est pathogène pour le cobaye et pour la souris.

L'animal de choix est le chat, chez lequel on produit tous les symptômes de la maladie tels que prolapsus de la langue, mydriase, ptosis, aphonie, aphasie, etc.

Avec des doses faibles il y a d'abord cachexie et, après un temps plus ou moins long, les animaux meurent de marasme,

Les symptômes que nous avons précédemment décrits sont appelés « symptômes du botulisme ».

Le bacillus botulinus ne se multiplie pas dans l'organisme des animaux à sang chaud, il disparaît bientôt après l'injection sous-cutanée, intraveineuse ou intrapéritonéale. Il provoque une extraordinaire phagocytose.

C'est un vrai microorganisme toxigène.

Une culture filtrée tue à la dose de 0 cm³ 005 un lapin en 72 heures, un cobaye en 4 ou 5 jours.

Chez le chat, comme nous avons dit, à la dose de 0 cm³ 5, il donne d'abord les phénomènes caractéristiques, déjà décrits, et provoque la mort ensuite en 8 ou 10 jours.

Le poison sécrété par le bac. botulinus est peu résistant aux agents extérieurs et à la chaleur. Marinesco (1896), Kempner et Pollack (1896) ont décrit des changements microscopiques dans les cellules nerveuses, sous l'influence du poison botulinique.

Le poison botulinique a beaucoup de ressemblance avec celui du tétanos et de la dipthérie.

Kempner (1897) a fabriqué un sérum antitoxique.

Bacillus fœdans (Klein, 1908). — C'est un microbe isolé d'une infection, due à du jambon altéré.

Il a une forme cylindrique, mesurant 3 à 5 μ de longueur, mais il y a des formes qui atteignent 14 μ de longueur et 0,4 μ de largeur, à bouts arrondis, droit ou recourbé. Il se présente sous forme de chaîne très longue et parfois de filaments non segmentés, courbés ou en spirale.

Il est immobile et prend le Gram.

Il ne donne jamais de spores, mais l'auteur a observé parfois, chez quelques individus, des corpuscules de significa-tion douteuse.

Fig. 10. — Bacillus fœdans.

Le fœdans ne pousse que dans les milieux glucosés et spé-cialement dans le bouillon de porc glucosé, qui est son milieu d'élection.

Sa température optima est de 20°. Dans le bouillon de porc glucosé et à 20°, il pousse en 2 ou 3 jours, tandis que dans le bouillon de bœuf ou en gélatine, il lui faut 5 jours.

Il pousse très bien dans la gélatine sans la liquéfier, mais, pourtant, dans l'espace de 8 semaines, elle devient comme un liquide sirupeux.

Dans le bouillon glucosé, il forme comme des flocons d'ouate, qui résultent d'agrégation de filaments. Le liquide reste lim-pide après formation d'un dépôt.

Il donne grande quantité de gaz.

Le lait ne serait pas transformé, mais émettrait une odeur fétide.

Le fœdans dégage une odeur très marquée de putréfaction.

Il n'est pas pathogène.

F. — GROUPE DES CHROMOGÈNES

Bacillus rubellus (Okada). — Isolé de la poussière de la terre, injectée à un cobaye. Ce bacille a la grandeur de celui du vibrion septique et se présente en chaînes de 2 à 3 et parfois de 15 articles.

Il est mobile et prend le Gram.

Les spores sont endogènes. Dans le temps de la sporulation, il prend la forme d'un têtard.

Ses spores, exposées pendant une demi-heure à 80°, ne sont pas détruites.

Fig. 11. — Bacillus rubellus.

Les colonies en agar sont d'une couleur blanche mate. Ce bacille donne des gaz d'odeur désagréable et pénétrante. Après cinq jours les colonies deviennent un peu plus grandes et rouge pâle. Cette couleur devient de plus en plus intense, jusqu'au rouge-vin.

La coloration commence toujours à la partie supérieure de la culture et se diffusent graduellement vers la partie inférieure du tube.

Dans la gélatine en plaque les colonies se présentent d'abord de couleur blanche mate, de forme ovalaire avec des prolongements très fins. Ensuite le milieu prend une coloration rouge.

Le bacille liquéfie la gélatine graduellement et la trouble, puis il forme des précipités floconneux, qui deviennent rougeâtres; ensuite, c'est tout le liquide qui prend une couleur rougeâtre uniforme. A la fin de la liquéfaction de la gélatine on trouve seulement des spores.

Le bouillon est troublé et coloré.

Il n'est pas pathogène.

Bacille de Ghon et Mucha. — Nous donnons la description de Ghon, en supprimant, pour abréger, les caractères déjà décrits par Okada. C'est un bâtonnet isolé d'un abcès périnéphrétique; plus petit que celui du vibrion septique droit ou faiblement courbé, à bouts arrondis, parfois pointus, parfois affectant la forme d'un coccus.

Il donne dans les vieilles cultures des formes d'involution, qui parfois sont des bâtonnets plus grêles.

Il donne des clostridiums qui précèdent la formation des spores et qui rappellent les formes en raquette (Keulenform), en poire, en lancette.

Dans les vieilles cultures en gélatine, on trouve des formes d'involution et des masses désagrégées.

Ce bacille forme des filaments dans les milieux fortement alcalins.

Il est mobile. Les mouvements rappellent ceux du bacille typhique.

Il prend le Gram, mais les formes d'involution ne le prennent pas.

Il ne donne pas la réaction de la granulose.

Le bacille pousse très bien dans les milieux au sérum et dans l'agar sucré.

Sur plaque, il donne un voile à la surface.

Dans l'agar non sucré ou non peptoné, il n'y a pas coloration.

Le bouillon est troublé après 24 heures et parfois il se produit une couche d'écume à la surface; puis l'écume et le trouble disparaissent à la suite de la formation d'un dépôt. Les cultures, avec liquide d'ascite et d'hydrocèle solidifiés, sont liquéfiées et prennent une teinte brunâtre, le long de la piqûre et le bouchon d'agar devient rouge.

Ce bacille coagule le lait et peptonise ensuite la caséine avec dégagement de gaz.

Il ne donne pas d'indol, ni d'acétone, mais il y a production abondante de H_2S, traces d'acide acétique et d'acide butyrique.

Il préfère les milieux alcalins.

Sa vitalité est très grande.

Il a un faible pouvoir pathogène.

De fortes doses sont nécessaires pour tuer la souris blanche.

Ce bacille est caractéristique par sa production chromogène, qui semble être due à des ferments trypsiques agissant sur la peptone en présence de l'O.

G. — GROUPE DU PUTRIFICUS

Bacillus putrificus (Bienstock). — Ce bacille fut décrit pour la première fois par Bienstock en 1884. Il l'avait trouvé dans l'intestin du cadavre humain, mais ce n'est que plus tard, après les études de Tissier, Rettger, Passini et dernièrement Metchnikoff que son rôle très important dans la nature fut établi.

Il est répandu partout : dans la terre, dans l'intestin de l'homme, et partout où se produit de la putréfaction, dont il est l'agent principal.

Rodella, en outre, l'a isolé d'un phlegmon gazeux, dans la

carie dentaire de la pulpite, et Rocchi d'un cas de gangrène spontanée de la jambe à la suite de la luxation du tibia.

Disons tout d'abord que Tavel a décrit sous le nom de pseudotetanus bacillus et L. Roux sous le nom de kopfchensporen bacillus, un bacille identique au putrificus.

Bienstock a signalé qu'un des meilleurs milieux est l'albumine non coagulée, par exemple l'urine albumineuse, dans laquelle le putrificus se développe si bien qu'au bout de quelques jours, l'urine ne contient plus d'albumine coagulable.

Fig. 12. — Bacillus putrificus.

Le putrificus est un bacille rigide de 5 à 6 μ de longueur, de 0,8 μ de largeur, à extrémités arrondies, facile à reconnaître, parce qu'il se présente presque toujours, dans les préparations colorées, sous la forme classique, décrite par les premiers observateurs, de baguettes de tambour.

Il est très mobile et conserve la coloration par la méthode de Gram.

Il donne facilement des spores dans tous les milieux. Elles sont rondes.

Il pousse entre 22° et 37°, mais Rodella trouve qu'il pousse aussi bien à la température de la chambre, qu'à 44°.

Ce bacille au bout de 24 heures donne, dans la gélose profonde, des colonies qui se présentent comme des points, mais qui, vues au microscope, sont irrégulières, avec gibbosités.

Dans ces cultures, on observe très rarement un dégagement de gaz, malgré une odeur très caractéristique de putréfaction.

Après 48 heures, les colonies sont devenues de beaucoup plus grandes, ont acquis leur forme définitive avec un noyau central épais, autour duquel rayonnent une énorme quantité de filaments. Ces filaments, semés de granulations foncées, partant du noyau central, forment autour de lui une auréole claire et transparente.

Pendant que les colonies prennent leur forme définitive dans la culture, on observe souvent la formation d'une petite quantité de gaz, incapable de fragmenter la gélose.

Nous avons eu plusieurs échantillons qui ne donnaient pas du tout de gaz. L'odeur très désagréable de ces cultures est très caractéristique.

Dans la gélose ordinaire, le développement est plus lent qu'en gélose sucrée.

Dans la gélatine, les colonies sont chevelues et elle n'est liquéfiée qu'au bout de 5 ou 6 jours, après avoir subi un ramollissement progressif.

Le putrificus se développe dans le bouillon ordinaire aussi bien que dans le bouillon sucré, en troublant dans les premières 24 heures le milieu et en donnant ensuite un dépôt granuleux. Ces cultures ont l'odeur typique de vieux fromage.

Le lait prend d'abord une teinte jaune ocre, il devient graduellement transparent du fait que la caséine est digérée sans être coagulée.

Le bacille attaque vigoureusement le blanc d'œuf cuit et le dissout en très peu de temps, sans donner lieu à une production de gaz. On trouve dans ce milieu les formes à clostridium.

Dans les vieilles cultures contenant du blanc d'œuf, se forme un dépôt de pigment noir autour des débris d'albumine.

Les milieux, sucrés ou non, contenant de la fibrine ou de la viande, se troublent et produisent des gaz fétides. Les particules solides se gonflent et disparaissent, en laissant un résidu noirâtre semblable à la poussière.

Tissier a remarqué que ce pouvoir d'attaquer les albumines est plus faible dans les échantillons qui proviennent des milieux pauvres en albumine.

Le bacille putrificus est sans action sur le saccharose et sur la dextrine, mais il attaque à peine le lactose et très faiblement le glucose en donnant dans ce milieu une acidité de 1 et 1,47 p. 1000 en H_2SO_4. Cette acidité s'atténue progressivement dans les cultures et au bout de 24 jours elle n'est plus que de 0,28 ; de 30 jours de 0,49 et au bout de 45 jours le milieu est alcalin.

Ce fait, que nous avons soigneusement contrôlé pour divers échantillons, donne raison à Tissier contre Achalme, lequel a soutenu que le putrificus n'attaque pas le glucose.

Il sécrète une lipase : en effet il émulsionne et saponifie les graisses dans les milieux à base de viande (Tissier et Martelly).

Il donne de l'indol, des amines, de la leucine, de la tyrosine, de l'ammoniaque, des protéoses dont la quantité diminue avec l'âge des cultures.

Il donne encore des acides acétiques, butyriques, valérianiques et paraoxyphénylpropioniques (Wallach).

Selon les données de Tissier, au bout de 3 semaines, sur 30 grammes de fibrine on trouve de 0,02 p. 100 d'albumine insoluble; 0,1285 p. 100 de protéoses et 0,70 p. 100 de substance extractive.

L'attaque des albuminoïdes s'accomplit par l'intermédiaire d'une diastase trypsique; une urine contenant 17,93 d'urée p. 100 n'en contient après 8 jours que 11 gr. 5.

L'urée est dédoublée.

Il se forme des bases toxiques qui_ ont tous les caractères des alcaloïdes.

Le bacillus putrificus n'est pas pathogène; mais Bienstock et Rodella ont travaillé avec des races pathogènes, qui tuent le cobaye par injection sous-cutanée de 3 centimètres cubes.

Korentschwesky nous apprend que le putrificus est capable de donner une toxine, quoique peu active.

Rodella (1903) a isolé d'un abcès gazeux un bacille qu'il appelle I, identique au putrificus, sauf qu'il peut présenter des spores médianes.

Bacillus paraputrificus (Bienstock). — C'est un bâtonnet isolé pour la première fois par Bienstock de l'intestin humain et par Rodella de la sérosité qui recouvre la surface interdigitale des pieds et du creux de l'aisselle. Il est la cause selon Rodella de la mauvaise odeur de la sueur des pieds.

Le paraputrificus ressemble morphologiquement et biologiquement au putrificus, sauf qu'il coagule le lait en quelques heures, en donnant un coagulum très dur, dont se sépare une quantité tres petite de sérum acide, limpide comme de l'eau. Le lait ne subit pas de changement ultérieur.

« Le bacille attaque les sucres, en produisant des acides acétique, lactique, butyrique, carbonique et de l'hydrogène et, après avoir accompli son action sur les sucres, il attaque l'albumine. » (Bienstock.)

Ce fait semble en effet paradoxal, l'acidité produite par ce bacille devant s'opposer à l'action de sa diastase protéolytique.

Bienstock a observé qu'en ensemençant le putrificus et le paraputrificus à la fois dans le lait, c'est le dernier qui se développe, tandis que le premier ne se développe pas.

D'où l'auteur conclut que le véritable antagoniste de la putréfaction est le paraputrificus.

Bienstock croit qu'on a décrit jusqu'à maintenant sous le nom de putrificus le paraputrificus qui est, selon lui, l'hôte normal et le seul des deux que l'on trouve dans l'intestin humain.

Bacillus nebulosus (Vincent). — C'est un bâtonnet, isolé des eaux, fin, allongé, souvent sinueux, ayant 6 à 8 µ. de long et 0,6 de large. Il présente souvent l'aspect filamenteux, mais les filaments sont composés de plusieurs articles. Il donne des spores légèrement ovales. Le nebulosus est immobile et prend le Gram.

Dans la gélatine, les colonies donnent lieu à de petits amas nuageux, bien visibles à partir du 3ᵉ ou 4ᵉ jour.

Il ne donne pas de gaz, mais le milieu commence à se liquéfier dès le 4ᵉ jour et la liquéfaction est complète au 10ᵉ seulement. Ensuite, se forme au fond du tube un dépôt gris blanchâtre.

Le nebulosus pousse peu abondamment dans le bouillon.

Dans l'agar, il donne parfois des petites bulles de gaz, d'odeur à la fois caséeuse et acide.

Il n'est pas pathogène.

Bacille anaérobie du groupe de l'acide copronique (Rodella). — Ce bacille a été isolé dans quelques sortes de fromage. Il se présente en chaîne, à bouts carrés d'une longueur de 3 à 8 µ. Quelquefois les bacilles prennent la forme ovale et en s'unissant en chaîne, prennent la forme de chaîne de spores.

Les bacilles longs sont mobiles, les courts sont immobiles (stade de sporulation?).

Il ne prend pas le Gram. Il ressemble beaucoup au thyrothrix cateluna de Duclaux.

Dans l'agar sucré, ou non, il donne des colonies rondes, granuleuses, peu compactes, qui quelquefois prennent la figure d'une étoile.

Il se produit très peu de gaz et seulement en bulles isolées.

Les cultures dégagent une odeur désagréable.

La façon dont se comporte ce microbe dans la gélatine est caractéristique. Il y a des individus qui la peptonisent en 5 ou 6 jours, il y en a d'autres, au contraire, qui emploient des semaines.

Aussi les colonies sont différentes. De la culture se dégage une odeur désagréable.

Dans le bouillon, les bacilles forment un voile consistant et épais, qui arrive jusqu'à 1 centimètre de la surface du liquide. Le même voile est attaché aux parois du tube. Ensuite, le bouillon s'éclaircit. La formation de gaz dans un tel milieu n'est pas constante.

Le lait devient muqueux après 24-48 heures à 37°, ensuite, montent à la surface des bulles de gaz, qui franchissent la couche crémeuse. Après 4-6 jours la caséine est coagulée et fractionnée par les gaz.

Au bout de 15-20 jours, le coagulum de caséine est complètement dissous et le liquide est d'un jaune-paille.

La réaction est acide. La culture dégage H_2S, mais en proportion non constante.

Le microbe ne se cultive pas sur pomme de terre.

Le sérum sanguin coagulé est liquéfié complètement, en donnant un pigment noir. Ces cultures dégagent une odeur pénétrante, mais différente de celle des autres cultures du même microbe.

On le trouve dans le Granakäse, dans le fromage de Asiago, dans le vieux Provolone et dans le Caciocavallo.

Bacille anaérobie du groupe de l'acide baldrianique (Rodella). — Ce bacille a été isolé dans le fromage de Backstein, de Allgauer et de Tilsit.

Il donne des spores. Il est mobile, il ne prend pas le Gram.

Les colonies dans l'agar par piqûre sont semblables à de l'ouate.

Dans l'agar profond les colonies ont de la tendance à se réunir l'une à l'autre, pour former des prolongements en spirale.

Il pousse dans le bouillon après 2 jours, en troublant le milieu d'abord et en donnant ensuite un précipité très abondant.

Le lait en 6-8 jours est complètement peptonisé.

L'auteur croit que ce microbe, ainsi que celui de l'acide copronique, peuvent peptoniser le lait sans le coaguler.

Il nous semble bien que les 2 microbes sont la même espèce, et une variété de putrificus.

Bacillus gracilis putidus (Tissier). — On le rencontre pendant la première semaine de la putréfaction spontanée de la viande de boucherie. C'est un bacille petit, grêle, rigide, beaucoup plus mince que le putrificus.

Dans les milieux liquides, il forme des chaînes de 4 à 5 articles.

Dans les cultures vieilles, il donne des formes plus longues.

Il est immobile. Il ne prend pas le Gram. Il peut être réensemencé au bout de 15 jours.

Il est tué à 100°.

Il ne donne jamais de gaz, mais une odeur putride.

Dans la gélose, il donne des colonies, visibles seulement après 48 heures, d'abord lenticulaires, ensuite bosselées, marronnées de couleur gris blanche.

Leur grosseur maxima est celle d'une tête d'épingle.

Dans la gélose ordinaire, les colonies sont plus irrégulières et hérissées de piquants.

Il ne liquéfie pas la gélatine.

Le bouillon se trouble au bout de 48 heures et forme un dépôt pulvérulent.

Le lait n'est pas modifié.

Il pousse bien dans l'urine, qui prend une odeur putride.

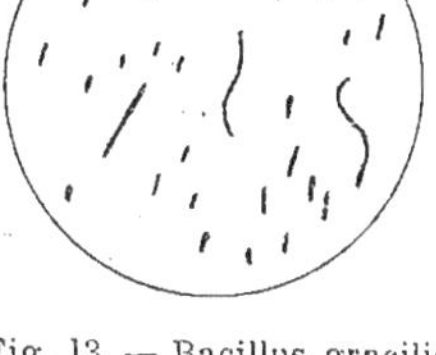

Fig. 13. — Bacillus gracilis putridus.

Dans les cultures où il y a de la fibrine, on voit sous l'influence d'une diastase, sécrétée par le bacille, les particules solides se gonfler, devenir jaunes et dégager des gaz abondants.

D'après Tissier le bacille sécrète une lipase.

Il transforme les albuminoïdes, en donnant des protéoses, des amines, des acides acétique, butyrique, valérianique et une petite quantité de H_2S.

Il ne donne ni indol, ni phénol. On peut en isoler une diastase du genre trypsine, dont l'activité est peu considérable. Nous avons vu que cette espèce agit peu sur la caséine et sur la gélatine et qu'elle agit mieux sur la fibrine.

L'explication de ce fait se trouve dans le peu d'activité de cette diastase.

Il dédouble l'urée et n'attaque pas les sucres.

H. — GROUPE DU TÉTANOS

Tétanos. — En 1884, Nicolaier, en inoculant de la terre de jardin à des animaux, constata que ceux-ci devenaient souvent tétaniques. En examinant le pus dans le point d'inoculation, il découvre parmi des formes banales multiples un microbe spécial qu'il n'arrive pas à isoler en culture pure; de plus lorsqu'il essaya de faire des passages successifs par les animaux, il échoua car le microbe disparaissait. Ensuite Rosenbach

(1886) retrouve le bacille dans le pus d'un malade, atteint de gangrène au pied et insiste le premier sur la forme spéciale

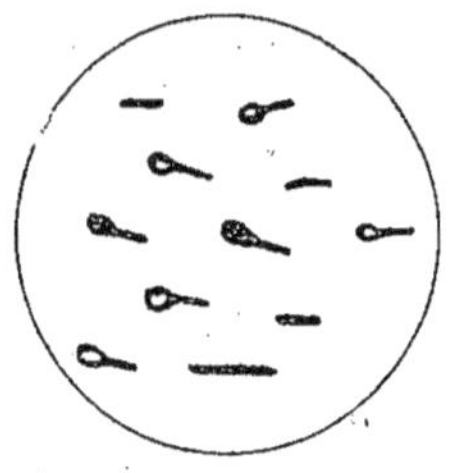

Fig. 14. — Tétanos.

en épingle que présentent les éléments sporifères, mais il n'obtient pas le bacille au culture pure. En 1887 Bonomi constata la présence dans 5 cas de tétanos du bacille de Nicolaier.

C'est seulement Kitasato (1889), en même temps que Tizzoni et Cattaneo, qui réussit à faire des cultures pures et à démontrer qu'il était bien l'agent spécifique du tétanos. Nicolaier constate ensuite que le petit renflement était une endospore et il eut l'idée d'utiliser cette propriété pour obtenir des cultures pures ensemencées en anaérobiose.

Le bacille du tétanos est très répandu dans la nature. Dans l'intestin des herbivores, des chevaux, des bœufs il existerait à l'état de véritables cultures. Dans les matières fécales de ces animaux il y a des quantités énormes de spores et de même, quoique très rares, dans celle de l'homme (Pizzini). Il pullule dans le fumier, à la surface de la terre, sur les végétaux (Rietsch, Peyraud), dans la terre de marécage des pays chauds, dans la poussière des habitations, etc. G. Roux l'a retrouvé dans le dépôt vaseux des réservoirs d'eau du Rhône, alimentant Lyon ; Lortet dans la vase de la mer Morte ; Vaillard dans l'enduit des bougies Chamberland, ayant filtré de l'eau de Seine.

Morphologie. — L'agent du tétanos est un bacille plus ou moins allongé, — 6 jusqu'à 10 μ — plus grêle que le vibrion septique.

Dans de vieilles cultures, de même que dans les cultures jeunes en milieux sucrés, le bacille prend souvent la forme filamenteuse. Dans le pus, le bacille assez court se présente souvent sous la forme sporulée. Il possède des mouvements lents et flexueux quand il est jeune : la mobilité est due à un grand nombre des cils, disposés sur toute la surface du corps (Kanthack et Connell). Après quelques jours de culture, les cils disparaissent, la spore commence à se former et toute mobilité des bacilles disparaît.

Dans les cultures en bouillon, on arrive quelquefois à trouver quelques cils même dans les cultures âgées de 20 jours (De

Grandi). Le bacille se colore bien par toutes les couleurs d'aniline et par le Gram. Dans de vieilles cultures, on voit aussi des éléments ne prenant pas le Gram.

Quoique Vaillard ait isolé des bacilles tétaniques asporogènes, on peut dire qu'en général il produit des spores, qui sont entre les plus résistantes.

La spore présente ce caractère particulier de se développer presque exclusivement à un pôle. Elle est exactement ronde et terminale (bacilles en forme d'épingle, de baguette de tambour, etc.); elle est notablement plus grosse (1,5 μ.) que le bâtonnet (0,01-0,05 μ.).

Tandis que le bacille est détruit à 70° dans l'espace de 30 minutes à 1 heure, la spore n'est détruite que dans l'espace de 20 à 30 minutes à 100° (Sanfelice).

Les spores ne sont détruites par l'acide phénique à 5 p. 100 et par le sublimé 1 p. 1000 qu'après une heure.

Elles résistent à la lumière diffuse une quinzaine de jours et à la lumière directe du soleil une quinzaine d'heures.

Il pousse abondamment dans le bouillon Martin : le bouillon devient louche, les jours suivants il s'éclaircit avec formation d'un dépôt. La réaction devient très alcaline. La culture donne une odeur spéciale, désagréable de corne brûlée. Tandis que les bacilles poussent très bien dans le bouillon Martin, même vieux, les spores ne germent que dans le bouillon récemment préparé.

Dans la gélatine par piqûre, au bout de 4-5 jours il forme de petits points nuageux, d'où partent de très fins tractus : la culture a un aspect floconneux. Dans la gélatine par dilutions progressives, il forme des petites taches, floconneuses, blanchâtres, avec de courts prolongements. La gélatine se liquéfie assez vite, se clarifie ensuite, avec formation de dépôt nuageux blanchâtre.

Dans la gélose sucrée en couche profonde, il forme des colonies d'abord presque rondes, assez régulières, s'entourant ensuite de très courts prolongements. Il produit des gaz qui fragmentent la masse de la gélose. Vaillard et Vincent ont obtenu une fois une culture sur pomme de terre, il se forma une couche humide, luisante, peu visible, assez semblable à celle qu'y forme le bacille typhique.

Il pousse bien dans le lait, il précipite la caséine et la digère ensuite, transformant le milieu en un liquide clair.

Il attaque le sérum coagulé. Il digère le blanc d'œuf cuit. Son pouvoir protéolytique varie suivant les races.

Son action sur les sucres est tout à fait particulière : il ne donne jamais d'acides dans les milieux contenant du glucose, lactose, saccharose. Suivant Tissier il brûlerait le glucose sans jamais donner d'acides et au bout de 2 jours, dans un milieu contenant 15 p. 1 000 de ce sucre, il n'en resterait que 4 grammes.

Quoique le bacille du tétanos soit un anaérobie strict, Valagussa a pu cependant déterminer son développement en aérobie vrai en le cultivant dans des bouillons de culture d'autres microbes (bacillus subtilis, proteus vulgaris, fluorescens liquefaciens), filtrés sur Chamberland. Sanchez Toledo et Veillon ont remarqué, en outre, que, dans les vieilles cultures, le bacille du tétanos pouvait se développer à la surface du milieu au contact avec l'air. Roux et Debrand ont cultivé le bacille du tétanos en symbiose avec le bacille subtilis. Tarozzi et après lui un grand nombre de bactériologistes ont obtenu le bacille du tétanos, dans les milieux ordinaires, en présence d'air, additionnés de substances réductrices. Rosenthal aurait adapté le bacille du tétanos à la vie aérobie. Le bacille passerait, pour y parvenir, par trois étapes, comme le bacille perfringens, le vibrion septique et le charbon symptomatique, quoique plus difficilement et d'une façon moins régulière. On a la première étape d'aérobisation avec intégrité des propriétés chimiques et biologiques, il survient une deuxième et une troisième étape où le microbe se trouve dépouillé de toutes ses propriétés fermentatives, biologiques et pathogènes. Une seule propriété rattache ce microbe modifié au microbe d'origine, c'est l'agglutinabilité par le sérum antitétanique.

Pouvoir pathogène. — Un très grand nombre d'animaux est sensible au tétanos. Tous les mammifères domestiques sont exposés au tétanos, mais à des degrés variables. Assez fréquent chez le cheval, rare chez le bœuf, le tétanos est constaté surtout chez les vaches à la suite de la parturition et de la non-délivrance. Assez fréquent chez le mouton et le bouc à la suite de la castration ; rare chez le chien, pas signalé chez le chat.

Les oiseaux sont très résistants, il faut des quantités énormes de culture, 12, 15, 20 centimètres cubes. Chez la poule, reconnue réfractaire au tétanos, on a pu facilement engendrer un tétanos mortel, en lui injectant des doses moyennes de toxine (Courmont et Doyon).

La tortue est réfractaire : on peut lui inoculer des quantités énormes de cultures sans lui donner le tétanos (Metchnikoff).

On peut arriver à tétaniser la grenouille à l'étuve entre 28° et 31° (Courmont et Doyon) et même à la température ordinaire (Marie). La toxine tétanique se conserve longtemps dans l'organisme de la grenouille froide. Si on élève la température de la grenouille, celle-ci contracte le tétanos (Courmont et Doyon). Les animaux habituels de laboratoire sont très sensibles au tétanos.

Une souris peut être tuée par un millième et même un dix-millième de centimètre cube de culture. La maladie débute par le point d'inoculation ; si l'on fait l'inoculation au niveau de la patte droite, après quelques heures, on voit que la patte se raidit, puis la cuisse, puis la patte du côté opposé, etc., et la mort survient en 2 à 3 jours, avec une raideur tétanique généralisée, mais il n'a pas d'électivité chez cet animal pour le trismus.

Chez le cobaye on obtient les mêmes résultats avec des quantités très faibles de culture. Il y a du relâchement des sphincters et on note parfois des secousses tétaniques ; mais il n'y a pas de trismus. Le lapin est beaucoup moins susceptible, il n'est tétanisé que par une dose cent fois supérieure à celle qui est active chez le cobaye.

Chez n'importe quel animal, au point d'inoculation, on ne constate pas de pullulation du microbe, qui bientôt disparaît. Veillon a constaté cependant que, si on attend quelques heures après la mort de l'animal, il n'est pas rare de trouver quelques bacilles dans le sang. On a publié même 4 cas de passage du microbe dans le sang chez l'homme (Hohlbeck).

Le tétanos est une intoxication. Kitasato inocula des doses mortelles de culture tétanique à l'extrémité de la queue du rat, puis il coupa la queue 5, 10, 15, et 30 minutes après l'inoculation. Il a constaté que si on coupe la queue une demi-heure après l'inoculation les animaux meurent toujours, tandis qu'ils survivent si la section de la queue est faite seulement 5, 10 ou 15 minutes après. Chez les animaux morts de tétanos, il ne constate pas de généralisation dans le sang et dans les organes, pas de multiplication microbienne au point d'inoculation. Il s'ensuit que dans ces cas on ne peut pas penser à une infection, mais bien à une intoxication. Avec les cultures pures, on tue donc les animaux, parce qu'on leur injecte en même temps de la toxine et non pas parce qu'on leur inocule des microbes.

En effet si une culture, où les microbes ont sporulé, est débarrassée de la toxine, en étant chauffée à 75°-80°, on voit que les spores ne germent pas et ne donnent pas le tétanos, quand elle est injectée à un animal; dans l'exsudat prélevé au point d'inoculation, on constate que les spores se trouvent à l'intérieur des phagocytes. Lorsqu'on détermine au point d'inoculation une lésion des tissus, soit qu'on introduise des corps étrangers, soit qu'on injecte des microbes favorisants (micr. prodigiosus, etc.), les leucocytes sont annihilés et les spores se mettent à germer; le tétanos se déclare. Ces très intéressantes expériences de Vaillard et de ses élèves ont permis de comprendre l'étiologie du tétanos, l'apparition de la maladie à la suite d'écrasement des tissus.

Vincent a démontré que d'autres causes peuvent favoriser le développement du tétanos. Lors de l'expédition de Madagascar, à la suite des injections de quinine, il y eut de nombreux cas de tétanos. C'était la quinine elle-même qui agissait comme substance favorisante. En effet si on inocule à des animaux un mélange de quinine et des spores chauffées, on les tue de tétanos. On peut encore amener la mort en injectant d'un côté du corps les spores tétaniques, de l'autre la quinine. Si même on inocule les spores 5 à 8 jours avant, on déterminera la maladie, lorsqu'on injectera ensuite une solution de cet alcaloïde.

La toxine tétanique ne se développe pas immédiatement dans les cultures (Vaillard). Si on injecte par exemple une culture en bouillon de 2 à 3 heures, quoiqu'elle contienne des bacilles vivants, elle ne tuera pas l'animal.

Produits toxiques du bacille de Nicolaier. — Brieger obtint des cultures impures du tétanos trois substances toxiques : la tétanine, la tétanospasmine, la spasmotoxine.

Pour Madsen les cultures contiendraient deux substances toxiques différentes : la tétanospasmine ou toxine tétanique proprement dite et la tétanolysine. La première produit les symptômes caractéristiques, et peut être considérée comme la vraie toxine tétanique, la deuxième est une hémolysine à action très active sur les globules rouges. Le bacille tétanique contient aussi une endotoxine, mise en évidence par l'injection des microbes morts. Cette endotoxine peut produire des petits abcès, quand on l'injecte à des animaux.

Toxine tétanique. — Knud Faber filtra des cultures de bacille tétanique et avec le liquide filtré reproduisit la maladie, comme avec les cultures entières.

Pour obtenir la toxine, le procédé le plus simple consiste à filtrer les cultures sur bougies Chamberland. La composition du milieu a une grande influence sur la toxicité. Les milieux très nutritifs qui déterminent une pullulation abondante du microbe, donnent un produit moins toxique que les bouillons moins nutritifs, où le microbe se développe moins abondamment (Vaillard et Vincent). En cultivant le bacille dans du bouillon ordinaire, au bout de quelques jours, le liquide s'éclaircit, car les bacilles, tous sporulés, se déposent au fond du tube. Après 15-20 jours de culture on a une toxine très active qui peut tuer la souris au dix-millième de centimètre cube.

On a une toxine encore plus active en faisant germer des nouvelles spores dans un premier milieu de culture épuisé. On le filtre et on ajoute un quart de bouillon neuf, on ensemence et l'on a ainsi une nouvelle génération du bacille tétanique. On pourra faire ainsi 3-4 cultures successives, qui chaque fois enrichiront la teneur en toxine du milieu.

Roux et Debrand ont obtenu une toxine très active, en cultivant le bacille tétanique et le bacille subtilis à la fois. Seulement, il ne faut pas attendre au delà du cinquième jour pour filtrer, car le subtilis digère la toxine.

Brieger conseille de remplacer le carbonate de soude pour neutraliser l'acidité du bouillon avec le carbonate de magnésie et conseille encore d'augmenter le chlorure de sodium jusqu'à 2 p. 100 ; mais ce sel doit probablement agir beaucoup plus sur la conservation de la toxine que sur son élaboration.

Marie ensemence un petit tube de gélatine ordinaire à 1 p. 100, additionnée de 1 p. 100 de glucose ; après 15 jours de séjour à l'étuve, il ensemence des ballons de gélatine ordinaire glucosée à 1 p. 100 ; 15 jours après il filtre et obtient une toxine très active.

Propriétés de la toxine. — La toxine tétanique est une substance labile, voisine des enzymes et des ferments. Elle s'altère rapidement au contact de l'air, est très sensible à la chaleur; un chauffage pendant une demi-heure à 80° lui enlève toute toxicité. Le mieux est de la conserver à l'abri de la chaleur et de la lumière, dans une glacière. Malgré cela la toxine perd peu à peu de son pouvoir. Les acides la détruisent; elle n'est pas reconstituée par la neutralisation du milieu. Une solution d'éosine à 1 p. 100 la détruit après une heure de contact à la température de 37° (Flexner et Noguchi). Le liquide de Gram l'altère aussi. Elle dialyse très difficilement à travers le sac de collodion. Elle est détruite par l'action des sucs digestifs, tels que ptyaline, trypsine, bile (Carrière) et de la sécrétion de la muqueuse intestinale (Ferusi et Pernossi). La toxine doit être conservée à l'état sec.

On peut se servir pour dessécher la toxine du vide ou de la précipitation à l'aide de l'alcool, du sulfate de magnésie ou du chlorure de calcium ; ensuite, on la pulvérise et on la conserve alors dans un récipient à vide, maintenu à l'abri de la chaleur et de la lumière. On refait le vide, après chaque prise (Courmont). Le produit de l'évaporation, desséché, peut supporter des températures très élevées, sans perdre son activité. 1 centimètre cube de toxine filtrée, soumis à la dessiccation donne un poids sec total de 0,04 centigramme. Si par la combustion, on détruit les matières organiques, dont fait partie la toxine, on constate que le précipité a perdu 0,025 de son poids. C'est donc dans ces 0,025 que se trouve la toxine. Cette quantité de 0,025, contenant en dehors de la toxine encore des peptones, des matières organiques, de la tétanolysine, etc., est capable de tuer 100 000 souris (Vaillard et Vincent).

Echelle de sensibilité des animaux à la toxine. — Tous les animaux ne sont pas au même point sensibles à la toxine tétanique. Si l'on prend comme modèle la quantité de toxine qui tue 1 gramme de cheval, on obtient l'échelle suivante :

Par gramme d'animal.			Par individu.	
1 gramme de cheval.	1 unité.		Souris.	1/100 000
— cobaye.	2 —		Cobaye.	1/10 000.
— chèvre.	4 —		Lapin.	1/4 cm³.
— souris..	13 —		Grenouille.	1/2 cm³.
— lapin.	2 000 —		Cheval.	2 cm³.
— poule..	200 000 —		Chien.	4 cm³.
			Poule.	10 cm³.

Période d'incubation. — La toxine n'agit qu'après une période d'incubation variable suivant les animaux.

Souris.	8 à 18 heures.		Homme.	4 jours.
Cobaye	15 à 18 —		Poule.	4-9 —
Lapin.	18 à 36 —		Cheval	5 —
Chien.	36 à 48 —		Grenouille	4-6 —

On a pu déterminer la période d'incubation chez l'homme, à la suite d'un accident de laboratoire survenu au Dr Nicolas.

On ne peut pas supprimer la période d'incubation, même en injectant rapidement des doses colossales de toxine, en inondant l'organisme de poison (Courmont et Doyon).

Marie a recherché ce que devenait la toxine. Il inocula dans les veines d'un lapin une dose de toxine plusieurs fois mortelles. Le sang du lapin prélevé 5, 6, 10, 15 heures après l'inoculation et injecté à des souris, en déterminait la mort avec tous les symptômes du tétanos. Après 17 heures, la souris ne meurt plus quelle que soit la dose de sang injecté. Or, les premiers symptômes chez le lapin n'apparaissent que 30 à 36 heures après l'inoculation. On a trouvé que la toxine tétanique se fixe en particulier sur les cellules nerveuses.

Affinité de la toxine pour les cellules nerveuses. — La démonstration de ce fait a été donnée par Wassermann et Takaki. Voulant confirmer la théorie d'Ehrlich, d'après laquelle l'antitoxine est fabriquée même par les animaux neufs, ils ont broyé des cellules nerveuses, dans lesquelles ils supposaient qu'il se trouvait de l'antitoxine et les mélangeaient à de la toxine tétanique. Dans ces conditions ils ont obtenu un mélange inoffensif même pour le cobaye et la souris. En comparant l'action neutralisante qu'exercent vis-à-vis de la toxine un cerveau de cobaye neuf et un cerveau de cobaye immunisé, Dmitriewsky a vu que cette action n'est pas influencée par l'immunisation. *In vivo* on peut également obtenir la fixation de la toxine sur les cellules nerveuses. Si au lapin on fait une inoculation intracérébrale de toxine tétanique, au bout de 18 heures on a un tétanos cérébral, provoquant des crises épileptiformes, qui ne sont pas caractéristiques du tétanos.

La quantité de toxine nécessaire, pour tuer un animal, varie suivant la voie d'inoculation. Chez le lapin la dose mortelle intracérébrale est inférieure à celle sous-cutanée.

Chez le cobaye il faut les mêmes doses par la peau ou par le cerveau.

Ce sont les cellules nerveuses qui fixent la toxine. Chez la souris, le cobaye il n'y a qu'un groupe de cellules fixatrices. Quel que soit le lieu d'inoculation toute la toxine va dans les centres nerveux. Chez le lapin, au contraire, il doit y avoir plusieurs groupes : en effet en lui injectant par la voie sous-cutanée de la toxine, celle-ci ne va pas toute au cerveau, une

partie s'arrête en route. Chez la poule il y a également un
certain nombre de groupes cellulaires capables de fixer la toxine.
Chez la tortue aucun groupe cellulaire ne possède le pouvoir
de la fixer, car on la retrouve presque entièrement dans le
sang plusieurs mois après.

C'est par la voie nerveuse que la toxine arrive jusqu'aux
cellules nerveuses centrales. Les filets nerveux absorbent la
toxine au niveau du foyer tétanique. On a fait beaucoup d'expériences pour démontrer cette hypothèse. On inocule avec
une même dose 2 cobayes, dont l'un a le sciatique sectionné au
niveau de la patte inoculée et on observe que, chez ce dernier,
il n'y a pas de tétanos.

Chez le lapin on constate que, pour amener la mort, il faut
injecter dans les veines 4 à 5 centimètres cubes, tandis que sous la
peau 1/4 de centimètre cube suffit. Or, dans ce dernier cas une
partie passe dans les filets nerveux, l'autre dans le courant
sanguin. Ce n'est pas celle qui a passé par les vaisseaux qui
amène la mort, puisque nous avons vu que, pour tuer l'animal
par voie intraveineuse, il fallait 4 centimètres cubes au moins,
c'est donc la seule partie qui a suivi les filets nerveux, qui a été
nocive.

Lorsqu'on inocule une dose de toxine non mortelle en plusieurs points, et par conséquent en multipliant les bouches
d'absorption, on arrive à tuer l'animal, alors que l'inoculation
totale de cette dose en un point ne le tuerait pas.

On a constaté directement la présence de la toxine tétanique
dans les filets nerveux. Meyer injecte à un cobaye de la toxine
dans le muscle gastrocnémnien, il prélève ensuite sur un cobaye
des fragments de nerf sciatique du côté inoculé. Un de ces fragments est inoculé à la souris : celle ci meurt de tétanos. Les
fragments des centres nerveux du même cobaye, restent inactifs,
quand ils sont inoculés à la souris, car ils ont fixé la toxine. On
voit en outre que le nerf a absorbé la toxine tétanique dans un
temps très court, car le nerf sciatique devient toxique pour la
souris 1 heure après l'injection de toxine tétanique, dans les
muscles de la patte du cobaye.

Si on attend encore un peu, on constate que la toxine abandonne le nerf. En effet Marie et Morax injectent de la toxine
tétanique au niveau du genou d'un cobaye, après 2 heures ils
sectionnent le sciatique un peu au-dessus du foyer tétanique.
Une demi-heure après, ils sectionnent l'extrémité inférieure du

segment supérieur du nerf. Ce fragment nerveux s'était vidé de sa toxine, car les cylindraxes ne la fixent pas.

Marie et Morax injectent 2 grammes de toxine à un cheval et remarquent que les nerfs massétériens, qui sont exclusivement sensitifs, en contiennent ainsi que les nerfs du système grand sympathique.

Intoxication des animaux de laboratoire. — On doit à Vincent une étude très complète sur les effets de la toxine tétanique injectée aux animaux de laboratoire.

Si l'on injecte de très petites quantités de toxine dans le diaphragme d'un cobaye, l'incubation dure une journée environ; l'animal est pris de tétanos du diaphragme et meurt dans une syncope.

Si on en injecte dans les viscères, dans les gros vaisseaux, dans les séreuses on obtient un tétanos splanchnique. Après 48 heures environ d'incubation, l'animal est pris de frissons et il se raidit sur ses pattes dès qu'on le touche : si on l'excite, le cobaye est pris d'angoisse, de convulsions qui par la suite cessent.

Si la dose est assez forte, on peut provoquer la mort du cobaye en le touchant seulement.

Le tétanos splanchnique est toujours symétrique : il n'y a jamais de contractures; la mort se produit dans l'hypothermie.

Si on pratique l'injection de la toxine dans la moelle épinière, on a une forme de tétanos douloureux. L'animal ressent des douleurs très violentes, dans les parties molles correspondantes à la région de la moelle atteinte.

Si on injecte la toxine dans les veines postérieures entre la moelle et les ganglions, on obtient uniquement un tétanos douloureux. Si on coupe la moelle, les douleurs cessent, mais l'animal est pris de secousses, qui durent jusqu'à la mort (Ransom et Meyer). Si on injecte la toxine dans le cerveau, après une incubation de quelques heures, l'animal présente des hallucinations, de la polyurie, des crises épileptiformes. Chez le lapin, il faut employer pour le tuer beaucoup moins de toxine en injection dans le cerveau, qu'en injection dans les muscles.

Chez le rat, au contraire, une dose tuant cet animal dans les muscles est insuffisante pour le tuer dans le cerveau. Les rats meurent alors avec des troubles psychiques très accentués.

Administrée par ingestion, la toxine tétanique ne provoque

aucun trouble, car elle ne traverse pas l'épithélium du tube digestif.

La vaccination des animaux, vis-à-vis de la toxine tétanique, est très difficile. En effet, les animaux injectés par de petites doses deviennent de plus en plus sensibles et ils meurent bien avant qu'on arrive à leur injecter la dose mortelle.

On a réussi cependant à vacciner les animaux, en s'adressant à la toxine modifiée. Fränkel, le premier, a obtenu de bons résultats, en inoculant d'abord de faibles doses de toxine chauffée à 70°, puis en augmentant progressivement les doses. Ensuite il injecte de la toxine chauffée à 60°, enfin de la toxine pure.

Behring a pu immuniser les animaux avec un mélange de trichlorure d'iode et de toxine. Il a pu obtenir les mêmes résultats, en inoculant en un point le trichlorure, en un autre point la toxine. Mais le trichlorure produit des eschares, il est difficile à employer. Le liquide de Gram, proposé par Roux et Vaillard, convient mieux. Pour réaliser la vaccination on recourt d'abord à l'injection des mélanges gradués, contenant de plus en plus de la toxine et de moins en moins de liquide de Gram. Lorsque dans le sang de l'animal (cheval), on voit apparaître le pouvoir antitoxique, dans le but de renforcer l'immunisation obtenue, on lui injecte de la toxine pure en commençant par des doses faibles (1 centimètre cube) pour arriver graduellement à introduire d'un seul coup, dans les veines, 350 centimètres cubes d'une toxine, dont 2 gouttes suffisent à tuer un cheval vigoureux (Vaillard). A ce moment, on peut obtenir un sérum d'une activité telle, que un cent-millième de centimètre cube, au minimum, neutralise *in vitro* 100 doses mortelles de toxine (sérum de l'Institut Pasteur de Paris).

L'antitoxine n'a pu être isolée à l'état de corps défini et sa nature exacte reste encore ignorée. C'est une substance non cristallisable, intimement adhérente aux matières albuminoïdes du sérum, précipitable avec les globulines et se désignant en général par une assez grande résistance aux influences physiques ou chimiques (Vaillard). L'antitoxine est une substance plus stable que la toxine, elle est capable de résister à une température supérieure à la coagulation, sans être altérée (Frouin). Dans certaines conditions, même en portant la température à 100°, elle s'affaiblit, mais elle ne disparaît pas. Elle est précipitable par l'alcool et par le sulfate d'ammoniaque. Elle diffuse assez facilement dans l'organisme et on la trouve dans les sécrétions.

In vitro l'antitoxine neutralise la toxine. Elle protège les animaux contre l'inoculation de toxine. Les résultats sont variables lorsqu'on l'injecte avant, en même temps ou après la toxine.

Titrage du sérum antitétanique. — Pour savoir le titre du sérum antitétanique, on en détermine la dose capable de protéger un cobaye contre une dose mortelle de toxine. Prenons un cobaye de n grammes, il nous sera facile de lui injecter sous la peau 1 centième, 1 millième, 1 dix-millième, de son poids et, 24 heures après, d'injecter un nombre fixe de doses mortelles de toxine tétanique. Si le cobaye survit, on dit que le sérum est actif au 1 centième, 1 millième, 1 dix-millième, etc.

Le pouvoir antitoxique du sérum antiténatique, livré par l'Institut Pasteur de Paris, est environ de 1 000 000 000, c'est-à-dire qu'il suffit d'injecter à une souris une quantité de ce sérum égale à 1 milliardième de son poids, pour la préserver contre la dose mortelle de toxine.

Action exercée entre elles par la toxine et l'antitoxine. — Nous avons dit que l'antitoxine neutralise, *in vitro*, la toxine. Dans une première hypothèse on a cru qu'il s'agissait d'une neutralisation comparable à celle d'une base par un acide, avec formation d'un sel neutre (Behring). Les premières objections à cette théorie ont été soulevées par Tizzoni et ensuite par Buchner.

Ce dernier fait des mélanges titrés de toxine et d'antitoxine et obtient un complexus inoffensif pour le cobaye. On a pensé tout d'abord que la neutralisation était complète ; mais on a vu que ce mélange, inoculé à la souris, lui donnait le tétanos. La neutralisation qui existe pour le cobaye n'existe donc pas pour la souris. De plus, un mélange neutre qui est sans effet, quand on l'injecte par exemple à la dose de 0,1 à un cobaye, n'est pas indifférent à la dose de 0,3-0,5 (Roux et Vaillard). Ces mêmes auteurs ont montré encore, qu'un mélange neutre qui est sans action sur un cobaye bien portant, est toxique quand on l'injecte à un cobaye débilité. Les mélanges neutres redeviennent toxiques en vieillissant car la toxine redevient libre (Besson). Wassermann et Brucke injectent d'abord de l'adrénaline à un cobaye, ensuite un mélange neutre d'antitoxine et de toxine et l'animal prend le tétanos.

Toutes ces expériences prouvent bien que dans ces mélanges l'antitoxine n'avait pas complètement neutralisé la toxine.

Dans le mélange de toxine et d'antitoxine, il se passe, d'après Ehrlich, des phénomènes très complexes, dus à ce que la toxine contient des substances différentes (toxines, toxones, toxoïdes), douées de propriétés toxiques différentes et toutes capables de fixer l'antitoxine.

On a voulu comparer encore l'action de la toxine et de l'anti-toxine à celle d'une base forte sur un acide faible, mais ces réactions n'ont pas le caractère des réactions chimiques.

La température joue aussi un grand rôle : la combinaison se fait plus vite si le mélange est à une température plus haute. Il faut retenir, d'après Roux, que si l'antitoxine se combine avec la toxine dans une sorte d'action chimique pour former une substance inoffensive, cette combinaison est essentiellement instable ; elle peut être dissociée par diverses influences, dont quelques-unes nous sont connues et agissent dans l'organisme lui-même.

Nernst voit dans ce phénomène des actions comparables à celles qui se produisent dans l'interaction des colloïdes.

Nicolle et Pozerski viennent de proposer une nouvelle théorie. L'antitoxine aurait la propriété de coaguler la toxine. Cette coagulation ne se voit pas dans le liquide, mais elle n'en existerait pas moins, *in vivo* comme *in vitro*.

Le mode d'action de l'antitoxine sur la toxine consiste pour Ehrlich dans une combinaison des deux substances, aussi bien *in vitro* qu'*in vivo*.

Pour Roux et Vaillard, l'antitoxine agirait non pas sur la toxine, mais sur l'organisme.

Origine de l'antitoxine. — C'est dans le sérum que le titre antitoxique est le plus élevé. Il ne l'est pas plus dans la rate, le foie, les reins, le cerveau. La production d'antitoxine chez les Mammifères se fait suivant les espèces, plus au moins facilement et en quantité plus ou moins considérable. Tous les animaux ne produisent pas l'antitoxine. Metchnikoff a montré que les invertébrés n'en donnent pas.

Données expérimentales sur l'emploi du sérum dans la prévention et le traitement du tétanos. — On sait, d'après l'expérience de Kitasato, que si l'on attend 40 minutes après l'inoculation de la toxine, tous les animaux meurent de tétanos. On sait encore que l'antitoxine ne commence à apparaître dans le sang que 35 à 60 minutes après l'injection. D'autre part, l'expérience a démontré que si le sérum antitétanique est administré de 40 à 60 minutes avant la toxine, celle-ci est sûrement neutralisée dès son arrixée dans le sang par l'antitoxine.

Si on inocule simultanément l'antitoxine et la toxine, ce mélange est inoffensif. Mais si on injecte dans le même tissu, mais en des points différents, le sérum et la toxine, les deux substances ne diffusent pas avec la même vitesse; le poison devance le sérum et la minime quantité qui échappe alors à l'antitoxine, suffit à provoquer un tétanos limité, léger et toujours curable; aussi conçoit-on qu'il devienne difficile de prévenir le tétanos, lorsque le sérum intervient après la pénétration de la toxine et cela d'autant plus que le laps de temps écoulé aura été plus grand et la dose de poison plus élevée. Toutefois, en employant une plus grande dose de sérum ou un sérum plus actif, on peut intervenir efficacement plusieurs heures après l'injection de la toxine; mais il se produit encore un tétanos partiel et curable. Après un certain temps écoulé, variable avec les animaux, la prévention est impossible, même avec une grande quantité de sérum (Vaillard). En effet, dès que les premiers symptômes apparaissent, la guérison du tétanos est rarement obtenue, bien que le sang de l'animal traité soit devenu antitoxique et immunisant à un haut degré.

On peut sauver encore les animaux en pratiquant les injections de sérum directement dans la masse cérébrale, mais si l'empoisonnement des parties supérieures de la moelle est fait, la mort ne sera pas évitée.

Sérothérapie chez les grands animaux domestiques. — Nocard avait constaté que chez le cheval « la marge, laissée à l'action préventive du sérum, était plus étendue que chez les petits animaux de laboratoire ». Il recommanda de pratiquer chez cet animal, de même que chez les bovidés adultes, le plus tôt possible après un traumatisme suspect, une injection de 10 centimètres cubes de sérum et de renouveler l'injection à 12-15 jours d'intervalle. Chez les animaux porteurs de plaies persistantes, exposées à des infections renouvelées par le sol ou les fumiers, il est prudent, d'après Nocard et Leclainche, de faire une troisième et même une quatrième injection.

Vaillard, en réunissant les statistiques de Nocard, de Labat et de Vallée et la sienne, arrive au chiffre de 16 917 animaux, traités dans la période de 11 ans. Sur ce très grand nombre d'animaux, traités préventivement, un seul cheval a présenté des symptômes tétaniques.

Sérothérapie chez l'homme. — C'est à la suite des premiers résultats obtenus par Nocard en vétérinaire que les médecins ont essayé d'employer le sérum antitétanique comme préventif chez l'homme. Aux Congrès français de chirurgie de 1902 et de 1906 et à la Société de chirurgie de Paris en 1907, on a agité cette question. Aux partisans de la méthode préventive on a opposé : 1) que l'emploi des injections préventives n'a pas influencé la mortalité par tétanos à Paris (Pierre Delbet); 2) que le tétanos se déclare assez souvent malgré les injections préventives (Reynier); 3) que les conditions qui permettent la prophylaxie du tétanos en médecine vétérinaire ne sont pas réalisables en médecine humaine (Reynier); 4) que le sérum serait moins actif sur l'homme que sur le cheval (Delbet). Vaillard, dans une récente monographie, combat d'une façon très précise les objections de ces chirurgiens. D'après cet auteur, les objections formulées contre la valeur des injections préventives manquent de fondement et les quelques insuccès signalés ne représentent qu'une infime proportion, au regard des milliers d'injections pratiquées. En principe, Vaillard conseille de pratiquer une injection de 10 centimètres cubes dans les cas de plaies peu profondes, régulières, et 20-30 centimètres cubes dans les cas de plaies anfractueuses. Des observations faites sur l'homme ont montré que la quantité d'antitoxine, introduite avec le sérum, demeure à peu près stable, pendant près d'une semaine, pour tomber ensuite rapidement en 2 à 6 jours. C'est donc avant la fin de la première semaine et ensuite hebdomadairement, qu'il conviendra de réitérer le sérum. Si la dose initiale a été de 20 à 30 centimètres cubes, il suffira de 10 à 15 centimètres cubes pour les injections subséquentes, qui doivent être pratiquées, pendant tout le temps que le danger d'intoxication tétanique subsiste.

Le sérum a été injecté sous la peau, dans les veines, la cavité sous-arachnoïdienne, le cerveau.

Vallas a divisé les résultats obtenus, suivant la technique employée :

	Cas.	Morts.	Mortalité.
Injection sous-cutanée	373	39	39 %
— intraveineuse	31	13	41,9 %
— cérébrale	84	52	61 %
— sous-arachnoïdienne	20	13	65 %

« Ces différences ne sauraient exprimer la valeur de tel ou tel procédé : elles tiennent, sans doute, beaucoup moins aux modes d'injection, qu'à la gravité particulière des cas, qui ont motivé le choix de la voie veineuse arachnoïdienne ou cérébrale pour l'application du sérum : d'ailleurs, le plus souvent, les injections sous-cutanées ont été associées aux autres modes d'introduction du sérum. » (Vaillard.)

Les injections sous-cutanées massives et les injections intra-veineuses paraissent à l'heure actuelle constituer la méthode de choix dans le traitement sérothérapique du tétanos. Les injections intracérébrales constituent une méthode qui peut être dangereuse et, dans l'état actuel de la question, n'est pas à conseiller (Delbet et Chevassu).

Bacille de Lubinski. — C'est un bâtonnet isolé de la périto-nite purulente ; il est plus long que celui du tétanos et possède comme lui une spore terminale.

Il prend le Gram.

Sur plaque de gélatine il se développe au bout de 2 jours. Les colonies sont plates, grises, avec les bords ratatinés.

Sur plaques d'agar, les colonies ont la forme de vésicules ellipsoïdales, pleines de liquide et de gaz.

La gélatine n'est pas liquéfiée.

Le lapin est tué par injection dans le péritoine en 24 heures. Les phénomènes pathologiques qu'on observe ne ressemblent pas du tout à ceux qui causent le tétanos.

Le bacille est très difficile à classer, si les renseignements que l'auteur nous donne sont exacts.

Aussi, lui donnons-nous à côté du tétanos une place tout à fait provisoire.

Microbes 2 et 3 de Séwerine. — Ce sont deux échantillons de tétanos isolés du fumier.

I. — MICROBES PROTÉOLYTIQUES
IMPOSSIBLES A GROUPER

Nous donnons après la description de ces bacilles, celle des bacilles de Botkin, de Flügge et de Kedrowski, qui se rappro-chent par certains caractères, comme celui de la granulose, du bacille butyrique. Ces bactéries ont cependant une propriété très différente, celle d'attaquer les matières albuminoïdes. Beaucoup d'auteurs, dont Grassberger et Schattenfroh, contestent leur existence; nous donnons cependant leur description, pour être plus complet.

Bacille de Botkin. — C'est un bâtonnet isolé du lait, de la poussière, de 1 à 4 μ de long et de 0,5 μ de large, à bouts arrondis.

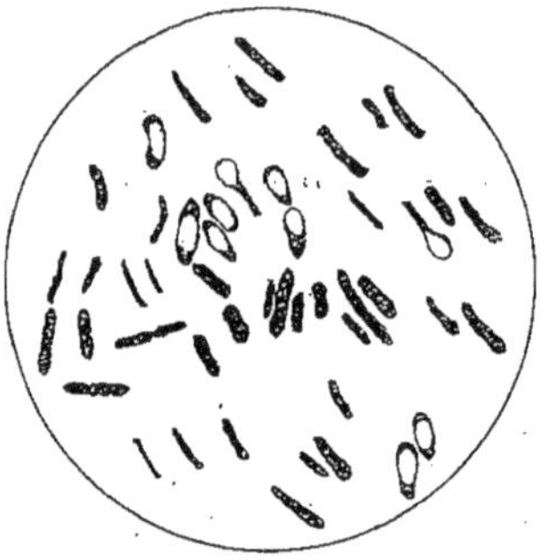

Dans les milieux liquides, il devient plus mince, mais atteint une longueur de 10 μ.

Il est faiblement mobile.

Il donne facilement des spores, qui sont placées dans le milieu du corps microbien ou, rarement, terminales.

Les spores ont une longueur moyenne de 2 à 3 μ et une largeur de 1 μ, et présentent une forme allongée à extrémités arrondies, très rarement ovoïdes.

Fig. 15. — Bacille de Botkin.

Les spores se forment très abondamment en milieux amidonnés. Elles résistent pendant une demi-heure à l'ébullition.

Il donne, avec l'iode, la réaction positive de la granulose.

Le bacille de Botkin pousse entre 18° et 42°, mais son optimum est à 37°.

Il ne donne jamais de gaz.

Les colonies en agar sont rondes ou elliptiques, sombres au centre et semblent feutrées.

Elles présentent dans la plupart des cas des ramifications, qui vont dans tous les sens et qui deviennent plus larges avec l'âge de la culture.

Le bacille se développe après deux jours en gélatine, en donnant des colonies rondes ou allongées, à contours ondulés, constituées comme un feutre. La gélatine est liquéfiée.

Le bouillon est troublé après 24 heures. Au troisième jour, le développement est complet et le milieu s'éclaircit en donnant un dépôt.

La culture sur pommes de terre sent l'alcool.

Dans le lait, il y a, 12 heures après l'ensemencement, une active fermentation et au bout de 18 heures coagulation. La caséine et les savons flottent sur le sérum jaune clair.

La caséine prend un aspect spongieux à cause des gaz qui se développent; elle est ensuite liquéfiée.

Il y a en même temps dans le lait, un fort dégagement de gaz.

Le bacille donne principalement de l'acide butyrique. Il transforme l'amidon en sucre et plus tard celui-ci en acide lactique ou acide butyrique.

La cellulose n'est pas attaquée.

Le bacille de Botkin ressemble au microbe de Perdrix, mais celui-ci ne liquéfie pas la gélatine.

Flügge a décrit 4 microbes qui, au fond, sont le même organisme et probablement des races du bacille de *Botkin*.

En effet, tous les 4 sont mobiles; 3 donnent des spores; dans le 2ᵉ seulement l'auteur ne les a pas observées.

Ils liquéfient la gélatine.

Ils donnent du gaz.

Les phénomènes dans le lait se passent comme pour le Botkin, mais Flügge prétend, sans en donner la preuve, que dans les cultures ne se forment pas d'acides gras.

Pour son microbe 3, Flügge dit que le lait ne change pas.

Pour son microbe 4, Flügge ne nous renseigne pas sur le sort de la caséine, mais d'autre part il nous apprend qu'après 48 heures il y a odeur de putréfaction.

Kedrowski a isolé au cours d'une préparation de l'acide butyrique deux bacilles ayant les mêmes propriétés que le Clostridium fœtidum.

En plus, ces bacilles donnent sur pommes de terre des colonies coniques, grises, humides avec des gibbosités, et de la grandeur d'une tête d'épingle.

Ces bacilles coagulent le lait et le peptonisent ensuite en 2 semaines.

Dans les cultures on constate une odeur de fromage.

Quoique Kedrowski en fasse 2 espèces distinctes, nous devons pourtant ajouter qu'il nous semble exagéré de séparer 2 microbes, dont l'un est plus mobile que l'autre et dont l'action sur le lait est plus lente.

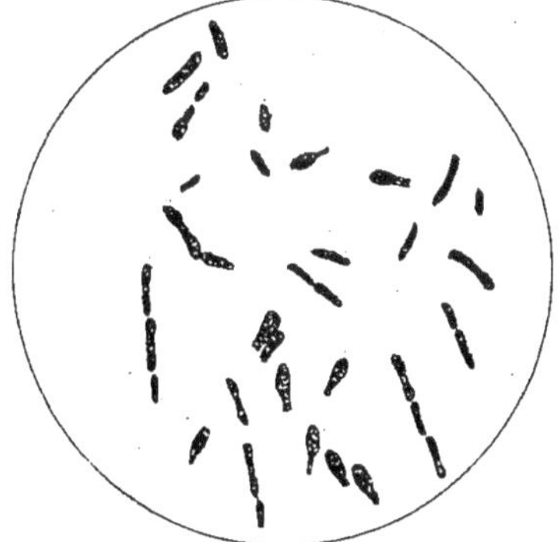

Fig. 16. — Bacille de Kedrowski.

Bacillus radiiformis (Rist et Guillemot). — C'est un bacille rectiligne, assez épais, dont les extrémités arrondies se colorent fréquemment, mais non toujours, plus énergiquement que le centre, ce qui lui donne un aspect en navette.

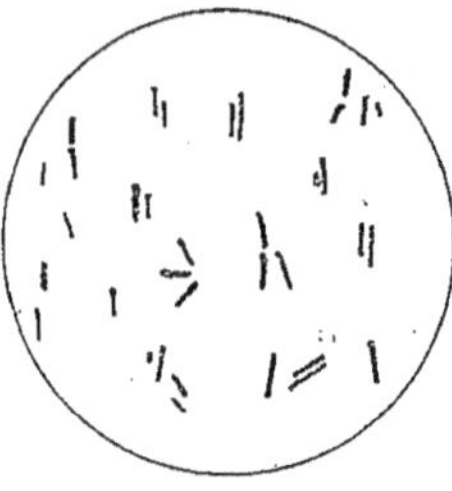

Fig. 17. — Bacillus radii-formis.

Il se décolore par la méthode de Gram.

En gélose sucrée, en profondeur, il donne au bout de 48 heures des colonies blanchâtres très fines, parfois à peine visibles. Même très isolées, elles n'atteignent jamais de grandes dimensions. Examinées à un faible grossissement, elles ont l'aspect de petits disques irréguliers, de couleur jaunâtre, transparents, ayant parfois à leur périphérie des prolongements irréguliers et pas très longs.

En gélatine sucrée, en profondeur, cultivé à la température de 22°, ce bacille donne des colonies très caractéristiques. Elles sont nettement visibles au 3ᵉ ou 4ᵉ jour, sous forme d'un petit grain translucide, nacré, soyeux, paraissant formé de 2 ou 3 couches concentriques et possédant une sorte de noyau brunâtre, plus opaque. A un faible grossissement, on voit un ovoïde jaunâtre de forme régulière, avec un noyau central brun, irrégulier; la surface de l'ovoïde est hérissée de petits prolongements courts, rectilignes, transparents, plantés très drus et ressemblant à des soies de porc : l'aspect est celui d'un oursin ou d'une châtaigne munie de sa coque.

Au bout de 5 à 6 jours, la colonie a notablement augmenté de volume : elle est composée d'un petit noyau brunâtre entouré d'une zone jaunâtre : autour de cette zone, un espace clair, puis un anneau fin, nacré, dont le contour extérieur, mal limité, se confond assez brusquement avec une atmosphère finement nuageuse, qui a un rayon d'un centimètre à peu près et qui est la zone de liquéfaction de la gélatine.

Il est immobile.

Il est peu vivace; ses cultures meurent en 8 ou 10 jours.

Il est pathogène pour le cobaye.

Bacillus Ghon, Mucha et Müller. — C'est un bâtonnet isolé dans un exsudat de méningite, des dimensions du typhique; mais à côté des bâtonnets on trouve des formes en coccus.

Dans la majorité des cas il est droit, arrondi aux bouts, de longueur de 1,5 μ, jusqu'à 3,5 μ, et de largeur variable.

Il a des renflements qui lui donnent l'aspect du funduliformis. Il forme des filaments, soit dans les milieux où l'on peut faire croître l'alcalinité, soit dans les milieux très faiblement acides.

Il est mobile, mais il ne donne jamais de spores.

Il prend le Gram, mais il perd bientôt cette propriété; pourtant, dans l'exsudat de méningite, il ne le prend pas.

Il se colore d'une teinte sombre avec l'iode, mais seulement à ses extrémités.

Les colonies en surface, dans l'agar, ressemblent beaucoup à celles du micrococcus pyogenes; elles sont rondes, blanchâtres et luisantes; la partie centrale est obscure, la partie périphérique est claire et finement crénelée.

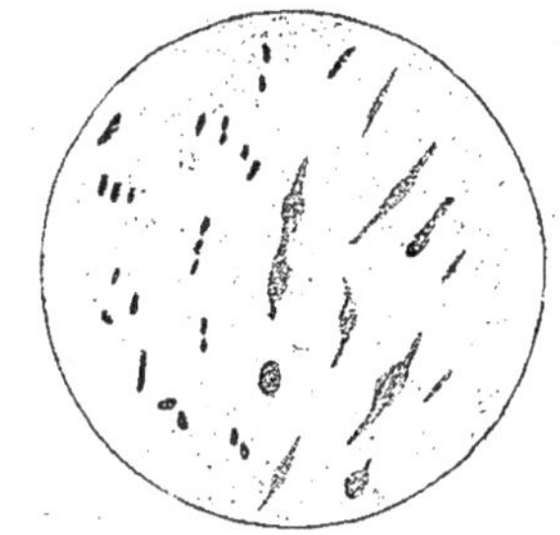

Fig. 18. — Bacillus Ghon, Mucha et Müller.

Les colonies profondes sont petites et bosselées, elles laissent voir parfois de petites colonies filles et de petites bulles gazeuses.

Dans les milieux glucosés, il donne du gaz, en quantité peu considérable.

Dans la gélatine sucrée à 20-22°, il se développe lentement, en donnant des colonies punctiformes, en même temps qu'il se produit le long de la piqûre une teinte brunâtre.

Il liquéfie la gélatine en 12-14 jours, sans donner de gaz.

Dans le bouillon, il pousse très bien, en troublant le milieu et en formant à sa surface une couche d'écume. Dans ce milieu se dégagent des bulles de gaz.

Le lait n'est pas coagulé, il devient acide, dégage peu de gaz et accuse une forte odeur d'acide butyrique.

Dans les liquides d'hydrocèle et d'ascite coagulés, le développement est lent.

Il donne des traces d'indol; abondante formation d'H_2S, d'acide butyrique et d'alcool éthylique.

Les acides acétique et lactique se trouvent en très petites quantités.

Les analyses des gras donnent : $C_2O = 37,98$ p. 100; $Az = 4,13$ p. 100; $H = 57,89$ p. 100.

La température optima est 37°, mais le bacille pousse à la température de la chambre.

Il détermine des infiltrations n'aboutissant jamais à la formation d'un abcès.

Il ressemble beaucoup au radiiformis de Rist et Guillemot.

Bacillus serpens (Veillon). — Ce microbe a été isolé dans le pus d'appendicites.

Il s'agit d'un bâtonnet assez gros, à extrémités arrondies, régulier. Dans les cultures, les éléments sont souvent mis 2 par 2, ou forment des pseudo-filaments.

Il est légèrement mobile et progresse surtout par ondulation. Il ne se colore pas par le Gram. Il pousse dans la gélatine au bout de 4-5 jours, en petites colonies rondes, grisâtres. La gélatine est liquéfiée lentement.

Dans la gélose en couche profonde, il forme, au bout de 24 heures, des colonies rondes, claires, grisâtres, granuleuses, hérissées de hachures : on voit quelquefois un bouquet de filaments à l'un des pôles. Plus tard, la colonie, en grossissant devient plus opaque : les bords en sont plus nets.

Le bouillon se trouble rapidement, puis s'éclaircit lentement, en laissant déposer un enduit blanchâtre au fond du tube.

Les cultures dégagent une très petite quantité de gaz, d'odeur fétide.

Il est vivace.

Il est pathogène pour la souris, le cobaye et surtout pour le lapin.

Granulobacter pectinivorum (Beijerinck et van Delden). — C'est un bacille isolé la première fois par Fribes des tiges du lin en rouissage et ensuite par Beijerinck et van Delden de la même provenance. C'est l'agent spécifique de la dissolution de la pectine, selon les auteurs, et celui qui permet le rouissage du lin.

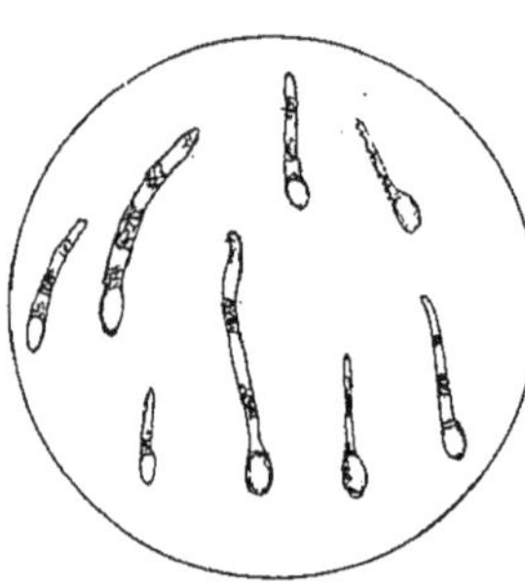

Fig. 19. — Granulobacter pectinivorum.

Nous suivons la description donnée par Winogradski au nom de Fribes, qui nous semble être assez complète, en ajoutant quelques notices prises au travail de Beijerinck et van Delden.

C'est un bâtonnet relativement grand, formant des spores dans des renflements terminaux, qui se colore en bleu avec l'iode (forme de têtard). A l'état jeune, ces articles ont une longueur de 10 à 15 μ. sur une épaisseur de 0,8 μ..

Souvent on trouve des filaments très longs.

Il forme des spores ovoïdes, ayant 1,8 μ. de longueur et 1,2 μ. d'épaisseur.

Il fait fermenter le glucose, le saccharose, le lactose, l'amidon, le lévulose, le galactose et le maltose, en donnant de l'acide butyrique, mais à condition que le milieu contienne de la peptone. Il est sans action sur les hydrates de carbone, quand on met de l'ammoniaque dans le milieu, comme unique source d'azote.

La pectine ou l'acide pectique extraite du lin, des poires, carottes, navets blancs, et pure autant que possible, est décomposée déjà en présence d'un sel ammoniacal comme seul aliment azoté.

La cellulose et la gomme arabique sont inattaquables; Beijerinck et van Delden ont préparé un milieu spécial pour l'isolement de ce microbe, consistant en agar avec extrait de Malte.

Il peptonise la gélatine.

Il sécrète une *pectase* qui hydrolise la pectine [1].

Paraplectrum fœtidum (Weigmann). — C'est un bâtonnet, qui dans les cultures en bouillon, est droit, de 2,6 μ. à 14 de long et de 0,6 μ. de large, à bouts arrondis.

Il forme souvent des chaînes composées de 3 à 6 éléments.

Il est mobile. Les bacilles plus grands ont un mouvement pendulaire.

Il ne prend pas le Gram.

Dans le lait, il donne des spores après 3 jours. Les spores libres sont de 1,75 μ. à 2,1 μ. de long et de 0,3 à 1 μ. de large.

Il ne forme pas de clostridium.

Dans le lactate de soude avec caséine, il pousse très bien en donnant après 3-4 jours de petites colonies rondes, d'aspect feutré.

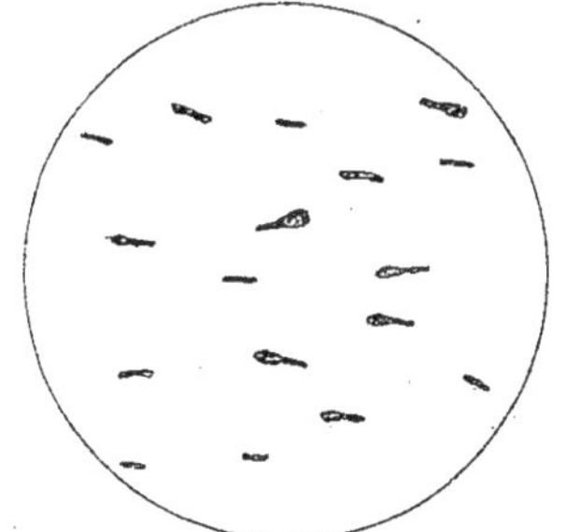

Fig. 20. — Paraplectrum fœtidum (Weigmann).

Il ne pousse pas dans les milieux non sucrés.

1. *Stormer* a isolé en 1904 son *Plectridium* qui nous semble être identique au *Granulobacter-pectinovorum*.

Le lait est coagulé en 4 jours et ensuite peptonisé.

Le bacille accuse une odeur de fromage de Limbourg.

Le bouillon se trouble après 2 jours, en donnant un voile qui tombe au fond; ensuite le milieu s'éclaircit.

Sur pommes de terre, on obtient, après longtemps, un enduit de culture.

Le paraplectrum donne des gaz.

En gélatine par piqûre, il forme une culture, consistante en filaments enchevêtrés, qui bientôt se fusionnent en une seule ligne épaisse, au milieu de la gélatine partiellement liquéfiée.

Fig. 21. — Bacillus thalasso-philus.

On trouve ce bacille dans le fromage de Backenstein, de Romadur, de Tilsit, de Gonda et de Harzer.

Bacillus thalassophilus (Russell). — C'est un microbe isolé de la boue du fond de la mer dans le golfe de Naples.

Il est de longueur variable et mince, parfois en filaments, dont les articles ne montrent aucune division apparente.

Le protoplasma paraît vacuolaire.

Dans les vieilles cultures, le thalassophilus donne des formes curieuses de dégénérescence.

Par exemple, en gélatine, il y a des individus en baguettes de tambour, mais la partie renflée n'est pas une spore.

En gélose, il donne des filaments très longs, dont le protoplasma se présente comme une chaîne de pointillée.

Les colonies en gélatine à l'eau de mer sont, après 2 ou 3 jours, comme des boules troubles; ensuite les colonies se réunissent pour former une espèce de sac. Le milieu est liquéfié. Après la liquéfaction il se précipite une masse glutineuse.

Les cultures sentent les selles ou le fromage en putréfaction.

Les colonies sur plaque de gélatine, sont évidentes après 2 ou 3 jours. A faible grossissement, elles sont formées d'un réseau de filaments très fins.

Bacillus parvus liquefaciens (Jungano). — Ce microbe a été isolé des matières fécales d'une jeune fille, atteinte de constipation opiniâtre.

Il s'agit d'un petit bacille, très polymorphe : on trouve des éléments à forme de clou avec la partie mince légèrement courbée; d'autres présentent comme un noyau central avec extrémités un peu courtes et moins colorées ; d'autres éléments, enfin, présentent une ou plusieurs petites boules, prenant plus intensément la couleur que le reste du bacille.

A côté des formes nettement bacillaires, on trouve des éléments courts très irréguliers, ressemblant à des formes coccobacillaires. Parfois,

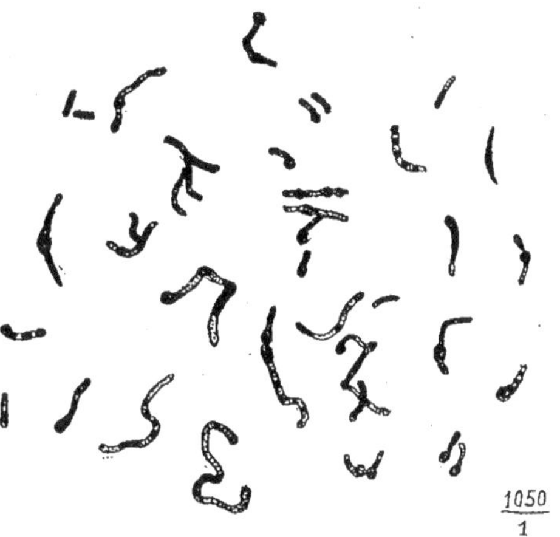

Fig. 22. — Bacillus parvus liquefaciens.

plusieurs éléments se réunissent, tantôt en courtes chaînes, tantôt en V, tantôt en petits amas. En cultivant ce microbe dans un mélange stérilisé de viande hachée et d'eau, on trouve quelques formes fourchues : les branches de bifurcation ne se divisent pas. On en trouve davantage dans les vieilles cultures en gélose sucrée.

Il se colore par toutes les couleurs d'aniline et par la méthode de Gram. Dans les vieilles cultures, les microbes, quelle que soit la méthode employée, ne se colorent pas d'une façon uniforme.

Dans la gélose sucrée en couche profonde, il pousse dans les 48 heures, en donnant de petites colonies rondes, régulières, transparentes au début, plus opaques dans la suite. Il ne donne jamais de gaz.

Dans le bouillon sucré, il produit un trouble uniforme avec très peu de dépôt au bout de quelques jours; après une semaine, il donne une acidité de 2,45 (évaluée en SO_4H_2 p. 1 000).

Il coagule le lait dans l'espace d'une dizaine de jours.

Il n'attaque pas le blanc d'œuf cuit.

Il n'attaque pas ni le saccharose, ni la dextrine.

Il ne donne pas d'indol.

Il ne pousse qu'à la température de 37°.

Il est pathogène pour le cobaye; les tentatives faites pour obtenir une toxine *in vitro* ont échoué.

Parmi les anaérobies déjà connus, il y en a un — le *Bifidus* de Tissier — qui lui ressemble beaucoup, et, d'après les caractères morphologiques et tinctoriaux, il serait absolument impossible de différencier les 2 germes.

La différenciation par les propriétés biologiques est par contre très nette. En effet, le bacillus parvus liquéfie la gélatine, n'attaque pas le saccharose : sa vitalité est aussi considérable (plusieurs mois); il est pathogène pour le cobaye, tandis que le bifidus n'attaque pas la gélatine, attaque le saccharose, n'est pas pathogène et a une vitalité bien moindre (11 à 15 jours).

Bacille anaérobie semblable à celui de l'influenza (Russ). — C'est un bâtonnet isolé d'un abcès périrectal, court, à bouts arrondis, trois fois plus long que large.

Il est immobile et ne prend pas le Gram.

Il ne donne jamais de spores.

Il forme des colonies transparentes, mais moins que celles du bacille de l'influenza. Elles sont en forme de demi-sphère, à bords nets, en forme de coupe, avec le centre faiblement coloré en jaune, et la périphérie sans couleur, claire comme l'eau. Elles sont granuleuses. Du centre partent des stries radiaires vers la partie périphérique.

Il pousse dans le bouillon glucosé après 3-4 jours.

Il semble que la gélatine n'est pas liquéfiée et qu'il ne pousse pas dans les milieux privés de sucre.

L'optimum de température est de 30-37°.

Les colonies se développent après 3-4 jours.

Le bacille n'est pas pathogène pour la souris.

Bacillus Ghon, Mucha et Müller. — C'est un bâtonnet isolé d'un cas d'inflammation du cerveau, qui ressemble beaucoup à celui de l'influenza. Quand il est jeune et prélevé dans les premières cultures, c'est un bacille presque semblable à un coccus et ayant une longueur de 1,5 μ. et le tiers de largeur.

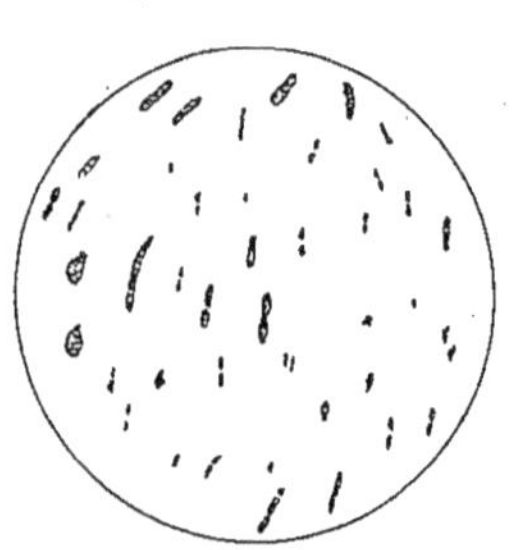

Fig. 23. — Bacillus Ghon, Much et Müller.

Il a les extrémités arrondies, avec fort renflement central, qui lui donne un aspect ovalaire.

Après 48 heures, on rencontre des formes vésiculeuses, et, à côté, de courts filaments, non segmentés.

Ces formes se conservent telles pendant deux ans, sans se transformer en forme dentritique.

Dans les jeunes cultures en sérum, on observe de petites formes et, dans les vieilles, des formes aussi grandes que le microccoccus parvulus.

Il est immobile, ne prend pas le Gram, ne présente ni spores, ni capsules, ne donne pas la réaction de la granulose et, coloré avec une solution de bleu de méthylène, prend une teinte très foncée aux deux extrémités.

Les cultures en surface n'ont rien de caractéristique, elles présentent seulement une végétation finement granuleuse.

Dans les milieux solides, les colonies sont petites, rondes, avec le contour très net, et sont plus grosses qu'un pépin de raisin.

Il n'y a pas production de gaz.

Le bacille trouble la gélatine sucrée en la liquéfiant et en donnant ensuite un dépôt floconneux.

Le bouillon se trouble et s'éclaircit ensuite en donnant un dépôt.

Il ne liquéfie pas les milieux contenant de l'ascite et du liquide hydrocèle coagulés.

Il coagule le lait sans le peptoniser.

Il produit H_2S, alcool éthylique, acide butyrique, et, comme produits secondaires, de l'acide lactique.

Il ne donne jamais d'indol, ni d'acide acétique.

Il est peu pathogène et seulement à la première génération, en produisant un exsudat hémorragique fibrineux-purulent.

C'est un microbe déjà décrit par Russ, qui l'avait très mal décrit, qui l'a isolé d'un abcès périrectal et qui avait constaté qu'il n'est pas pathogène pour la souris.

Bacillus I (Rodella). — Isolé des selles de l'enfant, courbé et ayant tendance à former des filaments à éléments de longueur inégale.

Il est immobile et prend le Gram. Il donne des spores terminales, ovales ou sphériques; rarement, une à chaque bout.

La réaction de la granulose est négative.

Le bâtonnet pousse à la température de la chambre et à 37°.

Sur agar par piqûre il pousse en stries, avec des arborisations latérales.

En agar profond, les colonies atteignent la grandeur d'un pois en 1 ou 2 semaines.

Dans l'agar sucré, on observe des colonies floconneuses, rondes, irrégulières, avec un centre plus compact.

Il y a développement de gaz avec odeur de scatol.

Sur gélatine par piqûre, il ne donne pas de culture.

Dans la gélatine profonde, mais à 22°, on voit des colonies avec des prolongements serpentiniformes. Parfois il n'y a pas de centre, les colonies offrent un aspect feutré.

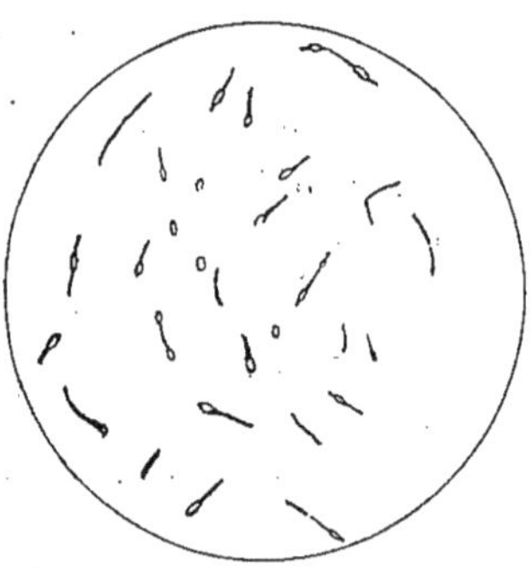

Fig. 24. — Bacillus I (Rodella).

Il ne liquéfie pas la gélatine.

Le bouillon est troublé après 3 jours, puis il s'éclaircit, en donnant un dépôt granuleux et une odeur caractéristique.

Après 5 ou 6 jours, le lait prend une coloration rosée et il est alors peptonisé.

L'odeur de scatol dans ces cultures est plus évidente.

Le bacille est pathogène pour les animaux de laboratoire, mais il ne l'est pas, quand on l'absorbe par voie buccale.

Bacillus Ghon, Mucha et Müller. — C'est un bacille isolé d'un cas de méningite fibrineuse-purulente de la base du cerveau.

C'est un bacille très polymorphe : à côté des formes vibrioniennes on trouve des bacilles longs et droits. Souvent par la réunion des formes vibrioniennes on obtient des S ou de vrais spirilles. Il y aussi des filaments recourbés. Dans les vieilles cultures, on trouve des formes renflées.

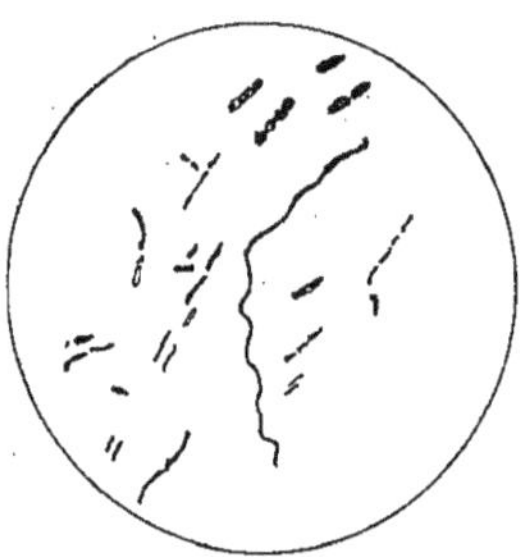

Fig. 25. — Bacillus Ghon, Mucha et Müller.

Il est mobile et ne prend pas le Gram.

Il ne donne jamais de spores.

Les colonies en plaque, sur agar sucré, sont punctiformes, à bords nets, avec le centre brun, et granuleuses.

Les colonies en agar profond sont ovalaires et présentent une courte nébuleuse, laquelle, à faible grossissement, se montre composée de points très fins.

Le bacille donne du gaz, mais pas toujours et jamais beaucoup.

Dans l'agar au sang, il y a développement, mais jamais formation de gaz et jamais changement de couleur du milieu.

Il pousse dans la gélatine à 23-24°, en donnant des colonies semblables à celles données dans l'agar. Le milieu n'est pas liquéfié, mais autour des colonies on voit un noircissement du milieu.

Dans le bouillon, il donne après 48 heures un trouble qui n'est pas intense. Ce trouble subsiste.

Il ne pousse pas dans le milieu de Hutschinski.

Il coagule le lait après plusieurs jours. Le coagulum est lentement dissous.

Il pousse dans le liquide d'hydrocèle ou d'ascite, coagulé, sans les liquéfier.

Il y a riche formation d'hydrogène sulfuré, d'acide lactique et d'acide butyrique et de traces d'acide acétique.

Dans les cultures en bouillon glucosé, les auteurs ont démontré de l'alcool éthylique. Jamais on a trouvé d'acétone ni d'indol.

L'indigotate de soude se décolore complètement dans les 48 heures, sans formation de gaz.

Avec le rouge neutre, il y a les mêmes phénomènes. Dans l'agar avec mannite, il y a aussi décoloration du milieu sans formation de gaz.

Le bacille pousse mieux dans les milieux faiblement alcalins.

Sa vitalité dépend des milieux de culture.

Il n'est pas du tout pathogène.

Comme le Rodella I, il dissout la caséine, sans peptoniser la gélatine. Ce sont les seuls microbes connus ayant une action sur la caséine, sans en avoir en gélatine.

CHAPITRE V

BACILLES PEPTOLYTIQUES

A. — GROUPE DU BACILLE BUTYRIQUE

Bacillus butyricus [1]. — En 1861, Pasteur fit la mémorable découverte que la fermentation butyrique est due à un microorganisme, qu'il appela *vibrion butyrique*, et qui développe son activité fermentative dans des conditions d'anaérobiose.

Ce vibrion a, selon Pasteur, la propriété de se développer dans les substances cristallisables, c'est-à-dire formées de sels

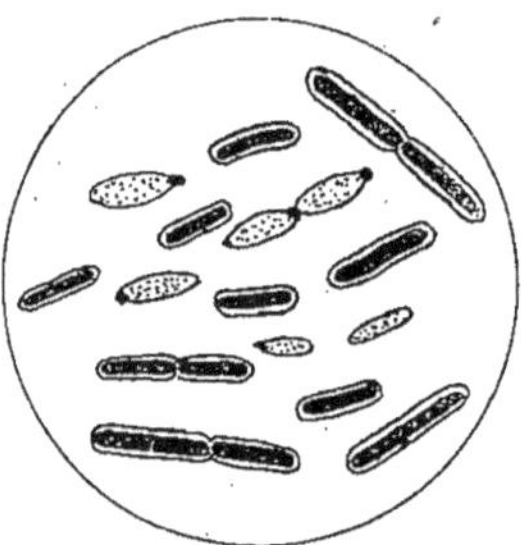

Fig. 26. — Bacillus butyricus.

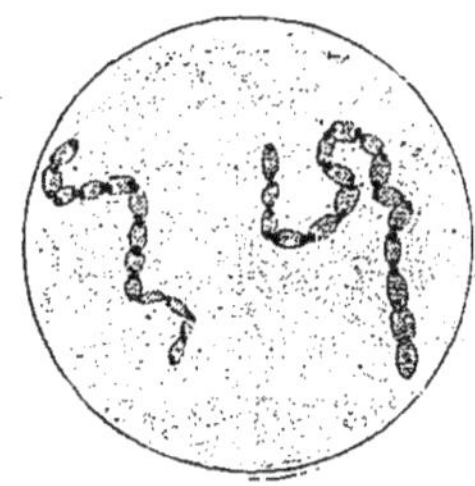

Fig. 27. — Bacillus Metchnikowi.

minéraux. Il croyait de plus que les propriétés biologiques de ce microorganisme, le rapprochaient des ferments végétaux.

Plus tard Trécul, en 1865, rencontre le microorganisme dans les cellules végétales, pendant la putréfaction, et en observant

1. Nous préférons conserver le nom de *butyricus* pour des raisons historiques, et parce qu'il répond aux fonctions du microbe. Ce chapitre était rédigé avant que parût le mémoire de Bredemann, nous sommes heureux de nous trouver d'accord avec l'auteur.

La figure 27 représente un microbe décrit sous le nom de *Bac. Metchnikowi*, qui n'est sans doute que la forme clostridium du butyrique.

son polymorphisme, croit avoir affaire à 3 espèces différentes, d'où les noms de : 1° amylobacter ; 2° clostridium ; 3° formes urocéphaliques.

C'est seulement en 1877-79-84 que van Tieghem, dans une étude remarquable sur son *amylobacter*, fusionne les 3 espèces de Trécul en une seule et explique le polymorphisme de ce bacille. Ensuite (1879) il identifie son *amylobacter* au vibrion butyrique de Pasteur.

A partir de cette époque, plusieurs auteurs se sont occupés de la fermentation butyrique. Tous ont cru avoir affaire à un agent nouveau, quand en réalité ils étaient toujours en présence du même microbe. Donc, selon nous, Prazmowski (1879) avec son *clostridium butyricum*, Gruber (1887) avec ses deux espèces du bac. *amylobacter*,

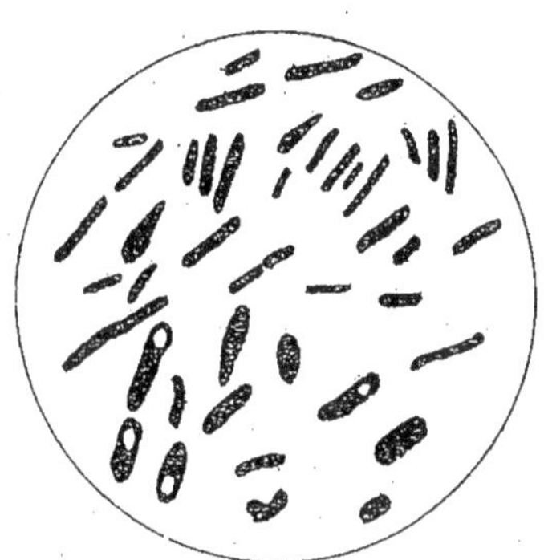

Fig. 28. — Clostridium Pastourianum (Winigradski).

Perdrix (1897) avec son *amylozine*, Grimbert (1893) avec son *orthobutylicus*, Beijerinck (1893) avec son *granulobacter saccharobutyricum* et *granulobacter -lactobutyricum*, Klecki (1896) avec son *saccharobutyricus*, Behrens (1901-02) avec son *Hanf-clostridium*, Winogradski (1902) avec son *Clostridium pasteurianum*, Grassberger et Schattenfroh (1902) avec leur *bacille mobile de l'acide butyrique*, Pringsheim (1906-07) avec son *clostridium americanum* et Rodella (1906-07) avec son *bacille des racines des légumineuses*, ont décrit tous le même microbe, sous des noms différents. Il est facile de s'en convaincre, en lisant les différentes descriptions données par les auteurs sus-mentionnés. En effet, il y a seulement quelques légères différences, entre les descriptions, du côté de l'activité biochimique des microorganismes. Ces différences peuvent bien dépendre, ou des méthodes chimiques imparfaites, employées, ou du chimisme propre de la cellule bactérienne, adaptée au milieu d'élection dont on l'a isolée.

C'est un microbe extrêmement répandu. Il se trouve partout : dans les fromages de diverses qualités et de différente provenance, dans la terre (Grassberger), dans le rouissage du lin (van Tieghem, Behrens), dans les selles (Tissier), dans les racines des légumineuses (Rodella), dans les eaux (Perdrix), dans la fermentation de l'acide citrique (Grimbert), dans la farine (Grassberger), dans le lait (Grassberger), etc. On peut donc conclure qu'il est, à côté du perfringens, l'un des ferments les plus répandus de la nature.

Nous en donnerons une description d'ensemble, et nous exposerons dans un tableau les petites différences qui créent les diverses variétés.

C'est un bacille extrêmement polymorphe, à bouts arrondis, droit au début de sa vie, isolé ou en chaîne de 3 à 4 articles. Plus tard, on trouve des éléments plus longs et recourbés. Il est plus long et plus svelte que le perfringens et entouré d'une capsule. Grimbert dit que le bacille ressemble à un battant de cloche. C'est en effet sous cette forme qu'il se présente dans une période de son existence.

Il est mobile, mais il perd bientôt sa mobilité, spécialement quand dans les cultures s'est formée la granulose. Il prend le Gram et donne la réaction de la granulose, d'où le nom que Beijerinck lui avait donné de « *granulobacter* ».

Quand le bacille a emmagasiné la granulose, il se présente sous la forme caractéristique de clostridium. Le bâtonnet se modifie, devient ovalaire, prend la forme d'un fuseau ; cet aspect précède toujours la production des spores. Celles-ci se produisent toujours où la granulose ne s'est pas formée (Grassberger), c'est-à-dire à une extrémité du clostridium. On observe dans le clostridium le soi-disant phénomène de Beijerinck. Les spores naissent dans tous les milieux, aussi bien liquides que solides, et même dans la gélatine non sucrée. Elles sont toujours terminales, mais Behrens les a observées médianes dans son Hanfclostridium. Elles ont une forme ovalaire, quelquefois irrégulières, en haricots, de la longueur de 1,8 à 2,3 et de 1,3 à 1,7 d'épaisseur (Grassberger). Elles résistent 5 minutes à 80°, mais celles de l'amylozine résistent, selon Perdrix, 10 minutes à 80°.

Les colonies en agar profond et en plaque sont très caractéristiques. Nous empruntons à Grassberger leur description :

En agar par piqûre, les colonies à 38° n'ont rien de caractéristique.

Sur plaque d'agar sucré, se montrent après 12 heures une quantité de bulles de gaz. Après 24 heures il pousse des colonies profondes ovalaires, avec des prolongements comme des épines.

Dans les races qui ont une tendance très prononcée à la sporulation, on observe des colonies munies de prolongements délicats, comme des cheveux, mais le fait est très rare.

Une différence fondamentale entre les colonies du butyricus et celles du perfringens est que les premières sont entourées d'une espèce de voile ou d'une végétation très épaisse, qui se perd graduellement vers l'extérieur.

Pourtant il y a des races dont les colonies ont une forme parfaitement égale à celle du perfringens. Ce fait nous apprend clairement qu'il est très difficile d'établir une diagnose sûre de la forme des colonies en agar sucré. La formation de gaz dans ce milieu est plus riche que dans les cultures du perfringens. Gruber avait vu pour la première que la gélatine sucrée est un milieu très favorable pour la formation des spores. En effet Grassberger le constate et décrit soigneusement les variations. que le bacille subit dans ce milieu.

Il trouve dans les vieilles cultures en gélatine des filaments, qui peuvent atteindre jusqu'à 50 μ. de longueur, des clostridiums et des spores.

Sur gélatine en plaque il y a, selon Grassberger, une végétation qui parcourt et trouble le milieu; mais à côté, on observe les colonies compactes avec les tubercules atteignant, après 6 jours, le diamètre de 2 mm. et qui ressemblent à celles du proteus vulgaris en gélatine. Dans les colonies compactes, les formes granuleuses et sporulantes sont les plus fréquentes, tandis que dans les végétations diffuses les formes à clostridium et les spores n'existent pas (Grassberger).

En gélatine par piqûre il donne aussi : 1° des colonies en forme de disque, au bout de 24 heures à 48 heures ; 2° des arborescences longues et délicates, entortillées, qui parcourent le milieu sans le liquéfier. Il se développe beaucoup de bulles de gaz, mais le milieu n'est pas liquéfié.

Il pousse dans le lait en l'acidifiant d'abord et en précipitant la caséine ensuite, grâce à l'acidité qu'il développe.

Il donne beaucoup de gaz, qui font monter le coagulum à la surface. La caséine n'est pas attaquée, ni le blanc d'œuf.

Sur pomme de terre, le butyricus donne au bout de 24 heures un voile écumeux qui recouvre la surface du milieu, et beaucoup de spores.

Perdrix prétend que son amylozine donne sur pomme de terre des colonies blanches, qui s'élargissent en formant un

NOMS	LIEU D'ISOLEMENT	FERMENTS				PRODUITS DE FERMENTATIONS		CARACTÈRES DIVERS
		monosaccharides	dissaccharides	amidon	lactate	acides butyrique, acétique, carbonique, etc.	autres produits	
Vibrion butyrique, *Pasteur*	De la fermentation du lactose.	+	+	»	+	+	»	»
Amylobacter, clostridium, urocephalum, *Trécul.*	De la cellulose, des plantes en putréfaction.	+	+	»	»	»	»	»
Bac. amylobacter, *van Tieghem.*	Des organes des plantes en putréfaction.	+	+	+	+	+	»	Attaque dextrases, arabine, lichenine, mannite.
Clostridium butyrique, *Prazmovski.*	»	+	+	+	»	+	»	»
Bacil. amylobacter, *Gruber.*	»	+	»	»	»	»	»	»
Bacillus amylozine, *Perdrix.*	Des eaux de Paris.	+	+	+	—	+	Alcool amylique, éthylique et une espèce de sucre proche du glucose.	»
Bac. orthobutylicus, *Grimbert.*	De la fermentation du tartrate de chaux.	+	sans les intervertir.	+	—	+	Alcool butylique, isobutylique, acide formique	Ne donne jamais granulose. Attaque inuline sans transformer en

Granulobacter saccharobutyricum et lactobutyricum, *Beijerinck*.	Des farines, du lait.	+	+	+	»	Pas d'acide butyrique.	Acide butylique normale.	Plusieurs diastases. Pas de glucase. Donne amylase.
Bacillus saccharobutyricus, *Klecki*.	Du fromage.	+	+	+	»	+	Acide formique, traces d'alcool et acide valérianique.	»
Hanfclostridium, *Behrens*.	Du rouissage du lin.	+	+	+	»	+	»	Il fait fermenter galactose et substance pectique.
Clostridium Pasteurianum, *Winogradski*[1].	De la terre.	+	+	—	—	+	Traces d'acide lactique.	Ne fait pas fermenter arabinose, mannite, du lacto-glycérine. Attaque inuline.
Bac. mobile de l'acide butyrique, *Grassberger et Schattenfroh*.	De la terre, du fromage, des farines, du lait, etc.	+	+	+	—	+	Alcool butylique.	N'attaque pas mannite. Donne amylase et sucrase.
Clostridium americanum, *Pringsheim*.	De la terre.	+	+	+	+	+	»	Il fait fermenter mannite, glycérine.
Clostridium D et Q, *Haselhoff et Bredemann*.	De la terre.	+	+	+	»	+	»	»
Clostridium von Leguminösen Knollen, *Rodella*.	Des nodosités des légumineuses.	+	+	+	»	+	»	»

1. Le milieu dont s'est servi Winogradski pour l'isolement de son bacille est le suivant :

	Grammes.
Phosphate de potassium	1
Sulfate de magnésie	0.2
NaCl, sulfate de fer	Traces.
Eau distillée (libre d'NH_3)	11

mamelon, autour duquel le milieu est un peu creusé et semble se liquéfier. La vitalité de la variété amylozime est de 5 à 6 mois et dans les milieux neutres de 18 mois.

Le bac. butyricus a besoin pour pousser d'albumines et d'hydrates de carbone solubles et fermentescibles.

Tous les échantillons que nous avons groupés attaquent les mono- et les dissaccharides, l'amidon, mais ils n'attaquent pas la cellulose.

Selon van Tieghem, le bac. butyricus dissout la matière gélatineuse de l'ascococcus et du nostoc et le parenchyme des plantes, mais il ne dissout pas les tissus végétaux, ni les fibres du liber, ni les vaisseaux laticifères.

Selon Behrens, il fait fermenter la pectine et le galactose, qui est l'unique substance soluble que l'auteur ait obtenue des lamelles de la substance intermédiaire des plantes. Ce fait est très intéressant, car le lin contient une pectose non fermentescible. Son Hanfclostridium attaquerait cette substance avec production de gaz, qui provient de la fermentation de la galactose. Il semble d'un autre côté que cette pentose ne soit pas complètement transformée.

Le butyricus produit des acides butyrique, lactique, carbonique et de l'H.

Grimbert et Beijerinck ont trouvé que leurs variétés donnent de l'alcool butylique et Grimbert pour la sienne, en outre, de l'alcool isobutylique; Klecki, comme produit secondaire, de l'alcool et de l'acide valérianique et Grassberger de l'alcool butylique, une fois. Ces faits nous indiquent que les variétés de Grimbert et Perdrix rentrent aussi par leur chimisme dans notre butyrique, car la production d'alcool butylique est une fonction possible du butyricus, seulement elle dépend des conditions de vie du bacille, qui nous échappe.

Selon Perdrix, les cultures s'arrêtent quand l'acidité est de 0 gr. 10 ou 0,12 p. 1000 (en H_2SO_4). Les cultures s'arrêtent aussi dans les milieux alcalins, quand par eux la dose initiale de potassium est de 0 gr. 08 p. 100.

Perdrix trouve que son amylozime forme des produits secondaires, comme l'alcool amylique et éthylique et une espèce de sucre très proche du glucose. Le bacille donne différents produits selon l'âge des cultures.

Ce bacille, selon Winogradski et Pringsheim, se sert du sucre pour l'assimilation de l'azote libre.

Bacillus lactopropylbutyricus non liquefaciens (Tissier). —
C'est un bâtonnet isolé du lait de Paris, plus grand que le perfringens. On observe deux formes : les courtes et les longues. Les
premières sont des bâtonnets à bouts carrés qui se réunissent
en chaîne de 3 à 4 éléments ; les secon-
des possèdent dans leur milieu une partie renflée, dans laquelle il y a un corpuscule clair, réfringent.

Dans les milieux solides, les formes
sont plus longues.

Le lactopropylbutyricus est très mobile, il se colore par le Gram et ne
donne jamais la réaction de la granulose.

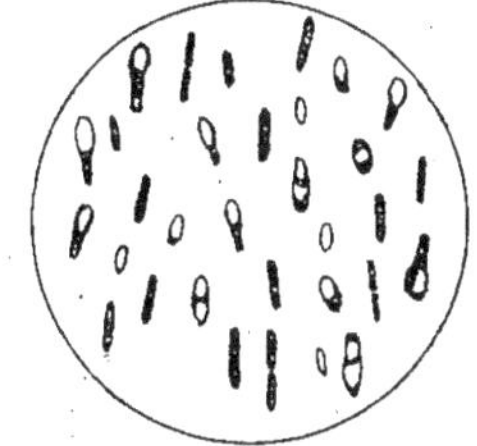

Fig. 29. — Bacillus lactopropylbutyricus non liquefaciens (Tissier).

Il donne, surtout dans les milieux
dépourvus de sucre, des spores, arron-
dies, légèrement ovalaires, placées au centre ou à une extrémité du bacille.

Il pousse soit à 20° soit à 37°.

Sa vitalité est considérable ; il supporte la température de
l'ébullition pendant 2 minutes, mais il est tué si l'ébullition
se prolonge jusqu'à 5 minutes.

Dans la gélose sucrée, on voit, après 24 heures, des colonies
régulières, lenticulaires, à contours très nets, qui peuvent
atteindre 2 à 3 millimètres de diamètre.

Le bacille dégage une grande quantité de gaz.

Le milieu devient acide et le développement s'arrête au bout
de 4 jours.

Dans la gélatine sucrée les colonies ont le même aspect que
dans l'agar.

Le lactopropylbutyricus ne liquéfie pas la gélatine.

Le bouillon ordinaire est légèrement trouble après 2 ou
3 jours, puis apparaît un dépôt pulvérulent au fond du tube.

Dans le bouillon glucosé il y a une grande production de gaz,
qui fait mousser le liquide.

Dans les milieux lactosés, le bacille ne se développe que d'une
façon insignifiante.

Il n'attaque pas le blanc d'œuf, même si on y ajoute du carbonate de chaux.

L'amidon cuit ne change pas en apparence.

Le lait n'est pas coagulé, mais si on met du glucose dans la
culture ou du saccharose, la caséine se précipite sous forme

d'un coagulum très dense. L'adjonction de carbonate de chaux produit le même effet.

Le bacille ne pousse pas dans le milieu de Hutschinski-Fränkel, ni dans le milieux de Pasteur contenant du lactate de chaux.

Il pousse dans l'urine ordinaire en troublant légèrement le milieu.

Il n'attaque pas l'amidon ni le lactose.

Il attaque le saccharose en produisant des acides butyrique, propionique et lactique.

A peu près 25 p. 100 de la quantité primitive de la culture disparaissent en 8 jours.

Il attaque le glucose en donnant une acidité d'arrêt de 3,4 en H_2S_4.

Il existe 2,30 d'acides volatils et 1,13 d'acides fixes.

Les acides volatils sont dans la proportion de 2 de butyrique pour 1 de propionique. Les acides fixes sont l'acide lactique et un acide droit.

Le bacille donne aussi des traces d'alcool.

Il n'attaque pas le lactate de chaux, l'ammoniaque et l'acide lactique ; il attaque au contraire la glycérine. Il attaque l'albumine seulement quand elle a subi la première hydratation. Il donne alors de l'ammoniaque, du carbonate d'ammoniaque et de l'indol. La fermentation butyrique du lait des environs de Paris semble être sous la dépendance de cet espèce.

Le *clostridium de Schardinger* nous semble être le même que le lactopropylbutyricus de Tissier.

Bacillus methanii (Omélianski)[1]. C'est un bâtonnet mince de 5 µ de longueur et 3 µ de large. Il se présente un peu courbé et dans les jeunes cultures il ne donne jamais de chaînes.

Plus tard il donne des spores à un pôle seulement et forme les caractéristiques baguettes de tambour. Les spores ont un diamètre de 1 µ.

Le bacille de la fermentation du méthane ne donne jamais la réaction de la granulose.

---

1. Le milieu d'élection dont s'est servi Omélianski est le suivant :

Phosphate de K.	1
Sulfate de magnésie	0,5
Sulfate d'NHz ou phosphate.	Traces.
Chlorure de Na.	1 000

Papier Berzulius.

Étant donné que le microbe n'a jamais été isolé à l'état de culture pure, nous ne savons pas comment il se comporte dans divers milieux. Mais nous sommes bien renseignés sur ses caractères chimiques.

Ce bacille forme des acides volatils et produit des acides acétique et butyrique, dans la proportion de 2 parties d'acide acétique pour 1 d'acide butyrique.

Omélianski nous donne des chiffres très nombreux entre autres les proportions suivantes :

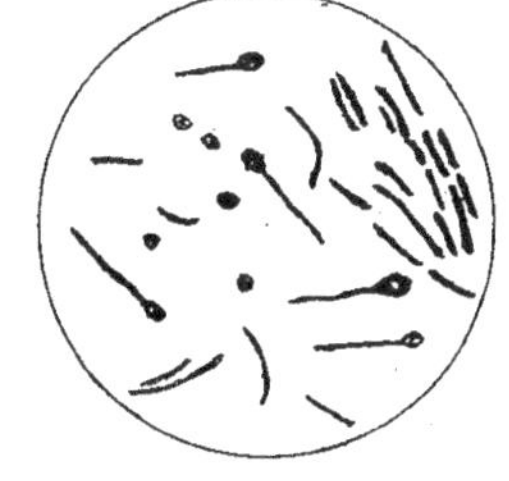

Fig. 30. — Bacillus methanii (Omélianski).

Méthane, 0,1372 gramme ; hydrogène, 0,8678 gramme ; acides acétique et butyrique, 1,0223 gramme.

Bacillus hydrogenii (Omélianski). — Ce bacille se trouve dans la deuxième période de la fermentation de la cellulose.

C'est un bâtonnet de 4 à 8 µ de long et 0,5 µ d'épaisseur.

Dans la suite, les bacilles peuvent atteindre 10 à 15 µ de long et il semble qu'ils deviennent plus épais.

Il ne forme jamais de chaînes ; tantôt il se présente faiblement courbé, tantôt on le trouve en forme de spirale, mais ce dernier caractère n'est pas constant.

Plus tard, on observe le stade en baguettes de tambour et ensuite les spores deviennent libres et sont plus grandes que celles du bacille du méthane.

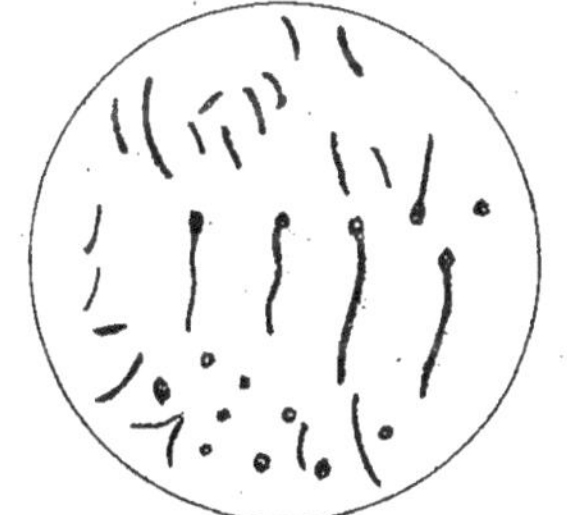

Fig. 31. — Bacillus hydrogenii (Omélianski).

Les spores libres, rondes, peuvent atteindre un diamètre de 1,5 µ. Elles résistent pendant 25 minutes à 90°, mais meurent bientôt à 100°. Ce bacille ne donne jamais la réaction de la granulose.

Il n'a été jamais cultivé en milieux solides.

Dans la fermentation, il se forme principalement des acides acétique, butyrique et, comme produits secondaires, de l'acide valérianique et des traces d'acide formique.

Les acides acétique et butyrique se trouvent dans la proportion de 1 à 4. En dosant on trouve :

Acides gras, 2,2402 grammes ; acide carbonique, 0,9722 ; hydrogène, 0,0138.

Le bacille de la fermentation de l'hydrogène se place sur le papier suédois le long des fibres, quand il n'est pas tout à fait dissous ; quand au contraire les fibres de papier sont dissoutes, il se place sur les débris, sans ordre, et prend la forme spirale ou courbée.

Les deux microbes de la fermentation de la cellulose sont différents l'un de l'autre, car le bacille de la fermentation de l'hydrogène a non seulement des dimensions plus grandes dans les stades de bacilles et de spores, mais au point de vue biologique ils sont très nettement distingués, parce que la fermentation de l'hydrogène s'obtient après qu'on a détruit le bacille du méthane par la chaleur.

Ensuite les produits de la fermentation sont en proportions différentes, quoique le type de la fermentation soit le même ; et les produits secondaires n'existent jamais dans la fermentation du méthane.

En plus ces deux bacilles diffèrent de celui de van Tieghem (amylobacter) parce qu'aucun des deux ne se colore avec l'iode.

B. — GROUPE DU BIFIDUS

Bacillus bifidus communis (Tissier). — C'est un bâtonnet isolé des selles normales de l'homme et des mammifères, assez mince, se terminant par des extrémités effilées ; et très polymorphe en général. La longueur est variable, mais la moyenne est de 4 µ. environ.

On le trouve réuni en diplobacilles avec des extrémités pointues ; les faces qui se regardent sont renflées. Les bacilles se placent aussi côte à côte, disposés parallèlement.

Dans les cultures jeunes, les formes isolées sont la généralité, mais avec l'âge on retrouve des formes allongées, des formes en massue d'aspect géniculé et des formes bifurquées.

Fig. 32. — Bacillus bifidus communis (Tissier).

Ces dispositions deviennent encore plus marquées dans les vieilles cultures, où les formes bifurquées sont les plus fréquentes. Les bifurcations peuvent se produire soit à une, soit aux deux extrémités. Elles peuvent même se diviser et donner des ramifications de deuxième ordre (aspect de trident). Cet aspect se complique par l'adjonction de bourgeons latéraux, susceptibles eux-mêmes de se diviser.

On trouve encore dans les vieilles cultures que les formes courtes deviennent beaucoup plus longues et à côté, des formes vésiculeuses.

Le bifidus est immobile. Il prend le Gram, mais avec une couleur de contraste, on voit toute la gamme des colorations.

Il ne donne pas de spores et est tué au bout d'un quart heure à 60°.

Il pousse très bien à 37°, mais lentement à 20°.

Dans la gélose profonde, au bout de 3 jours, on peut bien distinguer deux espèces de colonies ; les unes lenticulaires, à bord nets, régulières, avec un prolongement sur une des faces, d'un diamètre moyen de 2 mm. et de coloration blanchâtre ; les autres petites, ovoïdes. Ces deux sortes de colonies se trouvent presque toujours ensemble, ce qui donne à la culture un aspect caractéristique. Les colonies grosses sont ordinairement formées par des bacilles courts et les petites par les formes géantes.

Il ne se produit jamais de gaz.

Dans la gélose ordinaire, il ne pousse jamais, pas plus que sur gélatine.

Au bout de 3 jours il trouble le bouillon et il se dépose une masse floconneuse, facilement dissociable, qui envahit le tube.

Au bout de 8-10 jours, cette masse devient granuleuse, épaisse, mais le milieu ne redevient jamais clair.

Le bifidus coagule le lait.

Il fait fermenter très activement les sucres, en produisant dans les milieux glucosés ou lactosés une acidité d'arrêt de 4,90 en H_2SO_4 et, dans les milieux saccharosés, de 3,43 en H_2SO_4. Il donne de l'acide lactique inactif et comme acide volatil uniquement de l'acide acétique. Il n'attaque que la protéose, en donnant de l'ammoniaque, sans produire de l'indol, d'hydrogène sulfuré, ni de phénol, ni d'acides gras. Il détruit complètement l'urée.

Dans les diarrhées, on voit que les formes deviennent plus longues, irrégulières : l'aspect caractéristique est changé. Les diplobacilles sont réunis par une boule centrale, en conservant les extrémités ou effilées ou renflées ; les faces qui se regardent restent planes ou encore peuvent s'emboîter, comme une articulation, ou enfin former un angle d'où le nom que Tissier leur a donné de *formes géniculées*.

On peut trouver aussi des formes en γ dont les branches sont tantôt de la même grosseur, tantôt en massue, tantôt terminées par des boules. En symbiose avec d'autres microbes, le bacille prend souvent des aspects différents. — Avec certaines espèces, il donne des formes naines ; à côté de celles-ci on voit des formes en raquette ou en flamme de bougie. En les ensemençant en cultures pures, on voit que ces formes ne sont pas permanentes.

En réensemençant de petites colonies peu vivaces, après deux ou trois ensemencements, on voit seulement des formes vésiculeuses (formes mortes).

Il sera parlé de son rôle dans l'intestin dans un autre chapitre. Qu'il suffise ici de dire qu'il forme jusqu'à 90 p. 100 de la flore intestinale de l'enfant nourri au sein et qu'il diminue dans la flore intestinale des enfants au biberon et à alimentation mixte et avec l'âge.

Passini soutient qu'il est une espèce anaérobie facultative. — Or nous accordons qu'il existe des races plus ou moins sensibles à l'oxygène, mais nous n'avons jamais trouvé de races capables de pousser en milieu aéré.

Tout dernièrement, Rodella a voulu identifier le bifidus à *l'acidophilus* de Moro et celui-ci au *bacillus gastrophilus* de Boas-Oppler, en formant de tous les trois une seule espèce.

Rodella nous apprend que les formes courtes de l'acidophilus propres à l'estomac, prennent la forme du *bifidus*, sous les conditions d'anaérobiose de l'intestin.

Lotti a décrit tout dernièrement 3 bacilles qu'il appelle α, β, γ, qui sont sans doute des races de bifidus.

C. — GROUPE DU RAMOSUS

Bacillus ramosus (Veillon et Züber). — Isolé la première fois dans une suppuration. C'est un des microbes qu'on rencontre assez fréquemment : nous l'avons isolé plusieurs fois dans l'urètre normal et dans l'intestin.

C'est un petit bacille, un peu plus gros que le bacille de la septicémie des souris. Quelquefois il est plus long et, après plusieurs réensemencements, il acquiert une forme filamenteuse. A côté des véritables formes filamenteuses, il n'est pas difficile de voir des bacilles plutôt longs, réunis en chaînettes. En général, dans la forme typique, le ramosus se présente isolé ou en groupe de deux, disposés parallèlement, ou à angles aigus et quelquefois en petits amas. Il est immobile, avec des mouvements browniens assez vifs; il s'assemble en amas comme s'il s'agissait d'agglutination.

Il se colore bien par le violet de gentiane et par le Gram; moins bien par le bleu de méthylène et par le Ziehl.

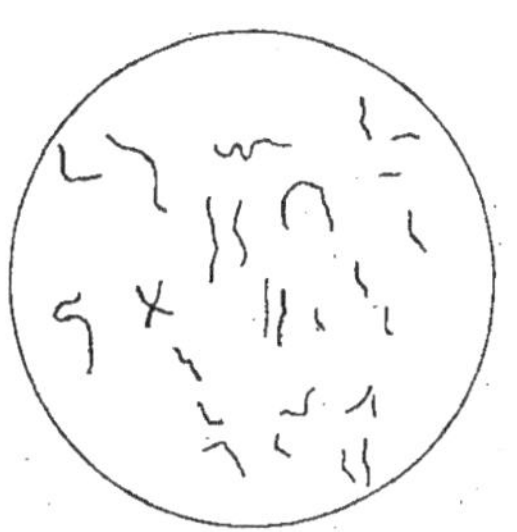

Fig. 33. — Bacillus ramosus (Veillon et Züber).

Il se développe bien dans tous les milieux de culture. Il trouble d'une façon uniforme le bouillon. Nous n'avons jamais réussi à le cultiver dans la gélatine, bien qu'il pousse dans la gélose à 22°, après 15 jours de séjour à l'étuve. Dans la gélose le développement apparaît entre le 2ᵉ et le 3ᵉ jour : si le développement est abondant, on voit de toutes petites colonies rondes, assez régulières. Quand les colonies sont très espacées, elles sont cunéiformes.

Le ramosus coagule le lait, sans attaquer la caséine.

Le développement est plus abondant dans la zone d'anaérobiose supérieure et quelquefois il arrive de voir débuter les cultures surtout à limite supérieure, où il se forme un anneau élégant de colonies très fines, qui gagnent peu à peu en profondeur.

Le ramosus est pathogène pour le cobaye et pour le lapin. Lotti a décrit, sous le nom de bacille, un microorganisme isolé dans un cas d'appendicite. Nous l'identifions avec le ramosus.

Ainsi le bacille A de Grigoroff, isolé du pus d'appendicite, est par ses caractères morphologiques et biologiques le même que le ramosus de Veillon et Züber.

Aussi, selon nous, le bacillus pœciloides de Roger et Garnier par ses caractères morphologiques et biochimiques ne serait autre que le ramosus.

Bacillus angulosus (Garnier et Simon). — A été isolé dans le sang d'un enfant atteint de fièvre typhoïde. C'est un bacille épais, assez court, à bouts arrondis, se colorant bien par les couleurs d'aniline, décoloré par la méthode de Gram. Il se présente en général sur les préparations en groupes de deux à trois éléments, juxtaposés les uns à côté des autres, de manière à former des angles aigus ou obtus et à figurer des V, des L, des M, des Σ. Quelques éléments s'allongent parfois et deviennent presque filamenteux.

Ce bacille se développe bien en gélose profonde : en 48 heures, il donne des colonies blanches, arrondies, assez volumineuses, sans dégagement de gaz. Il se développe bien en bouillon dans le vide et le milieu se trouble uniformément.

Il s'est montré pathogène pour le lapin et pour le cobaye.

Bacillus gracilis ethylicus (Achalme et Rosenthal). — Ce microbe a été isolé dans l'estomac d'un malade atteint de gastrite. Il a la dimension du bacille d'Eberth. Rectiligne ou légèrement recourbé, souvent isolé, quelquefois en chaînettes de 2 à 4 éléments, il est très mince, grêle, légèrement granuleux; il est immobile. Il se colore facilement par les réactifs ordinaires et par le Gram.

Il ne pousse pas à la température de 22°.

Il trouble légèrement le bouillon, qui redevient clair et laisse déposer des flocons.

Il ne liquéfie pas la gélatine.

Il ne donne pas d'indol.

Il coagule le lait sans digérer la caséine.

En gélose en couche profonde, il donne de petites colonies punctiformes ayant la grosseur d'une tête d'épingle.

Il fait fermenter le glucose, le lactose, la mannite, saccharifie l'amidon et intervertit le saccharose. Dans cette fermentation se produit un développement abondant de gaz, et un mélange d'acides volatils composé d'acides acétique et butyrique, plus une notable quantité d'alcool.

Ce bacille établit selon les auteurs une transition entre les groupes butyrogène et éthylogène des bactéries.

Il est pathogène pour le cobaye et pour le lapin.

D. — GROUPE DU RODELLA III

Bacillus II (Rodella). — C'est un bâtonnet à bouts arrondis, isolé dans les selles des enfants. Il présente une spore dans la partie médiane du corps microbien. Dans les milieux solides il donne des filaments, tandis que dans les milieux liquides il donne des formes en poire ou en bouteille.

Il est immobile et prend le Gram.

Dans la gélatine par piqûre, il y a d'abord développement de petites colonies homogènes, qui après un certain temps prennent un aspect nuageux et augmentent au point de sortir de la ligne de piqûre.

Il développe des gaz qui troublent la vue exacte des colonies.

Dans l'agar par piqûre il y a production de petites colonies blanches de différentes grandeurs.

Dans le bouillon, le bacille pousse très bien en le troublant légèrement. On observe un dépôt pulvérulent.

Le lait n'est pas coagulé.

Il n'est pas pathogène pour le cobaye et la souris.

Rodella croit que soit ce bacille II, soit le III, ont la propriété de fixer l'azote qui se trouve à l'état libre dans l'intestin.

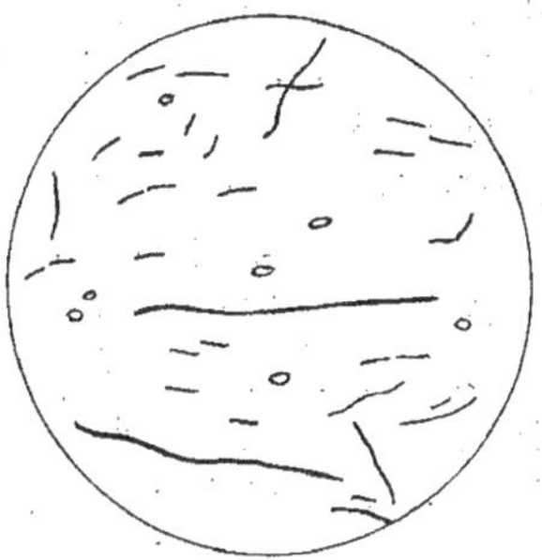

Fig. 34. — Bacillus II (Rodella).

Il y a, sans doute, une corrélation entre ce fait et l'autre que dans l'intestin il y a très peu d'azote libre.

Bacillus III (Rodella). — C'est un bâtonnet grêle décrit par Escherich et isolé ensuite par Rodella des selles de l'enfant; d'une longueur de 4-7 μ., très mince, en baguette de tambour. Il diffère à première vue du putrificus par son épaisseur moindre. Il peut se réunir en filaments serpentiformes.

Il est immobile et prend le Gram.

Il donne des spores de 1,5 μ. de diamètre, qui restent longtemps fixées au bâtonnet, d'où l'aspect en baguettes de tambour. D'après Rodella, on trouve dans le bouillon les formes les plus longues, tandis que dans les milieux solides on voit les

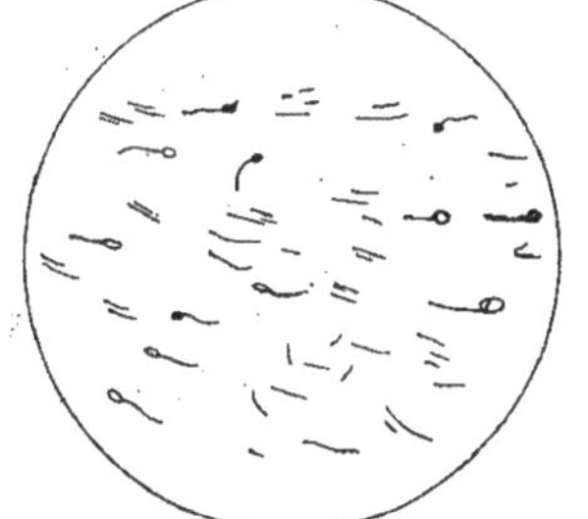

Fig. 35. — Bacillus III (Rodella).

formes les plus courtes, ces dernières parfois sont réduites à la spore avec un petit pédicule. D'après nos recherches personnelles et celles de Tissier (communication orale), nous pouvons affirmer que l'on trouve aussi dans les milieux solides des formes longues, flexueuses et même enchevêtrées en paquet de cheveux.

Dans la gélatine en piqûre, le bacille donne des colonies semblables à des morceaux d'ouate, plus épais au centre.

La formation de gaz est très limitée.

Sur agar par piqûre, il pousse en produisant une arborescence.

Dans l'agar profond, les colonies sont petites, donnant une faible production de gaz. Nous avons trouvé des races qui n'en donnent nullement.

Dans l'agar par stries, les colonies ont un aspect lenticulé.

Dans le bouillon se produit d'abord un trouble, puis, après éclaircissement, un dépôt de grumeaux blanchâtres.

On constate alors une odeur très faible de fromage.

Dans ce milieu, la formation de gaz, peu intense, dure 2 jours.

Le lait n'est pas coagulé, d'après Rodella ; Tissier cependant a trouvé des races qui peuvent au bout d'un temps plus ou moins long amener à la formation d'un coagulum.

D'après ce dernier auteur, ce bacille est un ferment aussi très faible du glucose, lactose et saccharose. L'acidité d'arrêt 1,47 en H_2SO_4H. Il n'attaque que la protéose en donnant H_2S et ammoniaque. Il ne donne ni indol, ni phénol. Il n'est pas pathogène.

Bacillus sporogenes non liquefaciens anaérobie (Jungano). — Ce microbe a été isolé du contenu du gros intestin d'une roussette morte.

Il se présente en général sous la forme d'un bacille long, mince, de la taille du bacille diphtérique (variété longue) et à bouts arrondis : les formes filamenteuses sont très rares.

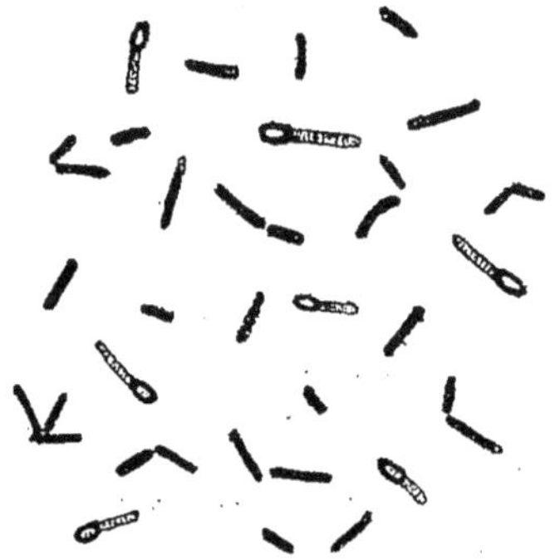

Il se colore d'une façon uniforme, par les colorants basiques ordinaires et par la méthode de Gram.

Dans la gélose sucrée en couche profonde, au bout de 24 heures, moment où commence la sporulation, le bacille perd presque complètement la propriété de se colorer par le

Fig. 36. — Bacillus sporogenes non liquefaciens anérobie (Jungano).

Gram. Il perd encore cette propriété dans les milieux liquides, puisqu'il n'y sporule pas. Il est très mobile. Il a une spore terminale, de forme ovoïde, assez grosse et débordant toujours les limites du bacille.

Il pousse soit à 37° soit à 22°. Sa vitalité dans les milieux sucrés solides est assez prononcée. Il résiste à une température de 80°.

Il donne dans la gélose en couche profonde, au bout d'une dizaine d'heures, des colonies petites, rondes, régulières. Lorsque ces colonies sont espacées, elles sont plus volumineuses. Elles donnent des gaz abondants.

Dans la gélose, le microbe sporule abondamment et rapidement, c'est-à-dire au bout de 15, 24 heures. Il pousse dans les différents milieux liquides sucrés, sans jamais donner de spores.

Il attaque les sucres en donnant une acidité de 1,96 pour la dextrose, de 3,43 pour le glucose, de 4,70 pour le saccharose, acidité évaluée au bout de 14 jours, pour 1 000 en SO_4H_2.

Il coagule le lait dans le délai d'une dizaine de jours; n'attaque pas le blanc d'œuf cuit et donne de l'indol. Il n'est pas pathogène pour les animaux de laboratoires, cobaye, lapin, injectés dans le péritoine.

Parmi les anaérobies, il en est un qui s'en rapproche : c'est le bacille III de Rodella. Mais ce dernier est plus mince, présente une spore terminale moins volumineuse, donne des colonies d'abord rondes se ramifiant ensuite, produit des gaz, peu abondants, est immobile.

Il se rapproche morphologiquement du bacille tétanique.

E. — GROUPE DU FUSIFORMIS

Bacillus fusiformis (Plaut, Vincent, Veillon et Züber). — Ce bacille, en effet, dont le corps est légèrement renflé par rapport aux extrémités très effilées se présente sous l'aspect particulier d'un fuseau, à son épaisseur de 1 μ. correspond une longueur de 5-10 μ.

Il se colore par toutes les couleurs d'aniline et par la méthode de Gram.

Il est immobile.

Dans la gélose sucrée, les colonies apparaissent au bout de 24 heures sous la forme de petits points arrondis grisâtres, opaques. Elles grossissent peu à peu dans la suite, jusqu'à atteindre 2 millimètres de diamètre.

Au maximum de leur développement, elles sont constituées par un noyau central, de couleur légèrement saumonée, entourée d'une zone grisâtre, aplatie, peu allongées, à bord tantôt réguliers et tranchants, tantôt floconneux.

Il ne pousse qu'à la température de 37°, mais une fois com-

Fig. 37. — Bacillus fusiformis.   Fig. 38. — Bacillus de Ghon et Mucha.

mencé le développement, il se continue aussi à la température de la chambre.

Il pousse dans la gélatine à 37° sans la peptoniser.

Il donne rarement des gaz; les milieux dégagent une odeur désagréable.

Il acidifie le lait sans le coaguler, mais on obtient la précipitation de la caséine à l'aide du $CaCo_3$.

Il n'attaque pas le blanc d'œuf cuit.

Il produit de l'indol.

Il attaque les sucres.

Il reste vivant seulement une vingtaine de jours.

Il est pathogène pour le cobaye et la souris.

Après avoir donné une description du bacille dans ses caractères morphologiques et biologiques, nous allons tâcher ici de donner une étude générale de ce bacille sur lequel existe une littérature considérable. Le premier auteur qui l'a décrit fut Plaut en 1894 dans un cas d'angine ulcéreuse. Pour pouvoir envisager avec clarté la morphologie de ce microbe, donnons d'abord un tableau où sont réunis tous les cas où il a été isolé.

Ce sont :

1° *La stomatite et l'angine ulcéreuse* (Plaut, Vincent, Bernheim).

2° *La pourriture d'hôpital* (Perthes, Fruchtwald, Repaci).

3° *Dans le noma* (Freimuth et Petruschky, Passini, Leiner, Korsch et Lerder).

4° *La diphtérie* (Bernheim, Vincent, Abel, de Stocklin, Salsmin, Gallois, Courcoux, Beitzke et Leiner).

5° *L'appendicite* (un cas signalé par Veillon et Züber) par Grigoroff et par Perrone.

6° *Les accidents syphilitiques secondaires des amygdales* (Wollf, Letulle et Simonie).

7° *La laryngite gangreneuse* (Bernheim et Pospischill).

8° *La bronchite fétide* (Silberschmidt).

9° *L'empyème de la mâchoire supérieure* (Leucour, Sabrazès et Silberschmidt).

10° *La nécrose humaine* (Ellermann).

11° *La pyémie du cerveau* (Ghon et Mucha).

12° *La flore normale de la bouche* (Lewcowitz, Repaci, Muhlens [1]).

On se rend compte par ce tableau que le fusiformis se trouve dans tous les cas cliniques et anatomo-pathologiques, dans toutes les ulcérations chroniques accompagnées de fétidité, de nécrose ou de forte inflammation. Il se rencontre également dans la bouche normale. Les premiers auteurs qui ont fait une étude du fusiformis en cultures pures dans la gélose sucrée, ont été Veillon et Züber, lesquels nous ont donné une assez complète description des caractères biologiques du microbe.

Actuellement, le travail de Veillon et Züber paraît oublié et personne n'a pensé qu'il pouvait y avoir non seulement un lien de parenté entre leurs bacilles et celui de Plaut-Vincent, mais encore une identité parfaite.

Ensuite Lewcowitz et Ellermann, indépendamment peut-être l'un de l'autre, ont cultivé le fusiformis sur gélose avec du sérum de cheval, mais n'ont pas poussé leurs investigations plus loin que les caractères de cultures. C'est grâce aux travaux de Leiner d'abord, ensuite de Repaci et de Ghon et Mucha que nous connaissons le fusiformis dans ses caractères chimiques et biologiques.

Le fait que Lewcowitz, Ellermann et d'autres n'ont pas obtenu le microbe en culture pure sur gélose sucrée, ne nous autorise pas à croire qu'on a affaire à des espèces différentes; car on sait que les microbes s'adaptent très difficilement à nos milieux artificiels. Le cas du fusiformis est classique en ce sens. En effet, son milieu naturel est extrêmement riche en substances albuminoïdes en décomposition. De plus, le fusiformis se trouve toujours en symbiose dans la bouche avec des spirilles et on sait aussi combien la symbiose modifie les habitudes biologiques d'une espèce microbienne. On s'était tellement habitué

---

1. Le bacille de Mühlens diffère du *fusiformis*, car il ne donne pas d'odeur de putréfaction.

à trouver en symbiose le fusiformis et les spirilles que jusqu'à maintenant, on a cru avoir affaire à deux formes d'un même cycle évolutif.

Tout dernièrement, Repaci a isolé de la bouche, cette source inépuisable de tant de variétés microbiennes, des spirilles dont il a établi la personnalité distincte et fait connaître les caractères chimiques et biologiques. Chacun est d'accord sur l'immobilité du fusiformis. Graupner seul a mis en évidence des cils dans ce microbe. Mais a-t-il bien eu affaire au fusiformis? La culture était-elle pure?

Quant au pouvoir pathogène du fusiformis, il est très variable suivant les races.

Tandis que l'échantillon de Veillon et Züber est peu pathogène, celui de Leiner l'est beaucoup. Une des races de Repaci l'est très fortement; une autre du même auteur très peu.

Ceci du reste importe peu pour établir l'identité de l'espèce, car on sait depuis longtemps que les variétés d'un même microbe peuvent passer de la virulence la plus marquée à l'état de saprophytes tout à fait inoffensifs.

Peut-on faire de ce microbe un agent spécifique? Serait-il l'agent unique d'une des affections que nous avons désignées dans le tableau général précédent?

Examinons la question :

Le fait qu'il se trouve dans plusieurs infections, qu'il est très répandu et qu'il fait partie de la flore normale de la bouche, pouvait déjà nous faire conclure à sa non-spécificité.

Mais un autre fait, selon nous, confirme davantage cette opinion : c'est que jamais on n'a réussi à donner par la bouche une des affections dont nous avons parlé.

Voyons maintenant les observations qui plaident en faveur de sa spécificité. Il en est une de Vincent et Dopter : ces auteurs ont observé, dans l'armée française, une petite épidémie de stomatite ulcéreuse, contractée vraisemblablement par passage de la pipe de bouche en bouche.

Bien que concluante en apparence, cette observation ne nous dit pas si nous avons affaire à une infection due à un phénomène de symbiose, ou exclusivement au fusiformis.

D'autres observations font croire que ce microbe est l'agent spécifique de la nécrose.

La première est celle de Perthes, qui injecta à un lapin du tissu de noma et obtint une fois une nécrose localisée.

Silberschmidt répéta l'expérience et obtint également une nécrose; mais le fusiformis ne s'y trouvait pas en cultures pures.

Ellermann, tout dernièrement, soutient la spécificité de ce microbe dans la nécrose, parce qu'il se trouve accumulé à la limite des tissus nécrotiques.

Ce dernier fait ne pourrait-il pas trouver une explication plus logique : à savoir qu'on a affaire à un phénomène purement biologique de ce microbe?

Quoi qu'il en soit, nous devons reconnaître qu'on est encore peu documenté sur la biologie du fusiformis. Il en sera de même tant qu'on n'entreprendra pas une étude comparative de ses diverses races.

Toutes les contradictions que nous avons signalées dans les diverses qualités biologiques de ce microbe prouvent qu'il possède un pouvoir remarquable d'adaptation.

Nous donnons à la page 160 un tableau des principaux caractères des races différentes, isolées jusqu'ici par divers auteurs.

Bacillus II (Rodella) (abcès gazeux, 1903). — C'est un bacille droit et svelte, à bouts arrondis. Quelquefois il présente des formes très longues, filamenteuses. Dans quelques exemplaires on voit à une extrémité une spore ovale ou ronde.

Il est mobile et prend le Gram. Mais quand on décolore beaucoup, le bacille montre alors seulement des points colorés.

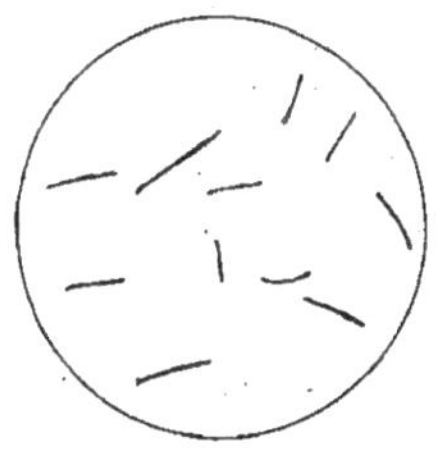

Fig. 39. — Bacillus II (Rodella) (abcès gazeux, 1903).

Sur plaques d'agar, les colonies se développent lentement et se montrent comme des points homogènes, qui en 8-11 jours atteignent la grandeur d'une tête d'épingle.

En agar, profond les colonies sont punctiformes.

Ce bacille pousse lentement en gélatine sans liquéfier le milieu.

Il ne donne jamais de gaz.

Il pousse dans le bouillon en troublant le milieu dans sa partie inférieure.

Le lait ne change pas.

Le sérum n'est pas liquéfié.

Le bacille Rodella II n'est pas pathogène.

	FORME	COLONIES EN AGAR	MOB.	BOUILLON	LAIT	GÉLATINE	SUCRES	GAZ	INDOL	POUVOIR PATHOGÈNE
Veillon.	Taille du perfringens.	Petites, blanchâtres, lenticulaires.	—	»	»	Pas peptonisée.	»	Très peu.	»	Faible.
Lewcowitz.	»	Atypiques, comme mousses, qui peuvent atteindre 2mm.	—	»	»	»	»	»	»	+ donne toxine.
Ellermann.	»	Petites, d'aspect feutré, qui peuvent atteindre 1mm 1/2.	—	Après 2 h. flocons blancs.	»	»	»	Exceptionellement.	»	+
Leiner.	Donne des filaments, forme de dégénérescence longue comme des spermatozoïdes avec des vacuoles.	Opaques, grisâtres, à formes de disque avec un centre brun et granuleux et à la périphérie des prolongements.	—	Flocons blancs.	Précipitation de la caséine avec CaCO3.	Id.	Ne fermente pas.	»	»	+
Repaci.		Noyau central saumoné, entouré d'une zone grisâtre, aplatie un peu, allongée à bords réguliers.	—	»	—	Id.	Fermente.	»	+	±
Roux L.	Filaments très longs, jusqu'à 100 μ.	Punctiformes après une semaine, 6-8mm de diamètre avec zone homogène.	—	»	»	»	»	Très peu.	—	+
Ghen et Mucha.	Filaments très longs.	Centre brun et périphérie floconneuse.	—	»	+	—	»	»	»	—

F. — MICROBES PEPTOLYTIQUES
IMPOSSIBLES A GROUPER

Bacille cylindroïde (Rocchi). — Ce microbe a été isolé par Rocchi dans les matières fécales d'un adulte en bonne santé.

Il présente la même forme dans les fèces et dans les cultures. Il s'agit d'un gros microbe filamenteux ayant 6 à 8 μ de long, en quelques points élargi en forme de ruban tortueux, l'aspect granuleux rappelant la forme de certains cylindres des urines. Il ne prend pas la couleur d'une façon uniforme et se décolore par le Gram. Il est immobile. Il ne pousse qu'à 18° : sa vitalité ne dépasse pas 15 jours.

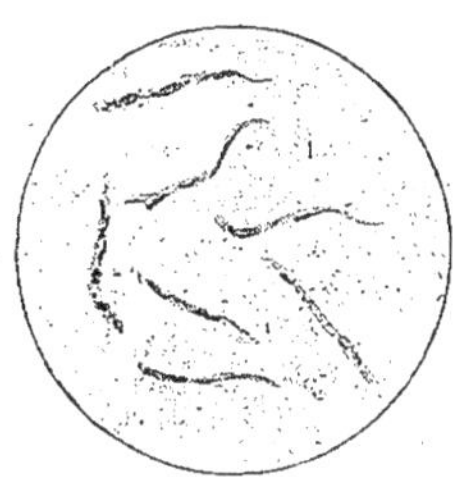

Fig. 40. —Bacillus cylindroïde (Rouchi).

Il ne pousse qu'à partir de 48 heures, en donnant dans la gélose sucrée en couche profonde des colonies petites, rondes. Il trouble le bouillon sucré avec formation de très peu de dépôt.

Il attaque très faiblement le glucose et le saccharose : il n'a aucune action sur le lactose, le galactose, la mannite, la dulcite.

Il attaque faiblement les protéoses : il est sans action sur les albumines. Il n'est pas pathogène.

Bacillus capillosus (Tissier). — Il a été isolé des selles des enfants à nourriture mixte.

C'est un gros bacille recourbé en filaments plus ou moins flexueux.

Dans les milieux solides, il présente tantôt des formes bacillaires régulières isolées ou en chaînes de 2 à 3 éléments, tantôt des filaments longs enroulés sur eux-mêmes, enchevêtrés en « peloton de cheveux ».

Il donne aussi des formes en spirale, à extrémités fines et à masse centrale épaisse, semblables à celles qu'on rencontre dans les vieilles cultures d'acidophilus.

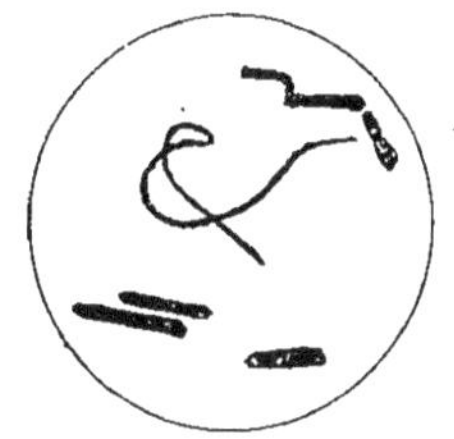

Fig. 41. — Bacillus capillosus (Tissier).

Il se décolore par le Gram. Il est immobile. Il ne donne pas de spores.

Il conserve sa vitalité pendant 10-15 jours. Il pousse à 37°.

Dans la gélose sucrée, il donne des colonies fines, granuleuses, irrégulières au bout de 48 heures. Elles donnent des prolongements rayonnants, qui peuvent se diviser à leur tour.

Il ne donne jamais de gaz et ne liquéfie pas la gélatine.

Il produit dans le bouillon un trouble insignifiant.

Il ne coagule pas le lait.

Il attaque légèrement le glucose en donnant une acidité d'arrêt de 0,49 p. 100 en H_2SO_4; il n'attaque ni le lactose ni le saccharose.

Il ne donne pas d'indol.

Le capillosus n'est pas pathogène.

Coccobacillus præacutus (Tissier). — Isolé des selles des enfants à alimentation mixte, il se présente sous forme de coccobacilles en forme de navettes à extrémités très fines et très poin-

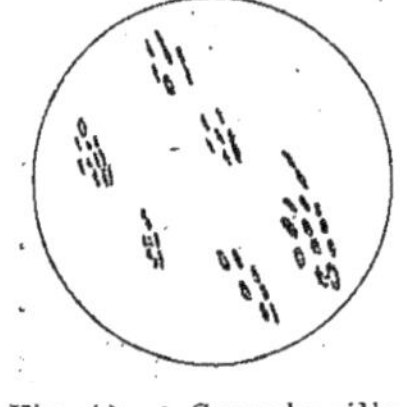

tues, parfois groupés en chaînes de 8 à 10 éléments.

Il est très peu polymorphe. Seulement dans les vieilles cultures, il donne des formes renflées, possédant un point brillant à l'une des extrémités.

Il se meut avec des mouvements ondulatoires très rapides. Il ne prend pas le Gram.

Il pousse à 22° et à 37°.

Fig. 42. — Coccobacillus præacutus (Tissier).

Sa vitalité subsiste de 8 à 10 jours.

Les colonies en gélose sucrée, qui poussent après 24-36 heures, sont de forme lenticulaire, dont la grandeur atteint 1 à 2 millimètres. La gélose est acidifiée.

Il donne beaucoup de gaz et ne dégage aucune odeur.

Il ne liquéfie pas la gélatine et se développe mal dans ce milieu.

Le bouillon n'est troublé qu'au bout de quelques jours; il s'y forme un dépôt pulvérulent.

Le præacutus ne coagule pas le lait et n'attaque pas le blanc d'œuf.

Il fait fermenter seulement le glucose, en donnant une acidité d'arrêt de 1,47 p. 1000 en H_2SO_4.

Il ne donne jamais d'indol.

Il n'est pas pathogène.

Bacillus pseudo-coli anaérobie (Jungano). — Ce microbe a été isolé chez un enfant atteint de diarrhée depuis 2 ans.

Dans les matières fécales, ce microbe prend la forme coccobacillaire à bouts arrondis, se colorant souvent moins intensivement au centre.

Dans les cultures, ce coccobacille se montre peu polymorphe. Dans les milieux solides prédominent des formes coccobacillaires, tandis que les formes bacillaires sont assez rares. Dans les milieux liquides, au contraire, les formes bacillaires sont plus abondantes.

Dans de vieilles cultures en gélose profonde et surtout en bouillon sucré, on retrouve des formes bacillaires minces, très allongées, presque filamenteuses.

Il se colore par les colorants basiques ordinaires ; il se colore moins bien au centre, il se décolore par la méthode de Gram.

Il est immobile. Il donne des spores presque terminales.

Il pousse soit à 37°, soit à 22°.

Sa vitalité dans les milieux sucrés est très prononcée : elle

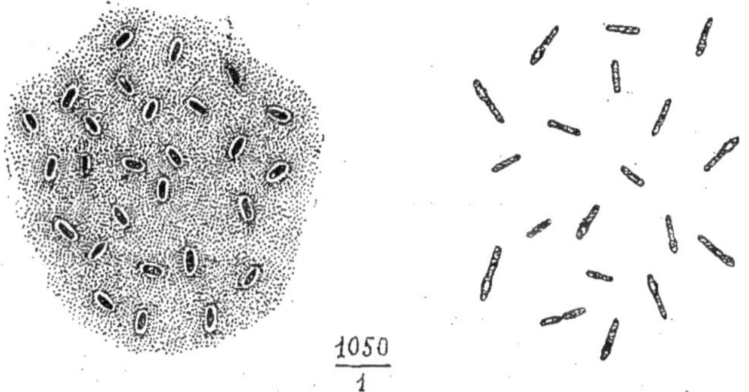

Fig. 43. — Bacillus pseudo-coli anaérobie (Jungano).

dépasse plusieurs mois. Il résiste à la température de 80° ; il résiste longtemps à l'action de l'alcool absolu et du chloroforme.

Il donne dans la gélose profonde, au bout de 15 heures, des colonies petites, rondes, très régulières, presque transparentes ; lorsqu'elles sont espacées, elles sont assez grosses. Elles ne donnent jamais de gaz.

Il ne pousse pas dans la gélatine.

Dans le bouillon, il produit un trouble uniforme, et après 48 heures une poussière fine commence à se déposer.

Dans le bouillon de viande, il pousse très abondamment ; quelques bacilles s'entourent d'une capsule.

Si on fait une injection intrapéritonéale au cobaye, dans l'exsudat les bacilles sont presque tous encapsulés.

Il pousse dans le lait sans le coaguler.

Il n'attaque pas le blanc d'œuf cuit.

Il n'attaque ni le glucose ni le saccharose.

Il ne donne pas d'indol.

Il est très pathogène pour le cobaye, qui inoculé dans le péritoine meurt au bout de 24 heures de septicémie ; il est également pathogène pour le lapin, qui meurt au bout d'une semaine.

De nombreuses tentatives pour obtenir une toxine ont toutes échoué.

Parmi les anaérobies déjà connus, il a une lointaine ressemblance morphologique avec le coccobacillus præacutus de H. Tissier. Mais tous les autres caractères, mobilité, sporulation, pouvoir pathogène, en font un microbe bien distinct et facilement différenciable.

Coccobacillus oviformis (Jacobson, Tissier). — Il fut rencontré la première fois par Jacobson, mais il a été soigneusement décrit et isolé ensuite par Tissier.

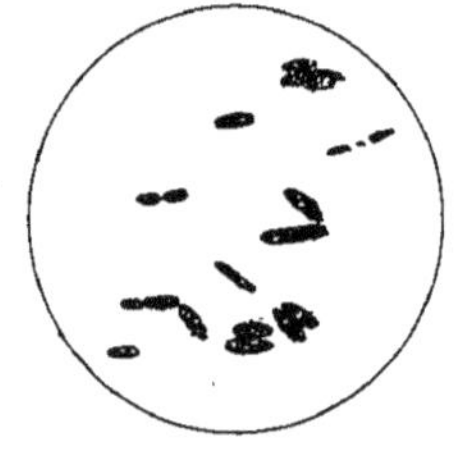

Fig. 44. — Coccobacillus oviformis.

Le coccobacille oviformis se présente sous la forme d'un court bâtonnet ou d'un coccus allongé, plus souvent sous la forme d'un diplocoque à grains ovales, rappelant la forme de l'entérocoque.

Il donne dans les milieux liquides des chaînes de 5 à 6 éléments. Il est polymorphe.

Il est immobile. Il conserve la coloration de Gram. Sa vitalité ne dépasse pas 5 à 6 jours.

Il pousse à 22° et à 37°.

Dans la gélose profonde les colonies lenticulaires, opaques, blanchâtres ont un diamètre de 2 à 3 millimètres.

Il ne donne jamais de gaz.

Il ne liquéfie pas la gélatine.

En bouillon il produit un trouble léger, suivi d'un dépôt pulvérulent.

Il ne coagule pas le lait ; n'attaque pas le blanc d'œuf.

Il transforme le glucose en donnant une acidité d'arrêt de 0,98 p. 1000 en H_2SO_4 et il est sans action sur le lactose et sur le saccharose.

Il ne donne pas d'indol, bien qu'il attaque pourtant la peptone.

Il n'est pas pathogène.

Bacillus ventriosus (Tissier). — Il a été isolé chez l'enfant, alimenté comme l'adulte et chez le chien.

C'est un petit bacille fin, rigide, à bouts carrés, isolé ou groupé par 2 ou 3 éléments.

Dans les milieux solides, il donne parfois de longues chaînes de 40 à 50 cuticules.

Placé dans de mauvaises conditions de nourriture le ventriosus se renfle à sa partie médiane en donnant l'aspect d'un « peloton de jardinier ».

Il est immobile. Il garde le Gram. Il ne donne pas de spores.

Sa vitalité est de 4 à 5 jours au maximum.

Il se développe seulement à 37°.

Il donne dans la gélose de fines colonies lenticulaires régulières à bords nets, qui peuvent atteindre 2 à 3 millimètres.

Fig. 45. — Bacillus ventriosus (Tissier).

Il ne donne jamais de gaz.

Il ne peptonise pas la gélatine.

Il ne coagule pas le lait.

Il trouble légèrement le bouillon qui ensuite s'éclaircit en donnant un dépôt pulvérulent.

Il attaque le glucose en donnant une acidité d'arrêt de 0,98 p. 1000 en H_2SO_4 et ne fait fermenter ni le lactose ni le saccharose.

Il ne donne pas d'indol. Il n'est pas pathogène.

Bacille granuleux (Jungano). — Ce microbe a été isolé des matières fécales du rat au régime ordinaire.

Il s'agit d'un bacille à bouts légèrement effilés.

Il se colore par toutes les couleurs d'aniline, et par le Gram, d'une façon uniforme. Au bout de quelques repiquages, il se colore par le Gram d'une façon irrégulière et caractéristique : tantôt ce sont les pôles seuls qui se colorent, tantôt tout le bacille, le centre excepté,

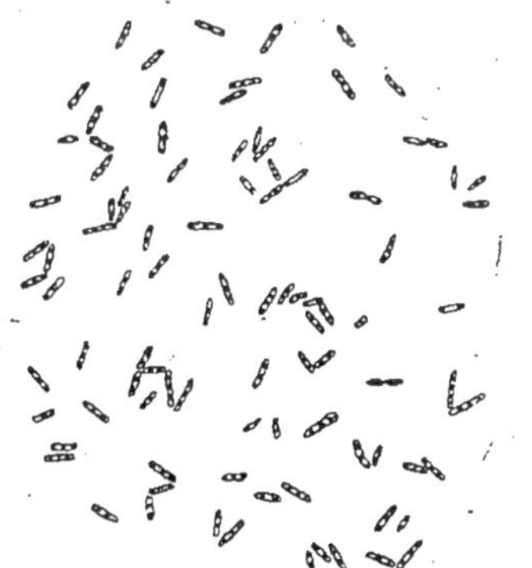

Fig. 46. — Bacille granuleux (Jungano).

tantôt la coloration se fait sous forme de granulations.

Il est immobile ; il ne donne pas de spores.

Il ne pousse qu'à 37°. Il meurt au bout d'une quinzaine de jours.

Il donne, dans la gélose en couche profonde, des colonies rondes, régulières. Il ne donne jamais de gaz.

Il pousse dans la gélatine à 37°, sans la liquéfier.

Il pousse dans les différents milieux liquides.

Sans action sur le saccharose et la dextrine; il attaque le glucose avec une acidité de 4,41 et le lactose avec une acidité de 5,88 p. 1 000 (évaluée en SO^4H^2 p. 1 000).

Il n'attaque pas le blanc d'œuf cuit.

Il pousse bien dans le lait sans le coaguler.

Il n'est pathogène ni pour le cobaye, ni pour le lapin.

Bacillus naviformis (Jungano). — Ce microbe a été isolé dans les matières fécales du rat au régime ordinaire.

Il s'agit d'un bacille polymorphe : à côté des formes cocco-bacillaires se tenant par leurs gros pôles, on voit des bacilles de la taille de la bactéridie charbonneuse et des formes filamenteuses.

Il se colore par toutes les couleurs d'aniline, quoique pas d'une façon uniforme.

Il ne se colore pas par le Gram.

Il est immobile.

Il pousse à 37° au bout de 24 heures en donnant dans la gélose profonde des colonies rondes, régulières, assez grosses.

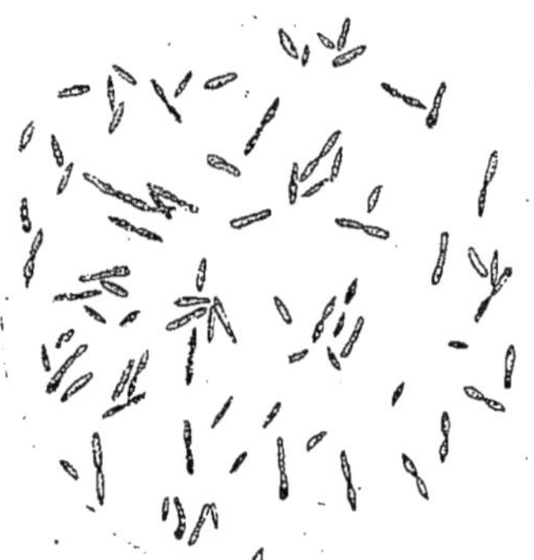

Fig. 47. — Bacillus naviformis (Jungano).

Il ne donne jamais de gaz.

Il pousse dans la gélatine à 37° sans la liquéfier.

Il n'attaque ni la dextrine, ni le lactose ni le saccharose.

Il n'a d'action que sur le glucose en donnant une acidité de 1,43 p. 1000.

Il n'attaque pas le blanc d'œuf cuit.

Il n'est pathogène ni pour le cobaye ni pour le lapin.

Bacille diphtéroïde (Jungano). — Ce microbe a été retrouvé dans les matières fécales du rat au régime ordinaire.

Cette espèce se présente sous la forme d'un bacille allongé de la taille du b. diphtérique (forme moyenne), à bouts arrondis, tantôt droit, tantôt légèrement courbé; il présente quelquefois sur un de ses pôles un renflement. Dans les cultures jeunes, les bacilles se mettent deux par deux, tantôt parallèles, tantôt en angle, tantôt dans le prolongement l'un de l'autre.

Il se colore bien par les méthodes ordinaires, ainsi que par la méthode de Gram. Ce n'est qu'au bout de deux mois que les microbes dans les vieilles cultures ne se colorent plus par le Gram.

Il est immobile. Sa vitalité dépasse 1 mois.

Il ne pousse qu'à 37°.

Il donne dans la gélose profonde des colonies petites, rondes, de grosseur variable. Il donne beaucoup de gaz non fétides.

Il pousse dans la gélatine à 37° sans la liquéfier. Sans action sur le lactose, le sac-

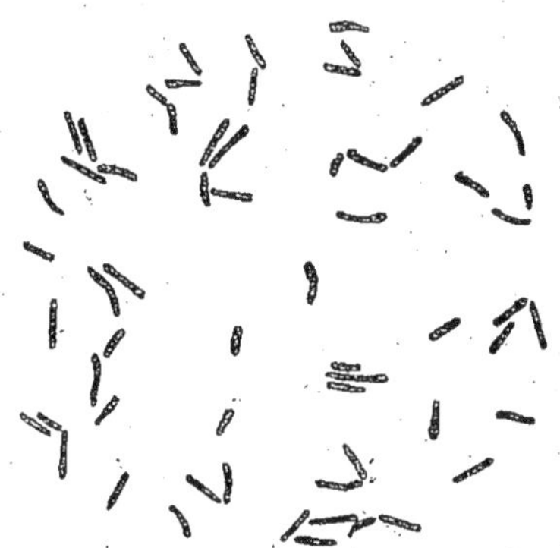

Fig. 48. — Bacille diphtéroïde.

charose et la dextrine; il n'attaque que le glucose en déterminant une acidité de 6,17 (après 14 jours) (évaluée en SO_4H_2 p. 1 000).

Il pousse bien dans le lait sans le coaguler.

Il n'attaque pas le blanc d'œuf cuit.

Il donne de l'indol.

Il n'est pathogène ni pour le cobaye ni pour le lapin.

Gros bacille filamenteux (Jungano). — Ce microbe a été retrouvé dans les matières fécales du rat au régime ordinaire.

Il s'agit d'un bacille d'une taille un peu supérieure à celle du b. perfringens, à bouts arrondis; il devient bientôt polymorphe; les uns se présentent sous la forme

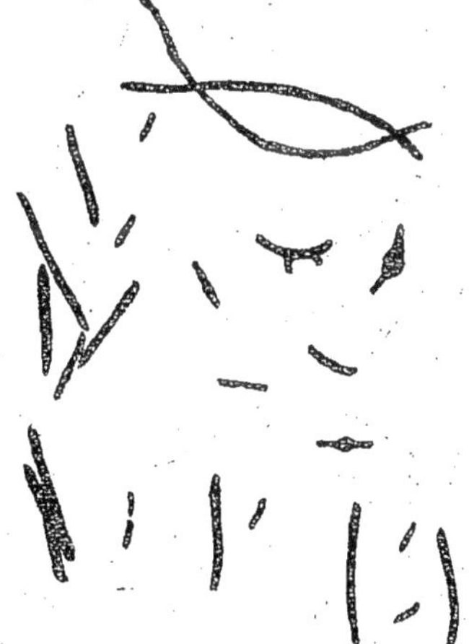

Fig. 49. — Gros bacille filamenteux (Jungano).

de gros bâtonnets avec une boule centrale, d'autres présentent de courtes branches latérales comme les streptothrix. Dans les cultures de quelques jours, le bacille, tout en gardant la même taille, prend une forme filamenteuse.

Il se colore par toutes les couleurs d'aniline, et par la méthode de Gram, mais, déjà au bout de quelques jours, ne se colore plus que par places, et finalement, vers le dixième jour, il ne résiste plus du tout au Gram.

Il est immobile, il ne donne pas de spores.

Il ne pousse qu'à 37°. Il meurt très vite, au bout d'une dizaine de jours. Il donne, dans la gélose profonde, au bout de 24 heures, des colonies rondes, très régulières, assez grosses lorsqu'elles sont espacées. Il ne donne jamais de gaz. Il pousse dans la gélatine à 37° sans l'attaquer.

Il pousse dans les différents milieux liquides sucrés sans rien de caractéristique; il n'attaque ni le lactose, ni le saccharose, ni la dextrine; il attaque seulement le glucose; il donne une acidité de 1,5 (évaluée en SO_4H_2 p. 1 000).

Il n'attaque pas le blanc d'œuf cuit.

Il ne donne pas d'indol.

Il n'est pathogène ni pour le cobaye ni pour le lapin.

Coccobacillus anaerobius perfœtens (Tissier). — C'est une petite espèce isolée chez un enfant au sein atteint de diarrhée.

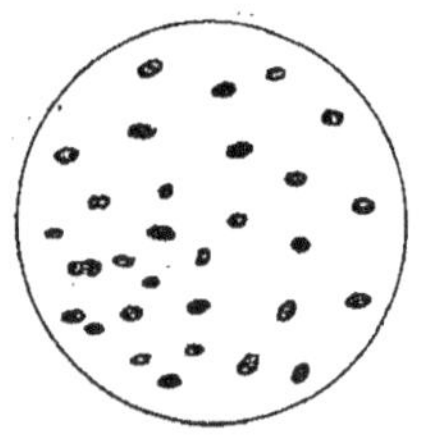

Fig. 50. — Coccobacillus anaerobius perfœtens (Tissier).

Il se présente sous la forme d'un petit coccus ovale, allongé, isolé ou groupé par paire. Il forme des chaînettes avec 3-4 éléments au maximum.

Il forme quelquefois des amas irréguliers dans lesquels chaque élément conserve sa forme propre. Dans les vieilles cultures, il ne change pas sa forme. La dimension varie entre 0,8 et 1 µ.

Il est immobile. Il se décolore par le Gram.

Il pousse dans la gélose sucrée à 37° en donnant un trouble 48 heures après l'ensemencement.

Ce trouble examiné au microscope est formé d'une quantité extraordinaire de petites colonies arrondies, à bords assez réguliers.

Il donne une grande quantité de gaz, dont l'odeur rappelle le sulfure de carbone.

Au bout de 8 jours la production du gaz cesse.

Il se résorbe et disparaît petit à petit et au bout de 15 jours la gélose reprend son aspect primitif. Le microbe cependant vit encore.

Dans la gélatine à 20° le perfœtens ne pousse pas.

Dans le bouillon sucré, il se forme en 24 heures un dépôt fin composé de particules très petites, blanc gris.

Avec le bouillon ordinaire, le développement est plus lent.

Le lait ne subit aucune modification.

Tissier, dans un travail postérieur (1905), a décrit 2 variétés de ce même microbe. L'une attaque seulement le glucose et le saccharose; l'autre variété est appelée lactique.

Celle-ci est plus longue que la première, elle pousse faiblement à 20° et donne moins de gaz fétides. Elle attaque le glucose, le lactose et le saccharose. Donne acide lactique, inactif et une faible quantité d'acides volatils. Acidité d'arrêt : 2,45. N'attaque que les protéoses; elle ne donne ni indol, ni phénol. Non pathogène.

Bacillus anaerobius minutus (Tissier). — Isolé d'une diarrhée grave chez un enfant de 3 mois, mal alimenté.

Il a la forme d'un bâtonnet droit, à extrémités arrondies, très mince, de 2 à 4 μ de long.

Dans les milieux liquides, il se présente comme un diplobacille grêle et mince.

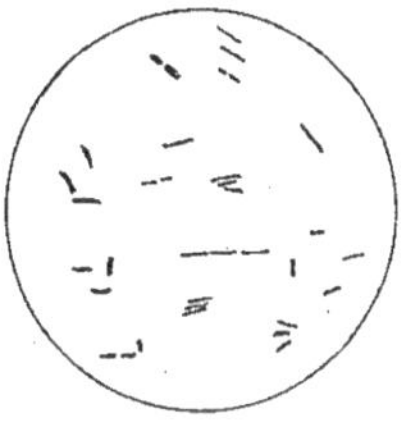

L'anaerobius minutus s'allonge dans les vieilles cultures jusqu'à 8 μ et ne donne

Fig. 51. — Bacillus anaerobius minutus (Tissier).

jamais de chaînes, ni de formes d'involution, de là sa forme reste constante.

Il est immobile et garde le Gram.

Il ne donne jamais de spores et pourtant sa vitalité est considérable.

Il se développe seulement à 37°.

Les colonies en gélose sucrée au bout de 6 jours et à faible grossissement sont fines, régulières, rondes ou ovalaires, blanchâtres, presque transparentes.

Sans l'aide du microscope, le milieu paraît seulement légèrement troublé.

Les colonies dans les vieilles cultures deviennent grisâtres, bosselées, irrégulières.

Le bacille ne donne jamais de gaz, mais le milieu devient acide.

Il pousse en gélatine sucrée seulement à 37°, sans liquéfier pas le milieu.

Dans les milieux liquides on n'aperçoit aucun trouble, mais un dépôt au fond du tube.

Il ne coagule pas le lait.

Sur les qualités pathogènes de ce microbe, Tissier est réservé, quoiqu'une souris soit morte après ingestion.

Bacillus carnis (Klein). — C'est un microbe isolé de la viande de bœuf en putréfaction.

Il est 1,5-2,5 μ long et 0,6 μ large, avec les bouts arrondis.

Il est mobile. Il se colore avec la méthode de Gram.

Il donne des spores terminales qui sont plus larges que le bacille lui-même. Elles ont 2 μ de long et 0,8 de large.

Dans les cultures en agar les spores se forment au bout de 48 heures, à 37° et dans l'exsudat en pipettes capillaires maintenues à l'étuve elles se forment aussi très abondamment.

Le bacille pousse très bien dans tous les milieux à 37°, mais très lentement à 21°.

Sur sérum sanguin incliné il donne des colonies arrondies, qui, après plusieurs jours, ont un centre plus épais, à bords irréguliers, à zone intermédiaire plus fine.

Le sérum n'est pas liquéfié.

Dans l'agar sucré les colonies sont rondes, plates et parfois anguleuses, à bords irréguliers, avec de courts prolongements. Leur surface est mamelonnée et d'aspect granuleux.

Sur agar se forment le long de la piqûre des gouttelettes granuleuses très serrées.

Il y a formation de gaz. Le bouillon se transforme, mais il s'éclaircit peu à peu en laissant déposer un sédiment granuleux, d'aspect presque muqueux.

Le lait n'est pas coagulé, même après 14 jours, malgré un développement abondant du bacille.

La gélatine n'est pas liquéfiée.

Le bacille ne dégage aucune odeur.

Il est très pathogène pour la souris et le cobaye, qui meurent, en 10 heures après injection sous-cutanée.

Les injections intra péritonéales ne sont pas mortelles, mais il suffit d'une goutte de l'exsudat d'un animal mort pour tuer un cobaye.

Anaérobie VIII (Rodella). — C'est un bâtonnet filamenteux de longueur variable.

Il est immobile et prend le Gram.

Mais la coloration n'est pas uniforme parce qu'il y a des

places qui ne se colorent pas, d'où on pourrait croire que l'on a affaire à un streptocoque.

En agar profond les colonies sont comme des points.

Il n'y a jamais formation de gaz.

Le bouillon n'est pas troublé, mais après 4-6 jours il y a un dépôt blanc sur les parois du tube.

Le lait n'est pas coagulé.

Le sérum n'est pas liquéfié.

Le bacille ne se développe pas en gélatine.

Il n'est pas pathogène.

Bacille de Buday. — C'est un bâtonnet isolé d'un cadavre cyanotique gonflé, dont le sang contenait beaucoup de bulles de gaz, mais les organes avaient l'aspect normal.

Il mesure de 3 à 6 μ de long et 0,6 à 0,7 μ de large. Parfois il forme des chaînes de 150 articles.

Il est immobile. Il ne donne jamais de spores, mais on observe un renflement qui n'est pas une spore.

Dans les vieilles cultures en bouillon le bacille prend la forme d'un coccus.

Les colonies en gélatine sucrée après 24 à 48 heures se présentent punctiformes. Ensuite, de ces points partent des filaments, dont l'aspect est semblable à celles du rhizopodi-formis. Le milieu n'est jamais liquéfié.

En agar les colonies se développent plus vite.

Le bacille donne une forte production de gaz.

En bouillon sucré, il forme des flocons qui, en tombant au fond du tube, laissent le milieu clair. Les gaz qui se développent en grande quantité se rassemblent à la surface, formant une couche écumeuse.

Le lait est coagulé, donnant un sérum jaune gris et une couche crémeuse à la surface. Au fond du tube il y a un dépôt floconneux. Dans ce milieu il se développe du gaz et on sent une forte odeur d'acide butyrique.

Le bacille de Buday pousse à la température de la chambre.

Vibrion de Repaci. — *Vibrion A.* — Il est très petit et courbé, ayant 2-3 μ de longueur sur 1/2 μ d'épaisseur. Il a été isolé d'un cas de leucoplasie syphilitique, compliquée de stomatite catarrhale. Les colonies de la première génération apparaissent dans la gélose sucrée au bout de 4-5 jours. Elles sont formées d'un point central entouré d'une série d'anneaux de transparence différente. Les colonies, selon l'expression de Repaci, ont l'apparence d'une véritable cible. A leur complet développement les colonies peuvent atteindre 1 centimètre de diamètre. Les cultures ne produisent pas de gaz et ne dégagent aucune odeur.

Le vibrion A ne prend pas le Gram, ne liquéfie pas la gélatine et acidifie le lait sans le coaguler. Il n'attaque pas le blanc d'œuf.

Il trouble le bouillon ; mais, après, la culture s'éclaircit et les microbes se précipitent au fond du tube.

Le vibrion A attaque le glucose et le lactose, mais pas le saccharose et la dextrose.

Il ne donne pas l'indol.

La vitalité est de 12 jours.

Il est pathogène. 5 centimètres cubes de culture en bouillon en injection intraveineuse tuent un lapin de 2 kilogrammes en 3 jours.

Vibrion B. — Il mesure une longueur de 4-5 μ, isolé d'un cas de leucoplasie syphilitique compliquée de stomatite catarrhale. Il se développe en gélose sucrée en 24 heures. Les colonies sont très petites et se présentent sous la forme de fins flocons de neige. Il vit plus longtemps que le vibrion A. Il ne prend pas le Gram.

Il pousse bien dans les milieux liquides ; il ne coagule pas le lait ; il ne liquéfie pas la gélatine ; il n'attaque pas le blanc d'œuf.

Il fait fermenter le glucose, le galactose et le saccharose et il n'attaque pas la dextrose.

Il ne donne pas d'indol et il n'est pas pathogène.

Vibrion C. — Il a une longueur de 8 μ et il est immobile. Il a été isolé de la bouche d'un individu bien portant. Les colonies sur gélose atteignent en 2 jours leur maximum de développement et se présentent sous la forme de petites balles (2 à 3 millimètres de diamètre).

Il se décolore par le Gram.

Il acidifie le lait comme le A et le B sans le coaguler ; il ne liquéfie pas la gélatine ; il n'attaque pas le blanc d'œuf et ne donne pas d'indol.

Il attaque le glucose, le lactose, faiblement la dextrose et il est sans action sur le saccharose.

Les cultures dégagent une odeur de fromage pourri.

Il reste vivant longtemps à l'étuve et à la température ordinaire.

Il n'est pas pathogène.

Bacillus funduliformis ou téthoïde (Veillon et Züber). — Isolé et décrit sous le nom de b. funduliformis.

Il a été ensuite isolé par J. Hallé dans le vagin, à l'état normal, et appelé téthoïde; par Rist et Guillemot dans le pus d'une mastoïdite et dans un foyer gangreneux du poumon; par Cottet dans quelques cas d'infection périurétrales. Enfin nous-même l'avons retrouvé dans les suppurations urinaires, dans l'urètre normal et dans les selles.

Rist et Guillemot ont identifié le b. téthoïde de Hallé avec le b. funduliformis de Veillon et Züber.

Ce bacille se présente dans le pus sous la forme d'un bâtonnet fin et assez régulier.

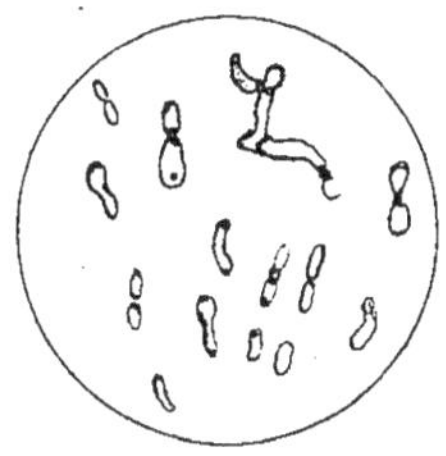

Fig. 52. — Bacillus funduliformis ou téthoïde (Veillon et Züber).

Dans les cultures il est polymorphe au plus haut degré, il forme tantôt des bâtonnets, tantôt des filaments, sur lesquels on voit des boules le plus souvent terminales. Il ne manque jamais d'éléments se colorant seulement aux pôles ou au centre.

Il est immobile.

Il se colore mal avec toutes les couleurs d'aniline; souvent c'est le centre qui prend mieux la couleur, ce qui donne au bacille l'aspect caractéristique du δ grec. Quelquefois le bacille se colore seulement aux extrémités.

Il ne prend pas le Gram.

Il pousse assez rapidement (36-38 heures) et très abondamment, surtout dans la gélose.

Les colonies dans la gélose sont assez caractéristiques, bien qu'en général elles restent plutôt petites et souvent presque punctiformes.

Elles sont rondes, ovalaires, à contours réguliers, nets, à fond homogène, très réfringent et de couleur jaune clair.

Il ne pousse pas dans la gélatine, tandis qu'il pousse dans la gélose à la température de 22°.

Nous n'avons jamais constaté de dégagement de gaz.

La vitalité de ce microbe ne dépasse pas un mois.

Il est pathogène pour le cobaye.

Bacille de Ghon et Sachs. — C'est un bacille plus long et plus épais que celui de l'influenza, qui peut prendre la forme d'un coccus et peut donner des chaînes. On trouve fréquemment des formes renflées. Il a été isolé de l'exsudat du péritoine.

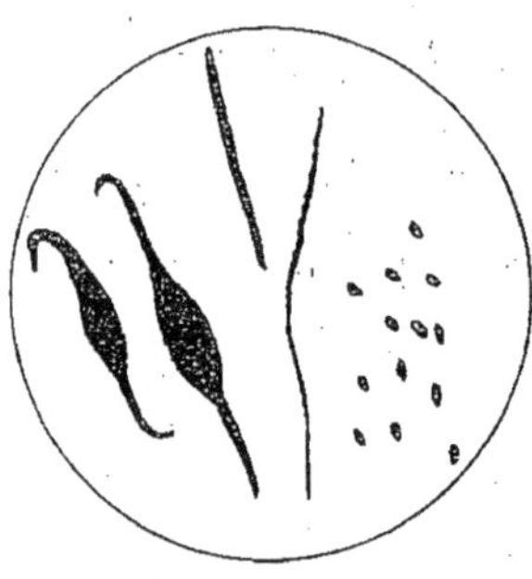

Fig. 53. — Bacille de Ghon et Sachs.

Dans les cultures il apparaît encore d'autres formes à filaments très épais, courbés ou entortillés et fréquemment aussi des formes en poire, rondes, ovales, en fuseau ou en tonneau.

Les formes géantes sont les plus difficiles à colorer et on doit les interpréter comme formes d'involution. Il ne prend pas le Gram. Il est immobile. Il ne donne jamais de spores.

Les colonies dans l'agar sucré par piqûre profonde, peuvent atteindre la grandeur d'une tête d'épingle, à forme de disque biconvexe, brunâtre au centre et clair à la périphérie. Mais habituellement il se fait une strie le long de la piqûre.

Il donne très peu de gaz.

Dans l'agar avec saccharose, la culture est très faible.

Il pousse dans la gélatine sucrée, en donnant des précipités floconneux, sans la liquéfier et en donnant quelquefois des gaz.

Dans le bouillon il y a trouble d'abord, puis éclaircissement avec dépôt floconneux.

Il pousse dans le lait sans le coaguler.

Il ne liquéfie pas le liquide coagulé de l'hydrocèle.

Il donne de l'indol, de l'hydrogène sulfuré.

Il acidifie les milieux, il donne de l'alcool éthylique, de l'acide lactique et des traces d'acide acétique. Il ne donne pas d'acide butyrique.

Il ne dégage pas une forte odeur de putréfaction.

Il pousse à 37°, comme à la température de 27-28°; sa vitalité est de 8 jours.

Il n'est pas pathogène pour la souris et le cobaye.

G. — MICROBES PEPTOLYTIQUES DONT LES CARACTÈRES CHIMIQUES N'ONT PAS ÉTÉ ÉTUDIÉS.

Bacillus d'Albarran (Jungano). — Isolé dans un cas de lithiase rénale infectée. Il s'agit d'un tout petit bacille ayant 3,4 µ de long sur 1/2 µ de large, assez mobile. Il se colore mal avec toutes les couleurs d'aniline. Les solutions colorantes doivent agir longtemps et à chaud. Malgré cela le microbe ne se colore jamais avec intensité, il prend la couleur aux pôles et reste presque incolore au centre. Il ne prend pas le Gram. C'est un bacille droit, régulier, à bouts légèrement arrondis, sans capsules ni spores.

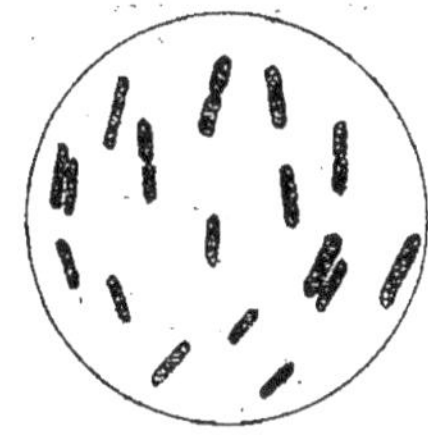

Fig. 54. — Bacillus d'Albarran (Jungano).

Il trouble le bouillon et ne donne pas de dépôt. Dans la gélose, il y a développement en 10-15 heures, mais dans les réensemencements successifs, il perd vite ses qualités que l'on peut conserver en partie, par l'addition de quelques centimètres cubes de sérum sanguin.

Dans la gélose profonde il forme des colonies luisantes, ressemblant à celles du bacille téthoïde, rondes, à contours réguliers, de couleur jaune clair. Elles restent toujours très petites, même quand elles sont bien espacées.

Ce microbe ne produit pas de gaz.

Le bacille se développe très bien dans la gélatine, qu'il ne liquéfie pas; au bout de 18 jours à 22° il y donne des colonies typiques en stalactites à pointe supérieure.

Il n'est pas pathogène pour le lapin; chez le cobaye, en injection sous-cutanée, il produit un abcès volumineux.

La vitalité de ce microbe n'est pas très prononcée, et déjà au bout d'une quinzaine de jours, on ne peut le réensemencer qu'avec peine.

Bacillus caducus (Hallé). — Ce microorganisme a été isolé dans le col utérin, le vagin, l'exsudat de rétentions placentaires, un abcès périutérin. Nous n'avons pu qu'assez rarement l'obtenir en culture pure. Dans les autres cas, il était mélangé avec des espèces dont nous n'avons pu le séparer.

C'est un bacille facile à colorer, qui garde le Gram fortement et conserve sa forme dans les cultures.

Exclusivement anaérobie, il donne de fines colonies qui apparaissent comme des points blancs, dans la profondeur de l'agar sucré.

Les cultures ne sont restées vivaces que pendant 3 ou 4 jours; aussi l'étude de cet organisme a-t-elle été très incomplète.

Bacillus polypiformis (Liborius). — C'est un bacille de taille élancée, de longueur variable et d'une épaisseur de 1 μ. Il ne forme jamais de filaments.

Il est mobile, mais sa mobilité est très limitée. Ses spores sont ovales, attachées au bacille même; elles sont brillantes, allongées, occupant la moitié ou les 2/3 du bacille même.

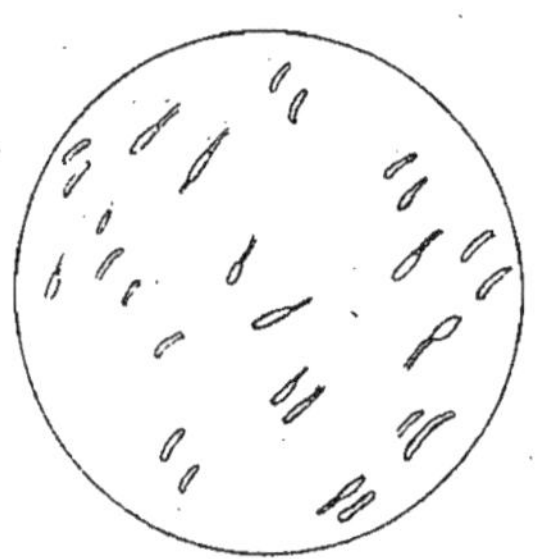

Fig. 55. — Bacillus polypiformis (Liborius).

Les colonies en gélatine sont caractéristiques. Elles sont petites, jaunâtres, en amas, à contours sinueux. Des prolongement nombreux rayonnent de tous côtés et donnent aux colonies l'aspect d'un polype. Le milieu n'est pas liquéfié.

Quand les cultures vieillissent, les colonies sont moins caractéristiques, car les prolongements deviennent plus grossiers et plus rigides.

En agar les colonies sont de la grandeur d'une tête d'épingle, blanchâtres, finement granuleuses, irrégulières, avec les bords ressemblant à des conglomérats bosselés.

Dans le sérum sanguin, on constate un trouble diffus.

Ce microbe ne produit jamais de gaz.

Sanfelice décrit un bacille qu'il nomme π qui ressemble au polypiformis.

Seulement le bacille π donne des colonies en gélatine à 20-22°, visibles au bout de 10 jours, comme de petits points blancs.

Dans la gélatine, la piqûre donne des arborescences.

Le bacille π donne des gaz.

Il se développe dans les milieux acides, neutres ou à peine alcalins.

Bacillus muscoïdes (Liborius). — C'est un bâtonnet de longueur variable, de 1 µ d'épaisseur; ayant peu de tendance à former des filaments.

Sa mobilité est très limitée.

Il forme des spores ovales ou rondes, fortement réfringentes, presque toujours terminales.

Les colonies ressemblent à celles du clostridium fœtidum ou à celles du vibrion septique de Pasteur, mais les prolongements sont plus délicats et plus sveltes.

Leur forme est caractéristique et ressemble à celle d'une mousse délicate.

Il ne liquéfie pas la gélatine.

Bacillus solidus (Lüderitz). — Bâtonnet d'une longueur moyenne de 4 à 5 µ, d'épaisseur de 0,5 µ à 0,7 µ, mais on trouve des éléments qui peuvent atteindre 10 µ.

Il ne forme jamais de filaments. Il est très mobile.

Dans les vieilles cultures en gélatine, l'auteur a souvent trouvé des bacilles qui portent des corps réfringents à un pôle ou aux deux, mais jamais de spores libres.

Le bacillus solidus traité par l'iode ne donne jamais la coloration typique de la granulose.

Dans la gélatine sucrée il forme après 48 heures des colonies punctiformes, compactes et rondes et à bords nets.

Elles peuvent atteindre la dimension d'une tête d'épingle. Le solidus ne liquéfie pas la gélatine, mais il dégage une grande quantité de gaz qui fragmente le milieu. La culture accuse une odeur d'hyperhydrose plantaire.

En milieux non sucrés, le bacille ne se développe pas bien et les phénomènes de fermentation n'existent plus. Les colonies sur agar sont plus grandes, plus délicates et plus transparentes et ressemblent à un flocon d'ouate. En culture sur sérum sanguin, la croissance est limitée à la portion moyenne et inférieure de la piqûre. Dans ces cultures se forment de petites bulles de gaz. Le sérum sanguin coagulé n'est pas liquéfié. Le bacille se développe fort bien dans le bouillon à 37°, en le troublant. Dans ce milieu il se produit des gaz de putréfaction.

Le solidus n'est pas pathogène.

Sanfelice a isolé un bacille de la viande pourrie et de la terre, qui ressemble tout à fait au bacillus solidus, mais qui pousse en gélatine après 10 ou 15 jours seulement, en donnant des colonies blanchâtres et punctiformes.

Le bacille de Sanfelice est peu mobile et presque toujours présente des formes courtes.

Bacillus stellatus (Vincent). — C'est un petit bâtonnet, isolé des eaux, de 1 à 3 μ. de longueur.

Il est immobile et ne prend pas le Gram.

Sur gélatine, il se développe lentement et ne la liquéfie pas.

Sur gélatine en piqûre, il forme long de la strie d'ensemencement un pointillé blanchâtre fin, sans production de gaz.

En gélatine ou agar glycoglycériné profonds le stellatus donne des colonies ponctuées, très petites, blanchâtres, parfois groupées autour d'une colonie centrale plus volumineuse et plus opaque. Le bacille trouble uniformément le bouillon.

Cette culture dégage une odeur désagréable et assez pénétrante.

Il n'est pas pathogène.

Bacterium clostridiiformis (Burri et Ankersmit). — C'est un bâtonnet à lancette qui peut se réunir en chaîne de 2 à 4 articles. Il mesure 2 à 3 μ. de longueur. Il ressemble au type de Gunther.

Si on veut pousser la ressemblance plus loin on peut le comparer à de petits clostridiums.

Il ne donne pas de spores.

Il est immobile et ne prend pas le Gram.

Dans l'agar avec dextrose il pousse vigoureusement et donne beaucoup de gaz. Les colonies peuvent atteindre 1 millimètre de diamètre, elles ont la forme d'une lentille à bord net, de consistance plutôt molle et transparente.

Dans l'agar ordinaire il ne donne pas de gaz. Dans le bouillon il donne un trouble et développe beaucoup de gaz; le bouillon devient acide et ne dégage aucune odeur particulière.

Il ne pousse pas dans la gélatine à 20-22°. Il ne pousse pas même dans le lait, ni sur les pommes de terre.

Bacillus furcosus (Veillon). — Ce microbe a été isolé dans le pus d'appendicites.

Dans le pus, il se présente sous la forme d'un bâtonnet très petit, se terminant à une de ses extrémités par deux petites branches, qui lui donnent la forme d'un γ. En culture on voit beaucoup d'éléments allongés, qui se divisent à une de leurs extrémités en 2 ramifications se terminant par un renflement. D'autres éléments portent des branches qui elles-mêmes se subdivisent; les corps des bacilles et les ramifications ne sont jamais très longs, les renflements ronds ou plutôt piriformes sont assez nombreux.

Ce bacille est à peine plus gros que le bacille de Koch. Il est immobile, ne se colore pas par le Gram.

Il ne pousse qu'à 37° au bout de 1-4 jours en donnant dans la gélose en couches profonde des colonies petites, rondes, à bords réguliers, jaunâtres.

Il ne donne pas de gaz. Les cultures sont légèrement fétides.

Il est assez vivace.

Il est pathogène pour le cobaye.

Strepto-bacillus gracilis (Guillemot et Hallé). — Ce micro-organisme retrouvé dans les pleurésies putrides, se présente sous l'aspect de longs filaments minces et flexueux, atteignant parfois la taille de deux diamètres de leucocytes polynucléaires. Ce germe paraît une espèce très répandue dans le pus gangreneux, mais il n'y est jamais très abondant.

Il est immobile.

Il se colore assez bien par les différentes couleurs; il se décolore par le Gram.

A fort grossissement il se montre formé d'une série d'articles courts, à peu près d'égale dimension, à extrémités carrées, de nombre variable et unis entre eux par une substance qui reste à peine colorée. Il prend des formes filamenteuses, ondulées, fines et très longues. Il donne des colonies discoïdes, claires, avec une masse centrale plus opaque.

Le pouvoir pathogène n'a pas été étudié.

Bacillus fragilis (Veillon et Züber). — Ce microbe a été isolé la première fois dans le pus d'appendicites, où il a été rencontré avec une extrême fréquence par Grigoroff et par nous-même.

Il a été isolé aussi par Cottet dans les infections périurétrales, par Guillemot dans les gangrènes pulmonaires, par Jungano dans les infections plus diverses de l'appareil urinaire.

C'est un bacille plus petit que le ramosus, à bouts arrondis. Quelquefois il présente l'aspect d'un diplocoque, car les bouts se colorent mieux que le centre.

Il se colore difficilement par les couleurs d'aniline : bien qu'en faisant agir longtemps le violet de gentiane ou le Ziehl à chaud, il reste des points non colorés même si les bacilles proviennent de cultures jeunes. Il se décolore par le Gram.

Il est immobile.

Le développement est lent et tardif; il faut attendre 3-4 jours, et dans la gélose les colonies restent très petites; dans la zone supérieure d'anaérobiose, on voit souvent des colonies plus grandes, qui gardent, de même que les petites, une forme assez caractéristique. En général les colonies ont un aspect muriforme.

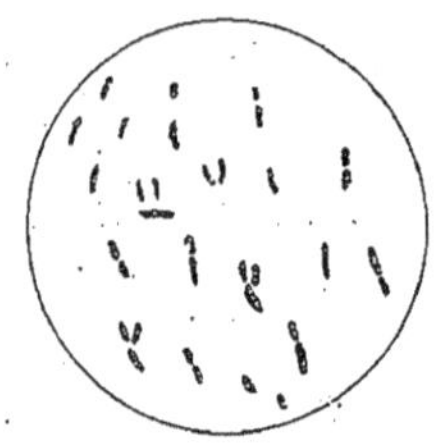

Fig. 56. — Bacillus fragilis.

Le fragilis dégage peu de gaz.

Dans la gélatine, il pousse après 10-15 jours sans la liquéfier, et il forme des colonies petites, presque punctiformes.

C'est un microbe peu vivace : après une semaine on n'arrive pas à le réensemencer.

Il est faiblement pathogène pour le lapin et encore moins pour le cobaye.

Bacillus glutinosus (Guillemot et Hallé). — Ce bacille a été retrouvé dans le pus des pleurésies putrides, où il se présente sous l'aspect de longs bâtonnets immobiles, isolés les uns des autres en général, parfois accolés et groupés en amas dont quelques-uns sont considérables.

Les solutions colorantes le teignent facilement et permettent de bien mettre en lumière certaines particularités. Tous les bâtonnets ne se colorent pas également; beaucoup sont mal colorés ; quelques-uns, les plus longs en général, sont à peine teintés. Il est possible que cette différence de coloration tienne à ce qu'un certain nombre d'éléments sont morts.

La majorité des éléments atteint environ la grandeur de deux bacilles diphtériques longs placés bout à bout; mais plusieurs atteignent 3 et 4 fois cette dimension; ce sont de véritables filaments. Les formes courtes sont les moins nombreuses.

Par place, on trouve dans le pus de véritables buissons formés par des bacilles enchevêtrés. Ces amas peuvent occuper tout le champ du microscope. En général ce microorganisme est flexueux, légèrement ondulé, très rarement incurvé. Il n'a ni l'aspect d'un spirille, ni celui d'un spirochæte. L'épaisseur de ce bacille est également à peu près celle d'un bacille diphtérique ordinaire. Il n'est pas rare d'observer des renflements légers, soit médians, soit terminaux : ses extrémités sont en général plus minces que le centre. Assez fréquemment, on constate que la matière colorante ne s'est pas fixée également sur tout le corps du bacille; certains montrent en effet des espaces clairs, n'ayant d'ailleurs pas la réfringence des spores.

On retrouve tous ces caractères dans les cultures ; cependant, le bacille est, en général, plus court. Dans la gélose profonde, les colonies n'apparaissent qu'au bout de 4 jours sous forme de disques blanchâtres, pâles, atteignant jusqu'au volume d'une tête d'épingle, lorsque les colonies sont bien séparées les unes des autres.

Vues au microscope à un faible grossissement, elles se présentent sous la forme de disques lenticulaires à contours nets, à structure légèrement grenue. Lorsqu'on les aspire dans une pipette, elles pénètrent d'un bloc dans l'effilure sans se fragmenter et quand on essaie de les dilacérer, pour les repiquer, ou les examiner, on constate qu'elles résistent aux efforts de dissociation. Elles sont donc d'une consistance très particulière qui pourrait se comparer à celle d'une gouttelette de mucus très épais. C'est un microbe très peu vivace : les repiquages faits au 4e jour sont restés stériles.

Guillemot et Hallé n'ont pas pu étudier le pouvoir pathogène de ce microbe pour les animaux de laboratoire.

Bacillus anaerobius gracilis (Lewkowicz). — Ce bacille, isolé dans la bouche des nourrissons, est très mince, ayant 0,20-0,25 μ de diamètre, d'une longueur variable de 1 à 4 μ.

Tantôt incurvé en virgule, tantôt sous la forme d'*S* italique il a des formes simulant les spirochætes. Quelques éléments se rattachant bout à bout, forment des chaînettes plus ou moins longues. Ce bacille se colore faiblement par les couleurs d'aniline et ne garde pas le Gram.

Il est immobile.

Il pousse seulement à l'étuve à 37°.

Il est tué à 60° pendant 5 minutes. Sa vitalité ne dépasse pas 10 jours.

Dans la gélose sucrée en couche profonde ce microbe donne des colonies régulièrement arrondies, transparentes, finement granuleuses, à bords nets. Quand les colonies sont bien espacées, elles sont assez grosses, se présentent légèrement bosselées en framboise et hérissées de fins prolongements filamenteux.

Dans le bouillon ordinaire ou sucré il ne pousse presque pas.

Ce microbe n'est pas pathogène pour le lapin, le cobaye et la souris.

Bacillus helminthoïdes (Lewkowicz). — Ce microbe, trouvé dans la bouche du nourrisson, a la taille de la bactérie char-bonneuse, à bouts plus ou moins arrondis et quelquefois en enclume. Parfois on voit des bacilles incurvés ou en *S* italique ou encore de longs filaments : ces derniers augmentent dans les vieilles cultures.

Les bacilles se rattachent souvent bout à bout en formant des diplobacilles ou des chaînettes. Il se colore toujours d'une façon inégale, par les couleurs ordinaires de même que par le Gram.

Il est immobile.

Il pousse seulement à 37°.

Il est tué à 60° pendant 5 minutes.

La vitalité ne dépasse pas les 6-7 jours.

Il forme dans la gélose sucrée, au bout de 24 heures, des colo-nies ayant à l'œil nu l'aspect de fins flocons nuageux, grisâtres et ressemblant au microscope à un paquet de mousse ayant des bords déchiquetés et des prolongements ramifiés.

Il produit des gaz abondants qui en 24 heures fragmentent entièrement la gélose. Les cultures ont une odeur désagréable de beurre rance.

Le bouillon sucré devient trouble en 24 heures : dans les jours suivants il se forme un dépôt et le liquide devient progressi-vement clair. Le milieu devient acide. Il pousse dans le lait sans le coaguler.

Il est pathogène pour le lapin, chez qui il produit de petits abcès.

Leptothrix anaerobia tenuis (Lewkowicz). — Isolé dans la bouche du nourrisson, ce microorganisme se présente sous la forme de filaments assez minces (0,25 de large), parfois très longs, composés le plus souvent de segments bacillaires dans les cultures jeunes. Les segments ont les bouts arrondis, ou coniques, ce qui donne aux filaments une série d'épaississements et d'étranglements.

Lewkowicz n'a pas vu de bifurcations ou de branches latérales.

Dans les cultures plus âgées, dès le 4ᵉ jour, on voit apparaître le long des filaments des renflements d'abord fusiformes, puis sphériques. Ces renflements seraient des organes de reproduc-tion (conidies). Ceci indiquerait que le microbe appartient aux schizomycètes plus élevés en organisation.

Ces filaments colorés se présentent plutôt granuleux avec les grains inégalement colorés; ils ne prennent pas le Gram.

Traités par l'iode les filaments, de même que les renflements sphériques prennent une coloration violette très nette.

Il ne pousse qu'à 37°.

Ce microbe est tué à 60° pendant 5 minutes.

Dans la gélose sucrée, au bout de 24 heures, il forme des colonies arrondies, blanc grisâtre, avec des bords effacés ; au microscope ces mêmes colonies présentent un centre opaque, finement granuleux, à bords chevelus, composés de fins filaments flexueux.

Il pousse bien dans le bouillon sucré, qu'il trouble et qu'il modifie faiblement.

Il pousse bien dans le lait sans le coaguler.

Ce microbe est pathogène pour le cobaye qui meurt d'intoxication au bout de 4-7 jours.

Coccobacille de Veillon et Morax. — Ce coccobacille a été isolé dans le pus d'une péricystite gangreneuse.

Dans le pus, il se présente sous la forme d'un bâtonnet très court, ovoïde, souvent deux par deux ou en amas.

En culture, il présente les mêmes formes, mais souvent des éléments s'allongent et deviennent nettement bacillaires : quelques-uns de ces éléments longs portent vers le milieu un petit renflement, qui ressemble à une spore, mais qui n'en a pas les réactions chromophiles.

Il pousse facilement sur la gélose glucosée privée d'air, où il forme de petites colonies rondes, opaques, grisâtres.

Les cultures ne donnent pas de gaz en quantité notable, mais sont fétides.

Par inoculation sous-cutanée, on obtient des abcès chez le cobaye.

Bacillus nebulosus (Hallé). — Isolé la première fois dans le vagin et dans le pus des bartholinites. Ensuite isolé deux fois par Cottet dans le pus des abcès urineux.

Nous l'avons rencontré très rarement.

C'est un petit bacille de la taille de la septicémie des souris. Il se colore bien par toutes les couleurs d'aniline : il ne se colore pas par le Gram.

Il est immobile.

Les colonies dans la gélose sont nuageuses.

Il est faiblement pathogène.

Bacille neigeux (Jungano). — Isolé la première fois dans un cas de cystite et ultérieurement dans le pus d'un abcès de la glande de Cooper, il est, parmi les formes bacillaires, un des microbes qu'on rencontre fréquemment dans les infections urinaires.

Nous l'avons isolé encore dans le sang d'un urémique associé avec le staphylocoque doré et souvent dans l'urètre sain des

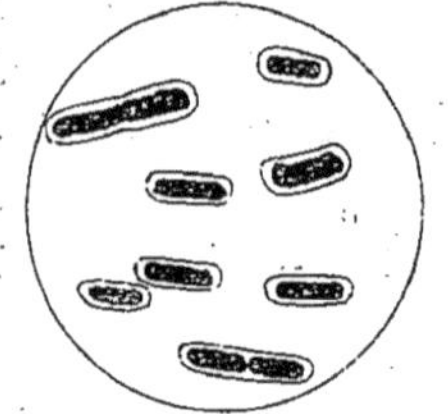

Fig. 57. — Bacille neigeux (Jungano).

adultes. Benédetti a isolé ce même bacille dans un cas de conjonctivite.

Les caractères de ce microbe dans le pus sont : sa forme semblable à celle du b. perfringens et sa taille identique; ses extrémités sont légèrement arrondies; il est immobile, il se colore par toutes les couleurs d'aniline, d'une façon uniforme, et par le Gram.

Dans la gélose il commence à pousser à partir de 8 à 10 heures sous forme de petits points blanchâtres. Ceux-ci examinés au microscope à un faible grossissement donnent tout à fait l'aspect de cellules osseuses et de leurs prolongements canaliculaires. A partir de 24 heures le développement est complet dans toute la longueur du tube; jusqu'à 1 centimètre et demi de la surface libre de la gélose, formant là un anneau de plus en plus dense de colonies. L'aspect des colonies est tout à fait caractéristique : elles sont blanchâtres, irrégulières et finement arborescentes; parfois quand elles sont rares, il faut les mettre sous une incidence spéciale pour les voir : elles ressemblent tout à fait à de petits flocons de neige. Jamais il ne produit de gaz. Il se développe rapidement dans la gélose à la température de 37°, moins rapidement à 22° et dans ce cas, les colonies ne se montrent qu'après 5-6 jours et plus, exclusivement dans le tiers inférieur du tube.

Il ne se développe pas dans la gélatine.

Les propriétés chimiques de ce microbe restent inconnues, les cultures en milieu liquide n'ayant pas été obtenues.

Le bacille neigeux est assez vivace. Il ne donne pas de spores.

Il est pathogène pour le cobaye et pour le rat blanc.

CHAPITRE VI

SPIRILLES

Spirillum de Roux. — Il est en forme de virgules de 0,3 à 0,5 μ de large et de 1 à 10 μ de long.

Il est mobile et prend le Gram.

Son optimum de température est à 37°.

Il pousse très bien en agar-sérum, où il donne des colonies punctiformes au bout de 2 ou 3 jours.

Dans le bouillon avec sérum, le spirille de Roux donne un petit trouble d'abord et ensuite un dépôt.

Le lait est coagulé après 30 heures. Au 10ᵉ jour il reste seulement un petit grumeau de caséine et, au-dessus, le sérum clair qui donne la réaction du biuret.

Spirillum nigrum (Rist). — Ces microbes se présentent sous forme de petits éléments minces, à bouts arrondis, incurvés, à forme de parenthèse ou d'*S* italique. Les formes rectilignes sont rares. Examinés sans coloration, ils portent, pour la plupart, à une de leurs extrémités ou en leur milieu, parfois à l'union des deux tiers avec le tiers, un petit grain noir, qui augmente en ce point l'épaisseur apparente du microbe. La présence de ces grains paraît diminuer après un grand nombre de réensemencements successifs.

Ces spirilles sont d'une mobilité extrême. Les microbes dans leurs mouvements s'arrêtent au voisinage d'une boule d'air et laissent détacher les grains noirs. Chaque grain conservé au cours des mouvements paraît occuper une place fixe dans le corps bacillaire.

La coloration au violet de gentiane s'arrête au pourtour du bacille, à certaine distance de lui et on ne voit qu'une sorte de petit boyau pâle dans une masse de gélose colorée. D'autres fois le spirille est coloré au centre d'une gangue pâle; il

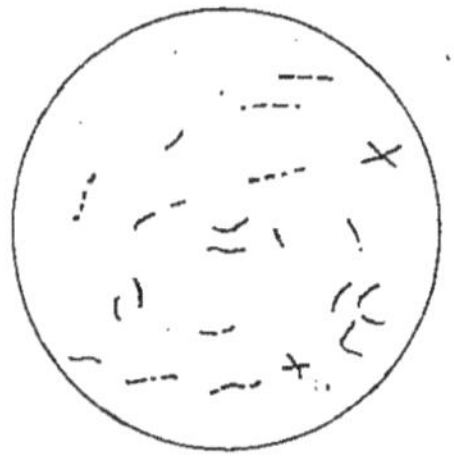

Fig. 58. — *Spirillum nigrum.*

apparaît alors comme un bâtonnet très mince, quelquefois droit, le plus souvent incurvé en S; il est coloré d'une manière uniforme; à une de ses extrémités on voit parfois un petit renflement (grain noir). Il est probable que la difficulté de la coloration tient à la présence des cils vibratiles.

Le Ziehl à froid réussit beaucoup mieux : les spirilles colorés en rouge vif ont un aspect granuleux et ressemblent beaucoup au vibrion cholérique.

La méthode de Gram les décolore entièrement.

En agar sucré en profondeur, les colonies, lorsque l'ensemencement a été abondant, commencent à apparaître au bout de 24 heures d'étuve. Elles forment un nuage grisâtre, plus développé et plus foncé au niveau de la zone limite. Au sein du nuage inférieur on voit généralement quelques amas plus denses, qui ont alors une coloration nettement noire. Les colonies bien séparées peuvent se présenter sous divers aspects... Les plus caractéristiques sont d'un noir de charbon, opaques, bien limitées, de forme ronde, ou plutôt discoïde. Elles atteignent un diamètre de 2-3 millimètres et leur développement se fait du fond vers la surface. Examinées à un faible grossissement, elles n'offrent aucun détail de structure : leur coloration reste d'un noir opaque; leurs bords sont nettement tranchés.

En gélatine sucrée en profondeur, le spirille donne, après 4-5 jours d'étuve, à 23°, des colonies généralement bien séparées, d'un noir intense, opaque, et qui ne liquéfient pas le milieu. Il y a quelquefois autour de la colonie un très fin nuage blanchâtre transparent.

Les cultures dégagent une odeur extrêmement fétide, rappelant celle de l'œuf pourri.

La vitalité de cet organisme est grande. Les colonies bien isolées ont pu être réensemencées au bout d'un mois.

Il développe très peu de gaz.

Il est pathogène pour le cobaye.

Spirillum desulfuricans (Beijerinck M. V.). — C'est un spirille court, avec peu de spirales. Il mesure 4 µ de longueur et 1 μ d'épaisseur. Le nombre des tours est 1/2 μ. — Très rarement on trouve plus d'un tour.

Il est très mobile.

Il pousse en présence d'une petite quantité de substance organique soluble, c'est pourquoi des phénomènes de réduction sont à noter dans les vieilles cultures.

Dans les colonies qui poussent en présence de sels de fer, on trouve entre les spirilles des précipités de sulfate de fer en forme de microcoques.

Beijerinck émet l'hypothèse que les spirilles morts sont comme des centres d'attraction pour le sulfure de fer, ils deviennent noirs en se renflant.

Dans les milieux liquides les spirilles deviennent toujours plus petits.

Le microbe, mal étudié, laisse ouverte une série de questions. Il serait de grande importance de savoir, si ce spirille fait fermenter seulement les sulfates, aussi bien que l'indocarmin, le lacmus, les sels de fer, les nitrates; ou bien si c'est le même ferment qui produit le dégagement d'hydrogène sulfuré ou de sulfure de fer.

Spirillum sputigenum (Miller). — Ce microbe a été cultivé pour la première fois par Mühlens qui nous donne, quoique très insuffisante, la description suivante.

Le microbe a la forme d'une demi-lune de la grandeur du vibrion cholérique.

Quelquefois on voit les spirilles réunis en forme d'*S*.

Il est mobile et ne prend pas le Gram.

Les colonies sont très délicates et ressemblent beaucoup à celles du spirochæta dentium.

Avoir en culture le spirillum sputigenum est de grand intérêt, parce qu'on a soutenu jusqu'à maintenant qu'il était une forme d'évolution du fusiformis de Vincent.

Mühlens décrit ensuite un *vibrion anaérobique de la cavité buccale*, mais le peu de caractères qu'il donne, fait très vraisemblablement croire qu'il a eu affaire au même microbe que le sputigenum.

Spirochæta buccalis (Mülhens et Hartmann). — C'est la forme la plus grosse entre les spirochætes. Il donne des spires irrégulières, grosses et plates et se présente avec les bouts effilés ou arrondis. Il a une longueur de 12 à 20 μ, une épaisseur de 1/2 à 1 μ. Il présente une membrane ondulante très bordante. Quelques auteurs croient à la présence de fibres élastiques.

Les changements de formes sont propres au sp. buccalis.

Les formes de dégénérescence sont à angle.

Il possède un cil expliqué par Hoffmann et Prowazeck comme appendice périplastique.

Spirochæta dentium (Mülhens et Hartmann)[1]. — C'est la forme la plus petite et la plus délicate de tous les spirochætes. La taille en moyenne est de 4-6 μ., mais parfois il peut atteindre une longueur de 20 μ. Il donne des formes de dégénérescence grossière qui rappellent beaucoup celles du spirochœta buccalis Il se présente parfois en chaînes de 3-5 individus.

D'autres fois il y a dans les préparations des formes courtes, qui présentent à une extrémité un renflement sphérique.

Sa longueur est de 4-10 μ.; sa largeur de 2/3 de μ.; la longueur de la spire dans le milieu de 1-2 μ. L'angle des 2 spires consécutives est de 90°; le prolongement à forme de flagelle est très fin.

Sa mobilité n'est pas sûrement établie. Les auteurs ont observé seulement des mouvements de rotation.

Le spirochæte dentium a été cultivé pendant 5 ou 6 mois dans le sérum agar, mais on peut même le cultiver dans l'ascite et agar. Son optimum de température est 37°.

Il ne donne jamais de gaz.

Les colonies apparaissent après 8 ou 10 jours, mais dans les repiquages successifs plus tôt, comme un petit trouble homogène. Alors que les colonies deviennent plus grandes, elles montrent un centre jaune obscur, mais ne sont pas granuleuses. Elles ont une certaine ressemblance avec celles de la septicémie des souris.

Les colonies en donnant des prolongements dans toutes les directions, prennent l'aspect d'une étoile de mer.

---

1. M. Repaci (travail encore inédit) a cultivé un spirochæte de la bouche, qui mérite par ses caractères d'être rapproché du treponema de Schaudinn. Ce spirochæte, anaérobie strict, d'une taille un peu plus grande que sp. dentium pousse dans la gélose sucrée profonde, en donnant des colonies petites, discoïdes, luisantes.

Il ne pousse pas dans la gélatine.

Il attaque le lactose.

Il ne donne pas de gaz; les cultures dégagent une faible odeur acétique.

Il est très mobile et ses mouvements ressemblent à ceux du spir. pallida.

Il n'est pas pathogène.

Après 2 ou 3 semaines d'étuve, les colonies ont 2 ou 3 millimètres de dimension. Le milieu est souvent troublé.

Dans le bouillon avec sérum, il donne un précipité qui s'attache d'abord à la paroi du verre et ensuite le milieu s'éclaircit.

Il dégage une odeur fétide comparable à celle de la sueur des pieds.

Il ne pousse jamais dans le lait, ni dans les milieux sans albumine.

Les sucres ne sont pas fermentés.

Il n'est pas pathogène même en symbiose avec le fusiformis.

COCCI

A. — GROUPE DES PROTÉOLYTIQUES

Streptocoque Schwarzenbeck (Graf et Wittneben). — Isolé pour la première fois dans le pus d'un abcès du cou.

Il pousse bien dans le bouillon neutre avec production de longues chaînes de 30 à 50 éléments. Chaque élément est plus petit qu'un grain du streptocoque pyogène aérobie.

Il pousse bien dans le lait en le coagulant au bout de 4 jours. Il pousse mieux dans le bouillon alcalin avec production de chaînettes de 7 à 8 éléments.

Dans la gélose il donne au bout de 4 jours des colonies blanchâtres, à bords dentelés.

Il ne se développe qu'à 37°. Dans la gélatine à 37° il pousse et la liquéfie.

Il ne donne pas d'indol.

Il produit de petits abcès chez le cobaye, le lapin, le rat par injection sous-cutanée.

B. — GROUPE DES PEPTOLYTIQUES

Micrococcus A (Grigoroff). — Grigoroff a rencontré dans les appendices malades de petits cocci isolés ou réunis en amas qui se colorent bien par les couleurs d'aniline basiques et qui prennent la coloration de Gram. Dans la gélose glucosée, des colonies apparaissent vers le troisième jour; elles sont rondes, jaunâtres, à contours réguliers.

Dans le bouillon glucosé il se développe à partir du deuxième jour, trouble le milieu, forme un dépôt blanchâtre au fond du tube.

Le bouillon devient acide. Le coccus fait fermenter le glucose, la maltose, le lactose, la lévulose, la sorbite. Il se développe bien dans le lait, qu'il coagule par acidification.

Sur gélatine sucrée il donne des colonies qui apparaissent vers le troisième ou le quatrième jour; il ne liquéfie pas le milieu.

Les cultures ne sont pas fétides.

Ce microbe n'est pas pathogène pour les animaux.

Diplococcus orbiculus (Tissier). — Cette espèce se rencontre fréquemment dans les selles de jeunes enfants. C'est un très gros diplocoque à grains réguliers bien arrondis accolés par une surface plane, deux à trois fois plus gros que le gonocoque. Dans les cultures on voit parfois un de ses grains s'allonger ou même se subdiviser en grains plus petits.

Il se colore bien par les colorants ordinaires, mais se décolore par le Gram.

Il ne pousse qu'à 37°. Sa vitalité ne dépasse guère 6 à 8 jours. Dans la gélose profonde il donne en 36 ou 48 heures de grosses colonies lenticulaires très régulières, peu épaisses, d'une coloration blanchâtre, presque transparentes.

Il ne donne jamais de gaz.

Il trouble légèrement les milieux liquides et donne au bout d'un certain temps, un dépôt grumeleux.

Il ne coagule pas le lait et n'attaque pas le blanc d'œuf cuit. Il attaque le glucose en donnant une acidité d'arrêt de 1,47 à 1,96. Son action est plus faible sur le lactose (0,49). Il n'attaque pas le saccharose. Il attaque les protéoses sans jamais donner d'indol. Il ne s'est jamais montré pathogène.

Cette espèce se rapproche beaucoup du diplococcus reniformis de Cottet. La bactérie isolée par ce dernier auteur est beaucoup plus petite, pathogène et donne des cultures dégageant une odeur désagréable.

Diploccocus magnus (Tissier). — Ce diplocoque a été isolé dans la viande de boucherie en cours de putréfaction. Il est difficile de le distinguer, dans la viande, des autres cocci. Il se présente dans le bouillon sous forme d'un gros coccus isolé ou disposé le plus souvent par paires; dans ce dernier cas, les grains sont opposés par une face aplatie. On voit aussi, disséminés dans la préparation, des amas ou de courtes chaînettes. Dans les cultures vieilles il n'est pas rare de noter des grains déformés, vésiculeux, pyriformes.

Il se colore bien par les colorants ordinaires et par la méthode de Gram.

C'est un anaérobie strict, poussant à 22° et à 37°. Sa vitalité est assez considérable. On peut le réensemencer en partant de cultures de 3 semaines.

Dans la gélose sucrée profonde, au bout de 24 heures à 37°, on voit de fines colonies s'arrêtant à 2 centimètres de la surface. Quand ces colonies sont bien séparées et bien développées, c'est-à-dire au bout de 4 à 5 jours, elles atteignent parfois un diamètre de 1 à 2 millimètres. Vues à la loupe, elles semblent formées de cercles concentriques. Le centre est épais, blanc, les zones successives sont de plus en plus claires, les bords finement découpés, la surface granuleuse. Il ne se forme pas de gaz.

Dans la gélatine, les colonies apparaissent très lentement dans le fond du tube. Elles sont plus granuleuses et comme floconneuses.

Le lait n'est pas modifié.

Le bouillon se trouble peu à peu ; au bout de 4 à 5 jours, il devient clair et laisse déposer une masse visqueuse.

L'urine se trouble au bout de 3 à 4 jours.

Les milieux contenant de la fibrine ne présentent aucune modification appréciable.

Il est sans action sur le glucose, le lactose.

Il ne donne pas d'indol.

Il dédouble l'urée en carbonate d'ammoniaque. Une urine ayant 17 gr. 93 de ce corps n'en possède plus au bout de 8 jours que 14,50.

Diploccoccus reniformis (Cottet). — Isolé la première fois dans le pus d'un abcès urineux, il a été ensuite retrouvé par Veillon et J. Hallé dans un phlegmon gangreneux à point de départ vulvaire, chez un enfant.

Ce coccus se présente sous forme de diplocoques nettement en grain de café. Il se colore assez bien par les couleurs d'aniline et se décolore par la méthode de Gram.

Par son aspect morphologique et par ses réactions colorantes, il ressemble beaucoup au gonocoque. Il se développe lentement (36-48 heures), et discrètement dans la profondeur de la gélose sucrée. Les colonies restent très fines. Vues au microscope à un faible grossissement, elles se présentent comme de petites masses lenticulaires, transparentes, limitées par des bords nets.

Les cultures en gélose sucrée restent très longtemps vivantes ; elles ont pu être repiquées avec succès après plus de 3 mois.

Il trouble le bouillon avec formation d'un dépôt floconneux ; ensuite le milieu de culture s'éclaircit.

Sur la gélose inclinée après 48 heures, il donne des colonies arrondies, fines, blanchâtres, avec un reflet légèrement bleuté, qui rappellent celles du streptocoque.

Inoculé sous la peau du cobaye, il y détermine un abcès ; on retrouve le microbe dans le pus le plus souvent libre, parfois à l'intérieur des leucocytes.

Distaso a étudié les propriétés chimiques et biologiques de ce microbe. Il n'attaque pas la gélatine, ni le blanc d'œuf cuit, et ne coagule pas le lait quoique acidifié. Il est aussi sans action sur les sucres.

Staphylococcus parvulus (Veillon et Züber). — Le staphylococus parvulus a été isolé la première fois dans les appendicites.

Le microbe isolé par Lewkowicz dans la bouche des nourrissons et décrit sous le nom de micrococcus gazogenes alcalescens anaerobius, n'a pas de caractères différentiels avec le staphylococcus parvulus. Nous concluons à leur identité.

Guillemot l'a rencontré quelquefois dans les gangrènes pulmonaires. Cottet aussi dans un nombre très restreint de cas de périurétrites.

Lippmann ne l'a retrouvé que dans un cas ; il s'agissait d'un kyste hydatique gazeux suppuré du foie.

De même Grigoroff ne l'a rencontré que rarement dans les appendices normaux et pathologiques.

Nous-mêmes ne l'avons isolé que dans de rares cas d'infection de l'appareil urinaire.

Dernièrement nous l'avons isolé associé au staphylocoque Jungano, dans les matières fécales du rat blanc.

Il s'agit d'un coccus fin, plus petit que le staphylocoque doré, en diplocoque ou en amas.

Il se colore d'une façon peu intense avec le bleu de méthylène ; il se colore mieux par le Ziehl à chaud et par le violet de gentiane. Il se décolore par le Gram.

Il pousse bien à 37° et à 22° et dans tous les milieux. Il trouble le bouillon en y formant un dépôt poussiéreux.

Il pousse dans la gélatine au bout de 8 à 10 jours sans la liquéfier ; les colonies n'ont rien de caractéristique. Il pousse rapidement dans la gélose; les colonies bien isolées les unes des autres ont une forme cuboïde.

La production de gaz est très faible et souvent nulle. Les différents échantillons isolés chez le rat blanc donnaient lieu à une production très abondante de gaz fragmentant la gélose.

Il est sans action sur les sucres suivants : dextrine, lactose. Il pousse bien dans le lait sans le modifier. D'après Tissier il attaque le glucose et faiblement le saccharose.

Il n'attaque pas le blanc d'œuf.

Il est faiblement pathogène pour le cobaye et pour le lapin, mais donne des abcès sous-cutanés.

Coccus anaerobius (Gioelli). — Isolé dans un abcès péri-utérin.

Il s'agit d'un coccus fin, plus petit que le staphylocoque doré en diplocoques ou en petits amas.

Il se colore faiblement même en faisant agir quelque temps les colorants.

Il se décolore par la méthode de Gram.

Dans la gélose sucrée en couche profonde, il donne, au bout de 2-3 jours, de petites colonies blanchâtres, rondes, à surface granuleuse, avec production abondante de gaz fétides.

Il attaque fortement le glucose, le lactose, la maltose, moins énergiquement les saccharoses et la mannite.

Il pousse dans le lait sans le coaguler.

Il ne donne pas d'indol.

Il est faiblement pathogène pour le cobaye, pour le lapin et le rat.

Staphylocoque de Jungano. — Isolé pour la première fois dans un cas de cystite, puis dans un cas d'infiltration gangreneuse du périnée. Nous l'avons retrouvé plusieurs fois dans différentes affections de l'appareil urinaire. Nous l'avons rencontré quelquefois dans l'urètre normal de l'homme et on peut dire qu'il est l'hôte presque constant de l'urètre des petites filles et des petits garçons.

Benedetti l'a isolé fréquemment dans différentes infections oculaires. Tout récemment et à plusieurs reprises Distaso l'a rencontré dans les matières fécales.

Il s'agit d'un staphylocoque à tout petits cocci, qui se colore bien par les couleurs d'aniline et par le Gram.

Ce microbe se développe bien dans la gélose glucosée; des colonies apparaissent entre 48 et 60 heures. Il pousse beaucoup plus rapidement (24-36 heures) dans les réensemencements successifs.

Au début dans la gélose, les colonies sont petites et luisantes. A complet développement il forme des colonies rondes, biconvexes, foncées au centre, plus claires à la périphérie.

Il trouble le bouillon, après 36 heures. Le bouillon s'éclaircit ensuite peu à peu, jusqu'à redevenir complètement limpide au bout d'une quinzaine de jours.

Il pousse à 22° moins abondamment. Il pousse bien au bout de 5-6 jours dans la gélatine où il donne aussi de petites colonies rondes, régulières, transparentes, luisantes. Il n'attaque pas la gélatine.

Il ne donne jamais de gaz.

Il est sans action sur les différents sucres; glucose, saccharose, dextrine, lactose.

Il pousse bien dans le lait.

Il n'attaque pas le blanc d'œuf cuit.

Sa vitalité est très prononcée. Nous avons pu, même après deux mois, faire des repiquages positifs de culture en gélose sucrée. Il est pathogène pour le cobaye et pour le lapin.

De nombreuses tentatives pour obtenir une toxine ont toutes échoué.

Streptocoque anaérobie (Sternberg). — Ce microbe a été isolé pour la première fois dans l'expectoration d'un malade atteint d'actinomycose pulmonaire.

Il s'agit de cocci ronds ou ovalaires, 2-3 fois plus gros que les éléments des streptocoques aérobies, se réunissant en chaînettes. Ce parasite se colore par les couleurs basiques d'aniline et par la méthode de Gram. Sur la gélose inclinée il donne des colonies petites, bien nettes. Dans la gélose sucrée en couche profonde, les colonies atteignent les dimensions d'une tête d'épingle. Vues au microscope elles sont rondes et à surface irrégulière. Le bouillon ordinaire reste clair avec un faible dépôt.

Dans le bouillon sucré le dépôt est très abondant.

Dans la gélatine à 22° on voit de petites colonies grosses comme têtes d'épingle; pas de liquéfation.

Dans le sérum de Lœffler on voit de petites colonies humides. Sur pommes de terre ce sont des colonies comme des petits points blanchâtres.

Inoculé au lapin par la voie sous-cutanée, il produit un petit abcès avec zones nécrotiques.

Streptococcus anaerobius micros (Lewkowicz). — Ce microbe a été retrouvé dans la bouche des nourrissons. Successivement Lippmann, l'a isolé dans plusieurs cas d'infections des voies biliaires. Jeannin l'a rencontré assez fréquemment dans les infections puerpérales. Il s'agit d'un coccus extrêmement fin, ayant 0,25 à 0,4 µ de diamètre mais de taille assez irrégulière, avec des grains parfois un peu allongés ou lancéolés.

Les grains dans les préparations provenant de la profondeur de la gélose, sont disposés surtout en diplocoques ou en courtes chaînettes.

Dans le bouillon sucré on peut obtenir des chaînettes plus longues contenant parfois plusieurs dizaines d'éléments.

Il garde le Gram.

Sa vitalité est de 2-3 semaines.

Il ne pousse qu'à 37°.

Dans la gélose sucrée en couche profonde, il donne au bout de 2-3 jours des petites colonies de 0,05-0,07 millimètres de diamètre; elles sont plus grandes vers la limite supérieure de la zone d'anaérobiose.

Ces colonies se présentent plus ou moins régulièrement arrondies, finement granuleuses, assez transparentes, lisses.

Les colonies en surface dans le vide ont, quand elles sont bien séparées, un diamètre de 0,25-0,30 millimètre au bout de 48 heures et peuvent atteindre dans les jours suivants 9,80 millimètre de diamètre.

Elles sont arrondies, transparentes, grisâtres, presque lisses, ou très finement granuleuses.

Dans le bouillon sucré se forme un dépôt pulvérulent, assez abondant, dissociable.

Le lait ne se modifie pas.

Cet espèce n'est pas pathogène.

Micrococcus fœtidus (Veillon). — Isolé dans trois cas de suppuration fétide (angine de Ludwig, bartholinite, phlegmon périnéphritique) et ensuite rencontré par J. Hallé dans le vagin à l'état sain, dans l'exsudat des rétentions placentaires, dans le pus des bartholinites, et par Rist dans les suppurations otiques.

Tandis que Guillemot ne l'a rencontré que rarement dans les gangrènes pulmonaires, Collet, au contraire, l'a isolé assez fré-quemment.

Jeannin l'a reconnu dans plusieurs cas d'infection puerpérale putride.

Lippmann l'a retrouvé dans un cas de cholécystite et ne l'a jamais isolé des voies biliaires normales.

Grigoroff ne l'a jamais constaté, ni dans les appendices normaux, ni dans les appendices pathologiques.

Jungano l'a rencontré très souvent dans l'urètre normal chez l'enfant des deux sexes et l'a même isolé dans de nombreux cas d'infection des différentes parties de l'arbre génito-urinaire.

Ce microbe si répandu se présente sous la forme de cocci isolés ou plus fréquemment de diplocoque, moins souvent en petits amas. Chaque amas ne comprend pas plus de 4 à 5 éléments; chaque élément est un peu plus gros qu'un élément du staphylocoque aérobie.

Il se colore bien par les colorants basiques ordinaires et par la méthode de Gram.

Il pousse facilement et abondamment dans le bouillon qu'il trouble.

Il pousse dans la gélatine; il donne au bout de 3 ou 4 jours des colonies petites, rondes, à contours réguliers jaunâtres, légèrement granuleuses. La gélatine n'est pas liquéfiée ; elle est fendue par de nombreuses bulles de gaz.

En gélose sucrée en couche profonde il forme des colonies rondes à contours réguliers qui n'ont rien de caractéristique.

Il pousse bien à la température de 37°, moins rapidement à la température de 22°. Il est gazogène et les gaz sont très fétides.

Il est pathogène pour le cobaye et pour le lapin ; néanmoins d'autres fois les inoculations donnent des résultats négatifs.

Les élèves de Veillon, de même Lippmann auraient tendance à identifier ce microbe avec le streptocoque anaérobie rencontré dans le vagin par Menge et Krönig.

Nous sommes convaincu que ce sont des microorganismes différents. Le micrococcus fœtidus de Veillon est et reste essentiellement un diplocoque, même lorsque par hasard les cocci forment une chaînette, au maximum, de 3 à 4 éléments. Du reste, même dans ce dernier cas, les chaînettes ne ressemblent pas du tout à celles que donnent les streptocoques, soit aérobies, soit anaérobies.

BIBLIOGRAPHIE

ABEL et DRACHER. *Zeitschr. f. Hyg.*, 1895, Bd XIX, S. 64,

ACHALME. Observations à propos du mémoire de Tissier et Martelly. *Ann. Inst. Pasteur*, 1903.

— Examen bactériologique d'un cas de rhumatisme articulaire aigu avec rhumatisme cérébral terminé par la mort. *Soc. de biol.*, juillet 1891.

— Pathogénie du rhumatisme articulaire aigu : examen bactériologique d'un cas terminé par la mort. *Soc. de biol.*, mai 1897.

— Recherches bactériologiques sur le rhumatisme articulaire aigu. *Ann. Inst. Pasteur*, 1897, 25 nov.

— Recherches sur quelques anaérobies et leur différenciation. *Ann. Inst. Pasteur*, 1902, p. 641.

ACHALME et ROSENTHAL. Le bacillus gracilis ethylicus anaérobie strict. *Soc. de biol.*, 1906.

ADAMETZ. *Landwirtsch. Jahrbuch.*, 1889, Bd XVIII.

ALBARRAN et COTTET. Note sur le rôle des microbes anaérobies dans les infections urinaires. *Congr. français d'Urologie*, 1898.

— Infections urinaires anaérobies. *Congr. intern. de méd.*, Paris, 1900.

ALBRECHT. Ueber Infection mit gasbildenden Bakterien, *Arch. f. Klin. Chir.*, Bd LXVII. 1902.

ANISCHOW. Zur Frage über d. Rölle der termophilen Bakterien im Darmkanal des Menschen. *Centralbl. f. Bakt.*, Bd IV.

ANKERSMITH. Untersuchungen über die Bakterien im Verdauungskanal des Rindes. *Centralbl. f. Bakt.*, 1905.

— Untersuchungen über d. Bakterien im Verdauungskanal des Rindes. *Centralbl. f. Bakt.*, Bd XL.

APERLO. Contrib. allo studio sviluppo degli anaerobi nel brodo tenuto a contatto dell'aria. *Riv. l'Igiene e Sanitá pubblica*, octobre 1907.

APPERT. Bactériologie de la chorée rhumatismale. *Soc. de biol.*, 1898.

AREUS. Eine Methode zur Plattenkultur der Anaëroben. *Centr. f. Bakt.*, vol. XXI, 1894.

ARKOVI. Exper. Untersuchungen über Gangrän an der Zahnpulpa u. Wandgangrän. *Centralbl. f. Chirurg.*, 1898.

— Ueber B. gangrenae pulpae. *Centralbl. f. Bakt.*, vol. XIX, 1901.

ARLOING. De l'immunité contre le charbon symptomatique. *C. R. de l'Acad. des Sciences*, 1900.

— *Arch. de méd. expér.*, vol. V.

— Étude sur la sérothérapie du charbon symptomatique. *C. R. de l'Acad. des Sciences*, 1900.

BABÈS. Sur la pathogénie des gangrènes pulmonaires. *Semaine médicale*, 1900, n. 5.

BACHMANN. Beitrag zur Kenntnis des B. des malignen OEdems, *Centralbl. f. Bakt.*, 1904, 1905.
— Beiträge zur Kenntnis des malignen OEdems. *Centralbl. f. Bakt.*, Bd XXXVII.
BAIER. Ueber Buttersauregährung. *Centralbl. f. Bakt.*, 2e Abth., Bd I, 1895.
BANDINI. Ricerche sulla cultivazione degli anaërobi. *Giorn. Rª Acad. di medicina di Torino*, t. XII, f. 6-7, 1906.
BANDISCH. *Berl. Illustr. Woch.*, 1898.
BANG. Ann. tarsagen til lokal Nekrose. *Maanedskrifft for Byrlaeger*, Bd II, 1890-1891.
BARTH et RIST. Pleurésie putride à microbes anaérobies d'origine biliaire. *Soc. méd. des hôpitaux de Paris*, 1899, vol. XIV.
BARTH (JOH. AMBROSIUS). *Allgemeine Pathologie*, II, Aufl. 1900.
BAUP et STANCULÉANU. La bactériologie des empyèmes des sinus de la face. *Arch. roumaines des sciences médicales*, 1900.
BECK. Zur Zuchtung anaerober Kulturen. *Centralbl. f. Anat.*, XXII, 1897.
BEHRENS J. Die Arbeit d. Bakterien im Boden u. im Dünger. *Arb. d. deutsch. Landw. Gesellsch.*, 1901, Heft LXIV.
— Untersuchungen über d. Gewinnung der Hanffaser durch natürliche Rostmethoden. *Centralbl. f. Bakt.*, Abth. II, Bd VIII, 1902.
— Die Peptingährung, in *Lafars Handbuch d. Acc. Mykologie*, Bd III, 1904, p. 269-295.
BEIJERINCK et VAN DELDEN. Ueber d. Assimilation d. freien Stickstoffes durch Bakt. *Centralbl. f. Bakt.*, Abth. II, Bd.IX,.1902. .
— Ueber die Bakt. di bei d. Mazeration des Leinen tâtig sind. *Arch. Neerland.*, sér. II, t. IX, 1902, p. 3.
— Over de bacterien welke by het roten van olas werkzaam ziju. *Kon Ak. van Wette Amsterdam.* — Verlag van de Gewone Vergodering der Wiener, *Natuk. Afd.* v. déc. 1903, 12.
BEIJERINCK M. W. Ueber die Butylalcolgührung u. d. Bútylfermen, Amsterdam 1893.
— Les bactéries lumineuses dans leurs rapports avec l'oxygène. *Arch. Néerland.*, t. XXIII, 1889, p. 416-28.
— Sur la fermentation et le ferment butylique. *Arch. Néerland.*, t. XXIX, 1896, p. 1-69.
— Ueber die Einrichtung einer normalen Buttersauregährung. *Centralbl. f. Bakt.*, Abth. II, Bd II, 1896, p. 699.
— Les organismes anaérobies obligatoires ont-ils besoin d'oxygène libre? *Arch. Néerland.*, sér. II, t. II, 1899, p. 397-412.
— Phénomènes de réduction produits par les microbes. *Arch. Néerland.*, sér. II, t. IX, 1904, p. 130-158.
— Ueber oligonitrophile Bakter. *Centralbl. f. Bakt.*, Abth. II, Bd VII, 1901, p. 561-582.
— Ueber Atmungsfiguren beweglicher Bacterien. *Centr. f. Bakt.*, Bd XIV, 1893.
— Photobacteria asa reactive in the investigation of the chlorophyllfunction. *Ref. in Centr. f. Bakt.*, Abt. II, Bd VIII, 1902.
BEITZKE. Ueber die fusiformen Bacillen. *Sammelareferat. Centralb. f. Bakt. Ref.*, 1904.
BELENOWSKI. Zur Frage der Wirkung steriler Nahrung auf d. Darmflora. *Centralbl. f. Bakt.*, Bd XLIV, p. 322.
BENECKE W. Ueber stickstoffbindende Bakter. aus d. Golf v. Neapel. *Berl. d. Deutsch. Gesellsch.*, Bd XXV, 1907, p. 1-8.
BENECKE u. KEUTNER. Ueber stickstoffbindende Bakter. aus d. Ostsee. *Berl. d. Deutsch. Bot. Ges.*, Bd XXI, 1903, p. 333.

BENEDETTI. Nota preventiva sugli anaerobi dell' occhio. *Congr. oftalmologico di Parma*, 1907.

BERNHARDT. Ein Fall v. Pneumathämie u. Schaumorgane, *Deutsche Med. Woch.*, 1900.

BERNHEIM. Ueber einen bacteriologischen Befund bei Stomatitis ulcerosa. *Centralbl. f. Bakt.*, Bd XXIII.

— Ueber die Pathogenese u. Fermentherapie der schweren Rachendiphterie, 1898.

— et POSPISCHILL. Zur Klinik der Bakteriologie der Stomatitis ulcerosa, *Jahrb. f. Kinderheil.* Bd XLVI, 1898.

BERTHELOT. Recherches nouvelles sur les micro-organismes fixateurs de l'azote libre. *Comptes rendus*, t. CXVI, 1893.

BERTHELOT et ANDRÉ. Sur les matières organiques constitutives du sol végétal. *Comptes rendus*, t. CXVI, 1893, p. 667.

— Étude biochimique de deux microbes anaérobies du contenu intestinal. *Ann. Inst. Pasteur*, t. XXIII, 1909.

BESREDKA. De la fixation de la toxine tétanique par le cerveau. *Ann. Inst. Pasteur*, 1903.

BESSON. Contrib. à l'étude du vibrion septique. *Ann. Inst. Pasteur*, 1895.

BIENSTOCK. Anaérobies et symbiose. *Ann. Inst. Pasteur*, vol. XVI.

— Recherches sur le Putrificus. *Ann. Inst. Pasteur*, vol. XIII.

— Bacillus putrificus. *Strassburger med. Ztg.*, Bd III, 1906, Heft IV, p. 107-112.

— *Id.*, *Ann. Inst. Pasteur*, t. XX, 1906, p. 407-415.

— Ueber die Bacter. der faeces. *Zeitschr. f. Hyg.*, vol. VIII, 1885.

— Untersuchungen über die Aetiologie der Eiweissfaülnis., *Archiv f. Hyg.*, vol. XXXVI-XXXIX.

— Recherches sur la putréfaction, *Ann. Inst. Pasteur*, vol. XIII.

BIFFI. Semina e cultura degli anaerobi obligati nel vuoto. *Soc. Med. Chirurgica di Bologna*, 1907.

— Aussaat u. Zuchtung der obligaten Anaeroben in luftleeren Raum. *Centralbl. f. Bakt.*, Bd XLIV, p. 280.

BLAU. Ueber die T. maxime der Sporenkeimung. *Centralbl. f. Bakt.*, 1905, s. 97.

BLÜCHER. Methode zur Plattenkultur anaerober Bäkt.. *Deutsche Zeitschr. f. Hyg.*, Bd VIII, 1890.

BOLOGNESI. Die Anaërobien der Fränkelschen Diplococcus in Beziehung zu seinen neuen pathogenen Eigenschaften, *Centralbl. f. Bakt.*, Bd XLIII, p. 113.

BOMBICCI. Nuova fiala per culture anaërobiche in piastra. *Ref. in Centr. f. Batk.*, Bd IV, 1898.

BONI J. Sopra un caso di setticemia dell'uòmo di origine probabilmente tonsillare. *Clin. Med. Ital.*, 1902.

BORDET. Une méthode de culture des microbes anaérobies. *Ann. Inst. Pasteur*, t. XVIII, 1904.

BOTKIN. Ueber einen Bacillus butyricus. *Zeitschr. f. Hyg.*, Bd II, 1891.

— *Id.*. Bd XI, 1892, p. 421-435.

— Eine einfache Methode zur Isolierung anaerober Bakt. *Zeitsch. f. Hyg.*, Bd XIX, 1891.

BRAATZ E. Einiges über Anaërobiose. *Centr. f. Bakt.*, Bd XVII, 1895.

BREDEMANN G. Regeneration der Fahigkeit zur Assimilation von freiem Stickstoff des bac. amylobacter A. M. et Bredemann und der zu dieser Species gehorenden bisher als Granulobacter, Clostridium us. w. bezeichnéten anaëroben Bakterien. V. M., *Berl. d. Deutsch. Bot. Gesellsch.*, Bd XXVI, 1900, p. 362.

— Untersuchungen über die Variation und d. Stickstoffverbindungsvermögen des Bac. asterosporus A. M., ausgeführt au 27 Stammen verschiedener Herkunft. Ein Beitrag zur speciesfrage des Bakterien. *Centralbl. f. Bakt.* Abth. II, Bd XXII, 1908, p. 44.

BREDEMANN (G.). Bemerkungen zu Hans Pringsheim : zur Regeneration des Stickstoffbindungs vermögens von Clostridien. *Berl. d. Deutsch. Bot. Gesellsch.*, Bd XXVI, 1909, p. 795.

— Die Regeneration des Stickstoffbindungs vermögens der Bakterien. *Centralbl. f. Bakt.*, Abth. II, Bd XXIII, 1909, p. 41.

— Bacillus amylobacter A. M. et Bredemann. *Centr. f. Bakt.*, Abth. II. Vol. 23.

BRIEGER et KEMPNER. *Deutsche med. Woch.*, 1897, 33.

BRINDEAU et MACÉ. Sur les anaérobies dans l'infection puerpérale. *Congr. intern. de méd.*; Paris, 1900.

BRUM (M.-V.). Ueber Peritonitis. Zusammenfassendes Referat über Peritoneum Litteratur d. Jahres 1885-1900, *Centralbl. f. Bakt.*, 1905.

BRUNNER C. Weitere klin. Beobachtungen über Aetiologie u. Klin. Therapie der Magenperforation u. Magenperitonitiden. *Bull. Klin. Chir.*, vol. XL, 1903.

BUCHNER HANS. Eine neue Methode zur Kultur anaerober Mikroorganismen. *Centralbl. f. Bakt.*, vol. IV.

— Untersuchungen über d. niederen Pilze. *A. A. pflanzen-physiol. Inst. in München*, v. prof. Nägeli, 1881, p. 140.

— *Zeitschr. f. phis. Chem.*, 1885.

BUDAY K. Zur Pathogenese der gangränosen Mund u. Rachenentzundungen. *Zieglers Beitrag zur path. Anat.*, 1905, Bd XXXVIII.

— Zur Kenntnis der abnormen postmortalen Gasbildung, *Centralbl. f. Bakt.*, Bd XXVI, p. 369.

BUENCHMANN. Études expér. sur le charbon symptomatique et ses relations avec l'œdème malin. *Ann. Inst. Pasteur*, 1894.

BULLOCH W. A simple gyaratus for obtaining plateo cultures or surface growths of obligat anaérobes. *Centr. f. Bakt.*, Abt. I, Bd XXVII, 1900.

BURRI. Zur Isolierung von Anaëroben, *Centralbl. f. Bakt.*, Abt. II, vol. VIII, 1902.

— Zur Isolierung des malignen OEdems. *Centralbl. f. Bakt.*, Abth. II, Bd VIII, 1903.

— Intramolekülare Atmung, Anaërobiose und Mikroaërophilie. *Centr. f. Bakt.*, Abt. II, Bd VIII, 1902.

BURRI et KURSTEINER. Ein experimenteller Beitrag zur Kenntnis der Bedeutung des Sauerstoffentzuges für d. Entwickelung obligat anaerober Bakterien. *Centralbl. f. Bakt.*, t. XXI, p. 10-12, 1908.

CARRIÈRE. *Soc. de biol.*, 1898.

CASSACT. Un cas de symbiose pleurale. *4ᵉ Congrès franç. de méd.*, Montpellier, 1896.

CERRITO. Nuovo metodo per la colorazione delle ciglia dei batteri. *Annali d'Igiene sperimentale di Roma*, 1903.

CHABERT. Traité du charbon ou anthrax des animaux. Th. de Paris, 1790.

CHAILLONS. Deux cas d'infection traumatique du globe oculaire par un microbe anaérobie (B. perfringens). *Annales d'oculistique*, août 1905.

CHIARI. Zur Bakteriologie des peptischen Emphysem. *Prag. med. Woch.*, 1903, t. 1.

CHUDIAKOCO. Zur Lehre von der Anaërobiose. *Bef. in Centr. f. Bakt.* Abt. II, Bd IV, 1898.

COHENDY. Bouillon intestinal pour l'isolement et l'étude des anaérobies stricts et facultatifs de l'intestin. *Soc. de biol.*, 1907, p. 649.

CONRADI. *Munch. mediz. Woch.*, 1905, vol. XLV-XLVI.

COOK. Bacteriological investigations on pulp. gangrene. *The Dent. Review*, 1899.

Cottet. Recherches bactériologiques sur les suppurations périurétrales, Th. de Paris, 1899.
— Le micrococcus reniformis. *Soc. de biol.*, 1900.
— Note sur un micrococcus strictement anaérobie, trouvé dans les suppurations de l'appareil urinaire. *Soc. de biol.*, p. 421, 1900.
— Recherches sur les suppurations péri-urétrales. Thèse de Paris, 1899.
Cottet et Duval. Note sur un cas de suppuration prostatique et périnéale avec présence dans le pus d'un microcoque strict anaérobie. *Ann. org. génito-urin.*, 1900.
Courmont. Rôle des associations microbiennes dans les pleurites putrides gazeuses. *4° Congrès franç. de méd.*, Montpellier, 1898.
Courmont et Cade. Sur une septico-pyoémie de l'homme simulant la peste et causée par un strepto-bacille anaérobie. *Arch. méd. expér.*, vol. II, p. 393.
Creite. Zum Nachweis von Tetanus bacillen der Organe des Menschen. *Centralbl. f. Bakt.*, 1904.
Crithari. De la culture du bacille butyrique. *C. r. Soc. biol.*, 1908, 2 mai.
Czapek. Untersuch. über d. Stickstoffgewinnung u. Eiweifsbildung der Schimmelpilze. *Hofmeisters Beitr.*, Bd II, 1902, p. 557.

Dansauer. Beitrag zur Kenntniss der Gasgangrän. *Munch. med. Woch.*, 1903, n° 3.
Davenport. Statistical methods with special reference to biological variation, New-York, 1899.
De Gaetano. Due casi di gangrena gassosa determinati da due aerobi. *Il Tommasi*, 1906.
De Grandi. Beobachtungen über die Geisseln des tetanus bacillus. *Centralbl. f. Bakt.*, 1903.
Demagistris. Sulla ricerca del bacillo del tetano nelle ferite infette. *Bollettino della Soc. tra cultori delle Scienze Mediche e Naturali*, Cagliari, 1907.
Detre et Sellei. Die hämolytische Wirkung des Tetanusgiftes. *Wien. klin. Woch.*, 1909.
Dieulafoy. Sur un cas de gangrène foudroyante de la verge. *Clinique médicale de l'Hôtel-Dieu*, 1906.
Dineur. Une épidémie de botulisme au fortin 6 à Anvers. *Travail du laboratoire du bactériologie de l'hôpital militaire d'Anvers*, Bruxelles, 1897.
Dmitriewsky. Recherches sur les propriétés antitétaniques des centres nerveux de l'animal immunisé. *Ann. Inst. Pasteur*, 1903.
— Sulla ricerca del bacillo del tetano nelle ferite infette. *Bolletino della Soc. tra cultori delle Scienze Mediche e Naturali*, Cagliari, 1907.
Doleris. Étiol. et nature des infections puerpérales. *Congr. intern. de Méd.*, Paris, 1900.
Dremo. Vereinfachtes anaërobes Plattenverfahren. *Centr. f. Bakt.*, Bd 341, 904.
Drossbach. Methode der bakteriologischen Wasseruntersuchung. *Ref. im Centr. f. Bakt.*, Bd XV, 1894.
Du Buchet. Recherches bact. sur quelques cas d'affections utérines. Th. de Paris, 1897.
Duclaux E. *Le lait*, Paris, 1887.
— Sur la nutrition intracellulaire, *Ann. de l'Inst. Pasteur*, t. IX, 1895, p. 811.
— Sur le dosage des alcools et des acides volatils. *Ann. Inst. Pasteur*, t. IX, 1895, p. 265-281.
Dujon. Études sur la glande vulvo-vaginale et ses abcès, Th. de Paris, 1897.

Eisenberg. Sur les leucocidines des anaérobies. *Soc. de biol.*, 1907, 16 mars.
— Sur la toxine du charbon symptomatique. *Soc. de biol.*, 13 avril 1904.
— Sur les hémolysines des anaérobies. *Soc. de biol.*, 1907, 23 mars.

ELLERMANN V. Ueber die Cultur der fusiformen Bacillus. *Centra.bl. f. Bakt.*,
    Bd XXXVII, S. 729.
— Einige Fälle von bacterieller Nekrose beim Menschen. *Centralbl. f.
    Bakt.*, Bd XXXVIII, 1905.
EMMERLING O. Butylalkoholischen Gährung. *Ber. d. Deutsche chem. Ges.*
    1897, n° 4.
— *Id.*, 1896, Bd XXV.
— Ein einfacher und zuverlassiger Anaërobenapparat. *Hyg. Rundschau*
    Jahrg., XIV, 1904.
EPSTEIN. Ein einfacher Verfahren zur züchtung anaërober Bakter. in Dop-
    pellschalen. *Centr. f. Bakt,,* Bd 28, 1900.
ERMENGEM (VAN). Untersuchungen über einen Falle von Fleischvergiftung
    mit Symptomen von Botulismus. *Centralbl. f. Bakt.*, Bd XIX, S. 442.
— Ueber einen neuen anaeroben Bacillus u. seine Beziehung zum Botu-
    lismus. *Zeit. f. Hyg.*, Bd XXVI, 1897.
ERNST. Ueber Nekrosen u. Nekrose-bacterien. *Inaug. Diss.*, Bern, 1902.
— Ueber einen gasbildenden anaeroben in menschlichen Körper u. seine
    Beziehung zu Schaumorganen. *Virch. Arch.*, vol. CXIII, p. 308.
ESCHERICH. Ueber Darmbakterien im allgemeinen u. derj. der Saüglinge im
    besonderen sowie die Beziehungen der letzteren zur Aetiologie der
    Darmerkrankungen. *Centralbl. f. Bakt.*, Bd I, 1887, S. 703.
ESMARCH V. Ueber eine modification des Kochschen Plattenverfahrens, etc.
    Zeitschr. f. Hyg., Bd I, 1886.
EWELL. A form of apparatus and method of manipulation for the prepa-
    ration of roll cultures of anaerobic organisms. *Centralbl. f. Bakt.*, II
    Abt., vol. III, 1897.

FARLAND J. M. Eine einfache Methode zur Bereitung von Tetanos Toxinen.
    Centr. f. Bakt., Bd XIX.
FAVA. Recherches sur la microbiologie et la parasitologie des cils. *Ann.
    d'oculistique*, août 1908.
FEHRS, SACHS et MUCKE. Beitrag zur Dichtung u. Isolierung v. Anaerobien.
    Centralbl. f. Bakt., 1908.
FERMI CL. et BASSU. Untersuchungen über Anaerobien. *Centralbl. f. Bakt.*,
    Bd XXXV, S. 563, 712.
— Weitere Untersuchungen über Anaërobiose. *Centr. f. Bakt.*, Bd 38,
    1905.
FERRAU. Ueber d. Verwendung d. Acetylens bei d. Kultur anaërober Bakte-
    rien. *Centr. f. Bakt.*, Abt. I, Bd 24.
FIELD. Period of the greatest accumulation of tetanus toxine and broth
    culture. *Proceed. of the New-York path. Society*, 1904.
FISCHER A. Vorlesungen über Bakterien, *Jena*, 1903.
FISCHER HUGO. Ueber Stickstoffbacterien. *Verhandl. d. naturhist. Verenis d.
    preus. Rheinhana, Westphalens ect. Jahrg.*, LXVII, 1905, p. 135.
— Ein Beitrag zur Kenntnis der Lebensbedingungen von stickstoffsamm-
    lungen Bakter. *Centralbl. f. Bakt.*, Abth. II, Bd XIV, 1905, p. 33.
— Ebenda, Bd XV, 1906, p. 325.
FITZ. Ueber Spaltpilzgährungen. *Deutsche chem. G.*, 1882, Bd XV, S. 867.
FLEXNER. Pneumotorax from gaz producing Bacteria. *Montreal med. Journ.*,
    1899.
FLEXNER et NOGUCHI. The effect of eosin upon tetanus toxin and upon
    tetanus on, etc., etc. *Journ. of exper. med.*, t. VIII, f. 1, 1906.
FLUEGGE. Die Mikroorganismen, 1896.
— Die Aufgaben u. Leistugen der Milchsterilisierung gegenuber den
    Darmkankreiten der Säuglinge. *Zeitschr. f. Hyg.*, Bd XVII, 1894.

Foà G. Alcune osservazione sull' anaerobiosi. *Annali d'Igiene sperimentale*, 1908.

Forssmann. Studien über die Antitoxinbildung bei aktiver Immunisierung gegen Botulismus. *Centralbl. f. Bakt.*, 1905, p. 463; *Ann. Inst. Pasteur*, 1908, p. 477.

Franchini et Lotti. Alcune considerazioni sull' azione antiputrida del Gioddu. *Riforma medica*, 1908.

Franke. Der Nekrobac. als Krankheitserreger bei unseren Haustieren. *Berl. Tierart. Woch.*, 1899.

Frankland. Ueber d. Einfluss d. Kohlensaure u. anderer Gase auf. d. Entwikelungsfähigkeit d. Mikroorganismen. *Zeitschr. f. Hyg.*, Bd VI, 1889.

— Die Bakteriologie in einigen ihrer Beziebungen zur chem. Wissenschaft. *Centr. f. Bakt.*, Bd 15, 1894.

— Die Eniwirkung der Kohlensäure auf die Lebenstätigkeit der microorganismen. *Zeitschr. f. Hyg.*, Bd V, 1889.

Fränkel A. Ueber einen Fall von Gastritis acutae emphysematosae wahrscheinlich mykotischen Ursprungs. *Virchows Arch.*, 1888.

— Ueber putride Pleuritis. *Charité Annalen*, 1877; *Berl. klin. Woch.*, 1879.

— Ueber d. Kultur anaerober Mikroorganismen. *Centralbl. f. Bakt.*, Bd III, 1888.

Fränkel E. Ueber den Erreger der Gasphlegmone. *Münch. med. Woch.*, 1890.

— Ueber Gasphlegmone. Hamburg, 1893.

— Ueber Aetiologie der Gasphlegmone. *Centralbl. f. Bakt.*, vol. XIII.

— Ueber Gasphlegmon. *Zeitschr. f. Hyg.*, vol. XL, 1902.

Freudenreich. Sur la présence du b. butyrique et d'autres anaérobies morts dans les fromages à pâte ferme. *Centralbl. f. Bakt.*, 1903; *Ann. Inst. Pasteur*, 1904, p. 207.

— Ueber d. Vorkommen der streng anaëroben Buttersäurebacilleu u. über andere Anaërobenarten bei Hartkäsen. *Centr. f. Bakt.*, Abt. II, Bd II, 1904.

Freudenreich (v.) u. Jensen. Ueber die in Schabzieger käse stattfindende Buttersäuregährung. *Centralbl. f. Bakt.*, Abth. II, Bd XVII, 1906.

— Id., *Landwirtsch. Jahrbuch der Schweiz. Jahrgang*, XX, 1906, p. 312.

Friedemann J.-C. On the anaërobie bacteria of the intestines. *Transactions of the Chicago path. Society*, vol. LXVIII, p. 524.

Friedrich. Zur bacteriellen Aetiologie u. zur Behandlung der diffusen Peritonitis. *Arch. klin. Chir.*, vol. LXVIII, p. 524.

Frosch. *Zeitschr. f. Hyg.*, Bd XIII.

Fuchs. Ein anareober Eiterungserreger. *Journ. zur Ninert. Greifswald*, 1890.

Fusco. Sulla colorazione delle ciglia batteriche. *Nuova Rivista Clinico-terapeutica di Napoli*, Anno X, n° 3, 1907.

Gabritschewskz G. Zur Technik der bakteriologischen Untersuchungen. *Centr. f. Bakt.*, Bd X, 1891.

Galvagno e Calderini. Una modificazione dell' apparecchio di Bordet per la cultura degli anaerobi. *Rª Accad. di Medicina di Torino*, 15 febbraio 1907.

Garnier et Simon. L'infection du sang par les bactéries de l'intestin. *Presse. méd.*, n° 53, 1909.

— Sur la septicémie chez les lapins soumis au régime carné. *Soc. de biol.*, p. 666, 1908.

— Septicémies à microbes anaérobies au cours de divers états défectueux. *Soc. méd. des hôpitaux*, 18 oct. 1907.

Gasching. La putréfaction du lait. Th. de Paris, 1903.

Gaudiani. Ricerche dei germi anaerobi nelle suppurazioni. *Ann. d'Igiene sperim.*, 1907.

GAUDIANI. Dell' importanza etiologica del bacillo di Welch-Fränkel nei flemmoni ed ascessi gassosi. *Ann. d'Igiene sperim.*, 1908.

GERSTNER. Beiträge zur kenntnis obligat. anaerober Bakterienarten. *Arbeiten aus d. bakt. Institut der technischen Hochschulé zu Karlsruhe,* Bd I, 1894.

GHON u. MUCHA. Beiträge zur Kenntnis der anaeroben Bakterien des Menschen. *Centralbl. f. Bakt.*, Bd XXXIX, S. 497, 641; Bd XL, S. 37.

— Beiträge zur Kenntniss des anaeroben Bact. des Menschen. Zur Etiologie des perinephritischen Absesses. *Centralbl. f. Bakt.*, Bd XLII, S. 406, 495.

GHON, MUCHA u. MUELLER. Zur Aetiologie der Acuten Meningitis. *Centralbl. f. Bakt.*, vol. XLI.

— Zur Aetiologie der perinefritischen Abscesses. *Centralbl. f. Bakt.*, vol. XLII.

— Beiträge zur Kenntnis der anaeroben Bakterien des Menschen. *Centralbl. f. Bakt.*, Bd XLI.

GHON u. SACHS. Zur Aetiologie des Gasbrandes. *Centralbl. f. Bakt.*, S. 6-7, 1903.

— Beiträge zur Kenntnis der anaeroben Bakterien d. Menschen. *Centralbl. f. Bakt.*, Bd XXXIV, XXXV.

GILBERT et LIPPMANN. Note sur la bactériologie des ascites. *Soc. de biol.*, 1906.

— Le microbisme pancréatique normal. *Soc. de biol.*, 1904.

— Le microbisme normal de l'appendice. *Soc. de biol.*, 24 mars 1906.

— Le microbisme biliaire normal. *Idem*, 1903.

— Bactériologie des cholécystites. *Soc. biol.*, 1902, n° 30.

— Septicémie anaérobique au cours de la gangrène sénile. *Soc. de biol.*, 15 décembre 1906.

— Le microbisme salivaire normal. *Soc. de biol.*, 1904.

— Note sur la bactériologie des abcès tropicaux du foie. *Soc. de biol.*, 30 nov. 1907.

— Contrib. à l'étude bactér. des calculs biliaires. Rôle des micr. anaér. *Soc. de biol.*, p. 405, 1907.

— Le microbisme salivaire. *Soc. de biol.*, 1904, 27 février.

— Sur un cas de néphrite à microbes anaérobies. *Soc. de biol.*, 6 juillet 1907.

GIOELLI. Di un particolare bastoncello anaerobio obligato riscontrato in una raccolta purolenta di pelio cellulare. *Boll. Accad. med. di Genova*, 1907.

— Infezioni puerperali : studio bacteriologico chimico in rapporto all eziologia e. terapia. *Arch. italiano di Ginecologia*, n°ˢ 9, 10, 12, 1908.

— Studio sulla flora batterica patogena della cavitá uterina nelle cerviciti, endometriti escluse le infe. puerp. acute. *Arch. it. di Ginec.*, 1907.

GIRARDI. Ricerche del meccanismo per cui si ottengono culture di batteri anaerobi col miscuglio di brodi di succo di organi parenchimali in presenza dell' aria. *Riforma Medica Napoli*, 1907.

— Ricerche sul metodo di Tarozzi. *Rif. med.*, 1907, n° 38.

GOADHY. Microorganisme in dental caries. *Transact. of Dental Society*, 1899.

GOBIET. Ein schwerer Fall von traumatischem Tetanus, geheilt durch Duralinfusion von Behringschem Tetanusserum. *Wien. klin. Woch.*, 1904.

GOEBEL. Ueber den Bacillus der Schaumorgane. *Centralbl. f. path. Anatomie*, Bd VI.

GOMÈS DE FARIA. Carbunculo symptomatico. *Dissertaçao inaugural*. Rio de Janeiro, 1908.

GOULD. A case of malignate œdema. *Ann. of Surgery*, oct. 1903. *A. Inst. Pasteur*, 1904, p. 256.

206   LES ANAÉROBIES

GOURAND. Infection puerpérale, gangrène pulmonaire par microbes strictement anaérobies. *Soc. de biol.*, 1903.

— Gangrène pulmonaire puerpérale par microbes strictement anaérobies. *Presse méd.*, 1905, p. 748.

GRAF et WITTNEBEN. Streptokokken anaër. *Centralbl. f. Bakt.*, 26-6, 1907, p. 97.

GRASSBERGER. Ueber Anpassung u. Vererbung der Bakterien. *Arch. f. Hyg.*, vol. LIII, 1905.

GRASSBERGER u. PASSINI. Ueber d. Bedeutung der Jodreaktion für d. bakteriologische Diagnose. *Wiener klin. Woch.*, 1902, n° 1.

GRASSBERGER u. SCHATTENFROH. Morphologie des Rauschbrand bacillus und des OEdem bacillus. *Arch. f. Hyg.*, 1909.

— Ueber Buttersäuregährung. I Abhandl. *Arch. f. Hyg.*, Bd XXXVII, S. 42, 48, 1900.

— Ueber Buttersäuregährung. II Abhandl. *Arch. f. Hyg.*, Bd XLII, 1902, p. 219-65.

— Ueber Buttersäuregährung. III Abhandl. *Arch. f. Hyg.*, Bd XLVIII, 1904, p. 1-106.

— Ueber Battersäuregährung. IV Abhandl. *Arch. f. Hyg.*, Bd XL, 1907, p. 40-78.

GRIMBERT. Fermentation anaérobie produite par le bacillus orthobutylicus, ses variations sous certaines influences biologiques. *Ann. Inst. Pasteur*, 1893, p. 353.

GRIGOROFF. Contrib. à la pathogénie de l'appendicite. Th. de Paris, 1905.

GRIXONI. Tetano ed iniezioni ipodermiche di chinino. *Gazetta degli ospedali e delle cliniche*, 1905.

GRUBER MAX. Eine Methode der kulturen anerobischer Bakt. *Centralbl. f. Bakt.*, Bd I, 1887.

— Eine methode zur morphologie der Buttersäuregährung. *Centralbl. f. Bakt.*, Bd I, 1897.

GRUNERT. Mittelhor Wazenfortsatz u. intracranielle Komplicationen der otitis. *Ergeb. d. allgem. Pat. u. pat. Anat. v. Lutarsch u. Ostergat.*, vol. VIII, 1902.

GUILLEMARD. *Ann. Inst. Pasteur*, 1906.

GUILLEMOT. Recherches sur la gangrène pulmonaire. Th. de Paris, 1898.

GUILLEMOT, HALLÉ et RIST. Recherches bactériologiques et expérimentales sur les pleurésies putrides. *Arch. de méd. expér.*, 1904.

GUILLEMOT et SZCHAWINSKA. Rôle des substances réductrices dans la culture des anaérobies en présence de l'air. *Soc. de biol.*, 1er février 1908.

— *Soc. de biol.*, Paris, 1906, 28 avril.

GUNNING J. W. Ueber d. Lebensfahigkeit der Spalfpilze bei fehlendem Sauerstoff. *Journ. für prakt. Chemie N. F.*, Bd XX, 1879.

HABREL J. Zur Frage der Züchtung anaerober Bakterien. *Centralbl. f. Bakt.*, Bd XXV, 1899.

HALLÉ. Recherches sur la flore du canal génital de la femme. Th. de Paris, 1898.

HALLÉ J. Phlegmon gazeux développé au cours de la varicelle. *Bull. de la Soc. de Pédiatrie de Paris*, mai 1909.

HALLÉ et BACALOGLU. Sur la présence des microbes strictement anaérobies dans un kyste hydatique du foie. *Arch. de Méd. expér. et d'Anat. pathol.*, 1900.

— Sur la présence de microbes strictement anaérobies dans un kyste suppuré du foie. *Arch. de Méd. expér.*, 1900.

HALLÉ et GUILLEMOT. Un cas de pleurésie putride monomicrobienne. *Bull. de la Soc. de Pédiatrie de Paris*, 1902.

HAMILTON. Pnemothorax, its etiology, symptoms and signs. *Montreal med. Journ.*, 1898.

HAMMERL. Ein Beitrag zur Züchtung der Anaeroben. *Centralbl. f. Bakt.*, 1901, 1902, vol. XXX, XXXI.

— Zur Züchtung der Anaëroben. *Centr. f. Bakt.*, Abt. I, Orig. Bd 31. 1902.

HARRAS P. Zur Frage der anaëroben Züchtung sogen. oblig. anaërob. Bakterien. *Münch. Med. Woch.*, n° 46, 1900.

HARRIS N. A preliminary report upon a hitherto undescribed bacillus. *Journ. of Boston Soc. of med. Science*, vol. V, p. 376.

— A preliminar report upon a hitherto undiscribed bacille. *Journ. of the Boston Society of Med. Science*, vol. V, p. 376.

HARRISSON F. C. Note on a method of cultivating anaërobie bacteria. *Ref. in Kochs Jahresber. Jahrg.*, XIII, 1902.

HARTMANN et ROGER. Contrib. à l'étude bactériologique des cystites. *Presse médicale*, 1902.

HARTMANN et MIGNOT. Note sur la suppuration gangreneuse des fibromes indépendants de la cavité utérine. *Ann. de Gynécologie*, 1896.

HASELHOFF E. Die Stickstoffenreichung des Bodens durch freilebende Bakterien. *Journ. f. Landw.*, 1908.

— Versuche über die Eniwirkung schwefliger Säure auf kupferhaltigen Boden. *Mitteilungen der landwirtschaftlichen Versuchsstation in Marburg : Intern. phitopatholog. Dienst. Jahrg.*, I, 1908, p. 73.

HASELHOFF und BREDEMANN. Untersuchungen über anaerobe stickstoffsammellnde Bakterien. *Landwirtsch. Jahrb.*, Bd XXXV, 1906, p. 381, 414.

— Untersuchungen über Konservenverderber. *Ebenda*, Bd XXXV, 1906, p. 414-444.

HASEMANN. Der Fränkelsche Gasbacillus als Erreger lokaler Hautnekrose ohne Gasbildung in Vieversuch. *Centralbl. f. Bakt.*, I, 1907.

HEINICK. Beitrag zur Kenntnis der Bakterien flora des Schweinedarmes. *Berl. Tierarztl. Woch.*, n° 9, 1903.

HEIWRICIUS. Exp. Untersuch. über d. Einwirkung des B. arogenes capsulatus (B. perfringens) auf d. Schleimhaut d. Gebärmutter u. d. Schere. *Arch. f. Gynäkologie*, 1908, t. I.

HESSE. Ein neues Verfahren zur Züchtung anaerober Mikroorganismen. *Zeitschr. f. Hyg.*, Bd XI, 1892.

— Ueber Züchtung der Bacillen des malignen OEdems. *Deutsche med. Woch.*, 1885.

HEWLETT. Notes on the cultivation of the tetanus bacillus and other bacteriological methods. *Centr. f. Bakt.*, Bd XVI, 1894.

HEYDE. Contrib. à l'étude de la gangrène gazeuse : un cas d'abcès du cerveau produit uniquement par des microbes anaérobies. *Beitrage zur klin. Chir.*, 1908, t. LXI.

— Ueber die Bedeutung anaerober Bakterien bei der Appendicitis. *Med. klinik.*, 1908, t. IV, n° 44.

HIBLER (E. von). Zur kenntnis der durch anaerobe Spaltpilze erzeugten Infektionskrankheiten, etc. *Centralbl. f. Bakt.*, Bd XXV, 1899.

— Untersuchungen über d. pathogenen Anaeroben, gr. in-8°, 436 p., *G. Fischer.* Iena, 1908.

HOFFMANN E. et PROWASECK S. Untersuchungen über die Balanitis u. Mundspirochäten. *Centralbl. f. Bakt.*, 1906, Bd XLI.

HOHLBECK. Ein Beitrag zum Vorkommen des Tetanus bacillus ausserhalb des Bereiches der Infektionstelle beim Menschen. *Deutsche med. Woch.*, 1903.

HOLMSEN F. Ein Fall von bösartiger Puerperalinfection auf einem

gasentwickelungen anaeroben Bacillus beruhend : « Gasgangrän ».
Baumgartens Jahresb., LXIV, p. 410.

HOLLINGER W, Bakter. Untersuchungen über Mehlteiggährung. *Centr. f. Bakt.*, Bd I, IX, 1902.

HOPPE-SEYLER. *Ber. Ch. Gessel*, vol. XVI.

HOWARD W. T. Acute fibrino-purulenta Cerebrospinal Meningitis. *Bull. of the Johns Hopkins Hospital*, vol. X, 1899.

— A contribution to the knowledge of the B. aërogenes capsulatus. *John Hopkins Hospital reports*, vol. IX.

HÜFNER. Ueber die Möglichkeit der Auscheidung von freiem Stichgas bei der Verwesung stickstoffhaltiger organischer Materie. *Journ. f. prakt. Chemie*, N. S., vol. XIII.

— Ueber eine neue einfache Versuchsform zur Entscheidung der Frage ob sich niedere Organismen bei Abwesenheit von gasförmigem Sauerstoff entwickeln können. *Journ. f. prakt. Chemie*, Bd XIII, 1876.

HUNZIKER O. F. Revicro of escisting methods for cultivating anaërobic bacteria. *Journ. of applied microskopy and laboratory methods*, vol. V, Nr. 3, 1856.

HUTSCHMANN J. et LINDENTHAL O. TH. Ueber die Gangrène foudroyante. *Dtr. der Kais. Acad. d. Wissensch. in Wien*, 1899.

IGNATORRSKY. Zur Frage vom Verhalten verschiedener Gewebe des tierischen Organismus gegen das Tetanusgift. *Centralbl. f. Bakt.*, I, orig., t. XXXV, 1903.

IKONNIKOFF. Passage des microbes à travers la paroi intestinale dans l'étranglement expérimental. *Soc. de biol.*, 30 janv. 1909.

JACOBITZ. Die Sporenbildung des Milzbrandes bei Anaërobiose bei Züchtung in reiner Stickstottatmosphäre. *Centr. f. Bakt.*, Bd XXX, 1901.

JACQUÉ. Démonstration des plaques de Stüler pour la culture d'anaérobies. *Congrès intern. d'Hyg. et de Démogr.*, Bruxelles, 1903, A. *Inst. Pasteur*, 642.

— A propos de l'agent de la fermentation butyrique décrit par Schattenfroh. *Centr. f. Bakt.*, Bd 36, 1907.

JAKOBSON. Contribution à l'étude de la flore normale des selles du nourrisson. *Ann. Inst. Pasteur*, 1908.

JAKOWSKI. Zur Aetiologie der Brustfellentzündung. *Zeitschr. f. klin. Mediz.*, vol. XX.

JEANNIN. Recherches bactériologiques de l'utérus dans ses rapports avec le traitement local de l'infection puerpérale. *Bull. de la Soc. d'obst. de Paris*, 1907.

— Infection utérine des lochies et gangrène pleuro-pulmonaire consécutive; *Bull. Soc. d'obst. de Paris*, 1904.

— De la flore microbienne de la bouche du nourrisson. *Soc. d'obst. de France*, 1904.

— Des infections amniotiques du nouveau-né. *Rapport à la Soc. obst. de France*, 1905.

JENSEN. Die von Nekrosenbac. hervorgerufen Krankheiten. *Kolle u. Wassermann*, Bd II.

— Studien über die flüchtigen Fettsäuren im Käse nebst Beiträgen zur Biologie der Käsefermente. *Centralbl. f. Bakt.*, Abth. II, Bd XIII, 1904, p. 293.

JENSEN C. O. u. SAND. Ueber maligne Oedem beim Pferde. *Orig. in Deutsche Zeitschrift f. Vie arzt.* Bd XIII, 1887.

JOSSMANN et LANDSTROM. *Ann. Inst. Pasteur*, 1902, p. 294.

JUNGANO. Ricerche batteriologiche nelle infezioni urinarie. *Assoc. italiana d'Urologia*, 1908.
— La flore bactérienne de l'urètre normal et pathologique de l'homme. *Ann. maladies génito-urinaires*, nov. 18, 1908.
— Un caso di uretrite acuta non gonococcica. *Assoc. italiana d'Urologia*, 1908.
— Sur la flore anaérobie du rat. *Soc. de biol.*, 16 et 23 janvier 1909.
— Sur la flore intestinale de la roussette : bacillus sporogenes non lique-faciens anaérobie. *Soc. de biol.*, 26 déc. 1908.
— Étude bactériologique des infections urinaires. *Assoc. française d'Uro-logie*, 1907.
— Pseudo-coli anaerobie. *Soc. de biol.*, 21 nov. 1908.
— Contributo alla biologia del bacillo nevoso. *Il Tommasi*, 1907.
— Infezioni dell' apparato urinario con speciale riguardo alla presenza degli anaerobi. Stabil. Tip. F. Sangioranni, Napoli, 1907.
— La flore de l'appareil urinaire normal et pathologique, Jacques, Paris.
— Caratteri biologici e culturali dei più frequenti anaerobii delle affezioni urinarie. *Il Tommasi*, 1907.
— Sur un cas d'infection rénale d'origine sanguine due à certains microbes dont un anaérobie strict. *Soc. de biol.*, 1907.
— Su di un caso di batteriuria renovescicale. *Assoc. italiana d'Urologia*, 1908.
— Le bacille neigeux. *Soc. de biol.*, 1907.
— Sur un staphylocoque anaérobie. *Soc. de biol.*, 1907.

KABRHEL G. Zur Frage der Zuchtung anaërober Bakterien. *Centralbl. f. Bakt.* Bd XXV, 1899.
KAMEN. Eine einfache Kulturschale fur Anaerobien. *Centralbl. f. Bakt.*, Bd XII, 1892.
— Zur Aetiologie des Gasphlegmon. *Centralbl. f. Bakt.*, Bd XXXV, 686.
KASPARECK. Ein einfacher Luftabschluss flussiger Nahrboden beim Kulti-vieren anaerober Bakter. *Centr. f. Bakt.*, Bd XX, 1895.
KEDROWSKI. Ueber d. Buttersäure erzeugenden anaeroben Bakter. *Wratsch.*, 1894, p. 958 (en russe).
— Ueber zwei buttersäure produzierende Bakterienarten. *Zeitschr. f. Hyg.*, Bd XVI, 1894.
KEMP. Ueber Versuche am Gährungstühlen den Bacillus saccharrobutyricus zur zuchten. *Centralbl. f. Bakt.*, vol. XLVIII, 1908.
KEMPNER. *Zeitschr. f. Hyg.*, vol. XXVI.
KEMPNER et POLLACK. — Die Wirkung des Botulismus-toxius (Fleischgiftes) u. seines spezifischen Antitoxius auf die Nervenzellen. *Deustch. med. Woch.*, 1897, n° 32.
KERRY. Ueber einen neuen pathologischen anaeroben Bacillus. *Oester. Zeitschr. f. wiss. Veterinarkunde*, 1894.
KERRY et FRÄNKEL. Bemerkungen zur Arbeit von Botkin : Ueber einen Bac. butyricus. *Zeitschr. f. Hyg.*, Bd XII, 1892, p. 204.
KIRSTEN. Die Varietäten des B. oedema maligni. *Th. de l'Univers. de Berne*, 1904.
KITASATO. Ueber d. Rauschbrandbacillus u. sein Kultuverfahren. *Zeitschr. f. Hyg.*, Bd VI, 1889.
— Ueber das Wachstum des Rauschbrandbacillus in festen Nährsubstraten. *Zeitschr. f. Hyg.*, 1890, Bd VIII.
— Ueber d. Tetanusbacillus, *Zeitschr. f. Hyg.*, 1889.
— Experimentelle Untersuchungen über d. Tetanusgift. *Zeitschr. f. Hyg.*, 1891.

KITASATO et WEYL. Zur Kenntnis d. Anaeroben. *Zeitschr. f. Hyg.*, Bd VIII.

KITT. Serumimpfung gegen Rauschbrand. *Mon. f. prakt. Vieheil.*, 1893.

— Zur Züchtung des Rauschbrandtbacilles bei Luftzutritt. *Centr. f. Bakt.*, Bd XVII, 1895.

KLADAKIS. Ueber d. Einwirkung des Leuchtgases auf die Lebenstätigkeit der Mikroorganismen. *Centr. f. Bakt.*, Bd 8, 1890.

KLECKI et VALERIAN. Ein neuer Buttersäurerreger (Bac. saccharobutyricus) u. dessen Beziehung zur Reifung u. Lochung d. Spargelkäses. *Centralbl. f. Bakt.*, Abth. II, Bd II, 1896.

KLECKI et WRZOSEK. Zur Frage der Ausscheidung von Bakterien durch die normale Niere. *Arch. f. expér. Path. méd.* t. LIX, p. 145, 1908.

KLEIN. Ein neuer Tierpathogener Microbe : Bacillus carni. *Centralbl. f. Bakt.*, Bd XXXV.

— Beitrag zur Bakt. u. Leichenverwesung. *Centralbl. f. Bakt.*, Bd XXV.

— Ueber einen pathologischen anaeroben Darmbacillus : Bacillus enteritidis sporogenes. *Centralbl. f. Bakt.*, XVIII.

— Ein weiterer Beitrag über d. anaeroben pathogenen Bac. enteritis sporogenes. *Ebenda*, Bd XXII, 1897.

— Ein ferner Beitrag zur Kenntnis d. Verbreitung u. Biologie des Bac. enter. sporogenes. *Ebenda*, Bd XXII, 1897.

— Neuer Bacillus des malignen Œdems. *Ebenda*, Bd X, 1891.

— Zur Kenntnis u. Differenzialdiagnose einiger Anaerobier. *Ebenda*, Bd XXIX, 1901.

— Ein Apparat zur bequem Herstellung von anaëroben Plattenkulturen. *Ebenda*, Abt. I, Bd XIV, 1898.

KONINSKY K. Ein Beitrag zur Biologie der Anaëroben. *Centr. f. Bakt.*, Bd XXXII, 1902.

KORENTCHEWSKY. Contrib. à l'étude biologique du b. perfringens. *Ann. Inst. Pasteur*, 1909.

KOSTYTSHEW S. Ueber anaerobe Atmung ohne Alcoholbildung. *Centralbl. f. Bakt.*, Abth. II, Bd XX, 1908.

KRAMER E. Bakteriologische Untersuchungen über d. Nassfäule der Kartoffeln. *Oesterr. Landw. Centralbl. Jahrg.*, I, 1891, Heft I, p. 11-26. Ref. in Biedermanns. *Centralbl. f. Agrik.*, Bd XX, 1891, p. 269.

— Ueber d. Rauchbrandbacillus u. sein Kulturverfahren. *Zeitsch. f. Hyg.*, Bd VI, 1889, p. 107.

KRÖNIG. Ueber die Natur des Scheidenkeimes speziell über d. Vorkommen anaerober Streptokokken im Scheidensecrete Schwangerer. *Centralbl. f. Gynekol.*, 1895.

KRÖPAE. Ein Beitrag zur weiteren Differenzierung des Gangrène foudroyante. *Arch. klin. Centralbl.*, vol. LXII, 1903.

KUJON. Étude sur la glande vulvo-vaginale et ses abcès. Th. de Paris, 1897.

KURSTEINER. Beiträge zur Untersuchungstechnik obligat anaëroben Bakterien, sowie zur Lehre von der Anaërobiose überhaupt. *Centr. f. Bakt.* Abt. II, Bd XIX.

KVEH. Zur Aetiologie des Milzbrandes. *Mitteil. r. d. Kaiserl. Gesundheitsamtes*, Bd I, 1881.

LACHOWICZ B. und NENCKI. Die Anaërobiosefrage. *Arch. ges. Physiologie des Menschen u. der Tiere. Pflüger Arch.*, Bd XXXIII, 1884.

LAFAR. Handbuch d. technischen Mikologie. Iena, Gust. Fischer.

LANDMANN. *Hyg. Rundschau*, 1904, p. 449.

LECLAINCHE. La sérothérapie de la gangrène gazeuse. *Arch. méd. de Toulouse*, 1898.

LECLAINCHÉ et MOREL. La sérothérapie de la septicémie gangreneuse.
     Ann. Inst. Pasteur, 1901.
LECLAINCHÉ et VALLÉE. Recherches expér. sur les charbons sympt. *Ann.
     Inst. Pasteur,* 1900, p. 931.
LEGRAND et ASCISA. Ueber Anaerobien im Eiter dysenterischer Leber u.
     Gehirnabscesse in Aegypten. *Deutsch. med. Woch.,* 1905.
LEGROS. Recherches bactériologiques sur les gangrènes gazeuses aiguës.
     Th. de Paris, 1901.
LEHMANN et NEUMANN. Atlas u. Grundriss d. Bakteriologie, IV, Aufl.
     München, 1907.
LEINER. Beiträge zur Kenntnis der anaeroben Bakterien des Menschen.
     Centralbl. f. Bakt., 1906, Bd XLIII.
— Ueber anaerob. Bakter. bei Dyphterie. *Centralbl. f. Bakt.,* Bd XLIII, 1907.
LERAY. A case of aerogenes cupsulatus infection of the neck. *Journ. of the
     Americ. Ass.,* 1903.
LEVRY. Ein Fall von Gasabscess. *Deutsch. Zeitschr. f. Chir.,* XXXII, 1891.
LEWKOWICZ. Die Reinculturen des bacillus fusiformis. *Extrait du Bulletin
     acad. Scienc. Cracovie,* Cracovie, 1906.
— Recherches sur la flore microbienne de la bouche du nourrisson.
     Arch. méd. Chir., 1901.
— Ueber d. Reinculturen des fusiformen Bacillus. *Centralbl. f. Bakt.,* 1906,
     Bd XLI.
LIBORIUS PAUL. Beiträge zur Kenntnis der Sauerstaffbedurfniss der Bakt.
     Zeitschr. f. Hyg., Bd I, 1886.
LIEFMANN. Ein einfaches Verfahren zur Züchtung u. Isolierung anaeroben
     keime. *Centralbl. f. Bakt.,* vol. XLVI, 1908, p. 377.
— Ueber das scheinbar aerobe Wachstum anareober Bakterien. *Munch.
     med. Woch.,* n° 17, 23 avril 1907.
LIPPMANN et FOISY. De l'ostéomyélite à microbes anaréobies. *Gaz. hebdom.
     de méd. et de chir.,* août 1902.
LÖHNIS F. Ein Beiträg zur Methodik der bakteriologischen Bodennutersu-
     chung. *Centr. f. Bakt.,* Abt. II, Bd XII. 1904.
LOEFFLER. *Mitteilungen aus dem kaiserlichen Gesundheitsamt.,* Bd II, 1884.
— *Berl. klin. Woch.,* 1887, Bd XXIV.
LORRAIN M. Étude bactériologique d'un cas de pleurésie putride. *Arch.
     méd. chir.,* 1902, n° 6.
LOTTI. Qualche considerazione sulla flora intestinale. *Rivista critica di cli-
     nica medica,* 1908.
— Sull' importanza degli anaerobi in patologia. *Rivista critica di clinica
     medica,* 1909.
— Contributo alla conoscenza dei germi anaerobi dell' intestino in
     condizioni patologiche. Unione Tip. Ed. Torinese, 1909.
LOWE W.-I. and CARY C.-A. Infection of gunshot wound of the ley with
     the B. aerogenes capsulatus. *New-York med. Record,* LV, 1889.
LÖWENTHAL W. Zur Kenntnis der Mundspirochäten. *Mediz. klin.,* 1906,
     n° 11.
— Beitrag zur Kenntnis der Spirochäten. *Berl. klin. Woch.,* 1906, n° 10.
LUBINSKY. Ueber d. Anaerob. bei d. Eiterung. *Centralbl. f. Bakt.,* Bd XVI,
     1894.
— Zur metodik der kultur anaerober Bakterien. *Centralbl. f. Bakt.,* Bd XVI,
     1894.
LUCATELLO V. *Congresso della Società Italiana di medicina interna,* 1892.
LÜDERITZ. Zur Kenntniss der anaerob. Bakterien. *Zeitschr. f. Hyg.,* Bd V,
     1889.

MACÉ. Microbes des nodosités des légumineuses. *Ann. Inst. Pasteur,* 1898.

MARIE. L'absorption de la tox. tétan. chez les mammifères. *Bull. Inst. Pasteur*, p. 633, 1903.

MARINESCO. Lésions des centres nerveux produites par la toxine du bac. botulinus. *Comptes rendus Soc. biologique*, 1896, n° 31.

MARINO. Méthode pour isoler les anaérobies. *Ann. Inst. Pasteur*, 1904.

MARPMANN. Eine neue Methode zur Herstellung von anaëroben Rollglaskulturen mit Gelatine u. Agar, *Centr. f. Bakt.*, Abt. I, Bd XXIII, 1898.

MARQUEZY et COCAGNE. Note sur un cas de tétanos guéri par les injections de sérum antitétanique. *La Normandie médicale*, 1908, n° 21.

MATZUSCHITA. Zur phisiologie der Sporenbildung der Bacillen nebst Bemerkungen zum wachstum einiger Anaeroben. *Arch. f. Hyg.*, Bd XLIII.

— Bakteriologische Diagnostik (G. Fischer, Iena).

MAY u. GEBHARD. Pneumothorax durch gasbildende Bacterien. *Arch. klin. Med.*, 1898.

MENGE. Étiologie et nature des infections puerpérales. *Congr. intern. de méd. de Paris*, 1900.

MENGE et KRÖNIG. Bakteriologie des weibl. Genitalorgans (Leipzig, 1897).

MERESCHOWSKY. Zur Frage über die Rolle der Mikroorganismen im Darmkanal. *Centralbl. f. Bakt.*, Bd XXXIX, p. 380, 584, 696.

— *Id.*, Bd XL, p. 148.

— Ein Apparat für Anaerobenkultur. *Centralbl. f. Bakt.*, Bd XXXIII.

METSCHNIKOFF. Les microbes intestinaux. *Bull. Inst. Pasteur*.

— Sur les microbes de la putréfaction intestinale. *Acad. des Sciences*, octobre 1908.

— Études sur la flore intestinale. *Ann. Inst. Pasteur*, déc. 1908.

MEYER. Apparat für d. kultur von anaëroben Bakterien u. für d. Bestimmung der Sauerstoffumsatz für Keimung, Wachstum u. Sporenbildung der Bakterienspecies. *Centralbl. f. Bakt.*, 1905.

— Bemerkung über Aërobiose und Anaerobiose. *Centralbl. f. Bakt.*, vol. XLIX.

MIGULA W. Ueber einen neuen Apparat zur Plattenkultur von Anaeroben. *Centralbl. f. Bakt.*, Bd XIX, 1896.

— System der Bakterien (Iena, Gustav Fischer), 1900.

MONIER. Contribution à l'étude pathogénique des infections dentaires. Th. de Paris, 1904.

MONOD J. Association bactérienne d'aérobies et d'anaérobies : gangrène du foie. *Soc. biol.*, 1895.

MORAX et MARIE. Note sur les prop. fixat. de la subst. céréb. desséchée. *Comptes r. soc. biol.*, 1902, p. 15-35.

— Recherches sur l'absorption de la tox. tétan. *Ann. Inst. Pasteur*, 1903.

MORIN CHARLES. Formation d'alcool amylique normal dans la fermentation de la glycérine par le bacillus butylicus. *Compt. rend.*, t. CV, 1887.

MORO ERSNT. Morphologische und biologische Untersuchungen über die Darmbakterien des Säuglings. *Jahrb. f. Kinderkrankh. u. phys. etc.*, Bd LXI, 1905, III, Folge.

MUEHLENS P. Ueber Züchtung von Zahnspirochäten u. fusiformen Bacillen auf künstlichen (festen) Nährböden (Vorlaufige Mitteil). *Deutsch. med. Woch.*, 1906, n° 20.

MUEHLENS P. et HARTMANN M. Kultur des Bacillus fusiformis u. der Spirochæta dentium sowie Tierversuchen mit diesen. *Zeitschr. f. Hyg.*, Bd LIII, 1906.

MUELLER R. Ueber eine scheinbar pathogene Wirkung der Spirochætæ dentium. *Deutsch. med. Woch.*, 1906, n° 9.

MUELLER R. et SCHERBER G. Zur Aetiologie u. Klinik der Balanitis erosiva circinate und Balanitis gangrenosa. *Arch. f. Dermatologie u. Syphilis*, 1905, Bd LXVII.

MUSCATELLO. Sulla gangrena gassosa. *Rif. Med.*, 1898 et 1900.
MUSCATELLO et GANTITANO. Ricerche sulla gangrena gassosa. *Rif. Med.*, 1898, vol. III, p. 471.

NENCKI. Beitrage zur Biologie der Spaltpilze, 1880.
— Ueber Mischkulture. *Centr. f. Bakt.*, Bd XI, 1892.
— Ueber die Lebensfähigkeit der Spaltpilze bei fehlendem Sauerstoff. *Journ. of prakt. Chemie N. F.*, Bd XIX, 1879.
NICOLLE CH. Sur un procédé simple de culture des microbes anaérobies. *Soc. de biol.*, 15 nov. 1902.
NIKITOROFF. Ein Beitrag zu den Kulturmethoden der Anaeroben. *Zeitschr. f. Hyg.*, Bd VIII, 1890.
NOCARD et MOULÉ. Les viandes à odeur de beurre rance. *Bull. de la Soc. Centr. de méd.*, 1889.
NOCARD et ROUX. Sur la récupération et l'augmentation de la virulence de la bactérie du charbon symptomatique. *Ann. Inst. Pasteur*, 1887.
NOVY J.-G. Ein neuer anaerober Bac. des malignen Œdems. *Zeitschr. f. Hyg.*, Bd XVII, 1904.
— Die kultur anaerober Bakterien. *Centralbl. f. Bakt.*, Bd XIV, 1893.
— Die Plattenkultur anaërober Bakterien. *Cent. f. Bakt.*, Bd XVI, 1894.
NOWISS. A report on sise cases in which the b. aerogenes capsulatus was isolated. *Centralbl. f. Bakt.*, vol. XXX, p. 434.

OETTINGEN VON M. Anaërobie u. Symbiose. *Zeitschr. f. Hyg.*, Bd 43, 1903.
OGATA M. Einfache Bakterienkultur mit verschiedenen Gasen, *Centr. f. Bakt.*, Bd XI, 1892.
OKADA. Ueber einen roten Farbstoff erzeugenden Bacillus aus Fussbodenstaub. *Centralbl. f. Bakt.*, Bd XI, 1892.
OLLIER. Lésions produites par la toxine tétanique dans les nerfs et dans les terminaisons motrices. *Arch. méd. expér.*, 1904.
OMELIANSKY V. Sur la fermentation de la cellulose. *Comptes rendus Acad. Sc.*, 1895, vol. 121; *Centralbl. f. Bakt.*, 1904, Bd XII, p. 33.
— Die Züchtung anaërober Kleinlebewesen. Lafars Handbuch der technischen Mykologie, 1907, Bd I.
— Ein einfacher Apparat zur kultur von Anaëroben im Reagensglase. *Centr. f. Bakt.*, Abt. II, Bd VIII, 1902.
— Ueber Gärung der Zellulose. *Centr. f. Bakt.*, Abt. II, Bd VIII, 1902.
OPRESCU. Zur Technik des Anaëroben kultur. *Hyg. Rundschau Jahrg.* VIII, 1898.
ORI. Sulla coltura degli anaerobi. *Atti Acc. dei fisiocritici*, vol. XVII, 1905.

PARK. The use of paraffin to esclude oxygen in growing anaerobis bacteria. *Centr. f. Bakt.*, Bd 29, 1901.
PAROUE. Contribution à l'étude bactériologique de l'appendicite. *Ann. Inst. Pasteur*, 1905.
PASSINI. Ueber granulosebildende Darmbakterien. *Wien. klin. Wochenschr.*, 1902, n° 1.
— Ueber das regelmässige Vorkommen der verschiedenen Typen der streng anaerobischen Buttersäurebakt, im normalen Stuhle. *Jahrb. f. Kinderheilk. N. F.*, Bd XLIX, 1905.
— Die bakteriellen Hemmstoffe Conradis u. ihr Einfluss auf das Wachstum der Anaerober des Darmes. *Wiener klin. Wochenschr.*, Bd XIX, 1906, p. 627.
— Studien uber faulniserregende anaerobe Bakterien des normalen menschlichen Darmes u. ihre Bedeutung. *Zeitschr. f. Hyg.*, 1903.
— *Jahrbuch. für Kinderheilkunde*, 1903.

PASSINI. *Zeitschr. f. Hyg.*, 1905.

— *Zeitschr. f. Hyg.*, Bd XLIX, 1906.

PASSOW. Ein Fall v. Gasphlegmone einer rechten Schultergelenke. *Charité Annalen*, vol. XX, p. 275.

PASTEUR. Expér. et vues nouvelles sur la nature des fermentations. *C. R. Ac. d. Sciences*, 1861, t. LII.

— Mémoire sur la fermentation appelée lactique. *Compt. rendus*, t. XLV, 1857.

— Animalcules infusoires vivant sans gaz oxygène libre et déterminant des fermentations. *Compt. rendus*, t. LII, 1861, p. 344.

— Recherches sur la putréfaction, *C. R. Ac. d. Sciences*, 1863, t. LVI.

— Études sur la bière.

— Animalcules infusoires vivant sans gaz oxygène libre et déterminant des fermentations. *C. R. Ac. d. Sciences*, 1861, t. LII.

— Nouvel exemple de fermentation déterminée par des animalcules infusoires pouvant vivre sans gaz oxygène libre et en dehors de tout contact avec l'air de l'atmosphère. *C. R. Ac. des Sciences*, 1863, t. LVI.

PASTEUR, JOUBERT et CHAMBERLAND. La théorie des germes et des applications à la médecine et à la chirurgie. *Bull. de l'Ac. de Méd.*, 1878.

PELOUZE. *Compt. rendus de l'Académie*, 1861, Bd LII.

PENDE, La piopneumocolécistite. *Bollettino della Società Laucisiana*, anno 21, fascicolo 2°.

— Contributo allo studio delle infezioni da Gasbacillus di Fränkel-Welch. *Bol. della Soc. Laucisiana*, anno 28, fasciculo 2°.

PENDE u. VIVIANI. Eine neue prakt. Methode fur anaerobe Bouillonkulturen. *Centralbl. f. Bakt.*, Bd LXIV, S. 282.

— Un nuovo metodo pratico per culture anaerobiche. *R. Accad. medica di Roma*, 1907.

PENZO. Contrib. alla studio della biologia del bacillo dell' edema maligno. *Atti. Accad. di Scienza Roma*, 1891.

— Beitrage zum Studium der biolog. Verhältnisse des Bacillus des malignen Oedems. *Centr. f Bakt.*, Bd X, 1894.

PERDRIX. Sur les fermentations produites par un microbe anaërobie de l'eau. *Ann. Inst. Pasteur*, 1891, Vol. V.

PERRONE. Contrib. à l'étude de la bactériologie de l'appendicite. *Ann. Inst. Pasteur*, 1908.

PERTHES. Ueber Noma u. ihren Erreger. *Arch. f. klin. Chir.*, Bd LIX.

PETRI. Neue anaërobe Gelatine-Schälchenkultur. *Centr. f. Batk.*, Bd 28, 1900.

PETRI R. J. u. MASSEU A. Ein bequemes Verfahren für die anaërobe Züchtung in Plussio-Reiten. *Arb. aus d. Kaiserl. Gestout.* Bd VIII, 1893.

PETRUSCHKY. Ein plattes Kölbchen zur Anlegung von Flächenkulturen. *Centr. f. Bakt.*, Bd VIII, 1890.

PFUHL. Die Züchtung anaerober Bakterien in Leber bouillon, sowie in Zucher bouillon u. in gewohnlicher Bouillon mit einem Zusatz von Platinschwamm oder Lepin unter Luftzutritt. *Centralbl. f. Bakt.*, 1907.

PHIPSON L. Ueber die Lebensfähigkeit von Pflanzen in einer sauerstoftfrein Atmosphäre. *Kochs Jarhesber. Jahrg.*, IV, 1890.

PIANA et GALLI-VALERIO. Sur une variété des bactérium chauvæi. *Ann. Inst. Pasteur*, 1895.

PIC et LERIEUR. Contrôle à la bactériologie du rhumatisme articulaire aigu. *Journ. de physiologie*, 1899.

PLAUT. Studien zur bakteriologischen Diagnose der Diphterie u. der Anginien. *Deutsche med. Woch.*, 1894.

PLAUT. Ueber die Geisseln bei fusiformen Bacillen. *Centralbl. f. Bakt.*, 27 Aug. 1907.

POLITZER. Ueber Pathologie, Diagnose u. operationen Behandlungen der Labyrintheiterungen. *Sitz. der d. Gesellsch. der Aerzte* in Wien. v., 25 nov. 1904. *Wiener klin. Woch.*, 1904.

PRATT u. FULTON. Report of cases in which the B. aërogenes capsulatus was found. *Boston med. Journ.*, 1900.

PRAZMOWSKY. Zur Entwickelung u. Fermentwirkung einiger Bakterien arten. *Bot. Ztg.* Bd XXXVII, 1879, p. 409.

— Untersuchungen über die Entwicklungsgesch. u. Fermentwick einiger Bakterienarten, Leipzig, Hugo Voigt, 1880.

— Zur Entwickelunggeschichte und Fermentenwirkung einiger Bakterien arten. *Botan. Zeitung.*, n° 26, 27 juin 1879.

PRINGSHEIM HANS. Ueber das Sauerstoffbedurfnis anaerober Bakterien. *Centralbl. f. Bakt.*, Abth. II, 1908, Bd XXI.

— Ueber den Ursprung des Fusoloels und eine Alcoholbildende Bakterienform. *Centralbl. f. Bakt.*, Abth. II, Bd XV, 1906.

— Ueber ein stickstoffassimilierend Clostridium, *Ebenda*, Bd XVI, 1906, p. 795.

— Ueber die Verwendbarkeit verschiedener Energiequellen zur Assimilation der Luftstickstoffes und die Verbreitung stickstoffbindender Bakterien auf der Erde. *Ebenda,* Bd XX, 1908, p. 248.

— Zur Regeneration des Stickstoff bindunggsvermögens von Clostridiens, *Ber. d. Deutsch. Bot. Ges.*, Bd XXVI a, 1908, p. 547.

PROCA. Sur l'emploi de milieux bactériens stérilisés pour la culture des anaérobies. *Soc. de biol.*, 1907.

QUENSCHMANN. Étude expérimentale sur le charbon symptomatique. *Ann. Inst. Pasteur*, 1904.

RATH. Zur Bakteriologie d. Gangrän. *Centralbl. f. Bakt.*, 1899.

REINBACH. Zur Aetiologie der Lungengangrän. *Centralbl. f. Allg. patholog.*, 1894.

REINKE et BERTHOLD. Zersetzung der Kartoffel durch Pilz. Berlin, 1879.

RENDU et RIST. Étude clinique et bactériologique de 3 cas de pleurésie putride. *Soc. méd. des hôpitaux de Paris*, 1898.

RENVERS. Casuistik u. Behandlung der Empyeme. *Charité Ann.*, vol. XVI, 1889.

REPACI. Contrib. à l'étude de la flore microbienne anaérobie de la bouche de l'homme à l'état normal et pathologique. *Compt. rendus Soc. biol.*, 1909, t. LXVI.

— Contrib. à l'étude de la flore microbienne anaérobie de la bouche de l'homme. *Soc. de biol.*, 1909.

REUSCHEL F. Die einfachste methode der Anaërobenzüchtung in flüssigen Nährboden. *Münchener med. Wochenschr. Jahrg.*, 53, 1906.

REYN. Der Bakteriengehalt der von Rauschbrand befallenen Muskelgewebes und der Bauschbrandimpfstoffe. *Th. de l'Univ. de Berne*, 1904.

RICHARDS R. K. A simple methode of cultiving anaerobies bakt. *Centralbl. f. Bakt.*, Bd XXXVI.

RICKETTI. The effect of tetanolysine on semitigede rytrocytes. *Trans. of the Chicago path. Society*, 1905.

RIST. Anaérobies pathogènes et suppurations gangreneuses. *Bull. Inst. Pasteur*, 1905, n° 1.

— Thèse de Paris.

— Neue Methoden u. neue Ergebnise im Gebiete der Bakteriologischen

Untersuchung gangränoser u. fölider Literungen. *Centralbl. f. Bakt.*, 1901.

RIST. Sur quelques cas de balanite à microorganismes strict. anaérobies. *Soc. franç. de dermatologie et de syphiligraphie*, 1904.

— Étude bactériologique de 7 cas de salpingite suppurée. *Soc. de biol.*, 1902.

— Études bactériologiques sur les infections d'origine otique. Thèse de Paris, 1898.

RIST et MOUCHETTE. Étude bactériologique de quelques cas d'infections puerpérales post-abortives. *Soc. de biol.*, 1902.

RIST et RIBADEAU-DUMAS. Abcès du foie et angiocholite au cours de septicémies expérimentales à microbes anaérobies. *Soc. de biol.*, 1907.

RIVAS D. Ein Beitrag zur Anaërobenzüchtung. *Centr. f. Bakt.*, Bd 32, 1902.

ROCCHI. Technica per la ricerca di germi anaerobi nel sangue. *Bull. Sc. Med. Bol.*, 1907.

— La stato attuale delle nostre coguizioni sui germi anaërobi. Gamberini e Parmeggiani. Bologna, 1908.

RODELLA A. Einiges zur Technik der bakter. Untersuchung der Mundhöhle. *Centralbl f. Bakt.*, 1904, Bd XXXVII.

— Ueber die Bedeutung der streng anaëroben Fäulnisbacillen fur die Käsereifung. *Centralbl. f. Bakt.*, Abth. II, Bd XVI, 1906.

— Beitrage zur Frage der Bedeutung anaërober Bakter. bei Darmkrankheit. *Centralbl. f. Bakt.*, Bd XXXIV, 1903.

— Ueber das regelmässige Vorkommen der strengen anaëroben Buttersaurebacillen u. andern anaëroben Arten in Hartkäsen. *Centralbl. f. Bakt.*, Abth. II, Bd X.

— Ueber die in der normalen Milch vorkommanden Anaëroben u. die Beziehungen zum Käsereifungsprozess. *Centralbl. f. Bakt.*, II, Abth., 13 Bd, 1904.

— Ueber die Bedeutung der im Saüglingsstuhle vorkommanden Microorganismen mit besonderer Berücksichtigung der anaëroben Bakterien. *Z. f. Hg.*, vol. XLI.

— Bakteriologischer Befund im Eiter eines gashaltigen Absesses. *Centralbl. f. Bakt.*, Bd XXXIII, 1903.

— Ueber anaerobe Mundbacterien u. ihre Bedeutung. *Arch. f. Hyg.*, vol. LIII.

— Beitrage zur Bedeutung anaërober Bakterien bei der Krankheit. *Centr. f. Bakt.*, Bd XXXIV.

— Die Knollchenbakterien der Leguminosen. *Centralbl. f. Bakt.*, Abth. II, Bd XVIII, 1907, p. 455.

— Ueber anaërob. Bakter. im normalen Saüglingsstuhl. *Zeitschr. f. Hyg.*, Bd XXXIX, 1902.

— Les microbes du pus d'un abcès gazeux. *Centralbl. f. Bakt.*, 1903, n° 2.

— I batterii radicicoli delle leguminose. Studio critico-sperimentale d'alcuni problemi di batteriologica agraria e di fisiopatologia umana Padova. *R. Stab. Prosperini*, 1907.

— I batterii radicicoli dell leguminose. *Ebenda*, 1906.

— Sur la différenciation du bac. putrificus coli Bienstock et des bac. anaérobies tryptobutyriques. *Ann. Inst. Pasteur*, 1905.

ROGER. Étude expérim. du charbon symptomatique. *Revue de Méd.*, 1891.

— Quelques effets des associations microbiennes. *Soc. de biol.*, 19 janvier 1889.

— Sur l'inoculation du charbon symptomatique au lapin. *Soc. de biol.*, 1889.

ROGER et GARNIER. Infection anaérobie du sang dans l'occlusion exp. de l'intestin. *Soc. de biol.*, 1903.

ROGER et GARNIER. L'infection du sang dans l'occlusion intestinale. *Soc. méd. des hôpitaux*, 20 juillet 1906.

ROHNER. *Centralbl. f. Bakt.*, 1902.

— Ueber die Pathogenität der Bakterien bei eitrigen Processus des Ohres. *Deutsche med. Woch.*, 1884, n° 44.

RÖMER P. *Centralbl. f. Bakt.*, vol. XXVII.

ROSENBÁC. Ueber einige fundamentale Fragen in der Lehre von den chirurgischen Wund infectioser krankheiten. *Deutsche Zeitschr. f. Chir.* Bd XVI.

ROSENTHAL. Sporulation du bacille d'Achalme. *Soc. de biol.*, 30 novembre 1907.

— Symbiose satellique du streptobacille fusiforme et d'un microbe anaérobie. *Soc. biol.*, 1901, Paris.

— L'aérobisation des microbes anaérobies, Paris, F. Alcan, 1908.

ROTH. Ueber ein einfaches Verfahren der Anaërobien Züchtung. *Centralbl. f. Bakt.*, XIII, 1893.

ROUX. Anaerobe Bakter. als Ursache von Nekrose, etc. *Centralbl. f. Bakt.*, 1905.

— E. Sur la culture des microbes annérob. *Ann. Inst. Pasteur*, 1887 et 1888.

— Immunité contre le charbon symptomatique conférée par des substances solubles. *Ann. Inst. Pasteur*, 1888.

ROUX et CHAMBERLAND. Immunité contre la septicémie gangreneuse conférée par des substances solubles. *Ann. Inst. Pasteur*, 1881.

RUATA. Metodo di cultura dei microb. anaer. *Boll. sci. med. Bol.*, mars 1908.

RUSS. Ueber ein Influenzabac. ahnliches anaërobes Stäbchen. *Centralbl. f. Bakt.*, vol. XXXIX, 1905.

RUZICKA. Eine neue einfache Methode zur Herstellung sauerstofffrerier Luft als Methode zur einfachen verlässlichen Züchtung von strengen Anaeroben. *Arch. f. Hyg.*, 1906.

— Ein Beitrag zur Anaërobenzüchtung. *Centr. f Bakt.*, Bd 29, 1901.

SALUS G. Zur biologie d. Fäulnis. *Arch. f. Hyg.*, Bd LI, 1904.

SANCHEZ-TOLEDO et VEILLON. De la présence du bac. du tétanos dans les excréments du cheval et du bœuf à l'état sain. *Centralbl. f. Bakt.* 1895.

SANCONI et FORNACA. Su di un particolare bacillo gassogeno isolato del contenuto gastrico. *La Clinica Medica Italiana*, 1899.

SANDLER A. Ueber Gasgangrän u. Schaumorgane. *Centralbl. f. allgm. Path.*, 1894.

SANFELICE. Untersuchungen über anaerobe Mikroorganismen. *Zeitschr. f. Hyg.*, 1893, Bd XVII.

— Contrib. alla morfologia e biologia dei batteri saprogeni aerobi ed anaerobi. *Ann. Inst. d'igiene di Roma*, 1890.

— Contrib. alla studio dei batteri patogeni aerobi ed anaerobi che si trovano correntemente nel terreno. *Ann. Inst. d'igiene di Roma*, 1891.

SASKI. Ueber anaerobe Mikroben in normalen Körpergeweben. *Bull. Acad. Sciences de Cracovie*, avril 1907; *Analyse du Bull. Inst. Pasteur*, 1907.

SAWTSCHENKO. Sur le rhumatisme aigu et la bactérie d'Achalme. *Arch. russes de path.*, 1898.

SCANZONI. Ueber die Resorption des Traubenzuckers in Dünndarm und deren Beeinflussung durch Arzneimittel. *Zeitschr. f. Biol.*, 1896, p. 462.

SCHATTENFROH et GRASSBERGER. Ueber neue Buttersäuregärungserreger in d. Marktmilch. *Centralbl. f. Bakt.*, Bd V, 1899.

— Weitere Mitteilungen über Buttersäuregahrung. *Ebenda*, Bd V, 1899, p. 697.

— Neue Beitrage zur Kenntniss d. Buttersäuregahrungserreger und ihre

Berechungen zum Rauschbrand. *Münch. med. Woch.*, 1901, Jahrg. 48, p. 50.

SCHEIDEMÜHL. Ueber- Botulismus beim Menschen u. die sog. Geburtsparalyse bei den Kindern. *Centralbl. f. Bakt..*, Bd XXVI.

SCHOLZ. Ueber das Wachstum anaërober Bakterien bei ungehindertem Luft zutritt. *Zeitschr. f. Hyg.*, Bd 27, 1898.

SCHULTZE. Zur Kenntnis. der path. Bedeutung des bac. phlegmones emphys. *Virch. Arch. f. Path. Anat. u. Phys.*, 1908, t. CXCIII.

SCHUPFER. Sopra un nuovo Bacillo anaerobio patogeno per l'uomo. *Policlinico Scz. medica*, 1905.

SELLARDS. Some searches on anaerobis cultures with phosphorous *Centralbl. f. Bakt.*, 1904, p. 632.

SEMELLI. Eine neue Färbemethode der Bacteriengesseln. *Centralbl. f. Bakt.*, n° 4, 1903.

SENUS (VAN). — Zur Kenntnis der Kultur anaërober Bakterien. *Centr. f. Bakt.*, Bd XII, 1892.

SEVERIN S.-A. Die im Miste vorkommenden Bakter. und deren physiologische Rolle bei der Zersetzung derselben. *Centralbl. f. Bakt.*, II Abth., n° 1, 1895.

— Ebenda. *Centralbl. f. Bakt.*, vol. III, II Abth.. 1897.

SILBERSCHMIDT W. Bakteriologisches über einige Fälle v. Gangrène foudroyante. von Phlegmone u. v. Tetanus beim Menschen. *Zeits. f. Hyg.*, vol. XLVII.

SITTLER. Beitrage zur Bacteriologie des Säuglingsdarmes. *Centr. f. Bakt.*, 1908.

SLUPSKI R. Bildet der Milzbrandbacillus unter streng anaëroben Verhältnissen Sporen? *Centr. f. Bakt.*, Bd XXX, 1901.

SMITH, BRORRU, WALKER. The fermentation tube in the study of anaerobis bacteria with special reference to gas production and the use of milk as a cultur medium. *Journ. of med. research.*, t. XIV, n° 1, 1905.

SOUPAULT et GUILLEMOT. *Note sur deux cas d'abcès gazeux consécutifs à des injections.*

STERN. Contrib. to the bacteriology of otitis media purulenta. *Arch. of Aetiologie*, 1896.

STERNBERG. Ein anaerober Streptococcus. *Wiener klin. Wochenschr.*, 1900, p. 881.

STILLER. Die wichtigsten Bakterien typen d. Darmflora beim Säuegling. *Habitationsschrift. Marburg.*, 1909.

STOLZ. Die Gasphlegmone des Menschen. *Rich. zur klin. Chir.*, vol. XXXIII.

STÖRMER. *Mitteilung. der deutsch. Landwirtsch. Gesellsch.*, 1903, Bd XVIII.

— Ueber Wasserroste des Flachses. *Leipziger. Diss. Iena*, 1904.

STREUG. Zur Züchtung der anaëroben Bakterien. *Centr. f. Bakt.*, Abt. I, Bd 34, 1903.

STÜLER. Neue Methoden zur Anaerobencultur u. Aerobencultur. *Centralbl. f. Bakt.*, 1901, p. 298, Bd XVII.

TAPPEINER. *Berl. Ch.*, vol. XVI et *Inst. f. Biol.*, vol. XX.

TAROZZI. Un caso di cosidetto tetano reumatico a localizzazione temillere. Siena, Tipografia Bernardino, 1906.

— Sulla latenza delle spore di tetano nell' organismo animale e sulla possibilità che esse risveglino un processo tetanico sotto l'influenza di cause traumatiche e necrotizzanti. *R. Accademia dei Fisiocratici di Siena*, 1905.

— Ueber ein leicht in anaerober Weise ausführbares Kulturmittel von einigen bis jetzt für strenge Anaeroben gehaltenen Keimen. *Centralbl. f. Bakt.*, 1905.

TAROZZI. Appunti di tecnica per la culture e l'isolamento in piastra dei germi anaerobi. *R. Accademia dei Fisiocratici Siena*, n° 7, 1906.

— Ancora sulla cultura aerobica dei germi anaerobi, sulla opportunità di alcune semplificazioni di tecnica. *Boll. della Soc. frai cultori delle Scienze mediche e naturali di Cagliari*, n° 5, 1907.

— Osservazioni sulla natura dei fenomeni che determinano la esigenza anaerobica nelle culture dei germi anaerobici. *R. Accademia dei Fisiocratici di Siena*, n° 4, 1906.

— Sulla possibilità di coltivare facilmente all' aria in cultura pura i germi anaerobi. *R. Accademia dei Fisiocratici di Siena*, vol. XV, 1905.

— Sulla biologia di alcuni germi anaerobi. *Riforma medica*, anno XXI, n°s 6, 7, 8, 1905.

— Ulteriori osservazioni sulla cultura aerobica dei germi anaerobici. *R. Accademia dei Fisiocritici*, vol. XVIII, 1909.

TAVEL. Ueber den Pseudotetanusbacillus des Darmes. *Centralbl. f. Bakt.*, Bd XXIII.

TAVEL et LANZ. Ueber d. Aetiologie des Peritonitis. *Mitth. aus klin. u. med. Instit. der Schweiz*, 1893.

TCHITCHIKINE. Essai d'immunisation par la voie gastro-intestinale contre la toxine botulinique. *Ann. Inst. Pasteur*, 1905, p. 335.

THAOU. Septicémie à microbes anaérobies, conséc. à une chute dans une fosse d'aisance. *Soc. de biol.*, 1908.

THIROLOIX. Exp. bactér. du sang de deux malades atteints de rhumatisme articulaire aigu. *Soc. de biol.*, 1897.

THIROLOIX et ROSENTHAL. Biosepticémie à bacille d'Achalme au cours d'une attaque de rhumatisme articulaire aigu. *Soc. de biol.*, 19 juillet 1907.

— Constatation directe par simple coloration du bacille d'Achalme dans le sang d'une rhumatisante. *Soc. de biol.*, 26 juillet 1907.

TISSIER. Trait. des infections intestinales par la méthode de transformation de la flore bactérienne de l'intestin. *Trib. médicale*, 24 février 1906.

— Recherches sur la flore intestinale normale des enfants âgés de un à 5 ans. *Ann. Inst. Pasteur*, 1909.

— Étude sur une variété de l'infection intestinale chez les nourrissons. *Ann. Inst. Pasteur.*

— Répartition des microbes dans l'intestin des nourrissons. *Ann. Inst. Pasteur*, 1905.

— Recherches sur la flore intestinale normale et pathologique du nourrisson. Thèse de Paris, 1900.

TISSIER et MARTELLY. Recherches sur la putréfaction de la viande de boucherie. *Ann. Inst. Pasteur*, t. XVI, 1902, p. 865.

TISSIER et GASCHING. Recherches sur la fermentation du lait. *Ann. Inst. Pasteur*, 1903.

TIZZONI et CATTANI. Sull' attenuazione del B. del tetano. *La Riforma medica*, 1891, p. 89.

TRAMBUSTI. Ueber einen Apparat der Kultur der anaeroben Bakterien du durnitigen Nährboden. *Centralbl. f. Bakt.*, 1892.

TRÉCUL. Matière amylacée et cryptogames amylifères dans les vaisseaux du latex de plusieurs Apocynées. *Compt. rendus*, t. II, 1865.

— Production de plantules amylifères dans les cellules végétales pendant la putréfaction. *Ebenda*, t. LXI, 1865, p. 432.

— Réponse à trois notes de M. Nylander concernant la nature des Amylobacter. *Ebenda*, t. LXV, 1867, p. 513.

TRENKMANN. Das Wachstum der anaëroben Bakterien. *Centr. f. Bakt.*, Bd 23, 1898.

TRIBOULET et COYON. Bactérie du rhumatisme articulaire aigu. *Soc. de biol.*, 1898.

— Note sur la bactériologie du rhumatisme articulaire aigu. *Soc. méd. Hôpitaux*, 1897.

TRINCAS. Nuovo metodo per la colorazione dei granuli metacromatici e delle spore dei batteri. *Giornale della R. Soc. Italiana d'Igiene*, 1907, p. 11.

TSIKLINSKI (MLLE). Sur la flore microb. thermophile du canal intestinal de l'homme. *Ann. Inst. Pasteur*, 1903.

TUNNIELIFF RUTH. Identity of fusiform. bacilli and spirilla. *The Journal of infections des cases*, 1986, vol. III, n° 1.

TURRO R. Zur Anaërobenkultur. *Centr. f. Bakt.*, Bd 31, 1902.

UCKE. Ein Beitrag zur Kenntnis der Anaëroben. *Centr. f. Bakt.*, Abt. I, Bd 23, 1898.

UFFENHEIMER. Ein neuer gaserzeugender Bacillus. *Ziegler's Beiträge*, 1902, vol. XXXI, p. 383.

ULRICH. Ueber den Bakteriengehalt des Fischfleisches. *Zeitschr. f. Hyg.*, 1906.

VAILLARD. Sérothérapie antitétanique. *Bibliothèque de thérapeutique*, 1909.

VANDERVELD. *Zeitschr. f. physiol. Chem.*, 1884.

VAN TIEGHEM PH. Identité du bac. Amylobacter et du vibrion butyrique de M. Pasteur. *Comptes rendus de l'Acad. des Sciences*, vol. LXXXIII, 1879.

— Sur la fermentation de la cellulose. *Comptes rendus hebdomadaires des séances de l'Acad. des Sciences*, vol. LXXXVIII, 1879.

— *Bull. de la Soc. bot. de France*, 1877, Bd XXIV; id., 1879, Bd XXV.

— Sur le bacillus amylobacter et son rôle dans la putréfaction des sinus végétaux. *Bull. de la Soc. de bot.*, t. XXIV, p. 128, 1877.

— Spirillum anglifeicum. *Soc. de bot.*, 28 février 1878.

— Enveloppement de l'amylobacter dans les plants. *Bull. Soc. bot. de France*, 1884.

— Sur le ferment butyrique (bac. amylobacter) à l'époque de la houille. *Comptes rendus de l'Acad. des Sciences*, 89, 1879.

VECCHI. Sul cosidetto microbismo latente. *Archiv. per le scienze med.*, n°ˢ 5-6, 1908.

VEILLON. Les microbes anaérobies en pathologie, *XIII° Congrès intern. de médecine de Paris*, 1900.

— Sur un microcoque strictement anaérobie dans les suppurations fétides. *Comptes rendus Soc. Biol.*, 1893.

VEILLON et HALLÉ. Gangrène disséminée de la peau chez les enfants. *Ann. de Dermatologie et Syphil.*, 1901.

— Id., *Ann. de Dermatologie et de Syphiligraphie*, mai 1901.

— Étude bactér. des vulvovaginites chez les petites filles et du conduit vulvo-vaginal à l'état sain. *Arch. méd. expérim.*, 1896.

VEILLON et MORAX. Péridacryocistite gangréneuse. *Ann. d'oculistique*, 1900.

VEILLON et ZUBER. Recherches sur quelques microbes strictement anaérobies et leur rôle en pathologie. *Arch. méd. expérim.*, 1897, n° 4, 1898.

VESZPRENI D. Züchtung und Tierversuche mit. B. fusiformis. *Centralbl. f. Bakt.*, 1905.

VIGNAL. Sur un moyen d'isolation et de culture des microbes anaérobies. *Ann. Inst. Pasteur*, t. I, 1887.

VINCENT. Tétanos et quinine. *Ann. Inst. Pasteur*, 1904.

— Recherches bactériologiques sur l'angine à bacilles fusiformes. *Ann. Inst. Pasteur*, 1899.

— *Ann. Inst. Pasteur*, 1898.

— *Comptes rendus Soc. Biol.*, 1905.

VINCENT. Microbes anaérobies des eaux. *Ann. Inst. Past.*, 1907.

VOTTELER W. Ueber die Differenzialdiagnose der pathogenen Anaëroben. *Zeitsch. f. Hyg.*, Bd 27, 1898.

WALLGREEN A. Ueber anaerobe Bakterien u. ihr Vorkommen bei fötiden Eiterungen. *Centr. f. Gynäk.*, n° 42, p. 42.

WEICHSELBAUM. Beiträg zur Kenntniss der anaeroben Bakt. des Menschen. *Centralbl. f. Bakt.*, Bd 32, n° 6.

WEIGMANN H. Die Buttersäuregährung. *Centralbl. f. Bakt.*, II, Abt. 1898, S. 820.

WELCH. Morbid conditions caused by B. aer-capsulatus. *John Hopkin's Hospital Bulletin*, vol. XI.

WELCH et FLEXNER. Observations concerning the Bac. aerogenes capsulatus. *Journ. of experimentale medicine*, vol. I, 1896, p. 5.

WERNER. Zur Kasuistik der Gasphlegmone u. Schaumorgane. *Arch. f. Hyg.*, 1904.

WERNER et TUNNICLIFF. The occurence of fusiform bacilli and spirilla in connection with morbid processes. *The Journal of infection diseases*, Chicago, vol. II, n° 3.

WESENBERG. Beiträg zur Bakteriologie der Fleischvergiftung. *Zeitschr. f. Hyg.*, Bd XXVIII, 1898.

WESTERHOFFER. Ueber Schaumorgane. *Virch. Arch.*, vol. CLXVIII, p. 185.

— Weitere Beiträge zur Frage d. Schaumorgane. *Virch. Arch.*, vol. CLXX, p. 517.

WICKLEIN. Drei Fälle von Gasgangrän. *Virch. Arch.*, vol. CXXV, p. 75.

WIDAL et NOBÉCOURT. Pleurite putride sans gangrène du poumon ni de la plèvre. *Bull. et Mém. Soc. méd. Hôpit.*, Paris, 1897.

WILD OSCAR. Beiträge zur Kenntnis des bacillus enteritidis sporogenes. *Centralbl. f. Bakt.*, I Abt., Bd XXIII, 1898.

WILLIAMS. The bacillus aerogenes capsulatus in a case of suppurative pyelitis. *John Hopk. Hosp. Bulletin*, 1896, p. 66.

WINOGRADSKY. Clostridium Pastorianum, seine Morphologie u. seine Eigensch. als Buttersaureferment. *Centralbl. f. Bakt.*, 2 Abth., 1902.

— Sur le rouissage du lin et son agent microbien. *Comptes rendus Acad. Sc.*, 1895.

— Sur l'assimilation de l'azote gazeux de l'atmosphère par les microbes, *Comptes rendus*, t. XLVI, 1893; t. CXVIII, 1894.

— Recherches sur l'assimilation de l'azote libre de l'atmosphère par les microbes. *Arch. des sciences biologiques*, t. III, 1895.

WRSZAG. Ein enifaches Verfahren zur Züchtung der Sporen. *Centralbl. f. Bakt.*, 1906.

WRZOSEK ADAM. Ueber das Wachstum obblig. anaer. auf Kulturmitteln aerober Weise. *Wien. klin. Woch.*, XVIII, n° 58, 1905.

— Exper. Beiträge zur Lehre vom dem latentem Mikrobimus. *Virch. Arch.*, 1904, p. 82.

— Beobacht. über d. Bedingung des Wachstums d. obblig. Anaer. in aerober Weise. *Centralbl. f. Bakt.*, Bd XXXXIII, H 1, 1906, S. 17.

— *Centralbl. f. Bakt.*, Bd. XLIV, N. 6.

— Weitere Untersuchungen über Die Züchtung von oblig. Anaeroben in aerober Weise. *Centralbl. f. Bakt.*, 1907.

WURTY et FOUREUR, Note sur un procédé facile de culture des micro-organismes anaérobies, *Archives de méd. expér.* 1889.

ZETTNOW. Ein Apparat zur kultur anaerober Bacillen. *Centr. f. Bakt.*, Bd XV, 1894.

ZIERLER. Bakteriologische Untersuchungen über Gangrän u. Zahnpulpa. *Centralbl. f. Bakt.*, vol. XXVI, 1899.

ZUBER et LEREBOULLET. Cholécystites calculeuses. *Gaz. hebdomadaire de médecine et chirurgie*, 1898.

ZUPNIK, LEW. Ueber eine neue Methode anaërober Züchtung. *Centr. f. Bakt.*, Abt. I, Bd XXIV, 1898.

TABLE DES MATIÈRES

CHAPITRE I

HISTORIQUE. 1

CHAPITRE II

TECHNIQUE (Jungano).

CHAPITRE III

ROLE DES ANAÉROBIES

CHAPITRE IV

BACILLES PROTÉOLYTIQUES

CHAPITRE V

BACILLES PEPTOLYTIQUES

CHAPITRE VI

SPIRILLES (Distaso).

CHAPITRE VII

COCCI (Jungano).

1352-09. — Coulommiers. Imp. PAUL BRODARD. — 2-10.

BIBLIOTHÈQUE DE THÉRAPEUTIQUE CLINIQUE
à l'usage des Médecins praticiens

Vient de paraître :

Les
Régimes usuels

PAR LES DOCTEURS

P. LE GENDRE | **A. MARTINET**
Médecin de l'Hôpital Lariboisière | Ancien interne des Hôpitaux de Paris

1 vol. in-8° de IV-434 pages, broché . . . . **5** *fr.*

I. Régimes à l'état normal. — Régime normal mixte de l'homme adulte. — Régime normal de la femme adulte. — Régime normal du vieillard. — Régime normal des enfants.

II. Régimes systématiques. — Régimes systématiques anormaux. — Régimes systématiques usuels.

III. Régimes dans les Maladies. — Maladies du tube digestif et de ses annexes. — Affections de l'estomac. — Affections de l'intestin. — Maladies de l'appareil urinaire. — Maladies de l'appareil respiratoire. — Maladies de l'appareil circulatoire et du sang. — Maladies du système nerveux. — Maladies infectieuses aiguës. — Maladies de la nutrition — Maladies de la peau. — Régime à l'occasion des interventions chirurgicales.

IV. Alimentation artificielle. — Alimentation sous-cutanée. — Alimentation rectale.

V. Annexes. — Tableaux approximatifs pour l'évaluation rapide d'un régime. — Equivalents calorimétriques approximatifs pour le calcul rapide d'un régime. — Coût et valeur nutritive des aliments. — Tables de digestibilité des aliments, etc.

Les Médicaments usuels
Par le D' Alfred MARTINET

TROISIÈME ÉDITION, REVUE ET AUGMENTÉE
Conforme à la nouvelle édition du Codex (1908)

1 volume in-8° de XVI-516 pages . . . . **5** *fr.*

BIBLIOTHÈQUE DE THÉRAPEUTIQUE CLINIQUE
à l'usage des Médecins praticiens (suite)

Les Aliments usuels

Composition — Préparation
Par le Dr Alfred MARTINET
DEUXIÈME ÉDITION ENTIÈREMENT REVUE

1 *volume in-8° de* VIII-352 *pages avec figures.* . . . . **4 fr.**

Préface. — **Des aliments en général.** — *Aliments minéraux* : Chlorure de sodium. Phosphates. — *Aliments organiques* : Graisses. Hydrates de carbone. Albuminoïdes. — **Des aliments en particulier** : *Aliments animaux* : Viande de boucherie. Animaux de basse-cour. Gibier. Poissons. Cru-tacés. Œufs. Lait et dérivés. — *Aliments végétaux* : Féculents. Céréales. Légumineuses. Légumes aqueux. Fruits. Végétaux huileux. Régime végétarien. — *Boissons* : Eau. Café. Thé. Cacao, etc. L'alcool en thérapeutique. Vins. Bieres. Cidres. — *Condiments.*

Clinique Hydrologique

PAR LES Drs
F. BARADUC (de Châtel-Guyon),
Félix BERNARD (de Plombières), M. E. BINET (de Vichy),
J. COTTET (d'Evian), L. FURET (de Brides),
A. PIATOT (de Bourbon-Lancy), G. SERSIRON (de La Bourboule),
A. SIMON (d'Uriage), E. TARDIF (du Mont-Dore)

1 *volume in-8° de* X-636 *pages* . . . . **7 fr.**

Les
Agents physiques
usuels

(Climatothérapie — Hydrothérapie
Crénothérapie — Thermothérapie
Méthode de Bier — Kinésithérapie
Électrothérapie — Radiumthérapie)

Par les Drs A. MARTINET, A. MOUGEOT
P. DESFOSSES, L. DUREY, Ch. DUCROCQUET,
L. DELHERM, H. DOMINICI

1 *vol. in-8° de* XVI-633 *pages, avec* 170 *fig. et* 3 *planches hors texte.* **8 fr.**

G.-M. DEBOVE
Doyen de la Faculté de Médecine, Membre de l'Académie de Médecine.

Ch. ACHARD
Professeur agrégé à la Faculté,
Médecin des Hôpitaux.

J. CASTAIGNE
Professeur agrégé à la Faculté,
Médecin des Hôpitaux.

DIRECTEURS

Manuel
des
Maladies du Tube digestif

Tome I
BOUCHE, PHARYNX, OESOPHAGE, ESTOMAC
PAR
G. PAISSEAU, F. RATHERY, J.-Ch. ROUX
1 vol. grand in-8° de 725 pages, avec figures dans le texte. . **14 fr.**

Tome II
INTESTIN, PÉRITOINE, GLANDES SALIVAIRES, PANCREAS
PAR
M. LOEPER, Ch. ESMONET, X. GOURAUD, L.-G. SIMON,
L. BOIDIN et F. RATHERY
1 vol. grand in-8° de 810 pages avec 116 figures dans le texte. **14 fr.**

Manuel
des
Maladies des Reins
et des Capsules surrénales
PAR MM.
J. CASTAIGNE, E. FEUILLIÉ, A. LAVENANT, M. LOEPER,
R. OPPENHEIM, F. RATHERY
1 vol. grand in-8°, de VI-792 pages, avec figures dans le texte. **14 fr.**

Pour paraître en Mars 1910:

Manuel des Maladies du Foie
Par J. CASTAIGNE
1 vol. grand in-8°, avec nombreuses figures dans le texte.

BIBLIOTHÈQUE
d'Hygiène thérapeutique

FONDÉE PAR

le professeur PROUST

Membre de l'Académie de Médecine, Inspecteur général des Services sanitaires

Chaque ouvrage forme un volume cartonné toile
*et est vendu séparément : **4** francs.*

VOLUMES PUBLIÉS

L'Hygiène du Goutteux (2ᵉ *édition*), par le Dʳ A. MATHIEU.
L'Hygiène de l'Obèse (2ᵉ *édition*), par le Dʳ A. MATHIEU.
L'Hygiène des Asthmatiques, par le Pʳ E. BRISSAUD.
Hygiène et Thérapeutique thermales, par G. DELFAU.
Les Cures thermales, par G. DELFAU.
L'Hygiène du Neurasthénique (3ᵉ *édition*), par le Pʳ G. BALLET
L'Hygiène des Albuminuriques, par le Dʳ SPRINGER.
L'Hygiène du Tuberculeux (2ᵉ *édition*), par le Dʳ CHUQUET.
Hygiène et Thérapeutique des Maladies de la bouche (2ᵉ *édition*),
  par le Dʳ CRUET.
L'Hygiène des Diabétiques, par le Pʳ PROUST et le Dʳ A. MATHIEU.
L'Hygiène des Maladies du cœur, par le Dʳ VAQUEZ.
L'Hygiène du Dyspeptique (2ᵉ *édition*), par le Dʳ LINOSSIER.
Hygiène thérapeutique des Maladies des Fosses nasales, par
  les Dʳˢ LUBET-BARBON et R. SARREMONE.
Hygiène des Maladies de la Femme, par le Dʳ A. SIREDEY.
Hygiène du Syphilitique (2ᵉ *édition*), par le Dʳ H. BOURGES.

L'Alimentation et les Régimes
chez l'homme sain ou malade

Par Armand GAUTIER

Professeur à la Faculté de Médecine, Membre de l'Institut.

TROISIÈME ÉDITION, REVUE ET CORRIGÉE

1 *volume in-8° de* VIII-756 *pages, avec figures.. . . . . . .* **12** *fr.*

Ce qu'il faut savoir d'Hygiène

PAR

R. WURTZ	**H. BOURGES**
Professeur agrégé à la Faculté de Médecine de Paris Médecin des Hôpitaux.	Ancien chef du Laboratoire d'hygiène de la Faculté de Médecine de Paris.

1 *vol. petit in-8°, de* VI-333 *pages, avec figures dans le texte . .* **4** *fr.*

La Syphilis

Expérimentation, Microbiologie, Diagnostic

PAR

C. LEVADITI
Assistant à l'Institut Pasteur.

ET

J. ROCHÉ
Ancien Interne des Hôpitaux.

Préface par E. METCHNIKOFF
Sous-directeur de l'Institut Pasteur

1 vol. in-8° de IV-396 pages, avec 59 fig. et 2 planches hors texte en couleurs. . **12** fr.

Les récentes découvertes de la syphilis expérimentale des animaux et du microbe de la syphilis ont amené une précision beaucoup plus grande dans la théorie et la pratique de cette maladie. La possibilité d'essayer les nouvelles méthodes sur les singes avant de les appliquer à l'homme a permis de réaliser un grand progrès dans la lutte contre la syphilis. Tant de progrès ont rendu nécessaire un traité comme celui de MM. LEVADITI et ROCHÉ, que leurs travaux à l'Institut Pasteur, sur le microbe de la syphilis et son évolution, désignaient pour cette tâche. En réunissant en un volume, sous une forme concise, toute la masse des notions acquises sur la syphilis, les auteurs ont rendu un grand service à ceux qui désirent se faire une idée exacte de l'état actuel de la syphiligraphie.

Fig. 5.— Chancre syphilitique de l'orang-outang.

Thérapeutique clinique de la Syphilis

Par E. ÉMERY
Médecin de Saint-Lazare.

ET

A. CHATIN
Médecin des Eaux d'Uriage.

1 vol. in-8° de VIII-640 pages, avec figures . . . . **10** fr.

Ce volume est divisé en deux parties : la première est consacrée à l'étude des médicaments antisyphilitiques, à leur mode d'administration et au traitement de la syphilis en général. Dans la seconde, les auteurs étudient les traitements locaux des accidents cutanés ou muqueux les plus habituels de la syphilis et ses principales manifestations viscérales. Pour donner toute sa valeur à l'exposé du traitement, les auteurs n'ont pas hésité à décrire aussi brièvement que possible les différentes affections.

OUVRAGE COMPLET

Traité
d'Anatomie Humaine

PUBLIÉ SOUS LA DIRECTION DE

P. POIRIER   ET   **A. CHARPY**
Professeur d'anatomie à la Faculté de   Professeur d'anatomie à la Faculté
médecine de Paris. Chirurgien des hôpitaux.   de médecine de Toulouse.

AVEC LA COLLABORATION DE

O. AMOEDO — A. BRANCA — A. CANNIEU — B. CUNÉO — G. DELAMARE — PAUL DELBET
A. DRUAULT — P. FREDET — GLANTENAY
A. GOSSET — M. GUIBÉ — P. JACQUES — TH. JONNESCO — E. LAGUESSE
L. MANOUVRIER — M. MOTAIS — A. NICOLAS — P. NOBÉCOURT — O. PASTEAU — M. PICOU
A. PRENANT — H. RIEFFEL — CH. SIMON — A. SOULIÉ

5 volumes grand in-8°, avec figures noires et en couleurs. **160 fr.**

TOME I. — (*3° édition refondue*) : Introduction. Notions d'embryologie.
Ostéologie. Arthrologie, *avec figures* . . . . (*Sous presse*).

TOME II. — 1.ᵉʳ Fasc. (*2° édit. entièrement revue*): Myologie, *avec 331 fig.* **12 fr.**

2° Fasc. (*2° édition entièrement revue*) : Angéiologie. Cœur et Artères.
Histologie. *avec 150 figures* . . . . **8 fr.**

3° Fasc. (*2° édition entièrement revue*): Angéiologie. Capillaires. Veines, *avec
83 figures* . . . . **6 fr.**

4° Fasc. : **Les Lymphatiques** (*2° édit. entièrement revue*) *avec 126 fig.* **8 fr.**

TOME III. — 1ᵉʳ Fasc. (*2° édition entièrement revue*) : **Système nerveux.**
Méninges. Moelle. Encéphale. Embryologie. Histologie, *avec 265 fig.* **10 fr.**

2° Fasc. (*2° édition entièrement revue*): **Système nerveux. Encéphale,** *avec
131 figures* . . . . **10 fr.**

3° Fasc. (*2° édition entièrement revue*): **Système nerveux. Les Nerfs.** Nerfs
crâniens. Nerfs rachidiens, *avec 228 figures* . . . . **12 fr.**

TOME IV. — 1ᵉʳ Fasc. (*2° édition entièrement revue*) : **Tube digestif,** *avec
201 figures* . . . . **12 fr.**

2° Fasc. (*2° édit. entièrement revue*): **Appareil respiratoire,** *avec 121 fig.* **6 fr.**

3° Fasc. (*2° édit. entièrement revue*) : **Annexes du tube digestif. Péritoine.**
1 vol. avec 448 figures . . . . **16 fr.**

TOME V. — 1ᵉʳ Fasc. : **Organes génito-urinaires** (*2° édition entièrement
revue*), *avec 431 figures* . . . . **20 fr.**

2° Fasc. : **Les Organes des sens. Les Glandes surrénales,** *avec 544 figures* . . . . **20 fr.**

Vient de paraître :

Quelques
Dissections d'Anatomie

PAR

Paul HALLOPEAU	**Eugène DOUAY**
Ancien prosecteur	Aide d'anatomie
à la Faculté de médecine de Paris.	à la Faculté de médecine de Paris.
Chef de Clinique chirurgicale.	Interne des hôpitaux.

1 vol. grand in-8° de IV-114 pages, avec 55 planches en couleurs.

Parmi les préparations qui se donnent à l'examen d'anatomie et dans les concours, les auteurs ont choisi les plus importantes, et particulièrement celles dont l'exécution est malaisée. Ils se sont efforcés de montrer les points délicats de la dissection, d'indiquer les moyens pratiques facilitant la recherche des organes difficiles à conserver, d'expliquer enfin la façon la plus simple de mettre la préparation en valeur.

Des figures en deux teintes, dessinées d'après nature, reproduisent avec une scrupuleuse exactitude les diverses régions anatomiques avec leurs aspects successifs, montrant les étapes que l'élève devra suivre pour arriver au résultat définitif. Ce manuel de technique répond à un besoin qu'ont éprouvé tous ceux qui se sont occupés de dissection : il sera précieux à l'étudiant en le guidant à chaque instant dans l'exécution de sa préparation d'examen, il sera utile au candidat aux concours en lui rappelant les temps délicats et les procédés fidèles et rapides d'exécution.

Précis de Manuel Opératoire

Par L.-H. FARABEUF
Professeur à la Faculté de Médecine de Paris

**NOUVELLE ÉDITION, COMPLÈTEMENT REVUE ET AUGMENTÉE
DE FIGURES NOUVELLES**

LIGATURES DES ARTÈRES — AMPUTATIONS
RÉSECTIONS — APPENDICE

1 vol. in-8° de XVIII-1092 pages, avec 862 fig. dans le texte. **16 fr.**

OUVRAGE COMPLET

Traité de
Technique Opératoire

PAR

CH. MONOD | **J. VANVERTS**

Professeur agrégé à la Faculté de Médecine
de Paris,
Chirurgien honoraire des hôpitaux
Membre de l'Académie de Médecine.

Chirurgien des hôpitaux de Lille.
Ancien interne lauréat des hôpitaux
de Paris, Membre correspondant
de la Société de Chirurgie.

DEUXIÈME ÉDITION

ENTIÈREMENT

REFONDUE

❦ ❦ ❦

2 volumes grand in-8°, formant ensemble XII-2016 pages avec 233⁷ figures dans le texte. . . . **40 fr.**

Le tome I n'est plus vendu séparément. Le tome II est vendu aux acheteurs du tome I. . . . . . **18 fr.**

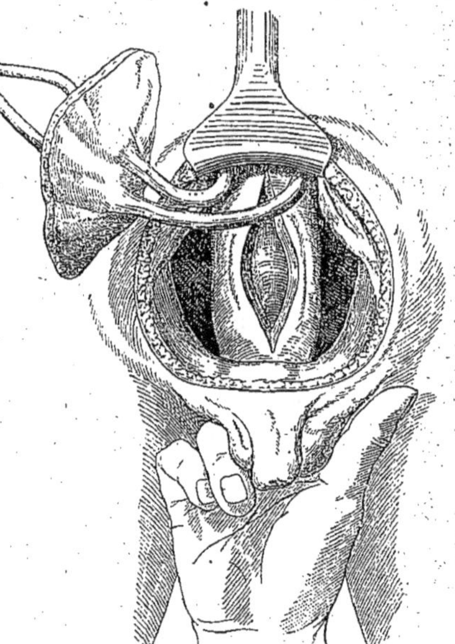

Fig. 695. — *Cysto-entérostomie extra-péritonéale pour exstrophie vésicale. Abouchement rectal des uretères* (Peters). — Les uretères sont libérés. — La paroi antérieure sous-péritonéale du rectum est ouverte.

Condenser les descriptions sans rien sacrifier de la clarté, supprimer tout ce qui semblait tombé en désuétude, et cela pour pouvoir donner place à certaines opérations nouvelles ou à d'autres intentionnellement omises dans la première édition parce que non encore consacrées par l'usage, tel est le travail considérable qu'ont poursuivi les auteurs dans cette deuxième édition. La plupart des chapitres anciens ont été remaniés, quelques-uns même complètement transformés. Les index bibliographiques ont été intégralement mis au courant en même temps que nombre d'indications anciennes, et aujourd'hui sans intérêt pratique, étaient supprimées.

Enfin l'illustration a été à la fois augmentée et entièrement revisée : nombre de clichés de la première édition ont fait place à des figures nouvelles.

<u>*Vient de paraître :*</u>

PRÉCIS DE
Technique Opératoire

PAR

LES PROSECTEURS DE LA FACULTÉ DE MÉDECINE DE PARIS

AVEC INTRODUCTION

Par le professeur Paul BERGER

7 volumes in-8°, cartonnés toile anglaise souple.

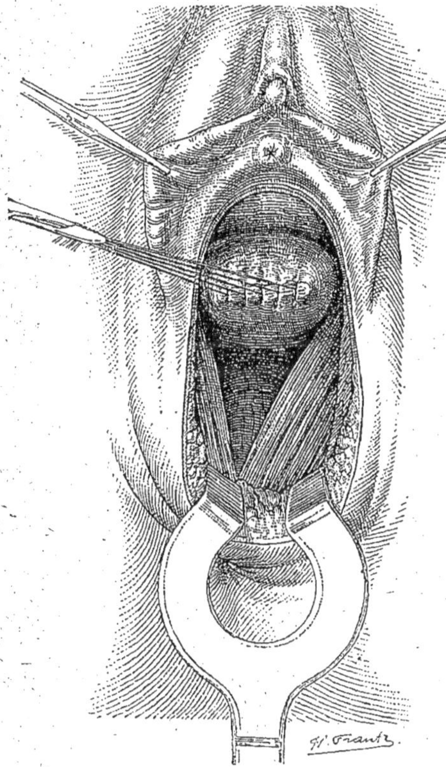

Fig. 162. — Colpo-hystérectomie totale par voie vulvo-péri-
néale. Agrandissement du champ opératoire par l'incision
de Schuchardt. On voit nettement les bords des Releveurs.
(R. Proust. *Appareil génital de la femme.*)

**Pratique cou-
rante et Chirurgie
d'urgence,** par Vic-
tor Veau. *3ᵉ édition,
revue et augmentée.*

Tête et cou, par
Ch. Lenormant.
*2ᵉ édition, revue et
augmentée.*

**Thorax et mem-
bre supérieur,** par
A. Schwartz, *2ᵉ édi-
tion, revue et aug-
mentée.*

Abdomen, par
M. Guibé. *2ᵉ édition,
revue et augmentée.*

**Appareil uri-
naire et appa-
reil génital de
l'homme,** par Pierre
Duval. *3ᵉ édition, re-
vue et augmentée.*

**Appareil géni-
tal de la femme,**
par R. Proust. *2ᵉ édi-
tion, revue et aug-
mentée.*

**Membre infé-
rieur,** par Georges
Labey. *2ᵉ édition, re-
vue et augmentée.*

Chaque vol. illustré
de plus de 200 figures, la plupart originales. . . . **4 *fr*. 50**

SIXIÈME ÉDITION, REVUE ET AUGMENTÉE DU

Traité de
Chirurgie d'urgence

PAR

Félix LEJARS

Professeur agrégé à la Faculté de Médecine de Paris,
Chirurgien de l'hôpital Saint-Antoine, Membre de la Société de chirurgie.

1 *vol. grand in-8° de* VIII-1185 *pages, avec* 994 *figures, et* 20 *planches hors texte, relié toile* . . . . **30 fr.**

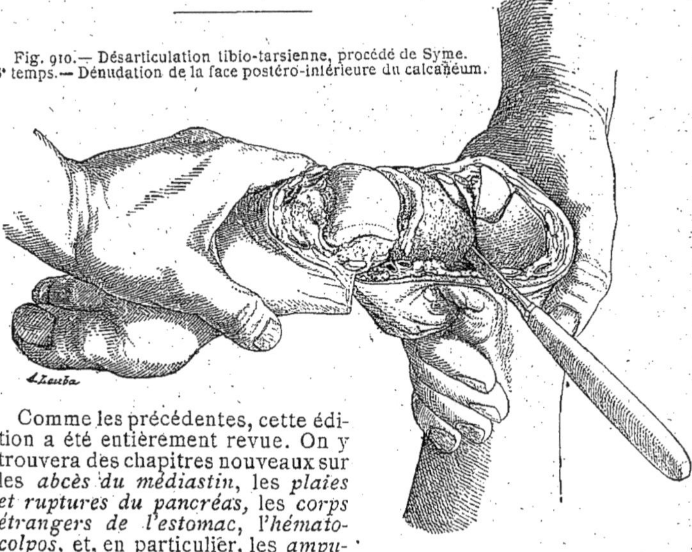

Fig. 910. — Désarticulation tibio-tarsienne, procédé de Syme.
3ᵉ temps. — Dénudation de la face postéro-inférieure du calcanéum.

Comme les précédentes, cette édition a été entièrement revue. On y trouvera des chapitres nouveaux sur les *abcès du médiastin*, les *plaies et ruptures du pancréas*, les *corps étrangers de l'estomac*, l'*hématocolpos*, et, en particulier, les *amputations d'urgence*. De nombreux chapitres ont été singulièrement étendus ou remaniés, spécialement ceux qui ont trait aux *coups de feu de l'oreille*, à la *mastoïdite (thrombose du sinus)*, aux *plaies de poitrine*, aux *plaies de l'uretère* et aux *modes de réunion ou d'anastomose de l'uretère divisé*, aux *luxations et fractures du carpe*. Du reste le chapitre des *fractures, de leurs divers types, de leurs modes de réduction et de traitement* a été l'objet cette fois encore d'additions nombreuses et d'une revision détaillée.

90 figures nouvelles portent à 994 le nombre total des illustrations, auxquelles s'ajoutent 20 planches hors texte.

TRAITÉ
de
GYNÉCOLOGIE
Clinique et Opératoire
PAR **Samuel POZZI**

Professeur de Clinique gynécologique à la Faculté de Médecine de Paris,
Membre de l'Académie de Médecine, Chirurgien de l'hôpital Broca.

QUATRIÈME ÉDITION, ENTIÈREMENT REFONDUE
AVEC LA COLLABORATION DE F. JAYLE

2 vol. grand in-8° formant ensemble 1500 pages avec 894 figures dans le texte. Reliés toile. . . . . **40** fr.

Cette édition est profondément remaniée. Les derniers progrès de la technique chirurgicale ont été tels qu'il a paru nécessaire de refondre presque entièrement les chapitres relatifs au traitement. Le Professeur Pozzi s'est aussi attaché à formuler plus nettement les indications opératoires et à conseiller tel ou tel procédé dont l'expérience lui a démontré la supériorité. L'anatomie pathologique a également dû être complètement mise à la hauteur de nos connaissances actuelles. Le texte à été sensiblement augmenté; le nombre de figures a été notablement accru.

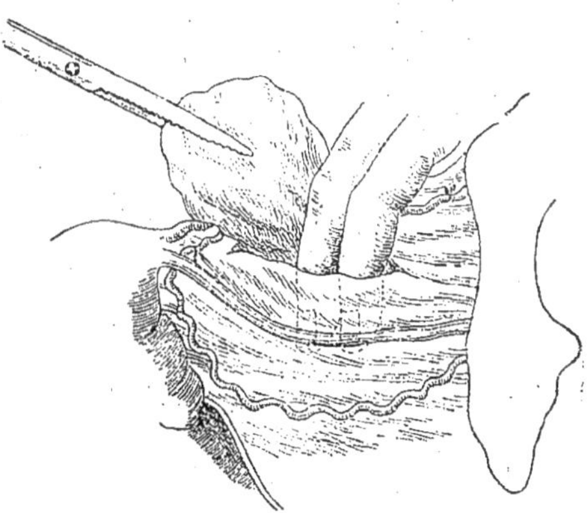

Fig. 633. — Énucléation aux doigts d'un kyste préalablement ponctionné ou rompu (Ahston).

Cliniques de " la Charité "
sur la
Chirurgie journalière
Par Paul RECLUS

Professeur de Clinique chirurgicale à la Faculté de Médecine de Paris,
Chirurgien de la Charité, Membre de l'Académie de Médecine.

1 vol. in-8° de VIII-614 pages, avec figures . . . . **10** *fr.*

L'ŒUVRE MÉDICO-CHIRURGICAL (Dʳ CRITZMAN, Directeur).

Suite de Monographies Cliniques
SUR LES QUESTIONS NOUVELLES
EN MÉDECINE, EN CHIRURGIE ET EN BIOLOGIE

Chaque Monographie est vendue séparément. . . . . **1** fr. **25**

Il est accepté des Abonnements pour une série de 10 Monographies consécutives, au prix à forfait et payable d'avance de 10 francs pour la France et 12 francs pour l'Etranger (port compris).

DERNIÈRES MONOGRAPHIES PUBLIÉES :

37. **Pathogénie et traitement des névroses intestinales**, par le Dʳ Gaston Lyon.
38. **De l'Enucléation des fibromes utérins**, par le Dʳ Th. Tuffier.
39. **Le Rôle du sel en pathologie**, par Ch. Achard, professeur agrégé.
40. **Le Rôle du sel en thérapeutique**, par Ch. Achard.
41. **Le Traitement de la Syphilis**, par le professeur E. Gaucher.
42. **Tics**, par le Dʳ Henry Meige.
43. **Diagnostic de la Tuberculose par les nouveaux procédés de laboratoire**, par le Dʳ Nattan-Larrier.
44. **Traitement de l'hypertrophie prostatique par la prostatectomie**, par R. Proust, professeur agrégé à la Faculté de Paris.
45. **De la Lactosurie** (*Études urologiques de médecine comparée sur les états de grossesse, de puerpéralité et de lactation chez la femme et les femelles domestiques*), par M. Ch. Porcher, professeur à l'Ecole vétérinaire de Lyon.
46. **Les Gastro-entérites des nourrissons**, par le Dʳ A. Lesage.
47. **Le Traitement des Gastro-entérites des nourrissons et du Choléra infantile**, par A. Lesage.
48. **Les Ions et les médications ioniques** par le Pʳ S. Leduc.
49. **Physiologie de l'acide urique**, par P. Fauvel, docteur ès sciences, professeur à l'Université catholique d'Angers.
50. **Le Diagnostic fonctionnel du cœur**, par W. Janowski, professeur agrégé à l'Académie médicale de Saint-Pétersbourg.
51. **Les Arriérés scolaires**, par R. Cruchet, professeur agrégé à la Faculté de Médecine de Bordeaux.
52. **Artério-Sclérose et Athéromasie**, par le Pʳ J. Teissier.
53. **Les Sulfo-éthers urinaires** (*physiologie et valeur clinique dans l'auto-intoxication intestinale*) par H. Labbé, chef de laboratoire et G. Vitry, chef de clinique à la Faculté de Paris.
54. **Les Injections mercurielles intra-musculaires dans le traitement de la Syphilis**, par le Dʳ A. Levy-Bing.
55. **Anticorps antigènes et Méthode de déviation du Complément** (*Le Mécanisme de l'Immunité*) par P.-F. Armand-Delille, ancien chef de clinique à la Faculté de Paris (2ᵉ *tirage*).
56. **L'Anaphylaxie et les réactions anaphylactiques** (*Maladie du sérum; cuti et ophtalmo-réaction à la tuberculine*), par le Dʳ P.-F. Armand-Delille.
57. **Les Sutures vasculaires**, par L. Imbert, professeur de clinique chirurgicale et J. Fiolle, chef de clinique chirurgicale à l'Ecole de Médecine de Marseille.